AF410799

DICTIONNAIRE

DES

SCIENCES NATURELLES.

TOME XXVII.

LIO — MAC.

DICTIONNAIRE

DES

SCIENCES NATURELLES,

DANS LEQUEL

ON TRAITE MÉTHODIQUEMENT DES DIFFÉRENS ÊTRES DE LA NATURE, CONSIDÉRÉS SOIT EN EUX-MÊMES, D'APRÈS L'ÉTAT ACTUEL DE NOS CONNOISSANCES, SOIT RELATIVEMENT A L'UTILITÉ QU'EN PEUVENT RETIRER LA MÉDECINE, L'AGRICULTURE, LE COMMERCE ET LES ARTS.

SUIVI D'UNE BIOGRAPHIE DES PLUS CÉLÈBRES NATURALISTES.

Ouvrage destiné aux médecins, aux agriculteurs, aux commerçans, aux artistes, aux manufacturiers, et à tous ceux qui ont intérêt à connoître les productions de la nature, leurs caractères génériques et spécifiques, leur lieu natal, leurs propriétés et leurs usages.

PAR

Plusieurs Professeurs du Jardin du Roi, et des principales Écoles de Paris.

TOME VINGT-SEPTIÈME.

F. G. LEVRAULT, Editeur, à STRASBOURG,
et rue des Fossés M. le Prince, n.° 31, à PARIS.

LE NORMANT, rue de Seine, N.° 8, à PARIS.

1823.

Liste des Auteurs par ordre de Matières.

Physique générale.

M. LACROIX, membre de l'Académie des Sciences et professeur au Collège de France. (L.)

Chimie.

M. CHEVREUL, professeur au Collège royal de Charlemagne. (Ch.)

Minéralogie et Géologie.

M. BRONGNIART, membre de l'Académie des Sciences, professeur à la Faculté des Sciences. (B.)

M. BROCHANT DE VILLIERS, membre de l'Académie des Sciences. (B. de V.)

M. DEFRANCE, membre de plusieurs Sociétés savantes. (D. F.)

Botanique.

M. DESFONTAINES, membre de l'Académie des Sciences. (Desf.)

M. DE JUSSIEU, membre de l'Académie des Sciences, professeur au Jardin du Roi. (J.)

M. MIRBEL, membre de l'Académie des Sciences, professeur à la Faculté des Sciences. (B. M.)

M. HENRI CASSINI, membre de la Société philomatique de Paris. (H. Cass.)

M. LEMAN, membre de la Société philomatique de Paris. (Lem.)

M. LOISELEUR DESLONGCHAMPS, Docteur en médecine, membre de plusieurs Sociétés savantes. (L. D.)

M. MASSEY. (Mass.)

M. POIRET, membre de plusieurs Sociétés savantes et littéraires, continuateur de l'Encyclopédie botanique. (Poir.)

M. DE TUSSAC, membre de plusieurs Sociétés savantes, auteur de la Flore des Antilles. (De T.)

Zoologie générale, Anatomie et Physiologie.

M. G. CUVIER, membre et secrétaire perpétuel de l'Académie des Sciences, prof. au Jardin du Roi, etc. (G. C. ou CV. ou C.)

Mammifères.

M. GEOFFROI, membre de l'Académie des Sciences, professeur au Jardin du Roi. (G.)

Oiseaux.

M. DUMONT, membre de plusieurs Sociétés savantes. (Ch. D.)

Reptiles et Poissons.

M. DE LACÉPÈDE, membre de l'Académie des Sciences, professeur au Jardin du Roi. (L. L.)

M. DUMERIL, membre de l'Académie des Sciences, professeur à l'École de médecine. (C. D.)

M. CLOQUET, Docteur en médecine. (H. C.)

Insectes.

M. DUMERIL, membre de l'Académie des Sciences, professeur à l'École de médecine. (C. D.)

Crustacés.

M. W. E. LEACH, membre de la Société royale de Londres, Correspondant du Muséum d'histoire naturelle de France. (W. E. L.)

Mollusques, Vers et Zoophytes.

M. DE BLAINVILLE, professeur à la Faculté des Sciences. (De B.)

M. TURPIN, naturaliste, est chargé de l'exécution des dessins et de la direction de la gravure.

MM. DE HUMBOLDT et RAMOND donneront quelques articles sur les objets nouveaux qu'ils ont observés dans leurs voyages, ou sur les sujets dont ils se sont plus particulièrement occupés. M. DE CANDOLLE nous a fait la même promesse.

M. F. CUVIER est chargé de la direction générale de l'ouvrage, et il coopérera aux articles généraux de zoologie et à l'histoire des mammifères. (F. C.)

DICTIONNAIRE

DES

SCIENCES NATURELLES.

LIO

LIOMEN. (*Ornith.*) Un des noms du lumme ou petit plongeon des mers du Nord, *colymbus septentrionalis*, Linn. (Ch. **D.**)

LION. (*Mamm.*) Nom d'une espèce du genre Chat. (Voyez ce mot.) Il est le même que *leon*, *leo*, noms de cet animal chez les Grecs et les Latins. (F. C.)

LION. (*Crust.*) Rondelet donne ce nom à un crustacé qui appartient au genre Galathée. (Desm.)

LION D'AMÉRIQUE. (*Mamm.*) On a souvent donné ce nom au cougouar, à cause de sa couleur, qui est assez semblable à celle du lion de Barbarie. (F. C.)

LION DES FOURMIS. (*Entom.*) C'est le fourmilion, le genre Myrméléon, parmi les insectes névroptères à ailes en toit, comme le Lion des pucerons est la larve de l'Hémérobe perle. (C. D.)

LION MARIN. (*Mamm.*) Espèce du genre Phoque. Voyez ce mot. (F. C.)

LIONCEAU (*Mamm.*), nom du jeune lion. (F. C.)

LIONDENT, *Leontodon*. (*Bot.*) Ce genre de plantes appartient à l'ordre des synanthérées, à la tribu naturelle des lactucées, et à notre section des lactucées-scorzonérées, dans laquelle nous l'avons placé entre les deux genres *Thrincia* et *Podospermum*. (Voyez notre article Lactucées, tom. XXV, pag. 65).

27.

Le genre *Leontodon* présente les caractères suivans, que nous avons observés sur plusieurs espèces.

Calathide incouronnée, radiatiforme, multiflore, fissiflore, androgyniflore. Péricline campanulé, inférieur aux fleurs extérieures; formé de squames inégales, bisériées ou paucisériées, irrégulièrement imbriquées, appliquées, intradilatées, linéaires, oblongues ou lancéolées. Clinanthe plan, plus ou moins profondément fovéolé, à réseau plus ou moins saillant, denté ou garni de courtes fimbrilles piliformes. Ovaires oblongs, subcylindracés, pourvus d'un bourrelet apicilaire; aigrette composée de squamellules très-inégales, laminées inférieurement, filiformes supérieurement, irrégulièrement barbées et barbellulées.

On connoît environ quinze espèces de Liondents : presque toutes habitent l'Europe; la France en possède six ou huit, dont trois se trouvent aux environs de la capitale, et doivent être décrites ici.

Liondent d'automne : *Leontodon autumnale*, Linn., *Sp. pl.*, édit. 3, p. 1123; *Scorzoneroides autumnalis*, Mœnch, *Meth.*, pag. 549. C'est une plante herbacée, à racine vivace, tronquée à son extrémité, et pourvue de fibres très-longues; sa tige, longue d'environ un pied, est rameuse, presque entièrement dépourvue de feuilles, et glabre : les feuilles sont presque toutes radicales, nombreuses, étalées sur la terre, lancéolées, dentées ou pinnatifides, ordinairement glabres; les calathides sont solitaires au sommet des rameaux, qui sont parsemés d'écailles subulées, et un peu renflés sous le péricline : celui-ci est pubescent; les corolles, d'un jaune doré, sont rougeâtres en-dessous et au sommet. Cette plante fleurit vers la fin d'Août : elle est commune dans les prés et autres lieux un peu humides.

Quoique cette espèce se distingue parmi tous les liondents par sa tige rameuse et par quelques autres différences légères, il est impossible de la retirer du genre *Leontodon*, auquel elle appartient tant par ses affinités naturelles que par ses caractères techniques : il ne faut donc point l'attribuer au genre *Scorzonera*, suivant l'idée de quelques botanistes, ni en faire, comme Mœnch, un genre particulier. Nous devons faire remarquer que les fruits du *Leontodon autumnale* portent, comme ceux des *Scorzonera* et *Tragopogon*, une couronne de poils autour de leur bourrelet apicilaire.

Liondent lancéolé; *Leontodon hastile*, Linn., *Sp. pl.*, éd. 3, pag. 1123. Une racine vivace fibreuse produit de longues feuilles dressées, lancéolées, glabres et lisses, comme toutes les autres parties de la plante, et bordées de dents larges, courtes, disposées en ordre alterne sur les deux côtés de la feuille; la même racine produit des hampes simples, dénuées d'écailles, longues de six à douze pouces, et terminées par une calathide penchée avant la fleuraison, et composée de fleurs jaunes. Cette plante très-variable, et qui offre quelquefois des poils simples peu nombreux, épars sur les feuilles, la hampe et le péricline, fleurit au mois de Juin, et se trouve dans les prairies.

Liondent hérissé : *Leontodon hispidum*, Linn., *Sp. pl.*, éd. 3, pag. 1124. Sa racine est vivace, un peu oblique ou horizontale, tronquée à son extrémité, et garnie de fibres nombreuses et cylindriques, ses feuilles, ses hampes et ses périclines sont plus ou moins hérissés de poils bifurqués ou plus rarement trifurqués, et c'est en quoi elle diffère principalement de l'espèce précédente, qui est glabre, mais à laquelle elle ressemble beaucoup du reste. Cette espèce, qui fleurit en Juin et Juillet, est assez commune dans les lieux secs et pierreux de presque toute la France. On ne doit pas la confondre avec la *Thrincia hispida*, qui est annuelle, et dont les fruits marginaux ont l'aigrette presque entièrement avortée.

Au lieu de retracer ici l'histoire du genre *Leontodon*, depuis Tournefort jusqu'aujourd'hui, nous renvoyons, pour abréger, à la page 65 du tome XXV, où nos lecteurs trouveront une synonymie chronologique, qu'on peut regarder comme une sorte de tableau historique réduit à la plus courte expression.

Nous pourrions aussi discuter longuement sur les affinités du genre dont il s'agit, sur ses caractères distinctifs, sur les limites qui lui conviennent, sur les espèces qu'on doit y admettre, et sur celles qu'il faut en exclure; mais nous devons désormais éviter, autant qu'il nous est possible, le reproche assez bien fondé qu'on nous fait, d'insérer dans ce Dictionnaire de longues dissertations, au lieu d'articles dont la brièveté devroit être un des principaux **mérites**. Nous allons donc nous borner à parler du *Leontodon aureum* de Linné.

Cette plante, attribuée par Linné et Jacquin au genre *Leontodon*, par Haller au genre *Taraxacum*, par Scopoli au genre *Andryala*, par Lamarck, Villars, Gærtner et tous les botanistes modernes au genre *Hieracium*, est, selon nous, un véritable *Crepis*, que nous nommons *Crepis aurea*, et que nous plaçons auprès du *Crepis biennis*. Voici sa description, faite par nous sur des individus vivans, cultivés au Jardin du Roi, où ils fleurissoient au mois de Mai.

Crepis aurea, H. Cass. (*Leontodon aureum*, Linn.) Feuilles toutes radicales, longues d'environ trois pouces, élargies de bas en haut, larges d'un pouce au sommet, obovales, lyrées ou presque lyrées, glabres, d'un beau vert, pétioliformes à la base, arrondies au sommet, qui se termine par une petite pointe. Hampes radicales, monocalathides, hautes d'environ trois pouces, striées, glabriuscules, munies d'une ou de deux petites écailles. Calathide large de neuf lignes, haute de cinq lignes, multiflore, radiatiforme ; à corolles d'un beau jaune orangé ou safrané, rougeâtres en-dessous. Péricline campanulé, inférieur aux fleurs, formé de squames unisériées, égales, appliquées, oblongues-lancéolées, obtuses au sommet, uninervées, subcarénées en dehors, canaliculées en dedans, hérissées, surtout sur la carène, de longs poils subulés, roides, charnus, noirs ; la base du péricline entourée d'environ cinq ou six squamules surnuméraires, unisériées, irrégulièrement disposées, plus ou moins appliquées, un peu inégales, analogues aux vrais squames. Clinanthe plan, presque nu, à réseau garni de poils très-courts, fort peu apparens. Ovaires oblongs, un peu courts, subcylindracés, pourvus d'un bourrelet apicilaire : aigrette beaucoup plus longue que l'ovaire, très-blanche, composée de squamellules nombreuses, inégales, filiformes, grêles, peu barbellulées ; fruits mûrs alongés, à peu près de la même longueur que leur aigrette, cylindracés, obclavés, finement striés, à partie apicilaire un peu amincie en une sorte de col très-gros et très-court, point assez distinct pour constituer un col proprement dit ; quelques ovaires prodigieusement alongés après la fleuraison, et devenus beaucoup plus longs que leur aigrette, mais stériles. Corolles à tube parsemé de petits poils très-courts.

Il est très-évident, d'après cette description, que la plante dont il s'agit est une crépidée, ayant de l'affinité avec le genre *Catonia*, et appartenant au genre *Crepis*, ainsi que nous l'avions déjà précédemment annoncé (t. XXV, p. 88) dans notre article LACTUCÉES. (H. CASS.)

LIONNE (*Mamm.*), nom de la femelle du lion. (F. C.)

LIORHYNQUE, *Liorhynchus*. (*Entomoz.*) M. Rudolphi a désigné sous cette dénomination un petit genre de vers intestinaux assez douteux, et que Bruguières avoit déjà indiqué dans les planches de l'Encyclopédie méthodique par le nom de *proboscidea*. Il me semble aussi que c'est à peu près le même qu'avoit indiqué Zeder sous le nom de *cochlus;* mais le premier de ces auteurs y faisoit entrer des espèces de genres tout-à-fait différens. Les caractères très-insuffisans par lesquels on caractérise ce genre, sont: Corps arrondi, alongé, élastique, atténué aux deux extrémités et renflé à l'antérieure; tête obtuse, sans lèvres; la bouche formée par un tube protractile et entièrement lisse. La terminaison des organes de la génération et celle du canal intestinal ne sont pas connues. Il ne contient que trois espèces :

1.º Le L. DU PHOQUE, *L. gracilescens*, dont le corps s'atténue vers les deux extrémités, la postérieure étant seulement aiguë. Elle a deux pouces de long. Elle est figurée dans l'Encyclopédie méthodique, tab. 52, fig. 8.

2.º Le L. DU BLAIREAU; *L. truncatus*, Rud., dont l'extrémité antérieure est comme tronquée, et la postérieure terminée en pointe très-fine. C'est un petit ver de deux à trois lignes de longueur. Il a été trouvé dans les intestins du blaireau.

3.º Le L. DE L'ANGUILLE; *L. denticulatus*, Rud., *Entoz.*, tab. 12, fig. 1 et 2. La trompe est labiée et le cou est subarticulé. Il a été trouvé dans l'estomac et le cœur d'une anguille. M. Rudolphi soupçonne que c'est peut-être un spiroptère. (DE B.)

LIOU-LIOU. (*Entom.*) Selon M. Latreille, ce nom est celui que l'on donne, à Cayenne, à un insecte de la famille des cicadaires. (DESM.)

LIOYDIA. (*Bot.*) Necker désigne sous ce nom des espèces d'aunée, *inula*, qui ont, selon lui, un calice simple et une aigrette presque plumeuse : nous ne savons auxquelles ce caractère et ce nom peuvent convenir. (J.)

LIPALITHE. (*Min.*) Nom donné par Lenz à une variété de silex qui paroît se rapprocher du silex pyromaque ou du silex calcédoine. Voyez SILEX. (B.)

LIPARE, *Liparus*. (*Entom.*) C'est un genre formé de quelques espèces de la famille des charansons ou rhinocères. (C. D.)

LIPAREA. (*Bot.*) Suivant Daléchamps, Théophraste donnoit ce nom au baguenaudier, *culutea*, parce qu'il croissoit dans l'île de Lipari, une des îles dites Æoliennes, voisines de la Sicile. (J.)

LIPARENA. (*Bot.*) C'est le nom que M. Poiteau avoit donné à un genre de plantes qui s'est trouvé être celui que Vahl avoit nommé *drypetes*. (LEM.)

LIPARIE, *Liparia*. (*Bot.*) Genre de plantes dicotylédones, à fleurs complètes, papillonacées, très-voisin des *borbonia*, de la famille des *légumineuses*, de la *diadelphie décandrie* de Linnæus : offrant pour caractère essentiel : Un calice à cinq divisions : l'inférieure alongée ; une corolle papillonacée : les ailes munies de deux lobes à leur partie inférieure : dix étamines diadelphes : la plus grande pourvue de trois dents courtes : un ovaire supérieur : un style : une gousse ovale.

LIPARIE SPHÉRIQUE : *Liparia sphærica*, Linn., *Mant.* Arbrisseau très-remarquable par la beauté de ses fleurs. Sa tige est forte, très-lisse, haute d'environ quatre pieds : ses rameaux sont garnis de feuilles alternes, sessiles, distantes, glabres, élargies, lancéolées, roides, aiguës, nerveuses, mucronées et piquantes. Les fleurs sont réunies en une tête terminale, glabre, sessile, de la grosseur de celle d'un artichaud, entourée de feuilles, comme d'un involucre, de la longueur des corolles. La découpure inférieure du calice est aussi longue que la corolle et aussi large, en forme de pétale, échancrée et trifide au sommet : la corolle est jaune : les ailes sont munies de deux lobes à leur bord inférieur, se recouvrant l'une l'autre, l'une d'elles entourant la carène, qui est recouverte par l'autre avant l'épanouissement. Cette plante croît au cap de Bonne-Espérance.

Liparie a feuilles de graminées : *Liparia graminifolia*, Linn., *Mant.*, 268. Cette espèce a des tiges ligneuses, lisses, rameuses, anguleuses : des feuilles assez semblables à celles des graminées, planes, linéaires, roides, acuminées, lisses, alternes, beaucoup plus longues que les entre-nœuds, un peu courantes à leurs bords et à leur dos, accompagnées de deux petites stipules subulées ; les fleurs réunies en une tête presque en grappe, sessile, terminale, de la longueur des feuilles. Le calice est blanchâtre, pileux, à découpure inférieure plus longue ; la corolle jaune ; l'ovaire hérissé ; le stigmate simple. Cette plante croît au cap de Bonne-Espérance.

Liparie a feuilles lisses : *Liparia lævigata*, Humb., *Prodr.*, 123 ; *Liparia umbellata*, Linn., *Mant.*, 110 ; *Borbonia lævigata*, Linn., *Mant.*, 110. Cette plante a les rameaux cylindriques, un peu velus à leur partie supérieure, garnis de feuilles alternes, sessiles, glabres, lancéolées, mucronées, point nerveuses : les fleurs disposées en une ombelle terminale, un peu pédonculée : l'involucre à quatre folioles droites, ovales, concaves, pileuses ; quatre pédicelles plus courts que l'involucre. Le calice est campanulé, aigu, plus court que la corolle, à découpure supérieure plus petite ; la corolle jaune ; l'ovaire hérissé. Cette plante croît au cap de Bonne-Espérance.

Liparie velue : *Liparia villosa*, Linn., *Mant.*, 438 ; *Borbonia tomentosa*, Berg., *Pl. cap.*, 190. Arbrisseau assez joli, remarquable par les poils fins, abondans et un peu soyeux qui recouvrent ses rameaux, ses feuilles et les calices de ses fleurs. Les rameaux se subdivisent à leur sommet en d'autres rameaux courts, disposés presque en ombelle. Les feuilles sont éparses, ovales, un peu aiguës, cotonneuses à leurs deux faces, d'un gris argenté, sessiles, nombreuses, très-rapprochées. Les fleurs sont d'un pourpre bleuâtre, réunies en un faisceau terminal, entourées de feuilles dont le duvet est un peu roussâtre : les ovaires hérissés. Cette plante croît au cap de Bonne-Espérance.

Beaucoup d'autres espèces ont été mentionnées et recueillies par Thunberg au cap de Bonne-Espérance. (Poir.)

LIPARIS (*Bot.*). Genre de plantes de la famille des orchidées, établi par Richard, pour y placer le *malaxis Læselii* de Swartz (*ophrys Læselii*, Linn.), qui diffère un peu des autres espèces. Ce genre n'a pas été adopté. Voyez MALAXIDE. (L. D.)

LIPARIS. (*Ichthyol.*) Voyez CYCLOGASTRE. (H. C.)

LIPONYX. (*Ornith.*) Nom générique donné par M. Vieillot au *rouloul*, de l'ordre des gallinacés. (CH. D.)

LIPOTRICHE, *Lipotriche.* (*Bot.*) Ce genre de plantes, proposé en 1817 par M. Robert Brown, dans ses Observations sur les composées (pag. 118), appartient à l'ordre des synanthérées, à notre tribu naturelle des hélianthées, et à la section des hélianthées-prototypes, dans laquelle nous le plaçons entre les deux genres *Melanthera* et *l'eacea*. Voici les caractères génériques du *Lipotriche*, que nous n'avons point observés, mais que nous empruntons à M. Brown.

Calathide radicée : disque multiflore, régulariflore, androgyniflore ; couronne unisériée, liguliflore, féminiflore. Péricline court, formé de squames bisériées, presque égales, foliacées. Clinanthe convexe, garni de squamelles aiguës, carenées, nerveuses, foliacées. Fruits turbinés, obtusément tétragones, déprimés au sommet ; aigrette courte, caduque ou tombante, composée de huit à dix squamellules unisériées, libres, filiformes, barbellulées. Corolles jaunes ; celles de la couronne à languette alongée, tridentée. Anthères noirâtres, presque incluses, mutiques à la base. Stigmatophores du disque terminés par un appendice aigu, hispidule.

Les lipotriches sont des plantes herbacées, de l'Afrique équinoxiale, à feuilles opposées, indivises, et à pédoncules terminaux, ternés. M. Rob. Brown, qui a trouvé ce genre dans une collection de plantes faite par le docteur Smith sur les côtes du Congo, observe que, bien qu'il appartienne à la polygamie superflue et qu'il ait les fleurs jaunes, il est sous d'autres rapports si analogue au *Melanthera*, qu'on l'auroit indubitablement rapporté a ce genre, si on ne l'eût trouvé qu'avec des fruits mûrs ; que cependant il en est suffisamment distinct par ses caractères. Suivant lui, ce genre, très-voisin du *Melanthera*, a aussi de l'affinité avec l'*Eclipta* de Linné, le *Wedelia* de Jacquin, et notre *Diomedea* ; mais il le croit suffisamment distinct de tous.

Il paroît que M. Brown connoît plusieurs espèces de lipotriches : mais il n'en a indiqué aucune. N'ayant point vu ces plantes, nous n'avons rien à ajouter à ce que l'auteur du genre a dit et que nous venons de rapporter.

Dans le Journal de physique de Juillet 1818 (pag. 27), nous avons dit que le genre *Melanthera* avoit été proposé, avant von Rohr et Richard, par Adanson, qui le nommoit *Ucacou*, mais que sa description présentoit de faux caractères ; et nous avons fait observer que les caractères attribués par Adanson à son *Ucacou*, et qui s'appliquent fort mal au *Melanthera*, s'appliquoient au contraire assez bien au *Lipotriche* de M. Brown. Depuis cette époque, nous avons reconnu que le genre *Ucacou* d'Adanson étoit fort exactement caractérisé, et très-distinct du *Melanthera* et du *Lipotriche*, comme nous le démontrerons bientôt dans notre article MÉLANTHÈRE. Le genre d'Adanson doit donc être conservé, mais en modifiant un peu son nom. qui est trop barbare : c'est pourquoi nous proposons de le nommer *Ucacea*. (H. Cass.)

LIPPI, *Lippia*. (*Bot.*) Genre de plantes dicotylédones, à fleurs complètes, monopétalées, irrégulières. de la famille des *gattiliers*, de la *didynamie angiospermie* de Linnæus ; offrant pour caractère essentiel : Un calice à quatre ou cinq dents, s'ouvrant ensuite en deux valves : une corolle tubulée, à quatre lobes inégaux ; quatre étamines didynames ; un ovaire supérieur ; un style ; un stigmate simple. Le fruit est une capsule formée par le calice, à deux loges, à deux valves ; une semence dans chaque loge.

Ce genre, borné d'abord à un très-petit nombre d'espèces, a été depuis considérablement augmenté, tant par les découvertes modernes, que par l'introduction d'espèces placées d'abord dans d'autres genres. Il renferme des arbrisseaux, sous-arbrisseaux, ou des herbes droites, couchées ou rampantes, à feuilles simples. opposées, quelquefois ternées ; les fleurs réunies en têtes pédonculées, axillaires, solitaires, ou verticillées, paniculées, rarement terminales. quelquefois en épis axillaires, munies de bractées.

LIPPI D'AMÉRIQUE : *Lippia Americana*, Linn.; Lamk., *Ill. gen.*, tab. 539, fig. 1 ; Gærtn., *de Fruct.*, tab. 56 ; Houst., *Reliq.*, tab. 12. Arbrisseau de quinze ou dix-huit pieds, à rameaux rudes, opposés, garnis de feuilles pétiolées, ovales-lancéolées, dentées vers leur sommet: à pédoncules axillaires, soutenant chacun une tête ovale, un peu globuleuse, imbriquée d'un grand nombre d'écailles ou de bractées élargies, un peu acuminées, renfermant de petites fleurs jaunes. Cet arbrisseau croît dans l'Amérique, à la Vera-Cruz.

Lippi hémisphérique: *Lippia hemispharica*, Jacq., *Amer.*, tab. 179, fig. 100; Lamk., *Ill. gen.*, tab. 539, fig. 1. Arbrisseau d'environ dix pieds, exhalant une odeur aromatique, et dont les rameaux sont foibles, cylindriques, les plus jeunes quadrangulaires, garnis de feuilles opposées, pétiolées, ovales-lancéolées, aiguës, presque entières. Les pédoncules sont solitaires, axiliaires, à peine de la longueur des pétioles, soutenant une tête écailleuse, un peu pyramidale, composée de petites fleurs blanches. Cette plante croît aux environs de Carthagène, dans l'Amérique méridionale.

Lippi en ombelles: *Lippia umbellata*. Cavan., *Ic. rar.*, 2, pag. 75, tab. 194. Cette espèce paroît avoir de très-grands rapports avec le *lippia hirsuta* de Linné fils : elle en diffère par ses fleurs en tête, réunies en une ombelle accompagnée à sa base d'une sorte d'involucre composé de plusieurs bractées en cœur. La corolle est d'un jaune foncé; les tiges sont ligneuses, tétragones ; les feuilles alongées, ridées, dentées en scie, vertes en-dessus, blanchâtres et un peu tomenteuses ou pubescentes en-dessous. Cet arbrisseau croît au Mexique.

Lippi en cime : *Lippia cymosa*. Swartz. *Flor. Ind. occid.*, 2, pag. 1066: *Spirææ congener*, etc., Sloan., *Hist.*, 2, pag. 50, tab. 174, fig. 5, 4. Arbrisseau de cinq ou six pieds, très-rameux ; à rameaux divergens, presque simples, pubescens, les inférieurs munis d'épines : les feuilles sont pétiolées, fasciculées ou ternées, ovales, presque entières, pubescentes en-dessous: les stipules petites, subulées; les fleurs petites et blanchâtres : les pédoncules plusieurs fois trifides; les pédicelles à trois fleurs. Cette plante croît dans les buissons, à la Jamaique.

Lippi blanchâtre: *Lippia canescens*, Kunth *in* Humb., *Nov. gen.*, 2, pag. 265. Ses tiges sont un peu ligneuses, couchées, très-rameuses; les rameaux tétragones et hérissés dans leur jeunesse de poils blanchâtres; les feuilles pétiolées, ovales, en coin, un peu dentées vers leur sommet, velues et blanchâtres à leurs deux faces, longues de huit à neuf lignes, larges de trois; les fleurs réunies en petites têtes oblongues, cylindriques, courtes, axillaires, pédonculées. Le fruit est un petit drupe sec, ovale, un peu globuleux; les semences ont la grosseur d'une graine de pavot. Cette plante croît au Pérou, le long des rivages de la mer Pacifique.

Lippi a feuilles de bouleau; *Lippia betulæfolia*, Kunth, *loc. cit.*, pag. 264. Ses tiges sont herbacées, tombantes, diffuses, rampantes à leur base; les feuilles pétiolées, ovales-deltoïdes, à fines dentelures, rudes et pileuses à leurs deux faces, longues d'un pouce; les têtes de fleurs oblongues, cylindriques, obtuses, solitaires, axillaires, accompagnées de très-petites bractées subulées, plus longues que les fleurs. Le fruit est alongé, un peu aigu, presque en bec à son sommet. Cette plante croît dans les forêts, le long de l'Orénoque.

Lippi a odeur forte; *Lippia graveolens*, Kunth, *loc. cit.*, pag. 266. Ses rameaux sont ligneux, pubescens et blanchâtres; ses feuilles ovales-oblongues, aiguës, crénelées, un peu en cœur, pubescentes, molles, blanchâtres en-dessous, longues de deux pouces et plus: les fleurs disposées en têtes axillaires, verticillées quatre par quatre, un peu globuleuses, de la grosseur d'un pois, munies de bractées imbriquées, ovales-aiguës, pubescentes, plus courtes que les fleurs; la corolle presque en soucoupe, renflée à son tube, trois et quatre fois plus longue que le calice. Cette plante croît à la Nouvelle-Espagne, sur les rivages de Campêche.

Lippi a fleurs nombreuses; *Lippia floribunda*, Kunth, *l. c.*, pag. 267. Cette plante, voisine du *Lippia hirsuta*, a des rameaux glabres, tétragones, parsemés de points verruqueux; ses feuilles sont oblongues, lancéolées, un peu acuminées, glabres, crénelées, un peu pileuses en-dessous; les fleurs disposées en panicules axillaires, ramifiées, plus longues que les feuilles, qui soutiennent de petites têtes de fleurs un peu globuleuses, munies de bractées aiguës. Cette plante croît à la Nouvelle-Grenade.

Dans le *Lippia scorodonoides*, Kunth, *l. c.*, les fleurs sont presque verticillées sur des épis axillaires, solitaires ; les feuilles ovales-obtuses, retrécies à leur base, crénelées, rudes en-dessus, blanchâtres, hérissées et tomenteuses en-dessous : les tiges sont à peine ligneuses, très-rameuses, hérissées de poils blanchâtres. Cette espèce croit dans le royaume de Quito, aux lieux arides, vers le fleuve Mira.

Plusieurs autres plantes, placées d'abord dans d'autres genres, ont été rapportées à celui-ci : tels sont le *verbena triphylla*, l'Hérit.; le *verbena globulifera*, l'Hérit.; le *verbena stœchadifolia*, Linn.; *verbena nodiflora*, Linn., etc. D'une autre part on a renvoyé aux *selago* le *lippia ovata*, Linn. fils, *Suppl.* (Poir.)

LIPPISTE, *Lippistes.* (Conchyl.?) Genre établi par M. Denys de Montfort, *Conchyl. system.*, tom. 2, pag. 127, pour un test qu'il seroit peut-être hardi d'assurer avoir appartenu à un mollusque; dont Spengler, Schrœter et Chemnitz, Gmelin, et même von Fichtel faisoient évidemment à tort une espèce d'argonaute, et qui est figuré, par ce dernier, dans ses Testacés microscopiques, pag. 10, tab. 1, fig. *a, c*, sous le nom d'argonaute cornu. C'est un tube conique, court, enroulé au sommet en une petite spire très-aplatie, située tout-à-fait à droite, et dont l'ouverture évasée est ronde ou parallélogrammique, suivant Spengler, et la lèvre continue et tranchante. Il est, du reste, transparent, fort mince, très-fragile, avec cinq stries crénelées, étendues du sommet à la base, d'un blanc jaunâtre, tacheté de fauve en dehors et rosacé à l'intérieur. Il acquiert cinq lignes de diamètre, sur une ligne de hauteur. Les auteurs ne sont pas d'accord sur la patrie de cette coquille, que M. Denys de Montfort nomme lippiste cornet à bouquin, *lippistes cornu*. Gmelin dit qu'elle vient du cap de Bonne-Espérance : Favannes, de l'Inde, et d'autres, des côtes du Portugal. (De B.)

LIPURE. (Mamm.) Nom générique donné par Illiger pour un animal trouvé par Pennant dans le Muséum de Lever, et qu'on disoit originaire des côtes de la baie d'Hudson. Pennant l'a donné comme une marmotte : Shaw et Schreber, avec plus de raison, l'ont considéré comme un hyrax. Voici les caractères qu'on lui attribue : Deux incisives supérieures, quatre inférieures obliques et tranchantes; point de canines; point de queue; pieds tétradactyles, ongles plats. (F. C.)

LIPY-BANANA. (*Ornith.*) L'oiseau de Surinam désigné sous ce nom par Stedman paroit être une espéce de troupiale. (Ch. D.)

LIQUATION. (*Chim.*) Opération métallurgique qui a pour objet de séparer du cuivre, soit l'argent et le plomb, soit seulement le plomb, qui sont alliés au premier dans certaines proportions. C'est en exposant l'alliage moulé en pains, dans des fourneaux dits de liquation, à une chaleur graduée, que l'on détermine la fusion du plomb, à l'exclusion de la fusion de la plus grande partie du cuivre. Quand l'alliage contient de l'argent, celui-ci est entraîné avec le plomb. Le mot de liquation dérive de *liquare*, fondre. Nous renvoyons pour les détails aux ouvrages de métallurgie. (Ch.)

LIQUÉFACTION. (*Chim.*) C'est l'acte par lequel une substance solide se liquéfie au moyen de la chaleur. Liquéfaction se dit aussi du phénomène que présente un solide qui se liquéfie. (Ch.)

LIQUEUR. (*Chim.*) Quoiqu'à la rigueur ce mot soit applicable à tout corps liquide, cependant il n'est guère usité que pour des corps qui sont liquides à la température ordinaire.

Dans le langage vulgaire, le mot *liqueur* s'applique génériquement à des boissons alcooliques contenant du sucre et des aromes, tels que ceux de la vanille, du girofle, de la cannelle, de la fleur d'oranger, de la rose, de l'anis, etc. ; et l'expression *liqueur fraiche* s'applique à des sucs de fruits acides auxquels on ajoute du sucre et de l'eau : telles sont la limonade, l'eau de groseille, etc. (Ch.)

LIQUEUR DES CAILLOUX. (*Chim.*) Dissolution aqueuse de 1 partie de silice fondue avec 3 parties de potasse hydratée : c'est un sous-silicate. (Ch.)

LIQUEUR FUMANTE DE BOYLE. (*Chim.*) C'est le sulfure hydrogéné d'ammoniaque, dont la découverte est due à Boyle. (Ch.)

LIQUEUR FUMANTE DE LIBAVIUS. (*Chim.*) C'est le perchlorure d'étain anhydre, qui a été décrit pour la première fois par Libavius. (Ch.)

LIQUEUR MINÉRALE ANODINE D'HOFFMANN. (*Chim.*) C'est une dissolution d'huile douce de vin dans l'éther hydratique. (*Ch.*)

LIQUEUR SÉMINALE, *Aura seminalis*, *Fovilla*. (*Bot.*) Substance fine et imperceptible à l'œil nu, que le pollen lance sur le stigmate. Les grains de pollen, mis sur l'eau, s'enflent, se crèvent, et laissent échapper cette liqueur, qui paroît être de la nature des huiles. Voyez Pollen. (*Mass.*)

LIQUIDAMBAR, *Liquidambar*. (*Bot.*) Genre de plantes dicotylédones, à fleurs incomplètes, monoïques, de la famille des *amentacées*, Juss., de la *monoécie polyandrie* de Linnæus: offrant pour caractère essentiel : Des fleurs monoïques; les mâles réunies en un chaton globuleux, un peu ovale, accompagné d'un involucre à quatre folioles caduques; point de calice ni de corolle; des étamines nombreuses; les fleurs femelles ramassées en un chaton globuleux, également muni à sa base d'un involucre à quatre folioles; un calice d'une seule pièce, anguleux; point de corolle. Le fruit consiste en capsules nombreuses, enfoncées dans les alvéoles d'un réceptacle commun, globuleux; chaque capsule bivalve, ou formant comme deux capsules à une loge, entourées par le calice, renfermant des semences ailées à leur sommet.

Liquidambar d'Amérique : *Liquidambar styraciflua*, Linn.; Lamk., *Ill. gen.*, tab. 785, fig. 1, 2; Duham., *Edit. nov.*, 2, tab. 10; Catesb., *Carol.*, 2, tab. 65; Mich. fil., Arbr. d'Amér., 3, pag. 184, tab. 5; Gærtn., *de Fruct.*, tab. 90. Arbre originaire de l'Amérique septentrionale, d'environ quarante pieds de haut, soutenant une cime pyramidale, garnie d'un beau feuillage, approchant un peu de celui de l'érable. Les rameaux sont glabres, rougeâtres dans leur jeunesse, munis de feuilles alternes ou fasciculées, pétiolées, palmées, à cinq ou quelquefois sept lobes alongés et très-aigus, finement dentées, presque de la largeur de la main, vertes, un peu visqueuses; leur point d'adhérence au pétiole chargé d'un duvet roussâtre. Les têtes des fleurs femelles sont au moins de la grosseur d'une cerise et hérissées de pointes molles.

Ce bel arbre est aujourd'hui cultivé en pleine terre dans plusieurs contrées de l'Europe : il se plaît dans les sols légers. un peu humides ; dans sa jeunesse, il veut être garanti du froid. On le multiplie de graines, ou mieux de drageons enracinés. Ses fleurs, d'un très-médiocre effet pour l'ornement, paroissent au printemps, et ses feuilles tombent vers la fin de l'automne ; elles répandent, quand on les froisse, une forte odeur de bitume. Cet arbre fournit le *liquidambar* du commerce, suc résineux qui découle des fentes de l'écorce, ou des plaies qu'on y a faites : il est très-odorant. On en extrait une huile dont l'odeur est encore plus agréable ; des morceaux d'écorce et des portions de branches bouillies en fournissent également : la résine qui en sort flotte à la surface de l'eau. On se servoit autrefois du *liquidambar* pour parfumer les pelleteries. Il est employé en médecine, comme émollient, résolutif, emménagogue, etc. Le plus estimé est le liquidambar liquide : quelquefois, néanmoins, on le fait sécher au soleil pour en faciliter le transport ; il forme alors une résine concrète. Le bois du liquidambar est mou, très-souple ; il se tourmente beaucoup en se séchant, et n'est presque d'aucun usage, pas même pour le chauffage : il répand une odeur trop forte, qui n'est agréable que lorsqu'elle est modérée.

LIQUIDAMBAR D'ORIENT : *Liquidambar orientale*, Lamk., Enc. ; Mill., *Dict.*, n.° 2 ; *Liquidambar imberbe*, Ait., *Hort. Kew.*, 5, pag. 365 ; *Platanus orientalis*, Pock., *Itin.*, 2, tab. 89. Cet arbre, cultivé en pleine terre, comme le précédent, nous vient du Levant. Il a été introduit en France par Peyssonel, qui en avoit envoyé les graines de Smyrne. Cette espèce, très-rapprochée de la précédente, en diffère par ses feuilles moins grandes, à lobes plus courts, moins aigus : point de poils à l'insertion des feuilles avec le pétiole : ses fruits sont plus petits, moins hérissés de pointes ; il conserve ses feuilles un peu plus long-temps. On le multiplie aisément de marcottes.

Le *Liquidambar asplenifolia*, Linn., forme aujourd'hui un genre particulier. établi sous le nom de COMPTONIA. Voyez ce mot. (POIR.)

LIQUIDE. (*Chim.*) Ce mot, pris substantivement, a dans le langage chimique un sens plus général que le mot liqueur. C'est vraisemblablement parce que ce dernier désigne souvent. dans le langage vulgaire, un genre de corps liquides (voyez Liqueur), que les chimistes lui ont préféré, dans beaucoup de cas au moins, le mot *liquide*. (Ch.)

LIQUIDE [État]. (*Chim.*) Un des trois états des corps, relativement à l'agrégation de leurs particules. Voyez *Attraction moléculaire*, tom. III, Suppl., p. 100. (Ch.)

LIQUIDE. (*Phys.*) Voyez Fluide. (L. C.)

LIQUIRITIA. (*Bot.*) Nom donné par Brunsfels à la réglisse : le suc qu'on en retire est plus généralement connu sous celui de *succus liquiritiæ*. (J.)

LIRELLES. (*Bot.*) Dans les lichens, les hypoxylées, etc., le réceptacle des organes reproducteurs est très-variable dans sa forme ; il prend le nom de lirelles, lorsqu'il est sessile, linéaire, flexueux, et qu'il s'ouvre par une fente longitudinale. On en a un exemple dans les *opegrapha*. (Mass.)

LIRI. (*Malacoz.*) Adanson (Sénég., pag. 32, pl. 2) donne ce nom à un très-petit animal de la famille des *patelloïdes*, dont il fait une espèce de véritable patelle (Lepas, Adans.) ; mais je présume fortement que c'est à tort, le sommet de la coquille étant presque postérieur, au contraire de ce qui a lieu dans les patelles proprement dites. Quoi qu'il en soit, Gmelin a suivi la manière de voir d'Adanson : c'est la *patella perversa* du premier. Voyez Patelle. (De B.)

LIRIO. (*Bot.*) Voyez Nozethas. (J.)

LIRIODENDRUM. (*Bot.*) Voyez Tulipier. (Poir.)

LIRIOPE. (*Bot.*) Loureiro, qui établit ce genre dans sa *Flor. Cochinch.*, lui attribue, sous le nom de corolle, un calice divisé jusqu'à sa base, et des étamines insérées sous l'ovaire. Cependant il ne paroit pas qu'on puisse le séparer du genre *Sanseviera*, placé dans les asparaginées près du *dracæna*, et dont le calice, divisé moins profondément, porte à sa base les étamines. C'est le même qui est nommé *salmia* par Cavanilles, *pleomele* par M. Salisbury, et auquel se rapportent les *aletris fragrans* et *hyacinthoides* de Linnæus. (J.)

LIRIOZOON. (*Polyp.*) S. P. C. de Moll a établi sous cette dénomination, composée de deux mots grecs qui signifient *animal-lis*, un genre d'animaux que les uns placent parmi les astéries et les autres parmi les polypes, et dans lequel il range le lis-de-pierre ou encrine, *encrinus liliiformis*, L. ; le palmier marin de Guettard, *isis asteria*, L., et les entroques, *isis entrocha*, L., sous les noms de *liriozoon encrinus*, *pentacrinus* et *rotatorium*. Voy. ENCRINE et OMBELLULAIRE. (DE B.)

LIRIS. (*Entom.*) Fabricius désigne sous ce nom générique des hyménoptères que M. Latreille avoit appelés stizes, auxquels il joint plusieurs espèces de larres et de lyrops. (DESM.)

LIRIUM. (*Bot.*) Dodoëns, Daléchamps et C. Bauhin citent ce nom pour un iris bulbeux, et ce dernier dit ailleurs que le *lirium* de Théophraste est notre *amaryllis lutea*. Dans le siècle dernier Royon donnoit aussi ce nom au lis. (J.)

LIROKON. (*Min.*) M. Mohs. ayant placé dans le même ordre certaines combinaisons de cuivre et de fer avec les acides qui donnent des sels verts, et leur ayant appliqué le nom général de malachite, a distingué par des noms particuliers ces diverses espèces de malachite : il nomme *lirokon-malachite prismatique* le CUIVRE ARSÉNIATÉ, et *lirokon-malachite hexaédrique* le FER ARSÉNIATÉ. Voyez ces mots. (B.)

LIRON. (*Mamm.*) Vieux nom françois du loir. (F. C.)

LIS; *Lilium*, Linn. (*Bot.*) Genre de plantes monocotylédones, type de la famille des *liliacées*, Juss., et de l'*hexandrie monogynie*, Linn. Ses principaux caractères sont d'avoir une corolle campanulée, composée de six pétales ovales-oblongs, marqués en dedans d'un sillon longitudinal, et ayant leur pointe ouverte ou roulée en dehors; six étamines à filamens subulés, insérés au réceptacle, portant des anthères oblongues, versatiles; un ovaire supère, oblong, surmonté d'un style cylindrique, terminé par un stigmate épais, à trois lobes; une capsule trigone, à trois valves et à trois loges contenant chacune plusieurs graines planes, disposées sur deux rangs.

Les lis sont des plantes herbacées, à racines bulbeuses-écailleuses; à tiges simples, garnies de feuilles également simples, éparses ou verticillées, et à fleurs rarement solitaires au sommet de la tige, mais y étant le plus souvent disposées en grappe ou en panicule. Ces fleurs sont grandes, d'une forme élégante, et parées des couleurs les plus éclatantes : aussi sont-elles depuis long-temps en possession de faire un des plus beaux ornemens de nos jardins, et sous ce rapport toutes les espèces mériteroient d'être mentionnées; mais, comme la nature de cet ouvrage ne peut nous le permettre, nous ne parlerons que des espèces les plus belles et qui sont le plus généralement cultivées.

    * *Corolles ouvertes, non roulées en dehors.*

Lis blanc ; vulgairement le Lis : *Lilium candidum*, Linn., *Spec.*, 435 ; Red., Lil., n.º et t. 199. Sa racine est une bulbe écailleuse, blanchâtre, grosse comme la moitié du poing ; elle produit une tige cylindrique, glabre ainsi que toute la plante, haute de trois à quatre pieds, garnie, dans toute sa longueur, de feuilles oblongues-lancéolées, éparses, sessiles, d'un beau vert. Ses fleurs sont d'une blancheur éblouissante, douées d'une odeur agréable, mais un peu forte, portées sur des pédoncules simples, ou quelquefois divisés, et disposées, au nombre de dix à quinze, en une superbe grappe terminale. Cette plante passe pour originaire du Levant ; mais, cultivée depuis long-temps dans les jardins, à cause de la beauté de ses fleurs, elle est maintenant naturalisée dans une grande partie du Midi de l'Europe et même de la France.

Une fleur aussi remarquable et aussi belle que le lis ne pouvoit, chez les anciens, être une production ordinaire de la nature : aussi trouve-t-on, dans les auteurs ou les poëtes de l'antiquité, plusieurs fables sur son origine. Suivant l'une, Hercule, enfant, se nourrissoit du lait de Junon, pendant que la déesse étoit endormie ; mais l'épouse de Jupiter, s'éveillant, repousse avec colère le fils de sa rivale : alors un jet de lait s'échappe de son sein, et forme dans le ciel la voie lactée : quelques gouttes, étant tombées sur la terre, donnent naissance au lis. Suivant un autre récit, ce fut Vénus qui changea en cette fleur une jeune fille qui avoit osé se vanter d'être aussi belle qu'elle.

Dès les temps les plus anciens le lis a été l'emblème de la candeur et de la modestie, et chez tous les peuples qui l'ont connu, il a été pour les poëtes l'objet de mille comparaisons aimables. Celle qui a été le plus répétée, mais qui n'a pas cessé d'être gracieuse, est celle qui, pour nous donner une idée d'une jeune beauté, nous la représente comme réunissant sur son teint les lis et les roses.

Les fleurs de lis qui, depuis la croisade de Louis le jeune,

ont toujours orné la bannière et les armes des rois de France,
ne paroissent pas, comme presque tout le monde le croit
maintenant, être celles du lis blanc, et quoique ces fleurs
soient plus que jamais consacrées à l'auguste maison de
Bourbon, il paroît cependant, selon l'opinion la plus vraisemblable de quelques savans, que, dans l'origine, les fleurs
de lis de l'écu de France étoient celles de l'iris des marais,
qui a été autrefois désignée sous le nom de *lis des marais*.
Effectivement, les fleurs de cette iris, par la disposition des
divisions de leur corolle, rappellent assez bien la forme des
fleurs de lis françoises : comme elles aussi, elles sont de couleur dorée. Au reste, s'il falloit en croire d'autres savans, ces
lis des armes de France ne seroient même les fleurs d'aucune
plante ; ils seroient des abeilles, adoptées pour symbole par
les rois de la première race : d'autres n'ont voulu y voir que
des fers de lance, d'autres que des têtes de masses d'armes.

Saint Louis avoit pris pour devise une marguerite et des
lis, par allusion au nom de la reine sa femme et aux armes
de France. Ce grand prince portoit une bague représentant,
en émail et en relief, une guirlande de lis et de margue-
rites, et sur le chaton de l'anneau étoit gravé un crucifix sur
un saphir, avec ces mots : *Hors cet annel pourrions-nous trouver
amour ?* parce qu'en effet cet anneau lui offroit l'image ou
l'emblème de tout ce qu'il avoit de plus cher, la religion,
la France et son épouse.

Un roi de Navarre, Garcias IV, avoit institué l'ordre
militaire de *Notre-Dame du lis*, à l'occasion d'une image de
la Vierge, trouvée miraculeusement, à ce qu'on crut, dans
un lis, et par laquelle ce prince fut guéri d'une maladie
dangereuse.

Autant le parfum des lis peut être agréable en plein air,
autant il peut être nuisible de réunir ces fleurs en trop
grande quantité dans des appartemens fermés, et de s'exposer à leurs émanations. Cette odeur peut produire, sur
des personnes susceptibles et délicates, des maux de tête,
des vertiges, des syncopes et même des accidens encore plus
graves. Une femme, couchée dans une chambre où l'on
avoit placé des touffes de lis, fut trouvée morte le matin
dans son lit.

Les bulbes ou les oignons de lis contiennent beaucoup de mucilage ; en les faisant cuire dans l'eau ou sous la cendre chaude, on en fait des cataplasmes émolliens qu'on applique sur les tumeurs inflammatoires pour hâter leur maturation. Ces mêmes bulbes, cuites de même et broyées ensuite avec de l'huile de noix, ont été recommandées comme un très-bon moyen pour guérir les engelures.

L'huile de lis, qui se prépare par la macération des pétales de cette plante dans l'huile d'olives, s'emploie en liniment sur les brûlures, les gerçures du sein ; on l'introduit dans l'oreille pour calmer les douleurs de cette partie. On préparoit autrefois dans les pharmacies une eau distillée de fleurs de lis, qu'on regardoit comme antispasmodique et calmante ; aujourd'hui elle n'est plus employée.

Les fleurs de lis ont été mises au nombre des médicamens cosmétiques ; on s'est plu à croire que des fleurs d'une si grande blancheur, auxquelles, dans tous les temps et dans tous les pays, les poëtes ont si souvent comparé le teint des belles, devoient avoir la propriété de conserver à la beauté tout son éclat, toute sa fraîcheur, et même de l'augmenter.

Au reste on a attribué, soit aux bulbes soit aux fleurs du lis, une multitude de vertus presque toutes illusoires, dont il seroit superflu de parler ici ; il suffira de dire que Matthias Tilingius a composé, sous le nom de *Lilium curiosum*, un volume de près de six cents pages sur cette plante, dans lequel il traite de sa nature et de son essence admirable, de sa noblesse et de sa grandeur singulière, de ses qualités et de ses vertus ineffables, etc.

Le lis blanc est l'espèce la plus répandue ; il fait l'ornement de tous les jardins : c'est une plante robuste qui, quoique originaire du Levant, brave les froids de nos hivers, et vient dans toutes sortes de terres, pourvu qu'elles ne soient pas trop fortes ni trop humides. Il n'aime pas à être déplanté, et il faut le laisser à la même place tant qu'il n'a pas produit un trop grand nombre de caïeux. Ces derniers servent à le multiplier ; car rarement on sème ses graines, parce qu'il en donne rarement. Lorsqu'on est forcé de le déplanter, il faut faire en sorte que ce soit aussitôt qu'il est défleuri ; sans cela il ne donne pas de fleurs l'année suivante, et il faut le remettre tout de suite en terre, en enfonçant les oignons à six pouces de profondeur, parce qu'ils tendent toujours à remonter.

Cette espèce a plusieurs variétés : la plus belle est celle qu'on nomme *lis ensanglanté*, dont les pétales sont rayés et vergetés de rouge foncé ; le lis à fleur double s'épanouit souvent mal, et dans tous les cas nous paroît avoir beaucoup moins de grâce et faire bien moins d'effet que l'espèce simple ; la troisième variété a les feuilles panachées ou bordées de jaune. Le lis blanc et ses variétés fleurissent depuis les premiers jours de Juin jusqu'à la mi-Juillet, selon que la saison est plus ou moins hâtive.

On trouve sur toutes les espèces de ce genre, mais plus souvent sur le lis blanc, un petit insecte d'une belle couleur rouge ; c'est le criocère du lis. Le tort qu'il fait à l'état parfait est peu de chose ; mais sa larve dévore en peu de temps feuilles et fleurs, et si elle est un peu multipliée sur un pied de lis, c'en est fait de la plante. Cette larve a d'ailleurs un inconvénient bien désagréable, même lorsqu'elle n'est pas en grand nombre : c'est qu'elle est toujours enveloppée de ses excrémens, et qu'elle en sâlit toute la plante d'une manière dégoûtante, et la rend aussi désagréable à voir que sans cela elle eût présenté de charmes. La seule manière de s'en débarrasser, est de visiter souvent ses lis pour enlever toutes les larves à mesure qu'on les aperçoit, et surtout de prévenir leur naissance en tuant tous les insectes parfaits qu'on y trouve toujours pour s'accoupler ou pour y déposer leurs œufs.

Lis du Japon : *Lilium japonicum*, Thunb., *Flor. Jap.*, 133 ; Willd., *Spec.*, 2, p. 85 ; Lois., Herb. de l'amat., n. et t. 575. Sa tige est cylindrique, lisse, de la grosseur du petit doigt, haute de trois à quatre pieds, garnie, dans toute sa longueur, de feuilles lancéolées-linéaires, glabres, d'un beau vert. Dans les individus que nous avons eu occasion d'observer, nous n'avons trouvé qu'une seule fleur terminale ; mais il seroit possible que, lorsque les bulbes auront pris plus de force, chaque tige portât plusieurs fleurs. Quoi qu'il en soit, la fleur de cette espèce est plus grande que celle d'aucun autre lis qui soit à notre connoissance ; elle a cinq à six pouces de longueur, et, lorsqu'elle est ouverte, elle présente à peu 'près autant de largeur. Sa corolle est tubulée et presque triangulaire à sa base, ensuite évasée et campanulée, composée de six pétales d'un blanc terne à l'intérieur et un peu rougeâtre extérieurement. Les étamines ont leurs filamens subulés, plus courts que la corolle, terminés par des anthères ovales-arrondies, d'un jaune foncé et presque brun. Ce beau lis est, comme son nom spécifique l'indique, originaire du Japon. Nous le devons aux Anglois, qui l'ont fait venir de ce pays, il y a dix-huit ans, et il n'y a que trois ans qu'il se trouve dans les jardins de Paris ; il y a fleuri, pour la première fois, en Juillet 1821, chez M. Boursault et chez M. Cels. Comme il est encore très-rare, on ne l'a point encore hasardé en pleine terre ; on le plante en pot dans du terreau de bruyère, et on le rentre dans l'orangerie pendant l'hiver.

Lis de Philadelphie : *Lilium philadelphicum*, Linn., *Spec.*, 435 ; Curt., *Bot. Magaz.*, n. et t. 519 ; Red., Lil., n. et t. 104. La racine de cette espèce est une bulbe écailleuse, de la grosseur d'une noix ordinaire ; elle produit une tige cylindrique, haute d'environ un pied, glabre, verte ou un peu rougeâtre, et couverte d'une légère poussière glauque. Ses feuilles sont ovales-oblongues, verticillées quatre à huit ensemble. La tige est terminée par une ou deux fleurs droites, très-évasées, d'un beau rouge dans les deux tiers de leur limbe, et d'un jaune verdâtre, avec des taches noirâtres dans leur fond ; leurs pétales sont lancéolés, rétrécis à leur base en un onglet assez étroit. Les filamens des étamines sont droits, rougeâtres, terminés par des anthères noirâtres, vacillantes. Ce lis est originaire de l'Amérique septentrionale, et principalement de la Caroline du Sud. Il fleurit dans nos jardins au mois de Juillet. Quoiqu'il ait été transporté en Europe depuis plus de soixante ans, il est encore assez rare, parce qu'il craint l'humidité et qu'il est sujet à pourrir. Au reste il supporte bien en pleine terre le froid de nos hivers. Il réussit mieux dans le terreau de bruyère que dans toute autre espèce de terre.

Lis bulbifère : *Lilium bulbiferum*, Linn., *Spec.*, 433 ; Jacq. *Fl. Aust.*, 3, t. 226 ; Red., Lil., t. 210. Sa racine est une bulbe écailleuse, blanchâtre : elle donne naissance à une tige droite, un peu anguleuse, haute d'un pied et demi à trois pieds, garnie de feuilles nombreuses, étroites, presque linéaires, sillonnées et d'un vert foncé. Ses fleurs sont droites, grandes, très-ouvertes, d'une belle couleur orangée ou de safran, parsemées intérieurement de petites taches noirâtres, et pubescentes en leur rainure. Cette espèce croit naturellement dans le Midi de la France, en Suisse, en Italie, en Allemagne, etc. Elle présente deux variétés remarquables, qui sont peut-être des espèces : la première, qui est plus particulièrement le lis bulbifère, ne s'élève qu'à un pied ou dix-huit pouces, ne porte qu'une à quatre fleurs, très-rarement davantage, et est munie, aux aisselles des feuilles supérieures, de petites bulbes blanchâtres ; la seconde s'élève à deux ou trois pieds, est toujours dépourvue de bulbilles aux aisselles des feuilles, et les fleurs sont disposées dans la partie supérieure des tiges, au nombre de six à dix et même plus : cette dernière est connue sous le nom de *lis orangé*.

Ces deux variétés sont aussi rustiques que le lis blanc, et leur culture est aussi facile. Les bulbilles que porte la première fournissent un moyen de la multiplier ; mises en terre, elles donnent des fleurs au bout de quatre à cinq ans. La floraison du lis bulbifère est d'un mois plus hâtive que celle du lis orangé ; les fleurs du premier paroissent vers la fin de Mai ou le commencement de Juin, tandis que celles du second ne se développent que de la fin de Juin à la mi-Juillet. Les feuilles, dans les deux variétés, ne commencent à pousser qu'en Mars et Avril ; l'oignon est en repos depuis le milieu de l'été jusqu'au milieu de l'hiver, et il peut, par cette raison, rester beaucoup plus long-temps hors de terre que le lis blanc, dont la végétation recommence peu de temps après la dessiccation des tiges qui ont porté fleur.

** *Corolles réfléchies ou roulées en dehors.*

Lis MARTAGON : *Lilium martagon*, Linn., *Spec.*, 455 ; Jacq. *Fl. Aust.*, t. 351 ; Red., *Lil.*, n. et t. 146. Sa tige est cylindrique, haute de deux à trois pieds, garnie de feuilles ovales-lancéolées, ou oblongues-lancéolées, verticillées cinq à six ensemble. Ses fleurs sont pendantes, ordinairement purpurines, parsemées en dedans de points noirâtres, à pétales roulés en dehors, et disposées en grappe terminale, au nombre de quatre à dix et quelquefois plus, dans certaines variétés cultivées ; elles ont une odeur forte et désagréable. Cette espèce croît naturellement dans les bois des montagnes de plusieurs provinces de France, et en Suisse, en Allemagne, en Hongrie, en Sibérie. Elle fleurit à la fin de Mai ou au commencement de Juin.

Les Hollandois connoissent au moins vingt variétés de cette espèce, dont une a les fleurs doubles ; les autres se distinguent à leurs corolles pourpres, blanches ou jaunes, unies ou piquetées de pourpre sur un fond blanc, ou de blanc sur un fond pourpre, etc. Ce lis aime une terre légère, l'ombre et la fraîcheur. Les Baschkirs, qui habitent entre le Volga et l'Oural, font, selon Pallas, une récolte abondante de l'oignon de cette plante ; ils le mangent dans sa fraîcheur, ou le sèchent pour faire de la bouillie en hiver.

Lis de Pomponne, Lis turban ou encore Martagon de Pomponne : *Lilium pomponicum*, Linn., *Spec.*, 434 ; Red., Lil., n. et t. 7. Sa tige est cylindrique, haute d'un à deux pieds, garnie de feuilles lancéolées, très-rapprochées les unes des autres ; ses fleurs sont d'un beau rouge écarlate, pendantes, à pétales roulés en dehors, chargés en dedans de petites papilles, et deux à six ensemble au sommet des tiges. Cette plante croît en France dans les montagnes de la Provence et du Dauphiné ; on la retrouve en Sibérie. Elle fleurit en Juillet ; on la cultive dans beaucoup de jardins.

Lis des Pyrénées : *Lilium pyrenaicum*, Gouan., *Ill.*, 25 ; Red., Lil., n. et t. 145. Cette espèce ne diffère essentiellement de l'espèce précédente que par ses fleurs jaunes, marquées de points noirâtres ; leur odeur est forte et désagréable. Cette plante se cultive comme les deux précédentes ; mais elle est plus délicate : elle fleurit en Juin. Elle croît naturellement dans les Pyrénées et dans les Alpes.

Lis de Chalcédoine : *Lilium chalcedonicum*, Linn., *Spec.*, 434 ; Jacq., *Flor. Aust.*, app., t. 20. Ce lis a beaucoup de rapport avec le martagon de Pomponne ; il s'en distingue à ses feuilles plus larges, moins aiguës, à sa tige plus élevée, et

à ses fleurs d'un tiers plus grandes, ordinairement au nombre
d'une à trois seulement. Il est originaire du Levant ; on le
trouve aussi en Carniole. Il ne craint pas le froid de nos
hivers, et se cultive en pleine terre, comme les précédens.
il fleurit en Juillet.

Lis superbe : *Lilium superbum*, Linn., *Spec.*, 454 ; Red., Lil.,
n. et t. 103 ; *Bot. Magaz.*, n. et t. 936. Sa racine est une bulbe
blanchâtre, écailleuse, petite proportionnément à la hauteur de sa tige, qui s'élève depuis trois pieds jusqu'à sept et
huit. Ses feuilles sont lancéolées, d'un vert foncé, verticillées huit à dix ensemble dans le bas de la tige, et éparses
dans sa partie supérieure. Ses fleurs sont grandes, jaunâtres
dans le fond, avec des points noirâtres, et d'un beau rouge-
orangé dans le reste, pendant à de longs pédoncules, ayant
leurs pétales très-ouverts. Ces fleurs font toujours un bel
effet par l'élégance de leur forme et par l'éclat de leurs couleurs ; mais lorsque, au lieu d'être seulement au nombre de
six à huit au sommet des tiges, il y en a trente à quarante
et même davantage, elles présentent une panicule terminale
d'un aspect magnifique.

Le lis superbe a pour la première fois été cultivé en Angleterre, en 1727, par Pierre Collinson, membre de la Société
royale de Londres. Mais, quoiqu'il y ait près de cent ans
qu'il a été transporté de son pays natal (l'Amérique septentrionale) dans nos jardins, il n'y est point encore très-
répandu : ce n'est pas qu'il craigne le froid, mais l'humidité.
On le plante en pleine terre de bruyère, à l'exposition du
nord. Il n'a pas besoin d'être souvent changé de place, et
c'est lorsqu'il est resté trois à quatre ans sans être déplanté,
qu'il produit des tiges plus élevées et chargées d'un plus
grand nombre de fleurs. Il faut seulement avoir soin de le
débarrasser des mauvaises herbes, et le tenir assez éloigné
des autres plantes, dont les racines pourroient lui être nuisibles. Quand on le déplante tous les trois à quatre ans, pour
séparer les caïeux que son oignon a produits, il est bon de
remettre le tout en terre le plus promptement possible.
Outre les caïeux qui servent à le multiplier, chaque écaille
de l'oignon, séparée avec précaution et plantée à part dans
du terreau de bruyère, a la faculté de former de nouvelles

bulbes, qui fleurissent au bout de quatre à cinq ans. Cette espèce fleurit en Juillet et Août.

Lis tigré ou Lis de la Chine : *Lilium tigrinum*, *Bot. Magaz.*, n. et t. 1237 : Lois., *Herb. de l'amat.*, n. et t. 91 ; *Lilium speciosum*, Andrew, *Bot. Repos.*, n. et t. 586. Sa racine, de même que dans l'espèce précédente, est une bulbe écailleuse, blanchâtre, peu volumineuse comparativement à la hauteur de la tige, qui s'élève depuis deux à trois pieds jusqu'à six. Cette tige est d'un brun violâtre, recouverte de quelques poils blanchâtres, et garnie de feuilles glabres, d'un vert foncé, les inférieures linéaires-lancéolées, et les supérieures ovales-oblongues ; presque toutes portent dans leurs aisselles une ou deux bulbilles luisantes, d'un violet noirâtre, qui tombent d'elles-mêmes vers l'époque de la floraison. Ses fleurs, plus grandes que dans toutes les espèces précédentes, excepté le lis du Japon, sont d'un beau rouge de vermillon, tirant un peu sur l'orangé, chargées intérieurement de plusieurs taches d'un pourpre noirâtre. Ces fleurs sont inodores et varient, selon l'âge et la force de l'oignon, et selon la bonté du terrain, depuis deux à trois jusqu'à douze et même jusqu'à vingt ; lorsqu'elles sont nombreuses, elles forment un panicule terminal du plus bel effet, et dont on peut jouir pendant quinze à vingt jours, les fleurs ne s'épanouissant pas toutes à la fois. Les pédoncules sont penchés et les pétales roulés en dehors, comme dans les espèces précédentes. Cette magnifique plante fleurit en Juillet et Août.

Elle est originaire de la Chine, de la Cochinchine et du Japon, où on la cultive tant pour la beauté de ses fleurs que parce que ses racines se mangent. Nous la devons aux Anglois, qui l'ont introduite chez eux en 1804, et deux ou trois ans après on la cultivoit à Paris, où elle fut d'abord fort chère. Les premiers pieds se vendirent plusieurs louis ; mais, comme elle est très-facile à multiplier, à cause des nombreuses bulbilles que chaque pied fournit tous les ans, elle a cessé promptement d'être rare : elle est même déjà assez commune, et finira probablement par l'être autant et plus, peut-être, que les espèces les plus vulgaires. On la cultivoit d'abord dans le terreau de bruyère, et on la rentroit dans la serre pendant l'hiver : depuis qu'elle a cessé d'être rare, on la plante en plein air ; une terre légère, un peu substantielle, lui suffit, et elle a bravé ainsi dans mon jardin, en 1820, un froid de 12 degrés au-dessous de zéro.

On connoit encore une vingtaine d'autres espèces de lis, qui sont toutes plus ou moins belles. (L. D.)

LIS-ASPHODÈLE, *Lilio-asphodelus.* (*Bot.*) Ce nom a été employé par Clusius et adopté par Tournefort, pour désigner le genre nommé ensuite *hemerocallis* par Linnæus. Commelin avoit donné le même nom au *crinum americanum.* (J.)

LIS DE CALCÉDOINE. (*Bot.*) Voyez HÉMÉROCALLE. (LEM.)

LIS ÉPINEUX. (*Bot.*) C'est dans les colonies le nom qu'on donne au *catesbæa spinosa*, Linn. (LEM.)

LIS DES ÉTANGS. (*Bot.*) C'est le nénuphar à fleurs blanches, qui n'habite que les étangs et ne se trouve pas dans les rivières. (J.)

LIS DES INCAS. (*Bot.*) Espèce de liliacée du genre *Alstroemeria.* Voyez ALSTROEMÈRE. (LEM.)

LIS-JACINTHE, *Lilio-hyacinthus.* (*Bot.*) Ce genre de Tournefort a été réuni par Linnæus au *scilla*, dont il diffère par son bulbe écailleux. Adanson le laissoit genre distinct sous le nom de *Helonias.* (J.)

LIS DU JAPON. (*Bot.*) Les jardiniers-fleuristes ont donné ce nom à une espèce d'amaryllis, *amaryllis sarniensis.* (LEM.)

LIS DE MAI. (*Bot.*) Un des noms vulgaires du muguet de Mai. (L. D.)

LIS DES MARAIS. (*Bot.*) On appeloit ainsi autrefois l'iris des marais. (L. D.)

LIS DE MATTHIOLE. (*Bot.*) Le *pancratium maritimum* a été nommé lis de Matthiole, parce que ce célèbre naturaliste l'avoit placé dans ses lis. (LEM.)

LIS-DE-MER. (*Foss.*) C'est le nom qui a été donné à une espèce d'encrine. Voyez ENCRINE. (D. F.)

LIS DU MEXIQUE. (*Bot.*) C'est l'amaryllis-belladone. (L. D.)

LIS-NARCISSE, *Lilio-narcissus.* (*Bot.*) On trouve réunies sous ce nom, par divers auteurs, des plantes réparties maintenant dans les genres *Pancratium* et *Amaryllis* de la famille des narcissées. (J.)

LIS NARCISSE DES INDES. (*Bot.*) Nom vulgaire de l'amaryllis des Indes. (L. D.)

LIS NARCISSE DE VIRGINIE. (*Bot.*) C'est une autre espèce d'amaryllis, l'*amaryllis atamasco*. (L. D.)

LIS ORANGÉ. (*Bot.*) Nom vulgaire de l'HÉMÉROCALLE FAUVE, vol. XX, p. 544. (*NB.* A cet article, ligne 2, au lieu de Rhécde, *Lil.*, lisez Redouté, *Lil.*; et plus bas, à l'HÉMÉROCALLE BLEU, corrigez la même erreur. (L. D.)

LIS DE PERSE ou DE SUZE. (*Bot.*) Nom du *fritillaria persica* dans quelques jardins. (J.)

LIS DE PIERRE. (*Zooph.*) Voyez LIRIOZOON. (DE B.)

LIS SAINT-ANTOINE. (*Bot.*) C'est le lis blanc. (L. D.)

LIS DE SAINT-BRUNO. (*Bot.*) Nom vulgaire du *phalangium liliastrum*. (L. D.)

LIS DE SAINT-JACQUES. (*Bot.*) Un des noms vulgaires de l'*amaryllis formosissima*. (L. D.)

LIS DE LA SAINT-JEAN. (*Bot.*) Nom vulgaire du glaïeul commun. (L. D.)

LIS DE SURATE. (*Bot.*) Plante du genre Ketmie, *hibiscus suratensis*. (LEM.)

LIS DES TEINTURIERS. (*Bot.*) La gaude, plante du genre Réséda, employée dans la teinture, est ainsi appelée, parce que c'est à l'époque où le lis fleurit qu'on la recueille dans quelques endroits. Le *lysimachia communis*, Linn., est aussi nommé lis des teinturiers. (LEM.)

LIS TURC. (*Bot.*) L'on désigne ainsi l'*ixia* de la Chine. (LEM.)

LIS DES VALLÉES. (*Bot.*) C'est la traduction du *lilium convallium* de Tragus, Matthiole, C. Bauhin et Tournefort, maintenant *convallaria* de Linnæus, connu sous le nom de muguet. (J.)

LIS VERMEIL. (*Bot.*) C'est une espèce d'asphodèle. (L. D.)

LIS VERT. (*Bot.*) Un des noms vulgaires du colchique d'automne. (L. D.)

LISCHEN-HAZZAPHIR. (*Bot.*) Voyez LASCHEN-HAZZIPAR. (J.)

LISCHIA. (*Bot.*) Voyez LITCHI. (J.)

LISEN, LESAN-ELHAMEL. (*Bot.*) Noms arabes du grand plantain, selon Daléchamps; c'est le *lissan-el-hamah* de Forskal. (J.)

LISEROLLE, *Evolvulus*. (*Bot.*) Genre de plantes dicotylédones, à fleurs complètes, monopétalées, régulières, de la

famille des *convolvulacées*, de la *pentandrie digynie* de Lin-
nœus ; offrant pour caractère essentiel : Un calice à cinq divisions profondes ; une corolle presque en roue, plissée, à cinq
lobes ; cinq étamines ; un ovaire supérieur, surmonté de
deux styles profondément bifides ; les stigmates simples. Le
fruit est une capsule à quatre loges, s'ouvrant en quatre
valves ; ordinairement une semence dans chaque loge.

Ce genre, qui a beaucoup de rapports avec les liserons,
renferme des plantes à tige herbacée, rampantes ou couchées, rarement dressées, munies de feuilles simples, alternes ; les pédoncules alternes, uniflores ou chargés de
plusieurs fleurs ; les pédicelles garnis de deux bractées : les
fleurs blanches ou bleues. On en cultive quelques espèces
dans les jardins de botanique, particulièrement les deux
premières ; leurs graines mûrissent assez bien, et fournissent à leur multiplication. On les sème en Avril sur couche
et sous châssis ; elles veulent une terre de bruyère : il faut
les rentrer de bonne heure, en automne, dans la serre
chaude. Elles ont, en général, fort peu d'agrément.

Liserolle a feuilles de lin : *Evolvulus linifolius*, Linn. ; Lmk.,
Ill. gen., tab. 216, fig. 1 ; Brown, *Jam.*, 152, tab. 10, fig. 2.
Ses tiges sont droites, grêles, pileuses, hautes de huit à
dix pouces ; les feuilles alternes, lancéolées, presque sessiles,
velues, d'un vert blanchâtre ; les pédoncules filiformes, velus, axillaires, chargés d'une à cinq fleurs pédicellées, petites,
bleuâtres ; les pédicelles munis de petites bractées aiguës.
Cette plante croit à la Jamaïque ; on la cultive au Jardin du
Roi.

Liserolle a feuilles d'alsine : *Evolvulus alsinoides*, Linn. :
Lamrk., *Ill. gen.*, tab. 216, fig. 2 ; *Vistnu-Claudi*, Rheed.,
Malab., 11, tab. 64. Quelques auteurs ont cru devoir faire
de cette espèce un genre particulier, à raison des cinq écailles
placées dans l'intérieur de la fleur, et de ses capsules à
deux loges au lieu de quatre ; Adanson lui a donné le
nom de *vistnu*, et Scopoli celui de *camdenia* : ce genre n'a
pas été admis. Ses tiges sont grêles, étalées, un peu rameuses,
couvertes de poils couchés, garnies de feuilles pétiolées,
ovoïdes, presque glabres en-dessus, très-obtuses, munies en-
dessous de poils couchés, peu nombreux. Les pédoncules

sont solitaires, axillaires, chargés d'une, de deux ou trois fleurs. Cette plante croît dans les Indes orientales : elle est cultivée au jardin du Roi. L'*evolvulus hirsutus*, Lamk., *Enc.*, ne seroit-elle pas la même espèce, ou une variété?

LISEROLLE A FEUILLES DE VÉRONIQUE : *Evolvulus veronicæfolius*, Kunth *in* Humb. et Bonpl., *Nov. gen.*, 3, pag. 117, tab. 215. Ses tiges sont couchées, rampantes, pileuses; ses feuilles pétiolées, orbiculaires, en cœur, presque glabres, entières; les pédoncules pileux, solitaires, axillaires, uniflores, munis de deux bractées linéaires-lancéolées; les divisions du calice ciliées à leur bord; la corolle d'un violet pâle. Le fruit est une capsule glabre, globuleuse, environnée par le calice persistant, uniloculaire, à deux ou trois semences. Cette plante croît dans la Nouvelle-Grenade; elle diffère peu de l'*evolvulus nummularius* de Linnæus.

LISEROLLE BLANCHATRE : *Evolvulus incanus*, Poir., *Encycl.*; Kunth *in* Humb., *l. c.*, pag. 116; *Evolvulus sericeus*, Ruiz et Pav., *Fl. Per.*, 3, tab. 252, fig. *b*. Ses tiges sont ligneuses, diffuses, tombantes, presque simples et soyeuses; les feuilles rapprochées, médiocrement pétiolées, oblongues, lancéolées, aiguës, un peu courbées en faucille, argentées et soyeuses à leurs deux faces; les pédoncules uniflores, solitaires, axillaires, munis de deux bractées linéaires; la corolle bleuâtre, pubescente et soyeuse; les capsules glabres, globuleuses, de la grosseur d'un grain de chenevis. Cette plante croît au royaume de Quito, parmi les décombres, sur le bord du fleuve Guallabamba.

LISEROLLE A TIGE GRÊLE; *Evolvulus gracilis*, Kunth, *l. c.*, pag. 115. Cette plante, très-rapprochée de l'*evolvulus linifolius*, a des racines ligneuses, rampantes; ses tiges sont filiformes, foibles, tombantes, rameuses, longues d'un pied et demi, couvertes de poils argentés; les feuilles sont médiocrement pétiolées, oblongues, un peu acuminées, pileuses et soyeuses à leurs deux faces; les pédoncules axillaires, solitaires, chargés de deux fleurs; les divisions du calice linéaires-lancéolées, velues et soyeuses; les capsules glabres, diaphanes, à deux semences. Cette espèce croît au pied des Andes de Quito.

LISEROLLE VELUE : *Evolvulus villosus*, Ruiz et Pav., *Flor. Per.*,

3, pag. 30, tab. 258, fig. *b*. Cette espèce, assez rapprochée de l'*evolvulus alsinoides*, a des racines brunes, simples, perpendiculaires; ses tiges sont couchées, velues, filiformes, très-simples, herbacées, longues d'un pied; les feuilles unilatérales, presque sessiles, ovales-aiguës, velues à leurs deux faces, à peine longues d'un pouce; les pédoncules capillaires, une fois plus longs que les feuilles, portant une, deux ou trois fleurs; les bractées subulées; le calice velu; la corolle d'un bleu violet; les capsules de la grosseur d'un grain de poivre. Cette plante croît au Pérou, sur les collines sablonneuses.

Plusieurs autres espèces sont mentionnées dans les auteurs. Rob. Brown en cite deux de la Nouvelle-Hollande : l'*Evolvulus decumbens, argenteus*. Pursh, sous ce dernier nom, en décrit une de l'Amérique septentrionale. J'en ai fait connoître une de Saint-Domingue, *evolvulus arbuscula*, Poir., Encycl., Suppl., et quelques autres, qu'on a reconnu appartenir au genre *Convolvulus*, etc. (Poir.)

LISERON; *Convolvulus*, Linn. (*Bot.*) Genre de plantes dicotylédones, de la famille des *convolvulacées*, Juss., et de la *pentandrie monogynie* du système sexuel. Ses principaux caractères sont d'avoir un calice à cinq folioles persistantes; une corolle campanulée, plissée, à limbe ouvert, entier, ou à cinq lobes; cinq étamines insérées à la base de la corolle : un ovaire supère, surmonté d'un style simple, terminé par deux stigmates filiformes; une capsule arrondie, entourée par le calice persistant, et divisée intérieurement en deux loges contenant chacune deux graines.

Les liserons sont des plantes herbacées, quelquefois ligneuses, souvent sarmenteuses et grimpantes, à feuilles alternes, entières ou découpées, et à fleurs ordinairement axillaires, en général assez grandes et d'un joli aspect. La plupart de ces plantes contiennent, dans leurs différentes parties et surtout dans leurs racines, un suc lactescent, plus ou moins âcre et résineux, dont la propriété principale est, dans plusieurs espèces, d'être purgatif. On connoît maintenant près de deux cents espèces de liserons répandues dans les différentes parties du monde, mais plus communes dans les pays chauds qu'ailleurs.

Les bornes de cet ouvrage ne nous permettant pas de faire ici même la simple énumération de toutes ces espèces, nous nous bornerons à parler de celles qui présentent le plus d'intérêt, et dans ce nombre nous aurons à parler de plusieurs plantes qui nous fournissent, les unes des médicamens utiles, les autres des alimens, et dont plusieurs sont cultivées pour l'ornement des jardins.

* *Tiges grimpantes.*

Liseron des haies ; vulgairement Liset, Grand Liseron : *Convolvulus sepium*, Linn., *Spec.*, 218 ; *Flor. Dan.*, t. 458 ; *Calystegia sepium*, Rœm. et Schult., *Syst. veget.*, 4, p. 182. Ses racines sont longues, menues, blanchâtres, vivaces ; elles produisent une ou plusieurs tiges grêles, grimpantes, s'élevant à six ou huit pieds de hauteur, en s'entortillant autour des plantes ou autres objets qui sont dans leur voisinage. Ses feuilles sont pétiolées, glabres, d'un vert foncé, sagittées, les deux lobes latéraux tronqués. Ses fleurs sont d'un blanc très-pur, solitaires dans les aisselles des feuilles sur des pédoncules assez longs, et munies, à la base de leur calice, de deux grandes bractées cordiformes. Le limbe de la corolle est entier ; les anthères des étamines sont sagittées, et les stigmates ovales, grenus. Cette plante est commune en Europe, dans les haies et les buissons ; on la trouve aussi dans le Nord de l'Asie et de l'Amérique : elle fleurit pendant une grande partie de l'été, et elle fait un joli effet. On ne la cultive pas ordinairement comme plante d'ornement ; mais elle seroit très-convenablement placée dans les jardins paysagers. Les chevaux paroissent la manger avec plaisir ; mais elle n'est point du goût des vaches. Ses racines, ses tiges et ses feuilles ont une propriété purgative assez prononcée ; cependant on n'en fait point usage en médecine. On peut en préparer un extrait, dont la dose est de vingt à trente grains, et qui a été recommandé dans les hydropisies.

Liseron des champs ; vulgairement Petit Liseron, Liseron des vignes, Clochette, Vrillée : *Convolvulus arvensis*, Linn., *Spec.*, 218 ; Bull., *Herb.*, t. 269. Cette espèce diffère de la précédente, en ce qu'elle est plus petite dans toutes ses parties, et surtout parce que les lobes latéraux de la base

des feuilles sont aigus, et de plus parce que les calices ne
sont pas environnés par de grandes bractées ; mais il s'en
trouve deux très-petites sur le pédoncule, à quelque distance de la fleur : celle-ci est rose ou blanche à l'intérieur, et
d'un rouge clair extérieurement. Le petit liseron est commun
dans les moissons et les lieux cultivés de toute l'Europe. Il
fleurit pendant tout l'été ; mais ses fleurs ne durent que
quelques heures, épanouies : elles sont jolies et agréables à
voir. Il a passé autrefois pour un très-bon vulnéraire, et Tournefort l'estimoit sous ce rapport d'une manière particulière ;
aujourd'hui il est entièrement tombé en désuétude. Quoique
tous les bestiaux le mangent, surtout les vaches et les chevaux, il doit bien moins être regardé comme utile que comme
nuisible ; car il ne peut fournir que très-peu de nourriture
à ces animaux, et, d'un autre côté, il fait beaucoup de tort
dans les lieux où il est multiplié, en s'entortillant autour des
blés ou autres plantes cultivées. Aucune autre mauvaise herbe
n'est peut-être aussi difficile à détruire dans les jardins. Ses
racines sont si longues, si profondes et en même temps si
menues, qu'on ne peut jamais les arracher complétement,
et elles sont en même temps si vivaces que le moindre brin
qui en reste suffit pour produire un nouveau pied. Le seul
moyen pour s'en débarrasser est de chercher à épuiser les
racines, et à les faire périr en retranchant les tiges aussitôt
qu'elles se montrent et en les enlevant avec le plus de racine possible.

LISERON MÉCHOACAN ; *Convolvulus Mechoacanna*, Rœm. et
Schult., *Syst. veget.*, 4, p. 257; *Convolvulus Americanus Mechoa-
can dictus*, Rai. *Hist.*, 725; Linn., *Mat. med.*, 28. Sa racine est
très-grosse, vivace, cendrée ou rousse à l'extérieur, blanche
en dedans, pleine d'un suc blanc et laiteux ; elle produit
une tige longue, anguleuse, flexible, sarmenteuse, garnie de
feuilles cordiformes, un peu auriculées sur leurs côtés, pétiolées, verdâtres, douces au toucher, veinées en-dessous.
Les fleurs sont axillaires, solitaires, pédonculées, blanches
ou incarnates en dehors, quelquefois légèrement purpurines
en dedans, aussi grandes que celles de notre liseron des
haies. Cette plante croît naturellement au Mexique, au
Brésil et dans d'autres parties de l'Amérique. Jusqu'à pré-

sent elle n'a point été apportée vivante en Europe ; elle n'est même encore qu'assez incomplétement connue.

Quoi qu'il en soit, sa racine sèche nous vient par la voie du commerce, sous le nom de méchoacan : en cet état elle est en tranches blanchâtres, fibreuses, un peu mollasses, d'une saveur d'abord douceâtre, et ensuite un peu âcre. Elle a été introduite en Europe vers la fin du seizième siècle. Il paroit que c'est à Séville qu'elle fut d'abord employée par Monard, médecin espagnol, qui en parle assez longuement dans son Histoire des médicamens apportés de l'Amérique, publiée à Séville en 1595. Le méchoacan ne tarda pas alors à devenir usuel, sous le nom de *rhubarbe des Indes*, et depuis ce temps l'usage de cette racine se répandit dans différentes parties de l'Europe, où on lui donna les divers noms de *patate purgative*, de *rhubarbe blanche*, de *scammonée d'Amérique* et de *bryone d'Amérique*.

En nature et en poudre le méchoacan est un assez bon purgatif; il est préférable sous cette forme à la décoction, qui n'agit pas aussi sûrement. On peut le prescrire depuis quelques grains, pour les petits enfans, jusqu'à deux scrupules pour les adultes. Aujourd'hui il est presque entièrement tombé en désuétude, parce qu'on lui a reproché d'avoir une saveur désagréable, d'être sujet à s'altérer, et dans ce dernier cas de ne pas agir d'une manière certaine : on lui préfère généralement le jalap (*convolvulus jalapa*), qui est moins sujet à s'altérer, qui a une saveur moins désagréable, et dont l'action est plus sûre.

Liseron scammonée: *Convolvulus Scammonia*, Linn., Sp., 218, Mill., *Dict.*, n.° 3, t. 102. Sa racine est épaisse, charnue, fusiforme, quelquefois fort longue, vivace : elle produit une ou plusieurs tiges cylindriques, grêles, un peu velues, grimpantes, hautes de trois pieds ou plus, garnies de feuilles triangulaires, hastées, pétiolées, glabres. Les fleurs sont blanches ou légèrement purpurines, grandes, portées, deux à trois ensemble, sur des pédoncules axillaires, environ une fois plus longs que les feuilles ; les folioles du calice sont obtuses. Cette plante croit naturellement en Syrie et autres lieux du Levant. Ses racines fournissent un suc lactescent, qui, étant concrété, est connu, dans le commerce et en médecine, sous le nom de scammonée. On le recueille en faisant, à la fin du printemps, des incisions à la partie supérieure de la racine de la plante, et en plaçant autour, des coquilles ou autres objets propres à recevoir les gouttes qui en découlent. Deux fois par jour on ramasse celui qu'a fourni chaque racine, pour le réunir dans un vase commun et le faire sécher au soleil. La scammonée recueillie par ce moyen est la plus pure : elle forme des espèces de larmes : mais il est rare qu'on en apporte en Europe. Celle qui nous vient par la voie du commerce est le plus souvent le produit du suc retiré par expression des racines arrachées hors de terre, et qu'on a fait évaporer à la consistance d'extrait solide : il paroît même qu'on retire aussi le suc des tiges et des feuilles pour le réduire également en extrait. On trouve dans le commerce deux espèces de scammonées : l'une connue sous le nom de scammonée d'Alep, parce qu'on la recueille aux environs de cette ville, c'est la plus belle ; l'autre, d'une qualité inférieure, est appelée scammonée de Smyrne, parce qu'elle nous vient de cette dernière ville.

La scammonée est un médicament fort anciennement connu ; il en est fait mention dans les ouvrages d'Hippocrate. Les médecins lui attribuoient autrefois plusieurs propriétés particulières ; aujourd'hui, appréciée à sa juste valeur, elle n'est plus considérée que comme un purgatif énergique, et sous ce rapport elle est encore assez souvent employée toutes les fois que la sensibilité est plus ou moins diminuée, et qu'on juge nécessaire de produire dans l'économie une forte excitation : ainsi on l'administre dans l'apoplexie, la paralysie, la manie, les hydropisies et les maladies chroniques en général. Il faut s'en abstenir dans les fièvres essentielles et dans les maladies inflammatoires de toute espèce. La scammonée, donnée en trop grande quantité, peut produire des superpurgations dangereuses, accompagnées de coliques et autres accidens. La dose convenable est de deux à douze grains, selon l'âge, le sexe et le tempérament, et la meilleure manière de la faire prendre est de l'étendre dans une potion mucilagineuse ; cependant on la prescrit aussi en pilules. On a d'ailleurs, dans les pharmacies, différentes préparations dont la scammonée est la base, ou dont elle fait partie. Le diagrède cydonisé, glycyrrhise, sulfure, dont l'usage est un peu tombé, n'est que de la scammonée diversement tempérée.

Liseron turbith : *Convolvulus turpethum*, Linn., *Spec.*, 221 ; Blackw., *Herb.*, t. 397 : *Ipomœa turpethum*, Rœm. et Schult., *Syst. veget.*, 4. p. 219. Ses racines sont de la grosseur du pouce, longues de cinq à six pieds, rampantes, brunâtres, lactescentes ; elles produisent des tiges sarmenteuses, volubiles, ligneuses à leur base, chargées de quatre angles. Ses feuilles sont cordiformes, anguleuses, un peu crénelées, molles au toucher, cotonneuses, blanchâtres, portées sur un pétiole ailé. Les fleurs sont blanches, de la grandeur de celles du liseron des haies, portées trois ou quatre ensemble sur des pédoncules cylindriques, axillaires, plus longs que les pétioles. Cette plante croît naturellement dans l'île de Ceilan et dans les Indes orientales. Ce sont ses racines desséchées et coupées en morceaux qu'on nous apporte sous le nom de *turbith végétal*, et qu'on emploie en médecine comme purgatives.

Les Grecs ne paroissent pas avoir connu le turbith ; c'est aux Arabes qu'on en doit l'introduction dans la matière médicale, et ces derniers dûrent sans doute la connoissance de ses propriétés aux médecins indiens, qui auront été les premiers à s'en servir. La dose de cette substance est de quinze grains à un gros, en nature et en poudre. On l'a principalement recommandée dans la goutte, l'hydropisie, la paralysie, et en général dans les maladies chroniques froides. Le turbith entroit jadis dans la composition de plusieurs préparations pharmaceutiques aujourd'hui tombées en désuétude.

Liseron jalap : *Convolvulus jalapa*, Linn., *Mant.*, 1, p. 43; Desfont. |Ann. du Mus., 2, p. 126, t. 40, 41 ; *Ipomœa jalapa*, Pursh., *Flor. Amer. sept.*, 1, p. 146. Sa racine est charnue, fusiforme-arrondie, très-grosse, quelquefois du poids de cinquante livres : elle produit plusieurs tiges herbacées, grosses comme une petite plume à écrire, sarmenteuses, velues, s'élevant à douze et vingt pieds, en s'entortillant autour des plantes ou autres objets qui sont à leur portée. Ses feuilles sont pétiolées, cordiformes, entières ou découpées en trois à cinq lobes, ridées en-dessus, velues en-dessous. Les fleurs sont grandes, blanches, avec des nuances et des veines de violet, portées, une, deux ou plusieurs ensemble, sur des pédoncules pubescens, longs d'un à deux pouces et solitaires dans les aisselles des feuilles. Cette espèce croît naturellement au Mexique, dans les Florides et les provinces méridionales des États-Unis. On la cultive au Jardin du Roi, à Paris, où on la rentre dans l'orangerie pendant l'hiver. M. le professeur Thouin pense qu'elle pourroit être acclimatée dans les parties méridionales de la France, et qu'elle pourroit se cultiver en grand, surtout dans le département du Var et aux îles d'Hyères, les froids qu'on y éprouve en hiver n'étant pas en général plus rigoureux que ceux qui se font sentir à Charles-Town, où Michaux, père, a conservé, pendant plusieurs années, un pied de jalap qui eut plusieurs fois à souffrir, sans en être endommagé, quatre à six degrés au-dessous du terme de la congélation.

Le nom que porte le jalap lui vient de Xalappa, ville du Mexique, aux environs de laquelle il est commun. Étant indigène de l'Amérique, il n'a pas été connu des anciens, et les Espagnols en dûrent la connoissance aux Mexicains, qui, long-temps avant la découverte du nouveau monde, en faisoient usage dans leur médecine. Il y a un peu plus de deux cents ans (vers 1610) que le jalap a été apporté pour la première fois en Europe; mais, de même que plusieurs autres substances médicamenteuses, on s'en servit, pendant long-temps, sans savoir à quelle espèce de plante il appartenoit. On crut d'abord que c'étoit la racine d'une bryone, ensuite d'une rhubarbe, puis d'un *mirabilis* ou belle-de-nuit; et cette opinion, qui fut pendant quelque temps celle de Linnæus, fut presque généralement adoptée, jusqu'à ce que, Houston, qui avoit voyagé en Amérique, dans le pays où croît le jalap, en ayant rapporté des échantillons et les ayant montrés à Bernard de Jussieu à Londres, ce célèbre botaniste reconnut qu'ils appartenoient à un liseron. Linnæus, un peu plus tard, se rangea de cet avis, et nomma cette espèce *convolvulus jalapa*.

Les racines de jalap paroissent susceptibles de varier beau-

coup de poids et de volume : celles que Thierry de Menon-
ville trouva aux environs de la Vera-Cruz, pesoient de douze
à vingt livres, et celle que M. Michaux, fils, envoya de
Charles-Town au Jardin du Roi à Paris, en 1801, pesoit au
moins cinquante livres. On n'en trouve point d'aussi pesantes
dans le commerce : d'abord, parce que la dessiccation leur fait
perdre au moins les deux tiers du poids qu'elles ont fraîches,
et ensuite parce qu'on divise toujours les plus volumineuses
en plusieurs morceaux, de manière que les plus gros qu'on
trouve dans les boutiques ne pèsent pas plus de douze onces
à une livre et n'excèdent guère la grosseur du poing. Le
jalap a d'ailleurs différentes formes, selon qu'il provient de
racines entières ou de racines divisées en tranches ou en
quartiers. Sa couleur extérieure est d'un gris brunâtre, et
l'intérieur d'un gris plus pâle. Les morceaux isolés n'ont pas
d'odeur sensible ; mais, réunis en masse, leur odeur est un
peu nauséeuse. La saveur n'en est pas d'abord très-sensible ;
à la longue elle finit par devenir assez âcre.

Raynal estimoit, il y a près de cinquante ans, qu'il se
consommoit annuellement en Europe sept cent soixante-
dix mille livres de jalap ; mais (soit que cette estimation soit
trop forte, ou que la consommation ait diminué, parce que
depuis quelques années on fait bien moins d'emploi des purgatifs), d'après les renseignemens pris par M. de Humboldt
à la Vera-Cruz, le seul port du Mexique par lequel sort
tout le jalap récolté dans cette contrée, la quantité exportée,
année commune, ne va qu'à quatre cent mille livres. Quoi
qu'il en soit, le jalap est un purgatif précieux par l'énergie
de son action, par la facilité avec laquelle il peut être pris
par les malades, et par la modicité de son prix.

Nous n'entrerons pas dans les détails de tous les cas dans
lesquels il peut être administré, ainsi que l'a fait Paullin
dans son ouvrage sur ce purgatif, qui est pour lui une pa-
nacée universelle et qu'il conseille dans presque toutes les
maladies, nous dirons seulement que, toutes les fois qu'il y
a indication positive de purger, le jalap convient dans le
plus grand nombre des cas : il ne faut que le donner à des
doses convenables, selon l'âge, le sexe et la constitution du
malade. Lorsqu'on ne veut produire qu'un effet purgatif

ordinaire, trente à quarante grains sont la quantité qui convient le plus généralement à une personne adulte; mais, lorsqu'il est nécessaire d'appeler sur le canal intestinal une irritation plus considérable, et lorsqu'on veut obtenir des évacuations abondantes, on peut en porter la dose jusqu'à un gros et même plus. C'est ainsi que nous en avons donné, avec succès, un gros et demi dans une apoplexie, et jusqu'à deux gros dans une colique métallique. Le jalap est un des purgatifs les plus commodes à donner aux enfans; comme il a peu de saveur, il est presque toujours facile de le leur faire prendre sans avoir besoin de leur participation, en le mêlant dans un bouillon ou dans toute autre boisson de leur goût. On proportionne la dose à leur âge, depuis trois à quatre grains pour un ou deux ans, jusqu'à vingt et vingt-quatre grains pour dix à douze ans.

Autrefois on faisoit, dans les pharmacies, subir différentes préparations au jalap; on en composoit un extrait, un élixir, un électuaire, un sirop, un rob, etc. Aujourd'hui on a renoncé à toutes ces préparations superflues, et les médecins ne prescrivent plus guères le jalap qu'en nature et réduit en poudre très-fine. La seule préparation dont ils se servent encore quelquefois, c'est la résine qu'on extrait de la racine par des procédés particuliers, et qui y est contenue dans la proportion d'environ un dixième. Cette résine se donne aux adultes depuis six grains jusqu'à douze; mais, comme elle concentre en elle toute la vertu purgative qui, dans la racine entière, se trouve combinée avec d'autres principes par lesquels elle est plus ou moins modifiée, cette substance pure se trouve nécessairement douée d'une force irritante beaucoup plus considérable, et elle exige par là une bien plus grande circonspection dans le mode de son administration, et beaucoup plus de discernement pour juger des cas où il convient de la prescrire. Les moyens indiqués comme les meilleurs pour prévenir les accidens que peut causer la résine de jalap, sont de la faire mélanger le plus exactement possible, en la triturant long-temps, soit avec de l'huile d'amandes douces, soit avec un jaune d'œuf ou de la gomme arabique, ou encore du sucre, et d'en composer des potions en ajoutant une certaine quantité d'eau. Au reste, cette résine se dissout tout entière dans l'esprit de vin, et cette préparation est connue sous le nom de *teinture alcoolique de jalap*; elle peut se donner à la dose d'un demi-gros à un gros, mêlée avec du sirop de guimauve : c'est un purgatif qui convient aux personnes âgées et aux mélancoliques, chez lesquelles il y a souvent engourdissement des premières voies.

Le jalap est aussi usité dans la médecine vétérinaire ; on s'en sert souvent, à la dose d'une demi-once en poudre jusqu'à une once, pour purger les animaux domestiques, principalement les chevaux.

Liseron panduriforme : *Convolvulus panduratus*, Linn., *Spec.*, 219; *Convolvulus megalorhizus, flore amplo lacteo, fundo purpureo*, Dillen., *Hort. Elth.*, 101, t. 85, f. 99. Sa racine est épaisse, napiforme : elle produit des tiges longues, grêles, volubiles, garnies de feuilles écartées, pétiolées ; les inférieures entières, cordiformes, un peu velues ; les supérieures panduriformes ou à trois lobes. Les pédoncules sont axillaires, solitaires, plus longs que les pétioles, et portent une à trois fleurs grandes, dont le fond est d'un beau pourpre, qui s'avance et se termine en étoile, sur un limbe blanc. Cette plante croît naturellement dans la Virginie et la Caroline.

Liseron a feuilles de guimauve : *Convolvulus althæoides*, Linn., *Spec.*, 222; *Convolvulus althææ folio*; Clus., *Hist.* XLIX. sa racine, qui est menue et vivace, donne naissance à une ou plusieurs tiges, hautes d'un à deux pieds, volubiles, garnies de feuilles plus ou moins velues, pétiolées, triangulaires, échancrées à leur base ; les inférieures seulement crénelées ; les supérieures palmées ou découpées plus ou moins profondément en plusieurs lobes. Les fleurs sont grandes, couleur de rose, rayées de blanc, portées deux à trois ensemble sur des pédoncules axillaires et plus longs que les feuilles. Cette espèce se trouve sur les collines et dans les lieux secs du Midi de la France et de l'Europe, dans l'Orient et dans les parties septentrionales de l'Afrique. Elle n'est point employée en médecine ; mais je me suis assuré, d'après des expériences positives, qu'on peut extraire de ses racines une résine qui est purgative à la dose de quinze à vingt-quatre grains.

LISERON DES CANARIES : *Convolvulus canariensis*, Linn., *Sp.* 221 ; *Convolvulus canariensis, sempervirens, foliis mollibus et incanis*, Commel., *Hort. Amstelod.*, 2, p. 101, t. 51. Cette espèce est ligneuse ; ses tiges sont cylindriques, sarmenteuses ; elles atteignent vingt à vingt-quatre pieds de longueur, et s'élèvent en s'entortillant lorsqu'elles trouvent de quoi s'appuyer. Ses feuilles sont cordiformes, pubescentes, cotonneuses, persistantes, portées sur de courts pétioles. Les pédoncules sont axillaires, cotonneux, divisés, dans leur partie supérieure, en trois à six pédicelles qui portent chacun une fleur de grandeur médiocre, d'un pourpre violet ou d'un blanc nuancé de pourpre, dont le calice est très-velu. Cet arbrisseau croît naturellement aux îles Canaries ; on le cultive au Jardin du Roi, et on le rentre dans l'orangerie pendant l'hiver.

** *Tiges non grimpantes.*

LISERON SOLDANELLE ; vulgairement SOLDANELLE, CHOU MARIN : *Convolvulus soldanella*, Linn., *Spec.*, 226 ; *Engl. Bot.*, t. 314 ; *Calystegia soldanella*, Rœm. et Schult. 4, p. 184. Ses racines sont grêles, blanchâtres, vivaces ; elles donnent naissance à une tige couchée et étalée par terre, divisée en plusieurs rameaux longs de quatre à six pouces, garnis de feuilles arrondies ou réniformes, échancrées en cœur à leur base, glabres et portées sur d'assez longs pétioles. Ses fleurs sont grandes, couleur de rose, rayées de blanc, axillaires, portées sur des pédoncules au moins aussi longs que les feuilles ; leur calice est muni à sa base de deux grandes bractées. Cette plante est commune dans les sables sur les bords de l'Océan et de la Méditerranée.

On trouve, dans tous les anciens livres de matière médicale où il est question de la soldanelle, que cette plante purge fortement ; mais les auteurs sont peu d'accord sur les doses qu'il faut prescrire, soit qu'ils la conseillent en décoction, ou en poudre, soit qu'ils recommandent le suc extrait des parties herbacées fraîches. D'après les observations assez nombreuses que nous avons faites (voyez le Mémoire sur les succédanées du jalap, pages 59 et suivantes de la 2.e partie du Manuel des plantes indigènes), les racines de cette plante, données en nature et en poudre, sont un bon purgatif à la dose de cinquante grains à un gros. Elles n'ont d'ailleurs aucune saveur désagréable, ce qui les rend faciles à prendre, et il est fort rare que la purgation qu'elles déterminent soit accompagnée de coliques. Par les procédés convenables on peut, de même que du jalap, en retirer une résine qui est purgative à la dose de quinze à vingt-quatre grains. D'après l'analyse que M. Planche a faite de ces racines, la résine y est contenue dans la proportion d'un vingt-quatrième.

LISERON PATATE : *Convolvulus batatas*, Linn.. *Spec.*, 220; *Convolvulus radice tuberosa esculenta*, etc. Catesb., *Carol.*, p. 60. t. 60 ; *Ipomæa batatas*. Poir., Dict. enc., 6, p. 14. Ses racines sont charnues, fusiformes, traçantes ; elles donnent naissance à des tiges herbacées, rampantes, longues de six à huit pieds, prenant racine de distance en distance. Ses feuilles sont glabres, pétiolées, susceptibles de varier de forme, mais le plus souvent hastées ou à trois lobes. Les fleurs sont blanches en dehors, purpurines en dedans, grandes, disposées en faisceau ou presque en ombelle, sur des pédoncules axillaires, plus longs que les feuilles. Cette plante est originaire de l'Inde : mais ses bonnes qualités comme aliment l'ont fait cultiver dans toutes les parties du monde, partout où elle a pu croître.

Comme toutes les plantes qui servent à la nourriture de l'homme et qui, depuis bien des siècles, ont été l'objet d'une culture soignée, la patate a dû produire, dans son pays natal, de nombreuses variétés ; mais en Europe nous n'en connoissons qu'un petit nombre, et, la plante ne portant que très-rarement des fleurs, même dans les pays chauds, on n'a pas, à plus forte raison dans nos climats, de moyen d'en recueillir des graines, et par conséquent on ne peut en obtenir de nouvelles variétés. Les seules qui soient connues en France, sont la patate à racines blanches; c'est la plus grosse : celle à racines jaunes : c'est la plus sucrée et la plus farineuse : la troisième, la patate rouge, est la plus précoce et celle qui réussit le mieux à Paris. Cette plante ne vient bien, en général, que dans un sol léger ; ses racines s'y multiplient plus abondamment, elles y mûrissent plus tôt, et elles y prennent une saveur sucrée qui fait leur mérite.

Dans les pays chauds, la culture de la patate est très-facile, et on en mange pendant une grande partie de l'année, parce qu'on en plante à plusieurs époques. En Caroline, où la patate vient parfaitement bien, on commence à la planter en Février, et on en mange depuis le mois de Juin jusqu'en Mars. A Saint-Domingue et dans les Antilles on en jouit encore plus long-temps. En Europe la patate exige plus de soins : cependant, dans ses parties méridionales, cette plante réussit encore assez bien pour que, depuis plus d'un siècle, on la cultive assez en grand dans plusieurs cantons de l'Espagne et du Portugal ; en France même, les tentatives faites pour sa culture ont eu, en Provence, en Languedoc et en Gascogne, assez de succès pour engager les cultivateurs et les propriétaires qui habitent ces provinces, à lui consacrer leurs soins et à la répandre davantage. Pour leur en faciliter les moyens, nous allons exposer ici les procédés nécessaires pour entreprendre avec avantage la culture de la patate dans le Midi de la France : ce que nous dirons à ce sujet, est extrait d'une Instruction sur la manière de cultiver cette plante, publiée, il y a quelques années, par M. Robert, directeur du jardin de la marine à Toulon.

Une terre légère et substantielle est celle qui convient le mieux à la patate ; celle qui est compacte et argileuse ne lui vaut rien. Le lieu qu'on destine à la culture de cette plante, doit être choisi à l'exposition la plus chaude, abrité des grands coups de vent, et la terre doit en être préparée quelque temps à l'avance, c'est-à-dire qu'il faut qu'elle soit bêchée et fumée au moins un mois avant : un labour d'un bon fer de bêche lui suffit. Un terrain labouré trop profondément nuit à la patate, en ce que ses racines s'enfoncent trop avant, s'alongent trop, ne grossissent pas, et poussent beaucoup trop en feuilles. L'époque de la plantation est vers le milieu d'Avril, lorsqu'on n'a plus à redouter les gelées tardives. Il vaut mieux d'ailleurs ne pas se presser, pour ne pas s'exposer à cet inconvénient : le soleil ayant plus de chaleur et les nuits étant moins froides, les plantes regagneront bientôt ce qu'elles auroient pu avoir d'avance.

La manière de disposer le terrain pour faire fructifier les patates, est pour ainsi dire l'article essentiel : la plus convenable est de les planter sur un terrain exhaussé en buttes isolées, ou en buttes prolongées ou plates-bandes exhaussées. Pour former les buttes isolées, on élève la terre en pain de sucre tronqué à son sommet, de la hauteur d'environ un pied, et de deux pieds et demi à trois pieds de diamètre à la base. Au sommet et au centre de la butte on fait un petit creux de trois à quatre pouces de profondeur : on y place la patate horizontalement, et non perpendiculairement. Les buttes prolongées ou plates-bandes exhaussées se forment en prenant une plate-bande de terre de deux pieds et demi de large, et en pratiquant de chaque côté un fossé ou une rigole de la largeur de la bêche. La terre que l'on enlève pour faire ces rigoles, est jetée de droite et de gauche sur la plate-bande, qui, au moyen de cette addition, se trouve élevée d'environ un pied, et les fossés ou rigoles servent à recevoir l'eau lors des arrosemens. Dans le milieu de chaque plate-bande ainsi exhaussée on fait, à la distance de deux pieds l'un de l'autre, de petits trous de trois à quatre pouces de profondeur ; on y place la patate horizontalement, et on la recouvre de terre. On obtient par cette manière de planter une récolte plus précoce, plus abondante, parce qu'un terrain ainsi exhaussé est plus susceptible d'être échauffé par les rayons du soleil ; les racines sont d'ailleurs plus grosses et ont une forme plus arrondie, tandis que celles plantées dans une terre plate et unie sont plus petites, plus alongées et poussent beaucoup plus en feuilles. Une patate grosse comme un œuf de poule est de la grosseur convenable pour former un beau pied. On coupe en deux à trois morceaux celles qui sont beaucoup plus grosses, en les laissant après cela un jour sans les planter, pour donner à la plaie le temps de se sécher ; sans quoi l'on risqueroit de perdre une partie de sa plantation, par la pourriture que l'humidité de la terre feroit naître.

Lorsque les plantes commencent à pousser hors de terre et qu'elles n'ont pas encore besoin d'arrosemens en plein, on verse, à chaque pied, de l'eau avec un arrosoir ; ce sont surtout celles en buttes isolées qui en ont le plus souvent besoin, parce qu'elles présentent plus de surface, et se dessèchent promptement, surtout au sommet, où est la jeune plante.

On donne ensuite des arrosemens en plein, et on les multiplie d'autant plus que la chaleur devient plus grande, tous les huit ou dix jours, selon que la terre retient plus ou moins l'humidité. Il ne faut pas négliger de sarcler plusieurs fois dans le courant de la saison, et de détruire toutes les mauvaises herbes. Dans le courant de Juillet et Août, lorsque la plante a fait beaucoup d'étalage par ses branches, on peut en supprimer quelques-unes et les donner aux vaches, chèvres, lapins, etc., qui les mangent avec avidité. Lorsqu'on fait la récolte des racines, que l'on peut commencer dans la première quinzaine de Septembre et continuer jusqu'aux gelées, il est utile de ménager le feuillage, qui fournira, pendant tout le temps qu'elle durera, une bonne nourriture pour tous ces animaux. Nous dirons plus bas la manière de conserver les patates l'hiver, et principalement celles qu'on destine à être semées.

Plus on s'éloigne vers le Nord, plus la culture des patates devient difficile ; cependant, avec quelques peines de plus, elle réussit encore assez bien dans le climat de Paris, et les racines qu'on obtient ont une saveur assez agréable pour que cela ait engagé quelques amateurs et quelques jardiniers à donner à cette plante les soins convenables. Voici le moyen que plusieurs personnes ont mis en pratique pour s'en procurer. On prépare à la fin de Mars une couche en fumier de cheval, haute de deux pieds, large de trois pieds et demi sur huit de longueur, recouverte d'un lit de six pouces, composé de terre franche et de terreau bien consommé, et on place par-dessus un châssis dont les vitres soient à environ quinze pouces de terre. Lorsque la chaleur de cette couche n'est plus qu'à vingt degrés, et vers le 15 Avril, on y plante, à huit pouces l'une de l'autre et à deux pouces de profondeur, des racines de patate, après les avoir coupées par tranches d'un pouce de long. La terre doit être plutôt un peu sèche qu'humide lorsqu'on fait la plantation, et il faut en outre, autant que possible, choisir un beau jour. Les patates ne doivent être arrosées que lorsqu'elles commencent à pousser, et très-légèrement d'abord. Ainsi cultivées, les patates pousseront dans l'espace d'un mois des tiges de quatre à six pouces de longueur : quand elles sont ainsi, c'est le moment de les lever pour les transplanter en pleine terre, dans des plates-bandes profondément labourées, où les pieds doivent être placés en ligne droite et à deux pieds les uns des autres. En faisant cette plantation, il faut retrancher toutes les feuilles de chaque tige, excepté celles du bout, qui sont seules laissées hors de terre, tout le reste de la tige devant y être enfoncé. Lorsque la largeur de la plate-bande le permet, on place, de chaque côté du rang qui en occupe le milieu, d'autres lignes parallèles, et en y dispose les pieds de manière que la plantation achevée soit en échiquier. On a soin d'arroser chaque fois que l'on plante, si le temps est sec. Dès-lors, jusqu'au moment de la récolte, qui se fait du 15 au 20 Octobre, les patates ne demandent plus de soins particuliers; il faut seulement les sarcler plusieurs fois, pour les débarrasser des mauvaises herbes, et les arroser lorsqu'il fait sec.

On a conseillé d'autres moyens plus compliqués pour la culture des patates; mais nous croyons devoir nous borner à ceux que nous venons de détailler, comme bien suffisans, d'après notre propre expérience, pour donner d'assez bonnes récoltes, puisque chaque petite tranche peut rapporter une à deux livres de racines. La récolte se fait en soulevant avec précaution la terre avec la bêche, afin de ne point blesser les patates, car la moindre écorchure les fait gâter très-promptement; aussi doit-on consommer le plus tôt possible toutes celles qui ont été plus ou moins maltraitées en les arrachant. Les plus saines doivent être mises à part, pour servir à la multiplication au printemps suivant et pour les bien conserver jusqu'à cette époque, il faut employer les précautions suivantes : on les place par lits, et sans qu'elles se touchent, dans du sable fin et très-sec, et on les enferme dans des caisses doubles, que l'on enveloppe bien avec de la paille sèche; le tout se met dans un tas de litière, à l'abri de toute humidité, et dans un lieu où la température soit douce et égale. Celles qu'on garde seulement pour la consommation, n'ont pas besoin de tant de précautions; mais il est toujours essentiel de les mettre dans un endroit où la température soit constamment de plusieurs degrés au-dessus du terme de la congélation. La moindre atteinte de gelée suffit pour les faire pourrir : lorsqu'elles sont dans cet état elles répandent une odeur de rose. A Paris, on commence à manger des patates à la fin de Septembre, et on peut en garder jusqu'en Janvier.

La patate est très-nourrissante, saine et facile à digérer. La consommation qu'on en fait dans les colonies d'Amérique est très-considérable. En Caroline, par exemple, les noirs esclaves n'ont, avec le maïs, pendant huit mois de l'année, presque pas d'autre nourriture. En France, et à Paris surtout, elle ne peut, à cause des difficultés de sa culture, être d'un usage commun. On peut la manger préparée et arrangée de différentes façons, comme la pomme de terre, avec cette différence qu'elle est beaucoup plus délicate et bien plus agréable au goût ; on peut aussi en faire des gâteaux ; mais la manière la plus simple et en même temps la meilleure, pour bien apprécier son bon goût, est de la faire cuire sous la cendre ou à la vapeur de l'eau.

Cette racine renferme, d'après l'analyse qu'en a faite Parmentier, de l'amidon, de la matière extractive et du sucre. La quantité qu'elle contient de ce dernier, la rend propre à fournir de l'alcool : il ne faut pour cela que la piler, la délayer avec une certaine quantité d'eau, lui faire subir la fermentation vineuse et la soumettre à la distillation. Plusieurs peuplades sauvages de l'Amérique, qui à cause de la facilité de sa culture l'ont introduite chez elles, savent ainsi la faire fermenter et en retirer une sorte d'eau-de-vie qu'ils aiment beaucoup. Dans les pays où les patates sont communes, on en retire encore un autre produit : ses feuilles cuites et assaisonnées se mangent comme nous faisons des épinards, et on dit leur goût beaucoup meilleur ; les sommités tendres sont excellentes, mangées comme des asperges. Enfin les chevaux, les cochons, les chèvres, les vaches, etc., mangent les unes et les autres en vert ; ils en sont très-friands, et cette nourriture procure aux dernières une plus grande abondance de lait et d'une meilleure qualité : aussi y a-t-il des colonies où on en plante seulement pour servir de fourrage.

Liseron comestible : *Convolvulus edulis*, Thunb., *Fl. Jap.*, 84 ; Willd., *Spec.*, 1, p. 875. Cette espèce a beaucoup de rapports avec la précédente ; ses racines sont presque de la grosseur du poing, tuberculeuses, charnues, tendres, d'une saveur agréable ; ses tiges sont rampantes, anguleuses, garnies de feuilles en cœur, glabres, entières ou à trois lobes. Cette plante fleurit rarement, et Thunberg, qui l'a fait connoître, n'a jamais eu occasion d'observer ses fleurs. On la cultive au Japon, où ses racines se mangent comme les patates.

LISERON TRICOLORE, vulgairement BELLE-DE-JOUR : *Convolvulus tricolor*, Linn., *Spec.*, 225 ; *Bot. Mag.*, t. 27. Sa racine, qui est annuelle, produit plusieurs tiges cylindriques, longues d'un pied ou un peu plus, couchées à leur base, ascendantes dans leur partie supérieure, parsemées de petits poils blancs, et garnies de feuilles sessiles, les inférieures spatulées et les supérieures ovales-lancéolées. Les fleurs sont assez grandes, d'un bleu céleste sur les bords, blanches dans le reste, excepté le fond, qui est jaunâtre ; elles sont portées sur des pédoncules axillaires, de la longueur des feuilles ou environ. Cette plante croit naturellement en Sicile, en Espagne, en Portugal, et dans le Nord de l'Afrique. L'abondance de ses fleurs, qui depuis le mois de Juin jusqu'à la fin de Septembre ne cessent de se succéder les unes aux autres, et l'agréable disposition de leurs couleurs, font de cette espèce une des plus jolies parures de nos jardins. Outre l'espèce dont les corolles sont de trois couleurs, on en cultive deux autres variétés, une à fleurs toutes blanches, et l'autre à fleurs panachées. Toutes ces plantes peuvent se semer depuis la fin d'Avril jusqu'en Juin, à la place qu'on leur destine, soit par pieds isolés entre les autres fleurs des parterres, soit à la volée, pour en former des massifs, qui dans la saison feront un charmant effet.

LISERON RAYÉ ; *Convolvulus lineatus*, Linn., *Spec.*, 642. Sa racine est longue, rampante : elle produit deux à trois tiges droites, à peine hautes de deux à trois pouces, garnies de feuilles oblongues, rétrécies en pétiole à leur base, élargies dans leur partie supérieure, soyeuses, blanchâtres et rayées obliquement de beaucoup de nervures parallèles. Les fleurs sont de grandeur médiocre, purpurines, solitaires ou deux ensemble sur des pédoncules plus courts que les feuilles ;

leur calice est accompagné de deux bractées plus longues
que lui. Cette espèce croit en Espagne, en Sicile et dans le
Midi de la France.

Liseron cantabre : *Convolvulus cantabrica*, Linn., *Spec.*, 225;
Jacq., *Flor. Aust.*, t. 296. Sa tige est rameuse, redressée,
haute d'un pied ou environ, garnie de feuilles linéaires,
pointues, distantes, velues et d'un vert blanchâtre. Ses fleurs
sont roses ou blanches, portées une à trois ensemble sur des
pédoncules disposés aux extrémités de la tige et des rameaux.
Cette plante est vivace ; elle croit dans les lieux secs et
pierreux du Midi de l'Europe, du Levant et en Afrique.

Liseron argenté ; *Convolvulus cneorum*, Linn., *Spec.*, 224 ;
Duham., nouv. édit., 7, p. 58, t. 18. Cette espèce est un
arbrisseau de trois à quatre pieds de hauteur ; ses rameaux
sont redressés, garnis de feuilles nombreuses, persistantes,
lancéolées, couvertes d'un duvet soyeux et comme argenté.
Ses fleurs sont d'un rose tendre, ou nuancées de blanc et
de rose, disposées en tête au sommet des rameaux. Ce liseron
croit dans l'Orient, en Espagne et dans les parties les plus
chaudes du Midi de la France ; il commence à fleurir au
mois de Mai, et ses fleurs se succèdent les unes aux autres
pendant une partie de l'été. On le cultive dans les jardins
de botanique : il faut, dans le climat de Paris, le rentrer
dans l'orangerie pendant l'hiver.

Liseron effilé : *Convolvulus scoparius*, Linn., *Spec.*, 135 ;
Vent., Choix de pl., t. 24. Celui-ci est un grand arbrisseau
qui a le port du genêt d'Espagne ; sa tige est droite, cylindrique, divisée en rameaux simples, effilés, garnis de feuilles
sessiles, linéaires, un peu velues. Ses fleurs sont blanches,
velues extérieurement, portées ordinairement trois ensemble
sur des pédoncules alternes, tournés d'un seul côté et garnis
de bractées ; leur réunion au sommet des rameaux forme
des espèces de grappes. Cette espèce croît naturellement aux
îles Canaries ; on la cultive au Jardin du Roi, et on la rentre
l'hiver dans l'orangerie. Son bois est compacte, veiné de
rouge, et il répand une odeur de rose lorsqu'on le travaille.
M. Desfontaines dit que Broussonet, qui avoit séjourné long-
temps aux Canaries, lui a assuré que c'étoit le véritable *lignum
rhodium*, ou bois de rose du commerce. (L. D.)

27.   4

LISERON RUDE. (*Bot.*) C'est le *smilax aspera* , Linn. Voyez Salsepareille. (Lem.)

LISERONS. (*Bot.*) La famille auparavant désignée sous ce nom est maintenant celle des convolvulacées. (J.)

LISET. (*Bot.*) Le traducteur de Daléchamps cite sous ce nom françois le *smilax* et le *convolvulus* , l'un et l'autre nommés *smilax* par cet auteur. (J.)

LISET ou LISERET. (*Bot.*) Noms vulgaires du liseron des champs. (L. D.)

LISETTE. (*Bot.*) C'est encore le liseron des champs. On donne aussi ce nom à la gesse sans feuilles. (L. D.)

LISETTE-BÈCHE, COUPE-BOURGEON. (*Entom.*) Noms vulgaires de la larve du Gribouri de la vigne. (C. D.)

LISIANTHE, *Lisianthus.* (*Bot.*) Genre de plantes dicotylédones, à fleurs complètes, monopétalées, régulières, de la famille des *gentianées* , de la *pentandrie monogynie* de Linnæus; offrant pour caractère essentiel : Un calice presque campanulé, à cinq divisions; une corolle infundibuliforme; le limbe à cinq lobes égaux; cinq étamines; les anthères sagittées; un ovaire supérieur, un style; le stigmate à deux lobes. Le fruit consiste en une capsule à deux loges polyspermes, à deux valves: les bords roulés en dedans.

Ce genre comprend aujourd'hui un assez grand nombre d'espèces, dont les tiges sont herbacées, rarement ligneuses; les feuilles simples, opposées, presque sessiles; les fleurs assez grandes, d'un aspect agréable, disposées en corymbe, en panicule, presque en ombelle ou en épi.

Lisianthe carinée : *Lisianthus carinatus* , Lamk., Encycl. et *Ill. gen.* , tab. 107, fig. 3. Ses tiges sont droites, quadrangulaires, presque ligneuses, hautes d'environ deux pieds, garnies de feuilles sessiles, ovales-aiguës, à trois nervures, longues d'un pouce et demi; les fleurs axillaires et terminales; les pédoncules uniflores ; le calice est à cinq angles, à cinq divisions un peu aiguës; la corolle au moins trois fois aussi longue que le calice. Le fruit est une capsule ovale-oblongue, à peine plus longue que le calice. Cette plante croit a l'île de Madagascar.

Lisianthe a longues feuilles : *Lisianthus longifolius* , Linn.; Lamk., *Ill. gen.* , tab. 107, fig. 1. Cette plante s'élève à la hauteur d'un pied et plus, sur une tige droite, rameuse, garnie de feuilles assez grandes, oblongues ou lancéolées, aiguës, rétrécies en pétiole à leur base. Les fleurs sont grandes, de couleur jaune, fort élégantes, placées vers le sommet des rameaux; les pédoncules courts, axillaires, uniflores; les divisions du calice membraneuses à leurs bords; le tube de la corolle est trois fois aussi long que le calice; les découpures du limbe sont lancéolées, aiguës; les capsules ovales, oblongues, à deux loges polyspermes. Cette plante croît aux lieux secs et sablonneux, dans la Jamaïque.

Lisianthe purpurine : *Lisianthus purpurascens*, Aubl., *Guian.*, 1, pag. 201, tab. 79; Lamk., *Ill. gen.*, tab. 107, fig. 2. Cette espèce produit plusieurs tiges simples, tétragones. Ses feuilles sont sessiles, ovales-aiguës; les inférieures longues au moins de deux pouces; les tiges se bifurquent à leur extrémité; chaque bifurcation porte cinq à six fleurs purpurines, pédicellées, inclinées après leur épanouissement : la corolle est longue de neuf lignes, à tube renflé; la capsule ovale, plus longue que le calice. Cette plante croît dans la Guiane, dans les fentes des rochers : toutes ses parties, au rapport d'Aublet, sont amères, et employées dans le pays comme apéritives et fébrifuges.

Lisianthe ailée; *Lisianthus alatus*, Aubl., *Guian.*, vol. 1, pag. 204, tab. 80. Cette plante est remarquable par ses tiges tétragones, à angles ailés par un feuillet membraneux. Les feuilles sont sessiles, ovales-oblongues, aiguës, molles, à nervures obliques, longues de trois pouces et plus; les fleurs inclinées, d'un blanc verdâtre, placées sur des pédoncules dichotomes, formant par leur ensemble une cime terminale, munies au-dessous de chaque pédicelle d'un corps glanduleux et d'une bractée écailleuse; les découpures du calice sont entourées d'une bordure jaunâtre; le tube de la corolle est courbé et renflé; les lobes du limbe sont renversés à leur sommet, et marqués d'une tache verte; les capsules sont couvertes en partie par le calice. Cette plante croît à la Guiane : elle est amère; on l'emploie contre les obstructions.

Lisianthe a grandes fleurs; *Lisianthus grandiflorus*, Aubl., *Guian.*, 1, pag. 205, tab. 81. Sa tige s'élève à la hauteur de deux ou trois pieds. Les feuilles sont sessiles, adhérentes entre elles par leur base, molles, ovales-oblongues, lisses, acuminées, entières, chargées à leurs deux faces de poils fort courts; les fleurs, grandes, placées à l'extrémité et dans la bifurcation des rameaux, ont la corolle verdâtre, inclinée, à tube long, renflé vers son sommet; le limbe à cinq lobes sinués, arrondis et réfléchis; trois des étamines plus longues que les autres. Le fruit est une capsule acuminée, bivalve ; les semences sont brunes, anguleuses et chagrinées. Cette plante croit à Cayenne, dans les lieux humides.

LISIANTHE BLEUATRE ; *Lisianthus cœrulescens*, Aubl., *Guian.*, 1, pag. 207, tab. 82. Cette plante a des tiges herbacées, hautes d'un pied, à quatre angles aigus, un peu ailés. Les feuilles sont sessiles, étroites, lancéolées, aiguës, glabres, entières; les fleurs terminales, peu nombreuses; à corolle bleuâtre, à tube long et renflé. Cette plante croit dans les savanes marécageuses de la Guiane. Le *lisianthus pratensis* de Kunth, *in* Humb., *Nov. gen.*, vol. 3, pag. 180, est très-rapproché de cette espèce; ses feuilles sont linéaires, obtuses.

LISIANTHE SPATULÉE : *Lisianthus spatulatus*, Kunth *in* Humb. et Bonpl., *Nov. gen.*, 3, pag. 181. Ses tiges sont glabres, simples et droites; ses feuilles presque sessiles, distantes, oblongues, spatulées, glabres, charnues, très-entières, longues de deux à trois pouces; ses fleurs pédonculées, vertes, longues d'un pouce et demi, et ayant les divisions du calice ovales, concaves, diaphanes à leurs bords, à trois étamines un peu plus longues que les deux autres. Cette plante croit aux lieux humides, le long de l'Orénoque.

LISIANTHE VISQUEUSE : *Lisianthus viscosus*, Ruiz et Pav., *Fl. Per.*, 2, pag. 14, tab. 125. Arbrisseau de dix à douze pieds, rameux vers son sommet, garni de feuilles fort grandes, pétiolées, oblongues, entières, quelquefois un peu sinuées à leurs bords, luisantes en-dessus : les inférieures longues d'un pied. Les fleurs sont disposées en un ample corymbe terminal ; les pédicelles munis à leur base de bractées ovales, recourbées ; le calice est visqueux ; la corolle grande, d'un vert jaunâtre; les capsules sont longues de trois pouces. Cette plante croit sur les hauteurs au Pérou.

LISIANTHE ROULÉE : *Lisianthus revolutus*, *Flor. Per.*, *l. c.*, tab. 127. Plante très-amère, haute de six pieds, dont la tige est tétragone, presque ligneusé. Les feuilles sont médiocrement pétiolées, lancéolées, roulées à leurs bords, pileuses en-dessous sur les nervures, longues de quatre à cinq pouces; les fleurs d'un jaune rougeâtre, disposées en un corymbe presque ombellé à pédoncule long, axillaire, soutenant quatre ou six pédicelles uniflores, munis de bractées; la corolle est quatre fois plus longue que le calice. Cette plante croit sur les hautes montagnes, au Pérou.

On trouve encore plusieurs autres espèces de lisianthe, décrites par Swartz, par les auteurs de la Flore du Pérou, par Kunth et autres. (Poir.)

LISIÈRE. (*Min.*) Voyez Salbande. (Lem.)

LISIMACHIE. (*Bot.*) Voyez Lysimaque. (L. D.)

LISIMACHIE BLEUE. (*Bot.*) C'est le *scutellaria galericulata*, Linn. Voyez Toque. (Lem.)

LISIMACHIE JAUNE CORNUE. (*Bot.*) On donne ce nom à l'onagre, *œnothera biennis*, Linn. (Lem.)

LISIMACHIE ROUGE. (*Bot.*) Un des noms vulgaires de la salicaire, *lithrum salicaria*, Linn. (Lem.)

LISIMACHIES. (*Bot.*) On a préféré, pour la famille qui portoit auparavant ce nom, celui de primulacées, emprunté d'un autre genre de la famille. (J.)

LISIMAQUE. (*Bot.*) Voyez Lysimaque. (L. D.)

LISIZA. (*Ichthyol.*) Nom spécifique d'un Aspidophore. Voyez ce mot. (H. C.)

LISONGÈRE. (*Ornith.*) Pernetty parle sous ce nom, dans son Voyage aux îles Malouines, tome 1.er, page 191, d'une espèce d'oiseaux-mouches ou *becquefleurs*. (Ch. D.)

LISOR. (*Conchyl.*) Sous ce nom, Adanson, Sénég., décrit et figure, pag. 231, pl. 17, une espèce de coquille bivalve, dont Gmelin fait à tort sa *mactra stultorum*; car il est beaucoup plus probable que c'est sa *venus lœta*, comme le pense Bruguières. Voyez Vénus. (De B.)

LISPE. (*Entomoz.*) Nom vulgaire, donné par Adanson, Sénég., p. 164, pl. 11, à une espèce de serpule que Linnæus a introduite dans son *Systema naturæ*, sous la dénomination de *serpula glomerata*. (De B.)

LISPE, *Lispe.* (*Entom.*) M. Latreille a désigné sous ce nom de genre une espèce de diptères de notre genre Mouche, c'est-à-dire, sans suçoir corné ; mais à bouche en trompe charnue rétractile. sans bec prolongé. et dont les antennes portent un poil latéral. isolé. plumeux. La principale différence que cette espèce présente parmi les autres du même genre, consiste dans le port des ailes. qui sont comme croisées dans le repos. M. Latreille désigne comme prototype de ce genre la mouche à tentacules de Degéer. qui s'observe sur le bord des mares et des étangs limoneux. (C. D.)

LISSAN-EL.-HAMAH. (*Bot.*) Voyez Lisen. (J.)

LISSAN ELTOR. (*Bot.*) Voyez Lesan-el-tour. (J.)

LISSANTHE, *Lissanthe*. (*Bot.*) Genre de plantes dicotylédones. à fleurs complètes, monopétalées, de la famille des *épacridées*, de la *pentandrie monogynie* de Linnæus; offrant pour caractère essentiel : Un calice à cinq divisions profondes. souvent pourvu de deux bractées; une corolle infundibuliforme, point velue à son limbe; cinq étamines insérées sur le tube; un ovaire supérieur, à cinq loges, entouré d'un disque en coupe, à cinq lobes. Le fruit est un drupe en forme de baie, revêtu d'une enveloppe osseuse; une ou deux semences dans chaque loge.

Ce genre a été établi par M. Rob. Brown; il est très-voisin des *Styphelia*, dont quelques espèces ont été retranchées pour être placées dans le *Lissanthe* : il comprend des arbrisseaux, tous originaires de la Nouvelle-Hollande, à feuilles éparses, rayées en-dessous: les fleurs fort petites, disposées en grappes ou en épis axillaires. M. Brown a distribué les espèces en trois subdivisions.

* *Calice dépourvu de bractées; grappes axillaires, peu garnies; deux bractées à la base des pédicelles; tube de la corolle velu en dedans.*

Lissanthe élancée : *Lissanthe strigosa*, Rob. Brown, *Nov. Holl.*, 1. pag. 540; *Styphelia strigosa*, Smith, *Nov. Holl.*, 1, pag. 48. Arbrisseau d'une hauteur médiocre, dont les tiges sont cylindriques, droites. rameuses; les rameaux grêles, alternes, pubescens, élancés, garnis de feuilles nombreuses, sessiles, petites, très-étroites, linéaires-subulées. entières, glabres à leurs deux faces: les fleurs axillaires, disposées en petites grappes droites, courtes, peu garnies; quelques bractées à la base des pédicelles; les divisions du calice assez semblables aux bractées ; la corolle est petite; le tube court, velu en dedans; le limbe à cinq lobes étalés, point réfléchis, glabres à leurs deux faces. Le fruit est un petit drupe un peu charnu, médiocrement sillonné, divisé en cinq loges.

Lissanthe subulée; *Lissanthe subulata*, Brown, *l. c.* Arbrisseau divisé en rameaux glabres, garnis de feuilles éparses, nombreuses, sessiles, linéaires-subulées, longues d'environ un demi-pouce ; de fleurs petites, disposées en petites grappes droites, axillaires, à quatre ou cinq fleurs. Le calice est dépourvu de bractées; le tube de la corolle velu en dedans; les drupes sont marqués de dix stries. Dans le *lissanthe sapida*, Brown, *l. c.*, les feuilles sont oblongues, linéaires, mucronées, roulées à leurs bords, blanchâtres en-dessous, striées; les grappes très-petites, renversées, composées de deux ou trois fleurs.

** *Calice à deux bractées ; corolle urcéolée, nue à son tube et à son orifice; épis axillaires, peu garnis.*

Cette subdivision ne contient qu'une seule espèce, que M. Rob. Brown, *Nov. Holl.*, 1, pag. 540, a nommée *lissanthe montana*. Cet arbrisseau a ses tiges garnies de feuilles nombreuses, éparses, sessiles, oblongues-linéaires, glauques à leur face inférieure, obtuses et mutiques : ses fleurs sont disposées en petits épis situés dans l'aisselle des feuilles, très-peu garnis; leur calice est accompagné de deux bractées assez semblables à ses divisions; la corolle parfaitement glabre tant en dehors qu'en dedans. Cette plante croît sur les montagnes, à la Nouvelle-Hollande.

*** *Calice muni de deux bractées; corolle infundibuliforme; orifice garni de poils couchés; fleurs solitaires axillaires.*

Lissanthe daphnoïde : *Lissanthe daphnoides*, Brown, *Nov. Holl.*, *l. c.*; *Styphelia daphnoides*, Smith, *Nov. Holl.*, 1, p. 48. Cette espèce est un petit arbuste assez semblable à un *daphne*. Ses tiges sont glabres, cylindriques, rameuses, garnies de feuilles éparses, sessiles, glabres, oblongues-elliptiques, un peu concaves, un peu rudes à leurs bords, terminées par une pointe très-courte, calleuse. Les fleurs sont solitaires, presque sessiles, axillaires, fort petites; la corolle est tubulée avec l'orifice garni intérieurement de poils couchés; le limbe divisé en cinq lobes ouverts. M. Brown ajoute à cette espèce le *Lissanthe ciliata*, dont les feuilles sont planes, elliptiques, lancéolées, mucronées au sommet, dentées et ciliées à leurs bords; le limbe de la corolle un peu rude. (Poir.)

LISSE. (*Erpétol.*) Nom spécifique d'une couleuvre décrite dans ce Dictionnaire, tom. XI, p. 175 et 176. (H. C.)

LISSOSTYLIS. (*Bot.*) Voyez Gréville. (Poir.)

LISTER. (*Entom.*) Linnæus a désigné sous ce nom, en latin *Listerella*, dans la faune de Suède, une espèce de teigne indiquée par le n.° 1395. (C. D.)

LISTERA. (*Bot.*) Adanson avoit substitué ce nom à celui du *genista spartium*, genre de Tournefort, qu'il conservoit, mais que Linnæus a réuni avec raison au genêt, *genista*. Necker a aussi un *listeria*, qui est l'*oldenlandia stricta* de Linnæus, dont la corolle est tubulée, au lieu d'être divisée profondément; mais ce genre n'a pas été adopté. (J.)

LISTRONITE. (*Foss.*) Luid annonce que c'est une espèce de petite huitre fossile, également convexe des deux côtés, avec de grandes stries qui partent obliquement du milieu du dos et tendent à l'orbite extérieure. Luid, *Lithop. Britan.*, n.° 550.

Les anciens ayant donné le nom d'huitre à des coquilles qui dépendent aujourd'hui des genres Podopside, Gryphée, Perne, Cranie, etc., il est difficile de savoir à quel genre ou à quelle espèce de coquilles peut s'appliquer la description ci-dessus. (D. F.)

LISZKA. (*Mamm.*) Renard en polonois. (F. C.)

LIT. (*Géogn.*) On applique plus particulièrement cette dénomination aux matières minérales, principalement métalliques, ou combustibles, interposées en *lit* entre les couches pierreuses d'un terrain stratifié. C'est le *Lager* des géologues allemands. Ainsi on dit: un lit de houille ou de lignite entre des couches de psammites et de grès, un lit de pyrite ou de galène entre des couches de micaschiste ou de schiste argileux, etc. Voyez Couche. (B.)

LIT NUPTIAL. (*Bot.*) Nom poétique, que Linnæus donne quelquefois au cali e des fleurs. (Mass.)

LITA. (*Bot.*) Nom substitué par quelques modernes à celui de *vohiria* d'Aublet, que Necker nomme *humboldtia*. Voyez VOYÈRE. (POIR.)

LITCHI, *Euphoria*. (*Bot.*) Genre de plantes dicotylédones, à fleurs complètes, polypétalées, de la famille des *sapindées*, de l'*octandrie monogynie* de Linnæus; offrant pour caractère essentiel : Un calice à cinq dents; cinq pétales; six à huit étamines; un ovaire supérieur, à deux lobes, un style bifide au sommet; les stigmates étalés. Le fruit consiste en une baie pulpeuse, uniloculaire, monosperme, recouverte d'une écorce coriace, tuberculée; la semence arillée par une substance pulpeuse, puis épaisse et charnue par le desséchement.

Ce genre, intéressant par les fruits pulpeux, très-savoureux et bons à manger, que produisent plusieurs espèces, comprend des arbres à feuilles alternes, ailées sans impaire. Les fleurs sont petites, disposées en panicules terminales, auxquelles succèdent des fruits la plupart comestibles. On a ajouté à ce genre plusieurs plantes qui avoient d'abord été placées dans d'autres genres particuliers, tels que le *nephelium* et le *pometia*.

* *Euphoria.*

LITCHI PONCEAU : *Euphoria punicea*, Lamk., Encycl., *Ill. gen.*, tab. 306; Zanon., *Hist.*, tab. 108 : *Litchi chinensis*, Sonner., *Itin.*, *Ind. et Chin.*, pag. 230, tab. 129; *Scytalia chinensis*, Gærtn., *de Fruct.*, tab. 42; *Dimocarpus litchi*, Lour., *Flor. Cochin.*, 1, pag. 287. Cette espèce est, dans les Indes, placée au nombre des arbres fruitiers. Son tronc s'élève à la hauteur de quinze à dix-huit pieds. Ses branches s'étendent horizontalement; elles se divisent en rameaux ponctués, garnis de feuilles alternes, ailées sans impaire, composées de deux ou trois paires de folioles glabres, lancéolées, un peu pédicellées; les fleurs petites, disposées en panicules lâches, terminales, axillaires; le calice est velouté en dehors, à cinq dents peu apparentes. Les fruits sont, dans leur jeunesse, ovales-oblongs, hérissés de tubercules saillans, nombreux et serrés; à mesure qu'ils grossissent, ils deviennent d'un rouge ponceau, et prennent une forme presque sphérique; leurs tubercules ressemblent alors à des pustules circonscrites par un sillon circulaire ou anguleux.

Cet arbre précieux croît en abondance à la Chine et à la Cochinchine; il a été introduit à l'Isle-de-France par M. Poivre: il est passé de là dans nos colonies de l'Amérique: partout il prospère, et peut devenir un objet important de culture. Ce n'est qu'à huit ou dix ans, dit M. Bosc, que les pieds provenus de graines commencent à donner des fruits: mais, quand on emploie la voie des marcottes, il devient productif en moitié moins de temps; il ne faut qu'un été pour que ses branches, couchées en terre, prennent racine: ainsi il peut se multiplier rapidement et abondamment. On peut aussi le reproduire par racines.

Les fruits contiennent, sous une peau coriace, une pulpe très-délicate, qui les place au nombre des plus délicieux : leur saveur peut être comparée à celle d'un excellent raisin muscat. Les Chinois, pour les conserver, les font sécher au four, comme les pruneaux, et ainsi préparés ils deviennent un objet de commerce. Le bois de cet arbre est blanc, tendre, et contient une moelle assez abondante.

Litchi longane : *Euphoria longana*, Lamk., Encycl.; Buchoz, *Icon. coll.*, tab. 99; *Dimocarpus longan*, Lour., *Fl. Cochin.*; vulgairement Longanier. Cet arbre, plus grand, d'un plus beau port que le précédent, a des fruits plus petits et qui lui sont inférieurs en qualité : ses rameaux sont garnis de feuilles alternes, ailées sans impaire, composées de trois paires de folioles ovales-oblongues, glabres en-dessus, un peu pubescentes en-dessous; de fleurs disposées en panicules terminales : les pédoncules sont veloutés, un peu anguleux; le calice est velu, partagé au-delà de sa moitié en cinq découpures caduques; les filamens des étamines sont très-courts et velus; l'ovaire est gros, à deux lobes; le style épais; le stigmate bifide; les fruits jaunâtres, presque lisses, à noyau globuleux, lisse, d'un beau noir, marqué à sa base d'une tache blanchâtre, orbiculaire, qui lui donne l'aspect du globe de l'œil d'un animal.

Cet arbre croît à la Chine, à la Cochinchine : il a été également transporté à l'Isle-de-France, où il a prospéré avec facilité; il a aussi été introduit dans les îles de l'Amérique.

Comme il devient fort grand, il veut être espacé de vingt-cinq pieds, lorsqu'on le cultive; il ne rapporte qu'à dix ou douze ans, moins abondamment que le litchi ponceau : ses fruits ont un goût vineux : ils sont bons à manger, mais moins délicats que les précédens.

** *Nephelium.*

LITCHI NÉPHÉLIE : *Euphoria nephelium*, Poir.; *Nephelium lappaceum*, Linn., Lamk., *Ill. gen.*, tab. 764; Gærtn., *de Fruct.*, tab. 140; vulgairement RAMBOUTAN. Cette espèce est distinguée des précédentes par ses fleurs monoïques, et par quelques autres caractères qui avoient déterminé à en former un genre particulier, mais qui sont trop foibles pour faire sortir cette plante de son genre naturel. C'est un arbre de l'île de Java, dont les feuilles sont alternes. ailées sans impaire; les folioles pédicellées, glabres, ovales, longues de trois ou quatre pouces ; les fleurs disposées en grappes peu garnies, plus courtes que les feuilles. Dans les mâles le calice est à cinq dents, dépourvu de corolle, renfermant cinq étamines; le calice des fleurs femelles est à cinq divisions et l'ovaire à deux lobes avec deux styles. Le fruit consiste en deux, plus souvent en un seul drupe par avortement, revêtu d'une coque coriace, hérissée de pointes molles, sous laquelle est renfermée une pulpe entourant une amande oblongue, un peu sillonnée, d'une amertume désagréable : la pulpe est acide, rafraîchissante.

*** *Pomelia.*

LITCHI BELO : *Euphoria pomelia*, Poir., Encycl., Suppl.; *Pomelia pinnata*, Forst., *Prod. et Gener.*, tab. 55; *Arbor palorum*, Rumph., *Amb.*, pag. 98, tab. 65 ; vulgairement BELO ou BOIS DE PIEUX. Grand arbrisseau. dont les tiges sont tortueuses, l'écorce un peu gercée, d'un gris roussâtre, assez semblable par ses feuilles et ses rameaux à un goyavier. Les feuilles sont alternes, ailées. composées de quatre à six paires de folioles glabres, ovales-lancéolées, entières, luisantes, d'un vert noirâtre, très-rapprochées; les fleurs disposées en une longue panicule terminale : elles sont blanches, monoïques ou hermaphrodites; elles produisent une baie monosperme.

Cet arbrisseau croît aux îles Moluques, et dans celles de Tanna et de Namoca. Ses fleurs ont une odeur agréable de cannelle : son bois est dur, pesant, d'un rouge agréable, très-droit dans les jeunes pieds ; mais, en vieillissant, il devient noueux, tortu, difficile à travailler. Les tiges les plus longues et les plus droites sont particulièrement employées à faire les pieux dont on entoure les viviers et autres enceintes destinées à renfermer le poisson. On donne encore le nom vulgaire de *belo* à d'autres plantes. Voyez BELO. (POIR.)

LITCHI. (*Bot.*) Arbre de la Chine qui fournit un des meilleurs fruits de ce grand empire. On le nomme diversement selon les cantons, et dans les récits des voyageurs on retrouve les noms *lici*, *lichi*, *lischia*, *letchi*, *lechyas*, *laetji*. La même diversité a lieu pour les noms botaniques : c'est un *sapindus* d'Aiton, le *scytalia* de Gærtner, le *dimocarpus* de Loureiro et de Willdenow, l'*euphoria* de Commerson. C'est ce dernier qui paroît avoir prévalu. Ce genre, auquel on rapporte aussi le *longan*, autre fruit très-recherché, appartient à la famille des sapindées. (J.)

LITHACNE. (*Bot.*) Genre de plantes monocotylédones, à fleurs glumacées, de la famille des *graminées*, de la *monoécie hexandrie*, établi par M. de Beauvois pour une espèce d'*olyra*, dont le caractère essentiel consiste dans des fleurs monoïques, les mâles disposées en un épillet terminal : deux paillettes uniflores, très-aiguës ; point de valves corollaires ; six étamines ; les fleurs femelles axillaires, presque solitaires, pédonculées ; leur calice uniflore, à deux valves dures, coriaces ; l'intérieure tronquée, naviculaire, en bosse ; un style ; deux stigmates plumeux ; une semence ovale.

LITHACNE PAUCIFLORE : *Lithacne pauciflora*, Pal. Beauv., *Agrostogr.*, pag. 135, tab. 24, fig. 2 ; *Olyra axillaris*, Poir., Encycl., et Lamk., *Ill. gen.*, tab. 751, fig. 2 ; *Olyra pauciflora*, Swartz, *Prod.* Cette plante a des tiges grêles, lisses, un peu flexueuses, garnies de feuilles ovales-lancéolées, aiguës, d'un vert glauque ; leur gaine, rétrécie à son ouverture, forme une sorte de pétiole. Les fleurs sont axillaires, peu nombreuses : les mâles réunies au nombre de trois ou quatre en grappe sur un pédoncule commun ; les femelles solitaires, produisant des semences assez grosses, ovales, blanches, luisantes, et comme tronquées à leur sommet. Cette plante croît à la Jamaïque et à Cayenne. (Poir.)

LITHAGROSTIS. (*Bot.*) Genre établi par Gærtner pour le *coix lacrima Jobi* de Linnæus. Voyez Coix. (Poir.)

LITHANTHRAX. (*Min.*) Ce nom, employé par Boétius de Boot, par Wallerius et par plusieurs minéralogistes italiens, est le synonyme grec de *charbon de pierre* et de *Steinkohle*. Il seroit très-propre à désigner l'espèce de charbon bitumineux fossile qu'on appelle généralement *houille*, si ce dernier mot n'eût été généralement adopté en France, tant en minéralogie qu'en technologie. On confondoit alors, comme on l'a fait encore long-temps après, la houille et le lignite jayet sous le nom de lithanthrax. (B.)

LITHARGE. (*Chim.*) C'est le protoxide de plomb fondu, ordinairement coloré en rouge par un peu de minium. En chauffant la litharge rouge dans un tube de verre où l'air ne pénètre pas, elle devient jaune, parce que le minium, en se désoxigénant, est réduit en protoxide. La litharge qui a été exposée quelque temps à l'air humide, contient du sous-carbonate de plomb. (Ch.)

LITHARGE D'ARGENT. (*Chim.*) C'est du protoxide de plomb fondu qui, ne contenant pas ou presque pas de minium, n'est point rougeâtre et a un brillant argenté. (Ch.)

LITHARGE FRAICHE. (*Chim.*) Masses de litharge fondues, qui sont sous la forme de stalactites. (Ch.)

LITHARGE MARCHANDE. (*Chim.*) C'est la litharge qui est sous la forme de petites écailles isolées. (Ch.)

LITHARGE D'OR. (*Chim.*) C'est du protoxide de plomb fondu, qui a une couleur jaune très-sensible : celle-ci peut contenir du minium. (Ch.)

LITHÉOSPHORE. (*Min.*) De La Métherie, admettant ce nom, sous lequel Targioni a décrit la pierre phosphorescente de Boulogne, à une époque où la nature des minéraux étoit à peine connue et où on n'avoit établi aucune règle pour leur spécification, l'a donné à la baryte sulfatée radiée, qui a la propriété de répandre dans certaines circonstances une lueur phosphorescente dans l'obscurité. Voy. Baryte sulfatée. (B.)

LITHI. (*Bot.*) Voyez Llithi. (J.)

LITHINE. (*Chim.*) Oxide de lithium. Voyez Lithium. (Ch.)

LITHIQUE [Acide]. (*Chim.*) Ancien nom de l'acide urique. Il dérive de *lithiasie*, nom de la maladie qui détermine la formation des calculs de la vessie. (Ch.)

LITHIUM. (*Chim.*) Métal de la seconde section, qui doit être placé entre le baryte et la soude. 100 parties de métal, en s'unissant à 78,2 parties d'oxigène, produisent un oxide alcalin, appelé *lithion* par les Suédois, et *lithine* par les François.

Sir H. Davy nous a dit avoir obtenu le lithium à l'état métallique, en soumettant la lithine à l'action de la pile voltaïque, et avoir constaté que ce métal possède des propriétés tout-à-fait analogues à celles du potassium et au sodium.

Oxide de lithium, lithion, lithine.

Cet oxide, qui a toutes les propriétés d'un alcali intermédiaire entre la baryte et la soude, a été découvert, en 1818, par M. Arfwedson dans le *pétalite*, le *triphane* et la *tourmaline verte*. M. Berzelius l'a trouvé la même année dans la *tourmaline rubellite*; mais ce minéral contient de la soude avec la lithine.

L'histoire chimique de la lithine ne, se composant guère que du petit nombre de faits découverts par M. Arfwedson, nous les exposerons sans nous astreindre à l'ordre que nous suivons dans l'histoire des oxides qui sont bien connus.

Extraction.

On obtient la lithine par le procédé suivant. On chauffe au rouge, pendant une heure et demie, dans un creuset de platine, un mélange de 4 parties de sous-carbonate de baryte et d'une partie de pierre contenant de la lithine. On traite la masse refroidie par un excès d'acide hydrochlorique foible. On fait évaporer dans une capsule de porcelaine l'excès d'acide; on traite le résidu par l'eau; on filtre : la silice reste sur le papier.

En mettant dans la liqueur filtrée de l'acide sulfurique en excès, on précipite la baryte : on filtre de nouveau pour séparer le sulfate de baryte. On verse dans la liqueur du sous-carbonate d'ammoniaque : par ce moyen l'alumine et les oxides de fer et de manganèse sont précipités. On filtre encore ; puis on fait évaporer la liqueur à siccité, et on chauffe au rouge le résidu, qui est du sulfate de lithium.

En redissolvant celui-ci dans l'eau, précipitant l'acide sulfurique par la quantité de baryte strictement nécessaire, on obtient la lithine en dissolution dans l'eau. Il suffit de faire évaporer ce liquide, sans le contact de l'acide carbonique, dans un vase d'argent, pour obtenir un résidu de lithine, qui paroit devoir être un hydrate et non un alcali anhydre.

Propriétés de la lithine.

Elle a une saveur alcaline caustique aussi forte que la potasse et la soude. Elle est assez fusible : quand elle s'est figée et qu'on la brise, elle présente une cassure cristalline.

Elle n'est pas aussi soluble dans l'eau que la potasse et la soude hydratées.

Elle n'est pas déliquescente à l'air.

Elle attire l'acide carbonique de l'atmosphère.

Elle se distingue de la potasse et de la soude par la propriété de former des sels déliquescens avec les acides nitrique et hydrochlorique, et par une plus grande capacité de saturation.

Elle se distingue de la potasse, parce qu'elle ne précipite pas le chlorure de platine.

Quand on chauffe la lithine dans un creuset de platine, celui-ci est attaqué ; il s'oxide, et se combine alors avec la lithine. Cette combinaison, traitée par l'eau, se détruit ; la lithine est dissoute, tandis que l'oxide de platine ne l'est pas.

C'est sur cette propriété qu'est fondé l'essai des minéraux qui contiennent de la lithine. M. Berzelius dit qu'en chauffant au chalumeau un morceau de ces minéraux gros comme une tête d'épingle, sur une feuille de platine avec de la soude, cet alcali chasse la lithine : alors les parties du platine qui sont en contact avec la lithine et l'oxigène de l'air, prennent une couleur foncée.

Sels de lithine.

Sous-carbonate de lithine.

On prépare ce sel en décomposant du sulfate de lithine par l'acétate de baryte. Il se forme de l'acétate de lithine soluble qui, étant évaporé, séché et calciné, donne un sous-carbonate.

Ce sel se fond à la chaleur rouge obscure. Refroidi, il a l'aspect d'un émail : il demande au moins deux jours pour être dissous par l'eau. La solution a un goût alcalin ; elle ramène au bleu le papier de tournesol rougi. Cette solution, évaporée spontanément, cristallise en très-petits prismes.

Il attaque le platine.

Carbonate de lithine.

Il est un peu plus facile à dissoudre que le sous-carbonate.

Sulfate de lithine.

M. Arfwedson l'a préparé en saturant autant que possible de l'acide sulfurique par du sous-carbonate de lithine : en neutralisant l'excès d'acide par l'ammoniaque, faisant évaporer à siccité, et calcinant le résidu, il a obtenu le sulfate neutre.

Il a un goût salin. Il se fond difficilement. Un peu de sulfate de chaux le rend fusible au-dessus de la température rouge.

Le sulfate de lithine est très-soluble dans l'eau ; il cristallise en masses irrégulières.

Il est formé d'acide 68,65
de lithine 31,35
————
100,00

Sursulfate de lithine.

On l'obtient en traitant le sulfate neutre par l'acide sulfurique.

Il est indécomposable au feu ; il est plus fusible que le sel neutre et moins soluble.

Nitrate de lithine.

Il a le goût du salpêtre ; il est très-fusible.

Il est déliquescent. Sa solution, évaporée lentement, cristallise en rhomboïdes ou en aiguilles.

Hydrochlorate de lithine.

Il est incristallisable, très-fusible, très-déliquescent.

Il est formé d'acide hydrochlorique 60,06
de lithine 39,94
————
100,00

Borate de lithine.

Il est soluble, alcalin, se fond en se boursouflant.

Acétate de lithine.

Il est très-soluble, déliquescent ; desséché, il ressemble à une gomme.

Tartrate de lithine.

Il est efflorescent et soluble dans l'eau.

Sulfate d'alumine et de lithine.

Ce sel cristallise en petits grains qui ont la forme d'octaèdres ou de dodécaèdres. (Ch.)

LITHIZONTHES. (*Min.*) Les escarboucles des Indes, qui, généralement, n'étoient pas nettes, qui souvent étoient d'une couleur sale et sans éclat dans leur intérieur, et en outre d'une couleur bleuâtre encore plus pâle et plus foible que les autres, s'appeloient, dit Pline, *lithizonthes.* Ce caractère, et celui qui est tiré de la grosseur de quelques escarboucles des Indes, nous paroissent mieux s'accorder avec ce que l'on sait de quelques variétés de grenat qu'avec les corindons bleuâtres des Indes. Voyez ce qui a été dit des rapports remarquables du *carbunculus,* escarboucle des anciens, avec le grenat, au mot Escarboucle. (B.)

LITHOBIBLION. (*Min.*) C'est le nom grec donné par Wallerius, etc., aux empreintes des feuilles sur les pierres, et même aux feuilles fossiles. Voyez Plantes fossiles. (B.)

LITHOBIE, *Lithobius.* (*Entom.*) Nom donné par M. Leach, dans les Transactions de la Société linnéenne de Londres, à un genre d'insectes aptères de la famille des *myriapodes,* rangé auparavant avec les scolopendres.

Ce nom, tiré du grec, λίθος βίος, indique que l'insecte vit sous les pierres, et non pas, comme on pourroit le croire, qu'il se nourrisse de pierres.

Le caractère essentiel de ce genre, auquel on n'a rapporté que trois espèces, dont nous avons fait figurer une sous le nom de lithobie à tenailles, planche 58, fig. 5, est remarquable par la présence d'une seule paire de pattes à chaque anneau du corps, qui, vu en-dessus, présente une série d'articulations plus large et à peu près carrée, et d'autres alternativement de trois quarts moins larges, de sorte que chaque segment semble muni de deux paires de pattes. Telle est la scolopendre à trente pattes de Geoffroy, *scolopendra forficata* de Linnæus, le lithobie fourchu de M. Latreille, que nous avons nommé à tenailles, en traduisant le nom de Linnæus. (Voyez, pour les mœurs, l'article Scolopendre.)

Il ne faut pas confondre le genre Lithobie avec celui que M. Leach a nommé *pétrobie*: ce dernier est un Machile. Voyez ce mot. (C. D.)

LITHOCALAME. (*Foss.*) C'est ainsi qu'on appeloit autrefois les tiges de roseaux fossiles. (D. F.)

LITHOCARDIUM. (*Foss.*) Voyez Boucardites. (Desm.)

LITHOCARPE ou FRUITS PÉTRIFIÉS. (*Min.*) Voy. Plantes fossiles. (B.)

LITHOCIA. (*Bot.*) Sous-division du genre Verrucaria. Voyez ce mot. (Lem.)

LITHODE. (*Crust.*) Genre de crustacés brachyures, voisin des inachus et des maias, fondé par M. Latreille. Voyez l'article Malacostracés. (Desm.)

LITHODÉMON. (*Min.*) Boétius de Boot croit que ce nom a été donné quelquefois au jayet. (B.)

LITHODENDRUM. (*Foss.*) Ce nom a été donné par quelques auteurs à plusieurs polypiers branchus, fossiles. (Desm.)

LITHODERMYCES DE BATTARA. (*Bot.*) Voyez Petrona. (Lem.)

LITHODOME, *Lithodoma*. (*Malacoz.*) Petite section subgénérique, établie par M. G. Cuvier dans son Règne animal pour quelques espèces de moules qui ne paroissent nullement différer dans leur organisation des espèces communes, d'après ce qu'en dit Poli; mais qui ont la faculté de s'enfoncer et de vivre dans les pierres, à la manière d'un assez grand nombre d'autres espèces de bivalves: aussi leur coquille est-elle presque cylindrique, obtuse, et arrondie aux deux extrémités, les sommets étant presque tout-à-fait antérieurs. L'espèce sur laquelle ce genre est établi, est le *mytilus lithophagus* de Linnæus, dont MM. de Lamarck et de Roissy font une espèce de modiole : elle est presque cylindrique, fort alongée, de deux à trois pouces de long sur un demi-pouce de large; son épiderme est épais et d'un brun foncé; toute sa moitié antérieure et inférieure est striée verticalement, tandis que le reste n'offre que des stries horizontales beaucoup plus fines et d'accroissement. Elle est pourvue d'un byssus comme les autres moules, et elle s'en sert, comme elles, pour s'attacher aux pierres; mais, d'après l'observation de M. G. Cuvier, une fois qu'elle a pénétré dans leur susbtance, le byssus ne prend plus d'accroissement. Cette espèce de moule vit dans la Méditerranée : elle est quelquefois si commune dans certains endroits que les pierres en sont entièrement criblées. Elle est connue sous le nom de *datte de mer*. On la mange. Il est encore une espèce de ce genre qui se trouve dans les madrépores provenant de la mer des Indes. La coquille est beaucoup plus petite, moins alongée, n'est pas striée verticalement comme la précédente, et son extrémité postérieure se termine par une sorte d'appendice aplati. (De B.)

LITHO-FALCO. (*Ornith.*) Voyez Dendro-Falco. (Ch. D.)

LITHOFUNGUS. (*Foss.*) On a nommé ainsi des polypiers fossiles dont les formes générales rappellent celles des champignons. (Desm.)

LITHOGÉNÉSIE. (*Min.*) Nous avons déjà bien assez des noms et des mots, *géologie*, *géognosie*, etc., sans en introduire un nouveau, qui indique une connoissance vague et étrangère aux sciences, si on veut l'appliquer à la formation des pierres; car elles ne se forment pas, mais elles sont le résultat d'une combinaison chimique, et d'une agrégation mécanique régulière. (B.)

LITHOGLYPHITE. (*Min.*) C'est le nom générique donné par Wallerius à des pierres qui présentoient par hasard, et surtout à ceux que l'imagination rend faciles sur les ressemblances, la forme de différens objets connus, tels que des têtes humaines ou d'animaux, des membres d'oiseaux ou de quadrupèdes, des ustensiles de diverses sortes, tels que phioles, coupes, etc.; même des solides réguliers, sphéroïdes, ellipsoïdes, cubiques, prismatiques, etc., mais qui, ne conservant aucune constance dans leurs angles, ne pouvoient être regardés comme de vrais cristaux.

On trouve quelquefois cette expression employée dans les anciens oryctographes; elle est souvent synonyme de *pierre figurée*. Wallerius le dit expressément. Bertrand, dans son Dictionnaire des fossiles, publié en 1763, indique diverses sortes de lithoglyphites que Wallerius a décrites avec trop de détails. Adanson, quoique naturaliste exact et savant, avoit fait une collection de pierres figurées, notamment de silex, et leur avoit donné les noms des corps avec lesquels il leur trouvoit de la ressemblance.

Le *Bildstein* des minéralogistes allemands, cité comme synonyme de ce nom par Wallerius, Bertrand, Pansner, etc., est aussi celui d'une variété particulière de stéatite, de celle avec laquelle on fait en Chine des figures grotesques qu'on nomme *magots*. (B.)

LITHOLOGIE. (*Min.*) Le mot *minéralogie* est général et peut s'appliquer à l'histoire naturelle de tous les corps inorganiques : le mot *lithologie* est plus spécial, et s'applique particulièrement à l'histoire des corps inorganiques qu'on appelle vulgairement *pierres ;* car ce nom lui-même a maintenant une acception bien incertaine, et c'est précisément à cause de cela que le mot de lithologie doit être abandonné. (B.)

LITHOMANCIE. (*Min.*) L'art de connoître l'avenir, ou de découvrir les choses inconnues par le moyen des pierres ; la divination par les pierres.

Les pierres marquées dans leur intérieur de figures semblables à des astres, et qu'on appeloit pour cette cause *astroites* et *siderites ;* celles qui, suivant l'aspect sous lequel on les présentoit à la lumière du soleil ou à une lumière artificielle, faisoient voir l'image d'une étoile lumineuse ou des couleurs changeantes (pierres qui paroissent être, les premières, des polypiers pierreux pétrifiés ; les autres, des minéraux lamelleux à clivage rhomboïdal, ou des minéraux à couleur violette, telles que le dicroïte, l'améthyste, etc.) ; les pierres noires et luisantes, marquées de linéamens divergens sur leur surface, et qui passoient pour avoir une origine céleste, origine maintenant incontestable ; enfin, tous les corps fossiles d'une forme singulière, tels que les bélemnites, avoient attiré l'attention des anciens et frappé leur imagination. Il étoit donc facile à des charlatans d'attribuer à ces pierres des vertus surnaturelles, et de les présenter comme propres à faire obtenir des connoissances également surnaturelles. De là est venue la divination par les pierres, et on voit, par la description de celles qui servoient à cet usage, qu'elles rentroient dans l'une des classes que nous venons d'indiquer. Ainsi la pierre *siderites*, qu'Apollon donna à Helenus, et que ce prince employa pour prédire la ruine de Troye sa patrie, étoit une pierre noire, pesante, un peu raboteuse, ayant à la surface des rides qui s'étendoient circulairement. Que le récit soit vrai ou faux, il n'en est pas moins très-ancien, et il s'applique à une pierre qui a la plus grande ressemblance avec les bolides ou pierres tombées de l'atmosphère. Les bolides étoient considérées dans l'antiquité comme des pierres animées qui rendoient des oracles.

On voit qu'il ne faut pas confondre la lithomancie, cette prétendue divination à l'aide de certaines pierres, avec la rabdomancie ou la découverte des minéraux dans le sein de la terre au moyen des sensations qu'ils font éprouver à certains individus. L'une est une chose évidemment absurde, et qui ne mérite aucune attention : l'autre est loin d'être prouvée ; mais le contraire ne l'est pas non plus, c'est-à-dire qu'il n'est pas démontré par l'expérience, que certains individus ne soient pas doués d'une sensibilité exquise qu'ils peuvent avoir exagérée, et dont on a pu abuser. Nous reviendrons sur ce sujet au mot RABDOMANCIE. (B.)

LITHOMARGE. (*Min.*) *Lithomarga*, CRONSTEDT. Voy. ARGILE LITHOMARGE, tom. 3, pag. 15.

Klaproth a donné l'analyse d'une variété friable venant des mines d'étain d'Ehrenfriedersdorf en Saxe. Cette lithomarge est composée,

de silice 32
d'alumine 26,50
de fer 21
d'eau 17
de soude muriatée . . . . 1,50.

La présence de cette dernière substance est ici fort remarquable, si elle ne tient pas à une circonstance particulière. (B.)

LITHOMORPHITE. (*Min.*) Pierres sur lesquelles sont figurés différens objets, comme s'ils avoient été dessinés ou peints, soit à leur surface, soit même dans leur intérieur. Wallerius, qui en a fait un genre, en distingue presque autant d'espèces que de lithoglyphites : plusieurs d'entre elles se rapportent aux pierres offrant des arborisations, dont nous avons traité au mot Dendrite. (B.)

LITHONTHLASPI. (*Bot.*) Ce nom, qui signifie thlaspie des pierres, a été donné par Columna au *thlaspi saxatile* et à l'*iberis saxatilis*. (J.)

LITHONTRIBON. (*Bot.*) Daléchamps nomme ainsi la turquette. *herniaria glabra*, Linn. (J.)

LITHONTRIPTIQUE. (*Chim.*) Nom donné aux corps employés pour dissoudre les calculs dans la vessie même. (Ch.)

LITHOPHAGE. (*Malacoz.*) Cette dénomination complexe, qui signifie *mange-pierre*, est employée dans l'histoire naturelle de plusieurs animaux mollusques, pour désigner l'habitude qu'ils ont de vivre plus ou moins profondément dans l'intérieur des pierres ou des rochers de la mer, et non pas parce qu'ils s'en nourrissent réellement. On trouve des espèces lithophages dans presque toutes les familles de lamellibranches ou de bivalves. La plupart vivent dans nos mers et surtout dans les eaux de la Méditerranée; et cependant, malgré la facilité de l'observation, l'on ignore encore le procédé qu'emploient ces animaux lithophages pour pénétrer ainsi dans l'intérieur des pierres. Quelques personnes ont pensé que ce n'étoit que dans l'état de mollesse de la pierre que ces animaux le peuvent faire, parce qu'en effet on trouve souvent les pholades dans une sorte d'argile blanche, molle, qu'on a regardée comme de la pierre pour ainsi dire commençante : mais on les trouve aussi, et bien plus la même espèce, dans la véritable pierre calcaire, il est vrai, constamment plus tendre, plus molle sous l'eau, que lorsqu'elle est exposée à l'air. Cette opinion a été soutenue par Réaumur, dans un Mémoire particulier inséré parmi ceux de l'Académie royale des sciences, et par Lafaille, de l'académie de La Rochelle. M. Fleuriau de Bellevue, qui a observé dans les mêmes lieux que ce dernier, s'est assuré que les pholades, quelque petites qu'elles soient, percent la pierre calcaire elle-même, et j'ai vu sur les bords de la Manche la même espèce de pholade dans les couches glaiseuses de l'embouchure de la Seine, et dans la masse calcaire quelquefois fort dure de la formation crayeuse qui borde la mer dans une grande partie de son étendue ; bien plus, on trouve quelquefois des pholades, des moules lithophages, dans les marbres des bords de la Méditerranée. La direction que prennent les mollusques lithophages dans la substance où ils se cachent, varie suivant les genres. Les pholades se placent toujours verticalement ; mais il n'en est pas de même des saxicaves et genres voisins : les animaux de ces genres percent la pierre dans tous les sens, de manière quelquefois à se rencontrer les uns les autres. Si l'on a pu admettre avec quelque raison que les pholades, dont la coquille est assez épaisse et garnie d'aspérités à son extrémité antérieure, peuvent creuser leur loge pierreuse par un moyen mécanique en tournant sur elles-mêmes, cela se pouvoit concevoir, parce qu'elles y sont libres ; mais cela ne se peut guère pour les rupellaires, les saxicaves, qui remplissent la cavité presque complétement, de manière à ne pouvoir pas s'y mouvoir : impossibilité qui souvent est encore augmentée par une crête de la pierre qui remplit le sillon formé par les crochets des deux valves. En ajoutant que ces coquilles sont très-souvent lisses, et même qu'une espèce est si mince qu'elle est membraneuse, on est conduit à rejeter, avec M. Fleuriau de Bellevue, toute idée de la possibilité d'un mouvement, soit de rotation, soit de vibration, à l'aide duquel ces animaux pourroient limer la pierre pour s'y introduire. Il faut donc avoir recours à l'emploi d'une humeur corrosive ou dissolvante qui agiroit sur la pierre, la ramolliroit, la convertiroit en une sorte de fluide, que le mouvement du pied de l'animal chasseroit ensuite hors de la cavité. Mais quel est l'organe de l'animal qui produit cette humeur, et de quelle nature est-elle ? Il est probable, comme le pense M. Fleuriau de Bellevue, que c'est le pied ou l'appendice abdominal qui en fournit la plus grande quantité : en effet, dans les pholades il déborde constamment l'enveloppe coquillière. Quant à la nature de ce liquide, le même observateur est conduit à penser que ce doit être un acide assez fort pour décomposer le sel calcaire dont est formée la coquille, et qui cependant ne l'est pas assez pour attaquer la matière animale qui entre aussi dans sa composition ; il a en effet observé que, quand les rupellaires, qui percent la pierre dans tous les sens, viennent à se rencontrer, elles se font une plaie irrégulière à leur coquille, mais sans que la partie membraneuse soit détruite. Il a aussi remarqué que les pholades sont baignées dans leur cavité par un limon noir assez abondant, qui pénètre même à quelque distance dans la substance de la pierre, quand celle-ci est tendre. C'est ce qu'il a également vu pour les autres mollusques lithophages, et même pour certains vers qui se logent aussi dans les pierres. Ce limon noir lui semble être le résultat de l'humeur corrosive de l'animal, mêlée à la substance terreuse de la pierre. M. Fleuriau de Bellevue, faisant en outre l'observation que les pholades et les modioles jouissent de la propriété de répandre une lumière phosphorique, paroît porté à croire que la liqueur qui sert aux mollusques lithophages à ramollir et à dissoudre la pierre calcaire dans laquelle ils se logent, contient une plus ou moins grande quantité d'acide phosphoreux. Quelque probabilité qu'il y ait à cette manière de voir de M. Fleuriau de Bellevue, il faut cependant convenir qu'elle n'est pas encore tout-a-fait hors de doute, d'autant plus, qu'il me semble avoir lu dans Spallanzani que des pholades se logent aussi dans des roches qui ne sont pas calcaires, par exemple, dans des laves : en sorte qu'il seroit bien important que quelque personne située favorablement voulût bien faire quelque recherche chimique sur la liqueur noire des pholades, et voir, si décidément elle est acide, ce qui ne me paroit pas probable. Je suis au moins certain que les patelles, qui creusent souvent assez profondément la pierre calcaire tendre des bords de la Manche, sur laquelle elles vivent, n'ont aucune trace d'acide dans l'humeur qui sort de leur pied; en sorte que je ne serois pas éloigné de penser que les excavations, plus ou moins profondes, formées par les mollusques dans les pierres, sont dues à une simple macération continuelle, produite par le fluide muqueux qui sort de leur pied. Il est probable qu'il en est de même pour quelques vers qui jouissent de la même faculté; car, quoique malheureusement nous ne les connoissions que fort incomplétement, il est cependant à présumer que leur bouche n'est pas armée d'organes ou d'instrumens à l'aide desquels ils pourroient agir mécaniquement sur la pierre : s'il en étoit ainsi, ce ne seroient plus des vers proprement dits, mais des espèces de la famille des néréides, et le problème seroit moins difficile à résoudre. (De B.)

LITHOPHAGE. (*Entom.*) Sous ce nom l'auteur du Dictionnaire des animaux, La Chesnaye des Bois, mentionne, à ce qu'il paroit, une larve d'insecte, qui pourroit, comme le soupçonne M. Latreille, appartenir à la famille des tinéites. On le trouveroit dans l'ardoise, et il lui seroit possible de pénétrer entre les feuillets de cette pierre. (Desm.)

LITHOPHAGES. (*Malacoz.*) Pour M. de Lamarck c'est un nom de famille de mollusques acéphalés, qui renferme les coquilles térébrantes, sans pièces accessoires, sans fourreau particulier, et plus ou moins bâillantes à leur côté extérieur, le ligament étant extérieur; partagées en trois genres, Saxicave, Pétricole et Vénérupe. Voyez ces mots. (De B.)

LITHOPHILE, *Lithophila.* (*Bot.*) Genre de plantes dicotylédones, à fleurs incomplètes, de la famille des *amaranthacées*, de la *diandrie monogynie* de Linnæus; offrant pour caractère essentiel : Un calice à cinq folioles inégales, muni en-dessous de trois écailles; point de corolle; deux étamines; un ovaire inférieur; un style. Le fruit paroit être une capsule à une seule loge.

M. Swartz, auteur de ce genre, regarde comme calice les trois écailles extérieures qui l'accompagnent : il prend pour corolle trois divisions du calice, les deux autres pour nectaire. En considérant les rapports de ce genre avec ses congénères dans la même famille, il est facile de fixer la dénomination de ces parties, comme je l'ai présentée dans l'exposition du caractère essentiel.

Lithophile pygmée : *Lithophila muscoides*, Swartz, *Flor. Ind. occid.*, vol. 1, pag. 48; Vahl, *Enum. pl.*, 1, pag. 299. Cette plante est fort petite, et présente l'aspect d'une mousse : elle parvient à peine à un pouce de hauteur; ses racines produisent plusieurs tiges très-courtes, un peu épaisses, presque simples, munies d'écailles sèches et blanchâtres. Les feuilles sont fort petites, presque sessiles, amplexicaules à leur base, étalées, linéaires, obtuses, canaliculées, très-étroites; les fleurs blanches, agglomérées; les pédoncules terminaux, sortant de l'aisselle des feuilles, soutenant à leur sommet un petit paquet de fleurs sessiles, de la grosseur d'une tête d'épingle.

Cette plante croît sur les rochers, à l'île déserte de Navazra, dans les mers de l'Amérique méridionale. (Poir.)

LITHOPHOSPHORE. (*Min.*) C'est la baryte sulfatée radiée de Bologne, plus connue sous la dénomination de *pierre de Bologne*, et sous celle de *pierre phosphorique*, qui n'est qu'une traduction du nom de lithophosphore, tiré du grec. La chaux fluatée, comme beaucoup d'autres minéraux phosphorescens, mériteroit tout aussi bien le nom de lithophosphore. (Lem.)

LITHOPHYLLES. (*Foss.*) Les anciens oryctographes ont ainsi appelé les feuilles des végétaux fossiles. (D. F.)

LITOPHYTE TERRESTRE, *Lithophyton terrestre*. (*Bot.*) Marchand a décrit sous ce nom, dans les Mémoires de l'Académie des Sciences pour l'année 1711, le *clavaria digitata*, qui est maintenant une espèce du genre *Sphæria*, Linn. (Lem.)

LITHOPHYTES. (*Actinoz.*) Dans l'opinion que les madrépores, et surtout les espèces arborescentes, les coraux, etc., appartenoient au règne végétal, beaucoup d'auteurs anciens les comprenoient sous la dénomination de lithophytes, nom composé qui signifie *plante-pierre*. (De B.)

LITHOPHYTOÏDES. (*Bot.*) Nom sous lequel on a cité le *Sphæria digitata*, Pers. (Lem.)

LITHOPORE. (*Polyp.*). Quelques auteurs anciens ont employé ce mot pour désigner les polypiers calcaires, auxquels on a donné depuis le nom de millépores. Voyez Millepores. (De B.)

LITHOREO-LEUCOIUM. (*Bot.*) Nom donné par Columna à l'*alyssum deltoideum*. (J.)

LITHOSIE, *Lithosia*, Fabricius. (*Entom.*) Genre d'insectes lépidoptères, à antennes en soie, de la famille des *chétocères*, mais qui semble former le passage à celle des bombyces ou des némocères.

Le caractère essentiel de ce genre peut être en effet exprimé comme il suit :

Antennes en fil, ou de même grosseur de la base à la pointe, quelquefois pectinées ou barbues, surtout dans les mâles, écartées à la base : ailes formant une sorte de fourreau autour du corps, qu'elles dépassent dans l'état de repos, en se croisant en toit plat en-dessus.

On connoît peu les mœurs de ces insectes : on sait cependant que les espéces dont on a observé les chenilles, ne se filent pas de fourreau sous cet état ; plusieurs ont été considérées comme des bombyces.

Nous avons fait figurer une espéce de ce genre sous le n.° 8 *bis* de la planche 43, qui représente les lépidoptères. Malheureusement le peintre l'a représentée les ailes étendues, ce qui n'en indique pas le port, qui est très-remarquable. C'est la Lithosie quadrille, qui est jaune, avec quatre taches noires bleuâtres, deux sur chaque aile supérieure, surtout chez les femelles. Elle vole très-mal, et s'éloigne à peu de distance : pendant le jour, on la trouve sur le tronc des arbres dans les bois. On croit que la chenille se nourrit des feuilles du chêne.

Une seconde espéce, fort commune aussi aux environs de Paris, est la Lithosie aplatie, que Geoffroy a décrite comme une teigne sous le n.° 22, le *manteau à tête jaune* : ses ailes supérieures sont d'un gris bleuâtre pâle, les inférieures jaunes ; la tête et le devant du corselet sont jaunes. La chenille de cette espéce se nourrit des feuilles d'arbrisseaux très-différens, tels que le prunelier, le chèvrefeuille, le genêt.

Une troisième espéce est la *veuve à collier*, dont Geoffroy a donné la figure planche XII, fig. 6. C'est la *noctua rubricollis* de Linnæus, Lithosie collier-rouge : les ailes et tout le corps sont noirs, à l'exception du ventre, qui est jaune, et de la partie antérieure du corselet, qui est rouge.

Une quatrième espéce est la Lithosie gentille, *Lithosia pulchella*, qui a les ailes blanches, avec des points noirs et rouge de sang, disposés régulièrement. C'est une jolie espéce, fort commune dans le Midi de la France ; nous en avons trouvé une très-grande quantité à Cadix en Espagne. Sa chenille se nourrit sur l'héliotrope et sur l'oreille de souris. (C. D.)

LITHOSLÉONTICE. (*Bot.*) On trouve ce nom inscrit parmi ceux que les Grecs donnoient à leur Lithospermon. Voyez ce mot. (Lem.)

LITHOSMUNDA. (*Foss.*) On a donné ce nom à quelques-unes des empreintes de feuilles de fougères que renferment les schistes des terrains houillers. (Desm.)

LITHOSPERMON. (*Bot.*) Ce nom étoit donné par Dioscoride et Pline à une plante dont les graines sont dures et comme pierreuses. Dioscoride ajoute qu'elle a les feuilles d'olivier, mais plus longues, plus larges et plus molles, et que les graines ont le volume de celle de l'ers. *ervum*. Pline, en parlant des graines, dit qu'elles ont la blancheur et la rondeur d'une perle, et le volume d'un pois ciche, *cicer*. De ces descriptions il paroit résulter que le *lithospermon* de Pline, ayant la graine plus grosse, est la larme de Job, *coix lacryma Jobi*, et que celui de Dioscoride, ayant les feuilles d'olivier et les graines petites, est le gremil ou herbe aux perles, qui a conservé le nom de *lithospermum*. (J.)

LITHOSPERMUM. (*Bot.*) Voyez Gremil. (L. D.)

LITHOSTEA ou LITHOSTEUM. (*Foss.*) On a donné autrefois ces noms aux ossemens fossiles. (D. F.)

LITHOSTRÉON. (*Conchyl.*) Dénomination complexe, employée quelquefois pour désigner les huitres pétrifiées ou ostracés. (De B.)

LITHOSTRONTION. (*Polyp.*) C'est le nom qu'a inventé M. Rafinesque pour un genre de polypiers fossiles, qui a quelques rapports avec les tubipores, mais qui n'a pas de cloisons qui séparent les tubes. (De B.)

LITHOSTROTION. (*Polyp.*) Ce sont des polypiers coralloïdes. (De B.)

LITHOTOMES. (*Min.*) C'est encore un genre de Wallerius, sous lequel ce minéralogiste réunit toutes les pierres qui semblent avoir été taillées ou coupées de diverses manières, comme percées, creusées, gravées, et il place dans ce singulier genre les étites, les géodes, les enhydres, les variolites, etc. (B.)

LITHOXYLUM. (*Foss.*) C'est un des noms qu'on a donnés autrefois aux bois pétrifiés. Voy. Végétaux fossiles. (D. F.)

LITORNE. (*Ornith.*) Cette espèce de grive est le *turdus pilaris*, Linn. (Ch. D.)

LITOULOU. (*Bot.*) Plante de Saint-Domingue qui, selon Nicolson, est la même que l'Herbe carrée. Voyez ce mot. (J.)

LITOURNE. (*Ornith.*) Voyez Litorne et surtout Grive. (Desm.)

LITSÉ, *Litsea*. (*Bot.*) Genre de plantes dicotylédones, à

fleurs incomplètes, dioïques, de la famille des *laurinées*, de la *dioécie polyandrie* de Linnæus; offrant pour caractère essentiel : Des fleurs dioïques, réunies en une sorte d'ombelle dans un involucre commun, à quatre ou six folioles caduques; chacune d'elles pourvue d'un calice à quatre ou six divisions, quelquefois nulles; point de corolle. Dans les fleurs mâles, six à quinze étamines ; les anthères à quatre lobes; les filamens munis de glandes à leur base : le rudiment d'un pistil : dans les fleurs femelles, des glandes et des étamines stériles; un ovaire supérieur; un style, le stigmate dilaté, presque lobé. Le fruit est une baie nue, à une seule loge monosperme.

Ce genre renferme de grands arbres, dont les feuilles, ainsi que les rameaux, sont alternes, entières, un peu coriaces, dépourvues de stipules : les fleurs réunies en ombelles, en corymbes, ou agglomérées ou solitaires, pédonculées ou sessiles. D'après un examen plus exact de ce genre, il a été reconnu que plusieurs espèces de laurier devoient y être réunies, et que d'autres genres étoient congénères de celui-ci, tels que le *Tomex* de Thunberg, le *Tetranthera* de Roxburg, l'*Hexanthus* de Lourciro, le *Sebifera* du même, etc. Aucun de ces arbres n'a pas encore pu être cultivé en Europe; les essais qui en ont été faits, n'ont pas réussi.

Litsé de Chine : *Litsea chinensis*, Lamk., Encycl.; *Tetranthera laurifolia*, Jacq., *Hort. Schœnbr.*, 1, tab. 113 ; *Tomex tetranthera*, Willd.; *Tomex sebifera*, id.; *Sebifera glutinosa*, Lour., Cochin., *ex herbario*; vulgairement Faux cerisier de la Chine. Bel et grand arbre, dont les rameaux sont cylindriques, garnis de feuilles pétiolées, alternes, ovales, un peu obtuses, très-entières, vertes et finement réticulées en-dessus, pâles en-dessous, longues de quatre pouces, un peu cotonneuses sur leur pétiole, ainsi que les jeunes pousses. Les fleurs sont axillaires, portées sur des pédoncules un peu rameux ou dichotomes, velus, plus courts que les feuilles. Le fruit est une baie sphérique, de la grosseur d'une petite cerise, contenant, sous une pulpe un peu épaisse, une coque mince, assez dure, renfermant une amande globuleuse.

Cet arbre croît à la Chine : il est depuis long-temps cultivé à l'Isle-de-France, où, à cause de la faculté qu'il a de résister aux vents, on l'emploie comme en charmille, pour former des abris contre les ouragans. Ses baies ont un goût de camphre, et une odeur de lierre, qui les rendent désagréables : les oiseaux seuls s'en nourrissent.

Litsé du Japon : *Litsea japonica*, Juss., Ann. du Mus., v. 6, pag. 210; *Tomex japonica*, Thunb., Jap., et Icon. *pl. Jap.*, *fasc.* 3. Arbrisseau de huit à dix pieds, dont les rameaux sont tomenteux, anguleux dans leur jeunesse, garnis de feuilles pétiolées, oblongues-lancéolées, obtuses, blanchâtres et tomenteuses en-dessous, longues de trois pouces; les fleurs latérales, axillaires, réunies en petites têtes à l'extrémité d'un pédoncule court, muni, à sa base, de quelques petites bractées tomenteuses, et à l'extrémité d'un involucre à quatre ou cinq folioles, contenant autant de fleurs pédicellées à calice coloré, à cinq divisions très-profondes. Les fleurs femelles ne sont point connues. Cette plante croît au Japon.

Litsé a fleurs nombreuses : *Litsea polyantha*, Juss., *l. c.*; *Tetranthera monopetala*; vulgairement Narra-mamady. Ses tiges se divisent en rameaux garnis de feuilles ovales, oblongues, lancéolées, pubescentes en-dessous; les pédoncules sont axillaires, solitaires, très-courts, divisés en cinq ou dix pédicelles, portant chacun un involucre renfermant six fleurs, mâles sur un pied, femelles sur un autre; le calice, tubulé, est divisé à son limbe en cinq lobes aigus, au-dessous desquels sont attachés huit à dix filamens courts, glanduleux, stériles; autant d'autres filamens plus longs, fertiles, sont dans les fleurs mâles. Le fruit est une baie ovale. Cette plante croît au Coromandel.

Litsé a feuilles de citronier : *Litsea citrifolia*, Juss., Ann., loc. c.; *Tetranthera apetala*, Roxb., Corom. 2, tab. 147; vulgairement Narra-alaghy. Cet arbrisseau est très-rapproché du *Litsea chinensis*; ses feuilles sont beaucoup plus grandes, ovales-arrondies, veinées; les pédoncules axillaires, solitaires, divisés en trois ou quatre pédicelles, portant chacun un involucre à quatre folioles qui contient huit à douze fleurs; les calices sont entiers, à limbe caduc, portant à leurs bords dix à seize filamens très-courts, glanduleux, alternes, avec autant d'autres plus longs, chargés d'une anthère à quatre lobes; le pistil devient une baie globuleuse. Cette plante croît au Coromandel.

Litsé a trois nervures : *Litsea trinervia*, Juss., *Ann.*, *l. c.*; *Laurus involucrata*, Lamk., Encycl. Cet arbre, quoique assez semblable, par son port, à un laurier, en diffère par son inflorescence et par son caractère générique : ses rameaux sont glabres, menus, chargés vers leur sommet de feuilles glabres, pétiolées, lancéolées, aiguës, glauques en-dessous, à trois nervures; les fleurs sont réunies quatre à six ensemble en paquets sessiles, axillaires. Cette plante croît dans l'île de Ceilan.

Litsé a feuilles glauques : *Litsea glaucescens*, Kunth *in* Humb. et Bonpl., *Nov. gen.*, 2, pag. 168. Grand arbre du Mexique, dont les rameaux sont striés et cendrés; les feuilles pétiolées, oblongues-lancéolées, acuminées, vertes et luisantes en dessus, glauques en-dessous, longues de deux pouces et demi; les pédoncules solitaires, axillaires, de la longueur des pétioles, chargés de deux à cinq fleurs un peu pédicellées; l'involucre a six folioles presque rondes, aiguës, concaves; le calice des fleurs femelles est à six divisions inégales, ovales, obtuses.

On distingue encore quelques autres espèces de litsé : telles que le *Litsea hexanthus*, Juss., *seu Hexanthus umbellatus*, Lour., qui n'est peut-être que l'individu femelle du *Litsea japonica*; le *Litsea Cervantesii*, Kunth, *l. c.*, à feuilles lancéolées, les fleurs en corymbes axillaires; le *Litsea platyphylla*, Pers., etc. (Poir.)

LITTA. (*Bot.*) Genre proposé par Balbis pour l'*Yucca Boscii*. Desf., *Catal. hort. Paris.* Voyez Yucca. (Poir.)

LITTORALES [Plantes], (*Bot.*), qui croissent sur le bord des eaux; mais principalement sur le bord des fleuves, des rivières, des lacs, etc. On distingue plus particulièrement sous le nom de maritimes, celles qui croissent sur le bord de la mer. Le *lithrum*, le *lycopus*, l'*eupatorium cannabinum*, etc., par exemple, sont des plantes littorales. Le *glaux maritima*, le *salsola kali*, le *triglochin maritimum*, etc., sont des plantes maritimes. (Mass.)

LITTORALES. (*Ornith.*) Illiger a établi, sous la dénomination de *littorales*, une famille d'oiseaux riverains, dont les caractères consistent à avoir le bec sans forme déterminée, les ailes propres au vol et les pieds à la course; trois doigts tout-à-fait séparés, ou réunis à leur base ; la peau qui revêt la partie supérieure du pied, divisée en carrés ou en réseaux. Cette famille comprend les pluviers, les échasses, les huitriers, les coure-vite. (Ch. D.)

LITTORELLE ; *Littorella*, Linn. (*Bot.*) Genre de plantes dicotylédones, de la famille des *plantaginées*, Juss., et de la *monoécie tétrandrie*, Linn., dont les principaux caractères sont les suivans : Fleurs mâles composées d'un calice de quatre folioles conniventes, d'une corolle monopétale, tubulée, à limbe quadrifide, et de quatre étamines à filamens très-longs, portant des anthères cordiformes ; fleurs femelles placées sur le même pied que les mâles, ayant un calice monophylle, conique, à bord trifide, point de corolle, et un ovaire supère, oblong, surmonté d'un style filiforme très-long, terminé par un stigmate aigu. Le fruit est une capsule uniloculaire, enveloppée par le calice. Ce genre ne renferme que l'espèce suivante :

LITTORELLE DES ÉTANGS, vulgairement PLANTAIN DE MOINE : *Littorella lacustris*, Linn., *Mantis.*, 295 ; *Flor. Dan.*, t. 170 ; Lam., *Illust.*, t. 258. Cette plante est très-petite, et elle a en quelque sorte l'aspect d'une graminée par son feuillage. Sa racine est fibreuse, vivace ; elle produit une touffe de feuilles linéaires-subulées, un peu charnues, glabres, et plusieurs fleurs d'un blanc sale, toutes unisexuelles : les unes mâles, portées sur des pédoncules simples, longs d'un à deux pouces ; les autres femelles, sessiles ou presque sessiles, et cachées dans la base des feuilles. Cette espèce croît en Europe, au bord des étangs ; on la trouve aux environs de Paris, à l'étang de Saint-Gratien et à Saint-Léger : elle fleurit en Juin, Juillet et Août. Voyez SUBULARIA. (L. D.)

LITUOLÉES. (*Malaco.*) Famille de coquilles polythalames, établie par M. de Lamarck pour un certain nombre d'espèces qui sont d'abord contournées en spirale, et dont le dernier tour se continue en ligne droite ; il les partage ensuite, d'après la considération de la contiguïté ou de la séparation des tours de spire, et la disposition et le nombre des siphons, dont les cloisons sont percées, en trois genres SPIRULE, SPIRULINE, et LITUOLE ou LITUOLITE. Voyez ces mots. (DE B.)

LITUITE, *Lituites.* (*Conchyl.*) Genre de coquilles polythalames, confondues par M. de Lamarck et par M. de Roissy avec les spirules, et dont M. Denys de Montfort a cru devoir les séparer, parce que, s'il y a une partie initiale de la coquille contournée dans le même plan, comme dans les spirules, le reste se prolonge en ligne droite jusqu'à l'ouverture, de manière à imiter un peu le bâton augural des anciens; les tours de spire du sommet sont d'ailleurs adhérens entre eux, et les cloisons sont percées par un siphon central, ce qui n'a pas lieu dans les spirules. C'est un genre évidemment fort voisin du genre Hortole, du même conchyliologiste. Le type de ce genre, que M. Denys de Montfort nomme le lituite augural, *lituites lituus*, et qu'il figure, pag. 78, tom. 1, de sa Conchyliologie systématique, n'est connu qu'à l'état fossile. Soldani représente cependant quelques petites espèces de coquilles qu'on pourra peut-être rapporter à ce genre. (De B.)

LITUOLITE. (*Foss.*) J'ai trouvé dans la couche de craie de Meudon de petites coquilles multiloculaires, très-singulières, auxquelles M. de Lamarck a assigné les caractères suivans : *Coquille univalve, multiloculaire, roulée en partie en spirale, et dont le dernier tour se termine en ligne droite, à cloisons transverses, simples, et dont la dernière est percée de plusieurs trous.*

Les cloisons qui divisent l'intérieur de la spirale de ces coquilles et forment les loges, sont irrégulièrement espacées et inclinées les unes à l'égard des autres, et on n'aperçoit aucun siphon qui les traverse. Parmi les espèces qu'on croit pouvoir rapporter à ce genre, il y en a qui ont à peine un tour complet en spirale, et dont la dernière loge est tout-à-fait close.

Lituolite nautiloïde : *Lituolites nautiloidea*, Lam., Ann. du Mus. d'hist. nat., Vél. du Mus., n.° 47, fig. 13; Encycl., pl. 465, fig. 6, et pl. 466, fig. 4. Dans les individus jeunes ou incomplets de cette espèce on ne voit qu'une petite coquille, discoïde, régulière, semblable à un très-petit nautile, et ayant de petites côtes obtuses et transversales, dues aux renflemens des loges. Quant à ceux qui sont complets, ils offrent en outre une queue courte, tronquée, qui n'est que l'extrémité du dernier tour, s'avançant en ligne droite. La dernière cloison qui se trouve au bord de la coquille, est

27. 6

percée de six petits trous de forme triangulaire et rayon-
nans. Diamètre, 2 lignes.

LITUOLITE DIFFORME : *Lituolites deformis*, Lam., *loc. cit.*, Mus.,
vélins, n.° 14; Encyclop., pl. 466, fig. 1, *a*, *b*.

Coquille courbée en spirale, incomplète et partagée intérieurement en loges irrégulières. Elle est obtuse à ses extrémités, plus grosse à son sommet que vers sa fin, dont la loge
est fermée. Cette espèce est un peu plus petite que la précédente, et on peut croire qu'elle est d'un genre différent,
attendu que tous les caractères ci-dessus exprimés ne peuvent lui convenir. (D. F.)

LIUN, LUN. (*Bot.*) Noms donnés dans le Chili au *stereo-*
xylum revolutum de la Flore du Pérou, arbrisseau qui croit
près de la Conception, et dont l'écorce peut se séparer en
sept feuillets, ce qui l'a fait aussi nommer dans le pays *siete*
camisas. (J.)

LIVANE. (*Ornith.*) Ancien nom françois du pélican ordinaire, *pelecanus onocrotalus*, Linn. (CH. D.)

LIVÊCHE; *Ligusticum*, Linn. (*Bot.*) Genre de plantes dicotylédones, de la famille des *ombellifères*, Juss., et de la *pen-*
tandrie digynie, Linn., dont les principaux caractères sont:
Une collerette universelle composée de sept folioles membraneuses; une collerette particle de trois à quatre folioles;
un calice à cinq dents très-courtes; une corolle de cinq pétales égaux, entiers, courbés en dedans; cinq étamines; un
ovaire infère, surmonté de deux styles à stigmates simples;
deux graines appliquées l'une contre l'autre, et formant un
fruit ovale-oblong, relevé, sur le dos de chaque graine, par
cinq côtes saillantes.

Le nom latin de ce genre est celui d'une plante mentionnée dans Dioscoride et dans Pline, et qui, selon le premier
de ces auteurs, devoit son nom de *ligusticum* au pays où
on la trouvoit, la Ligurie. On ne sait pas aujourd'hui avec
certitude à quelle espèce il faut rapporter la plante des
anciens, et les avis ont été partagés entre les auteurs qui se
sont occupés de le déterminer : les uns ont voulu qu'elle ap-
partînt à une espèce de laser (*laserpitium siler*, Linn.); les
autres, à une impératoire (*imperatoria ostruthium*, Linn.):
plusieurs ont pensé que cette plante étoit la livêche com-

mune, et Linnæus a paru adopter cet avis en établissant un genre *Ligusticum*, dont cette dernière fait partie. Quoi qu'il en soit, ce genre, tel qu'il est maintenant dans les ouvrages les plus modernes, renferme vingt-trois espèces, dont dix croissent naturellement en Europe, principalement dans les Alpes ou les pays de montagnes. Ces plantes sont des herbes vivaces ou bisannuelles, à feuilles alternes, composées ou décomposées, dont les fleurs sont disposées sur des ombelles garnies d'un assez grand nombre de rayons. On doit principalement remarquer les espèces suivantes :

Livêche commune, vulgairement Ache de montagne : *Ligusticum levisticum*, Linn., Spec., 359 ; *Angelica paludapifolia*, Lam., Dict. encycl., I, pag. 173 ; *Levisticum vulgare*, Dod., Pempt., 311. Sa racine est épaisse, vivace, noirâtre en dehors, blanche en dedans, d'une odeur forte, et d'une saveur âcre et aromatique ; elle produit une tige haute de quatre à cinq pieds, cannelée, garnie de feuilles très-grandes, deux à trois fois ailées, composées de folioles ovales-cunéiformes, incisées-dentées, luisantes. Les fleurs sont jaunâtres, disposées en ombelles terminales, d'une grandeur médiocre. Cette plante croît naturellement dans les montagnes, en Allemagne, en Hongrie, en Italie, et en France dans le Languedoc, la Provence et le Dauphiné. Sa racine et ses graines sont excitantes, stomachiques et emménagogues : on les a recommandées dans les cas où les fonctions de l'estomac sont languissantes et ont besoin de ton ; on les a aussi conseillées contre la jaunisse. Les paysans des montagnes emploient ses feuilles mêlées au fourrage pour guérir leurs bestiaux de la toux.

Livêche nodiflore : *Ligusticum nodiflorum*, Vill., Dauph., 2, p. 608, t. 13 ; Willd., Spec., I, p. 1425 : *Angelica paniculata*, Lamk., Dict. encycl., I, p. 172. Sa tige est haute de trois à quatre pieds, articulée, striée, garnie de feuilles écartées, simples, ou à trois folioles. Les feuilles radicales sont très-grandes ; leur pétiole se divise en trois ramifications, elles-mêmes partagées en trois rameaux chargés de trois ou neuf folioles ovales-lancéolées, fortement dentées et glabres. La tige se divise en rameaux nombreux, opposés ou verticillés, étalés, trifurqués plusieurs fois, chargés d'un grand nombre d'ombelles, et formant ainsi une vaste panicule. Les ombelles générales se divisent en cinq à six rayons, et sont dépourvues de collerette ; les ombelles partielles en ont une de deux à trois folioles linéaires, et portent chacune sept à huit petites fleurs blanchâtres. Cette plante croit dans les Alpes de la France et de l'Italie. Ses racines sont aromatiques, et les paysans du Dauphiné les vendent sous le nom d'*Angélique de Bohême*.

Livêche du Péloponèse : *Ligusticum peloponnense*, Linn., *Spec.*, 560 ; Jaq., *Flor. Austr.*, *App.*, t. 15. Sa racine est épaisse, charnue, vivace ; elle produit une tige haute de trois à cinq pieds, très-grosse, cannelée, creuse, rameuse. Ses feuilles sont extrêmement grandes, décomposées, plusieurs fois ternées, à folioles lancéolées, pointues, pinnatifides. L'ombelle terminale est ample, arrondie, composée d'un grand nombre de rayons soutenant des ombellules à fleurs fertiles. Au-dessous de cette ombelle sont ordinairement deux ou trois ombelles latérales, moins grandes, portant des fleurs mâles et stériles. Cette espèce croit dans les montagnes, en France, en Italie, en Suisse et dans le Péloponèse ; elle a une odeur forte et désagréable. Dans les Pyrénées orientales on mange les tiges de cette plante, qu'on appelle dans ce pays *couscuille*. (L. D.)

LIVELLES. (*Bot.*) Dans les lichens, les hypoxylées, le réceptacle des organes reproducteurs est très-variable dans sa forme ; il prend le nom de livelles, lorsqu'il est sessile, linéaire, flexueux, et qu'il s'ouvre par une fente longitudinale. On en a un exemple dans les *opegrapha*. (Mass.)

LIVIA. (*Ornith.*) Nom du pigeon biset, *columba livia*, Briss., Gesn., Aldrov., etc. (Ch. D.)

LIVIDE. (*Ichthyol.*) On a quelquefois désigné par ce nom le labre chinois, que nous avons décrit dans ce Dictionnaire, tome XXV, p. 28. (H. C.)

LIVIE. *Livia*. (*Entom.*) Nom d'un genre d'insectes hémiptères, de la famille des *phytadelges*, près des pucerons, et surtout des psylles, dont ils sont un démembrement établi par M. Latreille, qui les a ainsi caractérisés :

Antennes très-grosses à la base, portées sur une tête carrée et alongée ; premier segment du corselet très-distinct.

M. Latreille n'a encore rapporté qu'une seule espèce à ce

genre ; elle se développe dans les fleurs du jonc articulé, où elle détermine un gonflement monstrueux , une sorte de galle.

Nous avons fait figurer cette espèce, planche 40. Les antennes ont les deux tiers de la longueur du corps ; elles sont insérées dans une échancrure des yeux sur les parties latérales externes : les trois articles de la base sont rouges, la partie moyenne est blanche , et la pointe noire est comme fourchue ; la tête est d'un rouge jaunâtre , sillonnée , aplatie ; les pattes sont courtes et jaunâtres. (C. D.)

LIVISTONE , *Livistonia* ou *Levistonia*. (*Bot.*) Genre de plantes monocotylédones, de la famille des *palmiers*, de l'*hexandrie trigynie* de Linnæus, qui a des rapports avec les *chamærops* et les *corypha*, dont le caractère essentiel consiste dans des fleurs hermaphrodites ; le calice à six divisions peu profondes ; point de corolle ; six étamines ; les filamens libres, élargis à leur base ; trois ovaires supérieurs, connivens, ainsi que les styles ; les stigmates entiers. Le fruit est une baie monosperme ; l'embryon dorsal.

Ce genre a été établi par Rob. Brown pour deux espèces de la Nouvelle-Hollande, à feuilles ailées et palmées ; les folioles bifides à leur sommet. La première, *livistonia inermis*, Rob. Brown, *Nov. Holl.*, 1, p. 268, est un arbrisseau de vingt-quatre à trente pieds, entièrement dépourvu d'épines, ayant les divisions des feuilles entremêlées de fils détachés. La seconde, *livistonia humilis*, Rob. Brown, *l. c.*, est pourvue d'épines et ne s'élève qu'à quatre ou cinq pieds de haut ; les divisions des feuilles sont également entremêlées de fils. Il paroît assez probable qu'il faut réunir à ce genre le *latania chinensis* de Jacquin, *Fragm.*, p. 16, tab. 11 , fig. 1. (Poir.)

LIVON. (*Conchyl.*) Adanson, Sénég., pag. 185, pl. 12, désigne ainsi le *turbo pica* de Linnæus. Voyez Toupie. (De B.)

LIVOT. (*Ornith.*) Un des noms vulgaires de la buse commune, *falco buteo*, Linn. (Ch. D.)

LIVRE. (*Bot.*) Variété de poire, dont le fruit, très-gros, grisâtre, à chair ferme et acerbe, n'est bon à manger que cuit. (L. D.)

LIVRÉE [la]. (*Conchyl.*) C'est le nom françois vulgaire d'une hélice fort commune en France, l'*helix nemoralis* de Linnæus. On distingue de nombreuses variétés dans cette espèce, d'après la couleur du fond de la coquille et la quantité des bandes brunes ou noires qui se dessinent sur le fond. Il y a des livrées depuis une jusqu'à sept bandes, et on en connoit même qui n'en ont point du tout. (DE B.)

LIVRÉE. (*Entom.*) On a donné ce nom à divers insectes : d'abord à la chenille bedeaude, qui produit le bombyce de Neustrie. Réaumur l'a ainsi appelée, la Livrée, parce que son dos est marqué de lignes longitudinales blanches, bleues et rougeàtres. Mouffet a observé le premier que les œufs de cette espèce sont disposés par la mère autour des branches, comme un anneau très-solide, qui simule une portion de peau de serpent, et il a donné au papillon le nom d'*annularia*. Voyez BOMBYCE, n.° 20, tom. V, p. 125, de ce Dictionnaire.

Geoffroy a aussi désigné sous le nom de la LIVRÉE D'ANCRE un scarabée qu'il a inscrit sous le n.° 16. C'est une trichie, dont les élytres jaunes portent trois bandes transversales noires, et qui simuloient ainsi les couleurs qui désignoient les habits des valets du trop fameux Concini, maréchal d'Ancre. Voyez TRICHIE A BANDES. (C. D.)

LIVRÉE. (*Mamm.*) On a donné ce nom au pelage de la première année de plusieurs animaux de l'ordre des ruminans ou des pachydermes. Ce pelage présente des mouchetures ou des bandes régulièrement disposées, d'une teinte différente du fond et ordinairement plus claire.

Les lionceaux ont une sorte de livrée qui consiste en bandes transversales noiràtres sur les flancs, partant d'une ligne dorsale de la même couleur. (DESM.)

LIXE. *Lixus.* (*Entom.*) Nom donné par Fabricius à un genre d'insectes coléoptères de la famille des *charansons* ou *rhinocères*, et du sous-ordre des *tétramérés*, dont les antennes sont portées sur un bec ou prolongement du front.

Ce nom de *lixe* vient probablement du grec, λιχος, qui signifie goulu, *gulosus*, et alors, pour conserver l'étymologie, il devroit être écrit *liche*, ou bien ce nom vient du latin *prolixus*, et signifie prolongé. C'est ce que nous ne décidons pas, M. Fabricius n'ayant jamais été scrupuleux observateur des règles de la syntaxe ou de la construction des mots.

Quoi qu'il en soit de la valeur du nom, la distinction qu'il établit est fort heureuse dans une famille aussi nombreuse que l'est celle des *charansons*. Nous en avons fait figurer une espéce à la pl. 16 de l'atlas de ce Dictionnaire, sous le n.° 10.

Voici les caractères qui distinguent ce genre :

Antennes coudées, en massue alongée, insérées vers le quart antérieur du bec ; corps alongé, étroit, en fuseau ; pattes alongées, à pénultième article des tarses à deux lobes.

D'après les observations que porteront à faire ces indications, on sera bientôt dans le cas de reconnoitre que les *Brentes*, les *Bruches* et les *Becmares* ou *Rhinomacres*, qui n'ont pas les antennes en masse, ne peuvent être des *lixes* ; secondement, les antennes, qui sont comme brisées, distinguent ces *lixes* d'avec tous les genres qui ont bien aussi des antennes en masse, mais non coudées, tels que les *Anthribes*, les *Attélabes*, les *Oxystomes* et les *Brachycères* ; enfin, les cuisses postérieures, qui ne sont pas renflées, les distinguent des *Ramphes* et des *Rhynchènes*, et la forme du corps, qui est excessivement alongée, les sépare du genre des *Charansons*, avec lesquels ils ont d'ailleurs la plus grande analogie de formes et de mœurs.

Sous la forme de larves, les *lixes* se nourrissent du tissu même des végétaux de familles très-différentes, tels que les ombellifères, les cynarocéphales, etc. Toute leur histoire est d'ailleurs la même que celle des charansons. Les principales espèces de ce genre sont les suivantes :

1.° Le Lixe paraplectique ou de la *phellandrie, Lixus paraplecticus*, que nous avons fait figurer.

Car. *Très-alongé, à élytres pointus, formant une sorte de fourche par derrière ; tout le corps couvert d'un duvet gris jaunâtre.*

Degéer a fait connoitre l'histoire de cette espèce dans ses Mémoires, tom. V, pag. 224, et il l'a très-bien figurée. Nous l'avons souvent observée nous-même aux environs de Paris, surtout à l'entrée de la forêt de Bondy, où il existoit de grandes mares bordées de *phellandrium aquaticum*. La larve de cet insecte se développe dans l'intérieur des tiges, et souvent on y trouve des chrysalides et des insectes parfaits vers le mois d'Août. On croit en Suède que les chevaux qui ont mangé ces larves en broutant le phellandre, sont sujets à cette sorte de paralysie des membres postérieurs que les médecins nomment paraplégie. Ce fait n'est pas bien confirmé.

2.º Lixe d'Ascagne, *Lixus Ascanii*: figuré par Panzer, Faune d'Allemagne, cahier 42, pl. 13.

Car. *Noir, à duvet blanc ; une ligne d'un blanc bleuâtre sur les côtés.*

3.º Lixe sillonné, *Lixus sulcirostris*; c'est le charanson à trompe sillonnée de Geoffroy, qui l'a figuré, pl. IV, n.º 8.

Car. *Gris blanchâtre; trois sillons longitudinaux sur la trompe; cinq raies blanches sur le corselet; élytres à trois bandes sinueuses, plus pâles; point d'ailes.*

Il est très-commun au bas des murs exposés au midi, dans les premiers jours du printemps.

4.º Lixe de la jacée, *Lixus jaceæ*; c'est le charanson tacheté des têtes de chardon, n.º 8, de Geoffroy.

Car. *Noir, à duvet d'un gris jaunâtre.*

5.º Lixe odontalgique, *Lixus odontalgicus*; il est semblable au précédent, dont il n'est peut-être qu'une variété. On l'a conseillé, ainsi qu'une espèce de coccinelles, pour guérir les névralgies dentaires, écrasé et appliqué sur la dent douloureuse. (C. D.)

LIXIVIATION. (*Chim.*) Ancien nom de l'opération par laquelle on enlève aux cendres leurs parties alcalines, en les traitant avec de l'eau. (Ch.)

LIXIVIELS [Sels]. (*Chim.*) Sels enlevés aux cendres au moyen de l'eau. Ces sels sont du sous-carbonate de potasse ou de soude, mélangé d'une quantité notable de sulfates de ces alcalis et de chlorure de potassium ou de sodium. L'expression de sels lixiviels n'est plus usitée. (Ch.)

LJETAG, LJELAG. (*Mamm.*) Nom russe de l'écureuil volant de cette contrée, auquel on a improprement donné le nom de polatouche. (F. C.)

LLACMA, LLAMA. (*Mamm.*) On écrit ainsi le nom du lama, parce qu'en espagnol les deux *ll* se mouillent, et qu'il se prononce liama. (F. C.)

LLAGUNOA. (*Bot.*) Ce nom d'un des genres de la Flore du Pérou, qui ressemble trop au *laguna* ou *lagunea*, a été changé par M. Persoon en celui de *amirola*. (J.)

LLAMAPANAUI. (*Bot.*) Ce nom, qui signifie œil de llama, est donné dans le Pérou aux diverses espèces du genre *Negretia* de la Flore de ce pays, qui est le même que le *Mucuna*, nommé ailleurs œil de bourrique, parce que ses graines grosses et lenticulaires présentent la forme d'un gros œil. C'est cette forme qui avoit aussi fait nommer ce genre *Zoophtalmum* par P. Browne. (J.)

LLANTIN. (*Bot.*) Le grand plantain ordinaire est ainsi nommé dans le Pérou, suivant les auteurs de la Flore équinoxiale. (J.)

LLAUPANKE. (*Bot.*) Voyez LAUPANKE et FRANCOA. (J.)

LLAUSETA. (*Ornith.*) Voyez LAUSETA. (CH. D.)

LLAVEA. (*Bot.*) Genre de plantes de la famille des fougères, établi par Lagasca (*Gen. et Sp.*, pag. 33), qui le caractérise ainsi : Fructification dorsale, sous forme de points oblongs ou de petites lignes obliques sur la nervure, recouvertes entièrement dans leur jeunesse par un *indusium* membraneux, continu, s'ouvrant de dedans en dehors; capsules pédicellées, munies d'un anneau, uniloculaires, bivalves; anneau se détachant avec élasticité.

Ce genre est fort voisin de l'*Asplenium*; il ne comprend qu'une seule espèce, le *Llavea cordifolia*, qui croît à la Nouvelle-Espagne. Les frondes sont deux fois ailées; à frondules stériles en cœur et dentelées, tandis que les frondules fertiles sont linéaires et très-entières. (LEM.)

LLEDONE. (*Bot.*) Nom du micocoulier à Perpignan. Dans cette ville on fabrique avec le bois de cet arbre les manches des fouets de cochers, etc. Il s'en fait une exportation assez considérable pour Paris, ce qui explique pourquoi, dans cette capitale, les cochers appellent leurs fouets des *perpignan*. La souplesse du bois du micocoulier le rend très-propre à l'usage auquel il sert. (LEM.)

LLITHI. (*Bot.*) Arbre du Chili, cité par Feuillée, qui est le *laurus caustica* de Molina et de Willdenow. Son bois, qui acquiert en se séchant une grande dureté, est très-employé pour les constructions. On l'a nommé laurier caustique, parce que, si on l'abat sans prendre des précautions, et qu'on reçoive sur le corps l'eau qui en découle quand on le coupe, il le fait enfler très-promptement. Cet effet si dangereux pourroit faire douter si cet arbre appartient véritablement à une famille réputée pour ses vertus médicinales et son utilité. (J.)

LLOQUE. (*Bot.*) Voyez Guayo-colorado. (J.)

LLOQUI. (*Bot.*) Nom péruvien du *pineda* de la Flore du Pérou, genre de plantes voisin de la famille des rosacées, ayant de l'affinité avec l'*homalium*, dont il diffère cependant par son ovaire, qui est dégagé du calice et se change en baie. C'est un arbrisseau dont les rameaux flexibles fournissent des cannes et des baguettes. Ses feuilles, conservées dans du papier, le teignent en noir ; ce qui peut faire présumer qu'elles pourroient être employées avec succès pour la teinture noire et la fabrication de l'encre. Il ne faut pas le confondre avec le *lloque*. (J.)

LLORO. (*Ornith.*) L'oiseau que, suivant Barrère, les Catalans nomment ainsi, est le perroquet de Cayenne, *psittacus cayennensis*, Briss., petit perroquet vert, Edw. (Ch. D.)

LLUCARET. (*Ornith.*) Nom catalan, suivant Barrère, du tarin, *ligurinus*, Briss., et *fringilla spinus*, Linn. (Ch. D.)

LO. (*Ornith.*) Nom islandois du pluvier doré à gorge noire, *charadrius apricarius*, Linn. (Ch. D.)

LOÆJA. (*Bot.*) Nom donné dans l'Arabie, suivant Forskal, à une aristoloche, *aristolochia sempervirens*, très-employée dans le pays contre les morsures des serpens. C'est probablement pour cette raison, ajoute-t-il, qu'on nomme *læaja* une autre plante, croissant également dans l'Arabie, et qui est son *ophiorrhiza lanceolata*, jouissant des mêmes vertus, et plus réputée en ce point parmi nous que dans le lieu de son origine. Vahl, dans ses *Symbolæ*, rapporte cette dernière au genre *Mannelia* (*Nacibea* d'Aublet) dans les rubiacées : c'est son *mannelia lanceolata*. (J.)

LOASE. *Loasa.* (*Bot.*) Genre de plantes dicotylédones, à fleurs complètes, monopétalées, régulières, de la famille des *loasées*, de l'icosandrie monogynie de Linnæus ; offrant pour caractère essentiel : Un calice persistant, à cinq divisions ; cinq pétales ; des étamines libres et nombreuses, attachées, ainsi que les pétales, à l'orifice du calice ; quelquefois cinq écailles alternes avec les pétales ; un ovaire inférieur ; un style ; un stigmate simple. Le fruit consiste en une capsule uniloculaire, polysperme, s'ouvrant au sommet en trois valves : les semences attachées à trois placentas adhérens aux parois de la capsule.

Ce genre est remarquable par ses grandes et belles fleurs axillaires ou terminales. Il renferme des espèces à tige herbacée, hérissées de poils ou d'aspérités, à feuilles opposées ou alternes, plus ou moins profondément découpées. Aucune de ces plantes, originaires du Chili ou du Pérou, n'a encore été introduite dans nos jardins d'Europe.

LOASE PIQUANTE : *Loasa urens*, Jacq., *Observ.*, tab. 38; Lamk., *Ill. gen.*, tab. 426, fig. 1; *Loasa hispida*, Linn.; *Loasa ambrosiæfolia*, Juss., Ann. Mus., vol. 5, p. 26, tab. 4, fig. 1. Cette plante s'élève à la hauteur d'un ou deux pieds. Toutes ses parties sont armées de poils roides, nombreux, très-piquans. Les feuilles sont alternes, pétiolées, une et deux fois pinnatifides, à lobes courts, un peu obtus; les pédoncules simples, axillaires, terminaux; les divisions du calice lancéolées, aiguës, à bords repliés en dehors; les pétales jaunes, concaves, assez grands, très-ouverts; les écailles blanches, ponctuées de rouge et de vert. Le fruit est une capsule hispide, turbinée, couronnée par le calice. Cette plante croît au Pérou.

LOASE TORSE : *Loasa contorta*, Lamk., *Dict.*, et *Ill. gen.*, tab. 426, fig. 2; Juss., Ann., *loc. cit.*, tab. 3. Cette espèce se distingue par ses tiges grimpantes, par ses capsules contournées en spirale. Les feuilles sont opposées, pétiolées, ovales-oblongues, aiguës, un peu en cœur à leur base, sinuées et lobées à leur contour, parsemées de poils luisans; les pédoncules solitaires, axillaires, uniflores; les fleurs très-grandes; les pétales pileux en dehors; les capsules longues de deux pouces, torses en spirale. Cette plante a été rapportée du Pérou par M. Jos. de Jussieu.

LOASE A FEUILLES D'ACANTHE : *Loasa acanthifolia*, Lamk., Enc.; Juss., *Ann.*, *l. c.*; *Ortiga chilensis*, etc., Feuill., *Peruv.*, 2, pag. 757, tab. 41. Cette espèce s'élève à la hauteur d'environ six pieds sur une tige rameuse, hérissée, garnie de feuilles opposées, pinnatifides, dentées, incisées, longues d'environ neuf pouces, les inférieures pétiolées; les pédoncules solitaires, uniflores, axillaires; les divisions du calice lancéolées, réfléchies; les pétales creusés en cuiller, terminés par des découpures semblables à de petites cornes hispides, d'un vert foncé à l'extérieur, d'un rouge clair en dedans. Cette plante croît au Chili.

Loase a grandes fleurs : *Loasa grandiflora*, Lamk., Encyc.; Juss., *Ann.*, tab. 4. Cette plante est remarquable par la grandeur de ses fleurs, par la couleur glauque du dessous de ses feuilles. Ses tiges sont presque sarmenteuses ; les feuilles pétiolées, opposées ou alternes. ovales, en cœur, aiguës, sinuées et lobées. longues de trois pouces et demi; les pédoncules axillaires. uniflores ; la fleur, épanouie. est large de trois pouces, à six pétales oblongs, presque plans; les écailles sont étroites, découpées au sommet. Cette plante croit au Pérou.

Loase luisante: *Loasa nitida*, Lamk., Encycl.: Juss., Ann., tab. 2. Ses tiges sont épaisses, succulentes, tombantes ou couchées : les feuilles presque toutes opposées. en cœur, lobées, sinuées, d'un vert foncé en-dessus, blanchâtres en-dessous; les supérieures sessiles, dentées: les pédoncules axillaires, uniflores. solitaires, longs de deux ou trois pouces; la corolle jaune: l'ovaire est turbiné, presque hémisphérique, très-hérissé. Cette plante croit sur les rochers, aux environs de Lima.

Loase a trois lobes ; *Loasa triloba*, Juss., Ann., *loc. cit.*, tab. 1. Plante du Pérou, dont les tiges sont hautes d'un pied ; les rameaux alternes; les feuilles opposées, pétiolées, ovales, en cœur, longues d'un pouce au plus, à trois lobes irréguliers, celui du milieu beaucoup plus long, laciniés, dentés, ciliés; les fleurs axillaires, presque solitaires, pédonculées, à corolle petite; les pétales roulés, à peine plus longs que les divisions aiguës du calice, munies de trois écailles appendiculées, échancrées au sommet ; les capsules sont pileuses, alongées.

Loase a feuilles d'érable ; *Loasa accrifolia*, Juss., Ann., *l. c.*, tab. 1. Cette espèce est haute de deux pieds, chargée de poils piquans: ses feuilles pétiolées. presque opposées, oblongues, en cœur, à cinq ou sept lobes inégaux, aigus, dentés; les fleurs solitaires, axillaires, à corolle d'une grandeur médiocre ; les écailles échancrées. Cette plante croit au Pérou.

Loase a feuilles de sauge ; *Loasa sclareæfolia*, Juss., Ann., tab. 1 ; vulgairement Ortiga brava, au Chili. Sa tige est forte, très-élevée, dichotome au sommet: les feuilles grandes, opposées; les inférieures pétiolées, longues de six pouces; les lobes aigus, dentés; les supérieures presque ses-siles, longues de trois pouces; les pédoncules très-longs, soli-taires dans la bifurcation des rameaux; les pétales une fois plus longs que le limbe du calice. Cette plante croit au Pérou.

Le *Loasa xanthiifolia* de Jussieu, Ann., tab. 2, fig. 1. se rapproche beaucoup du *Loasa chenopodiifolia*, Lamk., Encycl.: mais ses tiges sont plus élevées, les poils plus courts; les feuilles alternes, larges, ovales, en cœur; les fleurs petites; les calices pileux, élargis; les pétales un peu arrondis.

LOASE GRIMPANTE; *Loasa volubilis*, Juss., Ann., *loc. cit.*, tab. 5. Cette espèce est remarquable par ses tiges glabres, grimpantes, grêles, hautes de deux pieds; à rameaux infé-rieurs opposés, et les supérieurs alternes; garnies de feuilles presque deux fois ailées, rapprochées de celles du *cochlearia coronopus*, de fleurs petites, axillaires. Cette plante croit au Chili, dans les environs de la ville de la Conception. Dans le *Loasa triphylla*, Juss., Ann., tab. 5, fig. 2, les tiges sont droites, les rameaux alternes; les feuilles alternes, à trois ou cinq folioles pileuses, crénelées; les pétales onguiculés, une fois plus longs que le limbe du calice.

MM. de Humboldt et Bonpland ont mentionné deux autres espèces, la première sous le nom de *Loasa ranunculifolia*, *Plant. æquin.*, vol. 1, tab. 24 : elle se rapproche du *loasa xanthii-folia;* les fleurs sont jaunes; les petales ovales; les capsules turbinées; les feuilles alternes, lobées, jaunâtres et tomen-teuses en-dessus, blanchâtres et soyeuses en-dessous; les su-périeures distantes. Le *Loasa argemonoides* (*Plant. æquin.*, tab. 25) a de très-grands rapports avec le *loasa grandiflora:* ses feuilles sont tomenteuses et blanchâtres; les fleurs plus grandes, de couleur jaune. (Poir.)

LOASÉES. (*Bot.*) Cette famille, à laquelle le *loasa* donne son nom, faisoit auparavant partie de celle des onagraires, dans une section distincte; mais, après l'avoir mieux exami-née, nous l'avons établie comme une famille distincte dont un mémoire, inséré dans le cinquième volume des Annales du Muséum d'histoire naturelle, présente le caractère général, résultant de l'assemblage des suivans.

Un calice tubulé, adhérent à l'ovaire, divisé à son limbe

en cinq parties. Cinq pétales égaux, attachés au sommet du calice et alternes avec ses divisions. Quelquefois cinq appendices intérieurs, plus petits que les pétales et alternes avec eux. Étamines en nombre indéfini, insérées pareillement au sommet du tube du calice, au-dessous de son limbe : filets distincts; anthères petites, arrondies ou ovales. Ovaire infère, adhérent au calice ; style unique ; stigmate simple ; capsule couronnée par le limbe du calice, uniloculaire, s'ouvrant par le haut en trois valves, et contenant beaucoup de petites graines portées sur trois placentaires pariétaux, c'est-à-dire, implantés sur le milieu des trois valves. Embryon linéaire oblong, à radicule dirigée vers l'ombilic de la graine, entouré d'un périsperme charnu. Tige herbacée, ordinairement chargée d'aspérités, ainsi que les autres parties de ces plantes. Feuilles alternes ou opposées ; fleurs terminales ou axillaires.

Les genres de cette famille sont le *Mentzela*, le *Loasa*, le *Bartonia* de M. Sims, auxquels il faut peut-être joindre le *Turnera*, qui a leur port, mais qui en diffère par l'ovaire non adhérent et par le nombre d'étamines réduit à cinq.

Cette famille fait partie de la classe des péripétalées ou dicotylédones polypétales, à étamines insérées au calice. Elle diffère des onagraires par les étamines indéfinies et les graines non attachées à un placenta central ; des myrtées par son port et la structure de ses anthères et de son fruit capsulaire ; des ficoïdes, par l'unité de style et de loge du fruit. Son affinité est plus marquée avec les nopalées, surtout avec le *cactus pereskia*, qui en fait partie. (J.)

LOBAB-EL-ABID. (*Bot.*) Nom arabe du *psoralea corylifolia* de Linnæus, que Forskal nommoit *trifolium unifolium*. (J.)

LOBAG. (*Bot.*) Camelli, cité par Rai, parle d'une racine d'arbre, nommée ainsi aux Philippines, laquelle passe pour un bon purgatif fébrifuge, et propre à combattre les poisons et la morsure des vipères : c'est peut-être l'*ophioxylum*. (J.)

LOBAIRE, *Lobaria*. (*Malacoz.*) Voyez PHYLINE. (DE B.)

LOBARIA. (*Bot.*) F. Hoffmann, *Fl. Germ.*, avoit réuni sous ce nom presque tous les lichens membraneux et foliacés qu'Acharius a placés depuis, dans son Prodrome, dans les tribus qu'il désignoit par les noms de *Cornicularia*, *Imbricaria*,

Physcia, *Platisma* et *Lobaria*, tribus dont M. De Candolle a fait autant de genres distincts. Acharius avoit d'abord adopté ce dernier changement ; mais ensuite, en créant de nouveaux genres dans la famille des lichens, il renvoya les espèces de *lobaria* d'Hoffmann dans ses genres *Parmelia* et *Sticta*, et abandonna ainsi son propre genre *Lobaria*. Celui-ci avoit été reconnu par Hoffmann bien avant qu'il fût établi par Acharius ; en effet, il avoit séparé de son *Lobaria*, les espèces citées par Acharius pour faire son genre *Pulmonaria* (voyez Hoffm., *Pl. lich.*). Le *Lobaria* de M. De Candolle et d'Acharius comprend un très-petit nombre d'espèces, qui se font remarquer par leur expansion membraneuse, coriace, velue ou tomenteuse en-dessous, divisée et découpée diversement en lobes larges arrondis ; par les conceptacles scutelliformes, placés dessus ou au bord de l'expansion, épars, sessiles, rouges ou bruns, avec un rebord de même couleur que l'expansion, dont il n'est qu'un prolongement.

Voici les espèces principales qui se trouvent en France.

Lobaria a fossettes : *L. scrobiculata*, Dec. ; *Lichen scrobiculatus*, Scop., *Fl. Dan.*, pl. 1007 ; *Engl. Bot.*, pl. 497 ; *Lichen verrucosus*, Jacq., *Coll.*, 4, t. 18, fig. 2 ; *Lobaria verrucosa*, Hoffm., *Fl. Germ.* ; *Pulmonaria verrucosa*, *ejusd.*, *Lich.*, tab. 1, fig. 1 ; *Sticta scrobiculata*, Ach., *Synops.* ; *Lichen plumbeus*, Roth, *Bot. Mag.*, 2, pl. 1, fig. 2 ; Dill., *Myc.*, pl. 29, fig. 114. Expansion suborbiculaire, d'un vert glauque passant au gris plombé, très-étendue, lisse, à face supérieure marquée d'une infinité de cavités ou de bosselures ; garnie en-dessous d'un duvet gris-roux ou brunâtre sur les bords, avec des lacunes nues ou taches blanches ; à découpures en forme de lobes arrondis, irréguliers ou presque entiers, offrant sur les bords, comme le centre de l'expansion, de nombreuses verrues blanches, pulvérulentes ; conceptacles presque plans, bruns, munis d'un rebord plus pâle, un peu crenelé. Cette espèce, une des plus grandes de la famille, croît indifféremment à terre parmi la mousse, sur les rochers et sur le tronc des arbres : dans cette dernière circonstance elle se rencontre plus rarement en fleur. Elle est commune partout en Europe.

L. pulmonaire : *L. pulmonaria*, Decand. ; *Lichen pulmonarius*, Linn. ; *Engl. Bot.*, tab. 572 ; *Pulmonaria reticulata*, Hoffm..

Pl. lich., pl. 1, fig. 2; *Sticta pulmonacea*, Ach., *Lichenog.* et *Syn.*; *Pulmonaria*, Trag., Matth., Fuchs, Dod., Gesn., Tabern., Camer., Daléch., Clus., Pann., Cæs., *cum icon.*; Dill., *Musc.*, pl. 29, fig. 113; vulgairement Pulmonaire de chênes, Thé des Vosges. Expansion d'un vert fauve en-dessus et marquée de cavités séparées par une espéce de réseau à mailles saillantes; en-dessous comme bosselée, blanche et lisse sur les convexités, brune et velue dans leurs interstices; découpures de l'expansion dichotomes, sinuées, lobées, très-larges (rétrécies dans une variété), tronquées à l'extrémité, garnies sur les bords, comme sur les arêtes du réseau, de verrues farineuses; conceptacles petits, marginaux, quelquefois sur le disque même de l'expansion, presque plans, d'un brun foncé ou d'un pourpre noir, avec un rebord plus pâle, rugueux ou crenelé.

Cette espéce croit dans les grandes forêts, sur les vieux arbres; elle recouvre leur tronc de larges expansions, partout en Europe, surtout dans le Nord. Elle a fixé depuis long-temps les regards des botanistes, et depuis long-temps aussi elle est employée dans l'art de guérir, comme astringente. C'est particulièrement dans les maladies pulmonaires et hépatiques qu'on en faisoit un grand usage, ainsi que pour arrêter les hémorragies. Linnæus dit l'avoir vu employer avec succès pour guérir de la jaunisse. Dans le Nord on s'en sert pour calmer la toux des bestiaux, pour remplacer le houblon dans la fabrication de la bière, et pour tanner les cuirs. On en retire encore une teinture brune assez durable.

Villars prétend que les anciens ont été conduits à faire usage de cette plante dans les maladies des poumons, en croyant apercevoir quelque ressemblance entre les marbrures de son expansion et celles que présente la surface d'un poumon adulte, et en voyant l'embonpoint, l'air de santé qu'acquièrent les animaux placés dans les pâturages où elle abonde.

Acharius, guidé par la ressemblance de port et par la nature des conceptacles, a cru devoir placer ce lichen, celui qui précède et le lobaria herbacé, décrit plus bas, dans le genre *Sticta*, bien qu'ils ne présentent pas les cyphelles et les sorédies qui caractérisent ce genre.

L. herbacé : *L. herbacea*, Decand.; *Lichen herbaceus*, Huds., *Flor. Angl.*, *Fl. Dan.*, pl. 1124; *Pulmonaria herbacea*, Hoffm.,

Pl. lich., pl. 10, fig. 2 ; Dill., *Musc.*, pl. 25, fig. 98 ; *Parmelia herbacea* et *Sticta herbacea*, Ach., *Syn.*, p. 198 et 341. Expansion presque orbiculaire, étalée, herbacée, un peu membraneuse, lisse, sinueuse, d'un vert clair en-dessus, en-dessous plus pâle ou brunâtre, un peu cotonneuse, avec quelques petites lacunes ou taches nues: découpures sinuées, incisées, arrondies et comme marquées de grandes créneures écartées ; conceptacles épars, à disque un peu concave, d'un roux brun et à rebord rugueux, crenelé. Cette espèce, moins commune que les précédentes, croit dans les mêmes lieux, sur les arbres, la mousse, la terre, et les rochers. En se desséchant, elle devient gris-cendré un peu brun.

Il y a encore en France le *Lobaria glomulifera*, qui est une espèce beaucoup moins commune que celles que nous venons de faire connoître. (Lem.)

LOBÉLIACÉES. (*Bot.*) On présente sous ce nom une famille de plantes détachée de celle des campanulacées, et qui tire son nom du *Lobelia*, un de ses genres principaux et le plus nombreux. Elle est rangée près des campanulacées, dans la classe des péricorolles ou dicotylédones, à corolle monopétale, insérée au calice. A ces caractères sont joints les suivans, qui constituent son caractère général.

Un calice adhérent à l'ovaire entièrement ou quelquefois seulement en partie ; son limbe à cinq lobes ou plus rarement entier et peu apparent. Une corolle monopétale insérée sous ce limbe, irrégulière, à cinq lobes inégaux, souvent fendue profondément en-dessus. Cinq étamines insérées également au calice sous la corolle, et alternes avec ses divisions ; leurs filets sont distincts ou plus rarement réunis par le bas ; les anthères oblongues, appliquées contre le sommet intérieur des filets, et s'ouvrant dans leur longueur, sont tantôt distinctes, tantôt réunies en un tube traversé par le style. Ovaire adhérent au calice, quelquefois libre à sa partie supérieure, toujours couronnée d'un disque glanduleux, du milieu duquel s'élève un style simple terminé par un stigmate entier ou lobé. Ce stigmate est entouré d'un godet membraneux, à limbe entier ou cilié, quelquefois très-court, peu apparent et ne laissant apercevoir que les cils. Le fruit est capsulaire ou drupacé. La capsule a deux ou plus rarement trois ou quatre

27.

loges polyspermes, et s'ouvre par le haut en autant de valves : quelquefois les cloisons ne se prolongent pas jusqu'au sommet, où les loges se confondent alors en une ; quelquefois aussi la cloison, se contractant, devient un simple réceptacle central, et la loge est uniloculaire. Le fruit, charnu, drupacé, contient une noix biloculaire ou uniloculaire (par avortement), à loges monospermes. L'embryon, au centre d'un périsperme charnu, est cylindrique, à lobes courts, à radicule alongée et dirigée vers l'ombilic de la graine.

La tige est herbacée, ou plus rarement ligneuse, formant un arbrisseau ou sous-arbrisseau. Les feuilles sont alternes, simples ou rarement pinnatifides ou palmées. Les fleurs sont axillaires ou terminales.

Les caractères principaux et distincts de cette famille sont la corolle irrégulière, et le stigmate enchâssé dans un godet. On peut la distinguer en deux sections, celle des fruits capsulaires, et celle des fruits drupacés. Dans la première, on peut rapporter les genres *Lobelia* de Linnæus, *Goodenia* de M. Smith, dont la *Selliera* de Cavanilles est congénère ; *Velleia* du même ; *Calogyne, Euthales, Lechenautia, Anthotium*, tous quatre de M. Brown ; *Cyphia* de Bergius. On rapportera à la seconde le *Scævola* de Linnæus, le *Diaspasis* et le *Dampiera* de M. Brown. Le *Brunonia* de ce dernier, qui a plusieurs des principaux caractères de cette famille, mais dont l'ovaire est entièrement libre, doit, pour cette raison, être placé séparément à sa suite.

Nous observerons en finissant que Richard a, le premier, observé et signalé l'involucre membraneux entourant le stigmate, et qu'il a eu, le premier, l'idée de cette famille. M. Brown l'a ensuite établi dans son *Prodromus Floræ Novæ Hollandiæ*, avec les caractères indiqués ci-dessus; mais il n'y a point compris le *Lobelia*, dont beaucoup d'espèces ont le caractère de l'involucre du stigmate très-apparent, et qui conséquemment doit y être rapporté. Nous avons postérieurement donné un mémoire sur le même objet dans les Annales du Mus. d'hist. nat., tom. 18, dans lequel nous avons substitué le nom de Lobéliacées à celui de Goodenoviées, à cause de l'ancienneté et du grand nombre d'espèces du genre. Mais, en faisant cette substitution de nom, nous reconnoissons que M. Brown avoit, le premier, bien tracé le caractère de la famille. (J.)

LOBÉLIE; *Lobelia*, Linn. (*Bot.*) Genre de plantes dicotylédones, qui a donné son nom à la famille des *lobéliacées*, et qui dans le système sexuel se trouve placé dans la *pentandrie monogynie*. Linnæus l'avoit d'abord rangé dans la syngénésie monogamie, à cause de la réunion de ses anthères. Il présente pour caractères : Un calice monophylle, à cinq dents un peu inégales ; une corolle monopétale, à limbe comme labié, partagé en cinq découpures inégales ; cinq étamines à anthères oblongues, connées en forme de cylindre ; un ovaire infère, ovale ou turbiné, surmonté d'un style de la longueur des étamines, terminé par un stigmate obtus, légèrement bilobé ; une capsule ovale, couronnée par le calice, et partagée en deux à trois loges, contenant des graines menues et nombreuses.

Ce genre est dédié à la mémoire de Mathias de Lobel, médecin de Jacques I.er, et botaniste célèbre, auteur d'une Histoire des plantes et de plusieurs autres ouvrages, mort à Londres, en 1616, à l'âge de soixante-dix-huit ans.

Les lobélies forment un genre très-nombreux ; les ouvrages de botanique les plus modernes en comptent environ cent soixante espèces, répandues dans les différentes parties du globe et sous les différens climats ; mais plus particulièrement dans les pays chauds. Voici, d'après les espèces connues jusqu'à présent, dans quelle proportion elles se trouvent dans les différentes parties du monde : on en a observé soixante-quinze dans l'Amérique, vingt-deux dans la Nouvelle-Hollande, trente-trois en Afrique, douze en Asie, seulement six en Europe, et la patrie d'une douzaine d'autres n'est pas connue. Ce sont des plantes herbacées ou frutescentes, à feuilles alternes, entières ou découpées, et à fleurs souvent disposées en grappe ou en épi terminal. Elles contiennent toutes un suc propre, laiteux, plus ou moins âcre et caustique, quelquefois vénéneux. Plusieurs d'entre elles ont mérité, par la beauté de leurs fleurs, d'être cultivées pour l'ornement des jardins. Obligés de nous resserrer dans l'exposition des espèces, nous mentionnerons de préférence celles qui sont les plus recommandables par leur beauté, celles qui ont des propriétés connues, ou celles qui, dans leur port, présentent quelque chose de particulier.

* *Feuilles très-entières.*

Lobélie de Dortmann : *Lobelia Dortmanna*, Linn., *Spec.*, 1318, *Fl. Dan.*, t. 39. Sa racine, formée de fibres blanches, menues, produit une touffe de feuilles linéaires, un peu comprimées ou aplaties en-dessus, longues de douze à seize lignes, fistuleuses, divisées intérieurement en deux cavités longitudinales, comme si elles étoient formées de deux tubes accolés. Il naît, du milieu de ces feuilles, qui sont submergées, une tige droite, haute d'un pied à dix-huit pouces, glabre comme tout le reste de la plante, presque nue, terminée par six à dix fleurs alternes, pedicellées, pendantes, de couleur bleuâtre, et disposées en grappe lâche, qui s'élève au-dessus de l'eau. Cette plante croit dans les lacs et les étangs du Nord de l'Europe ; on la trouve aux environs de Liége.

Lobélie du Chili : *Lobelia tupa*, Linn., *Spec.*, 1318 ; *Rapuntium spicatum*, *foliis acutis, vulgo Tupa*, Feuill., *Peruv.*, 2, p. 739, t. 29. Sa tige est droite, dure, comme si elle étoit frutescente, haute de cinq à six pieds, divisée en quelques rameaux simples, garnis de feuilles éparses, lancéolées ou ovales-lancéolées, sessiles, décurrentes, un peu cotonneuses et d'un vert blanchâtre. Ses fleurs sont d'un rouge de sang très-vif, longues de dix-huit à vingt-quatre lignes, tubuleuses, étroites, renflées à leur base et vers leur limbe, disposées en une grappe spiciforme, droite et terminale. Cette espèce croît naturellement dans les montagnes du Chili ; elle a été cultivée, il y a environ quarante ans, au Jardin du Roi, à Paris. Toutes ses parties sont extrêmement vénéneuses, selon le P. Feuillée ; sa racine et sa tige rendent un suc lactescent qui est un poison mortel. L'odeur seule de ses fleurs excite de cruels vomissemens. Lorsqu'on les touche, il faut bien se garder de les écraser entre ses doigts, et surtout de porter ensuite les mains à ses yeux ; car il en pourroit résulter les accidens les plus graves et même la perte de la vue, ce dont on a eu dans le pays des exemples malheureux.

** *Feuilles dentées ou incisées ; tige droite.*

Lobélie a longues fleurs : *Lobelia longiflora*, Linn., *Spec.*,

1519; Jacq., *Hort. Vind.*, I, t. 27. Sa tige est herbacée, rameuse, haute d'un pied, hérissée de poils courts et garnie de feuilles lancéolées, fortement dentées, presque roncinées, légèrement velues en-dessous. Les fleurs, blanches, à tube filiforme, long de trois à quatre pouces, et à limbe ouvert en étoile, sont solitaires dans les aisselles des feuilles sur des pédoncules très-courts et un peu velus. Cette espèce est annuelle; elle croît naturellement sur les bords des ruisseaux à la Jamaïque et à Saint-Domingue. Son suc est caustique et très-vénéneux. On la cultive dans la serre chaude du Jardin du Roi.

LobéLIE CARDINALE : *Lobelia cardinalis*, Linn., *Spec.*, 1320; Curt., *Bot. Magaz.*, t. 320. Sa racine est vivace; elle produit une tige droite, simple, haute d'un pied et demi ou environ, légèrement velue, garnie de feuilles ovales-lancéolées, dentées, presque sessiles. Ses fleurs sont grandes, d'un pourpre éclatant ou d'un rouge écarlate très-vif, disposées au sommet de la tige en une grappe simple, bien fournie et d'un aspect très-agréable. Elle croît naturellement sur les bords des rivières dans la Virginie et la Caroline. On la cultive en Europe dans les jardins, depuis près de deux cents ans; elle peut y passer l'hiver en pleine terre. Ses fleurs paroissent en Juillet et Août.

LobéLIE DE SURINAM : *Lobelia surinamensis*, Linn., *Spec.*, 1320; *Lobelia lævigata*, Linn., *Suppl.*, 392; Lois., Herb. de l'Amat., n. et t. 149. Cette espèce est un arbrisseau dont la tige s'élève à six ou huit pieds, en se divisant en rameaux garnis de feuilles ovales-lancéolées, pétiolées, légèrement et inégalement dentées en leurs bords. Ses fleurs sont grandes, d'un beau rouge, portées sur des pédoncules grêles, solitaires dans les aisselles des feuilles supérieures, et munis à leur base de deux bractées linéaires. Cette lobélie est originaire de la Guyane. On la cultive en France, dans les serres chaudes, depuis une dixaine d'années. Sa végétation est très-vigoureuse, et elle fait un très-bel effet dans le moment de sa floraison, qui a lieu au commencement du printemps.

LobéLIE SYPHILITIQUE : *Lobelia syphilitica*, Linn., *Spec.*, 1320; Jacq., *Icon.*, 3, t. 597. Sa racine est vivace; elle produit une tige herbacée, simple ou un peu rameuse, légèrement anguleuse, haute d'un à deux pieds, chargée de quelques poils roides, et garnie de feuilles ovales-lancéolées, sessiles, légèrement et inégalement dentées. Ses fleurs sont bleues, moins grandes que dans les espèces précédentes, pédonculées, solitaires dans les aisselles des feuilles supérieures, mais rapprochées les unes des autres, occupant plus de la moitié de la longueur des tiges, et formant une longue grappe terminale. Cette plante croît naturellement dans les bois et les lieux humides de la Virginie et de plusieurs parties de l'Amérique septentrionale. On la cultive en Europe depuis 1665, et elle passe l'hiver en pleine terre. Elle fleurit en Juillet et Août. Dans son pays natal on l'emploie pour la guérison des maladies vénériennes, ce qui lui a valu son nom spécifique.

*** *Feuilles incisées; tige couchée.*

LOBÉLIE LAURENTIE : *Lobelia laurentia*, Linn., *Spec.*, 1521; *Rapunculus aquaticus repens*, *flore cœruleo inaperto*, Bocc., *Mus.*, 55, t. 27 (*fig. major*). Sa racine est fibreuse, annuelle; elle produit une tige grêle, rameuse, longue de trois à six pouces, garnie de feuilles ovales-oblongues, crénelées, glabres, ainsi que toute la plante. Les fleurs sont petites, bleuâtres, portées sur des pédoncules filiformes, très-longs et solitaires dans les aisselles des feuilles supérieures. Cette lobélie croît dans les lieux humides et à l'ombre, en Italie, en Corse et aux îles d'Hyères.

LOBÉLIE DÉLICATE : *Lobelia tenella*, Bivona, *Pl. sic.*, cent. I, p. 53; *Lobelia minuta*, Decand., Fl. fr., 3, p. 716. Sa racine est menue, fibreuse, annuelle; elle produit plusieurs feuilles ovales, pétiolées, un peu crénelées, parfaitement glabres et disposées en rosette. Du milieu de ces feuilles s'élève une ou plusieurs hampes grêles, longues d'un à deux pouces, chargées, vers le milieu de leur longueur, d'une ou deux folioles linéaires, et terminées par une fleur très-petite, d'un violet clair, marquée de blanc. Cette espèce se trouve dans les lieux humides et ombragés des montagnes, en Corse, en Portugal, en Sicile, en Crète, etc. (L. D.)

LOBÉRIS. (*Erpétol.*) Voyez LÉBÉRIS. (H. C.)

LOBES. (*Bot.*) On nomme ainsi les découpures des feuilles, etc., lorsque ces découpures sont larges. On emploie aussi ce mot comme synonyme de cotylédon : de là, plantes unilobées, plantes bilobées. Les poches ou sacs membraneux qui, dans l'étamine, contiennent le pollen, sont également désignés par le nom de lobes. Les lobes de l'étamine sont souvent divisés intérieurement en deux loges. Aussi les anthères bilobées sont ordinairement quadriloculaires (tulipier, *tradescantia*, *casuarina*, etc.). (Mass.)

LOBIER SUBÉREUX. (*Bot.*) Champignon subéreux du genre Bolet, décrit comme espèce nouvelle par le docteur Paulet, et dont il fait même une famille particulière : il est sessile, latéral, de trois à quatre pouces d'épaisseur, sur un peu plus de diamètre ; il est gris, d'une substance généralement ligneuse, ou comme celle du bois sec, mais douce et d'un tissu serré ; il offre des prolongemens semblables à des lobes. La partie tubulaire adhère fortement et se confond avec la partie charnue. Ce champignon est rare, et ne paroît point dangereux. Paulet le place dans un genre qu'il nomme *Xylometron*, près du *Dedalæa quercina*, ou son *Agaric épineux*. (Lem.)

LOBIOLES. (*Bot.*) On donne ce nom aux lanières de la fronde des lichens. (Mass.)

LOBIPÈDE. (*Ornith.*) M. Cuvier, trouvant dans le *tringa hyperborea*, Linn., les pieds d'un phalarope et le bec d'un chevalier, en a formé, dans son Règne animal, tome 1.ᵉʳ, p. 495, un genre particulier sous le nom de *Lobipède*, à l'égard duquel on peut voir une observation au mot Crymophile de ce Dictionnaire, tom. XII, p. 77. Il a en conséquence appelé l'espèce dont il s'agit, et qui est figurée dans les planches enluminées de Buffon, n.º 766, *lobipède à hausse-col*, à cause du hausse-col roux que cet oiseau porte autour de sa gorge blanche. Le même naturaliste a désigné le *tringa fusca*, Linn., pl. 46 d'Edwards, comme devant être la femelle ou le jeune. Cette dernière opinion a été confirmée par M. Temminck, dans son Manuel d'ornithologie, 2.ᵉ édition, où il s'est borné à diviser le genre Phalarope en deux sections, et à en faire, pour le *phalarope hyperboré*, une qui est caractérisée par le bec déprimé seulement à la base, grêle et en alêne jusqu'à la pointe, tandis que chez l'autre le bec est déprimé dans toute sa longueur et comprimé seulement à la pointe. (Ch. D.)

LOBO. (*Mamm.*) Nom du loup en espagnol et en portugais. (F. C.)

LOBOÏTE. (*Min.*) On avoit d'abord désigné cette pierre comme une espèce particulière ; mais on la regarde maintenant comme une variété d'idocrase, peu différente de celle à laquelle on a donné le nom d'égeran.

L'idocrase loboïte, dédiée à M. de Lobo, qui en a donné une description, s'est trouvée en Gökum, à Frugord, en Uplande, non loin des mines de Dannemora : elle est composée, suivant M. Berzelius,

de silice 56
d'alumine. 17,50
de chaux 37,65
de magnésie. 2,52
de fer oxydé 5,25
et d'une trace d'oxyde de manganèse.

Cette variété a d'ailleurs tous les autres caractères de l'Inocrase. Voyez ce mot. (B.)

LOBOS, LOBON, LUGOS et LYGOS (*Bot.*). Synonymes de *spartium* chez les anciens Grecs. Voyez Spartium. (Lem.)

LOBULAIRE, *Lobularia*. (*Zoophyt.*) Subdivision générique, établie par M. Savigny, et adoptée par M. de Lamarck, pour un petit nombre d'espèces de véritables alcyons de Linnæus, dans lesquels, sur une masse commune vivante, plus ou moins charnue, vivent, en plus ou moins grand nombre, et surtout vers ses extrémités, des polypes épars, cylindriques, entièrement rétractiles et pourvus de huit tentacules pectinés.

Ces singuliers animaux, qui sont communs dans nos mers, ont évidemment beaucoup de rapports dans leur organisation avec les pennatules et genres voisins, chez lesquels un nombre plus ou moins considérable de petits individus vivent sur une masse commune, certainement vivante, avec laquelle ils sont en communauté de vie et de substance. Ils sont donc composés de deux parties, l'une commune et l'autre spéciale. La partie commune affecte une forme irrégulière, à peu près indéterminée, ordinairement un peu élargie à sa base, par laquelle elle adhère fortement et mécaniquement aux corps sous-marins ; la masse s'élève, s'arroudit en mamelon simple, ou s'élargit, s'aplatit et se lobe d'une manière irrégulière à son extrémité supérieure. En coupant cette masse à l'état vivant, on voit qu'elle est composée principalement d'une substance assez ferme, grisâtre, comme translucide, formant des espèces de canaux remplis d'eau, et qui de la circonférence se portent à la base du polypier. Autour de cette substance en est une autre, comme subéreuse, et dans laquelle on distingue aisément les grains rouges dont elle est composée. C'est dans les cellules de celle-là que sont les polypes. Par la dessiccation, la masse polypiaire se contracte, se racornit ; mais on y distingue toujours très-bien les deux substances : la rouge est devenue un peu friable. Les polypes, dont le prolongement forme cette masse polypiaire, sont gélatineux, grisâtres ; leur forme est cylindrique. On y distingue très-bien une première enveloppe très-contractile, et par conséquent musculeuse, où se voient huit bandelettes longitudinales qui, nées de la base des tentacules, se plongent, au-delà du corps du petit animal, dans la substance du polypier. Ces bandelettes, d'après M. Savigny, forment huit demi-cloisons dans la cavité du polype, qu'ils divisent ainsi en huit cavités, dont chacune communique avec celle du tentacule correspondant : au bord antérieur du sac est une ouverture dans laquelle on voit celle de l'estomac ou la bouche, de forme un peu variable, mais ordinairement ronde. A sa marge M. Lamouroux dit qu'il y a des appendices irritables : ni M. Spix ni M. Savigny n'en parlent ; je ne les ai pas vus non plus. Plus en dehors se trouve le cercle de tentacules ; ils sont au nombre de huit : ils sont évidemment creux, coniques, un peu aplatis, du moins en-dessus, et couverts, sur cette face seulement, de papilles disposées un peu irrégulièrement, mais dont les externes, en la débordant, rendent le tentacule pectiné. La bouche, dont nous venons de parler, conduit, à la suite d'un tube plus ou moins long et par conséquent plus ou moins étroit, ou d'un œsophage, dans un estomac globuleux ou subcylindrique, dont les parois sont bien distinctes de la première enveloppe. L'estomac, d'après ce que dit M. Spix, paroît percé à la partie inférieure et communiquer par un orifice, sans doute très-étroit, avec une sorte d'ovaire : celui-ci est unique, et formé par un petit canal courbe, placé sous l'estomac au fond de la cellule : vis-à-vis l'ovaire s'attache aussi à l'estomac une sorte de filament très-grêle, ne remplissant pas le tube que lui forme l'enveloppe extérieure, et qui se perd dans la masse commune. M. Savigny a vu différemment : au pourtour d'un anneau qui entoure l'orifice dont le fond de l'estomac est percé, s'attachent des intestins, au nombre de huit; chacun d'eux, après être remonté un peu sur l'estomac, s'attache à la cloison correspondante de l'enveloppe, en suit le bord libre et flottant, et pénètre dans le corps commun. Six de ces intestins se terminent à autant de grappes de gemmules oviformes. Elles sont comprises dans le corps commun, près de sa surface : elles peuvent entrer dans l'estomac par l'ouverture de l'anneau, et être évacuées par la bouche.

Les animaux des alcyons sont d'une sensibilité exquise : au moindre choc imprimé aux tentacules, même par l'eau qui les contient, ils se contractent, et tout l'animal, qui, développé, faisoit une saillie de deux ou trois millimètres à la surface du polypier, rentre et se cache dans sa cellule. Ils sont toujours plus nombreux aux extrémités du polypier qu'ailleurs, et même à la base il paroit qu'il n'y en a plus du tout. La masse polypiaire est elle-même vivante et susceptible de mouvemens, il est vrai, très-lents : c'est un fait indubitable. Elle est attachée d'une manière fixe aux corps sous-marins. La nourriture de ces petits animaux est sans doute à l'état moléculaire ; ils paroissent être sub-ovipares, c'est-à-dire qu'ils rejettent par la bouche un corps oviforme qui, attaché sur les corps sous-marins, devient la souche d'un nouvel alcyon.

Les espèces que MM. Savigny et de Lamarck rapportent à cette section des alcyons, sont au nombre de trois, et pourroient bien n'être que des variétés de la même. Elles se trouvent toutes dans nos mers.

La L. DIGITÉE : *L. digitata; A. digitatum,* L. : Ellis, *Corall.,* tab. 52, fig. a, A. A. 2. Masse d'un blanc rougeâtre, ferrugineux ou couleur de chair, lobée d'une manière irrégulière à son extrémité. Les lobes, au nombre de deux à cinq, sont épais, obtus et plus ou moins digitiformes.

Elle se trouve communément dans la Manche, attachée sur l'huitre pied-de-cheval.

La L. conoïde; *L. conoidea*, Lamrk.; Mull., *Zool. Dan.*, 3, pag. 1, tab. 81, fig. 3, 5. Masse conoïde, indivise, jaunâtre en dehors, et rougeâtre en dedans.

Des mêmes mers et des mêmes lieux que la précédente.

La L. main-de-ladre : *L. palmata*; *A. exos*, Gmel., Esp., Suppl. 2, t. 2. Masse plus considérable, stipitée, terminée par des divisions rameuses, comprimées : les cellules papilliformes proéminentes.

De la mer Méditerranée.

Voici ce que dit Olivi sur la vie de cette espèce. 1.° A sa naissance elle est simple : alors elle est semblable à une division de l'adulte. 2.° Ce rameau naissant est alors tout polypifère. 3.° En croissant il se dilate, et sa partie supérieure est toute couverte de polypes : ainsi il est formé de ceux-ci, et en outre de la matière spongio-calcaire qu'ils produisent, et qui constitue leurs cellules irrégulières. 4.° A mesure que tout le corps croît, les nouveaux polypes se divisent comme en fascicules : d'où arrivent les digitations, les ramifications, variables en nombre et en figure. 5.° Plus il naît de polypes aux sommités, plus il en meurt insensiblement à la base : alors, par le manque de parties gélatineuses, la tige devient moins flexible, plus terreuse, et n'est plus qu'un agrégat de terre calcaire mêlée à une substance animale presque sèche. 6.° Mais cette terre ne s'endurcit pas : elle reste, à l'intérieur, comme pulvérulente.

M. Cuvier réunit les espèces de ce genre aux anthélies de M. Savigny, qui ne sont aussi qu'une subdivision des alcyons de Linnæus. (De B.)

LOBULARIA. (*Bot.*) M. Desvaux a fait, sous ce nom, un genre du *clypeola maritima* de Linnæus, devenu ensuite l'*alyssum maritimum* de Willdenow et de M. Smith, véritablement différent du *clypeola jonthlaspi*. M. De Candolle, ramenant aussi le premier *clypeola* au genre *Alyssum*, donne le nom de *lobularia* à l'un des quatre qu'il établit dans ce genre. (J.)

LOBULE. (*Bot.*) Dans les plantes monocotylédones l'embryon est quelquefois muni d'un rudiment de feuille qui se développe du côté opposé au cotylédon , et représente imparfaitement un second cotylédon. M. Mirbel lui donne le nom de lobule : il se montre, dès avant la germination, dans le blé, l'avoine, etc.. et seulement après la germination dans l'asperge, etc. (MASS.)

LOCA. (*Bot.*) Une variété de froment, à épi bleuâtre, garni de longues barbes, est citée sous ce nom par Lobel. (J.)

LOCALUS. (*Ornith.*) Aristote ne fait que citer cet oiseau au livre 2, chap. 17, de son Histoire des animaux, pour le compter parmi ceux qui ont des *cacum* ou appendices à l'extrémité du conduit intestinal. Scaliger, qui pense qu'on doit écrire *cocalus*, le décrit comme un oiseau blanc, à pieds rouges, de la grosseur d'un ramier, lequel vit des petits poissons que la mer laisse sur la côte en se retirant. Il s'agiroit vraisemblablement, dans cette supposition, de l'huîtrier ou pie de mer, *hæmatopus ostralegus*, Linn., quoique son plumage ait autant de noir que de blanc. (CH. D.)

LOCANDI. (*Bot.*) Adanson emploie, comme générique, ce nom brame du *karim-niota* du Malabar, décrit par Rhéede, dont il veut faire un genre ; mais il paroit n'être qu'une espèce du *Samadera* de Gærtner, qui fait partie de la nouvelle famille des simarubées, établie par M. De Candolle. Ce genre a été aussi nommé *Vitmannia* par Vahl et Willdenow ; et on peut encore lui réunir comme congénères le *niota* de M. de Lamarck ou *mauduyta* de Commerson, et le *biporeia* de M. du Petit-Thouars. (J.)

LOCHE. (*Bot.*) Voyez LIMAX. (LEM.)

LOCHE. (*Ichtyol.*) Voyez COBITE. (H. C.)

LOCHE DE MER. (*Ichthyol.*) C'est le nom que quelques naturalistes ont donné à l'*aphye*, poisson du genre Gobie, que nous avons décrit dans ce Dictionnaire, tom. XIX, p. 142. Ce nom est en usage dans plusieurs de nos provinces méridionales. (H. C.)

LOCHERIA. (*Bot.*) Necker donne ce nom au *sigesbeckia occidentalis*, de la famille des corymbifères, qui n'a qu'un demi-fleuron au lieu de cinq existant dans les autres espèces. (J.)

LOCHES. (*Malacoz.*) Nom que l'on donne, dans plusieurs parties de la France, aux LIMACES. Voyez ce mot. (DE B.)

LOCHNERIA. (*Bot.*) Scopoli présente sous ce nom le *perin-kara* de l'*Hort. Malab.* et d'Adanson, qui paroît congénère de l'éléocarpe, *elæocarpus*, genre auparavant placé à la suite des guttifères, mais rapproché plus naturellement des tiliacées. (J.)

LOCKA. (*Mamm.*) Un des noms lapons du renne. (F. C.)

LOC-SUMATRI. (*Bot.*) Voyez Luch. (J.)

LOCULAR. (*Bot.*) Nom vulgaire, donné dans quelques pays à l'épeautre ou à une de ses variétés. Voyez Froment locular, tom. XVII, pag. 451. (J.)

LOCULATOR. (*Ornith.*) L'oiseau désigné sous ce nom par Klein, *Ordo avium*, p. 127, est le curicaca de Pison et de Marcgrave, ou grand courlis d'Amérique de Brisson, *tantalus loculator*, Linn., couricaca d'Amérique, pl. enlum., n.° 268. (Ch. D.)

LOCULEUX (*Bot.*) : creux et partagé en plusieurs cavités par des diaphragmes. On donne cette épithète au pétiole de l'*eryngium corniculatum*, aux feuilles du *juncus articulatus*, etc. (Mass.)

LOCUSTA. (*Bot.*) Nom latin, exprimant dans les graminées chaque petit paquet formé d'une ou deux glumes, entourant une ou plusieurs fleurs composées chacune de paillettes, d'étamines et d'un ovaire surmonté de deux styles ou d'un seul : ainsi chaque locuste peut être uni- ou multiflore. Quelques auteurs lui donnent le nom françois d'épillet, qui doit plutôt être réservé pour les épis partiels d'un épi composé.

Le nom *locusta* avoit aussi été cité par Gesner pour une mâche, *valerianella*, que Linnæus nommoit *valeriana locusta*. (J.)

LOCUSTAIRES. (*Entom.*) M. Latreille désigne sous ce nom de tribu le genre *Sauterelle* en particulier, de la famille des *grylloïdes*, qui, avec des antennes en soie, a quatre articles aux tarses, tandis que les grillons et les courtillières n'en ont que trois. (C. D.)

LOCUSTE. (*Bot.*) L'enveloppe extérieure des fleurs des graminées porte le nom de glume. La glume, avec la fleur ou les fleurs qu'elle contient, est ce que Tournefort a nommé locuste. (Mass.)

LOCUSTE. (*Entom.*) C'est le nom latin francisé de la sauterelle, genre d'insectes orthoptères. Mouffet donne pour étymologie de ce nom, *à locis ustis*, des lieux brûlés, champs dévorés. *Loca enim urunt quæcumque teligerint, morsuque omnia erodunt.* Voyez Sauterelle et Grillon. (C. D.)

LOCUSTELLE. (*Ornith.*) Cet oiseau, sur lequel il y a eu bien des variations chez les auteurs, est le *sylvia locustella*, Lath.; la fauvette locustelle ou à queue en éventail de M. Vieillot; le bec-fin locustelle de M. Temminck. Ce dernier cite la planche 581 de Buffon, sur laquelle elle est représentée sous le nom de fauvette tachetée, comme la meilleure, en observant que la description n'appartient pas à l'espèce dont il s'agit, et M. Vieillot lui préfère la planche 98 des Oiseaux de la Grande-Bretagne de Lewin. (Ch. D.)

LODALITHE. (*Min.*) Le minéral décrit sous ce nom par M. Severguine, dans les Mémoires de l'académie impériale des sciences de Saint-Pétersbourg, paroît appartenir, suivant M. Léonhard (*Handbuch der Oryktognosie*), au felspath. (B.)

LODDE. (*Ichthyol.*) Nom d'un poisson du genre Salmone. Voyez ce mot. (H. C.)

LODDER. (*Ichthyol.*) Nom norwégien du saumon lodde. Voyez Salmone. (H. C.)

LODDIGÉSIE, *Loddigesia*. (*Bot.*) Genre de plantes dicotylédones, à fleurs complètes, irrégulières, papillonacées, de la famille des *légumineuses*, de la *diadelphie décandrie* de Linnæus, dont le caractère essentiel consiste dans un calice à cinq découpures; une corolle papillonacée; l'étendard très-petit; les ailes débordant la carène; dix étamines diadelphes; l'ovaire comprimé; un style; un stigmate. Le fruit inconnu.

Loddigésie a feuilles d'oxalide : *Loddigesia oxalidifolia, Botan. Magaz.*, pag. et tab. 965 ; *Crotalaria oxalidifolia* des jardiniers. Arbrisseau du cap de Bonne-Espérance, dont les tiges sont droites, divisées en rameaux simples, grêles, nombreux, diffus, garnis d'un grand nombre de feuilles pétiolées, alternes, composées de trois petites folioles sessiles, glabres, en cœur renversé, entières, souvent échancrées et mucronées au sommet, en pointe à leur base; les pétioles filiformes, accompagnés à leur base de deux petites stipules subulées; les fleurs sont axillaires, terminales, rapprochées en tête et formant comme une petite ombelle soutenue par un pédoncule commun assez court ; les pédicelles inégaux, très-courts, accompagnés de petites bractées subulées ; le calice est coloré, quelquefois un peu renflé, à cinq découpures aiguës, dont trois plus longues ; la corolle est d'un blanc un peu bleuâtre, tachetée de violet ; l'étendard à peine plus long que le calice ; les ailes étroites, obtuses ; la carène presque de la longueur des ailes, tachetée de pourpre ; l'ovaire oblong, comprimé, renfermant deux ovules. Les fruits n'ont point été observés. (Poir.)

LODICULARIA. (*Bot.*) Pal. Beauv., *Agrost.*, pag. 108, tab. 21, fig. 6. Genre de la famille des *graminées*, établi par M. de Beauvois pour la *Rottbolla altissima*, Poir., *Itin.*, ou *Rottbolla fasciculata*, Desfont., *Fl. Atlan.* Il ne diffère des *rottbolla* que par la grandeur et la forme particulière des deux écailles intérieures opposées, presque trilobées à leur sommet. Cette plante a d'ailleurs le port et la plupart des caractères des autres *rottbolla*; elle ne peut en être séparée sans lacérer inutilement un genre assez naturel. Voyez ROTTBOLLA. (Poir.)

LODICULE. (*Bot.*) Dans les graminées, outre les écailles qui forment la glume et celles qui forment la glumelle, on trouve d'autres très-petites écailles pétaloïdes, nommées paléoles, qui partent du réceptacle avec les étamines et ses ovaires. L'ensemble de ces paléoles est ce qu'on nomme lodicule. Voyez GLUME. (Mass.)

LODNA. (*Ornith.*) On donne, en Piémont, ce nom à l'alouette commune, *alauda arvensis*, Linn., et ceux de *lodnin* et *lodnoun* à l'alouette lulu, *alauda arborea*. (Ch. D.)

LODOÏCE, *Iodoicea*. (*Bot.*) Genre de plantes monocotylédones, à fleurs dioïques, de la famille des *palmiers*, de la *dioécie polyandrie* de Linnæus; offrant pour caractère essentiel : Des fleurs dioïques; pour les *fleurs mâles*, un chaton composé d'écailles fortement imbriquées, bifides au sommet, contenant plusieurs fleurs; un calice à six folioles linéaires, de vingt-quatre à trente-six étamines : les *fleurs femelles* composées d'un calice à six ou sept folioles ovales ; trois ou quatre stigmates sessiles, aigus. Le fruit est un drupe très-gros, fibreux, à deux, quelquefois à trois ou quatre lobes.

LODOICE DES ÎLES SÉCHELLES : *Lodoicea Sechellarum* , Labill.. Ann. du mus., 9, p. 140, t. 13 ; *Lodoicea maldivica*, Pers., *Syn.* ; *Cocos maldivia*, Willd., *Spec.*, 4, p. 402 ; *Borassus*, Sonn.. *Itin.*, *Nov. Guin.*, p. 4, tab. 3 — 7 ; vulgairement COCOTIER DE MER, DES MALDIVES, DES ÎLES SÉCHELLES. Cet arbre, si intéressant par la forme. la grosseur et l'emploi de ses fruits et de ses autres parties, s'élève à la hauteur de quarante-cinq à cinquante pieds, sur un tronc droit, fibreux, marqué, dans toute sa longueur, par l'empreinte des feuilles, qui se détachent à mesure qu'il croît ; d'autres feuilles se développent et le couronnent : elles sont d'une texture ferme, en éventail ; longues de vingt pieds sur dix à douze de large, ovales, échancrées à la base, divisées inégalement dans leur contour ; les pétioles sans épines, longs de sept à huit pieds. Les fleurs sont dioïques ; elles sortent de spathes formées de plusieurs feuilles alongées, aiguës : les fleurs mâles sont disposées en chaton, pourvues chacune d'un calice à six folioles, et de vingt-quatre à trente-six étamines. Le fruit consiste en un drupe très-gros, à deux lobes ovales.

On a été long-temps incertain sur la véritable patrie de ce beau palmier, dont on ne connoissoit d'abord que les fruits jetés par les eaux de la mer sur les côtes des îles Maldives, ce qui portoit à croire qu'ils en étoient originaires. On a découvert depuis que ce palmier existoit dans une des îles Séchelles : on l'a transporté de ce pays dans l'Isle-de-France, où il annonçoit devoir réussir. Cet arbre a un bois très-dur à sa surface, tandis que l'intérieur est rempli de fibres molles. Chaque individu porte environ vingt à trente cocos, chacun de vingt à vingt-cinq livres pesant. Ils renferment une substance gélatineuse, blanche, transparente, assez bonne à manger ; elle s'aigrit et prend une odeur assez désagréable quelques jours après que le fruit a été cueilli : à mesure que le fruit mûrit, cette gelée se change en une amande dure comme de la corne. Le tronc de l'arbre, après avoir été fendu et dépouillé des fibres intérieures, sert à faire des jumelles pour recevoir l'eau, et des palissades pour les habitations et les jardins.

Les feuilles sont employées à couvrir et à entourer les cases. Avec cent feuilles on peut construire une maison commode, la couvrir, l'entourer, faire les portes, les fenêtres et les cloisons des chambres. A l'île Praslin, la plupart des maisons sont construites de cette manière. Le duvet attaché aux feuilles tient lieu d'ouate pour garnir les matelas et les oreillers; on fait des balais et des paniers avec les côtes des feuilles; les jeunes feuilles, séchées, coupées en lanière et tressées, servent à faire les chapeaux que les hommes et les femmes portent à l'île Praslin.

La noix de coco est employée à faire des vases de diverses formes. Ceux qu'on destine à porter de l'eau, sont des cocos entiers, percés au sommet et vidés dans l'intérieur; ils contiennent six à huit pintes : les nègres en suspendent plusieurs aux deux bouts d'un bâton. Ces mêmes cocos, sciés en deux, servent de tasses, de plats, etc.; ils sont un objet de commerce, et fort recherchés des marins, parce qu'ils ne sont pas sujets à se casser. On peut les graver; ils prennent un très-beau poli. Parmi les diverses propriétés qu'on a attribuées aux cocos des Maldives, les unes sont fabuleuses, les autres ne sont pas bien constatées : on croit cependant que l'amande a une qualité astringente, et qu'on pourroit en faire usage contre la dyssenterie. Labillard., Ann., *loc. cit.* (Poir.)

LODOLA. (*Ornith.*) Nom italien de l'alouette des champs, *alauda arvensis*, Linn., qui s'écrit aussi *lodora*. (Ch. D.)

LŒFFELENTE. (*Ornith.*) Nom silésien du souchet, *anas clypeata*, Linn. (Ch. D.)

LŒFFLER. (*Ornith.*) Nom allemand de la spatule, *platalea leucorodia*, Linn., qui s'écrit aussi *Loffler*. (Ch. D.)

LŒFLINGIA. (*Bot.*) Voyez Léflinge. (Poir.)

LOENDRO, SEVADILLA. (*Bot.*) Suivant M. Vandelli, le laurose, *nerium*, est ainsi nommé dans le Portugal et au Brésil. (J.)

LOENGA, LOENGE. (*Ichthyol.*) Voyez Ling. (H. C.)

LOERE. (*Ornith.*) Ce nom désigne, en Savoie, le grèbe huppé, *colymbus cristatus*, Linn., qui, suivant Salerne, p. 376, se nomme aussi à Orléans *loquoère*. (Ch. D.)

LOERI. (*Ornith.*) L'oiseau que Seba et Klein nomment ainsi, est la grande perruche à bandeau noir, *psittacus atricapillus*, Gmel. Le nom de loris est aussi prononcé loéris par les Hollandois établis aux Indes orientales. (Ch. D.)

LŒSELLE , *Læselia*. (*Bot.*) Genre de plantes dicotylédones, à fleurs complètes, monopétalées, de la famille des *polémoniacées*, de la *pentandrie monogynie* de Linnæus ; offrant pour caractère essentiel : Un calice tubulé, à cinq dents : une corolle monopétale, à cinq découpures profondes ; cinq étamines, dont quatre presque didynames, la cinquième en partie soudée à la corolle ; un ovaire supérieur ; un style. Le fruit est une capsule à trois loges, s'ouvrant au sommet en trois valves ; une ou deux semences dans chaque loge.

LŒSELLE CILIÉE : *Læselia ciliata*, Linn., Lamk., *Ill. gen.*, tab. 527 ; Gærtn., *de Fruct.*, tab. 62. Plante herbacée, dont la tige est quadrangulaire, rameuse, garnie de feuilles opposées, ovales, un peu aiguës, dentées en scie, rétrécies en pétiole à la base ; les pédoncules sont axillaires, uniflores, munis vers leur sommet de bractées opposées, ovales-arrondies, veinées, presque sessiles, imbriquées en forme de cône lâche, bordées de dents sétacées, presque épineuses ; le calice est tubulé, court, persistant, à cinq dents droites, aiguës ; la corolle tubulée à sa base, divisée profondément en cinq découpures oblongues, ciliées sur les bords ; les étamines sont de grandeur inégale, presque aussi longues que la corolle ; les anthères petites, ovales. Le fruit est une petite capsule environnée par le calice, blanchâtre, turbinée, à trois loges, à trois valves ; les cloisons opposées aux valves ; les semences mucilagineuses, un peu roussâtres. Cette plante croît à la Vera-Cruz. (POIR.)

LŒST. (*Ichthyol.*) Nom du flez er Estonie. Voyez FLEZ. (H. C.)

LŒW. (*Mamm.*) Nom allemand du lion. (F. C.)

LOGANIA. (*Bot.*) Genre de plantes dicotylédones, à fleurs complètes, monopétalées, de la famille des *gentianées*, de la *pentandrie monogynie* de Linnæus ; offrant pour caractère essentiel : Un calice partagé en cinq ; une corolle presque campanulée, un peu velue à son orifice ; le limbe à cinq découpures ; cinq étamines ; un ovaire supérieur ; un style ; un stigmate en tête. Le fruit consiste en une capsule partagée en deux, contenant plusieurs semences peltées, placées le long de la suture de chacune des divisions de la capsule.

Andrews avoit donné à une des espèces de ce genre le nom d'*evosma*; M. Rob. Brown, au lieu de le conserver pour les espèces qu'il avoit à y ajouter, y a substitué celui de *logania*, que Scopoli avoit déjà employé pour le *ruyschia*. Ce genre se compose d'espèces toutes originaires de la Nouvelle-Hollande, les unes ligneuses, les autres herbacées, pour lesquelles M. Brown a établi trois subdivisions.

I. *Arbustes. Calice obtus; étamines non saillantes, insérées vers le milieu du tube.*

A. *Stipules en gaine entre le pétiole et la tige.* LOGANIÆ VERÆ.

LOGANIA A LARGES FEUILLES : *Logania latifolia*, Rob. Brown, *Nov. Holl.*, 1, p. 455 ; *Eracum vaginale*, Labill., *Nov. Holl.*, 1, pag. 37, tab. 51. Cette plante a des tiges un peu ligneuses, hautes de trois à quatre pieds ; les rameaux redressés ; les feuilles opposées, épaisses, coriaces, ovales-aiguës, entières, rétrécies en pétiole à leur base, longues de deux ou trois pouces, réunies par une gaine courte ; les fleurs disposées en une panicule terminale ; les pédoncules axillaires, opposés, di- ou trichotomes, munis de bractées ovales-lancéolées ; les divisions ovales, finement ciliées ; la corolle en soucoupe, velue en dedans ; le limbe à cinq lobes à demi orbiculaires ; le stigmate en massue, à deux sillons ; une capsule ovale-oblongue, bivalve, à deux loges ; les valves roulées en dedans, s'ouvrant à leur sommet, contenant plusieurs semences planes, ovales. Cette plante croît dans la terre de Van-Leuwin, à la Nouvelle-Hollande.

LOGANIA A FEUILLES GRASSES ; *Logania crassifolia*, Brown, *l. c.* Ses tiges sont ligneuses, diffuses, divisées en rameaux scabres, garnis de feuilles opposées, coriaces, charnues, ovales ou un peu arrondies, mucronées au sommet ; les fleurs disposées en corymbes. Dans le *Logania ovata*, Brown, *l. c.*, les tiges sont droites ; les rameaux lisses, les feuilles ovales, presque sessiles, obtuses à leur base ; les fleurs en corymbe. Mais le *Logania elliptica*, Brown, *l. c.*, a les feuilles ovales-elliptiques, un peu aiguës, à peine longues d'un pouce. Le *Logania longifolia*, Brown, *l. c.*, en diffère par ses feuilles planes, ovales, aiguës, longues d'un à deux pouces ; par la gaine à la base des pétioles tronquée ; par les corymbes trichotomes ; par les pédoncules glabres, et par les étamines renfermées dans la corolle.

B. *Stipules sétacées, latérales, distinctes ou nulles.* EVOSMA.

LOGANIA A FLEURS NOMBREUSES : *Logania floribunda,* Brown, *Nov. Holl., l. c.; Evosma albiflora,* Andrews, *Bot. Repos.,* tab. 520. Arbrisseau dont les tiges se divisent en rameaux garnis de feuilles opposées, lisses à leurs deux faces, lancéolées, rétrécies à leurs deux extrémités garnies de stipules latérales sétacées. Les fleurs sont blanches, disposées en grappes axillaires, composées, plus courtes que les feuilles : les pédicelles pubescens. Dans le *logania fasciculata,* Brown, *l. c.,* les feuilles sont linéaires-spatulées, obtuses, planes, lisses : les tiges diffuses; les rameaux un peu rudes; les fleurs disposées en un corymbe terminal, peu garni. Le *logania revoluta,* Brown, *l. c.,* a ses tiges droites : ses feuilles linéaires, recourbées à leurs bords, un peu scabres en-dessus : les fleurs disposées en grappes simples, axillaires, plus courtes que les feuilles; les pédicelles pubescens.

II. *Tige herbacée ou ligneuse. Calice aigu; étamines insérées à l'orifice de la corolle, un peu saillantes.* STOMANDRA.

LOGANIA A FEUILLES DE SERPOLET : *Logania serpyllifolia,* Brown, *Nov. Holl., l. c.* Ses tiges sont un peu ligneuses, garnies de feuilles ovales, avec des stipules entre les pétioles; les fleurs sont terminales, presque en corymbe; les calices ciliés. Le *Logania pusilla,* Brown, *l. c.,* est une petite plante herbacée, à feuilles elliptiques ; à stipules triangulaires et fleurs solitaires, axillaires. Dans le *Logania campanulata,* Brown, *l. c.,* les tiges sont herbacées; les feuilles linéaires, dépourvues de stipules; les fleurs terminales; les pédoncules et les calices pubescens. (POIR.)

LOGFIE, *Logfia.* (*Bot.*) Ce genre de plantes, que nous avons proposé dans le Bulletin des sciences de Septembre 1819 (pag. 143), appartient à l'ordre des synanthérées, à notre tribu naturelle des Inulées, et à la section des Inulées-Prototypes, dans laquelle nous l'avons placé entre les deux genres *Gifola* et *Micropus.* (Voy. notre article INULÉES, tom. XXIII, pag. 564.) Le genre *Logfia* est caractérisé par nous de la manière suivante.

Calathide ovoïde-pyramidale, pentagone, discoïde : disque

quinquéflore, régulariflore, androgyniflore ; couronne bisé-
riée, décemflore, tubuliflore, féminiflore. Péricline égal aux
fleurs, formé de cinq squames unisériées, égales, appliquées,
alongées, lancéolées-obtuses, munies d'une large bordure
membraneuse, scarieuse au sommet, et ayant leur partie inférieure ossifiée, gibbeuse, concave, enveloppante ; quelques
squamules surnuméraires accompagnent extérieurement le
péricline. Clinanthe plan, muni de cinq squamelles unisériées, situées entre les deux rangs de la couronne, égales
aux fleurs, oblongues-lancéolées-obtuses, planes, coriaces,
membraneuses sur les bords. Ovaires du disque et du rang
intérieur de la couronne, oblongs, droits, un peu papil-
lulés ; à aigrette composée de squamellules unisériées, égales,
longues, filiformes, capillaires, à peine barbellulées, caduques. Ovaires du rang extérieur de la couronne, oblongs,
arqués en dedans, glabres, inaigrettés, enveloppés étroite-
ment et complétement par la partie inférieure des squames
du péricline. Corolles de la couronne, tubuleuses, longues,
grêles, filiformes. Corolles du disque quadrilobées.

LOGFIE A FEUILLES SUBULÉES : *Logfia subulata*, H. Cass. ; *Filago
gallica*, Linn. *Sp. pl.* édit. 3, pag. 1512. Plante herbacée,
inégalement et irrégulièrement cotonneuse et blanchâtre sur
ses diverses parties, dont plusieurs cependant paroissent souvent être plus ou moins luisantes ; tige rameuse, à rameaux
grêles, très-divariqués ; feuilles alternes, éparses, sessiles,
dressées, longues d'environ six lignes, très-étroites, linéaires-
subulées, roides, uninervées, à face inférieure ou extérieure
ordinairement un peu glabre, la supérieure ou intérieure
ordinairement blanche et cotonneuse, à bords roulés en-
dedans ou en-dessus ; calathides petites, ordinairement rassemblées en groupes de trois, quatre ou cinq, dans la bifurcation des rameaux et à leur sommet ; chaque groupe
accompagné de plusieurs feuilles plus longues que les calathides ; péricline tomenteux, blanchâtre, enflé à la base,
étréci vers le sommet, qui est un peu scarieux et roussâtre.
Cette espèce, que nous décrivons sur un échantillon sec de
l'herbier de M. de Jussieu, n'est pas rare dans les champs
sablonneux des environs de Paris, où elle fleurit en Juillet
et Août : elle est annuelle, ainsi que l'espèce suivante.

LOGFIE A FEUILLES LANCÉOLÉES : *Logfia lanceolata* , H. Cass. ; *Filago montana*, Linn. , *Sp. pl.*, édit. 3, pag. 1511. Une racine pivotante, rameuse, fibreuse, produit ordinairement plusieurs tiges dressées ou ascendantes, hautes d'environ six pouces, simples inférieurement. plusieurs fois bifurquées supérieurement, à rameaux dressés ; la tige et ses rameaux sont cotonneux, blanchâtres, et très-garnis. d'un bout à l'autre, de feuilles rapprochées : ces feuilles, longues d'environ trois lignes, larges d'environ une ligne, sont sessiles. linéaires-lancéolées-aiguës, planes, laineuses et blanchâtres sur les deux faces, très-entières sur les bords, qui sont quelquefois un peu ondulés : les calathides sont ordinairement rassemblées en petits groupes irréguliers, inégaux, situés vers la bifurcation des rameaux et vers leur sommet : chaque calathide, ordinairement portée par un pédoncule propre, court, filiforme, est petite, conique, verdâtre, un peu cotonneuse, à sommet jaunâtre et scarieux. Nous décrivons cette espèce sur des échantillons secs, recueillis par nous dans le bois de Boulogne, près Paris, où ils fleurissoient en Juillet.

Si le *Gnaphalium minimum* de Smith, que nous n'avons point observé, est suffisamment distinct de la *Logfia lanceolata*, ce qui nous semble assez douteux , ce sera une troisième espèce de *Logfia*, qu'on pourroit nommer *Logfia brevifolia*.

Les *Filago gallica* et *montana* de Linné diffèrent génériquement de son *Filago germanica*, qui constitue notre genre *Gifola*, en ce qu'il n'y a que deux rangs de fleurs femelles, et un seul rang de squamelles ; que les squames du péricline sont inférieurement ossifiées, gibbeuses, et enveloppent complétement les ovaires ; et qu'enfin le clinanthe est plan. C'est pourquoi nous réunissons les deux espèces dont il s'agit en un genre ou sous-genre particulier, dont le *Filago gallica* doit être considéré comme le type ; le *Filago montana* offrant quelques anomalies, qui le rapprochent de notre sous-genre *Oglifa* ou *Filago arvensis* de Linné.

Le lecteur peut utilement consulter sur cette matière nos articles EVAX, tom. XVI, pag. 58 ; FILAGE, tom. XVII, p. 2 ; GIFOLE, tom. XVIII, pag. 551 ; GNAPHALE, tom. XIX, p. 115 ; et surtout notre Examen analytique du genre *Filago* de Linné, publié dans le Bulletin des sciences de Septembre 1819. (H. CASS.)

LOGGER - HEAD. (*Ornith.*) L'oiseau ainsi nommé par Sloane est la sittelle à huppe noire, *sitta jamaicensis*, Gmel., et sittelle folle de M. Vieillot. Le *logger-head-duck* des Transactions philosophiques est une espèce de canard dont Buffon parle à la page 415 du tome 9 de son Histoire naturelle des oiseaux, édit. in-4.º (Ch. D.)

LOGHANIA. (*Bot.*) Nom donné par Scopoli et Gmelin au *souroubea* d'Aublet, que l'on reconnoît maintenant comme une simple espèce de *ruyschia*. Voyez Logania. (J.)

LOGLIO. (*Bot.*) Voyez Gioglio. (J.)

LO-HERE. (*Bot.*) Nom hongrois du trèfle ordinaire, suivant Clusius. (J.)

LOH-FINKE. (*Ornith.*) Nom silésien du bouvreuil ordinaire, *loxia pyrrhula*, Linn. (Ch. D.)

LOHONG. (*Ornith.*) Nom donné par les Arabes à une espèce d'outarde, *otis arabs*, Linn. (Ch. D.)

LOIE. (*Ichthyol.*) Un des noms norwégiens de l'aphye, poisson du sous-genre des Ables. Voyez ce mot dans le Supplément du 1.ᵉʳ volume de notre Dictionnaire. (H. C.)

LOIR. (*Mamm.*) Ce nom, donné à un rongeur, des parties méridionales de l'Europe, est devenu une dénomination générique, sous laquelle les naturalistes ont rassemblé quatre espèces particulières, qui se ressemblent entre elles par les organes de la nutrition, de la locomotion et des sens. Les animaux de ce genre se rapprochent un peu des écureuils par les formes générales et le système de dentition. Ils ont, de chaque côté des deux mâchoires, une incisive et quatre molaires. Comme chez tous les rongeurs, les incisives sortent de l'extrémité d'un intermaxillaire très-développé, et celles de chacune des deux mâchoires se touchent par leur face interne ; elles sont plates à leur partie antérieure, comprimées et anguleuses à la postérieure, et taillées en biseau à leur face inféro-interne ; les supérieures sont coupées carrément à leur extrémité, tandis que les inférieures sont pointues. A la mâchoire d'en haut, la première molaire est plus petite que les trois autres, presque triangulaire, formée, à la partie extérieure, de deux tubercules dont l'antérieur est plus développé que le postérieur, et à l'interne d'un tubercule étroit : la couronne qui se trouve creusée entre ces tubercules, est divisée par trois sillons transversaux qui, partant l'un d'entre les deux tubercules externes et les deux autres de la pointe de chacun de ces tubercules, aboutissent tous au tubercule interne. Les trois molaires suivantes diffèrent de celle-ci, en ce qu'elles sont plus grandes et carrées, ce qui tient à ce que le tubercule interne s'est beaucoup plus élargi, et ne forme plus qu'une épaisse crête. Comme sur la première molaire, trois sillons partagent leur couronne; mais de plus, dans les trois zones qu'ils forment, se trouvent creusés trois autres petits sillons qui ne s'étendent pas au-delà du milieu de la couronne. Les molaires de la mâchoire inférieure ressemblent en général à celles de la supérieure; seulement la première est formée de trois tubercules, l'un antérieur et les deux autres postérieurs, et chez les trois suivantes le tubercule interne ne forme plus qu'une large crête, et les sillons sont beaucoup plus sinueux.

Les membres antérieurs, un peu plus courts que les postérieurs, sont terminés par une main divisée en quatre doigts, de longueur moyenne, libres et seulement réunis à leur base par une très-légère membrane, et armés d'ongles arqués, comprimés et pointus; on trouve de plus, à la partie interne du carpe, un gros tubercule alongé, garni à sa base d'un rudiment d'ongle plat, attaché au carpe sur toute sa longueur, et que l'on doit regarder comme un vestige de pouce. Aux membres postérieurs les pieds sont alongés et terminés par cinq doigts libres qui sont seulement réunis à leur base par une légère membrane : ils sont tous armés d'ongles arqués, aigus et comprimés, et le pouce, quoique assez court, est susceptible de s'écarter fortement des autres doigts et même de leur être opposé en certaines circonstances. La queue, chez tous, est alongée et lâche. L'œil a la pupille ronde et est susceptible de se contracter comme un point ; la paupière interne est peu développée, et les paupières externes sont minces et garnies de cils. Le mufle, divisé en deux par un sillon profond, ne se compose que des deux parties qui se trouvent renfermées entre les deux narines : la partie supérieure du museau est velue et séparée du mufle par un fort repli transversal, et les bords postérieurs des narines sont de même garnis de poils ; celles-ci se composent d'une ouverture oblongue, ouverte longitudinalement, et se continuant sur les côtés en un sinus assez large qui, se dirigeant en arrière, forme une ligne arquée vers le haut. L'oreille est demi-membraneuse, et sa composition est fort simple : l'hélix, n'ayant de bourrelet que vers le bas de la partie antérieure de l'oreille, rentre dans la conque, pour y former, au-dessus du trou auditif, une lame ou bourrelet alongé et saillant ; l'anthélix ne se fait remarquer que vers la partie inférieure et postérieure de l'oreille, où il forme un bourrelet peu saillant, qui, allant en demi-cercle se réunir à la partie antérieure du bourrelet de l'hélix, clôt antérieurement la base de l'oreille ; entre ces deux bourrelets se trouve une ouverture ronde, circonscrite par un autre bourrelet qui, descendant en spirale dans la cavité à laquelle cette ouverture sert d'orifice, entoure le conduit auditif, qui se trouve placé au fond de la partie postérieure de cette même cavité. Cette oreille, ainsi formée, peut se fermer hermétiquement par contraction. La langue est assez longue, épaisse, charnue, très-douce, et couverte de petites papilles molles et coniques. La lèvre supérieure est épaisse, velue et fendue ; l'inférieure est de même épaisse et velue, et, ses bords se soudant l'un à l'autre en arrière de la base des dents incisives, elle forme antérieurement une sorte de gaine, de laquelle sortent ces dents. La paume est entièrement nue et garnie de cinq tubercules : l'un, placé au haut de son bord interne, soutient le rudiment du pouce et acquiert un assez grand volume ; le second est situé parallèlement au premier, à la partie supérieure du bord externe de la paume ; les trois autres se trouvent à la base des doigts ; l'un répond au quatrième doigt, le second au doigt externe, et le troisième aux second et troisième doigts. La plante est nue et garnie de six tubercules : le premier est placé au milieu de son bord interne ; le second, plus en avant que le précédent, se trouve au bord externe ; le troisième répond à la base du pouce, et les trois autres sont dans les mêmes rapports entre eux que les analogues de la paume. Toutes ces parties, ainsi que le dessous des doigts, sont recouvertes d'une peau très-douce.

Les testicules ne sont point apparens au dehors. La verge est très-courte, cylindrique et terminée par un gland beaucoup plus long qu'elle, à demi cartilagineux, étroit, trés-pointu et en fer de lance ; il est plat en avant, arrondi en arrière, et garni à sa partie postérieure de deux lèvres charnues et alongées, au bas desquelles est percé l'orifice du canal de l'urètre, et au-dessous de ces lèvres se trouve un double frein qui retient le gland au premier prépuce : celui-ci forme une large cupule à demi cartilagineuse, qui entoure entièrement la base du gland ; ce premier et singulier prépuce tient par le bas à un second prépuce externe, qui n'est qu'un repli de la peau du bas-ventre. Chez les femelles, la vulve, placée en avant de l'anus, se trouve percée, au fond de la partie postérieure, d'une large ouverture, à la partie antérieure de laquelle est une petite cavité aveugle. Les mamelles sont au nombre de huit, quatre pectorales et quatre ventrales.

Ces animaux sont des rongeurs nocturnes de petite taille, que leur robe, garnie d'une épaisse fourrure et revêtue de couleurs sinon brillantes, du moins douces et harmonieuses, et leur queue entièrement velue, ont fait comparer aux écureuils. Ils sont sujets à un engourdissement périodique qui, commençant avec les froids, cesse aux premiers jours du printemps : dans cet état de somnolence, roulés en boule au fond de leur retraite et ensevelis dans un lit de matières douces qu'ils y ont amassées, ils passent un temps plus ou moins long dans une inaction complète ; leur respiration est alors lente et renouvelée à des intervalles égaux. A leur réveil, qui paroît avoir lieu plusieurs fois pendant l'hiver, ils consomment les provisions qu'ils ont amassées dans la belle saison, et qui consistent le plus ordinairement en noix, noisettes, faines, glands, châtaignes, etc. Dans l'été et l'automne, ils joignent à cette nourriture les fruits pulpeux de nos arbres fruitiers, qu'ils viennent chercher jusque dans nos vergers, dont quelques-uns d'entre eux sont le fléau. D'après les expériences de M. Marsigli (Ann. du Mus., tom. 10), il paroît que la léthargie se manifeste et se continue lorsque la température est à sept ou huit degrés environ au-dessus et deux ou trois au-dessous du point de congélation ; qu'à un froid vif, de cinq ou six degrés environ, ils se réveillent, pour ne s'engourdir que lorsque l'atmosphère s'adoucit, et qu'un jeûne prolongé les réveille de même.

On en connoît certainement quatre espèces : trois propres à nos régions tempérées, et la quatrième propre à l'Afrique méridionale.

Loir ; *Myoxus glis*, Gmel., Buff., tom. 8, pag. 158, pl. 24. Cette espèce a en général les parties supérieures d'un gris cendré, et les parties inférieures d'un blanc légèrement roussâtre ; un cercle d'un gris noirâtre entoure les yeux ; la queue est d'un cendré pur, et le dessus des pieds d'un brun noirâtre. Ce loir se distingue des autres espèces par ses oreilles courtes, presque rondes et un peu plus larges à leur extrémité qu'à leur base, et par sa queue distique aussi longue que le corps, entièrement couverte de poils longs et épais, très-touffue et plus forte à l'extrémité qu'à la base. Sa taille est à peu près celle d'un rat : il a cinq pouces six lignes du museau à l'anus.

Il habite les parties méridionales de l'Europe, vit dans les grandes forêts, où il se pratique dans le creux des arbres et des rochers une retraite qu'il garnit de mousse, et où il passe l'hiver, après avoir préalablement fait une provision de nourriture propre à le sustenter à son réveil.

C'étoit cette espèce que les Romains élevoient, et qu'ils prenoient soin d'engraisser pour leur table. On mange encore les loirs dans quelques parties de l'Italie ; mais on ne les nourrit plus pour cela en domesticité.

Loir du Sénégal : *Myoxus Coupeii*, F. Cuv., Hist. nat. des mamm. Toute la partie supérieure de son corps et sa queue sont d'un gris-clair légèrement jaunâtre, et les parties inférieures sont blanchâtres. Ses oreilles, ovales et légèrement pointues, sont plus longues que celles de l'espèce précédente, et en cela il tient le milieu entre elle et le lérot ; pour tout le reste, il ressemble beaucoup au loir : sa queue, très-touffue, a tout-à-fait la même forme. elle est seulement un peu plus courte que le corps ; sa taille est beaucoup moindre, car il n'a que trois pouces six lignes du museau à la queue.

Cette jolie petite espèce vient du Sénégal, d'où elle a été rapportée par M. Lecoupé ; elle paroît habiter aussi le cap de Bonne-Espérance, et, comme les autres animaux de ce genre, elle est soumise à un sommeil léthargique.

Il se trouve au cap de Bonne-Espérance un petit rongeur

qui paroit avoir assez d'analogie avec le Loir du Sénégal :
c'est le *Myoxus murinus* de M. Desmarest (Suppl. à la Mamm.
de l'Encycl.). qui caractérise ainsi cet animal : l'elage entièrement gris de souris, et seulement un peu plus clair en-
dessous qu'en-dessus, les pointes des poils étant blanchâtres.
principalement sous le ventre ; queue aussi longue que le
corps, aplatie horizontalement et couverte de poils exactement distiques.

Taille un peu plus grande que celle du muscardin.

On trouve de plus dans cette même partie de l'Afrique
un autre loir, de la grandeur du *myoxus glis*, d'un gris brunâtre foncé en-dessus, et d'un blanc roussâtre en-dessous,
avec une large bande d'un noir brun sur les yeux : la queue
est courte, très-épaisse et entièrement garnie de longs poils,
et son caractère le plus saillant consiste dans l'extrême petitesse de ses dents molaires, qui, cependant, ont conservé
les formes affectées au genre dont nous nous occupons.

Nous nous réservons de donner ailleurs une description
plus étendue de ce curieux rongeur, que le Muséum doit
aux soins de M. Cattoire.

Lérot : *Myoxus nitela*, Gmel. ; Buff., tom. 8, p. 81. pl. 25.
D'un beau gris-roux vineux en-dessus : les parties inférieures
du corps et le bas des membres antérieurs sont d'un blanc jaunâtre : le dessus de la tête est d'un fauve isabelle ; une large
bande noire, prenant en arrière du museau, passe sur l'œil
et sous l'oreille, et se termine en arrière de celle-ci ; la queue,
d'abord d'un fauve roux, puis noire en-dessus, est blanche aux
parties inférieures et sur presque toute son extrémité ; l'oreille
est alongée, oblongue, et semblable à celle des rats : la queue
est cylindrique, aussi longue que le corps. couverte de poils
courts et très-serrés, et terminée par des poils graduellement plus alongés. Cette description ne se rapporte qu'à l'individu adulte et vieux ; les jeunes, au lieu des teintes rousses
du dessus du corps, de la tête et de la queue, n'ont qu'une
couleur gris-cendré uniformement répandue sur toutes ces
parties : la taille des vieux égale celle des loirs.

Cette espèce habite plus volontiers que les autres les lieux
habités : elle fréquente les espaliers, se retire dans les cavités
des murs qui soutiennent ces arbres ou qui se trouvent dans

leur voisinage : sa nourriture consiste, en été, en raisins et en fruits, tels que pommes, pêches, etc. C'est elle qui devient quelquefois un des fléaux de nos vergers.

Le *Myoxus dryas* des auteurs ne paroit être qu'un individu de cette espèce dont la queue n'a pas pris tout son accroissement. J'ai vu un individu semblable, dont la queue étoit courte, renflée et graisseuse à son extrémité.

Muscardin ; *Myoxus avellanarius*, Gmel., Buff., t. 8, p. 193, pl. 26. Cette jolie petite espèce est, sur les parties supérieures, d'un beau blond fauve ; les parties inférieures sont plus pâles et presque blanches ; la mâchoire inférieure et le dessous du cou sont entièrement blancs ; la queue est fauve ; les oreilles sont très-courtes, larges et elliptiques ; la queue, un peu plus longue que le corps, est couverte de poils courts, distiques et peu nombreux : la taille de cette espèce varie depuis deux pouces huit lignes jusqu'à un pouce neuf lignes, du museau à l'origine de la queue.

Elle habite la lisière des bois, les taillis et les haies, et se fait, comme l'écureuil, un nid de mousse pour l'hiver.

Le *dégu* de Molina, d'un blond obscur avec une ligne noirâtre sur l'épaule, n'est pas une espèce assez bien déterminée pour pouvoir être sûrement rapportée à ce genre. (F. C.)

LOIR ÉPINEUX. (*Mamm.*) Nom de l'échimis à queue dorée. Voyez Rat épineux. (F. C.)

LOIR DE MONTAGNE. (*Mamm.*) C'est le gerbo que l'on a quelquefois désigné par ce nom. (F. C.)

LOIR VOLANT. (*Mamm.*) Nom du polatouche dans quelques auteurs. (F. C.)

LOISELEURIE ; *Loiseleuria*, Desvaux. (*Bot.*) Genre de plantes dicotylédones, de la famille des *rhodoracées*, Juss., et de la *pentandrie monogynie*, Linn., qui offre pour caractères : Un calice persistant, à cinq divisions profondes ; une corolle monopétale, campanulée, partagée en cinq découpures égales ; cinq étamines, ayant leurs filamens plus courts que la corolle, insérées autour de l'ovaire, et terminées par des anthères à deux loges longitudinales ; un ovaire supère, à style droit, terminé par un stigmate simple ; une capsule à deux loges, contenant des graines menues, nombreuses, attachées à un placenta central.

Ce genre ne comprend qu'une seule espèce, détachée des *Azalea*, auxquels Linnæus l'avoit réunie, mais dont elle diffère essentiellement par beaucoup de caractères et par le port.

LOISELEURIE COUCHÉE : *Loiseleuria procumbens*, Desv., Journ. bot., 1813, vol. 1, p. 35 ; Rœmer, *Syst. veget.*, 4, p. 353 ; Nouv. Duham, vol. 5, p. 227, t. 65 ; *Azalea procumbens*, Linn., *Spec.*, 215. Ses tiges sont ligneuses, grêles, couchées, longues de six à quinze pouces, très-rameuses, disposées en gazon, et garnies de feuilles ovales-oblongues, pétiolées, persistantes, vertes et lisses en-dessus, chargées en-dessous d'un duvet blanchâtre, et un peu roulées en leurs bords. Les fleurs sont d'un rouge clair ou couleur de rose, disposées au nombre de trois à cinq, au sommet des rameaux. Cette plante croît naturellement dans les montagnes alpines de l'Europe et dans l'Amérique septentrionale. Elle est assez rare dans les Pyrénées ; mais elle est très-commune dans les Alpes du Piémont, de la Savoie, du Dauphiné et de la Provence : il y a dans ces provinces des lieux où elle est si abondante que les rochers en sont quelquefois entièrement couverts. Ses fleurs roses, qui paroissent en Juin, sont de jolies miniatures qui décorent d'une manière agréable les lieux sauvages où croît cette plante. Dans les jardins on la cultive à l'exposition du nord et dans la terre de bruyère ; mais elle y languit, ne peut que difficilement s'y multiplier, et il faut très-souvent en faire revenir de nouveaux plants des Alpes. (L. D.)

LOJA. (*Ichthyol.*) Nom suédois de l'ablette, *leuciscus alburnus*. Voyez ABLE, dans le Supplément du 1.ᵉʳ volume de ce Dictionnaire. (H. C.)

LOKMET EN NAGI. (*Bot.*) Nom arabe (signifiant pâture de moutons) d'un plantain, *plantago decumbens* de Forskal. C'est aussi celui de son *plantago ovata*, selon M. Delile, qui le rapporte au *plantago albicans* de Linnæus. (J.)

LOLADE. (*Bot.*) Nom malais de la colocase, *arum colocasia*, suivant C. Bauhin. (J.)

LOLIGO, *Calmar.* (*Malacoz.*) Subdivision générique, parfaitement indiquée par Aristote et par les zoologistes de la renaissance des lettres, établie dans le genre *Sepia* de Linnæus par M. de Lamarck, et adoptée depuis par presque tous les zoologistes françois et étrangers pour les espèces de brachiocéphalés qui, étant pourvues, comme les véritables sèches, de quatre paires d'appendices tentaculaires entourant la bouche, et d'une paire de longs tentacules, ont le corps plus ou moins cylindrique, contenant dans le dos une pièce subcartilagineuse en forme d'épée, et accompagné, vers l'extrémité postérieure seulement, d'une paire de nageoires latérales.

Les auteurs grecs appeloient ces animaux τευθός; les latins, *loligo*, *lollius*.

Le mot calmar, employé par les modernes pour désigner ce genre, vient par contraction de calamar, vieux mot françois, dérivé de *calamarium*, qui, dans la basse latinité, signifioit une écritoire portative, renfermant de l'encre, des plumes et un canif. On l'a donné à ces animaux, parce que leur corps a un peu la forme cylindrique de ces espèces d'écritoires, et qu'il contient dans le dos une sorte de plume et de l'encre dans son intérieur.

L'organisation des calmars est presque semblable à celle des sèches : leur corps est cependant ordinairement plus alongé, presque cylindrique, un peu pointu en arrière ; la tête est également cylindrique ; les appendices tentaculaires et brachiaux, qui l'accompagnent à droite et à gauche en se portant en avant, sont plus longs que dans les sèches, mais à peu près dans la même disposition et dans la même proportion entre eux ; les nageoires qui bordent le corps à sa partie postérieure, sont en général beaucoup moins longues que dans celles-ci, mais aussi plus larges ; enfin, le tube subcéphalique est en général plus petit.

Le sac qui enveloppe le corps de ces animaux, a ses parois musculaires fort épaisses, et cela presque autant endessus qu'en-dessous ; la peau qui le recouvre est toujours fort mince ; mais ce qu'elle offre de remarquable, c'est qu'elle est colorée de taches rouges, irrégulières, et qui sont dans un mouvement continuel de dilatation et de resserrement, ou de diastole et de systole : elles sont plus nombreuses en-dessus qu'en-dessous.

Les yeux sont ronds, plus petits peut-être que dans les sèches, mais tout-à-fait composés de même : dans un certain nombre d'espèces, ils sont libres dans une sorte de cavité orbitaire, dont le bord est échancré à sa partie antérieure.

L'oreille a la même structure.

L'appareil de la locomotion est aussi presque semblable à ce qui existe dans les sèches. Nous avons cependant déjà fait observer que le sac est en général plus musculeux et plus épais, surtout en-dessus. Le corps protecteur qu'il contient est en effet beaucoup plus grêle, plus mince et entièrement gélatineux; de forme variable dans chaque espèce, ou mieux dans chaque petit groupe, il ressemble le plus ordinairement à une lame d'épée, ou bien à une plume, en ce qu'il a une sorte d'axe ou de tige plus épaisse, de chaque côté de laquelle se développe une lame plus ou moins mince; son extrémité antérieure saille plus ou moins dans la ligne moyenne du dos au-dessus du cou.

La plaque cartilagineuse qui protège le cerveau, les yeux, et qui sert d'appui aux appendices céphaliques, a la même forme, à peu de chose près, que dans les sèches.

Ces appendices ont aussi à peu près la même forme, la même structure et la même proportion : ils sont évidemment partagés en deux faisceaux latéraux, de quatre chacun : le supérieur est ordinairement le plus petit ; les trois autres vont en augmentant jusqu'à l'inférieur, qui est le plus gros et le plus long : ils sont garnis, dans toute la longueur de leur face interne, d'une double série de suçoirs semblables à ceux des sèches. Quant aux tentacules pédonculés, leur origine, leur position et leur structure ne diffèrent presque en rien de ce qui existe dans ces dernières ; ils sont évidemment contractiles dans tous leurs points, et par conséquent susceptibles de raccourcissemens et d'alongemens très-différens ; ils peuvent être entièrement cachés dans une sorte de poche qui est entre la première des deux paires inférieures de tentacules. Les suçoirs dont ils sont garnis à l'extrémité, sont cependant plus souvent disposés en forme de griffes, par la dentelure du cercle corné qui les borde, ou mieux par son remplacement par un seul grand crochet.

La paire de nageoires qui termine plus ou moins le corps, diffère de celle des sèches plus par la forme que par la structure : quelquefois elle est complétement marginale, comme dans celles-ci ; mais il arrive aussi que son origine soit assez avancée sur le dos : quant à la forme, elle est bien distinctive des espèces.

L'appareil de la digestion commence toujours par une paire de dents en forme de bec de perroquet et se mouvant verticalement à l'aide d'une masse musculaire qui l'entoure à sa racine, et qui se compose de muscles diducteurs, supérieurs et inférieurs, et surtout de muscles circulaires ou constricteurs, qui en font la plus grande partie. Au-dessus de la plaque linguale, qui est armée de très-petites dents formant plusieurs rangées, et dont celles du milieu sont tricuspides, sort un œsophage etroit : après avoir traversé l'anneau cartilagineux du cartilage céphalique, il pénètre dans le thorax, accompagné à droite et à gauche par une assez forte glande salivaire ; très en arrière il se renfle en un premier estomac membraneux, fort grand, formant un grand cul-de-sac postérieur ; tout près de son origine est une sorte de petit gésier, puis un petit cœcum recourbé, d'où sort ensuite l'intestin proprement dit : celui-ci est assez grêle, d'un même calibre dans toute son étendue ; il se dirige d'arrière en avant, et se porte vers la partie antérieure de l'abdomen, où il s'ouvre par un orifice situé dans la ligne médiane, presque au bord antérieur du sac. Le foie est placé le long de l'œsophage ; il est fort alongé : il verse la bile dans le premier estomac, tout près du cardia, par un seul orifice fort grand.

Les appareils de la circulation et de la respiration sont tout-à-fait semblables à ce qui existe dans les brachiocéphalés en général, et surtout dans les sèches. Toutes les veines de l'enveloppe sensible et locomotrice se réunissent successivement dans un gros tronc, tout-à-fait inférieur, qui suit presque la ligne médiane de l'abdomen, et qui, parvenu vers le milieu de sa longueur environ, se subdivise en deux branches considérables. Chacune d'elles, après avoir reçu un rameau considérable provenant des parties postérieures, se porte à la racine de la branchie correspondante, où, avant de se changer en artère branchiale, elle se renfle de manière à simuler une oreillette ou un organe d'impulsion ; mais les parois de ces renflemens ne sont pas plus épaisses que celles de la veine, et les espèces de cloisons imparfaites qui en traversent la cavité, m'ont paru celluleuses. Il n'y a que ce renflement qui soit pourvu de ces corps spongieux qui hérissent les deux branches de la veine-cave dans les poulpes et même dans les sèches ; et c'est probablement le corps que Monro a désigné comme un ventricule. Au-delà de ce renflement, l'artère branchiale suit le bord de la branchie, et se subdivise en autant de lobes, de lames et de lobules ou de lamelles, que celle-ci en présente.

Les branchies, comme dans tout ce groupe, sont parfaitement paires et symétriques ; situées profondément dans le sac, à la paroi interne duquel elles adhèrent, elles se portent obliquement d'arrière en avant, vers le bord de celui-ci, mais sans jamais en sortir ; leur forme est triangulaire, mais très-alongée ; elles sont adhérentes à leur base et tout le long de leur bord externe, et elles sont formées de lobes et de lobules, comme à l'ordinaire. Comme dans tout le groupe des brachiocéphalés, chaque branchie est accompagnée, dans toute la longueur de son bord adhérent, par une masse blanchâtre, de structure glanduleuse, mais qui paroît n'avoir aucun canal excréteur : on en ignore complétement l'usage.

Les veines branchiales, qui se sont formées de la reunion successive des veinules des lames branchiales, suivent le bord interne de la branchie, en allant du sommet à la base ; parvenues en cet endroit, elles se renflent en une véritable oreillette à colonnes charnues intérieures. De ces oreillettes naît ensuite un canal artériel, quelquefois très-court ou presque nul, qui se porte de dehors en dedans et d'arrière en avant dans le ventricule ; celui-ci est à peu près au milieu de la cavité abdominale, au-dessous de tous les viscères : il n'est pas contenu dans un péricarde, ni dans une cavité particulière. Sa forme est ovale, pointue, en avant comme en arrière : de son extrémité postérieure naît une petite artère aorte qui distribue ses ramifications à l'organe sécréteur de l'appareil générateur et à la partie postérieure du sac. Mais la véritable artère aorte sort de la partie antérieure du ventricule : après avoir fourni une branche au foie, à l'estomac, elle se dirige en avant, en suivant l'œsophage, et, arrivée à la tête, elle se divise en autant de branches qu'il y a de tentacules ou de bras.

La vessie à encre, qui peut être regardée comme l'organe

de dépuration urinaire, est située dans le calmar comme dans la sèche, c'est-à-dire, appliquée à la partie antérieure de l'organe sécréteur de la génération; son canal accompagne le rectum et s'ouvre à son bord. L'humeur qu'elle fournit est très-noire.

Les organes de la génération ne diffèrent presque en rien de ce qu'ils sont dans les sèches, où ils sont décrits avec détails; ainsi les deux sexes sont portés par des individus différens. L'appareil du sexe femelle consiste en un ovaire situé dans la partie postérieure de la cavité viscérale, d'où sort un oviducte assez court, qui, après avoir traversé une sorte de grosse glande placée sur son trajet, s'ouvre à l'extérieur par un orifice percé à l'extrémité d'un tube assez long, situé sur le côté gauche de l'anus.

L'appareil mâle est plus compliqué; car, outre le testicule proprement dit et le canal déférent qui en sort, il s'y joint une vessie, une sorte de prostate, et même une espèce d'appendice excitateur. C'est dans cette vessie que Needham a découvert ces singuliers petits corps filiformes, nageant en quantité innombrable dans le fluide dont elle est remplie. Ces corps, que je n'ai pas encore pu examiner moi-même, sont cylindriques, vermiformes, arrondis à une extrémité, qui est libre, et pointus à l'autre : c'est par celle-ci qu'ils sont attachés, à l'aide d'un filament, les uns avec les autres. Chacun d'eux est composé d'un étui double, transparent et élastique, plus mince à son extrémité antérieure, qui forme une espèce de valvule s'ouvrant en dedans. L'intérieur est rempli, 1.°, au fond, d'une substance spongieuse qui tend à sortir de l'état de compression où elle se trouve, et qui paroit imbibée de liqueur séminale; 2.°, au-dessus, d'une sorte de barillet qui reçoit une espèce de piston; 3.°, enfin, tout le reste de l'intérieur est rempli par un petit filet contourné en spirale et semblable à un ressort à boudin. Ces corps, que Needham a nommés des pompes séminales, semblent se former dans le fluide séminal et à mesure que l'approche du frai a lieu, en sorte que, peu de temps avant, on trouve que toute la vessie est entièrement remplie de ces petits corps, dont la partie spongieuse a absorbé la matière séminale. Aussitôt qu'ils sortent du corps de l'animal et qu'ils sont mis dans l'eau ou dans l'air, le ressort fait effort contre l'opercule; il monte, suivi du piston et du barillet, et tout le corps spongieux, cessant d'être comprimé, s'élance au dehors, devenu beaucoup plus gros et cinq fois plus long qu'il n'étoit : cependant le piston se sépare du barillet, et le fluide séminal qui étoit dans le corps spongieux s'écoule par le barillet, pendant que le corps spongieux s'agite et se contourne en tous sens.

Le produit de la génération femelle est une masse très-considérable d'œufs ovales, et disposé par séries autour d'un axe en forme de corde. La masse cylindrique acquiert jusqu'à trois pieds de longueur sur deux de diamètre. Bohadsch, qui en a observé une de cette dimension, ayant compté le nombre des séries et celui des œufs dans chacune d'elles, a trouvé qu'elle contenoit 39.760 œufs : ils sont d'abord de couleur jaune ; mais ensuite ils deviennent limpides, puis bleus.

Les calmars paroissent avoir la sensibilité générale et particulière encore plus développée que les sèches et les poulpes : leur vue paroit surtout être très-fine. Leur activité musculaire n'est pas moins grande : ils se meuvent en effet avec la plus grande rapidité dans les eaux de la mer, qu'ils ne quittent jamais, si ce n'est quand ils en sont chassés par une impulsion trop forte, un peu comme le font les poissons volans. Pour cela, ils emploient les nageoires dont leur sac est pourvu, ou bien les contractions du sac lui-même, en chassant l'eau qu'il contient: mais dans ce dernier cas ils reculent avec une grande célérité. Dans leur mouvement de translation générale ils tiennent leurs appendices tentaculaires sans aucun mouvement et serrés en pointe les uns contre les autres au devant de la tête, et jamais je n'ai vu qu'ils eussent les appendices brachiaux développés. Il semble qu'ils n'écartent et ne meuvent les premiers que pour retenir leur proie, et les seconds que pour l'attendre de plus loin, et surtout pour s'attacher aux corps marins dans les tempêtes et les grands courans. Ils habitent, a ce qu'il paroit, surtout la haute mer, et meurent, très-peu de minutes après qu'ils ont été tirés de l'eau, dans une sorte de convulsion. On ne peut même les conserver vivans dans un vase rempli d'eau de mer, que lorsqu'il est très-grand et que l'eau est très-fréquemment renouvelée.

Ils poursuivent leur proie de vive force : elle consiste principalement en crustacés et en poissons ; ils la saisissent avec leurs tentacules, la retiennent à l'aide des ventouses souvent garnies de crochets qui les arment, et la brisent, la triturent jusqu'à un certain point avec leurs mâchoires. Nous ignorons complétement la durée de la vie des calmars, et si leur accroissement est rapide ; nous n'avons pas beaucoup plus de notions un peu certaines sur la manière dont le sexe mâle agit sur le sexe femelle. Les deux individus diffèrent dans la taille, la femelle étant un peu plus petite que le mâle ; aussi le cartilage dorsal est-il toujours plus étroit dans l'un que dans l'autre. Y a-t-il un accouplement entre les deux individus ? Belon le dit, mais cela ne paroît pas probable : il l'est davantage que, comme dans les poissons, les œufs rejetés par la femelle sont arrosés à l'extérieur par la semence du mâle. Le singulier mécanisme des tubes contenant la liqueur séminale est peut-être destiné à cela. Le fœtus renfermé dans l'œuf subit son développement absolument comme celui de la sèche : d'abord imperceptible dans le fluide qui remplit l'œuf, on y voit ensuite une sorte de masse vitelline ; puis le jeune animal, qui se montre dans un point, s'accroît peu à peu, en paroissant embrasser cette masse avec ses longs tentacules : ils existent en effet quelque temps avant que les tentacules ordinaires paroissent. Enfin, près de sortir, le jeune calmar ne diffère que très-peu de ce qu'il sera par la suite ; son dos est déjà tacheté de rouge.

Les calmars sont employés presque partout à la nourriture de l'homme, et surtout en Grèce ; c'est un mets assez fade : les pêcheurs les emploient aussi comme appâts en les fendant en lames.

On trouve des calmars dans toutes les mers, et même en grande abondance à d'assez petites distances des rivages. Il se pourroit cependant que plusieurs espèces, formant de petits groupes distincts, n'appartinssent qu'à certaines contrées. Malheureusement l'étude des espèces est extrêmement peu avancée, et l'on peut même dire qu'avant le travail que M. Lesueur a fait sur les espèces des côtes de l'Amérique septentrionale, à peine y en avoit-il trois ou quatre qui fussent bien caractérisées. Les meilleurs caractères dont on peut se servir pour les distinguer, sont tirés : 1.° de la forme et de la proportion du corps ou du sac, et surtout du cartilage qui le solidifie ; 2.° de la forme et de la proportion des nageoires ; 3.° de la forme et de la proportion des appendices tentaculaires et brachiaux, et de la partie cornée de leurs ventouses : enfin, on peut avoir aussi égard à la couleur, ou mieux à la grandeur, à la forme des taches, et à la forme du bord antérieur du sac.

D'après la considération des vingt espèces que j'ai pu étudier d'une manière suffisante dans les collections de Paris, il est aisé de voir que ce genre, que l'on ne peut séparer réellement des sèches que par la nature du corps protecteur, cartilagineux dans le premier et calcaire dans celles-ci, établit un passage presque insensible entre les poulpes et les sèches, surtout s'il existe, comme cela est probable, un animal brachiocéphalé qui, sans appendices tentaculaires brachiaux, auroit cependant des nageoires, et n'auroit point de pièce dorsale, comme le loligopside de M. de Lamarck. En effet, dans les premières espèces de calmars la pièce dorsale est à peine visible, le corps n'est pas plus long que les tentacules, et les nageoires sont extrêmement petites. Dans les dernières, au contraire, la pièce dorsale est aussi évidente, aussi grande que dans les sèches : le corps a tout-à-fait la même forme, ainsi que les nageoires. Aussi les zoologistes qui se plaisent dans la subdivision infinie des genres, croiront-ils devoir faire des coupes génériques des subdivisions que nous allons établir.

A. Espèces ayant le corps court, plus ou moins globuleux, soutenu dans le dos par un filet cartilagineux extrêmement mince, et pourvu de petites nageoires arrondies, subpédiculées de chaque côté ; le bord antérieur du sac adhérent en-dessus ; les tentacules assez longs ; l'anneau corné des ventouses simple. (Les Sépioles ; *G. Sepiola*, Leach.)

Le C. Sépiole ; *L. Sepiola*, Rondel., *Aquat.* Très-petite espèce de calmar, d'un à deux pouces de longueur en totalité, dont le corps, un peu semblable à celui de certains poulpes, est couvert d'un très-grand nombre de petites taches rondes, pourpres.

Cette espèce existe dans la mer océane et dans la Méditerranée ; je ne l'ai jamais vue dans la Manche.

B. Espéces ayant le corps un peu plus alongé, plus ou moins ovalaire, pourvu de nageoires arrondies, aliformes, pédonculées, et attachées de chaque côté de la ligne médiane dorsale, de manière à se toucher : tous les autres caractères comme dans la section précédente. (Les CRANCHIES, *G. Cranchia*, Leach.)

Le C. DE CRANCH : *L. Cranchii*, Leach, Voyage au Congo, Append., pl. 1, et Journ. de phys., tom. 86, pl. de Juin, fig. 6. Le corps ovale, couvert de petits tubercules.

Cette espèce, que je n'ai pas vue, a été découverte par Cranch lors de l'expédition des Anglois au Congo, dans les mers occidentales de l'Afrique.

Le C. LISSE : *L. lævis*; *Cranchia lævis*, Leach, *l. c.* Le corps entièrement lisse; du reste tout-à-fait semblable au précédent.

Cette espèce, qui provient aussi des mers d'Afrique, ne me paroît pas différer de la précédente ; la présence des tubercules n'est peut-être qu'une différence de sexe.

Le C. CARDIOPTÈRE ; *L. cardioptera*, Péron. Petite espèce, d'un pouce de long, dont le corps, ovale, est soutenu dans le dos par une lame cartilagineuse de la forme de celle des calmars communs, et qui a une seule nageoire médiane, symétrique, attachée en avant par un pédicule assez large, et échancrée dans le milieu de son bord postérieur, qui dépasse l'extrémité du corps.

J'ai vu, dans la collection du Muséum, un individu de cette espèce, rapporté par MM. Péron et Lesueur de l'expédition du capitaine Baudin ; je la crois figurée dans l'atlas de ce voyage.

Le C. DE LEACH : *L. Leachii*; *Leachia cyclura*, Lesueur, Journ. de l'Acad. des sciences nat. de Philad., vol. II, p. 89. Corps conique, de trois pouces de long, terminé par une queue d'un pouce, et par une nageoire circulaire qui l'embrasse d'une manière serrée; tête petite; yeux grands, proéminens; quatre paires de tentacules seulement dans la proportion ordinaire : couleur générale des tentacules et des parties supérieures de la tête, d'un bleu clair. Le corps et la queue sont parsemés de points rouges et ornés de taches irrégulières d'un rouge plus foncé, avec des lignes courtes, transverses, noires : deux grandes taches subovales, d'un brun clair, sur le milieu du dos, avec une noire en avant et une rouge en arrière.

Cette espèce ne m'est connue que par la description qu'en a donnée M. Lesueur dans le journal cité, et cette description a été faite sur un dessin coloré de Petit, et non pas sur l'animal lui-même, qui fut trouvé dans les mers du cap de Bonne-Espérance. C'est cette circonstance qui me permet de douter que ce calmar n'ait eu que les quatre paires de tentacules ordinaires; il me paroît probable que les tentacules brachiaux n'étoient pas sortis de leur cavité lorsque le dessinateur en fit le portrait.

Le C. DE PÉRON : *L. Peronii; Loligo parvula*. Pér., not. mss.; *Loligopsis Peronii*; le CALMARET DE PÉRON, Lamk. Corps petit (six centimètres), gélatineux, translucide, d'un bleuâtre opalin, ponctué; les nageoires latérales et triangulaires; huit tentacules, plus courts et presque capillaires.

Cette espèce, dont on doit la découverte à MM. Péron et Lesueur, a été trouvée nageant au milieu des fucus dans les mers australes, vers la terre d'Endracht. J'en ai vu un petit dessin que m'a envoyé M. Lesueur, et ma description est la traduction d'une note manuscrite de Péron lui-même, que je dois à son ami. La forme des nageoires n'est nullement particulière : les tentacules sont, au contraire de ce qui est dit dans la note caractéristique, plus longs que le corps; ils semblent égaux. Il n'y a aucune indication, ni dans la note, ni dans le dessin, de tentacules brachiaux, et c'est sans doute ce qui a porté M. de Lamarck à faire de cette espèce un genre particulier, sous le nom de *Loligopsis*, CALMARET; mais nous pouvons faire ici la même observation que pour la précédente : ces tentacules n'ont-ils pas échappé au dessinateur? Ce qui me porte à le croire, c'est que Péron avoit rapporté cette espèce au *Sepia Sepiola* ou à la sépiole de Linné.

Ces deux dernières espèces n'appartiennent peut-être pas à cette section : il faudroit les voir en nature pour s'en assurer.

C. Espèces dont le corps est plus alongé, avec les nageoires de forme un peu variable, le dos pourvu d'un cartilage plus ou moins étroit, et dont les ventouses des tentacules, simples ou pédonculés, sont remplacées en partie par des griffes

ou crochets alongés. (Les C. a griffes : *G. Onycholeuthis* ,
Lichtenst. : *G. Onychia, Lesueur.*)

Cette section pourroit bien être artificielle, et les espèces
qu'elle contient devoir être réparties dans les deux suivantes.
M. Lichtenstein en a fait un genre dans l'Isis de M. Ocken
pour 1818, et M. Lesueur dans l'ouvrage cité.

Le C. lepture: *L. leptura*, Leach, *l. c.* Le corps médiocrement alongé, subcylindrique, terminé subitement en pointe,
et pourvu de nageoires triangulaires attachées sur le milieu
du dos et ne se prolongeant pas jusqu'à sa pointe. Les tentacules ordinaires assez longs, garnis dans toute leur étendue
d'ongles crochus; les tentacules brachiaux armés à l'extrémité d'un seul rang d'ongles pédiculés. Le corps et la face
externe des tentacules lisses, et avec un petit nombre de
tubercules disposés en lignes longitudinales interrompues.

Cette espèce, qui habite les mers de l'Afrique occidentale,
ne m'est connue que par la phrase caractéristique du D.^r
Leach, et par la figure malheureusement incomplète qu'il
y a jointe : elle a été trouvée par M. Cranch.

Le C. de Banks; *L. Banksii*, Leach., *l. c.* Corps assez peu
alongé, subcylindrique, terminé en arrière par une sorte
de queue subitement recourbée, pourvu de nageoires triangulaires presque réunies et formant un rhombe sur le dos,
comme dans l'espèce précédente : les suçoirs antérieurs des
longs bras remplacés par des ongles, tous les autres simples
et en ventouses : couleur de chair pâle. jaunâtre en arrière,
parsemée très-irrégulièrement de taches noirâtres; teinte
de pourpre en dehors et en-dessus.

Des mêmes mers que la précédente, dont elle ne doit peut-
être pas être distinguée.

Le C. de Smith; *L. Smithii*, Leach, *l. c.* Le corps conformé
comme dans le C. lepture: mais la partie postérieure s'amincit graduellement, et les nageoires. qui sont chacune triangulaires, sont plus latérales, attachées plus en arrière, au
point qu'elles vont jusqu'à l'extrémité de la queue; les ongles des tentacules pédonculés sont pourvus inférieurement
d'une membrane : le corps et les bras sont tuberculeux extérieurement; les tubercules sont pourpres, avec les bords
blancs et disposés en lignes longitudinales.

C'est encore une espèce dont je ne connois qu'une assez mauvaise figure, donnée dans l'ouvrage cité, sans aucune description.

Elle vient des mêmes mers que les précédentes.

Le C. DE FABRICIUS : *L. Fabricii ; Onychoteuthis Fabricii*, Lichtenst. Le corps cylindrique fort long (neuf pouces sur un pouce trois lignes de large), lisse, subulé en arrière : les tentacules prismatiques, assez épais ; les bras beaucoup plus longs, garnis dans leur partie élargie, outre beaucoup de petits suçoirs, de deux beaucoup plus grands, oblongs, courbés et armés d'un long aiguillon recourbé.

Cette espèce, qui probablement est distincte, a été décrite longuement, et cependant fort incomplétement, par Fabricius, dans la Faune du Groenland. Elle se trouve dans les mers de ce pays. Comme Fabricius y rapporte le *loligo maxima* de Jonston, il est probable qu'elle appartient, pour la forme des nageoires et du cartilage, aux calmars plumes.

Le C. DE BERGIUS : *L. Bergii ; Onychoteuthis Bergii*, Lichtenst., Isis, 1818, 9.ᵉ cah., tab. 19. Le corps alongé, cylindro-conique, pourvu de nageoires triangulaires fort grandes, et dont la forme est intermédiaire à celle des deux groupes des calmars flèches et des calmars plumes ; le bord antérieur du sac presque uni : les appendices tentaculaires pointus, mais courts et assez épais ; la première paire très-petite ; la seconde bien plus longue et presque égale à la troisième, qui a une membrane dorsale ; la quatrième un peu plus courte que la seconde ; les tentacules brachiaux courts, épais : la paume peu élargie, armée d'un petit talon arrondi de ventouses fort petites à sa base, et dans le reste de son étendue d'un double rang de crochets.

Cette espèce, évidemment rapprochée de celle que j'ai nommée calmar à griffes, a été décrite et figurée par M. Lichtenstein d'après deux individus de la collection du malheureux Bergius, mort de consomption au cap de Bonne-Espérance. D'après une note du Journal de son voyage, ces deux calmars furent trouvés, en Mars 1810, à cent milles à l'ouest du Cap, l'un sur le pont et l'autre dans les hunes, à trente pieds au-dessus du niveau de la mer.

Il est extrêmement probable qu'il faut rapporter à cette

espèce celle que M. Lesueur a nommée *Onychia angulata*, *l. c.*, dont il avoit donné d'abord. pl. IX, fig. 5, une figure incomplète, d'après un dessin de Petit, de l'expédition du capitaine Baudin, et qu'il a remplacée par une beaucoup meilleure, faite par lui-même sur un individu recueilli par M. Hodge, pendant son voyage de l'Inde aux États-Unis. Elle vient en effet aussi des environs du Cap.

Le C. A GRIFFES DE CHAT; *L. felina.* (Ev.) Le corps peu alongé, subcylindrique ; le bord antérieur du sac avec une pointe médiane, obtuse, et de là coupé obliquement; les nageoires grandes, larges, à peu près triangulaires ; le bord antérieur convexe, la base occupant environ la moitié de la longueur du sac ; le cartilage dorsal triquètre, plus épais en avant qu'en arrière, où il se termine par une petite partie plus renflée, et qui se recourbe subitement ; les appendices tentaculaires longs, grêles, cirrheux, sans membrane décurrente, augmentant de la première paire à la quatrième, et tous garnis de ventouses très-petites ; les appendices brachiaux plus longs que le corps ; la paume courte, étroite et pourvue à son talon d'un petit groupe de suçoirs globuleux, et dans le reste de son étendue d'un double rang de longs crochets en forme d'hameçon : couleur d'un gris noirâtre, comme grésillée, mais non tachetée comme dans les autres espèces.

J'ai vu un seul individu de cette espèce dans la collection du Muséum : il avoit été rapporté de la baie des Chiens marins, dans la Nouvelle-Hollande, par les naturalistes de l'expédition du capitaine Freycinet.

Le C. DES CARAÏBES : *L. carribæa; Onychia carribæa*, Lesueur, *l. c.*, pl. 9, fig. 1 — 2. Le corps assez court, cylindrique en avant, pointu en arrière, et terminé par une nageoire transversale, dont chaque partie est subtriangulaire, à angle externe arrondi : le bord du manteau a trois pointes assez marquées ; la pièce dorsale est presque, comme dans les calmars communs, en forme de lance, et plus large en arrière : les appendices tentaculaires sont assez longs et dans la proportion ordinaire entre eux : ceux de la paire inférieure et de la troisième sont garnis d'une membrane décurrente. Les appendices brachiaux sont médiocres ; les suçoirs des tentacules sont sur deux rangs et simples ; les bras ont à la fois de ces suçoirs sur deux rangs, et des crochets cornés, cachés chacun dans une sorte de sac. La couleur varie du bleu au pourpre.

Cette espèce, qui est fort petite, puisque le corps proprement dit n'a qu'un pouce, et trois pouces avec les bras étendus, sur six lignes de diamètre, a été découverte par M. Lesueur parmi les fucus dans le golfe du Mexique.

Le C. onguiculé : *L. unguiculata*, Gmel., d'après Molina, Hist. nat. du Chili. Le corps sans queue ; les bras armés d'un double rang d'ongles pointus, que l'animal peut retirer à volonté dans une sorte de fourreau.

Cette espèce, qui n'est établie que sur le peu qu'en dit Molina, se trouve sur la côte du Chili dans la mer du Sud. Cet auteur ajoute qu'elle est d'un goût délicat, et qu'on la trouve rarement.

Il existe dans la collection du collége des chirurgiens de Londres un bras de calmar dont les suçoirs sont remplacés par des crochets extrêmement forts et libres. Sa grandeur fait présumer une espèce de calmar d'une taille considérable.

D. Espèces ayant le corps très-alongé, cylindrique ; le sac à bord antérieur presque droit, pourvu en arrière de nageoires terminales, triangulaires, très-larges ; la pièce dorsale assez étroite et plus large en avant ; les appendices tentaculaires en général courts ; le rebord palpébral bien distinct, avec une échancrure antérieure ; celui du manteau presque droit ; toutes les ventouses plus ou moins globuleuses. (Les C. FLÈCHES.)

Le C. sagitté : *L. sagittata*, Lamck., var. *b*, Enc. méth., pl. 77, fig. 1 et 2. Le corps de cette espèce est cylindrique, fort alongé, d'un bleu rougeâtre en-dessus, et d'un blanc argenté ou nacré sur les parties latérales et inférieures ; les nageoires sont très-larges, mais leur longueur n'est que le tiers de la longueur du sac ; le tube sous-céphalique est enfoncé dans une excavation bien formée.

J'ai vu de cette espèce un grand nombre d'individus dans la collection du Muséum, mais on en ignore la patrie ; je la crois des mers des Antilles : elle est bien véritablement distincte de la suivante, qui est la variété *a* du calmar sagitté de M. de Lamarck, comme je m'en suis assuré par une comparaison exacte.

Le C. très-grand : *L. maxima*, Bv.; le Calm. sagitté, var. *a*, Lamck.; Séba. *Mus.*, 3. tab. 4, fig. 1, 2. Le corps épais, oblong ; les nageoires fort larges et égales en longueur à la moitié de celle du sac ; les appendices tentaculaires de mêmes forme et proportion entre eux que dans l'espèce précédente, mais en général plus longs, surtout les brachiaux, et pourvus de membranes décurrentes plus étroites : le cercle corné des ventouses garni de dents très-fortes : de pareilles dents espacées dans toute la circonférence de celles des bras et au bord antérieur seulement de celles des tentacules : couleur générale rougeâtre ou rosée, produite par le grand nombre de très-petits points rouges qui couvrent tout le corps en-dessus comme en-dessous.

J'ai vu dans la collection du Muséum un individu de cette belle espèce, bien conservé, et qui a deux pieds quatre pouces de longueur depuis l'extrémité des grands bras jusqu'à celle du corps. Elle provient très-probablement de la collection du Stathouder et des mers de l'Archipel indien ; mais cela n'est pas certain.

Le C. de Bartram ; *L. Bartramii*, Lesueur, *loc. cit.*, pl. VII. Le corps cylindrique, presque comme dans le C. sagitté ; mais les tentacules pédonculés beaucoup plus longs : couleur générale d'un bleu violet, passant au pourpre sur le dos, la tête et la queue : une bande étroite jaunâtre le long de chaque côté ; les flancs d'un bleu pâle ; le dessous blanc ; des points bruns répandus partout, notamment en-dessus.

Cette espèce, dont nous devons la connoissance à M. Lesueur, a beaucoup de rapport avec le calmar sagitté.

Le C. de Bartling ; *L. Bartlingii*, Lesueur, *l. c.*, fig. 1 et 2. Le corps sub-conique, avec une nageoire large et mince à son extrémité ; le cartilage très-comprimé à sa base, un peu dilaté vers son milieu et pointu à l'extrémité postérieure : les appendices tentaculaires très-comprimés, ayant leur bord interne très-étroit et sans membrane latérale, si ce n'est la paire inférieure, qui est la plus longue ; les suçoirs hémisphériques très-petits et paroissant sur un seul rang : couleur d'un brun noirâtre, couvert de petits points bruns rougeâtres.

C'est encore une nouvelle espèce, découverte par M. Lesueur dans le *Gulf stream* en Amérique.

Le C. DE BRONGNIART; *L. Brongnartii* (Bv.). Le corps cylindrique, médiocrement alongé ; trois espèces de fossettes séparées par des crêtes longitudinales, assez saillantes, de chaque côté de l'occiput ; un cartilage trachélien assez court et plus large en avant ; les appendices tentaculaires coniques, généralement assez longs, assez forts, moins inégaux que dans beaucoup d'espèces ; bord antérieur du cercle corné des ventouses des tentacules divisé en 5 à 6 dents ; le même bord entier dans celles du bras : la couleur d'un blanc rougeâtre, parsemé d'un petit nombre de très-petites taches plus foncées.

J'ai vu deux individus de cette espèce, l'un dans la collection de M. Brongniart, et l'autre dans celle du Muséum, malheureusement sans que leur patrie soit certaine ; il paroit cependant que ce pourroit être la Méditerranée, et alors ce seroit la seule espèce de ce groupe que je connoitrois dans nos mers d'Europe.

Le C. TROMPEUR; *L. illecebrosa*, Lesueur, *loc. cit.* Le corps étroit, assez court, cylindrique en avant, pointu en arrière ; les nageoires, rapprochées à leur origine et terminées en pointe, forment à elles deux un rhombe ; le cartilage est très-étroit au milieu, dilaté aux extrémités, et terminé en arrière en un cône creux ; les tentacules sont presque égaux et assez longs ; les bras sont étroits et dilatés à l'extrémité : la couleur est brillante et superbe ; elle passe d'un rouge vif au bleu clair sur le dos, la tête, les appendices, la queue et les nageoires, avec des points plus foncés de la même couleur.

Cette espèce, dont nous devons la connoissance à M. Lesueur, a été trouvée par lui à Bay-Sandy, dans les mers de l'Amérique, où elle est employée comme appât par les pêcheurs sous le nom de *squid*. Elle offre cela de remarquable que, par la forme de ses nageoires, elle appartient à la section suivante, tandis que celle du cartilage dorsal la place dans celle des calmars sagittés.

E. Espèces ayant le corps généralement moins alongé, conique, pourvu de nageoires latérales triangulaires, mais qui forment par leur réunion un rhombe ; le cartilage

dorsal beaucoup plus grand , penniforme, pointu en avant ,
et très-dilaté en arrière; le rebord palpébral non distinct,
sans échancrure antérieure : le bord du sac libre et offrant
trois pointes , dont la médiane dorsale, beaucoup plus
longue, est formée par l'extrémité antérieure du cartilage ,
les tentacules ordinaires comme dans le groupe précédent,
mais sans membranes latérales ; les tentacules pédonculés
fort longs ; les ventouses à anneau corné, entier ou dentelé.
(Les C. plumes ou ordinaires.)

Le C. commun ; *L. vulgaris*, List., Anatom., tab. 9, fig. 1.
Corps cylindro - conique ; les nageoires rhomboïdales assez
larges, atteignant presque l'extrémité du corps, et n'occupant que les deux tiers de sa longueur totale : le cercle corné
des ventouses denticulé dans presque toute la circonférence :
couleur générale blanche, variée, sur le dos surtout, de très
petites taches rougeâtres fort nombreuses.

C'est cette espèce qui paroit le plus généralement répandue
dans toutes les mers d'Europe, depuis celles de la Norwége
jusque dans la Méditerranée ; du moins je n'ai trouvé aucune
différence entre les individus recueillis dans la Manche, l'O-
céan et la Méditerranée. Elle atteint une assez grande taille.
C'est elle qui a fait le sujet des observations anatomiques de
Lister, Needham, Monro, etc. C'est le grand calmar de
Rondelet : il est probable que c'est aussi le *lollius* de Belon.
Cependant cet auteur ajoute à une description comparative
avec son *loligo*, prise évidemment d'Aristote, une note caractéristique dont celui-ci ne parle pas, et qui en feroit
une espèce nouvelle : c'est que les suçoirs sont armés de trois
aiguillons osseux, robustes, ce qui a porté M. Lichtenstein
à en faire une espèce de son genre Onychoteuthis.

Aristote dit de son grand calmar qu'il y en a de cinq
coudées, environ cinq pieds six pouces.

Le C. subulé : *L. subulata*, Lamk.; le *Casseron* de Rondel.,
Aquat. Le corps subcylindrique, terminé en arrière par une
assez longue pointe caudale que n'accompagnent pas les nageoires, qui sont aussi plus étroites et plus avancées que dans
le calmar commun ; le cartilage paroit en outre être différent de celui de cette espèce , en ce qu'il a trois nervures
et est plus également pointu à ses extrémités.

Cette espèce, dont je crois avoir trouvé, dans la collection du Muséum, plusieurs individus rapportés des Martigues par M. Delalande, a été distinguée par M. de Lamarck d'après Rondelet. Il paroît qu'elle reste toujours petite.

Elle vient de la Méditerranée.

Le C. JOLI; *L. pulchra*, Bv. Corps cylindrique, pourvu de nageoires plus longues et plus larges même que dans le calmar commun (leur longueur est en effet à celle du corps comme 1 : 2. tandis que dans celui-ci le rapport est de 2 : 5); couleur beaucoup plus vive, variée de taches grandes, rondes et d'un rouge brun.

J'ai vu deux individus de cette jolie espèce qui avoient trois pouces de long : ils provenoient de l'embouchure de la Loire. Elle se distingue très-bien du calmar commun, dont j'ai vu des individus de toutes les tailles.

Le C. DE PEALES; *L. Pealii*, Lesueur, *loc. cit.*, pl. 8. Le corps cylindro-conique, accompagné dans la moitié de sa longueur par une nageoire semi-rhomboïdale, longue, et qui se prolonge jusqu'à la pointe; le cercle corné des appendices tentaculaires, garni à son bord supérieur de six dents. outre le cercle intérieur: tout le reste absolument semblable au calmar commun.

Cette espèce. qui paroît au moins fort rapprochée de celle qui se trouve ordinairement dans nos mers, a été établie par M. Lesueur.

Elle paroît provenir des côtes des États-Unis.

Le C. DU BRÉSIL; *L. brasiliensis*, Bv. Le corps médiocrement alongé; les nageoires rhomboïdales, arrondies, moins longues que la moitié du corps; le cartilage dorsal, plus mousse en avant (ce qu'indique la moindre saillie de la ligne médiane du sac), est aussi beaucoup moins large dans sa partie penniforme que dans le C. de Peales; il a trois nervures; le tubercule cartilagineux, cervical, étroit et fort long; le bord corné des ventouses, armé de dents pointues, espacé dans sa moitié antérieure aux appendices brachiaux, et entier aux tentaculaires. La couleur générale est un fond blanchâtre, piqueté de très-petites taches ovales, rouges.

Cette espèce est évidemment rapprochée de la précédente, mais elle en diffère par plusieurs points. Je n'en ai vu qu'un individu, rapporté du Brésil par M. Delalande, dans la collection du Muséum.

. Le C. DE PLÉE; *L. Plcii*, Bv. Corps très-alongé, fort étroit, cylindrique; les nageoires formant à elles deux un ovale, tant les angles du rhombe sont émoussés; la saillie médiane dorsale du sac très-grande; le cartilage dorsal en lame d'épée très-alongée; les tentacules très-petits, très-courts, dans la forme et la proportion de ceux du calmar commun; les tentacules brachiaux égalant les deux tiers de la longueur totale du corps; les ventouses globuleuses ou campanuliformes, à bord corné entier: couleur générale blanchâtre, avec des taches rouges, ovales, médiocres sur le milieu du dos et les nageoires.

Cette jolie espèce existe dans la collection du Muséum d'histoire naturelle. Elle lui a été envoyée des mers de la Martinique par M. Plée.

Le C. PAON; *L. Pavo*, Lesueur, *loc. cit.* Corps très-alongé, cylindro-conique ou en long cornet; les nageoires très-petites, très-reculées, formant, par leur réunion. une sorte de lance ovale à la pointe du corps; le cartilage dorsal très-étroit, dilaté, en feuille de myrte en arrière; les appendices tentaculaires très-courts, armés de ventouses dont le cercle corné est oblique, mais non denté; les appendices brachiaux inconnus: la couleur est rougeâtre, variée agréablement sur le dos de larges taches d'un brun carmin foncé.

Cette espèce, dont la longueur du sac est de dix pouces, a été observée par M. Lesueur à Sandi-Bay, en Amérique, mais malheureusement dans un état incomplet. La grosseur de ses yeux et la forme des nageoires et de son sac la rendent fort remarquable.

Le C. COURT; *L. brevis*, Bv. Le corps court, ovale, alongé, un peu déprimé, arrondi en arrière, et pourvu de chaque côté d'une nageoire semi-circulaire, formant avec celle du côté opposé un ovale dont le grand diamètre est transversal; les trois pointes du bord antérieur du sac presque égales; la tête petite, cylindrique; les appendices tentaculaires de forme et de proportion ordinaires; la troisième paire la plus épaisse; la quatrième la plus longue, et bordée d'une membrane au côté externe; les appendices brachiaux plus longs que le corps; la paume petite et garnie de ventouses assez petites ; leur bord corné denticulé en tubercules dans toute sa circonférence : couleur générale blanchâtre, parsemée d'un grand nombre de taches rondes, rougeâtres et assez réguliérement espacées.

J'ai vu deux individus de cette espèce dans la collection du Muséum ; l'une venoit du Brésil, et l'autre des rivages de la Caroline.

F. Espèces dont le corps est ovale, déprimé, et dont la nageoire, fort étroite, s'étend de chaque côté, de l'extrémité antérieure à la postérieure : tous les autres caractères ne différant pas de ceux de la division précédente. (Les C. SÈCHES.)

Le C. SÈCHE ; *L. sepioidea*, Bv. Le corps court, ovale, ressemblant tout-à-fait à celui d'une sèche, contenant dans le dos une pièce cartilagineuse extrêmement large, mais de la forme à peu près de celle des calmars-plumes ; une nageoire très-alongée et plus large au milieu qu'aux deux extrémités ; une membrane verticale en arrière de l'œil ; les appendices tentaculaires assez longs et dans la proportion ordinaire ; les appendices brachiaux très-forts, presque aussi longs que le corps ; les ventouses en général petites, globuleuses, avec leur bord corné subdenticulé dans toute sa circonférence : couleur générale blanchâtre, parsemée de petites taches rouges plus ou moins ovales, un peu plus grandes et plus espacées en-dessous qu'en-dessus, et surtout dans la ligne dorsale, qui paroît d'une seule teinte rouge-brun.

Cette belle espèce, qui a six à sept pouces de longueur sur quatre à cinq pouces de largeur, vient des mers de la Martinique, d'où elle a été envoyée au Muséum d'histoire naturelle par M. Plée ; j'en ai vu deux individus, l'un beaucoup plus petit que l'autre : elle fait évidemment le passage aux sèches.

Je vais terminer cet article par quelques observations sur les espèces de calmars indiquées par les auteurs, mais d'une manière beaucoup trop légère pour qu'on puisse les caractériser.

Molina, dans son Histoire naturelle du Chili, définit à sa manière celles qui existent sur les rivages de ce pays dans la mer du Sud. Quoiqu'il soit probable que ce sont des espèces nouvelles, il est impossible de l'assurer, et surtout de les faire entrer d'une manière certaine dans le catalogue. La première est sa Sèche onguiculée, *Sepia unguiculata*, dont il a déjà été parlé plus haut. Est-ce bien un calmar? Le caractère de *corpore ecaudato* pourroit même en faire douter, si les suçoirs n'étoient pas onguiculés. La seconde est la sèche à six pieds, *S. hexapus*, qui seroit bien singulière, s'il étoit vrai que le corps, qu'il dit de la grosseur du doigt indicateur et d'un demi-pied de long environ, fût fracturé en quatre ou cinq articulations qui décroissent en grosseur vers la queue, et qu'en la touchant avec la main nue on éprouvàt une sorte de commotion électrique. Il ajoute que la tête est difforme, et qu'elle est pourvue de deux antennes ou trompes, et de six pattes ordinairement ramassées et avec des suçoirs, comme les autres sèches, mais si petits qu'ils sont difficiles à apercevoir. Ce qui prouve cependant que cet animal si bizarre, et probablement décrit de souvenir, appartient à cette famille, c'est qu'il rend une liqueur noire, comme les sèches. Enfin, la troisième espèce de Molina est sa *S. tunicata*, dont tout le corps, outre la peau ordinaire, est renfermé dans une autre enveloppe noire, pellucide, et pourvu en arrière de deux petites ailes semi-circulaires, qui partent des deux côtés de la queue comme dans le *S. sepiola* de Linné : elle est très-grande, puisqu'il dit lui avoir été rapporté qu'il y en avoit qui pesoient cent cinquante livres.

M. Rafinesque-Schmaltz, dans un de ses ouvrages sur l'histoire naturelle de la Sicile, indique aussi plusieurs espèces de calmars, auxquelles il impose des dénominations nouvelles ; mais il se borne a cela : il les nomme L. *lanceolata*, *odogadium* et *tolarus*.

M. Denys de Monfort, dans son Histoire naturelle des mollusques céphalopodes des Œuvres de Buffon (édit. de Sonnini), avoit donné le nom de C. javelot à la variété *a* du C. sagitté de M. de Lamarck, et celui de C. harpon à la variété *b* de la même espèce. J'ignore ce que c'est que son C. du Brésil : quant au C. tronçonné du même auteur, il est plus que probable que c'est la sèche à six pieds de Molina.

Je dirai aussi un mot des observations de Péron sur les animaux du groupe des brachiocéphalés ou céphalopodes.

D'après les notes manuscrites que M. Lesueur, son ami, a mises à ma disposition, on voit que, dans les mers de la Nouvelle-Hollande, il existe beaucoup de sèches, dont il a trouvé fréquemment les coquilles sur le rivage, quoiqu'il n'ait jamais observé l'animal entier, et beaucoup de poulpes, dont il caractérise, par malheur trop légèrement, quelques espèces. comme on le verra à notre article Poulpe ; mais il ne parle d'aucune autre espèce de calmar, que de la petite espèce que nous avons décrite sous le nom de calmar de Péron, le calmaret de M. de Lamarck.

Enfin je terminerai par l'observation que jusqu'ici nous ne connoissons aucune espèce des mers de l'Inde, et que cependant elles en doivent nécessairement renfermer. Il en est de même de celles de la mer du Sud ; car ce que dit Molina est trop incomplet pour qu'on puisse s'en servir. Celles de l'Amérique septentrionale et méridionale sont celles sur lesquelles nous avons le plus de renseignemens. Les espèces de l'Europe ne sont peut-être pas aussi bien connues, surtout celles qui habitent la Méditerranée. Nous commençons à avoir plus de connoissance des calmars qui habitent les mers occidentales d'Afrique, grâce à l'expédition des Anglois au Congo. En effet, M. le docteur Leach nous en a indiqué plusieurs de cette localité ; mais il paroit que ces mers en recèlent encore d'autres, et même d'assez singulières, du moins si j'en puis juger d'après des dessins manuscrits du dessinateur de l'expédition. que j'ai eus à ma disposition. Ils sont malheureusement trop grossiers pour qu'on puisse, à leur simple vue, caractériser les espèces qu'ils représentent. (De B.)

LOLIN. (*Bot.*) Les habitans d'Amboine nomment ainsi, suivant Rumph, un plaqueminier, qui est le *diospyros ebenaster* de Retz et de Willdenow. (J.)

LOLIUM. (*Bot.*) Ce nom latin, cité par Pline et par tous les anciens pour l'ivraie, soit annuelle, soit vivace, lui a été conservé par Linnæus. Quelques-uns le donnoient aussi à l'orge des murailles et à la drouc, *bromus secalinus* ; et on le trouve même mentionné par Fuchsius pour l'*agrostema githago*, nommé improprement nielle des blés. L'ivraie annuelle, qui infeste souvent les champs et dont la semence se mêle au bon grain, étoit anciennement le *aira* de Dioscoride, de Théophraste et de Galien, le *zizania* ou *zinzania* des Arabes. Voyez Ivraie. (J.)

LOMAN. (*Conchyl.*) Adanson (Sénég., pag. 96, pl. 6) décrit sous ce nom l'espèce de cône dont nous avons parlé sous le nom de cône textile : c'est le drap-d'or, le drap-orange des amateurs de coquilles. (De B.)

LOMANDRA. (*Bot.*) Genre de plantes monocotylédones, à fleurs incomplètes, dioïques, apétalées, de la famille des *joncées*, de l'*hexandrie monogynie* de Linnæus ; offrant pour caractère essentiel : Un calice persistant, à six divisions profondes, accompagné à sa base d'écailles persistantes ; point de corolle ; six étamines attachées au fond du calice ; les anthères à deux loges, environnées d'une membrane circulaire dans une espèce ; un ovaire supérieur, pyramidal ; un style court ; trois stigmates obtus. Le fruit est une capsule à trois faces, à trois loges, à trois valves ; chaque valve divisée par une cloison ; les semences solitaires, marquées d'une fossette ombilicale, attachées vers le milieu des cloisons, revêtues d'un tégument mince, charnu.

Ce genre, très-rapproché des joncs, a été établi par M. De Labillardière. Il comprend des plantes toutes originaires de la Nouvelle-Hollande, à tiges herbacées, anguleuses ; les feuilles graminiformes ; les fleurs disposées en un épi paniculé. La membrane remarquable qui entoure et borde les anthères dans une espèce, a donné lieu au nom de ce genre, composé de deux mots grecs, *loma* (*margo*), bordure, et *andros* (*maritus*), mari. M. Rob. Brown lui a depuis donné le nom de *xerotes*.

Lomandra a longues feuilles : *Lomandra longifolia*, Labill., *Nov. Holl.*, 1, pag. 92, tab. 119 ; Vinule, Encycl. Les racines produisent un grand nombre de feuilles linéaires, alongées, glabres, tridentées à leur sommet, longues d'un pied et demi, larges d'environ trois lignes, s'engainant à leur base, membraneuses à leurs bords. Ces feuilles laissent, par leur destruction, une portion fibreuse qui forme, à la base de la plante, une touffe chevelue, entremêlée avec les feuilles ; de leur centre s'élève une tige ou hampe nue, à deux angles, haute de six à sept pouces et plus. Les fleurs sont réunies en plusieurs épis sessiles, épais, interrompus, munis de bractées subulées, et sous chaque fleur sont huit à dix écailles imbriquées, ovales, scarieuses; les folioles du calice sont ovales, subulées, les extérieures plus larges que les intérieures; les étamines sont toutes de même longueur; les anthères orbiculaires; les capsules ovales, acuminées.

LOMANDRA A FEUILLES ROIDES; *Lomandra rigida,* Labill., *Nov. Holl.,* 1. pag. 98, tab. 120. Cette plante diffère de la précédente par son port, par la disposition de ses fleurs, par ses feuilles roides, à peine plus longues que les tiges, droites, simples, à deux ou trois angles. Les fleurs sont disposées. à l'extrémité des tiges, en plusieurs paquets sessiles ou pédonculés, globuleux, entourés de plusieurs bractées inégales. ovales-lancéolées, subulées, très-aiguës; les folioles du calice lancéolées : il y a six étamines, et trois des filamens alternes sont plus longs que les autres : anthères bifides, sans bordure. (Poir.)

LOMARIA. (*Bot.*) Genre de plantes de la famille des fougères, établi par Willdenow, et caractérisé ainsi : Capsules nombreuses, très-denses, recouvrant la partie inférieure de la fronde, couvertes par un *indusium* ou tégument général ou continu, tenant au bord de la fronde, se détachant du milieu et s'ouvrant de dedans en dehors. Ces caractères sont les mêmes, à quelques différences près dans les expressions, que ceux donnés au *Belvisia* par M. Mirbel (voyez Belvisie, et le Suppl. au tom. IV. art. Belvisia), et par Rob. Brown à son genre *Stegania.* Selon nous, tous ces genres doivent être réunis et n'en former qu'un, auquel nous conserverons le nom de *Lomaria,* bien que celui de *Belvisia* soit plus ancien, mais parce que c'est à Willdenow qu'on doit la première connoissance des espèces de ce genre, presque toutes placées dans les *onoclea* par les botanistes. Willdenow en a décrit dix espèces; ce nombre doit être augmenté : de trois espèces désignées par M. Mirbel, que Willdenow avoit placées dans d'autres genres, faute, sans doute, d'examen (voyez Belvisia, Suppl.): des espèces de *stegania* de Robert Brown, des fougères qu'il y rapporte; et, enfin, des deux espèces de *lomaria* des Andes, mentionnées dans le *Synopsis plantarum æquinoctialium,* etc., de M. Kunth, dont le premier volume vient de paroître dans la librairie de l'éditeur de ce Dictionnaire. Ce genre, ainsi augmenté, offre environ vingt espèces, toutes exotiques : aucune d'elles n'ayant été décrite à l'article Belvisie, nous allons en décrire plusieurs ici.

§. 1.ᵉʳ *Fronde simple.*

1.° Lomaria a épi : *Lomaria spicata*, Willd., *Sp.*, V, p. 289; *Onoclea spicata*, Swartz; *Acrostichum spicatum*, Linn., *Suppl.*; Smith, *Ic. ined.*, tab. 49. Frondes simples, lancéolées, atténuées à la base et presque pétiolées, terminées, lorsqu'elles sont fertiles, par une pointe linéaire longue de deux pouces et plus, qui porte la fructification; frondes stériles, obtuses. Cette fougère, haute de six à huit pouces, croît dans les îles Marianes, Bourbon et Maurice.

2.° L. de Paterson; *L. Patersoni*, Brown, *Prod. Nov. Holl.*, 1, p. 152. Frondes entières; les stériles lancéolées, ensiformes et crénelées; les fertiles linéaires. Cette espèce croît au cap Van-Diémen à la Nouvelle-Hollande.

§. 2. *Fronde pinnatifide ou ailée.*

3.° L. du cap de Bonne-Espérance : *L. capensis*, Willd., *l. c.*, pag. 291; *Onoclea capensis*, Thunb., Swartz. Frondes stériles, ailées, à découpures en cœur lancéolé et finement denté; les fertiles ailées, à découpures linéaires; tégumens ou *indusium* crénelés et incisés. Cette fougère, dont les frondes sont striées, croît au cap de Bonne-Espérance.

4.° L. de Bory : *L. Boryana*, Willd., *l. c.*, p. 292; *Onoclea Boryana*, Swartz, *Syn.*; *Pteris osmundoides*; Bory, *Voy. Afr.*, 2, pag. 194, tab. 52. Frondes à l'extrémité d'une souche ou stipe arborescent, haut de quatre pieds; les stériles ailées, à découpures sessiles, oblongues-lancéolées, obtuses, entières; les fertiles aussi ailées, à découpures linéaires, et tégumens entiers. Cette espèce croît dans les montagnes de l'île Bourbon.

5.° L. variable : *L. variabilis*, Willd., *l. c.*, pag. 294; *Osmunda trifrons* et *Onoclea myriothecæfolia*, Bory. Stipe grimpant, garni de frondes longues de trois pieds : les unes stériles, une ou plusieurs fois ailées, à frondules ou découpures alternes, pétiolées, lancéolées, acuminées, entières, rétrécies à la base; les autres fertiles, ailées, à frondules linéaires et tégumens entiers. On trouve cette belle fougère sur les grands arbres, à l'île Maurice.

L'onoclea scandens, Swartz, est rapporté avec doute à ce genre par Willdenow ; car il n'a pas observé d'indusium sur les échantillons qu'il avoit en herbier, d'où il pense que cette plante est peut-être une espèce d'*acrostichum*. (LEM.)

LOMASPORA. (*Bot.*) M. De Candolle donne ce nom à l'une de ses deux sections du genre *Arabis*, dans les crucifères. (J.)

LOMATIA. (*Bot.*) Genre de plantes dicotylédones, à fleurs incomplètes, de la famille des *protéacées*, de la *tétrandrie monogynie* de Linnæus ; offrant pour caractère essentiel : Une corolle (ou un calice) à quatre pétales irréguliers, concaves à leur sommet ; point de calice ; quatre étamines ; les anthères enfoncées dans la cavité des pétales ; trois glandes unilatérales sur le réceptacle ; un ovaire supérieur, pédicellé ; un style persistant ; le stigmate oblique, presque arrondi. Le fruit est un follicule contenant plusieurs semences ailées au sommet.

Ce genre, très-rapproché des *embothryum*, avec lesquels il avoit été confondu, comprend des arbrisseaux à feuilles alternes, entières, plus souvent divisées ou dentées ; les fleurs disposées en grappes terminales ou axillaires, lâches, alongées, ou en corymbes courts, munis de bractées ; point d'involucre.

LOMATIA OBLIQUE : *Lomatia obliqua*, Rob. Brown, *Trans. Linn.*, vol. 10, pag, 201 ; *Embothryum obliquum*, Ruiz et Pav., *Fl. Per.*, 1, pag. 63, tab. 97 ; *Embothryum hirsutum ?* Lamk., Encycl. Cet arbrisseau a de grandes feuilles pétiolées, glabres, coriaces, ovales, dentées à leur moitié supérieure ; les grappes axillaires et terminales composées de fleurs géminées, pédicellées, munies d'une bractée ovale, concave, caduque, aiguë ; les pédicelles velus ; la corolle blanche ; les pétales réfléchis, spatulés, aigus et obliques à leur sommet ; trois glandes placées sous l'ovaire. Les follicules sont sessiles, obliques, oblongues : ils renferment plusieurs semences. Cette plante croît au Chili. M. Brown pense que cette espèce est la même que l'*embothryum hirsutum*, Lamk., Encyc. (Voyez EMBOTHRYUM.)

LOMATIA DES TEINTURIERS : *Lomatia tinctoria*, Brown, *l. c.*; *Embothryum tinctorium*, Labill., *Nov. Holl.*, 1, p. 31, tab.

42 et 43. Arbrisseau de six à sept pieds, garni de feuilles
glabres, oblongues, aiguës, très-entières, quelquefois tomenteuses et roussâtres en-dessous, de forme très-variable,
les unes dentées vers le sommet, d'autres pinnatifides, d'autres ailées, composées de folioles alternes ou opposées, courantes sur le pétiole ; les fleurs, disposées en une panicule
souvent terminale, ont les pétales presque linéaires, roulés en
spirale à leur sommet, puis séparés et réfléchis après la fécondation ; le stigmate pelté : les follicules sont ovales, membraneux, ventrus, pédicellés, à huit ou seize semences couvertes d'une poussière sulfureuse, dont on obtient une couleur rouge en la faisant infuser dans l'eau. Cette plante croît
au cap Van-Diémen.

Lomatia denté : *Lomatia dentata*, Rob. Brown, *l. c.; Embothrium dentatum*, Ruiz et Pav., *Fl. Per.*, 1, p. 62, tab. 94,
fig. *a*. Arbrisseau des grandes forêts du Chili, qui s'élève à
la hauteur de quinze ou dix-huit pieds : ses rameaux sont glabres ; ses feuilles glabres, ovales, luisantes en-dessus, blanchâtres en-dessous, roulées à leurs bords, dentées à leur
partie supérieure ; les fleurs disposées en grappes axillaires ;
les pédoncules grêles, flexueux ; la corolle est blanche, pubescente en dehors ; il y a trois glandes sous un ovaire pubescent ; les follicules sont pourpres, à plusieurs semences.

Lomatia a feuilles de silaus : *Lomatia silaifolia*, Brown,
l. c.; Embothryum silaifolium, Smith, *Nov. Holl.*, 1, p. 23,
tab. 8 ; *Embothryum herbaceum*, Cavan., *Ic. rar.*, 4, p. 58,
tab. 384 ; *Trichondylus silaifolius*, Knight et Salisb., *Prot.*, 122.
Plante herbacée de la Nouvelle-Hollande, haute de deux
pieds et plus : ses feuilles sont glabres, alternes, deux fois
ailées ; les folioles opposées, presque linéaires, élargies vers
le sommet, terminées par trois pointes ; les fleurs disposées
en grappes souvent longues d'un pied, simples ou rameuses ;
les pédoncules géminés, alternes ; les pétales d'un jaune de
safran ; l'ovaire est pédicellé, muni de trois glandes sur le
pédicelle ; les follicules sont oblongs, et contiennent environ
dix semences imbriquées.

Lomatia polymorphe ; *Lomatia polymorpha*, Brown, *l. c.*
Arbrisseau découvert à la Nouvelle-Hollande, dont les tiges
se divisent en rameaux tomenteux, garnis de feuilles li-

néaires, lancéolées, très-entières, dentées et presque pinnatifides, tomenteuses en-dessous; les fleurs, disposées en grappes
terminales et rapprochées en corymbes, ont les pédicelles
cotonneux, la corolle un peu pileuse, les pistils très-glabres.
Cette espèce varie par ses feuilles linéaires, lancéolées, très-
entières, courbées à leurs bords, tomenteuses et cendrées
en-dessous (*lomatia cinerea*); et par ses follicules longs d'un
demi-pouce : quelquefois les feuilles sont lancéolées, incisées ou pinnatifides, ou entières, tomenteuses et ferrugi-
neuses en - dessous (*lomatia rufa*), et les follicules presque
longs d'un pouce.

Lomatia a longues feuilles : *Lomatia longifolia*, Rob. Brown,
Nov. Holl., l. c.; Embothryum myricoides, Gært., ♂, *Carp.*, 3,
p. 215, tab. 218? *Trichondylus myricæfolius*, Knig. et Salisb.,
Prot., 122. Cet arbrisseau est garni de feuilles glabres, linéaires, lancéolées, alongées, dentées; les dentelures distantes; les fleurs disposées en grappes axillaires; les pédoncules et les corolles un peu pileuses; les pistils très-glabres.

Dans le *Lomatia ilicifolia* les feuilles sont ovales, oblongues, aiguës, réticulées, à dentelures épineuses, glabres,
ainsi que les pétioles; les grappes alongées, terminales.

Ces plantes croissent à la Nouvelle-Hollande. (Poir.)

LOMATION. (*Bot.*) Targioni Tozzetti donnoit ce nom à
un genre qu'il formoit aux dépens des *fucus*. Son travail sur
la classification des algues n'ayant jamais été imprimé, nous
ne connoissons guères que les noms de ses nouveaux genres,
Acinaria, Lomation, Cypellon, Lophyros, Nemation, etc. (Lem.)

LOMATOPHYLLE, *Lomatophyllum*. (*Bot.*) Willdenow,
qui a établi ce nouveau genre de plantes pour l'aloès pourpre
de Lamarck, ou le dragonier marginé d'Aiton, lui a donné
pour caractères : Un calice nul; corolle à six pétales, dont
trois extérieures; étamines réunies au centre; capsule charnue, à trois loges. (Poir.)

LOMBA. (*Bot.*) Rumph décrit et figure sous ce nom le
piper peltatum. (J.)

LOMBEN. (*Ornith.*) Voyez Langivie. (Ch. D.)

LOMBO. (*Ichthyol.*) Voyez Titiri. (H. C.)

LOMBRIC, *Lumbricus*. (*Entomoz.*) Genre d'animaux articulés, de la classe des chétopodes, indiqué par les auteurs

de l'antiquité, et admis successivement sous la même dénomination par tous les zoologistes modernes, si ce n'est par
M. Savigny, qui a proposé de le nommer *entérion*. Linné,
Gmelin et tous ses sectateurs, qui sont très-nombreux,
placent ce genre dans la division de ses vers extérieurs.
M. G. Cuvier imita d'abord Linné; mais il donna à la division des vers dans laquelle il mit les lombrics, le nom
de *vers à sang rouge*, que M. de Lamarck changea en celui
d'*annelides*. Dans le Système de classification de M. de Blainville, les lombrics forment un genre de la dernière classe
des véritables entomozoaires ou animaux articulés, qu'il
a désignée par la dénomination de *chétopodes*. M. Savigny
suit la même marche que M. de Lamarck. Les caractères
génériques des lombrics sont : Corps alongé, très-extensible,
aminci aux deux extrémités, mais surtout à l'antérieure,
composé d'un très-grand nombre d'articulations, n'ayant pour
appendices que des épines ou soies, formant des stries
longitudinales ; bouche terminale simple ; anus également
terminal et longitudinal : les organes de la génération se terminant vers le tiers antérieur du corps près d'un bourrelet
plus ou moins considérable qu'on y remarque.

L'organisation des lombrics a été étudiée par un assez grand
nombre de personnes, et entre autres par Willis, Redi,
Montègre et M. E. Home. Leur corps, parfaitement rond,
se termine en arrière d'une manière plus obtuse qu'en avant,
où il s'amincit considérablement et devient fort pointu ; les
sillons qui le partagent en articulations sont d'autant moins
profonds et d'autant plus serrés, qu'on s'approche davantage
de l'extrémité postérieure : aussi les articulations sont-elles
bien plus marquées en avant qu'en arrière ; elles le sont
surtout dans un espace situé vers le tiers antérieur du corps,
où l'on remarque un renflement de couleur plus rouge, formé
de six anneaux peu distincts. Au seizième anneau, à sa partie
inférieure et latérale, est une sorte de tubercule ovalaire,
transversal, plus blanchâtre que le reste du corps, qui est
percé par une fente également transverse ; elle est surtout
très-évidente quand l'animal s'alonge. Au trente-sixième anneau se voit également de chaque côté une partie plus
couleur de chair que le reste, et qui représente un tuber-

cule alongé, occupant l'espace de trois anneaux. Je n'ai pu
y voir de trace d'ouverture. O. Fabricius, dans sa description du lombric commun, met ce bourrelet aux vingt-sixième
et vingt-septième anneaux, et dit qu'en avant, c'est-à-dire
au vingt-quatrième, il a vu un appendice pendant, mou,
dont l'enveloppe très-mince laissoit sortir une humeur limpide par un orifice dont elle étoit percée. A la partie supérieure du dos est, de chaque côté, une série de pores bien
symétriquement placés, un à droite et l'autre à gauche de
chaque anneau : c'est de ces orifices que sort l'humeur qui
enduit le corps des lombrics ; quelques auteurs pensent que
ce sont en même temps des espèces de stigmates pour la
respiration.

L'enveloppe générale des lombrics est éminemment contractile, à cause de l'épaisseur de la couche musculaire qui
la double. Quant à la peau elle-même, elle offre ce caractère d'irisation qui se retrouve dans tous les animaux de la
classe des chétopodes : plus mince, plus molle dans les intervalles des anneaux, ceux-ci sont au contraire plus renflés et
plus résistans ; chacun d'eux est pourvu à droite et à gauche
d'un certain nombre, variable, à ce qu'il paroît, suivant les
espèces, de petites soies calcaréo-cornées, d'un jaune doré,
disposées par paires, une latéro-supère et l'autre latéro-
infère, et dont la succession sur chaque anneau forme quatre
séries longitudinales de chaque côté de l'animal, ou huit en
tout. Ces soies, roides, résistantes, sont plus ou moins courtes
et fortement dirigées en arrière : c'est à quoi sont réduits
les appendices dans ce genre d'animaux. Il n'y a en effet
aucune trace de parties tentaculaires, pas même autour de
la bouche. Le canal intestinal est simple, étendu de la bouche
à l'anus. Celle-là est très-petite, puisqu'elle est percée dans
le premier anneau, qui est fort pointu ; mais, comme elle
s'ouvre un peu obliquement à sa partie inférieure, il en résulte
deux espèces de lèvres, dont la supérieure est ovale et beaucoup plus longue que l'inférieure, qui est réellement peu
sensible. Il n'y a à la partie antérieure du canal aucune dilatation buccale, pas plus que de dents, ni de renflement
lingual : l'œsophage, parvenu vers le seizième anneau environ, se termine dans un véritable gésier, gros comme un

pois environ, d'un tissu charnu et tendineux, à fibres un peu obliques. Tout le reste de l'intestin va directement sans renflement jusqu'à l'anus, qui est percé en forme de fente longitudinale dans le dernier anneau. Dans le trajet du canal intestinal, les fibres musculaires qui passent d'un anneau du corps à l'autre, en s'attachant à leur intervalle, forment des espèces de diaphragmes qui vont se terminer aux parois de l'intestin. Aucun auteur ne parle de foie proprement dit, et je n'en ai pas vu non plus. On a cependant quelquefois regardé comme devant en tenir lieu, un gros vaisseau flexueux qui règne tout le long de la face inférieure du canal intestinal ; mais il est probable que c'est à tort, et que c'est quelque veine mésentérique. L'appareil de la circulation des lombrics paroît très-simple. De toutes les parties de l'enveloppe extérieure et du canal intestinal naissent, par des ramifications nombreuses, formant, avec les artérioles dont elles sont la continuation, un réseau très-serré, de petites veines qui se réunissent dans un seul gros tronc, situé dans la ligne médiane de la face ventrale : ce tronc, parvenu près de la tête, remonte par cinq paires de canaux latéraux à la face dorsale. Ces canaux se réunissent bientôt dans un cœur fort long, occupant toute la ligne médiane du dos, plus large en avant, et s'amincissant à mesure qu'il se porte en arrière. Le cœur peut donc très-bien être considéré comme une artère aorte, d'où sortent ensuite les divisions qui se rendent dans les différentes parties du corps ; on voit très-bien ses mouvemens de systole et de diastole. D'après cette disposition de l'appareil circulatoire, il est extrêmement probable qu'il n'y a pas d'organe spécial de respiration, et que toute la peau est modifiée pour cela : il est cependant plusieurs auteurs qui regardent comme des espèces de poumons les petits follicules auxquels conduisent les pores dorsaux dont nous avons parlé plus haut, comme cela a été aussi supposé pour les sangsues. Les organes de la génération paroissent avoir assez de rapports avec ceux de ces mêmes animaux ; comme eux, les deux sexes sont portés sur le même individu, et les appareils sont situés vers le tiers antérieur du corps : ils se composent en arrière d'une double série de très-petits corps jaunâtres, situés au-dessus de l'estomac.

dans lesquels se rendent un grand nombre de vaisseaux sanguins, et en avant de trois autres paires de vésicules blanches, dont la postérieure est plus grosse et plus oblongue. Il m'a semblé que celles-ci communiquent à l'extérieur par les fentes verticales que nous avons vues de chaque côté du seizième anneau. Les corps postérieurs sont-ils les ovaires, dont le produit seroit obligé de passer à travers les vésicules antérieures, qui seroient alors des organes spermatiques, avant de sortir à l'extérieur? C'est ce que je n'oserois assurer, d'autant plus que Montègre dit que les petits, qui sortent à l'état vivant, le font par l'anus, et que les œufs dont ils proviennent sont descendus entre l'enveloppe extérieure et le canal intestinal jusqu'autour du rectum, où ils éclosent, ce qui me paroit au moins bien singulier : quoi qu'il en soit, il paroit certain que les lombrics sont ovo-vivipares.

Le système nerveux des lombrics se compose d'un cerveau extrêmement petit, situé au-dessus de la bouche, et d'un cordon sous-gastrique ou abdominal, qui est formé par une suite d'un très-grand nombre de petits ganglions très-serrés les uns contre les autres.

Les lombrics ne goûtent, n'odorent, ne voient, ni entendent en aucune manière, puisqu'ils n'ont aucun organe de sens spécial ; mais en revanche leur toucher paroit fort délicat : aussi suffit-il de frapper ou d'ébranler un peu la terre dans laquelle ils habitent pour les en faire sortir promptement. La nature muqueuse de leur peau les porte à rechercher l'humidité dans la terre ou dans l'air ; aussi craignent-ils beaucoup l'action desséchante de la lumière, du soleil et même de l'air. Si, par une cause quelconque, ils s'y trouvent exposés, ils essaient promptement de s'y soustraire, en s'enfonçant dans la terre ou sous quelque abri, et s'ils ne le peuvent, ils sont bientôt desséchés et privés de la vie. Ils se meuvent avec une assez grande vîtesse à la surface de la terre, par l'extension et le rapprochement alternatifs des anneaux du corps, dont une partie est plus ou moins cramponnée sur le sol à l'aide de ses petits crochets, et cela dans toutes les directions. Ils marchent sans doute beaucoup plus souvent en avant, mais ils peuvent aussi le faire un peu en sens contraire. Pour entrer dans la terre, ils se ser-

vent toujours de la lèvre supérieure, qu'ils contractent de
manière à lui donner une solidité et une forme térébrante ;
mais ce n'est jamais que dans une terre très-meuble et humide qu'ils le peuvent. Les canaux qu'ils font dans la terre ,
ont toujours au moins une double issue, l'une par laquelle
ils sont entrés, et l'autre par laquelle ils peuvent sortir ; c'est
par la première qu'ils rejettent sous forme vermiculaire la
terre qu'ils ont avalée en creusant leurs galeries, et c'est par
l'autre qu'ils sortent : pour monter ainsi dans leur trou, il
paroît qu'ils se servent un peu de leurs épines. On croit en
général que ces animaux ne se nourrissent que des matières
animales et végétales qui se trouvent dans la terre qu'ils
traversent ; mais il paroît qu'il s'y joint des parcelles évidentes
de corps organisés. Ce qu'il y a de certain, c'est que les
lombrics recherchent les terres grasses, comme celles qui entourent les trous à fumier, les couches de nos jardins, etc.

Quoique ces animaux soient réellement doués d'hermaphro-
disme, c'est-à-dire qu'ils portent les deux sexes à la fois, il
paroît qu'il n'est pas suffisant, et que, pour que la reproduction ait lieu, il faut que deux individus se rapprochent assez
fortement, sans qu'il y ait cependant pénétration réciproque
d'un organe excitateur. C'est à la fin de l'hiver, et surtout
au commencement du printemps, que les lombrics se recherchent pour s'accoupler ; et c'est pendant la nuit et toujours
à moitié hors de terre que l'accouplement a lieu : les deux
individus adhèrent si fortement entre eux par une sorte
d'agglutination de l'anneau renflé de leur corps, qu'ils se laissent plutôt écraser que séparer. Montègre dit cependant que
cette adhérence n'est pas assez grande pour que les animaux
ne puissent pas s'enfoncer dans leur trou aussitôt qu'ils
sentent quelque danger : au bout d'un espace de temps dont
on ignore au juste la durée, ils déposent leurs petits dans la
terre. Nous ne savons pas non plus combien de temps ils
mettent à acquérir le développement nécessaire pour se reproduire et pour atteindre leur plus grande taille ; nous ignorons encore davantage la durée de leur vie.

Les lombrics ne jouissent de toutes leurs facultés que pendant les saisons du printemps, de l'été et d'une partie de
l'automne ; à mesure que le froid approche, ils s'enfoncent

de plus en plus dans la terre, où, d'après ce que m'a dit M. Latreille, ils se forment une espèce de loge ou de fourreau, probablement avec la matière muqueuse sortie de leur corps. Dans quelques circonstances assez mal appréciées, les lombrics deviennent phosphorescens. On a tenté sur eux des expériences sur la reproduction ; quelques auteurs disent même avoir vu que les deux moitiés d'un lombric coupé en deux deviennent un animal complet. Cela peut se concevoir pour la moitié antérieure, parce qu'elle contient presque toutes les parties essentielles de l'organisation, et qu'il n'y a pour ainsi dire qu'un anus à se former ; mais il n'est pas probable que la moitié postérieure puisse réparer la perte de l'estomac, des organes de la génération, etc.

Les lombrics ne sont presque d'aucune autre utilité à l'espèce humaine, que comme appât pour la pêche ; on dit cependant que les hommes, dans certaines parties de l'Inde, les mangent crus, ou cuits et assaisonnés. On se les procure en les cherchant avec la bêche ou la fourche dans les terres grasses et meubles de nos potagers, de nos basses-cours, ou mieux en piétinant le terrain dans lequel on reconnoît, aux trous dont il est percé, qu'il y en a beaucoup ; ou, ce qui revient au même, en enfonçant la bêche ou un pieu dans la terre, et en s'en servant pour produire tout autour une commotion, une pression considérable : si l'on continue un peu de temps cette opération, surtout dans les temps chauds et humides, on verra sortir une grande quantité de lombrics, que l'on pourra garder, jusqu'au moment de s'en servir, dans un vase rempli d'une certaine quantité de terre humide. Il est en effet important, pour réussir dans la pêche de certaines espèces de poissons, que les vers soient vivans quand on les leur présente comme appât ; pour d'autres, comme pour les anguilles, cela est indifférent. Quelques personnes disent qu'on rend les vers encore plus agréables aux poissons, en les mettant quelques jours à l'avance dans de la terre mélangée avec du pain de chenevis ou avec quelque autre substance. Mais cela est-il bien certain ? Il est permis d'en douter.

Beaucoup d'animaux autres que les poissons sont avides des lombrics : tels sont, par exemple, les taupes, les hérissons, un grand nombre d'oiseaux, et entre autres les poules ;

la testacelle, genre de mollusque, dont nous parlerons plus tard, se nourrit aussi de lombrics.

Quelque abondans que ces animaux soient dans nos jardins et dans nos champs, il paroit certain qu'ils ne font aucun tort à notre jardinage, ni à notre agriculture ; et même, comme ils divisent et retournent la terre, des personnes ont pensé qu'ils nous sont plus utiles que nuisibles.

Je n'ai pas parlé des propriétés, sudorifique, diurétique et surtout apéritive, que l'on attribue aux lombrics infusés dans du vin blanc, et encore moins de celles qu'on leur donne de fortifier l'appareil ligamenteux, quand ils ont été infusés dans l'huile; de guérir les rhumatismes, les fièvres tierces, lorsqu'ils sont réduits en poudre, et de hâter la suppuration des panaris, quand on les applique en vie autour du doigt : toutes ces propriétés, relatées dans les anciennes matières médicales, paroissent n'avoir pas résisté à l'épreuve de l'expérience, et les thérapeutistes de nos jours n'y ont plus recours.

Nous avons assez peu de connoissances de la répartition des espèces de ce genre à la surface de la terre; on ne les a encore étudiées d'une manière un peu satisfaisante que dans notre Europe. Il est extrêmement probable qu'il en existe aussi dans l'Amérique, dans l'Afrique et dans l'Asie septentrionales; mais nous n'avons pas de certitude positive à ce sujet : encore moins savons-nous s'il y en a dans l'Amérique, dans l'Afrique, dans l'Asie méridionales et dans l'Australasie.

En retranchant de ce genre, tel que Gmelin l'a compilé, toutes les espèces marines qui ne sont pas de véritables lombrics, et dont on a fait les genres ARÉNICOLE, THALASSÈME et SIPONCLE (voyez ces différens mots), il ne reste plus que treize espèces, dont quelques-unes même ne doivent pas être considérées comme de véritables lombrics, plusieurs devant passer parmi les NAÏS, et d'autres être reportées dans le genre NÉRÉIDE.

Les espèces appartenant réellement à ce genre, tel que nous l'avons défini plus haut, peuvent être disposées d'après le nombre des aiguillons dont chaque appendice est composé. Nous commencerons par celles qui en ont davantage, et nous terminerons par celles qui en ont le moins. Le nombre des articulations paroit varier avec l'âge, surtout pour celles qui sont postérieures au bourrelet génital, et par conséquent il ne doit pas fournir de bons caractères spécifiques; quoique celui des anneaux qui constituent celui-ci, ou qui le précèdent, paroisse un peu plus fixe, il ne l'est cependant pas non plus assez pour cela.

Le L. HÉRISSÉ : *L. hirtus : Hypogæon hirtum*, Savigny, Syst. des annel., pag. 104. Le corps cylindrique, de cent six articulations, dont vingt-six avant le bourrelet, qui est composé de dix et entièrement hérissé de soies inégales; les soies des anneaux longues, très-aiguës, au nombre de neuf, une médiane supérieure, et deux paires latérales, formant par leur succession neuf rangées longitudinales : couleur et forme du lombric commun.

Cette espèce est des environs de Philadelphie.

Le L. COMMUN : *L. vulgaris; L. terrestris*, Gmel.; *Enterion terrestris*, Savigny, *l. c.* Corps de grosseur et de longueur assez variables, quelquefois d'un pied de long, et gros comme une plume de cigne, mais ordinairement beaucoup plus petit; de couleur rouge de chair, et formé de cent et jusqu'à deux cent quarante anneaux, ce qui paroit dépendre de l'âge : le bourrelet de six à neuf anneaux, placé au vingt-sixième environ; chaque articulation pourvue, de chaque côté, de deux paires d'aiguillons courts, formant huit séries longitudinales.

C'est cette espèce, si connue en Europe, qui a été le sujet des observations des naturalistes. Les individus du Groenland sont plus petits et d'une couleur plutôt brune que rouge, d'après O. Fabricius; ceux de Norwége atteignent au contraire une très-grande taille. On trouve parmi les lombrics de nos environs des différences si considérables sous le rapport de la forme et de la longueur proportionnelle, qu'il se pourroit qu'ils dussent former plusieurs espèces.

Le L. VARIÉ : *L. variegatus*, Gmel., d'après Mull.; Bonnet, Vers d'eau douce, t. 1, fig. 1, 5. Corps de couleur rouge, ou brune, variée de très-petites taches brunes; une ligne sanguinolente le traversant dans toute sa longueur; les appendices de trois soies.

C'est cette espèce, qui vit dans le limon des bois et des

bords des rivières, sur laquelle Bonnet a fait ses expériences de reproduction. Aussi est-il permis de douter que ce soit un véritable lombric : il se pourroit que ce fût une naïade. Est-il certain que l'animal de Muller soit de la même espèce que celui de Bonnet?

Le L. RAYÉ ; *L. lineatus*, Gmel., d'après Mull., *Hist. verm.*, tab. 3, fig. 4, 5. Pellucide, blanc, avec une ligne longitudinale rouge ; les soies très-courtes.

C'est encore une espèce qui pourroit bien appartenir au genre Naïade, comme le fait justement observer M. Cuvier: elle est très-commune entre les fucus des bords de la mer Baltique.

Le L. VERMICULAIRE ; *L. vermicularis*, Gmel., d'après Mull., Corps glabre, blanc ; les appendices de deux soies.

Cette espèce, trop incomplétement connue, a été observée par Muller et par O. Fabricius dans le terreau et sous les feuilles pourries.

Le L. NAIN ; *L. minutus*, Muller et O. Fabr., *Faun. Groenl.*, fig. 4. Corps court, de six lignes, gros, obtus, rouge, de vingt-quatre anneaux environ ; le bourrelet au huitième est formé de trois seulement ; deux rangées d'aiguillons sous le ventre, ou un seul de chaque côté.

Cette espèce vit en société entre les pierres et les racines des fucus des mers du Nord.

Le L. DES SABLES ; *L. arenarius*, Mull. et O. Fabric. Corps atténué aux deux extrémités, de quatorze lignes de long sur une demie de diamètre ; cinquante-quatre à soixante-seize anneaux, dont huit avant le bourrelet, qui n'est formé que de trois ; deux rangées d'aiguillons courts sous le ventre : couleur d'un rouge blanchâtre.

Cette espèce, qui ne diffère peut-être pas de la précédente, vit dans les sables et dans la vase argileuse des mêmes mers qu'elle.

Tous les autres vers chétopodes rapportés à ce genre par les auteurs ne me semblent pas lui appartenir, mais doivent, très-probablement, être rapportés aux naïs ou aux néréides.

Le L. *marinus* de Gmelin est le type du genre ARÉNICOLE.

Le L. *tubifera* est une naïade, dont M. de Lamarck a fait le type de son genre TUBIFÈRE.

Le *L. ciliatus* est sans doute aussi une espèce de naïade.

Le *L. tubicola* n'est pas non plus un lombric ; c'est une naïade à tube : aussi M. de Lamarck en fait-il encore une espèce de son genre Tubifère.

Les *L. echiurus*, *thalassema*, du même Gmelin, entrent dans le genre de ce dernier nom.

Le *L. edulis* et *oxyurus* appartiennent aux siponcles.

Le *L. fragilis* ressemble bien à une néréide, ou mieux, doit former un genre distinct, intermédiaire à ces animaux et aux lombrics.

Le *L. armiger* doit aussi faire un genre bien distinct du lombric, puisque ses anneaux sont pourvus d'appendices composés d'une soie, d'une papille bifide, et même d'une lamelle lancéolée.

Le *L. cirratus* doit de même être rejeté de ce genre : aussi M. de Lamarck en a-t-il fait le type d'un genre nouveau, auquel il donne le nom de Cirratule, et qu'il place après les Thalassèmes. Dans notre manière de voir, c'est évidemment un animal de la famille des térébelles. Quoi qu'il en soit, voici les caractères que M. de Lamarck assigne à ce genre : Corps alongé, cylindrique, annelé, garni sur les côtés du dos d'une rangée de cirres sétacés, très-longs, étendus, presque dorsaux, et de deux rangées d'épines courtes, situées au-dessous ; deux faisceaux opposés de cirres aussi très-longs, avancés, sont insérés au-dessous du segment antérieur ; bouche sous l'extrémité antérieure, avec un opercule arrondi ; des yeux aux extrémités d'une ligne en croissant, située sur le segment capitiforme. Ce genre est établi sur un animal de deux à trois pouces de long, et de la grosseur d'un lombric ordinaire, qui vit fixé verticalement dans le sable et entre les pierres du rivage des mers du Nord. M. de Lamarck le nomme le C. BORÉAL, *C. borealis*. Il a été parfaitement décrit et figuré par O. Fabricius, dans sa Faune du Groenland, p. 281, fig. 4, sous le nom de *L. cirratus* : sa figure a été copiée dans l'Enc. méth., planche des Lombrics.

Le *L. sabellaris*, enfin, est encore une espèce de naïade à tube.

Les espèces suivantes d'O. Fabricius (*Fauna Groenl.*), mais qui n'ont pas été reprises par Gmelin, doivent aussi être rejetées de ce genre.

Le *L. rivalis* est une naïade.

Les *L. marinus* et *papillosus* appartiennent probablement à la même espèce, et sont l'arénicole.

Le *L. capitatus* doit être le type d'un genre voisin de ces mêmes arénicoles, et faisant le passage à certaines néréides.

Enfin, M. Viviani, dans son Mémoire sur quelques animaux marins phosphorescens, a aussi rangé parmi les lombrics des animaux qui n'apppartiennent pas à ce genre ; son *L. simplicissimus* est un siponcle, et son *L. hirticauda* me paroit un thalassème. Voyez Naïs et surtout Néréide. (De B.)

LOMBRIC (*Erpétol.*), nom spécifique d'un Orvet. Voyez ce mot. (H. C.)

LOMBRIC MARIN. (*Entomoz.*) On trouve ce nom employé par beaucoup d'auteurs anciens pour désigner plusieurs vers marins appartenant à différens genres, et qu'une ressemblance plus ou moins grande a fait comparer au lombric de terre. Le plus communément c'est l'arénicole des pêcheurs que l'on désigne ainsi ; mais c'est quelquefois des siponcles, des thalassèmes et même des néréides. (De B.)

LOMBRICAIRE. (*Bot.*) Voyez Lumbricaria. (Lem.)

LOMÉCHUSE, *Lomechusa*. (*Entom.*) Genre d'insectes formé par Gravenhorst, pour y placer quelques espèces de Staphylins. Voyez ce mot. (Desm.)

LOMENTACÉ (*Bot.*), synonyme d'articulé. Voyez Légume. (Mass.)

LOMENTACÉES. (*Bot.*) Linnæus, dans ses ordres naturels, séparant des légumineuses papilionacées celles qui ont les fleurs régulières, telles que les acacias, les poincillades, les casses, etc., avoit donné à ce dernier ordre le nom de *lomentaceæ*, qui ne peut tirer son origine que du mot *lomentum*, lequel signifie farine de féves, ou une couleur bleue employée par les peintres. On ne peut déterminer le rapport existant entre ce mot et les plantes qu'il désigne. (J.)

LOMENTARIA. (*Bot.*) Genre établi dans la famille des algues par Lyngbye, et qu'il caractérise ainsi : Fronde cylindrique, presque gélatineuse, articulée, contractée ; rameaux opposés et verticillés. Une seule espèce est rapportée à ce genre par Lyngbye ; c'est l'*ulva articulata*, de M. De Candolle, ou *Gigartina articulata*, Lamx. Voyez Gigartina. (Lem.)

LOMGIVIE. (*Ornith.*) Voyez Langivie. (Ch. D.)

LOMONITE. (*Min.*) Voyez Laumonite. (B.)

LOMOS PRIETOS. (*Ornith.*) L'oiseau auquel les pilotes de la mer du Sud ont donné ce nom, qui signifie *dos noirâtre*, paroit être le même que le *quebranta huessos*, ou briseur d'os, c'est-à-dire le pétrel géant, *procellaria gigantea*, Gmel. (Ch. D.)

LOMPE. (*Ichthyol.*) Voyez Cycloptere. (H. C.)

LOMS. (*Ornith.*) La baie de l'île d'Orange, dans laquelle Barensz trouva une grande quantité d'oiseaux gros et pesans, suivant la signification hollandoise de leur nom *loms*, a été appelée *Lomsbay*. Ruysch, *de Avibus*, liv. 6, tit. 2, chap. 8, donne ce dernier nom aux oiseaux mêmes: La Chesnaye des Bois change cette dénomination en celle de *longsbay*, et tous deux disent, d'après les navigateurs dont la relation est analysée au tome 15 de l'Histoire générale des voyages, édit. in-4.º. p. 104, qu'il est surprenant qu'une masse si pesante soit élevée par de si courtes ailes sur les montagnes escarpées où ces oiseaux font leur nid, dans lequel ils ne pondent qu'un seul œuf. Buffon rapporte les loms aux lummes. Voyez Loom. (Ch. D.)

LOMVIA. (*Ornith.*) Voyez Langivie. (Ch. D.)

LONADE. *Lonas.* (*Bot.*) Ce genre, proposé, en 1763, par Adanson, dans ses Familles des plantes, appartient à l'ordre des synanthérées, et à notre tribu naturelle des anthémidées, dans laquelle il est immédiatement voisin de notre genre *Hymenolepis*, dont il diffère principalement par la structure de l'aigrette. Voici les caractères génériques du *Lonas*, tels que nous les avons observés.

Calathide subglobuleuse, incouronnée, équaliflore, multiflore, régulariflore, androgyniflore. Péricline hémisphérique, à peu près égal aux fleurs; formé de squames imbriquées, appliquées, oblongues, arrondies au sommet, concaves, subcoriaces, membraneuses sur les bords. Clinanthe élevé, subcylindracé, garni de squamelles inférieures aux fleurs, analogues aux squames du péricline, oblongues, concaves, submembraneuses, à sommet arrondi et coloré. Ovaires obovoïdes, glabres, portant sur leur face intérieure une grosse glande saillante; aigrette stéphanoïde, continue, membraneuse, irrégulièrement dentée. Corolles à cinq divisions.

Lonade ombellée : *Lonas umbellata*, H. Cass.; *Lonas inodora*, Gærtn., *De fruct. et sem. plant.*, vol. 2. pag. 596, tab. 165, fig. 5. C'est une plante herbacée, entièrement glabre ; sa tige. haute d'environ dix pouces. est dressée ou étalée, rameuse ; les feuilles sont alternes, sessiles, longues d'environ un pouce, pinnatifides, glauques, un peu charnues, à lanières distantes, linéaires, terminées chacune par une longue pointe blanche : les calathides, hautes de quatre lignes, larges de trois à quatre lignes, et composées de fleurs jaunes, sont disposées en ombelles terminales, simples ; chaque ombelle est composée d'environ trois à sept ou même neuf calathides, immédiatement rapprochées, portées sur des pédoncules simples, courts, naissant du même point, dépourvus de feuilles et de bractées ; il y a quelquefois une seule petite feuille à la base de l'ombelle ; nous trouvons aussi quelques calathides solitaires, terminales.

Nous avons fait cette description spécifique, et celle des caractères génériques, sur des individus vivans, cultivés au Jardin du Roi, où ils fleurissoient en Juillet et Août. La Lonade ombellée est annuelle, et habite nos provinces méridionales, ainsi que la Barbarie.

Lonade naine : *Lonas minima*, H. Cass. Petite plante annuelle, toute glabre, à longue racine pivotante, presque simple ; tige droite, presque simple, cannelée, longue d'environ deux pouces ; feuilles radicales linéaires, ayant leur partie inférieure presque pinnatifide ou dentée, à dents subulées, et leur partie supérieure profondément trifide, chaque division trilobée au sommet, à lobes comme mucronés ; feuilles caulinaires alternes, et analogues aux feuilles radicales ; calathides solitaires à l'extrémité des rameaux ; chaque calathide ovoïde, composée de fleurs hermaphrodites, régulières ; péricline ovoïde, plus court que les fleurs, formé de squames imbriquées, appliquées, oblongues, arrondies au sommet, coriaces et concaves en leur partie moyenne, membraneuses sur les bords ; clinanthe cylindracé, garni de squamelles analogues aux squames du péricline, plus courtes que les fleurs, et munies inférieurement d'une glande li-

néaire, rouge ; fruits noirs. obovoïdes. un peu obcompri-
més, munis de deux côtes latérales et d'une côte intérieure
qui porte une grosse glande : aigrette courte, stéphanoïde,
membraneuse, irrégulièrement dentée.

Cette plante est-elle une espèce distincte, ou une simple
variété du *Lonas umb llata?* Nous l'avons trouvée dans l'herbier de M. de Jussieu, où elle n'étoit point nommée, et où
son origine n'est point indiquée.

La première espèce, attribuée par Linné, successivement
ou simultanément, aux genres *Santolina*, *Achillea*, *Athanasia*,
fut justement considérée par Adanson comme le type d'un
genre particulier, qu'il nomma *Lonas*, et qu'il caractérisa
ainsi : Feuilles ailées ; calathides corymbées ; péricline composé de squames imbriquées, obtuses ; clinanthe garni de
squamelles obtuses ; aigrette formée d'une membrane médiocre, dentée ; fleurs hermaphrodites : corolles à cinq dents ;
styles à un seul stigmate. Ce genre d'Adanson a été adopté
par Gærtner, Mœnch, M. de Jussieu, M. De Candolle.

En comparant les caractères génériques du *Lonas* avec ceux
de l'*Hymenolepis*, décrits dans ce Dictionnaire, tom. XXII,
pag. 315, on reconnoit qu'ils diffèrent en ce que, dans le
Lonas, l'aigrette est stéphanoïde, continue, indivise, crène-
lée, et le clinanthe ovoïde, conique ou cylindracé, très-
élevé, garni de squamelles analogues aux squames du péricline ; tandis que, dans l'*Hymenolepis*, l'aigrette est composée
de squamellules unisériées, paléiformes, membraneuses, inégales, irrégulières, larges, oblongues, laciniées sur es bords,
et le clinanthe est petit, planiuscule, tantôt nu, tantôt pourvu
de squamelles plus courtes que les fleurs, larges, irrégulières,
membraneuses.

Quant aux vraies *Athanasia*, la singulière structure de leur
aigrette ostéomorphe suffit pour les distinguer génériquement
du *Lonas* et de l'*Hymenolepis*. Cette aigrette est formée de
squamellules caduques, cylindracées, épaisses, comme charnues, transparentes, tortueuses ou flexueuses, lisses, arrondies et un peu épaissies au sommet, probablement tubuleuses,
entrecoupées de distance en distance par des diaphragmes,
et paroissant ainsi composées de quelques articles longs,
tortueux, nodulés, enflés aux deux bouts, imitant des os

ajustés à la suite l'un de l'autre, comme ceux de nos doigts; souvent chaque squamellule semble être double, c'est-à-dire, formée de deux filets ou tubes entregreffés d'un bout à l'autre. On nous pardonnera cette courte digression sur l'aigrette des *Athanasia*, dont la structure, quoique très-curieuse, n'avoit été remarquée avant nous par aucun botaniste.

L'ovaire du *Lonas umbellata* offre quatre énormes côtes longitudinales, arrondies, fongueuses, confluentes à la base et au sommet; une grosse glande, ou plutôt une vésicule, jaune, est logée vers le haut de la côte située sur la face intérieure; l'aréole apicilaire porte un nectaire jaune, en forme de godet. La corolle de cette même plante est assez remarquable : la partie supérieure de son tube et la partie indivise du limbe portent deux rangées latérales, opposées, d'appendices cylindriques, obtus, filiformes, qui sont les découpures de deux ailes latérales; les divisions du limbe paroissent excessivement épaisses, parce que toute leur face supérieure est hérissée de longues et très-grosses papilles coniques-obtuses, immédiatement contiguës, et peut-être même entregreffées à la base. (H. Cass.)

LONCHÈRES. (*Mamm.*) Illiger a donné ce nom, dérivé du grec, et qui signifie *porte-lance*, à des rongeurs dont le dos est couvert de poils aplatis, roides et piquans, tels que les échimis de M. Geoffroy-Saint-Hilaire. Voyez Rat épineux. (F. C.)

LONCHITIS. (*Bot.*) Ce nom, appliqué maintenant à un genre bien déterminé dans les fougères, avoit auparavant été donné à d'autres fougères réparties dans divers genres. Il est plus surprenant de le trouver cité par Castor Durantes pour l'*iris tuberosa*, par Césalpin pour la tulipe jaune, par Daléchamps pour le *cypripedium calceolus*. (J.)

LONCHITIS. (*Bot.*) Genre de plantes de la famille des fougères, fondé par Linnæus, voisin des *adiantum*, *cheilanthes* et *davalia*. Il est parfaitement caractérisé par sa fructification disposée en lignes courbées en croissant, fixées dans les sinuosités de la fronde, et recouverte par la marge de la fronde, formant le tégument ou *indusium*, qui se détache par son côté intérieur.

Ce genre ne comprend qu'un très-petit nombre de fougères

particulières à l'Amérique. Cependant une des quatre espèces que Willdenow indique, croît à l'île Bourbon.

Le *Lonchitis tenuifolia* de Forster n'appartient pas à ce
genre; c'est une espèce de *cheilanthes*, d'après Swartz; son
lonchitis Adscensionis est une espèce de *pteris*, figurée par
Schkuhr, *Crypt.* 87, t. 94 : enfin, le *lonchitis bipinnata* de
Forskal est le *darea furcata*. Willd., déjà placé dans les genres
Adiantum et *Cænopteris* par Jacquin et Bergius.

Trois des quatre espèces mentionnées par Willdenow
ont été établies par Linnæus, et toutes trois avoient été décrites avant lui par Plumier et Petiver, qui les classoient
dans leurs *filix* ou *adiantum*, et nullement parmi leur *lonchitis*,
de sorte que Linnæus eut le tort d'appliquer le nom de *lonchitis* à des fougères qui ne l'avoient reçu d'aucun auteur.
Cependant les botanistes avant Linnæus ont appliqué le nom
de *lonchitis* à nombre de fougères de genres très-différens.
C'est ainsi qu'on trouve, sous ce nom, dans les ouvrages
de Morison, Plumier, Rai, Petiver, Sloane, etc., les fougères suivantes : *blechnum occidentale; pteris mutilata, longifolia; asplenium squamosum, rhizophorum, ebenum, angustifo-
lium, salicifolium, cultrifolium; osmunda struthiopteris; aspidium
squamatum, conterminum, exaltatum, amboinense, auriculatum,
triangulum, trifoliatum; acrostichum sorbifolium, cruciatum, aureum; anemia hirta, hirsuta; hydroglossum hastatum*, Willd., etc.

Plus anciennement, les Bauhin et les botanistes du même
âge ont désigné par *lonchitis* le *polypodium lonchitis*, Linn.
(*aspidium*, Willd.; *polystichum*, Decand.), et l'*acrostichum
Marantæ*, ainsi que l'*osmunda spicant*, Linn., ou *blechnum
boreale*, Willd., soit parce qu'ils ont cru reconnoître dans
ces fougères la seconde espèce de *lonchitis* de Dioscoride, etc.,
soit parce qu'ils leur ont trouvé des rapports avec cette
plante mal décrite par les anciens.

Tournefort, en établissant un genre *Lonchitis* dans les fougères, n'a pas été heureux; car les espèces qu'il y ramenoit
sont partagées entre les genres *Aspidium* ou *Polystichium*, *Asplenium*, *Acrostichum*, etc., comme les fougères citées plus
haut : aussi Adanson rejeta-t-il ce *lonchitis* de Tournefort,
qu'il confond avec son *polypodium*.

Cette courte analyse nous ayant écarté de notre sujet

principal, il nous reste à faire connoître quelques espèces de *lonchitis* du genre auquel Linnæus a fixé ce nom, et maintenant adopté.

1. LONCHITIS A OREILLETTES : *L. aurita*, Linn., Sw., Plum. fils, 14, t. 17; Petiv. fils, t. 4, fig. 4. D'une souche ou stipe garnie d'épines molles et noires naissent de larges frondes ailées, à frondules même presque ailées; mais celles du bas divisées en deux lobes obtus, ondulés, dentelés au sommet. Cette jolie fougère croit à la Martinique : elle est vivace, comme toutes les espèces du genre.

2. L. VELU : *L. hirsuta*, Linn., Swartz; Spreng., *Anleit.*, 3, t. 4, fig. 27; Plum. fils, t. 20; Petiv. fils, t. 4, fig. 5. D'une souche velue partent des frondes deux fois ailées, velues, à frondules presque ailées, pointues, à découpures obtuses : les frondules fertiles sinuées, et les stériles dentées, à bord inégalement sinué, assez semblable à une feuille de chêne. On trouve cette espèce à la Jamaïque, à la Martinique, etc.

3. L. GLABRE; *L. glabra*, Bory, *Itin.*, 1, pag. 521. Frondes deux fois ailées, à frondules secondaires, sessiles, décurrentes, lancéolées, acuminées, sinuées, presque ailées, à divisions arrondies, obtuses, entières; nervure du milieu velue, ainsi que le rachis. Cette fougère, dont les frondes ont sept à huit pouces de longueur, croît dans les bois montueux de l'île Bourbon.

4. L. RAMPANT : *L. repens*, Linn., Plum. fils, t. 12; Petiv. fils, t. 4, fig. 6. D'une souche rampante sortent des stipes épineux, garnis de frondes trois fois ailées, à frondules secondaires, linéaires-lancéolées, obtuses, sinuées et presque ailées. On trouve cette espèce à la Jamaïque. (LEM.)

LONCHIURE, *Lonchiurus*. (*Ichthyol.*) On donne ce nom à un genre de poissons osseux holobranches, de la famille des acanthopomes de M. Duméril, et reconnoissable aux caractères suivans :

Nageoire caudale lancéolée, et, de même que les pectorales, aussi longue au moins que le quart de la longueur totale de l'animal ; deux nageoires dorsales, dont la seconde est beaucoup plus longue que la première; dents en velours; préopercule dentelé; deux barbillons à la mâchoire inférieure.

Ce genre, qui a été créé par Bloch, ne diffère de celui

des Ombrines de M. Cuvier que par la figure de la nageoire caudale, et de celui des Sciènes, qu'en ce que les dentelures du préopercule sont beaucoup moins prononcées chez celles-ci.

Il ne renferme encore qu'une espèce ; c'est le

Lonchiure dianème : *Lonchiurus dianema*, Lacépède ; *Lonchiurus barbatus*, Bloch. 359. Le premier rayon de chaque catope terminé par un long filament ; museau proéminent ; tête comprimée et toute couverte d'écailles : ouverture de la bouche petite : mâchoires égales, narines solitaires et ovales : yeux verticaux, à pupille noire et à iris bleu ; anus au centre du corps : ligne latérale rapprochée du dos, et formant vers le milieu un arc léger ; toutes les nageoires pointues, à rayons mous et ramifiés : teinte générale brune.

Ce poisson a été décrit par Bloch d'après un individu qu'il avoit reçu de Surinam. (H. C.)

LONCHURE, *Lonchurus*. (*Ichth.*) Voyez Lonchiure. (H. C.)

LONCHURE ANCYLODON. (*Ichthyol.*) Voyez Ancylodon, dans le Supplément du 2.ᵉ volume de ce Dictionnaire. (H. C.)

LONDE. (*Ornith.*) Cet oiseau des mers du Nord, *lunda* de Gesner, de Clusius, etc., que le capitaine Phips a trouvé sur les côtes du Spitzberg, est l'*alca arctica* de Linnæus, le macareux proprement dit de Buffon, pl. enl. n.ᵉ 275. (Ch. D.)

LONGANE. (*Bot.*) Voyez Box et Litchi. (Poir.)

LONG-BEC. (*Ornith.*) Barrère donne, dans son *Ornithologiæ specimen*, p. 70, ce nom françois au quatrième genre de sa classe des oiseaux semifissipèdes, *totanus*, lequel n'est pas bien déterminé. (Ch. D.)

LONGCHAMPIE, *Longchampia*. (*Bot.*) Ce genre de plantes, proposé, en 1811, par Willdenow, dans les Mémoires de la Société des naturalistes de Berlin, et dédié à M. Loiseleur Deslongchamps, appartient à l'ordre des synanthérées, à notre tribu naturelle des Inulées, et à la section des Inulées-Gnaphaliées, dans laquelle nous l'avons placé auprès de notre genre *Leptophytus*, qui en diffère par sa calathide couronnée, et par ses aigrettes plumeuses. Voy. l'article Inulées, t. XXIII, pag. 560.

N'ayant point vu la Longchampie, nous empruntons à Willdenow ses caractères génériques et spécifiques, dont voici la description.

Calathide incouronnée, équaliflore. multiflore, régulariflore, androgyniflore. Péricline cylindracé, supérieur aux
fleurs; formé de squames imbriquées, lancéolées : les extérieures plus courtes, presque scarieuses, diaphanes; les intérieures plus longues, diaphanes au sommet. Clinanthe plan
et nu. Fruits oblongs; aigrette composée de plusieurs squamellules paléiformes, alternant avec quelques squamellules
filiformes, caduques, barbellulées au sommet. Corolles à cinq
dents.

LONGCHAMPIE A FEUILLES CAPILLAIRES : *Longchampia capillifo-
lia*, Willd., *Mag. der Nat. Fr.*, 1811, *Apr.*, *May*, *Jun.*, p. 161.
C'est une plante herbacée, annuelle, à racine simple, filiforme, un peu rameuse à l'extrémité; sa tige, longue de
deux à sept pouces, est diffuse, ramifiée presque en corymbe, cylindrique, pourvue de poils rares, épars; les feuilles
sont alternes, rapprochées, étalées, longues d'un pouce, filiformes, garnies de poils rares et menus: les calathides, composées de fleurs jaunes, sont portées chacune par un pédoncule solitaire, axillaire ou terminal, long d'un pouce et demi
ou deux pouces, et filiforme. Cette plante habite le Mexique;
elle est jusqu'à présent la seule espèce du genre.

Willdenow, peu familier avec l'étude des affinités naturelles, et n'ayant égard qu'aux caractères techniques, croit
que la Longchampie est voisine des *Ageratum* et *Stevia*, qui
sont des Eupatoriées-Agératées. Quoique nous n'ayons pas vu
la plante en question, il nous semble indubitable qu'elle
n'a aucune affinité avec les Agératées, et que c'est une Inu-
lée-Gnaphaliée, voisine de notre *Leptophytus*. Le lecteur
pourra facilement s'en convaincre, en consultant nos articles
LEPTOPHYTE et LIATRIDÉES. (H. CASS.)

LONG-GRAN. (*Bot.*) Nom vulgaire, aux environs de
Macon dans la Bresse, suivant Daléchamps, d'une plante
céréale, qui est son *far clusinum*, et que C. Bauhin croit être
le *zeocriton*, *hordeum zeocriton* de Linnæus. (J.)

LONGICAUDES. (*Ornith.*) M. de Blainville a divisé les
gallinacés en deux familles, et nommé les oiseaux de la première, qui renferme les coqs, les faisans, les paons, etc.,
longicaudes; et ceux de la seconde, qui comprend les tétras
de Linnæus, etc., *brévicaudes*. (CH. D.)

LONGICORNES. (*Entom.*) M. Latreille a désigné sous ce nom, dans l'ouvrage de M. Cuvier intitulé le *Règne animal*, la famille que ce dernier naturaliste avoit depuis long-temps désignée avec nous sous le nom de XYLOPHAGES ou lignivores, qui comprend les capricornes et les leptures. On ne devine pas le but de ce changement de nom. (C. D.)

LONGINA. (*Bot.*) Dodoens, cité par Daléchamps, dit que ce nom et celui de *colubrina*, étoient donnés par quelques personnes à son *lonchitis aspera*, qui a été nommé ensuite par Linnæus *osmunda spicant*, et puis *blechnum boreale* par Swartz. (J.)

LONGIPALPES. (*Entom.*) M. Latreille a successivement indiqué et abandonné cette dénomination, qu'il avoit d'abord appliquée à quelques genres de Créophages, et ensuite à une division de ceux qu'il a appelés les Brachélytres. (C. D.)

LONGIPÈDES. (*Ornith.*) Scopoli, dans son Introduction à l'histoire naturelle, a établi, pour les oiseaux, une méthode où la troisième division est consacrée aux longipèdes, c'est-à-dire aux oiseaux dont les pieds longs sont propres à la course et dénués de plumes jusqu'au genou, tels que les flammants, les pétrels, les hérons et autres échassiers. (Cu. D.)

LONGIPENNES. (*Ornith.*) Illiger a adopté cette dénomination pour les oiseaux de sa trente-sixième famille, la première de l'ordre des nageurs, dont le bec, de longueur médiocre, est comprimé, droit, presque toujours d'une seule pièce; les narines à ouvertures sans rebords; les ailes alongées et propres au vol; les pieds placés à l'équilibre du corps, palmés, munis d'un pouce séparé, quelquefois très-petit et sans ongles. Cette famille comprend le bec-en-ciseaux ou rhynchope, les sternes ou hirondelles de mer, les mouettes, et les labbes ou stercoraires : elle correspond aux grands voiliers de M. G. Cuvier. Ce savant y a ajouté les pétrels et les albatros, dont le bec est composé de plusieurs pièces, et qui font partie de la famille des *tubinares* d'Illiger. (Cu. D.)

LONGIROSTRES. (*Ornith.*) Nom donné par M. Cuvier à une famille d'oiseaux de l'ordre des échassiers, laquelle est caractérisée, en général, par un bec grêle, long et foible, qui ne leur permet guère que de fouiller dans la vase pour y chercher les vers et les petits insectes. Cette famille comprend les ibis, les courlis, les bécasses, les barges, les mau-bèches, les chevaliers, etc.; elle correspond aux *hélonomes* et aux *falcirostres* de M. Vieillot. (Cu. D.)

LONGITUDE. (*Géogr. phys.*) C'est l'angle que le Méridien (voyez ce mot) passant par un point de la surface de la terre fait avec un autre méridien qu'on est convenu de prendre pour terme de comparaison. Cet angle est mesuré par l'arc que les deux méridiens interceptent sur l'équateur ou sur ses parallèles. Au moyen de sa latitude et de sa longitude, la position d'un lieu est fixée, sur la surface terrestre, par l'intersection d'un parallèle et d'un méridien donnés. Les conventions sur le *premier méridien*, celui duquel on part pour compter les longitudes. ont changé. Pendant long-temps les géographes françois se sont accordés a prendre leur pre-mier méridien 20 degrés à l'occident de celui de Paris. Il étoit assez commode, parce que, passant très-près de l'Isle-de-Fer, la plus occidentale des Canaries, il ne rencontroit aucun des grands continens : mais, les astronomes rapportant leurs déterminations au méridien de leur observatoire, chaque nation a pris pour premier méridien celui de son principal observatoire ; et, les navigateurs ayant adopté cet usage, la plupart des géographes s'y conforment maintenant. Les Fran-çois comptent les longitudes du méridien de Paris; les Anglois, de celui de Greenwich, qui est plus occidental de 2 degrés 20 minutes. Les anciens géographes comptoient les longitudes depuis zéro jusqu'à 360 degrés, en faisant le tour entier du globe, à partir du premier méridien; à présent on ne va plus que jusqu'à 180 degrés. parce qu'on divise le globe en deux hémisphères : dans celui qui est placé à l'orient du premier méridien, les longitudes sont dites *orientales*, et *occidentales* dans l'autre.

La longitude peut aussi se mesurer par les degrés des pa-rallèles à l'équateur ; mais, comme ces cercles diminuent de rayon en avançant vers les pôles. points où tous les méridiens se rencontrent, les degrés de longitude mesurés de cette manière décroissent proportionnellement : c'est à quoi il faut avoir égard quand on veut conclure, de la différence de longitude entre deux points, leur distance absolue de l'est à l'ouest.

Tous les lieux situés sous le même méridien comptent la même heure au même instant : mais, sous un autre méridien, on compte plus ou moins, selon qu'il est à l'orient ou à l'occident du premier. La circonférence de l'équateur étant divisée en 360 degrés, et la durée du jour en 24 heures, une différence de 15 degrés dans les longitudes répond à une heure dans le temps, et sur ce pied on évalue aisément tout autre intervalle dans le temps ou dans la longitude. C'est ainsi que la détermination des longitudes s'opère par les observations simultanées d'un même phénomène dans deux lieux différens, qui fait connoître l'heure que l'on compte au même instant dans chacun de ces lieux. (L.)

LONG-LEGS. (*Ornith.*) Nom anglois de l'échasse, *himantopus*, Linn. (Ch. **D.**)

LONG-NEZ. (*Erpétol.*) Nom spécifique d'un reptile de Surinam et du genre Typhlops. Voyez ce mot. (H. C.)

LONG-NEZ. (*Ichthyol.*) Quelques auteurs ont ainsi appelé le *lamna cornubica*, poisson que nous avons décrit dans ce Dictionnaire, tome XXV, p. 183. (H. C.)

LONGO. (*Erpét.*) En Languedoc on donne ce nom à une espèce de couleuvre. (H. C.)

LONGOUZE. (*Bot.*) Nom du grand cardamome à Madagascar, suivant Flacourt. Il est nommé *longosa* dans un herbier donné par Poivre. (J.)

LONGSANNI. (*Bot.*) Marsden, dans son Histoire de Sumatra, parle d'un arbre de ce nom, dont le bois est très-bon pour les ouvrages de tabletterie et de menuiserie. Il ne donne point d'autre indication. (J.)

LONGS-CHEVEUX. (*Ichthyol.*) Voyez Ciliaire. (H. C.)

LONGUE-ÉPINE ou GUARA. (*Ichthyol.*) On a parfois donné ces noms à un diodon, espèce de poisson que nous avons décrite dans ce Dictionnaire, tom. XIII, p. 279, sous la dénomination de *diodon holocanthus*. (H. C.)

LONGUE-LANGUE. (*Ornith.*) On nomme ainsi, en quelques endroits, le torcol, *yunx torquilla*, Linn. (Ch. D.)

LONGUE-MITRE. (*Bot.*) Voyez Macromitrium. (Lem.)

LONICERA. (*Bot.*) Ce nom, que Plumier avoit donné à un de ses genres, a été remplacé par celui de *loranthus*, que lui a donné Linnæus, et qui, admis depuis long-temps, ne peut être changé. Linnæus a reporté ensuite le nom de *lonicera* à un genre qu'il a formé de la réunion du chèvrefeuille, du camérisier et de trois autres. Ces genres diffèrent assez entre eux pour pouvoir être séparés de nouveau, en conservant leur premier nom. Celui de Plumier pourroit alors être rendu à sa première destination, si l'on subdivise le genre *Loranthus*, en laissant sous ce nom les espèces à cinq étamines, et reportant au *Lonicera* celles qui en ont six. (J.)

LONIER. (*Conchyl.*) Petite espèce de toupie, décrite et figurée par Adanson, pag. 185, pl. 12, dont Gmelin fait une espèce particulière sous le nom de *trochus griseus*, et que Bruguières rapporte au *trochus umbilicaris* de cet auteur. (De B.)

LONTARUS. (*Bot.*) Voyez Rondier. (Poir.)

LOODS (*Ichthyol.*), nom suédois du centronote pilote. Voyez Centronote. (H. C.)

LOOHE. (*Ornith.*) Ce nom est donné par les Ostiacks, qui habitent le long du fleuve Oby, en Sibérie, à une petite oie décrite d'après M. de Lisle, dans l'Hist. génér. des voyages, tome 18, p. 541, comme ayant les ailes et le dos d'un bleu foncé, l'estomac rougeâtre, une tache bleue de forme ovale sur le sommet de la tête, une tache rouge de chaque côté du cou, et une raie argentée, de la largeur d'un tuyau de plume, qui descend de la tête jusqu'à l'estomac. Sonnini pense que cet oiseau est l'oie à cou roux, *anas ruficollis*, Pallas et Lath. ; mais il y a bien des différences dans leur plumage. (Cr. D.)

LOOM. (*Ornith.*) Ce nom suédois et lapon, qui s'écrit aussi *lom*, est le synonyme de lumme ou petit plongeon des mers du Nord, et plongeon à gorge rouge de Buffon, *colymbus septentrionalis*, Linn. Voyez Arau. (Ch. D.)

LOONER. (*Ornith.*) Un des noms anglois cités par Willughby et Klein comme synonymes de *colymbus minor*, grèbe de rivière ou castagneux. (Ch. D.)

LOOSA. (*Bot.*) Linnæus a substitué ce nom à celui de *loasa*, donné primitivement par Adanson et Jacquin à un genre péruvien, qui étoit l'*ortiga* de Feuillée, et qui maintenant est le type de la nouvelle famille des loasées. (J.)

LOOTMANTIES (*Ichthyol.*), nom hollandois du pilote, poisson du genre Centronote. Voyez ce dernier mot. (H. C.)

LOOTSMANN (*Ichthyol.*). nom allemand du centronote pilote. Voyez CENTRONOTE. (H. C.)

LOO-UTAN. (*Bot.*) Nom javanois du *banisteria bengalensis*, suivant Burmann. (J.)

LOPARE. (*Mamm.*) Nom suédois du dauphin. (F. C.)

LOPÈZE. *Lopezia.* (*Bot.*) Genre de plantes dicotylédones, à fleurs complètes, polypétalées, de la famille des *onagraires*, de la *monandrie monogynie* de Linnæus; offrant pour caractère essentiel : Un calice à quatre folioles caduques; cinq pétales irréguliers; une seule étamine; un ovaire inférieur, turbiné; un style; un stigmate frangé. Le fruit consiste en une capsule globuleuse, à quatre valves, à quatre loges polyspermes.

LOPÈZE A GRAPPES : *Lopezia racemosa*, Cavan., *Icon. rar.*, 1, tab. 16; Jacq., *Ic. rar.*, tab. 205; *Bot. Magaz.*, 8, tab. 254; *Lopezia coronata*, Andr., *Bot. Repos.*, tab. 541? *Pisaura automorpha*, Bonat., *Monogr. Pad.*, 1793, *Icon.* Plante herbacée, élégante et légère, haute de deux ou trois pieds; les tiges sont tétragones; les rameaux alternes; les feuilles pétiolées, alternes, glabres, ovales-lancéolées, molles, dentées en scie; les pétioles rougeâtres, ciliés; les fleurs rouges, petites, disposées en grappes assez nombreuses, étalées, légères; les pédoncules simples, capillaires; les folioles du calice oblongues; les cinq pétales ouverts, irréguliers, dont deux opposés, un peu en faucille, à onglets aigus; deux autres, supérieurs, plus courts, linéaires, terminés par un tubercule, et le cinquième ovale, échancré, court, plié, pendant, muni d'un onglet arqué, qui, par sa base, fournit une gaine au style; chaque fleur présente une étamine dont le filament est élargi et canaliculé à sa base. Le fruit consiste en de petites capsules globuleuses, élégantes.

Cette jolie plante croît au Mexique. On la cultive aujourd'hui dans les jardins de botanique, même en pleine terre; mais comme elle fleurit un peu tard, qu'elle craint les froids, il faut, si l'on veut en obtenir des graines, la tenir dans des pots et la rentrer dès les premiers froids. On la sème au printemps sur couche; on la repique dans une terre moitié franche, moitié de bruyère, à une bonne exposition.

Lopèze velue : *Lopezia hirsuta*, Jacq., *Collect.*, *Suppl.*, p. 5, tab. 15, fig. 4: Vahl, *Enum.*, 1, pag. 5. Quoique très-rapprochée de l'espèce précédente, celle-ci s'en distingue néanmoins par ses feuilles ovales et non lancéolées, velues, plus rétrécies à leur base; à nervures et dentelures plus nombreuses; les tiges sont cylindriques et velues; les pétales constamment de la même couleur, et non incarnats et blancs, comme il arrive pour la plante précédente. Cette espèce croit aux environs de Mexico.

Lopèze écarlate : *Lopezia miniata*, Dec., *Catol. Monsp.*, p. 121. Arbuste très-élégant, fort petit, dont les tiges sont glabres, rameuses, cylindriques, garnies de feuilles ovales, alongées, dentées en scie à leur contour: ses rameaux sont chargés, pendant l'hiver, d'un très-grand nombre de petites fleurs d'une belle couleur écarlate. Cette plante croît au Mexique : elle est cultivée dans plusieurs jardins de botanique. (Poir.)

LOPHANTHUS. (*Bot.*) Le genre que Linnæus avoit d'abord ainsi nommé, a été ensuite réuni par lui-même à l'hysope sous le nom d'*hyssopus lophanthus*. Long-temps après, Forster a fait un autre genre sous le même nom ; mais ensuite, comme Linnæus, il a reconnu qu'il n'étoit qu'une espèce de *waltheria*, qu'il a nommée *waltheria lophanthus*. Voyez Walthère. (J.)

LOPHAR. (*Ichthyol.*) Nom d'un poisson que l'on pêche dans la Propontide auprès de Constantinople. Il a été rapporté par M. de Lacépède au genre des Centropomes, et par Forskal, Artédi et Linnæus à celui des Perches, tandis que, sous l'appellation de *Lopharis*, M. Rafinesque-Schmaltz en a fait un genre à part.

Ce poisson a le port et la taille du hareng : ses catopes sont réunis par une membrane ; il a deux nageoires dorsales: la base de la seconde et celle de l'anale sont charnues ; sa teinte générale est argentée ; son dos est d'un vert brun, et l'extrémité de sa nageoire caudale est noirâtre. (H. C.)

LOPHAR BALUK. (*Ichthyol.*) Nom turc du Lophar. Voyez ce mot. (H. C.)

LOPHARI. (*Ichthyol.*) Nom que les Grecs modernes donnent au Lophar. Voyez ce mot. (H. C.)

LOPHARIS. (*Ichthyol.*) M. Rafinesque - Schmaltz a établi, sous ce nom, un genre parmi les poissons osseux holobranches, de l'ordre des thoraciques, dans la famille des acanthopomes.

Ce genre diffère des centropomes de M. de Lacépède, en ce que les catopes des individus qui le composent, sont réunis par une membrane transversale.

Il a pour type le centropome lophar de M. de Lacépède, lequel est le même poisson que le *perca lophar* de Linnæus. Voyez CENTROPOME et LOPHAR. (H. C.)

LOPHERINA. (*Bot.*) On a distingué depuis long-temps les bruyères en trois sections, toutes nombreuses en espèces, et caractérisées principalement par la structure des anthères ; ce qui a déterminé Necker à en former trois genres distincts. Il a laissé dans le genre *Erica* celles dont les anthères sont aristées, c'est-à-dire, terminées à leur base par deux arêtes ; son *Apogandrum* réunit celles dont les anthères sont mutiques ou sans arête ; et il réunit dans son *L'pherina* les espèces à anthères cristées ou conformées en crête. Ces genres n'ont pas encore été adoptés. (J.)

LOPHIDIUM. (*Bot.*) Ce genre de la famille des fougères, établi par Richard, est le même que le SCHIZÆA de Smith. Voyez ce mot. (LEM.)

LOPHIE, *Lophius.* (*Ichthyol.*) Le genre de poissons qui, dans la plupart des auteurs, porte ce nom, est maintenant partagé en plusieurs autres, dont il est traité en particulier aux articles BATRACHUS, BAUDROIE, CHIRONECTE et MALTHÉE. (H. C.)

LOPHIOLÈPE, *Lophiolepis.* (*Bot.*) C'est un sous-genre, que nous avons proposé dans l'article LAMYRE, t. XXV, p. 225 ; il appartient à l'ordre des synanthérées, à notre tribu naturelle des carduinées, et au genre *Cirsium*, dans lequel il est intermédiaire entre les deux sous-genres *Cirsium* et *Picnomon*. Voici ses caractères :

Calathide incouronnée, équaliflore, multiflore, obringentiflore, androgyniflore, sauf une rangée extérieure ordinairement masculiflore. Péricline ovoïde, inférieur aux fleurs ; formé de squames régulièrement imbriquées, appliquées, linéaires, coriaces, surmontées d'un appendice long, arqué en dehors avec rigidité, linéaire-subulé, coriace-foliacé, terminé au sommet par une forte épine, et bordé sur les deux côtés de petites épines molles. Clinanthe épais, charnu, hémisphérique, garni de fimbrilles longues, inégales, libres, filiformes. Ovaires comprimés bilatéralement, obovales-oblongs, glabres, lisses; aigrette longue, grisâtre ou roussâtre au milieu, composée de squamellules nombreuses, plurisé-riées, inégales, filiformes-laminées, barbées, attachées a un anneau qui entoure un plateau. Corolles obringentes. Éta-mines à filet velu. Fleurs marginales ordinairement mâles, à ovaire semi-avorté, stérile, à aigrette composée de squa-mellules peu nombreuses, à style, étamines et corolle comme dans les fleurs hermaphrodites.

LOPHIOLÈPE A BELLES CALATHIDES : *Lophiolepis calocephala*, H. Cass.; *Cnicus ciliatus*, Willd. Cette plante herbacée, haute de près de cinq pieds, a la tige épaisse, dressée, rameuse, hispide; les feuilles sont sessiles, semi-amplexicaules, échan-crées à la base, hispides et vertes en-dessus, tomenteuses et blanches en-dessous, profondément pinnatifides; chaque di-vision est subdivisée presque jusqu'à sa base en deux lanières longues, étroites, divergentes, dont la supérieure a deux dents à sa base; il y a une longue et forte épine au sommet de chaque division, et d'autres épines moindres sur les bords de la feuille; les feuilles inférieures sont longues d'un pied, larges de huit pouces; les supérieures sont plus petites; les calathides sont terminales, dressées, larges de deux pouces et demi, hautes de deux pouces, et composées de fleurs à corolle purpurine; le péricline n'est point aranéeux, mais glabre, et formé de squames dont les appendices sont très-arqués en dehors avec rigidité, terminés par une forte épine, et bordés d'épines moindres; les ovaires sont oblongs.

Nous avons fait cette description sur un individu vivant, cultivé au Jardin du Roi, où il fleurissoit au mois d'Août. Cette belle espèce, qui est le type du sous-genre *Lophiolepis*, est vivace par sa racine, et habite la Sibérie.

LOPHIOLÈPE A PÉRICLINE ARANÉEUX : *Lophiolepis araneosa*, H. Cass.; *Cirsium arachnoideum*, Marsch., *Flor. Taur. cauc.*, t. 3. Plante herbacée, haute de cinq pieds; tiges dressées, épaisses, rameuses, hispides; feuilles radicales longues d'un pied neuf pouces, larges de cinq pouces et demi, pétiolées, pinnatilides, bordées d'épines et de cils roides, à face supérieure verte, hérissée de poils roides, à face inférieure grisâtre, subtomenteuse : chaque division découpée en deux lobes oblongs, très-divergens, dont le supérieur a un lobe court sur chaque côté de sa base : feuilles caulinaires sessiles, étalées, échancrées en cœur à la base, plus petites et moins découpées que les radicales : calathides terminales, dressées, larges d'un pouce et demi, hautes de deux pouces : péricline ovoïde-urcéolé, subcampanulé, garni de poils aranéeux, formé de squames dont l'appendice est arqué en dehors avec rigidité, terminé par une forte épine, et bordé d'épines moindres : corolles purpurines.

Nous avons décrit cette espèce sur un individu vivant, cultivé au Jardin du Roi, où il fleurissoit au mois d'Août. Elle est vivace et habite le Caucase.

LOPHIOLÈPE A CALATHIDES INCLINÉES : *Lophiolepis nutans*, H. Cass. La tige est herbacée, haute de deux pieds et demi, dressée, rameuse, pubescente : les feuilles sont alternes, sessiles, semi-amplexicaules, rarement un peu décurrentes, étalées, oblongues-lancéolées, vertes et hispides en-dessus, grisâtres et un peu tomenteuses en-dessous, échancrées en cœur à la base, découpées sur les bords en quelques grandes dents terminées chacune par une épine, et bordées d'épines très-petites, semblables à des cils ou à des poils roides ; les feuilles inférieures sont longues de six pouces, larges de deux pouces et demi, les supérieures sont plus petites ; les calathides, larges de près d'un pouce et demi, longues de près de deux pouces et composées de fleurs purpurines, sont solitaires à l'extrémité de la tige et des rameaux, et inclinées horizontalement par la courbure roide du sommet de leur support : le péricline est subglobuleux, et garni de poils aranéeux très-nombreux, qui lient les squames entre elles : les squames sont très-nombreuses, régulièrement imbriquées, oblongues-lancéolées, surmontées d'un long appendice linéaire-subulé, roide, très-arqué en dehors avec rigidité, spinescent au sommet, garni sur les deux bords de longues épines : les ovaires sont obovales : les corolles sont très-obringentes : le clinanthe est convexe, garni de fimbrilles filiformes-laminées, membraneuses.

Nous ignorons l'origine de cette espèce, décrite par nous sur un individu vivant, cultivé au Jardin du Roi, où il fleurissoit au mois d'Août, et où il étoit étiqueté *Cnicus lappaceus*; mais nous ne croyons point que ce soit le *Cnicus lappaceus* de Marschall. Ne seroit-ce pas plutôt son *Cnicus fimbriatus*?

LOPHIOLÈPE DOUTEUSE : *Lophiolepis dubia*, H. Cass.; *Carduus lanceolatus*, Linn. *Sp. pl.*, édit. 3, pag. 1149. Cette espèce, que nous attribuons avec doute au sous-genre *Lophiolepis*, a déjà été décrite dans ce Dictionnaire, tome IX, page 270, sous le nom de *Cirsium lanceolatum*. Nous devons donc nous borner à tracer ici ses caractères génériques, pour faire connoitre en quoi ils se rapprochent et en quoi ils s'éloignent de ceux des vrais *Lophiolepis*. La calathide est multiflore ; le péricline ovoïde, inférieur aux fleurs, est formé de squames très-nombreuses, régulièrement imbriquées, appliquées, oblongues-lancéolées, coriaces, surmontées d'un long appendice arqué en dehors avec rigidité sur les squames des rangées extérieures ou inférieures, seulement étalé sur les autres squames: cet appendice, linéaire-subulé, foliacé, roide, spinescent au sommet, offre sur ses deux bords latéraux des rudimens d'épines, mous, extrêmement courts, visibles à la loupe, et qui ne sont réellement que des bases épaisses de poils ; le clinanthe est épais, charnu, convexe, garni de fimbrilles nombreuses, longues, inégales, libres, filiformes ; les ovaires sont comprimés, oblongs, glabres; leur aigrette est longue, roussâtre supérieurement, composée de squamellules nombreuses, plurisériées, inégales, filiformes-laminées, barbées, attachées à un anneau qui entoure un plateau ; les corolles sont obringentes ; les étamines ont le filet velu.

Outre les quatre espèces que nous venons de décrire, il faut probablement attribuer encore au sous-genre *Lophiolepis* le *Carduus eriophorus* de Linné, les *Cirsium serrulatum*, *fimbriatum*, *laniflorum*, *lappaceum* de Marschall, et plusieurs autres espèces qu'il faudroit examiner.

Le sous-genre *Lophiolepis* est très-naturel. Son caractère essentiel consiste en ce que les appendices des squames du péricline sont longs, arqués en dehors, et bordés de petites épines. Il se distingue ainsi des vrais *Cirsium*, dont les ap-

pendices du péricline sont courts, droits, non bordés d'épines;
et du *Picnomon*, dont les appendices sont longs, étalés, arqués en dehors, épais, roides, linéaires-subulés, armés de
sept épines très-longues, une terminale et six latérales. Nous
avons formé, depuis peu, dans le genre *Cirsium*, un nouveau
sous-genre, nommé *Orthocentron*, ayant pour type le *Cnicus
pungens* de Willdenow, intermédiaire entre les vrais *Cirsium*
et les *Lophiolepis*, et caractérisé par les appendices du péricline, qui sont longs, étalés, droits, roides, subulés, spines-
cents. Notre sous-genre *Lophiolepis* a quelque rapport avec
le genre *Eriocephalus* de Vaillant, mal caractérisé et mal composé par cet auteur. Le nom de *Lophiolepis*, formé de deux
mots grecs qui signifient *crête*, *écaille*, exprime que les squames
ou écailles du péricline sont ornées d'une sorte de crête figurée par leur appendice élégamment disposé, surtout dans la
première espèce, qui est le type de ce sous-genre.

Plusieurs *Lophiolepis* présentent une singularité assez notable, qui consiste en ce que les fleurs marginales de leur
calathide sont réellement mâles, puisqu'elles ont des étamines
parfaites, tandis que leur ovaire est semi-avorté et stérile,
quoique le style paroisse bien conformé. C'est une anomalie,
ou une exception à la règle dont nous avons parlé, t. XXV,
pages 479 et 480, suivant laquelle, dans la calathide des synanthérées, qui est un épi simple, le sexe masculin domine
au centre, c'est-à-dire au sommet, et le sexe féminin à la circonférence, c'est-à-dire à la base, toutes les fois qu'il y a
inégalité de forces entre les deux sexes. Il importe d'observer
que la présence d'une rangée extérieure masculiflore ne constitue pas une couronne proprement dite, et n'empêche pas
que la calathide ne doive être dite incouronnée. En effet,
nous avons établi, t. X, pages 137, 143 et 145, que la calathide est incouronnée, quand toutes les fleurs qui la composent sont semblables par la corolle; et qu'elle est couronnée,
quand les fleurs extérieures diffèrent par la corolle des fleurs
intérieures : d'où il suit que la couronne est toujours féminiflore ou neutriflore, jamais androgyniflore ni masculiflore;
car le disque est essentiellement composé de corolles mascu-
lines ou staminées, c'est-à-dire pourvues d'étamines; et l'absence ou l'avortement des étamines est certainement la cause

ou l'effet de l'altération subie par les corolles de la couronne, puisque ces deux choses sont toujours co-existantes et semblent inséparables. On peut consulter sur ce sujet notre Mémoire concernant l'influence que l'avortement des étamines paroît avoir sur les périanthes : ce Mémoire, lu à la Société philomatique, le 25 Mars 1816, a été publié par extrait dans le Bulletin des sciences d'Avril 1816, pag. 58, et en totalité dans le Journal de physique de Mai 1816, t. 82, p. 355.

Nous croyons pouvoir placer ici des observations sur le *Cirsium arvense*, et la description d'une nouvelle espèce de *Cirsium*[1]. Cette digression, qui n'est pas tout-à-fait étrangère à l'objet du présent article, servira de supplément à notre article CIRSE, et nous espérons qu'elle intéressera nos lecteurs.

Il est malheureusement peu de plantes plus communes que le *Cirsium arvense*[2]. dont la propagation dans les champs cultivés désole l'agriculteur ; et pourtant il est vrai de dire que cette plante si vulgaire n'étoit pas encore bien connue des botanistes, puisqu'elle offre une particularité fort remarquable, et qui avoit échappé jusqu'ici à leur attention.

Le *Cirsium arvense* est vivace par sa racine. Depuis plus de dix ans j'observe, chaque année, à l'époque de sa fleuraison, l'individu qui est l'unique représentant de cette espèce dans l'École de botanique du Jardin du Roi : et je trouve constamment que ses fruits sont stériles et ses étamines imparfaites.

M. Robert Brown a établi que la *Serratula tinctoria* étoit une plante dioïque. J'ai soupçonné que le *Cirsium arvense* pouvoit être dans le même cas, et, pour m'en assurer, j'ai observé, dans le cours de l'été dernier, une multitude presque innombrable d'individus vivant dans les champs, et dans plusieurs autres localités très-diverses : ma conjecture a été complétement vérifiée par toutes ces observations, dont voici les résultats.

---

1 Ces observations et cette description ont été lues par nous à la Société philomatique, le 1.ᵉʳ Mars 1823.

2 La plante ainsi nommée par MM. de Lamarck et De Candolle, est la *serratula arvensis* de Linnæus, le *carduus arvensis* de Smith, le *cnicus arvensis* d'Hoffmann : elle est vulgairement connue sous le nom de chardon hémorrhoïdal.

Le *Cirsium arvense* est vraiment dioïque : car, dans cette espèce, toutes les calathides sont unisexuelles, par l'imperfection tantôt du sexe mâle, tantôt du sexe femelle : et chaque individu n'a que des calathides d'un même sexe à l'état parfait.

Il est difficile d'évaluer, même approximativement, la proportion, très-variable sans doute, du nombre des individus des deux sexes : cependant j'ai cru reconnoître, au moins dans plusieurs lieux, que le nombre des mâles et celui des femelles étoient à peu près égaux, en comptant tous les individus disséminés dans un même champ, ou dans un même espace de terrain suffisamment étendu et circonscrit par des bornes naturelles.

En comparant ensemble les parties de la fleur mâle et les parties analogues ou correspondantes de la fleur femelle, j'ai remarqué les différences qui vont être exposées.

La plupart des fruits provenant des fleurs d'une calathide femelle contiennent un embryon très-bien constitué. Plusieurs fruits de cette même calathide sont stériles, sans doute parce qu'ils n'ont point éprouvé l'influence de la fécondation masculine, qui, dans toute espèce dioïque, est nécessairement soumise aux chances du hasard. L'aigrette est plus longue et composée de filets plus nombreux que dans le mâle.

Le faux-ovaire des fleurs mâles est plus ou moins flasque, ridé, chiffonné, parce qu'il est alongé, et que sa partie supérieure est vide, le faux-ovule qu'il contient n'occupant que la partie inférieure. L'ovaire des fleurs femelles est plus court, plus fort, lisse, et son ovule le remplit entièrement jusqu'au sommet. Le faux ovule mâle ne prend pas d'accroissement, mais il persiste long-temps après la fleuraison, sans se flétrir. Une analyse exacte de ce corps résoudroit peut-être la grande question, le germe de l'embryon préexiste-t-il à la fécondation ? Quoique je n'aie pas pu faire avec exactitude cette analyse fort difficile, il m'a paru que le corps dont il s'agit ne contenoit aucun germe d'embryon, et que c'étoit une simple masse continue, homogène, pleine, charnue, un peu aqueuse surtout vers le centre, plus compacte près de la surface. Il est probable que cette masse correspond à ce qui forme l'enveloppe de l'embryon dans les graines fertiles.

Le style des fleurs femelles élève entièrement au-dessus de
la corolle ses deux stigmatophores, qui sont entregreffés,
mais incomplétement, en sorte que leur partie libre forme
deux profonds sillons stigmatiques latéraux. Les collecteurs
sont à peine sensibles, presque nuls, sur les stigmatophores
féminins. Tant que dure la préfleuraison, les stigmatophores
enfermés dans la corolle exactement close ne peuvent pas
recevoir un seul grain de pollen, et c'est pourquoi les lèvres
de leurs sillons stigmatiques ne sont pas encore écartées. Si
on examine ces sillons peu de temps après l'épanouissement
de la corolle, au-dessus de laquelle ils sont déja élevés, on
voit ces sillons très-ouverts et très-larges par l'écartement de
leurs lèvres, mais on n'y aperçoit encore aucun globule pol-
linique. Sur des fleurs plus avancées en âge de fleuraison,
on trouve presque toujours les sillons stigmatiques plus ou
moins garnis de pollen jaune, qui y adhère, et qui nécessairement y a été apporté par le vent. J'ai souvent remarqué
avec étonnement l'abondance de ce pollen, remplissant quelquefois les sillons, et se trouvant rarement répandu sur les
autres parties des fleurs femelles : j'étois presque tenté d'admettre une attraction mystérieuse exercée à distance par les
sillons stigmatiques sur le pollen : mais il est plus vraisemblable que les globules polliniques disséminés en tout lieu
par le vent tombent presque aussitôt sur la terre, ou sont
emportés de nouveau dans les airs, lorqu'ils n'ont rencontré
dans leur course vagabonde que des corps qui n'ont aucune
action sur eux ; tandis que ceux de ces globules qu'un heureux hasard a conduits sur les sillons stigmatiques y demeurent fixés par agglutination, ou peut-être par l'effet d'une
sorte de succion.

Les faux stigmatophores de la fleur mâle sont très-élevés
au-dessus des anthères et de la corolle ; ils sont très-garnis
de collecteurs papilliformes ; et ils sont entregreffés complétement, de manière que les sillons stigmatiques sont nuls ou
presque nuls, non ouverts, réduits à une simple ligne super-
ficielle et point enfoncée. Ces stigmatophores ne portent
presque jamais de globules polliniques, bien qu'ils soient
papillés, et qu'ils aient traversé le tube anthéral, dont ils
ont expulsé tout le pollen. Ce pollen, quoique très-abon-

dant, ne se retrouve nulle part sur la calathide mâle, sauf quelques grains épars sur les collecteurs piliformes de la base des stigmatophores. Ces grains de pollen restent blancs ou blanchâtres, ou ne deviennent jaunâtres que plus tard et plus difficilement que sur les sillons stigmatiques des fleurs femelles. Je conclus de ces faits, 1.° que les faux stigmatophores masculins enlèvent autour de leurs collecteurs tout le pollen contenu dans les anthères, mais qu'ils ne conservent point ce pollen, que le vent transporte bientôt ailleurs; 2.° que les globules polliniques déposés sur les sillons stigmatiques y éprouvent une altération qu'ils ne subissent pas, du moins aussi complétement ni aussi promptement, quand ils se trouvent déposés ailleurs, et qui se dénote extérieurement par un changement de coloration.

Les anthères de la fleur mâle sont grandes, longues, atteignant et même dépassant par leur sommet le sommet de la corolle; elles sont colorées comme la corolle, et pleines de pollen blanc. Aussitôt après que le tube anthéral a été traversé par les faux stigmatophores, les anthères se trouvent absolument vides de pollen : cependant elles sont encore fraîches et colorées, et lorqu'elles se dessèchent ensuite, elles ne deviennent jamais noires, mais jaunâtres ou blanchâtres. Leurs filets, au contraire, se flétrissent et noircissent, après l'émission du pollen; ils sont comme chagrinés ou garnis de papilles tuberculiformes.

Les fausses anthères de la fleur femelle, observées à quelque époque que ce soit, pendant la fleuraison, et même durant la préfleuraison, c'est-à-dire, avant l'ouverture ou l'épanouissement de la corolle, sont toujours demi-avortées, très-petites, sèches, noires, absolument privées de pollen. Le filet qui les supporte est glabre et lisse, et il reste frais et coloré comme la corolle, même jusques après la fécondation : ce qui est précisément l'inverse de ce qui a lieu dans la fleur mâle.

La corolle des fleurs mâles est grande, et son tube est très-arqué en dehors; elle s'élève beaucoup au-dessus du péricline, et elle se rabat ou se renverse sur lui après l'émission du pollen.

La corolle des fleurs femelles est plus petite, plus courte, plus droite, moins étalée que la corolle des fleurs mâles ; son limbe est beaucoup plus court : son tube est plus long, et bien moins arqué en dehors. C'est ici le lieu de remarquer qu'en général, chez les synanthérées, le degré d'altération de la corolle paroît exactement proportionnel au degré d'avortement des étamines. La corolle femelle du *Cirsium arvense* est très-peu altérée, c'est-à-dire, très-peu différente de la corolle mâle, parce que ses étamines, quoique stériles, subsistent, et n'ont éprouvé qu'un avortement partiel et incomplet.

La même chose a lieu chez quelques autres synanthérées, notamment chez le *Tarchonanthus camphoratus*, qui est dioïque, ainsi que je l'ai démontré, en 1816, dans mon Mémoire sur cet arbrisseau ; mais tous les botanistes, trompés sans doute par la similitude des corolles mâle et femelle, et par l'existence des étamines imparfaites dans la fleur femelle, avoient cru jusque-là que les fleurs du *Tarchonanthus* étoient hermaphrodites, et cette fausse supposition avoit produit d'autres erreurs beaucoup plus graves, réfutées complétement dans le mémoire que je viens de citer. (Voyez le Bulletin des sciences d'Août 1816, pag. 127 : le Journal de physique de Mars 1817, et celui de Juillet 1818, pag. 29.)

L'individu de *Cirsium arvense*, cultivé au Jardin du Roi, et dont j'ai déjà parlé, est un individu femelle, dont les fruits sont toujours stériles, parce qu'il n'y a dans ce jardin aucun individu mâle de la même espèce, et qu'ainsi ces fruits ne peuvent être fécondés. Cependant ils paroissent extérieurement être en bon état et bien mûrs : mais, en les ouvrant, j'y ai retrouvé l'ovule à l'état de pulpe aqueuse, et n'ayant fait aucun progrès depuis la fleuraison : enfin cet ovule étoit desséché dans les fruits plus âgés. Remarquez que l'individu dont il s'agit se trouve placé, dans l'école de botanique, fort près de plusieurs autres espèces de *Cirsium* à fleurs hermaphrodites, dont le pollen peut être transporté par le vent sur ses stigmates, et que pourtant la fécondation n'a jamais lieu. Je reviendrai bientôt sur cette remarque.

Il existe, dans le même local, une autre plante, qui y est cultivée sous le nom de *serratula gigantea*, et dont on ignore la patrie et l'origine. L'ayant observée avec soin, j'ai reconnu qu'elle ne pouvoit point appartenir au genre *Serratula*, mais que c'étoit un vrai *Cirsium*, très-voisin du *Cirsium arvense*, dont il est pourtant bien distinct; que cette nouvelle espèce étoit dioïque, comme celle dont nous venons de parler, et que le Jardin du Roi ne possédoit que l'individu femelle. Je propose de nommer *Cirsium dioicum* cette plante remarquable, qui fleurissoit au commencement de Septembre 1822, et dont voici la description.

Cirsium dioicum, H. Cass. (*Serratula gigantea*, Hort. Reg. Par.; *An? Serratula setosa*, Willd.) Espèce dioïque. *Individu femelle*. Racine vivace. Tige herbacée, dressée, haute de quatre à cinq pieds, rameuse, épaisse, un peu anguleuse ou striée, glabriuscule. Feuilles alternes, sessiles, bordées de petites épines en forme de cils : les inférieures longues de neuf pouces, larges de trois pouces, un peu pubescentes, oblongues-lancéolées, à base subpétioliforme, plus ou moins profondément découpées sur les côtés en lobes entiers, arrondis au sommet; les feuilles supérieures ou des rameaux longues d'environ deux pouces, larges d'environ six lignes, glabres, lisses, luisantes, lancéolées, obtuses au sommet, imitant les feuilles de saule ou de laurier. Calathides femelles, hautes de huit lignes, tout-à-fait analogues à celles du *Cirsium arvense*, pédonculées par la partie supérieure nue des rameaux, et disposées en panicules corymbiformes terminales. Péricline ovoïde, inférieur aux fleurs; formé de squames très-nombreuses, régulièrement imbriquées, appliquées, uninervées, bordées de longs poils laineux : les extérieures ovales-lancéolées, coriaces, terminées par un appendice très-court, inappliqué, droit, subulé, un peu spinescent; les intermédiaires et les intérieures oblongues-lancéolées, terminées par un appendice inappliqué, roide, lancéolé, scarieux, rouge. Clinanthe épais, charnu, fimbrillé. Fruits comprimés, oblongs, glabres, lisses; aigrette longue, composée de squamellules nombreuses, filiformes, barbées. Corolles purpurines, à limbe divisé presque jusqu'à sa base par des incisions à peu près égales. Anthères semi-avortées, petites, sèches, brunes, privées de pollen, même avant la fleuraison. Stigmatophores entregreffés incomplétement, formant par leurs parties libres des sillons stigmatiques à lèvres bien écartées.

Quoique je ne connoisse point l'individu mâle, je puis supposer avec beaucoup de vraisemblance qu'il n'y a, dans cette espèce, entre les individus des deux sexes, que les différences qui existent entre le mâle et la femelle du *Cirsium arvense*, et que j'ai décrites précédemment.

Les ovaires de l'individu femelle de *Cirsium dioicum*, qui est au Jardin du Roi, contiennent tous un ovule; mais aucun de ces ovaires ne devient un fruit fertile, parce que l'ovule, n'étant point fécondé par le mâle, reste toujours dans un état d'imperfection. Cependant j'ai observé que presque tous les sillons stigmatiques étoient abondamment garnis de globules polliniques. Ce pollen, certainement étranger à la plante dont il s'agit, puisque ses anthères en sont privées, ne pouvoit avoir été déposé sur ses stigmates que par le vent, qui sans doute l'avoit enlevé à quelques espèces de *Serratula* entre lesquelles le *Cirsium dioicum* se trouve placé dans l'école de botanique. On se rappelle que j'ai fait une remarque analogue sur le *Cirsium arvense*. Il paroît donc que ces plantes ne peuvent être fécondées que par le mâle de leur propre espèce, et qu'ainsi elles sont incapables de produire des hybrides. Je ne sais pas s'il est bien prouvé que certains végétaux peuvent en produire : mais il me semble indubitable que cette faculté est refusée à toutes les plantes diclines, et surtout aux plantes dioïques; car, s'il en étoit autrement, on verroit journellement ces plantes donner naissance à presque autant de produits hybrides que de races naturelles, et le type de chaque espèce se perdroit, ou ne seroit plus reconnoissable au milieu de toutes ses variations.

Mes observations sur les *Cirsium arvense* et *dioicum* fournissent de nouvelles preuves très-convaincantes à l'appui de ce que j'avois établi en 1812, concernant le stigmate des carduinées, dans mon premier Mémoire sur les synanthérées : en effet, on ne peut plus douter que ce stigmate réside, comme je l'avois dit, sur les marges de la face intérieure plane des stigmatophores, et que les papilles qui couvrent leur face extérieure convexe, ne sont point du tout stigmatiques, comme on le croyoit auparavant. Cela est bien évident, puisque les faux stigmatophores de la fleur mâle sont très-garnis de papilles sur leur face extérieure convexe, et que les marges de leur face intérieure plane sont confondues comme le reste en une seule masse par la greffe complète qui les réunit ; tandis que ces marges restent libres et forment des sillons très-ouverts sur les stigmatophores de la fleur femelle, qui sont presque dépourvus de papilles. Remarquez que, l'ovaire de la fleur mâle étant pourvu d'un ovule, l'imperfection du sexe femelle dans cette fleur doit être attribuée au défaut de stigmate.

On a essayé, dans ces derniers temps, d'ébranler et même de renverser la théorie de l'existence des sexes chez les végétaux. Il me semble que les auteurs de ces attaques un peu téméraires auroient bien de la peine à expliquer les faits que j'ai observés sur les *Cirsium arvense* et *dioicum*; et leur embarras sur ce point seroit à mes yeux, je l'avoue, le résultat le plus satisfaisant des observations dont il s'agit. (H. Cass.)

LOPHIONOTES. (*Ichthyol.*) M. Duméril, dans sa Zoologie analytique, a donné ce nom à une famille de poissons osseux holobranches, ayant les catopes au-dessous des nageoires pectorales ; le corps épais, comprimé, et la nageoire du dos très-longue, ce qu'indique le mot *lophionotes*, tiré du grec λόφος, *crête*, et νῶτος, *dos*.

Le tableau suivant fera connoître les principaux caractères des genres qui composent cette famille.

Famille des Lophionotes.

```
                        ┌ la tête ;   ┌ dentelés............................ TÆNIANOTE.
            ┌ unique :  │ opercules   │ lisses  et ┌ transverses, bridés.. CORYPHÈNE.
Nageoire du │ naissant  │             └            └ obliques, libres... CENTROLOPHE.
    dos     │    sur     │ le c·u ; opercules ┌ très-distincts....... HÉMIPTÉRONOTE.
            │           └                     └ peu distincts....... CORYPHÉNOÏDE.
            └ double ; toutes les impaires écailleuses........ CHEVALIER.
```

Tous les genres de cette famille sont remarquables par la longueur de la nageoire dorsale ; tous les poissons qui les composent, nagent avec une grande facilité et vivent de proie. Voyez CENTROLOPHE, CHEVALIER, CORYPHÈNE, CORYPHÉNOÏDE, HÉMIPTÉRONOTE, HOLOBRANCHES et TÆNIANOTE. (H. C.)

LOPHIRA. (*Bot.*) Genre de plantes établi par Gærtner fils (*Carpol.*, pag. 52, tab. 188), jusqu'alors peu connu, de

la *polyandrie monogynie* de Linnæus, dont le caractère essentiel consiste dans un calice persistant, à cinq folioles; trois
petites; une quatrième plus grande en lanière, opposée à
une autre trois fois plus petite : la corolle inconnue; les
étamines nombreuses, insérées sur le réceptacle; un ovaire
inférieur; un style simple, bifide à son sommet. Le fruit
est une noix coriace, à une loge monosperme.

Ce genre ne renferme qu'une seule espèce, désignée sous
le nom de *Lophira alata*, arbre de l'Afrique équinoxiale,
dont les rameaux sont garnis de feuilles ailées, composées
de folioles roides, alternes, alongées, lancéolées, presque
en cœur renversé. Les fleurs sont disposées en grappes. (POIR.)

LOPHIUM. (*Bot.*) Fries a réuni sous ce nom générique les
espèces du genre *Sphæria* dont l'ouverture du conceptacle
est très-élargie en forme de fente crenelée. Ces espèces
forment, dans le grand genre *Sphæria* de Persoon, les divisions
des *sphæria platystomes*. Voyez SPHÆRIA. (LEM.)

LOPHIUS (*Ichthyol.*), nom latin des poissons du genre
LOPHIE. (H. C.)

LOPHOBRANCHES. (*Ichthyol.*) M. Cuvier a donné ce
nom à son quatrième ordre de la classe des poissons, ordre
très-remarquable par ses branchies, qui, au lieu d'avoir,
comme à l'ordinaire, la forme de dents de peigne, se divisent en petites houppes rondes disposées par paires le long
des arcs branchiaux; structure dont on ne retrouve aucun
autre exemple dans les poissons. Ces branchies sont d'ailleurs enfermées sous un grand opercule attaché de toutes
parts par une membrane, qui ne laisse qu'un petit trou
pour la sortie de l'eau, et ne montre, dans son épaisseur,
que quelques vestiges de rayons.

Les poissons lophobranches se reconnoissent, en outre, à
leur corps cuirassé, d'une extrémité à l'autre, par des écussons qui le rendent toujours anguleux. Ils sont généralement de petite taille et presque sans chair. Leur intestin est
égal et sans cœcums; leur vessie natatoire, mince, paroît
assez grande à proportion.

Les genres que M. Cuvier rapporte à cette famille, sont
les genres SYNGNATHE, HIPPOCAMPE, SOLÉNOSTOME et PÉGASE.
Voyez ces mots. (H. C.)

27.   13

LOPHOPHORE. (*Ornith.*) On a déjà eu plusieurs fois occasion de répéter que, lorsqu'il s'agit d'établir un genre nouveau en zoologie, il est préférable de lui donner le nom que l'animal porte dans son pays natal. Si on ne le connoît point, et si on ne peut le tirer d'un des caractères exclusifs qui constituent ce genre, il vaut mieux employer un mot insignifiant, que de créer un terme applicable à la première espèce découverte et qui ne le seroit plus à la seconde. Le nom de lophophore donne lieu de renouveler la même observation. La belle aigrette dont sa tête est ornée a pu frapper les yeux ; mais c'est là un attribut spécifique, qui se retrouve d'ailleurs chez d'autres oiseaux portant aussi une aigrette, moins saillante à la vérité, mais de la même nature. M. Temminck, qui a imaginé le nom de lophophore, n'a pas tardé à fournir lui-même une preuve de l'inconvénient signalé. En effet, après avoir reconnu, dans son Histoire des gallinacés, tome 2, p. 354, qu'il y avoit beaucoup d'affinité entre son lophophore resplendissant et le faisan noir de Sonnini, *Phasianus leucomelanos*, Lath. (sans toutefois y réunir ce dernier), il a effectué, depuis, cette réunion à la page XCI de l'Analyse du système général d'ornithologie, qui se trouve en tête de la 2.ᵉ édition de son Manuel, où il donne au *phasianus leucomelanos* le nom de *Lophophorus Cuvieri*. Or, cet oiseau n'est pas aigretté comme le lophophore resplendissant, les côtés de sa tête sont nus et rouges, et il a seulement une longue huppe occipitale. On renvoie en conséquence, pour le genre Lophophore, au mot MONAUL, nom sous lequel la première espèce est connue dans l'Inde, et que M. Vieillot a déjà adopté. (CH. D.)

LOPHORHYNCHUS. (*Ornith.*) Ce mot, tiré du grec, est le nom générique du CARIAMA, dont la seule espèce connue a une aigrette sur le bec. (CH. D.)

LOPHORINE. (*Ornith.*) Les caractères d'après lesquels M. Vieillot a formé ce genre avec l'oiseau de paradis connu sous le nom de superbe, *paradisea superba*, Gmel., ne paroissant pas suffisans pour isoler cette espèce ; voyez-en la description sous le mot PARADISIER. (CH. D.)

LOPHOTE, *Lophotus*. (*Ichthyol.*) Dans les Mémoires de l'Académie de Turin. M. Giorna a créé sous ce nom un nouveau genre de poissons, qui doit appartenir à la famille des pétalosomes de M. Duméril et à celle des tænioïdes de M. Cuvier.

Ce genre se reconnoit aux caractères suivans :

Corps alongé, finissant en pointe; tête courte, surmontée d'une crête osseuse, très-élevée, sur le sommet de laquelle s'articule un long et fort rayon épineux, bordé en arrière d'une membrane; nageoire dorsale basse, à rayons presque tous simples, et étendue de la tête à la pointe de la queue; nageoire caudale distincte; anale courte; pectorales médiocres, à premier rayon épineux; ca-topes à peine visibles; dents pointues et peu serrées.

Ce genre ne renferme encore qu'une espèce :

Le Lophote Lacépède; *Lophotus cepedianus*, Giorna. Bouche dirigée vers le haut; œil fort grand; cavité abdominale occupant presque toute la longueur du corps.

Ce poisson se trouve, mais rarement, dans la Méditerranée, et il devient fort grand. La description qu'en a donnée Giorna est incomplète, parce qu'il l'a faite sur un individu mutilé dont il ignoroit l'origine. M. Cuvier en a fait une détaillée dans les Annales du Muséum, tom. XX, p. 17, sur un individu de plus de quatre pieds, pris à Gênes. (H. C.)

LOPHYRE, *Lophyrus*. (*Entom.*) M. Latreille a indiqué ce nom, déjà employé en zoologie, pour désigner une division du genre *Hylotome* ou *Ptérone*, insectes hyménoptères de la famille des uropristes, dont nous avons fait graver une espèce à la planche 56, n.º 7 le mâle et 8 la femelle. C'est le lophyre du pin, dont la larve vit en société sur les jeunes branches des pins. Le mâle est fort différent de la femelle pour la couleur, le port et la disposition des antennes. (C. D.)

LOPHYRE, *Lophyrus*. (*Erpétol.*) Dans sa famille des sauriens planicaudes, M. Duméril a établi, sous le nom de lophyre, un genre de reptiles, démembré de celui des agames de Daudin, et reconnoissable aux caractères suivans :

Dos garni d'une crête sans rayons osseux, et couvert d'écailles semblables et égales; queue comprimée.

Ce genre est facile à distinguer de ceux des Crocodiles et des Dragones, qui ont de larges écussons osseux sur le dos; de celui des Basilics, qui ont des rayons osseux dans la crête du dos; de ceux, enfin, des Tupinambis et des Uroplates, qui

n'ont point de crête dorsale. (Voyez ces différens mots, PLA-
NICAUDES et SAURIENS.)

On ne connoît encore qu'un petit nombre d'espèces dans
ce genre.

Le LOPHYRE A CASQUE FOURCHU : *Lophyrus scutatus*; *Lacerta
scutata*, Linn.; *Iguana clamosa*, Laurenti; *Agama scutata*,
Daudin. Tête grosse ; une callosité écailleuse, partant de
chaque côté du museau, et finissant en pointe sur chaque
œil; crête dorsale très-haute sur la nuque et formée de plusieurs rangs d'écailles verticales ; corps d'un jaune pâle,
nuancé de bleu clair, et parsemé d'un certain nombre de
tubercules blancs, ronds, margaritiformes; queue entourée
de plusieurs anneaux bleus.

Ce singulier saurien, dont la taille s'élève à un pied et
quelques pouces, en y comprenant la queue, paroît venir
des Indes orientales. Suivant Séba, qui l'a figuré sous le nom
de *Salamandre prodigieuse d'Amboine* (*Th.* 1, pl. 109, fig. 3),
il jette des cris particuliers qui servent à le réunir avec
ses pareils.

Le LOPHYRE SOURCILLEUX : *Lophyrus superciliosus*; *Lacerta
superciliosa*, Linn. Crête dorsale, basse partout : une légère
apparence d'arête sur les yeux; tête courte, conoïde ou
plutôt pyramidale; gueule large; yeux grands, à paupières
fortes; gorge un peu gonflée : pieds robustes, alongés, à
cinq doigts chacun ; teinte d'un noir de poix plus ou moins
foncé, plus claire sur la tête et les joues : taille de quinze à
seize pouces.

Ce reptile se trouve dans les îles de Ceilan et d'Amboine.
Séba, qui l'a représenté à la figure 4 de la même planche
que le précédent, également sous le nom de *Salamandre*,
prétend que, comme lui, il fait aussi entendre des cris.
(H. C.)

LOPHYRE, *Lophyrus*. (*Molluscart.*) C'est le nom sous lequel M. Poli, dans son grand ouvrage sur les testacés des
deux Siciles, a décrit les animaux du G. OSCABRION de Linnæus : voyez ce mot. (DE B.)

LOPHYROPES. *Lophyropa*. (*Crust.*) M. Latreille a formé
sous ce nom une famille de crustacés, qui a été adoptée par
M. Leach, comme formant le troisième ordre de la sous-

classe des Entomostracés. Voyez ce mot, tome XIV, p. 539,
de ce Dictionnaire. (Desm.)

LOPHYROS. (*Bot.*) Voyez Lomation. (Lem.)

LOPHYRUS. (*Ornith.*) Voyez Goura. (Ch. D.)

LOPIMA. (*Bot.*) Voyez Leucena. (J.)

LOPPAJOLA. (*Bot.*) Voyez Oronge ravière, à l'article
Oronge. (Lem.)

LOQUE. (*Bot.*) Nom vulgaire de la douce-amère dans
plusieurs cantons de la France. Selon M. Bosc, on le donne
dans quelques lieux, et surtout dans les Cevennes, à une car-
line, *carlina acaulis*, dont on mange le réceptacle charnu
des fleurs, comme celui de l'artichaut. On ne confondra pas
ces plantes avec le loqui ou *lloque* du Pérou, désigné ici sous
le nom de Guayo-colorado. Voyez ce mot. (J.)

LOQUOIRE. (*Ornith.*) Voyez Loere. (Ch. D.)

LORANTEA. (*Bot.*) Genre établi par Ortéga, qui est la
même plante que le *sanvitalia* de M. de Lamarck et de Willdenow. (J.)

LORANTHE, *Loranthus*. (*Bot.*) Genre de plantes dicotylédones, à fleurs complètes, monopétalées, de la famille des
loranthées, de l'*hexandrie monogynie* de Linnæus; offrant pour
caractère essentiel : Un calice supérieur très-court, presque
entier, entouré très-souvent à sa base d'une ou de deux
écailles; une corolle tubulée, fendue, jusqu'à sa base, en
quatre, cinq ou six parties; six, quelquefois quatre ou cinq
étamines attachées à la corolle; un ovaire inférieur; un style;
un stigmate obtus; une baie uniloculaire, monosperme.

Ce genre, très-nombreux en espèces, renferme des plantes
ligneuses, presque toutes parasites, croissant sur les arbres,
comme les guis, avec lesquels ils ont des rapports. Les feuilles
sont simples, souvent opposées; les fleurs axillaires ou terminales, la plupart grandes et belles; les divisions de la
corolle, ainsi que les étamines, varient de quatre à six.

Loranthe d'Europe : *Loranthus europæus*, Linn.; Jacq.,
Austr., tab. 30. Cette plante a été découverte par Jacquin,
en Autriche : elle croit sur les arbres, particulièrement sur
les branches des chênes. C'est un arbuste de la stature du
gui commun, dont les tiges sont tétragones; les feuilles opposées, ovales-oblongues, entières, longues d'un pouce et

plus; les fleurs dioïques, très-petites, disposées en grappes simples, terminales, à corolle jaunâtre, ainsi que les fruits.

LORANTHE D'AMÉRIQUE : *Loranthus americanus*, Linn.; Lamk., *Ill. gen.*, tab. 258, fig. 1; Jacq., *Amer.*, *Icon. pict.*, tab. 98; Burm., *Amer.*, *Icon.*, 166, fig. 1. On trouve cette plante au sommet des plus grands arbres : ses racines s'implantent dans leur écorce : ses tiges sont ligneuses, cassantes et diffuses; ses feuilles épaisses, coriaces, pétiolées, presque ovales, quelquefois alternes; les fleurs grandes et belles, de couleur écarlate, longues d'un pouce et demi, disposées en petits corymbes sur des pédoncules axillaires et rameux. Cette espèce croit dans les bois qui couvrent les montagnes, à la Martinique.

LORANTHE DU CHILI : *Loranthus corymbosus*, Lamk., Encycl.; *Lonicera corymbosa*, Linn.; *Periclymenum*, etc.; *vulgo* YTIN, Feuill., *Peruv.*, 1, pag. 760, tab. 45. Arbrisseau du Chili, dont les rameaux sont garnis de feuilles opposées, lisses, pétiolées, ovales, aiguës; les fleurs sont grandes, d'un beau rouge de sang, disposées en corymbes terminaux, longues de plus d'un pouce; la corolle a quatre divisions avec autant d'étamines. Le fruit ressemble à une petite olive. On se sert de ses rameaux pour teindre les étoffes en noir dans les Indes espagnoles. Cette couleur est très-fixe, et résiste parfaitement au débouilli : pour obtenir cette teinture, on réduit en petits morceaux le bois de cette plante; on le mêle avec la plante nommée *panke tinctoria* de Molina, et une terre noire nommée *robbo ;* on fait bouillir le tout ensemble pendant un temps convenable.

LORANTHE A FLEURS DE BUDLÉGE : *Loranthus budlcioides*, Lamk., Encycl., n.° 15, et *Ill. gen.*, tab. 268, fig. 5. Ses tiges sont ligneuses; les rameaux un peu pubescens dans leur jeunesse; les feuilles opposées, quelques-unes alternes, ovales ou elliptiques, à peine pétiolées, un peu pubescentes en-dessous; les fleurs axillaires, fasciculées, sur des pédoncules simples ou rameux, de la longueur des pétioles; il y a une petite bractée pour le calice extérieur ; la corolle est arquée, longue de cinq lignes, à quatre découpures étroites, autant d'étamines; le fruit oblong, turbiné. Cette plante croit dans les Indes orientales.

Loranthe des Indes : *Loranthus indicus*, Lamk., Encycl., n.° 19, et *Ill. gen.*, tab. 258, fig. 2. Cette plante est entièrement glabre : ses tiges sont ligneuses, cylindriques ; les feuilles presque opposées, ovales-oblongues, un peu obtuses ; les fleurs disposées en grappes axillaires, solitaires, presque de la longueur des feuilles ; quelques écailles pour le calice extérieur ; la corolle petite, à six divisions. Cette espèce croit au Brésil.

Loranthe coriace : *Loranthus coriaceus*, Lamk., Encycl. ; *Glutago*, Commers., *Herb.* ; *Loranthus linoceroides ?* Linn. ; *Itticanni*, Rheed., *Malab.*, 7, tab. 29. Plante originaire des Indes orientales, dont les feuilles sont opposées ou alternes, presque sessiles, épaisses, oblongues, coriaces, longues de plus de trois pouces ; les fleurs disposées en grappes latérales très-courtes ; la corolle est un peu arquée, longue d'un pouce, à cinq découpures étroites, réfléchies à leur sommet ; autant d'étamines.

Loranthe a fleurs nombreuses : *Loranthus floribundus*, Labill., *Nov. Holl.*, 1, pag. 87, tab. 113. Arbre de quinze à vingt-cinq pieds, chargé de rameaux nombreux et divergens, et de feuilles sessiles, alternes, épaisses, linéaires, longues de trois à quatre pouces ; les fleurs sont disposées en grappes simples, nombreuses, vers l'extrémité de rameaux effilés ; les pédicelles chargés de trois fleurs munies de trois bractées ; le calice à cinq dents inégales ; la corolle est d'un jaune de soufre, à six divisions profondes ; l'ovaire turbiné : le fruit est une baie pulpeuse, monosperme. Cette plante croit à la Nouvelle-Hollande.

Loranthe cucullaire : *Loranthus cucullaris*, Lamk., Journ. d'hist. nat., 1, pag. 444, tab. 23. Espèce remarquable par une grande bractée en cœur, coriace, en forme de capuchon, longue de près d'un pouce, renfermant une à trois fleurs sessiles ; le calice extérieur est urcéolé, à trois dents obscures ; l'intérieur très-court, presque entier ; la corolle longue d'un pouce et demi, à six découpures, portant autant d'étamines ; les rameaux sont articulés, noueux aux articulations ; les feuilles lancéolées, un peu arquées, longues d'environ quatre pouces. Cet arbrisseau croit à l'île de Cayenne.

Loranthe a feuilles sessiles : *Loranthus sessilifolius*. Pal.

Beauv., *Flor. Owar. et Benin.*, vol. 2, pag. 8, tab. 6. Arbrisseau découvert par M. de Beauvois, à Coto en Afrique : ses feuilles sont épaisses, rapprochées, sessiles, ovales, en cœur, longues d'un pouce et plus ; les fleurs axillaires, presque sessiles, pendantes, comme verticillées ; le calice est court, à cinq dents ; l'extérieur presque semblable et caduc ; la corolle longue d'un pouce et demi, à cinq découpures.

LORANTHE A GRANDES FLEURS ; *Loranthus grandiflorus*, *Flor. Peruv.*, 5, pag. 45, tab. 273, fig. a. Ses tiges sont ligneuses, hautes de deux à six pieds ; les feuilles opposées, un peu pétiolées, ovales-oblongues, épaisses, très-entières, longues de trois pouces ; les fleurs pendantes, très-élégantes, d'abord en corymbe, puis prolongées en grappe ; la corolle est longue de six pouces, à cinq découpures : le fruit est une baie ovale, bleuâtre, de la grosseur d'une olive, contenant une semence blanche, ovale. Cette plante croit au Perou, dans les forêts.

LORANTHE A PETITES FEUILLES : *Loranthus microphyllus*, Kunth *in* Humb., *Nov. gen.*, 3, pag. 439, tab. 300. Arbrisseau très-rameux, de la Nouvelle-Espagne, dont les rameaux sont pubescens, hérissés de poils blanchâtres ; les feuilles petites, oblongues, obtuses, sessiles, mucronées, un peu épaisses, blanchâtres et pubescentes ; les fleurs sessiles, ramassées vers l'extrémité des rameaux, à peine longues de deux lignes ; la corolle a six ou sept divisions profondes, étalées, pubescentes en dehors, portant six ou sept étamines, dont trois alternes plus courtes ; les anthères ont deux loges ; l'ovaire est à demi supérieur, pubescent ; le calice presque entier à son bord.

Il reste encore un grand nombre d'espèces décrites par Ruiz et Pavon dans la Flore du Pérou, par Kunth dans les *Nova genera* et *species* de Humboldt et Bonpland, par Swartz dans son *Flora Indiæ occidentalis*, dans le Dictionnaire encyclopédique et son Supplément, etc. (POIR.)

LORANTHÉES. (*Bot.*) Cette famille, formant auparavant une des sections de celle des caprifoliacées, tire son nom du *loranthus*, son genre principal. Elle fait partie de la classe des épicorollées corisanthères, ou dicotylédones monopétales, à étamines distinctes. Son caractère général est celui-ci :

Un calice supère ou adhérent à l'ovaire, entouré d'un second calice monosépale ou de deux bractées distinctes. Une corolle portée sur l'ovaire monopétale, divisée en plusieurs lobes ou polypétales, mais à pétales dont la base est élargie. Étamines insérées au bas des pétales ou des lobes de la corolle, et conséquemment opposées à ces parties, tantôt en nombre égal, tantôt en nombre double et alors rapprochées deux à deux. Ovaire infère ou adhérent; style unique; stigmate simple. Le fruit est une baie ou un brou sec, uniloculaire, recouvrant une seule graine attachée au sommet de la loge. L'embryon cylindrique, placé dans le centre d'un périsperme charnu et ouvert à son sommet, a sa radicule ascendante, débordant l'ouverture de ce périsperme, renflée à son extrémité et plus resserrée au-dessous : les lobes sont alongés.

La tige est ligneuse ; les feuilles sont opposées ou plus rarement alternes, toujours dénuées de stipules. Les fleurs terminales ou axillaires sont solitaires ou disposées en faisceaux ou en épis. La plupart des plantes de cette famille sont parasites ; quelques-unes sont monoïques ou dioïques par avortement.

Cette famille avoit d'abord été réunie à celle des caprifoliées, dans une section distincte, qui comprenoit les genres *Loranthus*, *Viscum* et *Rhizophora* ; mais elle en diffère par ses étamines opposées aux divisions de la corolle, par son périsperme percé au sommet, par la radicule de l'embryon débordant cette ouverture et renflée à sa pointe. Ces caractères nous ont paru suffisans pour établir cette famille, mentionnée dans le volume XII des Annales du Muséum d'histoire naturelle, et elle a déjà été adoptée par plusieurs auteurs.

On doit y rapporter, outre les genres déjà cités, le *Chloranthus* de Swartz, et son congénère, le *Creodus* de Loureiro, le *Codonium* de Rohr et Vahl, ou *Schœpfia* de Schreber, qui sert de transition aux caprifoliées ; l'*aucuba* de M. Thunberg, dont il faudroit cependant connoître les fleurs mâles ; et on y ajoutera avec doute les genres *Dazus*, *Helixanthera* et *Aidia* de Loureiro, qui ne sont pas encore connus.

Il paroît qu'il faudra retrancher de cette série le *rhizophora*, lequel, suivant M. Robert Brown, manque de périsperme, et a une radicule extrêmement prolongée hors du fruit, avant qu'il soit détaché de son pédoncule. Cette considération, et celle de sa corolle décidément polypétale et d'une structure singulière, l'ont déterminé à séparer des loranthées ce genre, dont il fait le type de la nouvelle famille des *rhizophorées*, à laquelle il réunit, soit le *bruguiera* de l'Héritier, auparavant confondu avec le *rhizophora* par Linnæus, soit son nouveau genre *Carallia*, lequel nous est inconnu. Il croit de plus que cette nouvelle famille, dont nous ferons mention à son rang, doit être éloignée des loranthées et rapprochée des cunoniacées. (J.)

LOREA. (*Bot.*) Fronde muqueuse, coriace, égale, dichotome, renfermant dans toutes ses parties des tubercules contenant de petits pelotons de séminules. Ce genre, fondé sur le *Fucus loreus*, Linn., par Stackhouse, est aussi l'*Himanthalia* de Lyngbye, plus anciennement établi sous le nom de *funicularius* par Roussel (voyez à l'article Fucus). Une seconde espèce est rapportée à ce genre par Stackhouse, c'est le *Fucus inæqualis*, Thunb. (LEM.)

LORENTEA. (*Bot.*) Le genre proposé sous ce nom, en 1816, par M. Lagasca, dans ses *Genera et Species plantarum* (page 28), nous paroît être indubitablement le même que celui qui a été proposé par nous, sous le nom de *Chthonia*, dans le Bulletin des sciences de février 1817 (pag. 33), et qui est plus amplement décrit dans le tome IX de ce Dictionnaire, publié en la même année 1817. On croira facilement, je l'espère, qu'à Paris, au commencement de 1817, nous ne connoissions point l'ouvrage que M. Lagasca venoit de publier tout récemment à Madrid, et qui ne nous a été communiqué qu'au commencement de 1819. (Voyez le Bulletin des sciences de Février 1819, pag. 52.) On ne peut donc pas nous soupçonner de plagiat : mais nous avouons que la publication du *Lorentea* ayant précédé de quelques mois celle du *Chthonia*, le premier nom doit être préféré par les botanistes qui ne consulteront que les dates, sans examiner quel est celui des deux auteurs qui a fait connoitre de la manière la plus exacte et la plus complète le genre dont il s'agit. En effet, ceux qui n'ont aucun égard à la règle des dates, lorsqu'elle nous est évidemment favorable, ne manquent pas de l'appliquer très-rigoureusement lorsqu'elle peut nous être contraire.

Dans le Journal de physique de Juillet 1819 (page 30), nous avons dit que les quatre espèces de *pectis* décrites par M. Kunth, dans le quatrième volume de ses *Nova genera et species plantarum*, appartenoient à notre genre *Chthonia*, que ce botaniste ne vouloit pas admettre, quoiqu'il fût bien distinct du *Pectis*; mais qu'il alloit peut-être changer d'avis en apprenant que ce genre *Chthonia* avoit été publié un peu avant nous, par M. Lagasca, sous le nom de *Lorentea*. Après quoi, nous avons ajouté ce qui suit : « M. Kunth attribue « à ces plantes des corolles labiées; c'est une erreur : il est « vrai que les incisions de ces corolles sont souvent plus ou « moins inégales, comme dans beaucoup d'autres synanthé- « rées, et surtout dans la tribu des tagétinées; mais ces iné- « galités très-variables, et dont la disposition est indétermi- « née, ne constituent pas une labiation proprement dite. »

Dans sa réponse à notre Analyse critique et raisonnée de son ouvrage, M. Kunth s'exprime ainsi : « Quant au *Pectis*, « M. Cassini ne veut pas y voir des corolles bilabiées, parce « que les divisions ne sont pas tout aussi profondes que dans « d'autres genres labiatiflores; on avouera qu'il est difficile « de s'entendre avec des personnes qui s'attachent à de pa- « reilles minuties. J'espère qu'on me pardonnera si je ne « continue pas à discuter les autres objections de M. Cassini, « toutes étant à peu près de la même valeur. » (Journal de physique d'Octobre 1819, pag. 284.)

Ceux qui veulent bien nous lire avec quelque attention et surtout avec bonne foi, savent que ce n'est point d'après la profondeur plus ou moins grande des incisions que nous distinguons la corolle vraiment labiée de celle qui n'en a que la fausse apparence, mais bien d'après la disposition des incisions qui forment les deux lèvres. Ainsi, nous disons (tom. X, pag 138) qu'une corolle de synanthérée est labiée, lorsque, étant accompagnée d'organes mâles parfaits, son limbe est partagé supérieurement en deux lèvres, dont l'extérieure comprend les trois cinquièmes, et l'intérieure les deux au- tres cinquièmes; d'où il suit que, si les incisions des corolles de *Chthonia* sont souvent plus ou moins inégales, ces inégalités étant très-variables, et leur disposition étant indéterminée, cela ne constitue pas une labiation proprement dite. Si un botaniste philosophe et doué d'un génie transcendant, comme M. Kunth, pouvoit abaisser un moment ses regards sur les misérables minuties auxquelles nous avons la sottise de nous attacher, et qui ne méritent que son mépris, nous oserions le prier humblement d'observer les corolles des *Carduus*, des *Cirsium*, et de la plupart des autres carduinées, afin de nous apprendre si ces corolles, que nous distinguons des labiées, et que nous nommons obringentes, ne seroient point à ses yeux, comme celles des *Pectis*, tout aussi bien labiées que celles des *mutisia* et *nassauvia*.

Nous croyons pouvoir profiter de l'occasion qui se présente, pour donner ici un supplément à notre article Chthonia (tom. IX, pag. 173).

Chthonia repens, H. Cass. (*An ? Pectis humifusa*, Swartz.) Plante herbacée, basse, diffuse, glabre. Tige grêle, cylindrique, comme ligneuse, très-rameuse, couchée sur la terre et produisant des racines nombreuses; les dernières branches de la tige redressées, longues d'un pouce, garnies de feuilles nombreuses, rapprochées. Feuilles opposées, connées à la base, longues d'environ cinq lignes, larges d'environ une ligne et demie, comme spatulées, uninervées, munies de grosses glandes rondes, saillantes en-dessous; à partie inférieure linéaire, pétioliforme, bordée de longs cils; à partie supérieure obovale, très-entière, ou n'offrant que des dentelures visibles seulement à la loupe. Calathides solitaires, hautes d'environ trois lignes, portées sur de courts pédoncules qui naissent dans l'aisselle des feuilles, près du sommet des rameaux. Corolles jaunes, un peu noirâtres.

Calathide radiée : disque composé d'environ seize fleurs hermaphrodites ou peut-être mâles : couronne composée de quatre à cinq fleurs femelles. Péricline subcylindracé, plus court que les fleurs du disque; formé de cinq squames unisériées à la base, se recouvrant par les bords, larges, elliptiques ou obovales, entières, élargies et arrondies au sommet, coriaces, membraneuses sur les bords, parsemées de glandes. Clinanthe très-petit, nu, sauf quelques fimbrilles filiformes extrêmement courtes. *Fleurs du disque :* ovaire à peu près semblable à ceux de la couronne ; aigrette longue comme l'ovaire, composée de cinq à huit squamellules unisériées, inégales, irrégulières, à partie inférieure paléiforme-laminée, membraneuse, frangée ou laciniée, à partie supérieure filiforme, subtriquètre, épaisse, barbellulée ; corolle longue comme l'aigrette, à quatre ou cinq divisions, dont une est ordinairement séparée des autres par deux incisions beaucoup plus profondes ; quatre ou cinq étamines, à filet roussàtre, à anthère et article anthérifère blanchâtres ; l'appendice apicilaire de l'anthère très-court, arrondi ; les appendices basilaires plus courts que l'article anthérifère, pointus, polliniferes, greffés avec les appendices basilaires des anthères voisines ; style long, filiforme, à partie supérieure très-longue, hérissée de collecteurs papilliformes ou piliformes, et divisée seulement au sommet en deux parties excessivement courtes, obtuses, arrondies, divergentes. *Fleurs de la couronne* ovaire alongé, grêle, cylindracé, anguleux, strié, noiràtre, hérissé de quelques poils épars ; aigrette composée de deux ou trois squamellules semblables à celles du disque ; corolle à limbe ligulé, radiant, long d'environ une ligne, large, elliptique, entier ou à peine échancré au sommet, muni de deux à cinq nervures longitudinales, saillantes en dessous, style à deux stigmatophores assez longs.

Nous avons fait cette description sur un échantillon sec, recueilli dans l'île de Porto-Rico, et qui est étiqueté *Pectis ciliaris*, Linn., dans l'herbier de M. de Jussieu.

Les fleurs du disque sont-elles vraiment hermaphrodites, produisant des graines fertiles ? ou bien sont-elles mâles par l'imperfection du stigmate ? Il est certain que le style de ces fleurs n'est point du tout construit comme un style androgynique, mais qu'il ressemble parfaitement à un style masculin, dont les stigmatophores sont entregreffés. Cependant quelques fruits du disque nous ont paru contenir une graine bien constituée. Si ce dernier fait étoit suffisamment établi, il en résulteroit que les fleurs du disque sont hermaphrodites, et que par conséquent leur style est androgynique, quoique ressemblant à un style masculin. Ce seroit une anomalie fort remarquable offerte par les *Chthonia* ou *Lorentea*, mais qui n'est pas exclusivement propre à ce genre ; car nous l'avons observée aussi dans le *Cryptopetalon*, autre genre de la même tribu (voyez tome XII, page 123.); et il nous a paru que la même chose avoit lieu chez les vrais *Pectis*.

Le genre *Chthonia* ou *Lorentea* appartient à notre tribu naturelle des tagétinées, dans laquelle il est intermédiaire entre les deux genres *Pectis* et *Cryptopetalon*, dont il diffère par l'aigrette: celle du *Cryptopetalon* ayant les squamellules filiformes et barbellulées d'un bout à l'autre, et celle des vrais *Pectis* ayant les squamellules subtriquètres, subulées, cornées, parfaitement lisses; tandis que celle des *Chthonia* a les squamellules paléiformes et dentées inférieurement, filiformes et barbellulées supérieurement. Ainsi, l'ancien genre *Pectis* se trouve réduit, quant à présent, aux *Pectis punctata* de Jacquin, et *linifolia* de Linnæus; mais le nouveau genre *Chthonia* ou *Lorentea* se compose déjà d'environ dix espèces, qui sont nos deux *Chthonia* (*glaucescens* et *repens*), la *Lorentea prostrata* de M. Lagasca, les *Pectis humifusa* de Swartz, *prostrata* de Cavanilles, et *ciliaris* de Linnæus, et les *Pectis pygmæa, elongata, Bonplandiana, canescens*, de M. Kunth. Cependant, si ces quatre dernières espèces, ou quelques-unes d'elles, avoient l'aigrette composée de squamellules entièrement filiformes et barbellulées, comme nous le soupçonnons d'après les descriptions et les figures, elles n'appartiendroient pas plus au genre *Chthonia* qu'au genre *Pectis*, mais devroient être placées dans le genre *Cryptopetalon*, malgré la radiation bien manifeste de leurs calathides. Nous présumons que les *Pectis pygmæa* et *Bonplandiana* sont des *Chthonia*, et que les *Pectis elongata* et *canescens* sont des *Cryptopetalon*; en sorte que notre genre *Cryptopetalon* auroit la calathide tantôt discoïde, tantôt quasi-radiée, tantôt très-radiée.

M. Lagasca dit que plusieurs espèces de *Lorentea* ont été recueillies par MM. Née et Boldo, et sont conservées dans l'herbier du jardin royal de Madrid : mais ce botaniste n'en a nommé qu'une seule, et il ne l'a désignée que par des caractères qui, étant communs à la plupart des espèces du genre, sont insuffisans pour distinguer celle-ci.

Nous avons observé, dans l'herbier de M. Desfontaines, deux espèces nouvelles de *Chthonia*, dont l'une, étiquetée *Pectis diffusa*, et qu'on pourroit nommer *Chthonia leptocephala*, a des pédoncules longs, grêles, garnis de quelques bractées subulées ; les squames du péricline longues, étroites, pliées en gouttière, chacune d'elles embrassant une fleur de la couronne ; le disque composé seulement de quatre fleurs ; les aigrettes du disque composées de trois à cinq squamellules ; les languettes de la couronne oblongues, jaunâtres, trinervées, un peu bidentées.

On pourroit très-bien sans doute ne considérer les *Pectis*, *Chthonia* et *Cryptopetalon* que comme trois sous-genres, distingués seulement par la structure de l'aigrette, et formant trois sections d'un seul et même genre nommé *Pectis* : mais on peut aussi les considérer avec nous comme trois genres suffisamment distincts.

Le nom de *Chthonia* est dérivé d'un mot grec qui signifie *terre*, parce que la plupart des plantes de ce genre sont couchées sur la terre ; celui de *Lorentea* avoit été appliqué par Ortega au genre nommé plus anciennement *Sanvitalia*. (H. Cass.)

LORI. (*Mamm.*) Voyez Loris. (F. C.)

LORI. (*Ornith.*) Ce nom, qui s'écrit aussi *lory*, a été donné par Buffon à une division des perroquets. (Ch. D.)

LORICAIRE, *Loricaria*. (*Ichthyol.*) A cause des plaques osseuses qui cuirassent entièrement leur corps et leur tête, Linnæus avoit formé, sous ce nom, un genre de certains poissons voisins des callichthes et des doras. Ce genre a été adopté postérieurement par tous les naturalistes qui se sont occupés d'ichthyologie ; mais M. le comte de Lacépède en a séparé depuis les hypostomes, et l'a réduit aux espèces qui présentent les caractères suivans :

Une seule nageoire dorsale en avant ; plusieurs barbillons sur les bords d'un voile circulaire et large qui entoure l'ouverture de la bouche, et qui est quelquefois hérissé de villosités ; ventre garni de plaques en-dessous ; bouche sous le museau ; dents longues, grêles, flexibles et terminées en crochets ; de nombreuses dents en pavé sur les os pharyngiens ; premiers rayons des catopes et des nageoires dorsale et pectorales changés en de fortes épines ; point de vessie aérienne.

Les loricaires constituent, parmi les poissons holobranches abdominaux et dans la famille des oplophores, un genre que l'on distinguera facilement de celui des Hypostomes, où la nageoire dorsale est double ; et de ceux des Silures, des Macroptéronotes, des Cataphractes, des Centranodons, des Pimélodes, des Plotoses, où la bouche est située au bout du museau. (Voyez ces divers mots et Oplophores.)

Ce genre, au reste, ne contient encore que peu d'espèces.

Le Loricaire sétifère : *Loricaria cataphracta*, Linn.; *Loricaria setifera*, Lacép. Nageoire caudale fourchue, à premier rayon de son lobe supérieur très-alongé, et dépassant souvent l'étendue du corps ; une grande quantité de petits barbillons autour de l'ouverture de la bouche ; dents petites, flexibles et semblables à des soies; ouvertures des branchies fort étroites; premier rayon de chaque nageoire pectorale dentelé sur deux bords; celui des catopes également dentelé ; celui des nageoires anale et dorsale dur, gros et rude ; corps couvert de fortes lames, presque toutes en losanges, et dont plusieurs sont armées d'un aiguillon ; queue renfermée dans un étui composé d'anneaux découpés et comprimés : teinte générale d'un jaune brunâtre.

Ce poisson vit dans les eaux de l'Amérique méridionale. Bloch (ccclxxv, fig. 2) l'a figuré sous le nom de *cuirassier plécoste*, et Gronow (*Mus.*, tab. 2, fig. 1 et 2) sous celui de *plecostomus*. Il paroît être le même animal que le *loricaria cirrhosa* de M. Schneider, dont le *loricaria cataphracta* diffère de celui de Linnæus et est un hypostome.

Le Loricaire tacheté : *Loricaria maculata*, Bloch, 375. fig. 1. Point de dents à la mâchoire supérieure, ni de petits barbillons autour de l'ouverture de la bouche ; premier rayon de la nageoire caudale moins long que dans l'espèce précédente ; une tache noire au bout du lobe inférieur de la nageoire de la queue : de nombreuses taches irrégulières et d'un brun foncé sur toute la surface du corps.

De l'Amérique méridionale. (H. C.)

LORICÈRE, *Loricera*. (*Entom.*) Genre d'insectes coléoptères carnassiers, formé par M. Latreille, et démembré du genre Carabe des auteurs. Il est surtout caractérisé par ses antennes, dont les troisième, quatrième et cinquième articles sont plus courts, plus gros que les autres et très-velus.

Les insectes qu'il renferme sont d'assez petite taille, de

forme alongée, linéaire, un peu déprimée ; leur tête est petite, ovale, et terminée postérieurement par une sorte de cou ; leur corselet est presque orbiculaire, tronqué et rebordé ; leurs pattes sont longues, avec les jambes de la première paire échancrées. On les trouve dans les lieux rocailleux et un peu humides, courant à terre avec vélocité, et se cachant sous les pierres, comme le font les insectes qu'on a séparés des carabes pour en former le genre Harpale.

On n'en connoît qu'une espèce en France, la Loricère bronzée, Latr., *Carabus pilicornis*, Fabr., dont les élytres sont striés et marqués chacun de trois points enfoncés, et dont la couleur est bronzée. (Desm.)

LORIODOR. (*Ornith.*) Voyez Loriot. (Ch. D.)

LORION. (*Ornith.*) Ce nom et ceux de *lourion*, *louriou*, *louriot*, désignent, en vieux françois, le Loriot. Voyez ce mot. (Ch. D.)

LORIOT, *Oriolus*. (*Ornith.*) Linnæus, Gmelin et Latham ont compris sous cette dénomination, non-seulement les vrais loriots, mais les ictères, c'est-à-dire, les cassiques, les troupiales et les carouges. Brisson a réuni les ictères aux merles, et MM. Vieillot et Temminck en ont formé un genre particulier. Ces oiseaux ont en effet des caractères distinctifs, qui consistent dans un bec en cône alongé, dont la mandibule supérieure, relevée par une arête et comprimée, forme un angle sur le front et est échancrée vers le bout, où elle se recourbe sur l'inférieure, qui a la pointe aiguë, entaillée et un peu retroussée ; des narines ovales, situées à la base du bec et percées horizontalement ; la langue bifide et frangée à son extrémité ; le tarse plus court que le doigt du milieu ou ne l'excédant pas ; les deux doigts extérieurs réunis dans toute la longueur de la première phalange ; la première rémige très-courte, et la troisième la plus longue.

Les merles sont les oiseaux avec lesquels les loriots ont le plus de rapports ; mais ils en diffèrent extérieurement par la foiblesse du bec, la rectitude de la mandibule inférieure, non entaillée, et la longueur des tarses. Les loriots ont aussi d'autres habitudes. Ils ne passent jamais l'année entière dans la même contrée, tandis que les merles sont des oiseaux généralement sédentaires. Les premiers ne se plaisent que

sur les grands arbres, et attachent à leurs branches horizontales un nid qui, par sa forme, les rapproche des ictères,
auxquels ils ne ressemblent toutefois que par les couleurs.
Les merles placent leur nid dans les lieux bas, dans les haies
et les fourrés; on les voit souvent occupés à chercher sur
la terre des vers et des insectes, dont les loriots, plus frugivores, ne se nourrissent qu'à défaut de baies, pour lesquelles
ils ont une prédilection marquée. Tous les loriots connus jusqu'à présent appartiennent à l'ancien continent, et l'on
n'en voit en Europe qu'une seule espèce. Les ictères sont
tous du nouveau monde.

LORIOT D'EUROPE : *Oriolus galbula*. Linn., pl. 26 des Oiseaux
enluminés de Buffon, le mâle; pl. 2 et 5 de l'Ornithologie alle-
mande de Borkhausen, le mâle et la femelle; pl. 40 de Nau-
man, n.°° 89 et 90, *idem*; 42 de l'Ornithologie angloise de
Lewin, et 7 de celle de Donovan, le mâle. Cet oiseau, dont
la taille est à peu près celle du merle, a neuf à dix pouces
de longueur et seize de vol : la longueur de la queue est de
trois pouces et demi, et celle du bec de quatorze lignes. Le
jaune et le noir sont distribués de la manière la plus agréable
sur le corps du mâle. La première de ces couleurs occupe
tout le dessous du corps, le dos, le milieu de l'aile, le
croupion, l'extrémité des pennes caudales et la tête, à l'exception d'une bande noire entre le bec et l'œil. La seconde
tranche sur le beau jaune, et règne sur la presque-totalité
des ailes et sur la plus grande partie de la queue. C'est à
l'âge de trois ans seulement que le jaune acquiert tout son
éclat. L'iris, d'un gris brun chez les jeunes, est rouge chez les
vieux; le bec est d'un rouge brun; les tarses sont plombés et
les ongles noirs. Le dessus du corps est d'un vert olivâtre chez
la femelle, dont les parties inférieures sont d'un gris blanc
teint de jaunâtre, avec des raies longitudinales étroites, d'un
gris brun. Les ailes sont brunes et bordées de gris olivâtre.
Pendant la première année, il y a peu de différence entre
les jeunes et les femelles. Les raies longitudinales sont cependant plus foncées et plus nombreuses, et le bec est d'un
gris noirâtre.

Le loriot dont il s'agit ici, et qui passe une partie de
l'année en Europe, se trouve aussi aux Indes orientales et

en Chine, où il n'a subi aucune variation. Cette espèce,
qui n'arrive dans nos contrées que vers le milieu du printemps, se retire dès la fin du mois d'Août pour aller passer
l'hiver en Afrique.

On en voit fort peu dans la Suède et en Angleterre ; mais
en France et en Italie, où ils nichent. ces oiseaux, qui
évitent les pays de montagnes, sont bien plus nombreux.
Aussitôt qu'ils ont fait choix d'un lieu pour s'y fixer, chaque
couple s'occupe de la construction du nid, qu'il suspend vers
l'extrémité des branches latérales les plus élevées des grands
arbres, en l'attachant à une bifurcation au moyen de longs
brins de paille ou de chanvre, dont les uns vont droit d'un
rameau à l'autre pour fixer les bords supérieurs du nid, et
dont les autres, pénétrant dans son tissu et se roulant ensuite
sur le rameau opposé, le soutiennent en-dessous : l'intérieur
de ce nid est composé d'un tissu de petites plantes graminées,
fortifié par des toiles d'araignées quelquefois entremêlées de
plumes ; et l'extérieur est un matelas de mousse, de lichens,
etc. La ponte de la femelle consiste en quatre ou cinq œufs
d'un blanc pur, avec quelques taches noires, isolées ; et l'incu-
bation dure vingt-un jours, après lesquels la femelle continue
de prodiguer aux petits des soins tellement affectueux qu'elle
les défend avec intrépidité contre leurs ennemis et même
contre l'homme. Gueneau de Montbeillard dit qu'une mère,
enlevée avec son nid, est morte dans une cage sur ses œufs
sans les abandonner.

Les insectes auxquels les loriots font la guerre dans les
premiers temps de leur arrivée, sont particulièrement les
scarabées et les chenilles, dont ils nourrissent aussi leurs
petits, à qui ils en apportent autant que leur bec en peut
contenir ; et l'on a observé qu'au lieu de les aller chercher
sur divers arbres à la fois, ils épuisent tous ceux qui se trouvent sur le même avant de se porter sur un autre, et rendent
par là des services qui compensent largement les dégâts qu'ils
peuvent causer aux figues, aux cerises, aux merises et autres fruits pour lesquels on connoit leur avidité, et qu'ils
piquent du côté où ils sont le plus mûrs. C'est à l'époque de
la maturité de ces fruits qu'ils deviennent gras et très-bons
à manger, tandis qu'ils sont arrivés fort maigres ; mais les

chasseurs qui veulent les tirer au fusil, ont bien de la peine à les atteindre, parce qu'ils se font long-temps poursuivre d'arbre en arbre sans être aperçus d'assez près. Quelques personnes parviennent à les attirer en sifflant comme eux; mais, pour peu qu'un coup cesse d'être juste, ils s'enfuient. Au reste, ces oiseaux se laissent prendre aux abreuvoirs et avec divers filets. Dans la saison des cerises on emploie même avec succès les rejets et les collets qui en sont amorcés.

Les petits, qui tardent beaucoup à pouvoir manger seuls, suivent long-temps leurs père et mère en répétant les syllabes *yo*, *yo*, *yo*, qui, précédées ou suivies d'une sorte de miaulement, forment aussi le chant des vieux.

On auroit lieu d'être surpris de ne pas voir d'aussi beaux oiseaux dans les volières, dont ils feroient l'ornement, s'ils n'étoient si difficiles à élever. On peut toutefois donner la pâtée du rossignol aux petits qui ont été pris dans le nid; on continue même de les nourrir avec succès pendant la durée des fruits pulpeux et des baies : mais en hiver ils refusent toute autre nourriture, et l'on n'est point parvenu à en faire vivre deux ans en captivité. Il paroît, d'ailleurs, qu'ils sont sujets à être attaqués d'une sorte de goutte aux pieds.

Les loriots ne se réunissent jamais en bandes nombreuses, et il est probable que les petites troupes de cinq à six qu'on voit se former vers le temps de leur départ, sont composées chacune d'une seule famille.

Quoique les jeunes n'acquièrent leur plumage parfait qu'à la troisième année, et qu'il ne soit pas aisé de suivre le mode de propagation des oiseaux de passage, des auteurs prétendent que dès la première année ces jeunes donnent naissance à une génération nouvelle.

Loriot coulavan : *Oriolus chinensis*, Linn. Cette espèce, qui se trouve à la Cochinchine, où elle porte le nom de *couliavan*, et que Sonnerat a vue aussi dans d'autres contrées de l'Inde, est figurée dans les planches enluminées de Buffon sous le n.° 570. Elle est un peu plus grosse que le loriot commun, et son bec, de couleur jaunâtre, est aussi plus fort à proportion. Le trait de dissemblance le plus frappant qui existe entre ces deux oiseaux, est la tache noire qu'on remarque

sur la tête du coulavan, où elle forme une sorte de fer à
cheval, dont la partie convexe borde l'occiput, et dont les
branches, passant sur les yeux, aboutissent aux coins des
mandibules. D'un autre côté, les couvertures des ailes, entièrement noires chez le loriot d'Europe, sont jaunes chez celui
de la Cochinchine; mais, pour le reste du corps, la distribution des deux couleurs est à peu près la même. Le noir est
moins foncé chez la femelle, dont la couleur jaune est mélangée d'olivâtre.

Loriot rieur : *Oriolus melanocephalus*, Linn., pl. enl. de
Buffon, n.° 79, sous le nom de loriot de la Chine; pl. 77
d'Edwards, sous le nom de *blackheaded indian icterus*, et 263
de Levaillant, Ois. d'Afr. Cette espèce, qui est le loriot du
Bengale, de Brisson, se trouve à la Chine, au Bengale,
etc.; elle a huit pouces trois quarts de longueur, et sa
taille est moins forte que celle du loriot commun. De
l'aveu de M. Levaillant, elle a tant de points de ressemblance
avec le *loriot coudougnan*, pl. 261 et 262, qu'il est permis
de douter que ce soient des espèces distinctes. Ces deux oiseaux n'offrent que les couleurs noire et jaune sur leur plumage, et, chez tous deux, la première forme sur la tête un
capuchon qui descend sur la poitrine; ils ont aussi l'un et
l'autre du noir sur les ailes et sur la queue : et l'on croit,
dans ces circonstances, devoir se borner ici à exposer, d'après
M. Levaillant, que le loriot rieur a le bec plus long, plus
fort que celui du coudougnan, et que la mandibule supérieure se termine par un croc mince et plus prolongé; que
sa queue, plus courte, est coupée carrément, tandis qu'elle
est arrondie chez l'autre; que le capuchon noir, terminé en
pointe au bas du cou du loriot rieur, se termine largement
en arc sur la poitrine du coudougnan : mais cette variation
avoit déjà été remarquée par Edwards, et l'échancrure se
trouve sur la figure qu'il a donnée. A l'égard des autres différences dans la place que le noir occupe sur les ailes et la
queue, elles paroissent d'autant moins importantes qu'on en
a observé de plus nombreuses et de plus considérables dans
le plumage de beaucoup d'individus non encore parvenus à
leur état parfait.

Chez les individus considérés comme femelles, un ton olivâtre ternit les couleurs, et leur ôte l'éclat que présente le plumage du mâle.

Le motif pour lequel M. Levaillant a donné au loriot de sa planche 263 le nom de rieur, est qu'il lui a paru imiter, par son ramage, le rire affecté de certaines gens qui s'efforcent de rire sans en avoir envie; mais, outre que, d'après cette simple désignation, on ne pourroit guères déterminer les sons de voix de l'oiseau dont il s'agit, le même auteur prête aussi au coudougnan (pl. 261 et 262) un désir d'imiter le chant d'autres oiseaux ; et s'il a été à portée de le caractériser avec un peu plus de précision, et de l'entendre prononcer le nom qu'il lui a donné, c'est qu'il l'a entendu dans la saison des amours, ce qu'il n'a pu faire pour l'autre, qui ne niche pas dans le Sud de l'Afrique, et ne fait, dit-il, qu'y passer à l'époque où les fruits n'y sont pas épuisés comme dans son pays natal, plus rapproché de la ligne.

Le loriot coudougnan vit dans les grands bois et construit sur les arbres les plus élevés un nid composé de brins de bois, de racines flexibles, et revêtu extérieurement de mousse et intérieurement de plumes, dans lequel la femelle pond quatre œufs d'un blanc sale, avec des taches brunes vers le gros bout. Les œufs sont couvés par le mâle et la femelle pendant dix-huit jours.

Cet oiseau est, au reste, le même que celui qui a été décrit par Buffon sous le nom de *moloxita* ou religieuse d'Abyssinie, *turdus monacha*. Linn. et Lath.

Loriot d'or : *Oriolus auratus*, Vieill., pl. 260 des Oiseaux d'Afrique de M. Levaillant. Cette espèce, qui n'est que de passage dans le Sud de l'Afrique, où elle ne niche pas, est d'une taille supérieure à celle du loriot d'Europe, avec lequel elle a le plus de ressemblance. Tout le plumage du mâle est d'un jaune d'or, à l'exception d'une tache noire qui s'étend des deux côtés de l'œil et l'entoure ; des pennes alaires, dont la bordure est jaune ; d'une portion des grandes couvertures des ailes ; des pennes caudales du centre, qui sont bordées de jaune, et du haut de celles des côtés, sur lesquelles cette couleur s'étend d'autant plus qu'elles s'écartent du milieu et dont la plus extérieure est entièrement jaune. Le bec et les yeux sont d'un brun-rouge foncé, et les pieds

d'un brun rougeâtre. La femelle est d'un jaune pâle et olivâtre sur les parties du corps qui sont d'un beau jaune chez
le mâle, et d'un noir moins foncé dans les autres. Le plumage des jeunes est en général d'un vert d'olive, à l'exception du ventre et du dessous de la queue, qui sont d'un
jaune pâle. Ils ont les yeux d'un gris brunâtre, le bec et les
pieds bruns. Le ramage du mâle, hors le temps des amours,
est moins uniforme que celui du loriot d'Europe : il le fait
entendre du haut des plus grands arbres, où il se perche.

Loriot orangé, Vieill., ou Loriot de paradis, Lev.; *Oriolus
aureus*, Linn., ou *Oriolus paradiseus*, D. Les naturalistes ont
beaucoup varié sur la place à assigner à cette espèce, dont
Edwards a fait un oiseau de paradis, *paradisea aurea*, pl. 112;
Brisson, un troupiale, *icterus indicus*, et que Gueneau de
Montbeillard, qui l'a nommé *rollier de paradis*, a regardé
comme formant une nuance entre les rolliers et les paradi-
siers. M. Vieillot a donné, sous le nom de *paradis orangé*, la
figure d'un jeune mâle, pl. 11 des Oiseaux de paradis, publiés à la suite des Oiseaux dorés d'Audebert, et M. Levaillant a fait figurer le mâle et la femelle adultes, t. 1, pl. 18
et 19 de ses Oiseaux de paradis.

Ce dernier, après avoir exposé que le collaborateur de
Buffon avoit été induit en erreur, sur la petitesse et la situation des yeux de cet oiseau de la Nouvelle-Guinée, par les mu-
tilations qu'avoient subies les individus soumis à son examen,
a lui-même surnommé *de paradis* le loriot en question, parce
que le mâle a derrière le cou une masse de plumes flexibles
qu'il possède la faculté d'étaler, et qui forment sur le dos une
sorte de camail dont une partie retombe, de chaque côté, sur
la poitrine et le haut des ailes. Quand cet oiseau, dont la taille
est un peu plus forte que celle de notre loriot, tient les
plumes du dessus de la tête relevées, elles forment une sorte
de huppe, qui est, ainsi que tout le dessus de la tête et le
camail, d'un jaune aurore, et dont les plumes ont le brillant
de la soie écrue. Le bas des yeux et la gorge sont d'une couleur noire qui se termine en pointe vers le bas du cou;
et si cette partie, qui, à cause des bords saillans du camail,
semble renfoncée, a une apparence de velours qui aura
contribué à l'erreur de Gueneau de Montbeillard, elle n'est

pas, pour cela, dit M. Levaillant, de la même nature que chez les vrais oiseaux de paradis. Les plumes uropygiales, les couvertures du dessus de la queue et des ailes, et les scapulaires sont d'un jaune d'or, et tout le dessous du corps est d'un jaune jonquille; les premières grandes pennes des ailes sont noires, celles qui les suivent n'ont de noir qu'à leur extrémité, et les dernières sont tout-a-fait jaunes. Les douze pennes caudales, dont la longueur est la même, sont d'un noir glacé d'olivâtre, et terminées en-dessus par une tache jaune qui ne paroit pas en-dessous. La mandibule inférieure, brunâtre a sa base, est noire à la pointe, ainsi que la totalité de la mandibule supérieure; les pieds sont d'un noir brun.

La femelle, dont la couleur est, en général, olivâtre, n'a point de camail; sa gorge est grivelée d'olivâtre sur un fond noir-brun; les pieds et le bec sont d'un brun noir. Le mâle, encore jeune, est bigarré des couleurs des deux sexes.

Les ornithologistes font encore mention : 1.º d'un LORIOT RAYÉ, *Oriol s radiatus*, Lath.; 2.º d'un LORIOT GRIVELÉ, *Oriolus maculatus*, Vieil.; 5.º d'un LORIOT VERT, *Oriolus viridis*, Vieil.; 4.º d'un LORIOT VARIÉ, *Oriolus variegatus*, Vieil.

Le premier de ces oiseaux, qui est le loriot à tête rayée de Brisson, et le *Merula bicolor* d'Aldrovande, a le dessus du corps et la queue orangés; la tête, la gorge, le devant du cou et les ailes noirâtres, avec du blanc à l'extrémité des plumes.

Le second, indiqué comme se trouvant dans l'île de Java, a les ailes et la queue d'un brun noirâtre, avec leurs bordures d'un jaune pâle, et le reste du plumage de cette dernière couleur, avec de petites taches longitudinales sur la gorge et la poitrine, ce qui paroit anoncer un jeune individu.

Le troisième, qui est le *Gracula viridis* de Lath., 2.ᵉ suppl., pag. 129, est de la Nouvelle-Hollande. Cet auteur le décrit comme étant long d'environ dix pouces, et ayant le fond du plumage d'un vert pâle, avec des taches brunes et noirâtres a la gorge; les ailes et la queue noirâtres; la poitrine blanchâtre; les pieds noirs et le bec de couleur de corne.

Le quatrième, aussi de la Nouvelle-Hollande, et qui se trouve au Muséum de Paris, a le bec rougeâtre, le front et les pieds noirs; le dessus du corps, la gorge et la poitrine, mélangés de blanc et de noir sur un fond verdâtre; les flancs jaunes; le ventre et les parties inférieures blanches avec des taches noires; la queue est noirâtre avec une bordure d'un gris tirant sur le bleu, et l'on voit une grande tache blanche à l'extrémité des huit pennes latérales. (Ch. D.)

LORIPEDE, *Loripes.* (*Malacoz.*) Genre de mollusques acéphalés, lamellibranches, de la famille des conchacés, établi par Poli et admis par M. G. Cuvier dans son Règne animal pour une espèce que Linnæus, et même M. de Lamarck, placent parmi les tellines; les caractères de ce genre peuvent être ainsi exprimés : Corps orbiculaire, symétrique, comprimé, enveloppé par un manteau sinueux sur les bords, entièrement fermé, si ce n'est inférieurement et en arrière, où il se termine par un assez long tube, unique; appendice abdominal fort alongé, flagelliforme ; les branchies à demi réunies et à un seul lobe de chaque côté; bouche sans appendices labiaux ; coquille suborbiculaire, très-comprimée, équivalve ou symétrique, presque équilatérale, à sommet dorsal, médian, et a peine incliné; charnière dont les dents cardinales sont presque nulles; ligament petit, ovale, presque interne et postérieur; deux impressions musculaires, de l'antérieure desquelles part une large ligne d'impression de l'attache du manteau. Ce genre est évidemment rapproché des véritables tellines : aussi M. de Lamarck n'a pas cru devoir l'admettre, disant, avec juste raison, que la ligne d'impression de l'attache du manteau existe également dans les lucines; mais il semble que les autres caractères que nous avons rapportés suffisent bien pour motiver cette petite coupe générique. Elle ne contient au reste encore qu'une seule espèce, le Loripede orbiculé, *Loripes orbiculatus,* Poli ; *Tellina lactea,* Linn.; figuré avec détails dans les Testacés des Deux-Siciles, tom. II, tab. XV, fig. 26, 27, 28 et 29. C'est une très-petite coquille blanche, translucide, en forme de lentille, un peu gibbeuse et à peine striée longitudinalement, qui est commune dans la Méditerranée. (De B.)

LORIQUE. (*Bot.*) Les tuniques séminales (spermoderme, Decand.) sont l'arille, la lorique (*testa,* Gærtn.) et le tegmen (*tunica interior,* Gærtn.). On rencontre bien rarement ces trois tégumens dans une seule espèce de graine, et leurs limites sont souvent indécises.

« La lorique forme un sac sans valve ni suture, et recouvre constamment le tegmen.

« Quoique la lorique soit en général une enveloppe comparable pour la consistance à la coquille de l'œuf (ricin, etc.) ou de l'écaille de l'huître (*nymphæa*, etc., raison pour laquelle Gærtner lui a donné le nom de *testa*), il se rencontre des graines dans lesquelles cette tunique est d'une substance fongueuse (tulipe, iris, etc.), ou même pulpeuse (*punica granatum, magnolia,* etc.). On distingue souvent dans la lorique plusieurs lames de différentes natures, que l'on a prises quelquefois pour autant d'enveloppes séminales; mais, en y regardant de près, on voit ordinairement qu'on ne peut enlever ces lames sans occasioner une rupture dans le tissu.

« Un petit trou, le micropyle, se montre à la superficie de la lorique dans un grand nombre d'espèces, et traverse cette enveloppe d'outre en outre. Le micropyle des légumineuses, des nénuphars, du marronier d'Inde, est très-apparent.

« On remarque encore sur certaines loriques des caroncules, renflemens pulpeux ou coriaces, qui sont produits par un développement particulier du tissu. Dans le haricot et dans beaucoup d'autres légumineuses, il y a au-dessus du hile un caroncule sec et dur, en forme de cœur. Dans la chélidoine, a quelque distance du hile, il y a une crête caronculaire, laquelle est blanche et succulente. On peut soupçonner de l'analogie entre les caroncules et l'arille.

« Nous ne trouvons aucun caractère pour distinguer nettement, en toute circonstance, la lorique des noyaux et nucules, enveloppes auxiliaires des graines formées par la paroi interne des loges du péricarpe. Nous sommes souvent dans un même embarras quand nous voulons tirer une ligne de démarcation entre la lorique et le tegmen. Souvent ces deux tégumens se confondent en une seule tunique, formée de deux lames hétérogènes superposées, et soudées l'une à l'autre. Aussi, pour éviter toute équivoque, convient-il, dans la botanique descriptive, de n'admettre, pour enveloppes distinctes, que le nombre de lames que l'on peut isoler sans lésion du tissu, et de désigner, sous le nom général de tunique, l'ensemble des lames soudées, en ayant soin d'indiquer, par quelques épithètes convenables, la nature de ce tégument composé.

« Dans le ricin, le nénuphar, les hydrocharidées. etc., la lorique et le tegmen sont naturellement séparés. Dans les légumineuses, le bananier, l'asperge, etc., ces deux enveloppes n'en font qu'une. » (Mirbel, Élém.)

M. De Candolle nomme sarcoderme le parenchyme, quelquefois à peine visible, quelquefois très-apparent (*iris fœtidissima, punica granatum,* etc.), du *testa* (lorique). On a nommé jusqu'ici *semina baccata,* les graines revêtues d'une lorique pulpeuse. (Mass.)

LORIS. (*Mamm.*) Nom indien propre à une espèce de quadrumane, et dont les naturalistes ont fait un nom générique, sous lequel ils avoient d'abord réuni plusieurs autres espèces d'une organisation analogue à celle du Loris proprement dit, et dont M. Geoffroy Saint-Hilaire a depuis formé un genre particulier, sous le nom de Nycticèbes (voy. ce mot).

Aujourd'hui le genre Loris ne renferme plus que son espèce primitive. On se tromperoit cependant, si l'on regardoit ces groupes de quadrumanes comme définitivement fixés. Tous les animaux de cet ordre, dont les dents se rapprochent plus ou moins de celles des insectivores, qui ont le museau terminé par un mufle, et que l'on a divisés en Makis, Indris, Loris, Nycticèbes, Galagos. Tarsiers, Cheirogaleus, etc., ne nous sont qu'assez imparfaitement connus : leurs rapports n'ont pu, par conséquent, être encore établis d'une manière absolue, et de nombreuses recherches restent à faire avant qu'on soit dans le cas de former dans cette famille des subdivisions aussi naturelles que celles qui constituent la famille des singes proprement dits. C'est par cette raison que nous admettons le genre Loris tel qu'il est établi aujourd'hui par M. Geoffroy, bien convaincus que si, dans ces sortes de travaux, les premières tentatives d'ordre et de régularité ne sont pas les plus heureuses, elles sont du moins les plus pénibles et les plus utiles.

Le loris nous est connu par Buffon et Daubenton (t. XIII,

pag. 210, pl. XXX, XXXI et XXXII), par Audebert (Hist. nat. des Loris, pl. 2), par Séba (*Thes.*, tome 1, fig. 55) et par Fischer (Anat. des Makis, pag. 26, pl. 7, 8, 9 et 18) : chacun d'eux en a possédé un ou plusieurs individus, et c'est du résultat de leurs observations et de ce que nous avons observé nous-mêmes que nous composerons l'histoire de ce genre et de cette espèce. Mais ni les uns ni les autres n'avoient vu de loris vivant, et Fischer suppose même que son loris de Ceilan diffère du loris de Buffon, ce que M. Geoffroy Saint-Hilaire ne croit pas devoir admettre : c'est pourquoi il nous sera impossible de rien dire de complet sur les caractères de cet animal.

Le loris ressemble aux makis par les formes générales de son corps : seulement il est plus svelte, ce qui lui a valu le nom sécifique de grêle, *gracilis*; et ce qui l'en fait surtout distinguer extérieurement, c'est que sa tête est plus ronde et son museau moins saillant que les leurs, et qu'il est tout-à-fait privé de queue. Il est originaire de l'île de Ceilan, et paroît avoir un naturel indolent et timide. Ses dents ont beaucoup de ressemblance avec celles des Galagos et des Makis. De chaque côté de la mâchoire supérieure se trouvent deux petites incisives pointues et rudimentaires, séparées de deux autres par un intervalle vide; après elles vient une dent semblable à une canine, puis deux fausses molaires pointues, d'égale grandeur, et une troisième ensuite, plus grande qu'elles, ayant un talon à sa face interne. Les vraies molaires, au nombre de trois, ont deux pointes en dehors et un large talon avec deux tubercules en dedans : la dernière est la plus petite, et la moyenne la plus grande. A la mâchoire inférieure, et de chaque côté, sont trois incisives, longues, étroites, pointues et couchées en avant; l'externe est la plus grosse, et ces dents sont contiguës à celles de l'autre côté : après elles vient une dent de la forme des canines, mais qui, au lieu de passer en avant de celle qui lui est opposée, passe en arrière; viennent ensuite deux fausses molaires, la dernière avec un tubercule pointu à sa face interne, et enfin trois vraies molaires : les deux premières ont quatre tubercules pointus parallèles, et la dernière en a cinq, parce qu'il s'en est développé une impaire à sa partie postérieure. Toutes ces dents sont opposées couronne à couronne.

Ses pieds ont aussi la structure de ceux des makis : ils ont cinq doigts, le pouce distinct et opposable ; mais celui des pieds de devant est petit en comparaison de celui de derrière, qui en outre est extraordinairement éloigné des autres doigts, auxquels il est uni par une large extension de la peau qui, dans cette partie, forme une sorte de tubercule et par son étendue favorise encore l'écartement du pouce. Aux pieds antérieurs, les ongles ne présentent point de caractères particuliers ; mais l'index des pieds de derrière est garni d'un ongle étroit, crochu et terminé en pointe, tandis que tous les autres sont plats et obtus ; ce qui est un nouveau rapport entre cet animal et les makis.

Les organes des sens paroissent être en général assez développés.

Les yeux sont grands, ronds, très-rapprochés l'un de l'autre. L'oreille externe a dans son intérieur trois oreillons, deux dans le milieu, l'un au-dessus de l'autre, et le troisième près de son bord postérieur. Les narines sont ouvertes sur les côtés d'un mufle glanduleux, qu'un sillon, qui se prolonge profondément jusqu'au bout de la lèvre supérieure, divise en deux parties. Nous ignorons quelle est la structure de la langue. Les organes de la génération paroissent avoir aussi de nombreux rapports avec ceux des makis ; mais Daubenton, qui n'avoit sans doute que des individus conservés dans l'esprit de vin, n'a pu en donner qu'une description très-incomplète, et surtout de ceux du mâle. La verge est renfermée dans un prépuce, et les testicules restent cachés dans l'abdomen. La vulve avoit surtout de remarquable un clitoris très-grand, terminé par un gland formé de deux petites branches, au milieu desquelles se trouvoit l'orifice du canal de l'urètre. Les mamelles étoient au nombre de quatre sur la poitrine, deux de chaque côté.

Tels sont les caractères génériques que nous présente l'unique espèce qui compose ce genre.

Le Loris grêle (*Lori*, Buffon, Audebert ; *Tardigradus*, Séba ; *Loris ceylanicus*, Fischer), dont nous terminerons la description en donnant ses caractères spécifiques, c'est-à-dire, en faisant connoître la nature et la couleur de ses tégumens. Pour cela nous nous bornerons, à peu de chose près, à prendre la description de Daubenton, qui ne sauroit être ni plus exacte ni plus détaillée. Le poil est doux, fin et d'une apparence laineuse, comme le poil des makis. Le tour des yeux est roux ; les côtés du front, le sommet de la tête, les oreilles, le dessus et les côtés du cou, le garrot, les épaules, la face externe du bras et du coude, le dos, la croupe, les côtés du corps, la face externe des cuisses et des jambes sont roussâtres, l'extrémité des poils étant de cette couleur, tandis que le reste est cendré jaunâtre. On voit au milieu du front une tache blanche qui s'étend sur le chanfrein entre les deux yeux ; le bout du museau, les côtés de la tête, la mâchoire inférieure, le dessous du cou, sont blanchâtres ; la poitrine et le ventre sont d'un gris blanc, ainsi que la face interne des membres, où le gris est mélangé d'une légère teinte jaunâtre.

La taille de cet animal, depuis le bout du museau jusqu'à l'anus, est de sept pouces six lignes, c'est-à-dire qu'il a à peu près celle de l'écureuil commun, et la longueur de sa tête, de l'occiput au bout du museau, est d'environ deux pouces. (F. C.)

LORIS CEYLONIEN. (*Mamm.*) M. Fischer, professeur d'histoire naturelle à Moscou, a publié sous ce nom une espèce de loris, qui ne paroit être qu'un loris grêle avancé en âge. (F. C.)

LORITOS. (*Ornith.*) Les Espagnols du Paraguay donnent aux perroquets ce nom et celui de *loros*. (Ch. D.)

LORMAN. (*Crust.*) Le homard est ainsi nommé sur plusieurs points des côtes de la Méditerrance, dans la France méridionale. Voyez l'article Malacostracés. (Desm.)

LORMUSE. (*Erpét.*) Un des noms vulgaires du lézard gris. Voyez Lézard. (H. C.)

LOROGLOSSUM. (*Bot.*) Genre établi par Richard, dans sa nouvelle disposition des orchidées d'Europe, pour placer les orchis *hircina*, Willd., *ophris anthropophora*, Willd., et *ophris anthropomorpha*, Willd., et qui diffère des genres Serapias et Orchis, entre lesquels le *loroglossum* est logé, par le calice en casque ; par le *labium* alongé, linéaire, divisé en trois découpures, dont celle du milieu bifide; par la base du *labium* un peu bossue, ou bien en forme de pochette, qui représente l'éperon.

L'une des espèces de ce genre. l'*ophris anthropophora*, W., avoit déjà servi de type au genre *Aceras* de Rob. Brown, qui est vraiment le *Loroglossum* de Richard ; mais ce naturaliste a cru devoir abandonner un nom qui ne convenoit pas à toutes les espèces de ce genre. (L.F.M.)

LOROS. (*Ornith.*) Voyez LORITOS. (CH. **D.**)

LORUM. (*Ornith.*) Petite bande nue, quelquefois colorée, qui s'étend latéralement depuis la base du bec jusqu'à l'œil de l'oiseau. (CH. **D.**)

LORY. (*Ornith.*) Voyez LORI. (CH. **D.**)

LOSANGE. (*Erpét.*) Daubenton a appelé de ce nom la *couleuvre laphiati*, que nous avons décrite dans ce Dictionnaire, tom. XI, p. 197. (H. C.)

LOSCHAD. (*Mamm.*) Nom spécifique du cheval en langue russe. (F. C.)

LOSET. (*Conchyl.*) C'est le nom qu'Adanson, Sénég., pag. 152, pl. 9. donne à une espèce de rocher dont Gmelin fait son *murex fusiformis*. (DE B.)

LOSNA. (*Bot.*) Nom portugais ou brésilien de l'absinthe ordinaire, cité par M. Vandelli. (J.)

LOS - RIND. (*Ornith.*) Nom allemand du butor, *ardea stellaris*, Linn. (CH. **D.**)

LOSS. (*Mamm.*) Élan en russe et en polonois. (F. C.)

LOSSAN ou LOSSON. (*Entom.*) La calandre (ou le charanson) du blé est ainsi appelée dans quelques provinces de France. Il est évident que ces noms ne sont qu'une altération du mot cosson, employé bien plus généralement pour désigner le même insecte. (DESM.)

LOSSEQ, KUSJET et BELHAD. (*Bot.*) Noms arabes du *glinus cristallinus* de Forskal, que M. Delile rapporte à l'*aizoon canariense* de Linnæus. (J.)

LOSSEYQ. (*Bot.*) Voyez LUSSEQ. (J.)

LOTALITE et LOTALALITE. (*Min.*) Minéral nommé ainsi par M. Severgaine, qui l'a trouvé près de Lotala. campagne de Finlande : sa pesanteur spécifique est de 2,5. C'est tout ce que nous en dit M. Fischer dans son Système d'oryctognosie.

M. Léonhard, en nommant cette pierre lotalalite, la rapporte à la DIALLAGE *smaragdite*. Voyez ce mot. (B.)

LOTE. (*Ichthyol.*) Voyez LOTTE. (H. C.)

LOTEA. (*Bot.*) Ce genre diffère du *lotus* par ses légumes arqués, comprimés, sans loges, contenant des graines orbiculaires, comprimés. Medicus et Mœnch, qui l'ont établi, y ramènent le *lotus ornithopodioides*, Linn. (LEM.)

LOTEN. (*Bot.*) Genre de plantes cryptogames, établi par Adanson dans sa famille des byssus, qu'il caractérise de cette manière : Byssus d'une substance mucide ou aqueuse, se desséchant en peu de temps à l'air sec en une substance spongieuse ; en lame rampante, comme un drap formé de filets entrelacés, et dont les bouts, simples ou rameux, s'élèvent peu à peu au-dessus de la lame. Ce genre très-artificiel contenoit presque tous les byssus de Michéli et de Dillenius, notamment les espèces filamenteuses, qui maintenant font partie d'un grand nombre de nouveaux genres des familles des algues et des champignons, *Oscillatoria*, *Racodium*, *Himantia*, etc. (LEM.)

LOTH. (*Bot.*) Celsius, dans son *Hierobotanica*, cite ce nom pour le *cistus ledon*, une des espèces sur lesquelles on recueille le *lodanum*. (J.)

LOTIER ; *Lotus*, Linn. (*Bot.*) Genre de plantes dicotylédones, de la famille des *légumineuses*, Juss., et de la *diadelphie decandrie*, Linn., qui présente pour caractères : Un calice monophylle, tubuleux, à cinq découpures presque égales ; une corolle papilionacée, composée d'un étendard arrondi, de deux ailes ovales, ordinairement plus courtes, conniventes en-dessus, et d'une carène renflée inférieurement, acuminée et ascendante ; dix étamines diadelphes ; un ovaire supère, cylindrique, à style montant, terminé par un stigmate légèrement incliné ; une gousse cylindrique ou anguleuse, plus longue que le calice, uniloculaire et contenant plusieurs graines.

Les anciens donnoient le nom de *lotus* à des plantes très-différentes. L'une étoit un arbrisseau dont le fruit servoit à la nourriture de certains habitans de la côte septentrionale d'Afrique, connus à cause de cela sous le nom de lotophages : ce *lotus* est une espèce de jujubier. Un second *lotus*, celui d'Égypte, appartient au genre *Nymphæa*, et l'on ne sait pas bien à quelles espèces il faut rapporter les autres. Quelques auteurs pensent que celui que Dioscoride désigne sous le nom particulier de sauvage, est une espèce du genre auquel Linnæus a appliqué le nom de *lotus*, et que c'est le lotier corniculé. Quoi qu'il en soit, les lotiers sont le plus souvent des herbes annuelles ou vivaces (rarement des arbustes), à feuilles ternées, accompagnées de stipules semblables aux folioles, et à fleurs solitaires ou réunies plusieurs ensemble sur des pédoncules axillaires ou terminaux. On en connoît maintenant plus de soixante espèces, dont une grande partie est indigène de l'Europe : nous ne parlerons que des suivantes.

* *Pédoncules portant une ou deux fleurs.*

LOTIER SILIQUEUX ; *Lotus siliquosus*, Linn., *Spec.*, 1089. Sa racine est vivace ; elle produit plusieurs tiges herbacées, velues, un peu couchées, longues de huit à dix pouces. Ses feuilles sont pétiolées, composées de trois folioles ovales-cunéiformes, et munies à leur base de deux stipules ovales. légèrement velues, ainsi que les feuilles. Les fleurs sont assez grandes, d'un jaune pâle, solitaires sur de longs pédoncules axillaires. Le légume est droit, alongé, à quatre angles saillans et foliacés. Cette plante croît en Europe, dans les prés humides : elle est peu du goût des bestiaux.

LOTIER CARRÉ ; *Lotus tetragonolobus*, Linn., *Spec.*, 1089. Sa racine, qui est annuelle, produit une tige à demi couchée, rameuse, longue de dix à quinze pouces, velue, et ayant, ainsi que les feuilles, un aspect blanchâtre. Celles-ci sont composées de trois folioles ovales-cunéiformes ; les stipules qui les accompagnent sont ovales, environ deux fois plus petites. Les fleurs sont d'une couleur pourpre foncée, portées, une ou deux ensemble, au sommet d'un pédoncule axillaire, et un peu plus court que les feuilles. La gousse est droite, tétragone, bordée sur ses angles d'un feuillet membraneux. Cette espèce croît naturellement dans l'île de Crète, en Sicile, et aux environs de Nice. On la cultive dans quelques cantons comme plante potagère ; ses gousses se mangent dans leur jeunesse, comme celles des pois, sans

parchemin. Ses graines sont aussi, dit-on, bonnes à manger
en vert ; sèches, on a essayé de les employer pour remplacer
le café.

LOTIER CONJUGUÉ ; *Lotus conjugatus*, Linn., *Spec.*, 1089. La
racine de cette espéce est annuelle ; elle donne naissance à
une tige velue, un peu rameuse à sa base, haute de huit à
dix pouces, garnie de feuilles composées de trois folioles
grandes, cunéiformes, accompagnées de deux petites stipules ovales et pointues. Les fleurs sont jaunes, ordinairement disposées deux ensemble sur chaque pédoncule. Les
gousses sont cylindriques, assez glabres ; le bord des deux
sutures est chargé de deux bandes membraneuses, peu saillantes. Ce lotier croit naturellement aux environs de Montpellier et en Auvergne.

LOTIER COMESTIBLE : *Lotus edulis*, Linn., *Spec.* 1090. Sa racine est annuelle : elle produit une tige à demi couchée, un
peu rameuse, légèrement velue, longue de neuf pouces à
un pied. Ses feuilles sont composées de trois folioles ovales-
oblongues, glabres, et accompagnées de stipules ovales, assez
larges à la base. Les fleurs sont jaunes, axillaires, solitaires
ou géminées, et portées sur des pédoncules deux fois aussi
longs que les feuilles. Les légumes sont épais, glabres, un
peu courbés, munis dans leur jeunesse de deux rides, voisines des sutures, qui disparoissent à la maturité. Cette espèce
croît naturellement en Égypte, dans l'île de Candie, en
Sicile et en Italie. Ses gousses, quand elles sont jeunes, sont
succulentes et ont une saveur douce, analogue à celle des
petits pois ; elles se vendent sur les marchés dans quelques
pays. Cette plante, qui fructifie bien dans le climat de
Paris, pourroit être cultivée, selon M. Bosc, pour la nourriture des bestiaux, et surtout des cochons.

** *Pédoncules chargés de trois fleurs ou d'un plus grand nombre.*

LOTIER SAINT-JACQUES : *Lotus Jacobæus*, Linn., *Spec.*, 1091 ;
*Lotus angustifolia , flore luteo purpurascente , insulæ Sancti Ja-
cobæi ,* Commel., *Hort.*, 2, pag. 165, t. 83. Sa tige est un
peu frutescente, haute d'un à deux pieds, légèrement
velue, rameuse ; ses feuilles sont composées de trois folioles

linéaires lancéolées, d'un vert pâle, accompagnées de stipules de la même forme que les folioles. Les fleurs sont assez grandes, d'un pourpre foncé, presque noires, avec quelques nuances de jaune, portées sur de courts pédicelles, et ramassées en tête, au nombre de trois à cinq, sur des pédoncules axillaires, longs d'un à deux pouces. Les gousses sont minces, cylindriques. Cette espèce croît naturellement dans l'île Saint-Jacques, l'une des îles du cap Vert : on la cultive pour l'ornement des jardins ; ses fleurs commencent à paroître en Juin, et se succèdent les unes aux autres jusqu'en Octobre et Novembre. On la rentre pendant l'hiver dans l'orangerie.

Lotier faux-cytise ; *Lotus cytisoides*, Allion., *Fl. Ped.*, n.° 1156, t. 20, f. 2. Sa racine est vivace ; elle produit plusieurs tiges grêles, rameuses, en partie couchées, longues de huit à dix pouces, couvertes, ainsi que les feuilles et les calices, de poils très-courts et blanchâtres. Les folioles sont cunéiformes, élargies et très-obtuses à leur sommet. Les fleurs sont jaunes, pédicellées, et portées, trois à cinq ensemble, au sommet d'un pédicule axillaire, moitié plus long que les feuilles. Cette plante croît dans les lieux arides, et sur les bords de la mer, en Provence, aux environs de Nice et dans l'île de Corse.

Lotier corniculé ; *Lotus corniculatus*, Linn., *Spec.*, 1092. Cette espèce présente plusieurs variétés, qui diffèrent tellement les unes des autres, qu'il n'est pas facile d'en faire une courte description qui convienne à toutes ; cependant on pourra reconnoître ce lotier aux caractères suivans : sa racine est vivace ; ses tiges sont toujours couchées à leur base ; les pédoncules, deux à quatre fois plus longs que les feuilles, portent six à dix fleurs jaunes, réunies en tête, qui deviennent verdâtres par la dessiccation ; enfin, les gousses sont roides, droites et cylindriques. Au reste, les tiges, selon les variétés, sont plus ou moins glabres, ou plus ou moins velues ; quelquefois presque entièrement couchées, d'autres fois presque droites, et longues de trois pouces à un pied et plus : quant aux folioles, à peu près ovales dans certaines variétés, elles se rétrécissent jusqu'à devenir presque linéaires dans d'autres. Cette plante est commune, en Europe, dans les prés, les pâturages humides ou secs, sur les collines et dans les bois.

Elle a été regardée autrefois, en médecine, comme vulnéraire et apéritive ; mais aujourd'hui elle est hors d'usage. Selon quelques agronomes, elle pourroit être beaucoup plus utile comme fourrage, parce qu'elle a l'avantage de supporter également bien les extrêmes de la sécheresse et de l'humidité. On la cultive dans quelques cantons, en Angleterre, pour la donner à manger aux moutons. Les bestiaux, et particulièrement les chevaux, paroissent la rechercher. Ses fleurs sont assez jolies pour produire un effet agréable dans les gazons des jardins paysagers.

Lotier velu : *Lotus hirsutus*, Linn., *Spec.*, 1091. Sa tige est demi-ligneuse, ordinairement rameuse dès sa base, haute de huit à quinze pouces, revêtue, ainsi que les feuilles, de poils courts, serrés et blanchâtres. Ses feuilles sont composées de trois folioles ovales-lancéolées, et munies à leur base de stipules de même forme et même grandeur. Les fleurs sont blanches, mêlées de rose, réunies sept à dix ensemble, en espèces de têtes portées sur des pédoncules axillaires ou terminaux. Les légumes sont courts, presque ovales. Cette espèce croit naturellement dans les parties méridionales de la France, de l'Europe, et dans le Levant. Elle est connue sous le nom de lotier hémorrhoïdal, à cause de la ressemblance qu'on a cru apercevoir entre ses fruits et de petites tumeurs hémorrhoïdales : il a suffi de cette prétendue ressemblance, pour faire imaginer par la suite que cette espèce étoit effectivement bonne pour guérir les hémorrhoïdes, et des auteurs de matière médicale la recommandèrent en conséquence : elle est entièrement oubliée maintenant sous ce rapport. On la cultive comme plante d'ornement : elle convient principalement dans les jardins paysagers.

Lotier droit : *Lotus rectus*, Linn., *Spec.*, 1092. Sa racine est vivace, ligneuse ; elle produit des tiges droites, velues, rameuses, hautes de deux à trois pieds. Ses feuilles sont composées de trois folioles ovales-cunéiformes, velues, molles au toucher et d'un vert blanchâtre ; leurs stipules sont presque cordiformes, moitié plus courtes que les folioles. Les fleurs, d'un blanc mêlé de rouge, sont réunies, vingt à trente ensemble, en têtes globuleuses, portées sur des pédoncules plus longs que les feuilles. Les légumes sont droits, cylindriques, assez courts. Ce lotier croît naturellement sur les bords des ruisseaux dans le Midi de la France, en Italie, dans le Levant, etc. Miller croit qu'on pourroit le cultiver, comme la luzerne, pour la nourriture des bestiaux. (L. D.)

LOTIER BLANC, LOTIER A FEUILLES DE FRÊNE. (*Bot.*) C'est l'azédarach. (Lem.)

LOTIER D'ÉGYPTE. (*Bot.*) C'est une espèce de *nymphœa*. (L. D.)

LOTIER DES LOTOPHAGES. (*Bot.*) C'est le jujubier des lotophages. (L. D.)

LOTIER DE MAURITANIE. (*Bot.*) C'est une espèce de bugrane. (L. D.)

LOTIER ODORANT. (*Bot.*) Dans quelques voyageurs on désigne ainsi le *lotus*, espèce du genre Nénuphar (voyez Lotus et Nénuphar). C'est aussi le nom vulgaire du mélilot bleu. (Lem.)

LOTIER A QUATRE FEUILLES. (*Bot.*) Nom vulgaire de de l'*anthyllis tetraphylla*. (L. D.)

LOTO. (*Min.*) C'est le nom que l'on donne en Toscane, et notamment dans le Siennois, à la poudre sablonneuse, mêlée de paillettes de mica, qui se rassemble sur le bord et dans le fond des lagunes ou *lagoni*, dont l'eau fournit, par évaporation et cristallisation, l'acide boracique natif.

M. Klaproth a analysé cette poudre, qui n'est autre chose que le résidu du lavage du macigno, roche sableuse calcaréo-micacée, que traversent les vapeurs aqueuses chargées d'acide boracique ; il y a reconnu les substances suivantes :

Silice.	54
Alumine.	16
Fer oxydé.	3
Soufre	8
Chaux sulfatée.	5
Perte	14
	100

M. Klaproth attribue cette perte à l'eau interposée dans cette matière impure, et à la présence d'une très-petite quantité d'hydrogène sulfuré. Voyez Lagoni. (B.)

LOTOIRE, *Lotorium*. (*Conchyl.*) Division générique, faite par M. Denys de Montfort, *Conchyl. Syst.*, tom. 2, pag. 583, pour une espèce de coquille du genre *Murex* de Linnæus, que M. de Lamarck range parmi ses tritons. Les caractères que M. Denys de Montfort assigne à ce genre sont d'avoir la spire élevée, plus ou moins triangulaire, et couronnée; l'ouverture très-alongée, terminée en arrière par une gouttière plus ou moins marquée à la réunion des lèvres, et en avant, par un canal droit; la lèvre extérieure festonnée. Le type du genre est le *murex lotorium*, Linn. (*tritonium lotorium*, Lamk., Encycl. méth., pl. 415, fig. 2); que M. Denys de Montfort nomme le lotoire baignoire, *lotorium lotor.* Voyez Triton et Rocher. (De B.)

LOTOMETRA. (*Bot.*) Pline, après avoir parlé de l'herbe *lotos*, qui croit en Egypte et qui paroît être le *nymphæa lotus*, ajoute : « Le *lotometra* est fait avec les graines du *lotos* cultivé, qui sont de la grosseur d'un grain de millet, et dont les boulangers d'Egypte font, avec un mélange d'eau ou de lait, un pain supérieur à tout autre, et plus léger lorsqu'il est encore chaud; quand il est refroidi, il devient plus lourd et de plus difficile digestion. » Ce passage suffit pour prouver que le *lotometra* n'est pas une plante distincte, comme quelques-uns le soupçonnent, mais qu'il est un aliment préparé avec le *lotos*. (J.)

LOTONEOS. (*Bot.*) C'est sous ce nom et sous celui de *hierauzuni*, que le *lotus edulis* est connu dans l'île de Candie, suivant Pona, cité par C. Bauhin. (J.)

LOTOR. (*Mamm.*) M. Tiedmann s'est servi du nom spécifique du raton, *ursus lotor*, Linn., pour désigner le petit genre dont cet animal est devenu le type. Avant lui, Storr avoit employé dans la même vue la dénomination de Procyon. (Desm.)

LOTOS. (*Bot.*) M. De Candolle divise son genre *Nymphæa* en trois sections, dont une, renfermant le *lotos* de Théophraste, *nymphæa lotus*, est pour cette raison nommée *lotos*. (J.)

LOITE, *Lota.* (*Ichthyol.*) On donne ce nom à un genre ou peut-être seulement à un sous-genre de poissons holobranches jugulaires, de la famille des auchénoptères, récemment séparé du genre des gades de Linnæus, et reconnoissable aux caractères suivans :

Corps comprimé, alongé; trous des branchies latéraux; catopes jugulaires, à six rayons ; deux nageoires dorsales, une anale ; des barbillons plus ou moins nombreux.

A l'aide de ces notes, on distinguera facilement les Lottes des Chrysostromes et des Kurtes, qui ont le corps ovale ; des Callionymes, qui ont les trous des branchies sur la nuque ; des Uranoscopes et des Batrachoïdes, qui ont les yeux très-verticaux ; des Oligopodes, des Blennies, des Phycis et des Murénoïdes, qui n'ont qu'un ou deux rayons à chaque catope ; des Calliomores, dont le corps est déprimé vers la queue ; des Morues et des Merlans, qui ont trois nageoires dorsales ; des Merluches, qui manquent de barbillons ; des Brosmes, qui n'ont qu'une seule nageoire dorsale. (Voyez ces divers noms de genres, et Auchénoptères, Jugulaires et Mustèle.)

Parmi les poissons à placer ici nous signalerons :

La Lingue ou Morue longue : *Lota molva*, N. ; *Gadus molva*, Linn. ; Bloch, 69. Nageoire caudale arrondie ; dorsales d'égale hauteur ; mâchoire supérieure plus avancée que l'inférieure ; tête grande ; museau arrondi ; langue étroite et pointue ; écailles alongées, petites, fortement attachées : d'un brun olivâtre en-dessus ; ventre blanchâtre et argenté ; flancs verdâtres ; nageoire anale cendrée ; les autres nageoires noires et bordées de blanc ; une tache noire au sommet de chacune des dorsales : un seul barbillon à la mâchoire inférieure.

Aussi abondamment répandu que la morue, ce poisson parvient à une taille considérable, puisqu'il a communément trois à quatre pieds de longueur, et qu'il peut en avoir sept.

Il habite les mêmes mers que la morue, et se rencontre fréquemment autour de la Grande-Bretagne, auprès des côtes de l'Irlande, entre les Hébrides, vers le comté d'York. On le pêche et on le prépare de la même manière que la morue, et il se conserve aussi aisément que celle-ci (voyez Morue) : aussi, après elle et le hareng, est-il une des principales richesses que la mer offre au commerce et à l'industrie de l'homme, et chaque année on en exporte environ 900,000 livres pesant de la Norwége.

On trouve aussi des lingues, à ce qu'il paroit, sur les rivages de la Louisiane, et Othon Fabricius en a vu dans le golfe méridional de Tunnudliorbik, au Groenland.

Les lingues que l'on prend près du Spitzberg et à Terre-neuve, ne sont pas aussi estimées que celles des mers de ce dernier pays et de la Grande-Bretagne. Dans celles-ci, en particulier, on les recherche spécialement depuis le mois de Février jusque vers la fin de Mai, c'est-à-dire, dans la saison qui précède le frai, celle où elles s'approchent de l'embouchure des rivières pour y déposer leurs œufs.

Elles se nourrissent de crabes, de petits poissons, et notamment de jeunes plies.

Leur chair est très-grasse. On fait de l'huile avec leur foie, et de l'ichthyocolle avec leur vessie natatoire.

La Lotte de rivière : *Lota vulgaris*, N.; *Gadus lota*, Linn.; Bloch, 70. Nageoire de la queue arrondie ; dorsales de même hauteur et très-longues ; mâchoires également avancées ; un seul barbillon au menton ; corps très-alongé et serpentiforme ; nageoire anale très-alongée ; écailles minces, molles, très-petites, quelquefois séparées les unes des autres ; peau enduite d'une humeur visqueuse très-abondante, comme celle de l'anguille : couleur variée de jaune et de brun dans la partie supérieure ; ventre blanc : taille d'un à deux ou trois pieds.

La lotte commune passe sa vie au milieu de l'eau douce, dans les lacs, dans les rivières, où elle remonte à de grandes distances. Elle est très-abondante dans certaines contrées d'Europe, de l'Asie boréale et des Indes, où elle se cache sous les pierres dans les eaux les plus claires, attendant patiemment, en embuscade, le passage des insectes aquatiques ou des jeunes poissons dont elle se nourrit.

Elle croît très-vite, et Valmont de Bomare en a vu une, apportée du Danube à Chantilly, qui étoit longue de près de quatre pieds.

C'est vers la fin de Décembre et en Janvier que ce poisson commence à frayer ; il multiplie beaucoup.

Sa chair est blanche, d'une saveur agréable; son foie, singulièrement volumineux, est regardé comme un mets si délicat, qu'une certaine comtesse de Beuchlingen, en Thuringe, employoit, dit Bloch, une grande partie de ses revenus à s'en procurer.

Sa vessie natatoire, qui est fort grande, sert, dans quelques pays, à la préparation d'une sorte d'ichthyocolle.

De même que ceux du brochet et du barbeau, ses œufs sont difficiles à digérer, et leur ingestion détermine souvent des accidens plus ou moins graves.

En France, on prend surtout les lottes avec des lignes de fond armées de plusieurs hameçons; mais, dans quelques contrées d'Europe, en Allemagne spécialement, ces poissons sont si abondans, que pendant les nuits d'été on va exprès à leur recherche avec des seines et d'autres grands filets. (H. C.)

LOTTE BARBOTE. (*Ichthyol.*) Voyez Cobite. (H. C.)

LOTTE FRANCHE, *Cobitis barbatula.* (*Ichthyol.*) Voyez Cobite. (H. C.)

LOTTE GRANDE. (*Ichthyol.*) On a quelquefois donné ce nom à la *lingue.* (H. C.)

LOTTE DE HONGRIE, *Silurus glanis.* (*Ichthyol.*) Voyez Silure. (H. C.)

LOTTE VIVIPARE. (*Ichthyol.*) On a désigné quelquefois sous ce nom le *blennius viviparus* de Linnæus. Voyez Blennie. (H. C.)

LOTUS. (*Bot.*) Trois sortes de plantes ont reçu ce nom des anciens. Les unes sont des herbes aquatiques qui croissoient dans le Nil, que l'on nommoit *lotos ægyptia*, et qui étoient des espèces de nénuphar, *nymphæa*, ou l'*arum colocasia.* Les autres sont herbacées, mais terrestres, appartenant la plupart à divers genres de la famille des légumineuses, tels que le *trifolium*, le *coronilla*, l'*aspalathus*, le *psoralea*, le *trigonella*, le *melilotos*, l'*hippocrepis*, l'*anthyllis*, et surtout le *lotus*, auquel ce nom est resté; quelques-unes sont éparses dans d'autres séries, comme le *menyanthes.*

D'autres, enfin, sont des arbres, tels que des *diospyros* ou plaqueminiers, un *celtis* ou micocoulier, le laurier-rose, le santal rouge, et surtout l'espèce de jujubier cultivée dans un pays de l'Afrique, où son fruit est la nourriture principale, d'où est venu pour les habitans de ce pays le nom de lotophages, et pour l'arbre celui de *ziziphus lotus.* (J.)

LOU. (*Mamm.*) Nom languedocien du loup. Dans le même dialecte, *loubatas* signifie gros loup, et *loubatou* ou *loubet*, louveteau. (Desm.)

LOUAM. (*Ornith.*) Nom arabe du faisan dans la province d'Yémen, suivant Forskal, *Descript. animal.*, p. 11. (Ch. D.)

LOUANIAOY. (*Bot.*) Nom arabe du benjoin, cité par Daléchamps. (J.)

LOUBAS. (*Ichthyol.*) Sur la côte de Nice, le vulgaire appelle ainsi le loup de mer, *perca labrar.* Voyez Persèque. (H. C.)

LOUBAS NÈGRE. (*Ichthyol.*) A Nice on donne ce nom à un poisson qui a été décrit par M. Risso sous la dénomination de centropome noirâtre. (H. C.)

LOUBATAS, LOUBATOU. (*Mamm.*) Voyez Lou. (Desm.)

LOUBIA, LOUBIEH. (*Bot.*) Noms arabes d'un haricot, *phaseolus lubia* de Forskal, qui est, suivant M. Delile, le *maseh* des Nubiens. (J.)

LOUBINE. (*Ichthyol.*) A Cayenne on appelle ainsi une espèce de perche dont on doit la description à M. de Lacépède. Voyez Perche et Persèque. (H. C.)

LOUBO. (*Mamm.*) Nom languedocien de la louve. (Desm.)

LOUCAOU-MAPOYA. (*Bot.*) Nom caraïbe du *marcgravia*, cité dans l'herbier de Surian, qui le nomme aussi patte du diable. (J.)

LOUCHE. (*Ichthyol.*) Nom spécifique d'un labre qui a été décrit dans ce Dictionnaire, tome XXV, p. 24. (H. C.)

LOUCHON. (*Bot.*) Sur le mont Jura on nomme ainsi, selon Daléchamps, les troncs de sapin qui sont d'une certaine longueur, sans être interceptés par des nœuds, et qui peuvent ainsi être travaillées plus facilement. (J.)

LOUETTE. (*Ornith.*) Nom de l'alouette commune, *alauda arvensis*, Linn., dans la Guienne. (Ch. D.)

LOUFO. (*Bot.*) Nom du lycoperdon ou vesse-loup, en Languedoc. (Lem.)

LOUFOO. (*Ornith.*) Voyez Lowa. (Ch. D.)

LOUICHEA. (*Bot.*) L'Héritier avoit substitué ce nom à celui de *pteranthus*, donné par Forskal à un de ses genres rapporté à la famille des urticées. (J.)

LOUIRO. (*Mamm.*) L'abbé de Sauvage indique ce nom comme celui de la loutre en Languedoc. (Desm.)

LOUISE. (*Entom.*) Nom vulgaire d'une variété de libellule du genre Agrion. Voy. Agrion vierge, var. A. (C. D.)

LOUISE-BONNE. (*Bot.*) Variété de poire. (L. D.)

LOUMBARD. (*Ornith.*) On appelle ainsi, en Piémont, la double bécassine, *scolopax major*, Linn. (Ch. D.)

LOUN. (*Ornith.*) L'oiseau qui porte ce nom en Russie, dans les contrées désertes entre le Don et le Volga, est l'aigle pygargue, *falco albicilla*, Linn. (Ch. D.)

LOUP. (*Mamm.*) Nom d'une espèce du genre Chien. Voyez ce mot. (F. C.)

LOUP. (*Ichthyol.*) Nom vulgaire du poisson appelé *perca labrax*. Voyez Perche. (H. C.)

LOUPASSOU. (*Ichthyol.*) Un des noms de pays du *perca labrax*. Voyez Persèque. (H. C.)

LOUP-CERVIER. (*Mamm.*) Un des noms du lynx. (F. C.)

LOUP DORÉ. (*Mamm.*) Les Latins donnoient le nom de *lupus aureus* au chacal. (F. C.)

LOUP DES EAUX DOUCES. (*Ichthyol.*) Dans quelques cantons on appelle ainsi le brochet. Voyez Ésoce. (H. C.)

LOUP MARIN. (*Mamm.*) Belon donne sous ce nom la figure de la hyène rayée, et il a aussi été appliqué à des phoques. (F. C.)

LOUP-MARIN. (*Ichthyol.*) Nom vulgaire de l'anarrhique ordinaire, et du poisson appelé par les zoologistes *perca la-brax*. Voyez Anarrhique et Persèque. (H. C.)

LOUP DU MEXIQUE. (*Mamm.*) Espèce du genre Chien. Voyez ce mot. (F. C.)

LOUP NOIR. (*Mamm.*) Espèce de Chien. Voyez ce mot. (F. C.)

LOUP DE RIVIÈRE. (*Mamm.*) Les Guaranis, au rapport de d'Azara, donnent ce nom, dans leur langue, à une espèce de loutre. (F. C.)

LOUP ROUGE. (*Mamm.*) C'est le loup du Mexique. (F. C.)

LOUP-TIGRE. (*Mamm.*) Kolb nomme ainsi un animal dans lequel, au travers de bien des erreurs, on reconnoît la hyène tachetée. (F. C.)

LOURADIA. (*Bot.*) Genre établi par Vandeli, que l'on réunit au *ticorea* d'Aublet. M. de Jussieu lui trouve des affinités avec l'*aglaia* de Loureiro. Voyez Ticoea. (Lem.)

LOUREA. (*Bot.*) Voyez Christia. (Poir.)

LOUREIRA. (*Bot.*) Genre de plantes dicotylédones, à fleurs dioïques, de la famille des *euphorbiacées*, de la *dioécie octandrie* de Linnæus; offrant pour caractère essentiel : Des fleurs dioïques ; un calice à cinq divisions ; une corolle campanulée, à cinq lobes ; huit à treize étamines, adhérentes par leur base, accompagnées de cinq glandes : dans les fleurs femelles, un ovaire supérieur, environné de cinq glandes ; un style bifide au sommet ; les stigmates lamelleux, échancrés ou bifides. Le fruit est une capsule à deux coques, à deux loges monospermes.

Loureira a feuilles en coin : *Loureira cuneifolia*, Cavan., *Icon. rar.*, 5, pag. 17, tab. 429 ; *Mozinna spathulata*, Orteg., *Dec.*, 8, pag. 105, tab. 13. Arbrisseau d'environ trois pieds de haut, dont les rameaux sont pendans, d'un brun cendré, distillant une liqueur transparente qui s'épaissit à l'air ; les feuilles sont alternes ou fasciculées, rétrécies en pétioles, en forme de coin, longues d'un pouce et demi, entières, obtuses, quelquefois à trois lobes : munies de stipules rougeâtres, caduques, subulées ; les fleurs sont pédonculées, placées entre les feuilles, fasciculées pour les mâles ; les femelles presque sessiles, solitaires ou géminées ; les divisions du calice un peu velues dans les femelles, souvent bidentées ; la corolle est d'un blanc rougeâtre, à lobes réfléchis, un peu velus ; les filamens, de couleur purpurine, portent des anthères jaunes et ovales ; les capsules sont à une ou deux coques ovales, de la grosseur d'une amande. Cette plante croît à la Guadeloupe.

Loureira glanduleuse : *Loureira glandulosa*, Cavan., *Icon. rar.*, 5, pag. 18, tab. 430 ; *Mozinna cordata*, Orteg., *Dec.*, 8, pag. 107. Arbrisseau d'environ quatre pieds, qui distille une liqueur jaunâtre ; les feuilles sont pétiolées, alternes, ovales, en cœur, aiguës, luisantes en-dessus, d'un vert foncé, longues d'un pouce et plus, garnies à leur circonférence de glandes pédicellées et munies de deux ou trois stipules caduques, glanduleuses, sétacées ; les fleurs mâles sont presque paniculées, situées dans la bifurcation des rameaux ; les femelles solitaires ou géminées ; les divisions du calice lancéolées, glanduleuses ; le style est bifide, à quatre stigmates ; le fruit est une capsule à deux coques. Cette espèce croît à la Guadeloupe. (Poir.)

LOURION. (*Ornith.*) Pour ce nom et celui de *louriot*, voyez Lorion. (Ch. D.)

LOURYS. (*Ornith.*) Le perroquet presque entièrement rouge qui porte ce nom dans l'île Célèbes ou Macassar, est, suivant la relation analysée dans l'Histoire générale des voyages, tome 10, p. 459, remarquable par le silence triste et mélancolique qu'il garde habituellement, tandis que les autres espèces de perroquets ou perruches ont toute l'apparence de la gaieté. (Cʜ. D.)

LOUSOT. (*Ornith.*) Un des noms vulgaires du loriot commun, *oriolus galbula*, Lath. (Cʜ. **D.**)

LOUTI (*Ichthyol.*), nom spécifique d'un bodian dont il est question dans ce Dictionnaire, tome V, p. 10. (H. C.)

LOUTKI. (*Ornith.*) Nom russe d'une espèce de canard que les Kamtschadales appellent *soaloukitchi*, et les Koriaques *ialalgapin*. (Cʜ. **D.**)

LOUTOU-YOUYOU. (*Bot.*) Dans une plaine voisine de Chillo en Amérique, on trouve sous ce nom le *basella obovata* de la Flore équinoxiale. (J.)

LOUTRE, *Lutra*. (*Mamm.*) Ce nom, évidemment dérivé du latin, a été donné, comme nom propre, à une espèce de l'ordre des carnassiers, et s'est étendu, en devenant commun, à plusieurs autres espèces qui ont avec la première les plus grandes analogies : aussi le genre des Loutres est-il un des plus naturels de cet ordre.

Parmi les auteurs de classifications méthodiques, c'est Brisson qui forma le premier ce genre, et quoiqu'il ne fût fondé que sur des caractères d'un ordre secondaire des pieds palmés, il n'en dut pas moins être conservé ; car ces caractères ne se sont jusqu'à présent rencontrés, parmi les mammifères carnassiers proprement dits, que chez les loutres, et se sont toujours trouvés dans des rapports constans avec ceux d'un ordre plus élevé.

Les loutres sont des carnassiers qu'on distingue facilement de tous les autres. Outre leur naturel aquatique, ils tirent de leur tête large et plate, de leur corps épais et écrasé, de leurs jambes courtes, de leurs pieds palmés, une physionomie générale qui ne permet de les confondre avec aucune des espèces que leur organisation en rapproche le plus.

Le système de dentition de ces animaux est celui des martes, modifié par le grand développement de la partie de ce système qui a pour objet de triturer les alimens et non de les couper; c'est-à-dire, que ce développement caracté- rise des animaux moins carnassiers et plus frugivores que les martes. Les martes, en effet, ont de chaque côté des deux mâchoires trois incisives, une canine et cinq mâchelières, qui se composent de trois fausses molaires, d'une carnassière et d'une tuberculeuse.

A la mâchoire supérieure, les incisives naissent toutes sur la même ligne, et les quatre intermédiaires sont beaucoup moins fortes et plus tranchantes que les deux latérales qui ressemblent à de petites et courtes canines : les canines sont fortes, en cône alongé, et placées un peu en dehors de la ligne des dents, de sorte que la première fausse molaire, au lieu d'être placée à la partie postérieure de sa base, se trouve située à sa partie interne, et par là très-rapprochée des incisives. Cette première fausse molaire est petite, ob- tuse et rudimentaire; la seconde est conique et un peu moins grande que la troisième, qui du reste présente la même forme.

La carnassière a un tubercule interne large, plat, à bords relevés en crête, et tellement étendu qu'il occupe toute la face interne de cette dent, dont le corps est formé, de même que chez la plupart des carnassiers, d'une pointe triangu- laire principale, suivie d'un talon comprimé; de sorte que ce tubercule, tout en rendant la dent beaucoup moins tran- chante, augmente de beaucoup sa surface triturante. La tu- berculeuse présente une large surface presque carrée, formée à sa face externe de deux tubercules, dont l'antérieur est plus fort que le postérieur, et à l'interne d'un tubercule antérieur obtus, et d'une crête large et abaissée qui circons- crit toute sa partie postérieure.

A la mâchoire inférieure, les deux incisives externes sont courtes, obtuses et plus fortes que les deux centrales, et les deux intermédiaires, placées plus en arrière que les quatre autres, sont oblongues et couchées en avant. Les canines sont fortes et courtes : les fausses molaires sont coniques; la pre- mière est la plus courte, et la troisième la plus grande.

La carnassière est divisée en deux pointes et terminée postérieurement par un talon : sa pointe antérieure est épaisse et a pris la forme d'un tubercule conique ; ensuite il s'est développé à la partie interne de la seconde pointe un autre tubercule conique, qui épaissit encore cette dent : enfin le talon postérieur fait à lui seul près de la moitié de la dent ; il forme un large et épais tubercule relevé en crête à son bord externe. La tuberculeuse est petite comparativement à celle de la mâchoire opposée ; elle est garnie d'une crête épaisse à son bord externe, et d'un tubercule conique à l'interne.

Les organes du mouvement sont principalement formés pour nager.

Les membres sont terminés par un pied composé de cinq doigts alongés, armés d'ongles courts, reployés en gouttière, et réunis jusqu'aux ongles par une large et forte membrane, qui, aux pieds postérieurs, déborde un peu le bord du doigt externe. La paume est entièrement nue, garnie au milieu d'un large tubercule divisé en quatre lobes, et terminée postérieurement par un autre tubercule circulaire. Aux membres postérieurs la plante est nue à sa partie antérieure, et le talon est entièrement recouvert de poils ; la plante n'a de plus qu'un grand tubercule central divisé en trois lobes. Sa queue, toujours revêtue de poils, est courte, cylindrique et terminée en pointe : c'est un organe rudimentaire.

Les sens, excepté celui de l'odorat, paroissent être assez obtus, à en juger du moins par l'extérieur. L'œil est petit, et la pupille ronde et très-rétractile. Les paupières sont externes, peu épaisses et sans cils ; l'interne est forte et assez développée pour couvrir complétement la cornée. L'oreille est courte, oblongue et assez simple. La langue est douce. Les narines sont percées sur les côtés d'un large muffle formé de glandes fortes et plates ; elles sont percées au fond de la partie antérieure de leur ouverture, qui se prolonge en arrière en un large sinus découvert. La paume et la partie antérieure de la plante sont, comme nous l'avons vu, nues et revêtues d'une peau douce. Les moustaches sont formées de soies nombreuses, longues, fortes et roides. Le pelage est très-épais et assez doux : les poils soyeux sont assez longs, fournis, durs, luisans, et terminés en fer de lance, c'est-à-dire, plus épais à la pointe qu'à la base ; les laineux sont les plus courts, ordinairement les plus nombreux, et ils forment une épaisse fourrure de poils d'une extrême douceur.

Chez les mâles, les organes génitaux sont très-simples et peu développés ; les testicules ne sont point renfermés dans un scrotum saillant au dehors, mais cachés sous la peau. La verge est petite et dirigée en avant, et le gland est soutenu par un petit os cylindrique. Chez les femelles de la loutre commune la vulve forme une saillie conique, et son orifice est une fente longitudinale, garnie de deux lèvres ; et cet organe est renfermé dans une petite cavité demi-circulaire qui entoure la partie postérieure de sa base. On trouve chez les deux sexes, comme du reste chez toutes les autres espèces de la famille des martes, deux vésicules, placées de chaque côté de l'extrémité postérieure de l'intestin, qui s'ouvrent dans l'anus par un orifice particulier, et qui sécrètent une matière épaisse, blanchâtre et fort puante.

Les loutres vivent principalement de poissons ; cependant on peut, sans beaucoup de peine, les habituer à manger des substances végétales, et même à s'en nourrir exclusivement. Elles vivent dans le voisinage ou sur le bord des eaux : pendant le jour elles restent cachées, et c'est la nuit qu'elles s'occupent à satisfaire leurs besoins ; elles plongent et nagent long-temps, et dès qu'elles se sont emparées de leur proie, elles viennent la dévorer dans le réduit qu'elles se sont préparé sous quelque racine ou entre les rochers du bord de la rivière, et qu'elles ont toujours soin de garnir d'herbes sèches : c'est aussi dans ce lieu que les femelles mettent bas et élèvent leurs petits.

Ce genre est si naturel, les espèces qui le composent ont entre elles tant de ressemblance, qu'il devient extrêmement difficile de montrer en quoi elles diffèrent l'une de l'autre, et de les caractériser nettement par les parties des organes qui sont employés chez les mammifères comme caractères spécifiques. Le peu de connoissance qu'on a des espèces étrangères, des variations que les couleurs de leur pelage peuvent éprouver par l'influence du climat, des saisons, de l'âge, augmentent encore ces difficultés et nous exposent à de graves erreurs ; mais elles tiennent au sujet, sur lequel on ne possède encore que des matériaux incomplets. Au reste,

ce que nous allons dire des caractères distinctifs des espèces
de ce genre, est pris des individus qui se trouvent aujour-
d'hui dans les collections du Muséum ; individus auxquels
paroît se rapporter tout ce qui se trouve clairement exprimé sur les loutres dans les voyageurs et dans les catalogues
méthodiques.

1.° Loutre d'Europe : *Lutra vulgaris*, Erxleben ; Loutre, Buff.;
F. Cuv., Hist. natur. des mammif. Chez cette espèce, le pelage est d'un brun foncé, noirâtre, un peu plus gris sur le
dessous du corps; le tour des lèvres, le menton et la gorge
sont d'un gris roussâtre pâle, et le bout de l'oreille est gris.
Les poils soyeux sont d'un gris brun foncé sur le corps et
d'un gris blanchâtre sous la gorge, et les laineux sont très-
touffus, très-doux et d'un gris brun.

La loutre est quelquefois atteinte d'albinisme, et l'on doit
considérer comme frappé de cette maladie un individu du
Muséum qui est d'un brun fauve assez vif, avec le dessous
du corps d'un fauve blanchâtre ; les tempes, la gorge et le
dessous du cou presque blancs, et tout le pelage irrégulièrement semé de taches rondes et d'un beau blanc. Les poils
soyeux sont fauves sur le corps et blancs sous la gorge, et les
laineux sont en général d'un brun foncé et roussâtres sur
les parties pâles ; mais, ce qui rend cet individu très-remarquable, c'est que les taches ne sont formées que de ces derniers poils, qui sont sur ces parties d'un blanc éclatant, sans
que les poils soyeux participent à cette anomalie.

Dans la tête osseuse, la coupe, vue de profil, forme une
ligne à peu près droite de l'occiput aux apophyses orbitaires
du frontal et légèrement inclinée de ce point jusqu'à l'extrémité des naseaux, et l'espace qui se trouve entre les apophyses orbitaires du frontal, les maxillaires et l'extrémité des
naseaux, représente assez bien, en mesurant sa largeur entre
les deux orbites, un quadrilatère d'un quart moins large
que long.

La grandeur de notre loutre est de deux pieds un pouce,
du museau à l'origine de la queue, et celle-ci a un pied
un pouce.

La loutre, généralement répandue dans toute l'Europe,
vit au bord des étangs et des fleuves, et s'y pratique, entre

27.   16

les rochers ou sous quelque racine, une retraite garnie d'herbes
séches, où elle passe presque tout le jour, ne sortant que le
soir pour chercher une nourriture qui consiste le plus souvent en poissons et en reptiles aquatiques, qu'elle poursuit
au fond des eaux. C'est en hiver qu'elle sent les besoins du
r... et elle met bas trois ou quatre petits au mois de Mars.
Ceux-ci, qui restent auprès de la mère deux ou trois mois
au plus, ont acquis toute leur taille et toutes leurs forces
à leur deuxième année.

2.º LOUTRE DU CANADA, *Lutra canadensis*. Cette loutre ne
nous est connue que par sa tête osseuse, qui portoit le nom
sous lequel nous la désignons. Cette espèce est de très-peu
moins grande que la loutre de la Caroline, sa tête osseuse
n'ayant que quelques lignes de moins.

C'est elle qui se rapproche le plus de la loutre commune,
par les formes de sa tête osseuse ; mais elle en diffère cependant en ce que, sa tête, vue de profil, suit une ligne
plus inclinée, surtout des apophyses orbitaires du frontal au
bout des naseaux, et que l'espace qui se trouve entre les apophyses orbitaires du frontal, les maxillaires et l'extrémité
des naseaux, forme un carré plus alongé, étant d'un tiers
moins large que long.

3.º LOUTRE DE LA GUIANE, *Lutra enudris*. Cette espèce est
bai clair en-dessus, plus pâle encore en-dessous ; la gorge
et les côtés de la face jusqu'aux oreilles sont presque blancs ;
la couleur de la queue est analogue à celle du corps, plus
claire en-dessous qu'en-dessus.

La coupe de sa tête osseuse forme une ligne légèrement
mais régulièrement arquée de l'occiput au bout des naseaux ;
la surface comprise entre les apophyses orbitaires du frontal,
les maxillaires et l'extrémité des naseaux, est beaucoup plus
large que chez les deux espèces précédentes, et forme un
carré régulier : elle diffère de plus des précédentes et de la
suivante, en ce que la ligne inférieure des maxillaires inférieurs, droite chez les autres espèces, est arquée chez
celle-ci.

La longueur est de deux pieds, du bout du museau à l'origine de la queue, et celle-ci a dix-huit pouces.

4.º LOUTRE DE LA CAROLINE, *Lutra lataxina*. Chez cette loutre

les poils sont assez longs et touffus ; les soyeux recouvrent
les laineux, et ceux-ci sont assez longs, très-épais et très-
doux.

Le pelage est d'un brun foncé noirâtre, un peu plus pâle
sous le corps ; les joues, les tempes, le tour des lèvres, le
menton et la gorge sont d'un gris brunâtre pâle, et le dessous
du cou est d'un brun grisâtre ; les poils soyeux sont d'un
brun noir pur sur le corps, et leur pointe est en-dessous
d'un brun roussâtre ; sur les côtés de la tête ils sont d'un
gris blanc plus foncé à la base, et enfin sous le cou ils sont
d'un brun pâle avec la pointe roussâtre. Pour les laineux,
ils sont sur le corps d'une teinte obscure avec la pointe
brune, et d'un brun grisâtre sur les côtés de la tête et le
dessous du cou.

Cette loutre, qui, par la forme générale de sa tête osseuse,
se rapproche beaucoup de l'espèce précédente, en diffère
cependant en ce que sa coupe décrit, de l'occiput à l'extrémité des naseaux, une ligne très-droite, et qui même est
légèrement concave à la région frontale ; la surface qui se
trouve entre les apophyses orbitaires du frontal, les maxillaires et l'extrémité des naseaux, est d'un tiers et presque de
la moitié plus large que longue.

Sa taille est de deux pieds neuf pouces du museau à la
base de la queue, et celle-ci a un pied cinq pouces.

Dans son premier âge, cette loutre a très-peu de poils
soyeux, et est presque entièrement d'un brun foncé, seulement un peu plus pâle en-dessous.

Le Muséum doit les individus de cette espèce qu'il possède à M. L'Herminier, qui les a envoyés de la Caroline
du Sud.

5.º Loutre de la Trinité, *Lutra insularis*. Les poils sont
courts, très-lisses et presque ras ; les soyeux sont seuls apparens, et les laineux sont courts, très-touffus et très-doux.
Le pelage est d'un brun châtain clair, plus pâle sur les flancs,
et presque d'un blanc jaunâtre sur le dessous du corps et les
côtés de la tête, passant au blanc jaunâtre sale sur le tour
des lèvres, le menton, la gorge, le dessous du cou et la poitrine. Les poils soyeux sont sur les parties brunes d'un brun
brillant, plus clair à la base que sur le reste du pelage, et

blanchâtres sous le corps : les laineux sont blanchâtres, avec
la pointe brune sur les parties foncées, et jaunâtres sous la
tête, le cou et la poitrine.

La grandeur, du bout du museau à l'origine de la queue,
est de deux pieds trois pouces, et celle-ci a un pied six
pouces. Cette loutre, dont je ne connois pas la tête osseuse,
a été envoyée de la Trinité par M. Robin.

6.° Loutre de Cayenne : *Lutra brasiliensis*, Geoff., Catal. du
Mus.; Loutre d'Amérique, G. Cuv., Rég. anim., tom. I.er,
pl. 151 ; tom. 4, pl. 1, fig. 3. Toutes les espèces de ce genre
ont, comme la loutre ordinaire, les narines entourées d'un
mufle ou appareil glanduleux : la loutre qui nous occupe,
est la seule qui en soit privée. Ce caractère important la
distingue nettement des autres espèces américaines, confondues jusqu'à présent avec elle; lors même que l'on voudroit regarder les loutres du Canada, de la Guiane, de la
Caroline et de la Trinité comme ne formant qu'une seule
espèce, ce que je ne pense nullement, surtout pour les trois
premières dont nous avons plus haut comparé les têtes osseuses. il faudroit toujours reconnoître que deux espèces
distinctes du genre des loutres habitent ce continent.

Chez cette espèce, les poils sont très-courts, très-ras et
très-lisses; les soyeux sont assez rudes et recouvrent entièrement les laineux ; ceux-ci sont extrêmement courts et peu
nombreux. Le pelage est d'un brun roux fauve brillant,
plus foncé et tirant sur le brun marron vers l'extrémité
des membres et de la queue, prenant une teinte fauve plus
claire sur la tête et le cou ; le tour des lèvres, le menton,
la gorge et le dessous du cou sont d'un jaune fauve pâle :
dans le jeune age, cette plaque jaune du dessous du cou est
moins nettement circonscrite et plus ou moins variée de brun.
Les poils soyeux sont bruns à leur base, puis fauves sur le
reste de leur longueur sur le corps, et d'un blanc jaune sous
la gorge : les laineux sont d'un jaune fauve avec la pointe
brune sur les parties brunes, et jaunâtres sous la gorge. Chez
cette espèce, comme nous l'avons dit, l'espace qui se trouve
entre les narines est entièrement revêtu de poils courts et
serrés, et celles-ci sont seulement nues sur leur contour. La
queue est aussi très-déprimée, surtout vers le bout. Cette

loutre a trois pieds neuf pouces du museau à l'origine de la queue ; celle-ci a un pied onze pouces.

Cette espèce se distingue facilement des autres par le peu de longueur de l'espace qui se trouve entre les apophyses orbitaires du frontal, les maxillaires et l'extrémité des naseaux, et par son rétrécissement en largeur.

On n'a reconnu jusqu'à présent qu'une seule espèce de loutre propre à l'Amérique, désignée par Marcgrave sous les noms de *iiya* et de *cariguebeyu*, et par Buffon sous celui de *saricovienne* : selon le premier, elle seroit noire, avec la tête plus brune et la gorge fauve ; Brisson en fit son *lutra brasiliensis*, et Gmelin sa variété β du *mustelis lutris* de Linnæus, la confondant ainsi avec le *lutra marina* de Steller. Quoique nous ayons conservé à la loutre d'Amérique de M. G. Cuvier le nom méthodique que donna Brisson au iiya de Marcgrave, nous ne pensons cependant pas que ces deux animaux soient de la même espèce.

La singulière confusion qui règne entre toutes ces loutres américaines ne permet plus de reconnoitre les mœurs et les habitudes de chacune d'elles ; tous les traits de leur histoire ayant été rapportés à la saricovienne, espèce trop peu connue pour qu'on puisse la regarder comme certaine.

7.º Loutre du Kamtschatka ; *Lutra lutris, Mustela lutris*, Linn., Schreb., pl. 128. Le dessus du cou, les épaules, le dessus et les côtés du corps, la croupe et les cuisses, sont revêtus d'une épaisse fourrure composée de poils laineux de la plus grande douceur, parmi lesquels on remarque, mais en très-petite quantité, des poils soyeux un peu plus longs. La tête, le bas des membres, le dessous du cou et du corps sont au contraire couverts de poils soyeux assez nombreux pour cacher, du moins en partie, les laineux ; les premiers sont un peu moins nombreux sur la queue. Le dessus du cou, les épaules, le dessus et les côtés du corps, la croupe, la cuisse, les membres postérieurs et la queue sont d'un brun marron foncé, conservant tout l'éclat du velours ; les poils laineux sont sur toutes ces parties d'un brun pâle à la base et d'un brun foncé vers la pointe, tandis que les soyeux sont d'un brun foncé sur les membres postérieurs et la queue, et terminés de blanc sur le corps. La tête, la gorge, le dessous du cou et du corps, et le bas des membres antérieurs sont d'un gris argenté, prenant une teinte roussâtre sur le museau; sur toutes ces parties, les poils soyeux sont d'un blanc brillant, et les laineux sont bruns sur le corps et roussâtres sur la tête, la gorge et le dessous du cou. Le dessus des doigts est d'un brun fauve, et les moustaches sont blanches.

Cette espèce a trois pieds trois pouces du museau à la queue, et celle-ci, qui est grosse et courte, n'a qu'un pied trois pouces.

L'individu du Muséum sur lequel a été faite cette description, avoit été acquis chez un fourreur : peut-être est-il le *mustela hudsonica* de M. de Lacépéde.

8.° LOUTRE BARANG; *Lutra barang*. Chez cette espèce de l'Inde, due aux recherches de MM. Diard et Duvaucel, le pelage est rude et hérissé : les poils soyeux sont longs et recouvrent les laineux. Elle est d'un brun de terre d'ombre sale et grisâtre, un peu plus pâle sous le corps; et les tempes, la gorge, le dessous et le bas des côtés du cou sont d'une teinte gris-brunâtre, qui se fond insensiblement avec le brun cendré du reste du pelage. Les poils laineux sont d'un gris brun sale, et les soyeux, généralement bruns, prennent une couleur blanchâtre à leur pointe sur le dessous du cou.

Cette loutre a un pied huit pouces du museau à la queue, et celle-ci a huit pouces. M. Diard l'a envoyée de Java au Muséum, et elle porte à Sumatra le nom de *barang-barang*.

M. Raffles (Catal. des mamm. de Sumatra, Trans. Linn. de Londres, tom. 15) dit qu'il existe dans cette île deux espèces de loutres, l'une petite, qui est celle que nous venons de décrire, et l'autre, plus grande, désignée sous le nom de simung.

Je pense que c'est un jeune individu de cette grande espèce qu'a envoyé M. Diard. Quoique très-jeune, sa tête osseuse est assez grande pour pouvoir faire penser qu'adulte il égale presque notre loutre, et la différence de ses couleurs, déjà bien tranchées, porte à croire que ce n'est point un jeune de l'espèce précédente : les poils sont moins longs, plus lisses et plus doux; le pelage est d'un brun foncé, prenant une teinte roussâtre plus claire sous le corps et la queue; le tour des yeux, les côtés de la tête, le bord de la lèvre supérieure, les côtés et le dessous du cou, sont d'un blanc fauve jaunâtre, assez vif et bien tranché, et le menton est blanc.

9.ᵉ Loutre nirnaier; *Lutra nair*. Cette loutre a les poils peu longs et assez doux; les soyeux recouvrent les laineux, et ceux-ci sont doux et fournis.

Le pelage est d'un châtain foncé, pâlissant sur les côtés du corps; les côtés de la tête et du cou, le tour des lèvres, le menton, la gorge et le dessous du cou, sont d'un blanc roussâtre clair assez pur; le bout du museau est roussâtre, et l'on remarque au-dessus et au-dessous de l'œil une tache d'un brun fauve roussâtre clair; et enfin le dessous du corps est d'un blanc roussâtre.

Les poils soyeux des parties supérieures sont bruns avec la pointe roussâtre, ceux du dessous du corps sont d'un blanc teint de fauve, et ceux des côtés de la tête sont blancs. Les laineux sont blancs avec la pointe brune sur le corps, et roussâtres sur les parties blanches; les moustaches sont blanches.

Dans le très-jeune âge, le poil est plus long, plus doux et plus pâle; le menton et la gorge sont entièrement d'un blanc paillé, et le pelage paroît sur cette région plus doux que sur les parties voisines : les poils laineux, plus nombreux que chez l'adulte, sont tous d'un gris brunâtre clair.

Cette espèce a, du museau à la queue, deux pieds quatre pouces, et celle-ci a un pied cinq pouces.

Le Muséum doit les individus qu'il possède à M. Leschenault, qui les a rapportés de Pondichéry, où l'espèce est nommée nir-nayie.

10.ᵒ Loutre du Cap; *Lutra inunguis*, G. Cuv. M. Delalande a rapporté du Cap la dépouille et le squelette d'un animal qui doit être regardé comme une espèce de ce genre, mais qui cependant y forme un groupe particulier et très-distinct. Cette espèce présente le même système de dentition que les loutres, ayant seulement la tuberculeuse supérieure plus large : elle en a aussi les oreilles, le mufle et la forme générale du corps; seulement elle paroît un peu plus haute. Jusques-là tous ces caractères la rapprochent du genre qui nous occupe; mais ce qui l'en distingue sensiblement, est la forme des pieds et les rapports des doigts. Ceux-ci sont gros, courts,

et à peine palmés; aux pieds de devant, ils sont presque sans
membranes, et le second paroît soudé au troisième sur toute
la première articulation : ces deux doigts sont les plus longs,
et le premier des deux est un peu plus alongé que le troisième;
le premier doigt, ou l'externe, et le quatrième, sont beaucoup plus courts, et ce dernier est plus long que le premier;
enfin le cinquième ou l'interne est placé assez haut et le plus
court de tous. Aux membres postérieurs les doigts sont seulement unis à la base par une étroite membrane : le second
et le troisième paroissent, ainsi qu'aux pieds postérieurs,
soudés sur la première articulation; ils sont les plus longs
et égaux entre eux; le premier et le quatrième, plus courts
que ceux-ci, sont d'une longueur égale entre eux, et l'interne ou le cinquième est le plus court de tous. Tous ces
doigts sont sans ongles, et dans le squelette les phalanges
onguéales sont courtes, obtuses et arrondies vers le bout;
l'on remarque seulement, à l'extrémité des second et troisième doigts des pieds postérieurs, un rudiment d'ongle qui
se compose d'une lame cornée demi-circulaire en forme de
gaine, au centre de laquelle se trouve un tubercule épais
et arrondi. Telles sont les particularités que l'on remarque
sur les deux individus de la collection du Muséum, et M.
Delalande nous a assuré que toujours les individus de cette
espèce offroient cette singulière anomalie.

Le pelage est assez doux, fourni et épais; les poils soyeux
recouvrent les laineux, et ceux-ci sont courts, épais et doux.
Cet animal est d'un brun châtain, plus foncé sur la croupe,
les membres et la queue; plus clair, et tirant sur le roussâtre, sur le bas des flancs et les côtés du corps, et prenant
une teinte gris-brunâtre sur le dessus de la tête, du cou et
des épaules; le haut des côtés de la tête et du cou, et l'espace qui se trouve entre le muffle et l'œil, sont d'un brun
assez foncé; la lèvre supérieure, la joue (à prendre du dessous de l'œil), la tempe, le menton, la gorge, le tour des
lèvres, et enfin les côtés de la tête, les côtés et le dessous
du cou, et la poitrine, sont d'un blanc assez pur, qui se porte
en brunissant jusqu'en avant de l'épaule; le dessus du museau est d'un blanc roussâtre, et l'oreille est brune avec le
bord blanc. Aux parties brunes, les poils soyeux sont d'un

brun châtain, tandis qu'ils se trouvent terminés de cendré aux parties teintes de gris, et blancs sous la tête et le cou; les laineux sont grisâtres avec la pointe brune.

Cet animal a deux pieds dix pouces du museau à la queue, et celle-ci a un pied huit pouces. Il habite, d'après les observations de M. Delalande, les vastes marais salés des bords de la mer, plonge très-bien, se retire dans les joncs et les broussailles, et se nourrit de poissons et de crustacés.

On a aussi donné le nom de loutre au noreck *mustela lutreola* qu'Erxleben a placé dans ce genre, et qui paroît être un putois, et au chironecte yapock, qui est un véritable sarigue.

Steller a aussi rapporté à ce genre un animal du pôle boréal, qu'il décrivit sous le nom de *lutra marina* dans les *Nov. com. Petropolis*, tom. 2, p. 367, description que copia Buffon, Suppl., tom. 6, pag. 287, en la rapportant à sa saricovienne, à laquelle il avoit d'abord donné pour type, tom. 13, pag. 319, le *cariguebeya* de Marcgrave. Selon le premier de ces auteurs l'on trouveroit à la mâchoire supérieure quatre ou six incisives, deux canines et huit molaires, quatre de chaque côté, quelquefois cinq, dont les deux premières seroient ambiguës, pour la forme, entre les incisives et les molaires, et les deux dernières à large couronne; à la mâchoire inférieure, quatre incisives, deux canines et dix molaires, cinq de chaque côté : chez le plus grand nombre, le total de ces dents seroit de trente-deux, tandis que chez quelques-uns il monteroit à trente quatre. Selon lui, encore, les pieds antérieurs, très-semblables à ceux du chat, diffèrent de ceux des loutres en ce que, quoique les doigts soient réunis par une membrane, ils sont velus et épais comme ceux des chats et des chiens, et non étendus, élargis, comme ceux de la loutre; la paume est nue : les pieds postérieurs diffèrent des antérieurs et des pieds de tous les autres quadrupèdes, en ce qu'ils ont une forme singulièrement plate; ils ne diffèrent de ceux des phoques qu'en ce qu'ils ne sont point engagés dans la peau. Le tarse, le métatarse et les doigts sont cinq fois plus longs et plus larges que ceux des pieds antérieurs : il y a cinq doigts enveloppés d'une membrane velue; ces doigts sont graduellement plus courts de dehors en dedans. Le métatarse et les doigts sont couverts de poils tant en-dessus qu'en-dessous ; l'ongle dont chaque doigt est armé, est arqué et aigu. La queue est courte, large, plate et pointue ; les oreilles sont arrondies, coniques et velues ; l'œil est rond, l'iris noisette, et la paupière interne aussi développée que chez la loutre commune ; les narines sont très-noires, nues, rugueuses et saillantes comme chez le doguin ; la mâchoire supérieure est plus longue que l'inférieure, et les lèvres sont épaisses comme celles des phoques ; le cerveau, les reins, la vessie urinaire, l'estomac et les intestins sont semblables aux mêmes organes du phoque commun, seulement il ne se trouve point de cœcum.

Cet animal (toujours d'après Steller) est de la grandeur d'un chien médiocre, ayant quatre pieds du museau au bout de la queue, et celle-ci ayant un peu plus d'un pied ; les formes générales sont celles de la loutre, et les pieds postérieurs sont très-rapprochés de la queue. Il est d'un brun noir brillant et d'un riche éclat de velours ; les jeunes ont la tête brune, et les vieux l'ont canescente et presque argentée : les poils sont de deux sortes, des soyeux et des laineux ; tous sont d'un brun presque noir et le plus souvent les premiers ont la pointe d'un blanc soyeux. Ces loutres se nourrissent de poissons, de crustacés, de mollusques, etc.

Cette description s'accorde très-bien avec celle que nous avons donnée du *mustela lutris* de Linnæus, si l'on ne porte son attention que sur le pelage et ses couleurs ; mais le reste paroît tellement s'éloigner en plusieurs points de ce qui s'observe chez les loutres, qu'on doit hésiter à regarder cet animal comme étant du même genre. (F. C.)

LOUTRE [Petite]. (*Mamm.*) Voyez Chironecte. (F. C.)

LOUTRE D'ÉGYPTE. (*Mamm.*) C'est quelquefois la mangouste ichneumon. (F. C.)

LOUTRE DE MER, LOUTRE MARINE, LOUTRE DU CANADA (*Mamm.*) : différens noms de loutres de l'Amérique septentrionale. (F. C.)

LOUVE. (*Mamm.*) Femelle du loup. (F. C.)

LOUVETEAU. (*Mamm.*) Nom du jeune loup. (F. C.)

LOUVETTE. (*Entom.*) Nom vulgaire sous lequel on désigna d'abord l'*hépiale du houblon*, et ensuite la *tique des chiens*. (C. D.)

LOUVOUROU. (*Bot.*) Nom malgache du *pandaca* de M. du Petit-Thouars, qui paroît devoir être réuni au *tabernœmontana*, dans la famille des apocinées : c'est le *morogasi* de l'Isle-de-France. (J.)

LOUYHIG. (*Ornith.*) Un des noms arabes de l'autour, *falco palumbarius*, Linn. (Cʜ. D.)

LOUZ. (*Bot.*) Nom arabe de l'amandier, suivant M. Delile. (J.)

LOVAN. (*Bot.*) Suivant Garcias, cité par Clusius, ce nom arabe, dérivé du grec, est donné à l'encens. La résine du benjoin est nommée *lovanjaoy*, c'est-à-dire, encens de Java, pays où les Arabes ont connu le benjoin pour la première fois. (J.)

LOVELY. (*Ornith.*) Cet oiseau de l'Inde est le *fringilla formosa*, Lath. M. Vieillot croit que c'est une femelle ou un jeune du beau-marquet, *fringilla elegans*, Lath. (Cʜ. D.)

LOWA. (*Ornith.*) Les Chinois, dit La Chesnaye des Bois, donnent ce nom, qui signifie oiseau-pêcheur, à un cormoran qu'ils emploient à la pêche. C'est vraisemblablement le leu-tze, *pelecanus sinensis*, Lath. (Cʜ. D.)

LOWANDO. (*Mamm.*) Buffon dit que c'est le nom d'un singe gris, à barbe noire, qui est de Ceilan : il le regarde comme une variété de l'ouanderou, ce qui est plus que douteux. Ces lowando pourroient bien n'être que des entelles adultes. Voyez Mᴀᴄᴀqᴜᴇ. (F. C.)

LOXIA. (*Ornith.*) Quoique ce nom, formé d'un terme grec signifiant *oblique*, ait été appliqué par Linnæus aux gros-becs en général, M. Cuvier l'a judicieusement restreint aux becs-croisés, dont on ne connoît en Europe que deux espèces, *loxia curvirostra*, Linn., bec-croisé commun, et *loxia pytiopsittacus*, Bechst., bec-croisé perroquet ou des sapins. Voyez, au Supplément du tome IV de ce Dictionnaire, le mot Bᴇᴄ-ᴄʀᴏɪsᴇ́, p. 58. (Cʜ. D.)

LOXIDIE, *Loxidium*. (*Bot.*) Genre de plantes dicotylédones, à fleurs complètes, polypétalées, papilionacées, de la famille des *légumineuses*, très-peu distingué des *colutea*, et qui appartient à la *diadelphie décandrie* de Linnæus; offrant pour caractère essentiel : Un calice à cinq dents, une corolle papilionacée ample et plane; la carène obtuse; dix étamines diadelphes; le style barbu, d'un seul côté, dans toute sa longueur; le stigmate terminal; une gousse renflée, mais non vésiculeuse.

LOXIDIE A FEUILLES DE GALEGA : *Loxidium galegifolium*, Vent., *Dec. gen. nov.*; *Swainsona galegifolia*, Brown, *in Hort. Kew.*, edit. nov., 4, pag. 527; *Colutea galegifolia*, *Bot. Magaz.*, tab. 792; *Vicia galegifolia*, Andr., *Bot. repos.*, tab. 519, var. β; *Swainsona coronillæfolia*, Brown, *l. c.*; Salisb., *Parad.*, 28; *Bot. Magaz.*, tab. 1725. Ventenat avoit d'abord établi ce genre sous le nom de *Loxidium*. Salisbury lui a donné celui de *Swainsona*, adopté par Brown, qui a conservé les deux espèces figurées dans le *Botanical magazine*. Mais elles sont tellement rapprochées, qu'elles ne paroissent être que deux variétés distinguées, dans la première, par la corolle d'un rose clair, d'un pourpre foncé dans la variété β. De plus, le pédicelle du fruit est plus long que les filamens des étamines dans la première, presque d'égale longueur dans la seconde : ce sont les seules différences que j'ai pu y remarquer d'après les descriptions et les figures des auteurs qui les ont mentionnées. Je pourrois ajouter que les caractères qui les distinguent, comme genre, du *Colutea* (baguenaudier), ne consistent que dans le stigmate terminal dans ce genre, surmonté dans le *Colutea* d'une petite pointe en crochet qui le rend latéral : quant à la différence des gousses, elle me paroit bien foible.

Cette plante est un arbrisseau peu élevé, dont les tiges sont flexueuses; les rameaux herbacés, anguleux; les feuilles alternes, composées d'environ neuf paires de folioles avec une impaire, petites, ovales, entières, obtuses, un peu échancrées au sommet, sessiles; deux petites stipules ovales. Les fleurs sont disposées en grappes lâches, axillaires, très-simples, plus longues que les feuilles; les pédicelles munis, vers leur milieu, de deux petites bractées; le calice est campanulé, à cinq dents un peu velues et blanchâtres à leurs bords; la corolle grande; l'étendard orbiculaire; les ailes, plus courtes que la carène, d'une seule pièce. Le fruit est une gousse pédicellée, membraneuse, renflée, ovale-oblongue, surmontée du style, recourbé, renfermant plusieurs semences. Cet arbrisseau a été découvert à la Nouvelle-Hollande. (POIR.)

LOXOCARYA. (*Bot.*) Genre de plantes monocotylédones, à fleurs glumacées, de la famille des *restiacées*, de
la *dioécie triandrie* de Linnæus ; offrant pour caractère essentiel : Des fleurs dioïques ; dans les femelles, un calice à
quatre valves, accompagné de deux bractées ; un ovaire monosperme, supérieur ; un style simple : le fruit est une capsule s'ouvrant à son bord, convexe, renfermant une seule
semence. Les fleurs mâles n'ont point été observées.

Loxocarya cendré : *Loxocarya cinerea*, Rob. Brown, *Nov.
Holl.*, 1, pag. 249. Plante découverte sur les côtes de la
Nouvelle-Hollande, dont les tiges sont droites, cendrées,
pubescentes, cylindriques, simples à leur partie inférieure,
divisées, vers leur sommet, en rameaux filiformes, flexueux,
paniculés, accompagnés à leur base d'une gaine fendue latéralement ; les feuilles sont remplacées, le long des tiges,
par des gaines alternes ; les fleurs sont solitaires, dioïques,
terminales ; les femelles composées d'un calice à quatre valves
mutiques ; point de corolle, deux bractées mucronées et pubescentes ; l'ovaire surmonté d'un style subulé, terminé par
un seul stigmate. (Poir.)

LOXOCERE, *Loxocera*. (*Entom.*) M. Latreille, et par suite
Fabricius, ont employé ce mot, qui est tiré du grec et signifie
antenne latérale, pour indiquer un genre de Diptères de la
famille des chétoloxes, dont le nom a la même signification,
et qui comprend une seule espèce de notre genre *Tétanocère* :
c'étoit l'espèce du genre *Musca*, nommée par Linnæus *Ich-
neumonea*, et dont Fabricius avoit d'abord fait une espèce du
genre *Mulion*. (C. D.)

LOXODON, *Loxodon*. (*Bot.*) Ce nouveau genre de plantes
que nous proposons, appartient à l'ordre des synanthérées,
et à notre tribu naturelle des mutisiées, dans laquelle il est
intermédiaire entre les deux genres *Chaptalia* et *Lieberkuhna*.
Voici les caractères génériques du *Loxodon*, tels que nous
les avons observés sur un échantillon sec de *Loxodon brevipes*.

Calathide bicouronnée, discoïde-radiée : disque pluriflore,
subrégulariflore, androgyniflore ; couronne intérieure non
radiante, subunisériée, liguliflore, féminiflore ; couronne extérieure radiante, unisériée, liguliflore, féminiflore. Péricline subcampanulé, égal aux fleurs du disque ; formé de

squames bi-trisériées, inégales, irrégulièrement imbriquées, lancéolées, foliacées. Clinanthe plan, inappendiculé. Ovaires fusiformes-oblongs, épaissis au-dessous du sommet, point du tout collifères, entièrement hérissés de poils courts, gros et charnus; aigrette longue, composée de squamellules nombreuses, inégales, filiformes, barbellulées. *Fleurs du disque :* Corolle subrégulière, à limbe point distinct du tube; à cinq divisions dressées, oblongues-lancéolées, séparées par des incisions un peu inégales. Étamines à filet glabre; à anthère pourvue d'un appendice apicilaire long, linéaire, et de deux appendices basilaires très-longs, subfiliformes. Style de mutisiée. *Fleurs de la couronne intérieure :* Corolle analogue à celles de la couronne extérieure, mais inférieure au style, et à languette variable. *Fleurs de la couronne extérieure :* Corolle supérieure au style, à tube long, à languette longue, linéaire, entière, bidentée, ou tridentée au sommet; point de languette intérieure, ni de fausses étamines.

Nous attribuons au genre *Loxodon* les deux espèces suivantes.

Loxodon a hampes courtes : *Loxodon brevipes*, H. Cass.; *Tussilago (Chaptalia) exscapa*, Pers., *Syn. pl.*, pars 2, p. 456. C'est une plante herbacée, à racines fibreuses, à tige nulle. Ses feuilles sont toutes radicales, inégales, longues d'environ deux pouces, y compris le pétiole, et larges d'environ un pouce; le pétiole, plus court que le limbe, est large, membraneux, multinervé; le limbe est elliptique, arrondi au sommet, un peu étréci vers la base, glabre et vert en-dessus, tomenteux et blanchâtre en-dessous, bordé de dents ou de crénelures inégales, munies chacune d'un petit tubercule conique dirigé en arrière. Il y a plusieurs hampes longues de quatre à cinq lignes, épaissies au sommet, très-laineuses, quelquefois pourvues de quelques bractées longues, linéaires-subulées; chaque hampe porte une calathide large d'environ dix à douze lignes; son péricline est en partie glabre, en partie tomenteux; le disque est composé d'environ sept ou huit fleurs, dont une est quelquefois labiée; chacune des deux couronnes est composée d'environ dix ou douze fleurs inégales et variables, dont une ou deux offrent quelquefois un rudiment de languette intérieure; les aigrettes sont rougeàtres ; les corolles sont jaunes, mais la face inférieure des languettes de la couronne extérieure et le sommet des corolles du disque sont souvent rougeâtres.

Nous avons fait cette description spécifique, et celle des caractères génériques, sur un échantillon sec, recueilli par Commerson aux environs de Monte-Video, et qui se trouve dans l'herbier de M. de Jussieu.

LOXODON A HAMPES LONGUES : *Loxodon longipes*, H. Cass.; *Chaptalia runcinata*, Kunth, *Nov. gen. et Sp. pl.*, tom. IV, pag. 6 (édit. in-4.°), tab. 505. La racine est vivace, perpendiculaire, garnie de fibres épaisses. Les feuilles sont toutes radicales, nombreuses, longues d'environ deux pouces, y compris le pétiole, larges de six ou sept lignes ; le pétiole, long d'environ un demi-pouce, est membraneux, glabre, élargi à sa base ; le limbe est oblong, aigu, étréci vers sa base, roncíné sur ses bords, à dents aiguës ou mucronées, glabre et vert en-dessus, tomenteux et blanc en-dessous. Il y a une, deux ou trois hampes, longues d'environ quatre pouces, dressées, cylindriques, un peu épaissies au sommet, tomenteuses, blanchâtres, pourvues seulement en leur partie supérieure de plusieurs bractées rapprochées, appliquées, lancéolées, subulées au sommet. Chaque hampe porte une calathide dressée, grande comme celle de l'*Hieracium dubium* ; son péricline est conique-oblong, presque égal aux fleurs du disque, formé de squames nombreuses, inégales, imbriquées, linéaires-lancéolées, membraneuses, glabres, rougeâtres, les extérieures pubescentes ; le clinanthe est nu ; le disque est composé de plusieurs fleurs probablement hermaphrodites, à corolle régulière ; chacune des deux couronnes est composée d'environ quinze à vingt fleurs femelles, unisériées, ligulées, dont la languette est longue et radiante sur les fleurs de la couronne extérieure, courte et non radiante sur celles de la couronne intérieure ; les ovaires sont cylindracés, glabres, pourvus d'une aigrette de squamellules très-nombreuses, filiformes, barbellulées, roussâtres ; les corolles sont blanches.

Cette plante, que nous décrivons d'après M. Kunth, a été trouvée par MM. de Humboldt et Bonpland sur les rochers des Andes de la Nouvelle-Grenade, où elle fleurissoit en Octobre. Quoique nous ne l'ayions point vue, il nous paroît presque indubitable que c'est une seconde espèce de notre genre *Loxodon.*

Ce nouveau genre diffère du *Chaptalia,* en ce que les fleurs du disque sont hermaphrodites et à corolle presque régulière, au lieu d'être mâles et à corolle manifestement labiée. (Voyez notre article CHAPTALIE, tom. VIII, pag. 161.) Le *Loxodon* diffère du *Lieberkuhna,* en ce qu'il y a deux couronnes féminiflores, que les corolles du disque sont presque régulières, que le péricline ne surpasse point les fleurs du disque, et que les fruits sont fusiformes-oblongs. (Voyez notre article LIEBERKUHNE.) On ne doit pas confondre le *Loxodon* avec le *Lasiopus,* dont les corolles du disque sont labiées, celles de la couronne intérieure ambiguës et souvent pourvues de fausses étamines, celles de la couronne extérieure biligulées, c'est-à-dire, à deux languettes, et dont le péricline est supérieur aux fleurs du disque. (Voyez notre article LASIOPE, tom. XXV, pag. 298.)

Le nom de *Loxodon* est composé de deux mots grecs qui signifient *dents obliques,* parce que les dents des feuilles sont dirigées obliquement en arrière.

Le genre *Loxodon* appartient aux corymbifères de M. de Jussieu, et à la syngénésie polygamie superflue de Linnæus. (H. CASS.)

LOYCA. (*Ornith.*) Cet oiseau est décrit par Molina, Hist. nat. du Chili, p. 255 de la traduction françoise, comme étant plus grand que l'étourneau, et lui ressemblant par le bec, la langue, les pattes, la queue et la manière de se nourrir. On a déjà fait mention dans ce Dictionnaire, au mot ÉTOURNEAU, tome XV, p. 504, du loyca, placé par M. Vieillot dans son genre Stournelle avec les *sturnus ludovicianus* et *militaris.* Les mêmes incertitudes existent encore sur cette espèce, qui est le *sturnus loyca* de Latham. (CH. D.)

LOYETTE. (*Ornith.*) Nom ancien de l'émerillon, *falco œsalon,* Linn. (CH. D.)

LUA. (*Bot.*) Nom du riz en Cochinchine. (LEM.)

LUA-MI. (*Bot.*) Nom du froment en Cochinchine. (LEM.)

LUAMBONGOS. (*Mamm.*) Selon quelques voyageurs ce nom seroit, dans le royaume de Congo, celui des loups;

mais Sonnini a fait remarquer avec raison qu'on n'avoit pas encore rencontré de vrais loups dans ce pays, et qu'il est vraisemblable que l'on doit rapporter cette dénomination de luambongos aux hyènes ou aux chacals, qui y sont communs. (DESM.)

LUB. (*Ichthyol.*) Voyez LUBB. (H. C.)

LUBB (*Ichthyol.*), nom spécifique d'un poisson des mers du Nord. Voyez BROSME. (H. C.)

LUBBA. (*Mamm.*) Nom islandois du chien. (F. C.)

LUBIA. (*Bot.*) Nom arabe du haricot ordinaire, cité par Daléchamps et Forskal. (J.)

LUBIA-BAELED. (*Bot.*) Nom arabe du *dolichos lubia*, selon Forskal. (LEM.)

LUBIE-ENDIGI. (*Bot.*) Nom arabe, suivant Rauwolf, d'une plante malvacée, qu'il croit être le *trionum* ou *trionus* de Théophraste, et qui paroît être la variété que Linnæus rapporte à son *hibiscus sabdariffa*. (J.)

LUBIN. (*Ichthyol.*) C'est un des noms vulgaires du CENTROPOME LOUP. Voyez LOUPASSOU. (H. C.)

LUBINIE, *Lubinia*. (*Bot.*) Genre de plantes dicotylédones, à fleurs complètes, monopétalées, de la famille des *primulacées*, de la *pentandrie monogynie* de Linnæus; offrant pour caractère essentiel : Un calice à cinq divisions; une corolle en soucoupe; le limbe plan, à cinq lobes presque égaux; cinq étamines; les filamens adhérens au tube par leur moitié inférieure; un ovaire supérieur; un style; un stigmate obtus; une capsule mucronée, qui ne s'ouvre pas, à une seule loge polysperme.

LUBINIE SPATULÉE : *Lubinia spatulata*, Vent., *Hort. Cels.*, pag. et tab. 96; *Lysimachia mauritiana*, Lamk., *Encycl.*, n.° 11. Cette plante, que M. de Lamarck avoit d'abord placée parmi les lysimachies, a été convertie par Ventenat en un genre distingué par son fruit, par la forme de la corolle, la position des étamines, et les feuilles alternes. Sa tige est droite, longue d'un pied et plus, simple ou un peu rameuse, glabre, anguleuse par le bord courant des feuilles; celles-ci sont éparses, rétrécies en spatule, glabres, entières, ponctuées, très-caduques; les fleurs sont solitaires, axillaires, pédonculées, à pédoncules plus courts que les feuilles; la corolle est jaune; les deux lobes inférieurs du limbe sont plus étroits; la capsule est brune, ne s'ouvrant en deux ou quatre valves que par la compression. Cette plante, cultivée dans le jardin de Cels, a été découverte dans l'île Bourbon par Commerson, qui en avoit fait un genre consacré au chevalier de Saint-Lubin, militaire qui se distingua dans les Indes au siége de Madras, et qui mérita l'estime et la confiance du sultan Hyder-Aly. (POIR.)

LUCA BOS. (*Mamm.*) L'un des noms par lesquels Pline désigne l'éléphant. (DESM.)

LUCANE, *Lucanus* (*Entom.*), vulgairement CERF-VOLANT. Ce genre a été établi par Scopoli dans l'ordre des coléoptères, pour y ranger des insectes qui ont cinq articles à tous les tarses, des élytres durs couvrant le ventre, et des antennes coudées ou brisées, terminées par une massue feuilletée d'un seul côté, et par conséquent de la famille que nous avons nommée, les serricornes ou priocères.

Ce nom, sur l'étymologie duquel les auteurs ne sont pas d'accord, a été employé par Pline pour désigner l'une des principales espèces de ce genre.

Voici la série des caractères à l'aide desquels on pourra facilement distinguer les insectes de ce genre de ceux qui sont compris dans trois autres de la même famille. Le corps est déprimé, ce qui les éloigne des synodendres, dont le corps est arrondi, cylindrique et souvent bossu; à la vérité, les passales ont aussi le corps aplati, mais leurs antennes sont arquées et non brisées; enfin les platycères ont les yeux entiers ou non échancrés, et le corselet rebordé, ce qui ne s'observe pas dans les lucanes.

Les larves des lucanes ressemblent beaucoup à celles des scarabées et de la plupart des pétalocères : leur corps est très-gros, courbé en arc, avec une grosse tête, semblable à celle des chenilles, munie de fortes mandibules; les six pattes sont très-rapprochées entre elles et de la tête. Elles vivent dans le bois, dont elles font une grande destruction, même dans le tronc des arbres vivans, vers leurs racines: c'est là qu'elles se métamorphosent.

Les mâles ont souvent les mandibules excessivement développées, tandis qu'elles le sont beaucoup moins dans les femelles. Il est probable que ces mandibules, qui leur ont valu le nom de *cerfs*, tandis que les femelles s'appellent *biches*, ont quelque utilité dans le rapprochement des sexes.

Nous avons fait figurer dans l'atlas de ce Dictionnaire, à la planche 5, sous le n.° 1, le mâle de l'une des espèces de ce genre, c'est

1.° Le Lucane cerf, *Lucanus cervus*. Il est difficile de donner un caractère qui convienne à la fois aux deux sexes. Olivier, qui l'a essayé, l'a présenté ainsi.

Car. *Noir; élytres bruns; mandibules avancées, fourchues à leur extrémité.*

Le mâle a les mandibules presque de la longueur du corps, tandis que dans la femelle elles sont plus courtes que la tête. Le mâle atteint quelquefois jusqu'à trois pouces de long : c'est le plus grand coléoptère de France.

2.° Le Lucane parallélipipède, *Lucanus parallelipipedus* : c'est la petite biche de Geoffroy, figurée par Olivier, pl. 4, fig. 9, *a, b.*

Car. *Noir; corps alongé, déprimé, formant un carré alongé; mandibules pointues à une seule dent forte; deux tubercules sur la tête.*

Les individus les plus longs ont tout au plus dix lignes sur trois de largeur. On trouve communément cet insecte dans les troncs des vieux saules.

Les autres espèces de lucane de France et même d'Europe ont été rapportées au genre Platycère : telles sont les chevrettes bleue et verte. (C. D.)

LUCANIDES. (*Entom.*) M. Latreille désigne sous ce nom la même famille que nous avions déjà indiquée, dans la Zoologie analytique, sous la dénomination de Priocères ou Serricornes, qui comprenoit en effet les *lucanes*, les *platycères*, les *passales* et les *synodendres*. (C. D.)

LUCARET. (*Ornith.*) Nom catalan du tarin commun, *fringilla spinus*, Linn., qu'on appelle en italien *lucarino, lucherino* et *lugarino*. (Ch. D.)

LUCCIO (*Ichthyol.*), un des noms italiens du brochet. Voyez Ésoce. (H. C.)

LUCENA. (*Malacoz.*) C'est la dénomination que M. Oken a cru devoir substituer, dans son Système général d'Histoire naturelle, à celle de *succinea*, que Draparnaud a donnée au genre des Ambrettes. Voyez ce mot et Succinea. (De B.)

LUCERNAIRE, *Lucernaria*. (*Zoanth.*) Muller, *Zool. Dan.*, est le premier qui ait employé cette dénomination, pour désigner un genre d'actinozoaires, qui nous semble devoir être placé au commencement de la classe que forment les actinies, faisant une sorte de passage vers les polypiaires. Les caractères de ce genre, qui a été adopté par tous les zoologistes depuis Muller, peuvent être exprimés ainsi : Corps subcylindrique, gélatineux, transparent, terminé en arrière par une sorte d'élargissement musculeux, en forme de ventouse, et élargi, à sa partie antérieure, en un disque beaucoup plus grand, plus ou moins divisé d'une manière rayonnée en lobes aplatis et garnis, à l'extrémité, de petits suçoirs tentaculaires, au centre desquels est la bouche, entourée de quatre lobes.

Le corps des lucernaires est formé par une tige assez étroite, subcylindrique, gélatineuse, et dont l'enveloppe est très-probablement contractile ; à l'une de ses extrémités, celle qui est opposée à la bouche, et qui devient inférieure dans la position fixée de l'animal, comme dans les actinies, on remarque un élargissement dont les bords, renflés et plissés irrégulièrement, ont bien l'air de pouvoir former une ventouse, et par conséquent de permettre à l'animal de se fixer sur les corps sous-marins, comme le font beaucoup d'actinies. Vers l'autre extrémité, le corps s'élargit beaucoup plus, et forme une sorte de grand entonnoir, divisé plus ou moins profondément dans sa circonférence par huit espèces de petits champignons, fort égaux, et dont la terminaison est garnie de tubercules. Ceux-ci, irrégulièrement épars, sont à peu près sphériques, extensibles, portés par un court pédoncule, et percés d'un petit orifice médian, qui en fait de véritables suçoirs ; chacun des bras qui portent les amas de tubercules, est réuni, à sa base, avec ceux qui le suivent ou le précèdent, au moyen d'une membrane, de manière à former une sorte de palmure, qui est bordée par une ligne plus blanche, lisse et évidemment musculaire. Entre les deux rebords on voit, au milieu de chaque bras, une suite de plis ou de boursouflures, dont il n'existe pas de trace à la face dorsale, où l'on ne remarque qu'un sillon médian. Au centre de cette espèce de cavité infundibuliforme est une sorte de

tube assez saillant et plissé un peu irrégulièrement, mais
cependant de manière à former quatre cornes ou angles,
dont les sillons convergent vers la bouche. L'intérieur de ce
tube est en outre ridé par beaucoup de plis transversaux.
Je n'ai pu faire l'anatomie du seul individu de lucernaire
à huit rayons que j'aie observé ; mais j'aie cependant pu voir
des faisceaux musculaires aussi distincts que dans les actinies.
J'ai aussi remarqué pour chaque bras une sorte de boyau ou
d'intestin, partant d'une cavité stomachale, centrale, considérable et séparée par des stries transversales, profondes,
irrégulières, qui font supposer dans ces organes la possibilité d'une grande extension, comme pour les bras. Othon
Fabricius dit que le cœcum, qui se porte dans chaque bras
ou lobe, est spiral, à deux plis, aveugle du côté du bras, et
terminé par deux ouvertures vers ce qu'il nomme le col et
qui est la tige ; aussi suppose-t-il qu'il y a un anus, dont
j'avoue n'avoir vu aucune trace. Ces organes pourroient
bien être des ovaires. J'ai encore vu un très-grand nombre
de petits filets flottans, mais je n'ai pu déterminer où ils
se rendoient.

Les lucernaires vivent dans les profondeurs des mers du
Nord, le corps toujours droit, et si fortement adhérent aux
feuilles des grandes espèces de thalassiophytes, que, si on les
en détache, elles laissent la marque de leur place. Elles en
changent rarement, si même elles le peuvent, dit O. Fabricius : en effet, quand on les a détachées, elles s'avancent
en se dilatant et en se contractant, et enfin, après s'être
fixées, elles relèvent leur corps. Elles se nourrissent de très-
petites espèces de crustacés, qu'elles saisissent rapidement
avec leurs tentacules, aussitôt qu'elles sont entrées dans l'espèce d'entonnoir au fond duquel est la bouche. O. Fabricius
dit qu'il lui est souvent arrivé de trouver dans l'estomac
d'une lucernaire plusieurs petits crustacés dont l'intérieur
seul avoit été digéré, l'extérieur étant entier.

On ne connoît encore que deux espèces dans ce genre :

La L. QUADRICORNE : *L. quadricornis*, Gmel., d'après Muller,
Zool. Dan., 1, p. 51, t. 39, fig. 1—6, copié dans l'Enc.
méth., pl. 89, fig. 13—16. Corps d'un pouce et demi de
long, sur trois quarts de pouce de large dans la partie di-

latée, dont la circonférence est divisée en bras, eux-mêmes bifides à l'extrémité et pourvus de suçoirs tentaculaires.

C'est cette espèce qu'O. Fabricius (Faune du Groenland, pag. 341) nomme *L. auricula*, et sur laquelle il nous a donné des détails curieux. Sa couleur est ordinairement noire, quelquefois rouge, et plus rarement d'un brun doré ; les bords du pied sont cependant blancs, ainsi que ceux de l'oscule de chaque suçoir tentaculaire : son corps est gélatineux et luisant.

La L. A HUIT CORNES, *L. octocornis; L. auricula*, Mull., *Zool. Dan.*, 4, pag. 55, t. 152, fig. 1—3. Corps plus court, plus campanulé ; le limbe de l'entonnoir divisé en huit cornes égales, terminées par les suçoirs.

C'est cette espèce que j'ai observée, mais conservée dans l'esprit de vin. C'est aussi celle qui a fait le sujet des observations de M. Lamouroux sur les côtes de la Basse-Normandie. Montagu (Soc. linn., IX, pag. 115, t. 9, fig. 5) en représente un individu qui n'avoit que sept lobes au limbe.

Quant à la lucernaire phrygienne, *L. phrygia* d'O. Fabricius, il est évident que ce ne peut être une espèce de ce genre. Il est même assez difficile de s'en former une idée suffisante pour déterminer si cet animal doit être rapproché d'un genre connu, ou s'il doit en former un particulier. (DE B.)

LUCERNARIA, *Lucernaire*. (*Bot.*) Nom générique, donné par Roussel dans sa Flore du Calvados, au *conferva bipunctata* de Roth, rapporté avec doute par M. De Candolle à sa conferve en croix (*C. cruciata*, Decand., Fl. fr., n.° 135), dont M. Palisot de Beauvois a fait un genre sous le nom de *Diadenus*. Il se pourroit que le genre *Lucernaria* fût différent. (LEM.)

LUCERNULA. (*Bot.*) Selon Daléchamps, Gaza, un des interprètes de Dioscoride, nommoit ainsi la plante qui étoit le *lychnis* des anciens. (J.)

LUCET. (*Bot.*) Plante des îles Malouines, inconnue aux botanistes, et citée par Bougainville : ses fleurs ont l'odeur de la fleur d'oranger ; mises dans le lait, elles lui communiquent une saveur agréable. (LEM.)

LUCH. (*Bot.*) Nom donné par Avicenne à la lacque, suivant Daléchamps. Il ajoute, d'après Garcias, que, chez les

Arabes, les Perses et les Turcs, elle est nommée *toc-sumatri*; ce qui signifie lait de Sumatra. On trouve encore dans Forskal les noms arabes *luch* et *alloh*, cités pour son *cluytia lanceolata*. (J.)

LUCHARO. (*Ornith.*) Nom italien de la hulotte, *strix aluco*, Linn. (Cʜ. D.)

LUCHEIMO. (*Ornith.*) Voyez Lᴜᴄᴀʀᴇᴛ. (Cʜ. D.)

LUCHERAN. (*Ornith.*) L'oiseau désigné sous ce nom dans Albin, t. 2, p. 7, est l'effraie, *strix flammea*, Linn. (Cʜ. D.)

LUCHESA. (*Ornith.*) Ce nom espagnol désigne, suivant M. d'Azara, Oiseaux du Paraguay, n.º 46, non la chevêche, comme le pensoit Buffon, mais l'effraie, *strix flammea.*, Linn. (Cʜ. D.)

LUCHS-SAPHIR. (*Min.*) On a cru que ce nom vouloit dire saphir blanc, et qu'on pouvoit y substituer celui de *leuco-saphir*; mais il paroît que la véritable signification est *saphir de lynx*, c'est-à-dire, pierre mêlée de bleu et de jaune : ce n'est point cependant une des variétés du corindon bleu auxquelles on donne le nom de saphir. M. Léman assure, et nous sommes très-disposés à adopter son opinion, que c'est la pierre qu'on nomme vulgairement saphir d'eau, et qui a été décrite par M. Cordier sous le nom de Dɪᴄʜʀᴏïᴛᴇ. Voyez ce mot. (B.)

LUCIFUGA. (*Ornith.*) Ce mot, qui, dans son acception générale, exprime l'action de fuir la lumière, est employé, dans l'ancien vocabulaire manuscrit de la bibliothèque cartusienne, qu'on trouve à la fin du *Prodromus avium* de Klein, pour désigner plus spécialement l'effraie ou fresaie; et le mot *lucillus*, qui le suit, paroît s'appliquer à la chevêche. (Cʜ. D.)

LUCIFUGES. (*Entom.*) Ce nom, qui est traduit du latin *lucifuga*, signifie qui fuit la lumière. Nous l'avons employé pour désigner une famille d'insectes coléoptères à cinq articles aux tarses antérieurs et quatre aux postérieurs, dont les élytres sont durs, soudés, sans ailes, et qui correspond aux ténébrions de Linnæus; mais nous renvoyons, comme nous le faisons habituellement, au synonyme grec, que nous préférons. Voyez Pʜᴏᴛᴏᴘʜʏᴄᴇs. (C. D.)

LUCILIE, *Lucilia*. (*Bot.*) Ce genre de plantes, que nous

avons proposé dans le Bulletin des sciences de Février 1817 (pag. 52), appartient à l'ordre des synanthérées, à notre tribu naturelle des inulées, et à la section des inulées-gnaphaliées, dans laquelle nous l'avons placé entre les deux genres *Chevreulia* et *Facelis*. (Voyez notre article INULÉES, tom. XXIII. pag. 561.)

Le genre *Lucilia* est caractérisé par nous de la manière suivante.

Calathide longue, cylindracée, discoïde : disque pauciflore, régulariflore, androgyniflore ; couronne unisériée, pauciflore, tubuliflore, féminiflore. Péricline cylindracé, égal aux fleurs, accompagné à sa base de trois bractées ; formé de squames imbriquées, scarieuses : les extérieures ovales ; les intérieures longues, étroites, linéaires-aiguës. Clinanthe plan et nu. Ovaires cylindracés, hérissés de très-longs poils appliqués ; aigrette plus longue que la corolle, composée de squamellules très-nombreuses, plurisériées, inégales, filiformes, presque capillaires, à peine barbellulées, la plupart fourchues au sommet. *Fleurs du disque :* Corolle très-longue, très grêle, à limbe quinquélobé, point distinct du tube. Étamines ayant l'article anthérifère long et grêle ; l'appendice apicilaire de l'anthère long, obtus, greffé avec les appendices apicilaires des anthères voisines ; les appendices basilaires longs, filiformes. Style d'inulée. *Fleurs de la couronne :* Corolle très-longue, extrêmement grêle, à limbe semi-avorté, divisé en plusieurs lanières. Style à deux stigmatophores longs et grêles.

Nous connoissons deux espèces de ce genre.

LUCILIE A FEUILLES AIGUËS : *Lucilia acutifolia*, H. Cass.; *Serratula acutifolia*, Poiret, Encyclop., tome 6, page 554. C'est une plante herbacée, dont la tige, haute de cinq pouces (dans l'échantillon incomplet que nous décrivons), est dressée, droite, cylindrique, tomenteuse, simple inférieurement, un peu ramifiée supérieurement. Les feuilles sont peu distantes, alternes, sessiles, longues de six lignes, larges de près d'une ligne et demie, lancéolées-aiguës, très-entières, tomenteuses sur les deux faces. Les calathides, longues de six lignes, sont ordinairement solitaires à l'extrémité de la tige, et des rameaux qui sont très-courts ; leur péricline est

scarieux, luisant, roux ; les corolles sont probablement jaunes ;
chaque calathide contient ordinairement dix fleurs, dont
cinq appartiennent au disque, et cinq à la couronne.

Nous avons fait cette description spécifique, et celle des
caractères génériques, sur un échantillon sec, recueilli par
Commerson aux environs de Monte-Video, et qui se trouve
dans l'herbier de M. de Jussieu.

Lucilie a petites feuilles ; *Lucilia microphylla*, H. Cass. La
tige est herbacée, haute de six pouces (dans l'échantillon
incomplet que nous décrivons), dressée, très-rameuse, grêle,
cylindrique, cotonneuse, blanchâtre. Les feuilles sont un
peu rapprochées, alternes, éparses, sessiles, longues de deux
à trois lignes, larges d'environ une ligne, lancéolées, aiguës, très-entières, cotonneuses et blanchâtres sur les deux
faces, glabres seulement au sommet. Les calathides, longues
de cinq lignes, sont solitaires à l'extrémité de la tige et des
rameaux ; leur péricline est scarieux, luisant, roux, formé
de squames imbriquées, appliquées, oblongues, entièrement
scarieuses ; le clinanthe est nu et plan.

Nous avons fait cette description sur un échantillon sec,
que nous avons trouvé dans l'herbier de M. Desfontaines,
où il n'étoit point nommé, et où rien n'indiquoit sa patrie
ni son origine. Il est probable que cette seconde espèce habite le même pays que la précédente, dont elle est sans
doute congénère, quoique nous n'ayons pas pu nous en assurer directement par l'examen des fleurs, parce que les
périclines de l'échantillon observé étoient absolument vides.

La *Lucilia microphylla* est bien distincte de la première
espèce, par son port analogue à celui des bruyères, des
seriphium, des *stæbe;* par ses rameaux nombreux, longs,
étalés, tout couverts de feuilles jusqu'au sommet : par ses
feuilles très-rapprochées sur les rameaux, très-étalées, petites, courtes, et simplement aiguës, au lieu d'être presque
acuminées, comme dans l'autre espèce ; enfin par le coton
qui la couvre, lequel est plus dense, plus blanc, un peu
luisant et comme argenté.

La *lucilia acutifolia* avoit été attribuée par M. Poiret au
genre *Serratula*, dont elle est aussi éloignée par ses caractères techniques que par ses rapports naturels. M. Persoon

doutoit que ce fût une vraie *Serratula*, et lui trouvoit le port d'une *Stæhelina*. M. De Candolle, dans son second Mémoire sur les Composées, remarquoit que cette plante avoit le clinanthe nu, et elle lui paroissoit devoir être rapportée aux *Gnaphalium*.

Il est bien certain que la plante en question appartient au groupe naturel des Inulées-Gnaphaliées; et il nous a paru qu'elle pouvoit constituer un genre distinct, intermédiaire entre le *Chevreulia*, dont il diffère par ses fruits privés de col, et le *Facelis*, dont il diffère par ses aigrettes non plumeuses. (Voyez nos articles CHEVREULIA, tom. VIII, p. 516[1]; et FACÉLIDE, tom. XVI, pag. 104.) Le *Lucilia* semble plus rapproché des genres *Gnaphalium*, *Phagnalon* et *Helichrysum*, si l'on n'a égard qu'aux caractères techniques; mais il en est plus éloigné sous le rapport des affinités naturelles; et d'ailleurs il s'en distingue suffisamment par quelques différences dans les caractères techniques, ainsi qu'on le reconnoitra facilement en comparant avec soin notre description générique du *Lucilia* avec celles des *Gnaphalium* et *Phagnalon* (tom. XIX, pag. 119), et avec celle de l'*Helichrysum* (t. XX, pag. 450). Néanmoins, le genre *Lucilia* sera infailliblement réuni, avec beaucoup d'autres, au genre *Gnaphalium*, par la plupart des botanistes, qui n'aiment point la multiplicité des genres, qui ne calculent point les différens degrés d'affinité, et qui regardent comme des minuties puériles les distinctions exactes, fondées sur des observations trop attentives.

Le nom de *Lucilia* est dérivé d'un mot latin qui signifie *luisant*, parce que, bien que ce caractère du péricline soit commun à presque tous les genres de la section des Inulées-Gnaphaliées, il nous a paru être plus particulièrement remarquable sur le péricline des Lucilies.

Le genre *Lucilia* appartient aux Corymbifères de M. de Jussieu, et à la Syngénésie polygamie superflue de Linné. (H. CASS.)

---

[1] Il y a, dans la description des caractères génériques du *Chevreulia*, une faute d'impression, que l'on corrigera en substituant le mot de squameliules à celui de squamelles, dans la troisième ligne de la page 517.

LUCILLUS. (*Ornith.*) Voyez LUCIFUGA. (Ch. **D.**)

LUCINE, *Lucina.* (*Conchyl.*) Genre de coquilles bivalves assez artificiel, proposé par Bruguières dans les planches de l'Encyclopédie méthodique, caractérisé depuis par M. de Lamarck, et adopté par la plupart des zoologistes modernes, pour un certain nombre d'espèces de Vénus de Linné, qui n'offrent pas exactement les caractères de ce genre, et qui même se rapprochent davantage des tellines, dont elles ne diffèrent réellement que par l'absence du pli irrégulier du bord postérieur de la coquille. Les caractères de ce genre peuvent être exprimés ainsi : Animal peu ou point connu, mais ne différant sans doute que très-peu de celui des tellines ; coquille suborbiculaire, équivalve, inéquilatérale, sans pli flexueux au côté postérieur, le sommet peu marqué, charnière similaire, composée de dents cardinales presque nulles ou au nombre de deux, dont l'une est bifurquée, et de deux dents latérales écartées, avec une fossette à leur base ; ligament postérieur très-grand, fort saillant, l'antérieur très-petit ; deux impressions musculaires, dont l'antérieure se continue avec celle de l'attache marginale du manteau en forme de bandelette. Toutes les coquilles de ce genre appartiennent à des animaux marins qui vivent au milieu du sable, dans lequel ils peuvent se traîner, s'enfoncer ou s'élever, afin d'en faire sortir les tubes qui terminent le manteau à son extrémité postérieure. Il paroît qu'il se trouve dans toutes les mers des espèces de ce genre ; elles ne sont pas encore très-nombreuses. M. Poli a fait avec l'animal de la L. lactée, qui étoit une espèce de telline pour Gmelin, un petit genre que nous avons fait connoître sous le nom de Loripède ; M. Cuvier l'adopte, et M. de Lamarck non : ce dernier définit dans son dernier ouvrage quatorze espèces de lucines.

La L. DE LA JAMAÏQUE : *L. jamaicensis*, Brug., Enc. méth., pl. 284, fig. 2, *a*, *b*, *c*; *Ven. jamaicensis*, Chemnitz : vulgairement l'ABRICOT. Coquille assez grande, peu bombée, en forme de lentille, blanche en dehors, jaune en dedans, scabre, avec des sillons longitudinaux, lamelleux, concentriques, écartés ; le côté postérieur anguleux. Océan des Antilles.

La L. RATISSOIRE : *L. radula*, Maton ; *Tellina radula*, Montag.,

Test. Brit., t. 2, fig. 1, 2. Orbiculaire, lentiforme, blanche, avec des lamelles concentriques nombreuses en dehors, et des stries rayonnantes peu marquées en dedans. Océan britannique.

La L. RÉTICULÉE; *L. reticulata*, Lamck.; Chemn., *Conch.*, 6, t. 12, fig. 118. Orbiculaire, un peu convexe, blanche : les lamelles bien séparées avec leurs intervalles striés : les dents cardinales très-fortes; la latérale antérieure rapprochée du sommet. Des côtes de la Bretagne.

La L. RUDE; *L. scabra*, Brug., Encycl. méth., pl. 285, fig. 5, *a*, *b*, *c*. De même forme à peu près que la précédente, et également blanche, mais subpellucide : l'extérieur avec de petites côtes squameuses, rayonnantes; l'intérieur avec des impressions ponctiformes. Mers d'Amérique.

La L. ÉCAILLEUSE; *L. squamosa*, Brug., Enc. méth., pl. 285, fig. 3, *a*, *b*., *c*. Suborbiculaire, renflée; de petites côtes rayonnantes en écailles imbriquées; la lunule et le corselet excavés. Cette espèce est très-petite. On ignore sa patrie.

La L. ONDÉE : *L. undata*, Lamck.; *Ven. undata*, Pennant, Zool. Brit., 4, t. 55, fig. 51. Suborbiculaire, convexe, striée longitudinalement d'une manière irrégulière et ondée : couleur blanche; les sommets fauves. La Manche.

La L. SINUÉE : *L. sinuata*, Lamck : *Tellina sinuata*, Montagu. Petite coquille mince, transparente, subovale, renflée, blanche; un sillon profond au côté postérieur. Océan britannique.

La L. ÉPAISSE : *L. pensylvanica*, Brug., Enc. méth., pl. 284, fig. 1, *a*, *b*, *c* ; *Ven. pensylvanica*; Linn., Gmel.; vulgairement la BILLE D'IVOIRE. Coquille toute blanche, épaisse, renflée, lentiforme, avec des lamelles concentriques, membraneuses; la lunule grande et cordiforme. Océan américain.

La L. DIVERGENTE : *L. divaricata*, Brug., Enc. méth.; *Tellina divaricata*, Gmel. Coquille orbiculaire, subglobuleuse, blanche, à stries obliques et bifurquées : le bord des valves quelquefois crénelé. La mer Méditerranée et les côtes du Brésil.

La L. CARNAIRE : *L. carnaria*, Lamck.; *Tellina carnaria*, Linn.; Gmel., Chemn., *Conch.*, 6, t. 13, fig. 126. Coquille d'un rouge plus ou moins vif en dehors, comme en dedans, orbiculaire, un peu trigone et subcomprimée; des stries fines, les antérieures en sens inverse des postérieures. L'Océan d'Europe et la Méditerranée.

La L. PEIGNE ; *L. pecten*, Lamck. Petite coquille orbiculaire un peu alongée, peu convexe, blanche, avec de petites côtes rayonnantes et striées transversalement. Côtes du Sénégal.

La L. DIGITALE ; *L. digitalis*, Lamck. Petite coquille blanche un peu trigone, à sommets bombés, teints de rose ; des stries obliques, fines. Méditerranée.

La L. JAUNE ; *L. lutea*, Lamck. Coquille plus petite que la précédente, également un peu alongée, mais lisse, transparente, d'un jaune verdâtre, et sans aucune dent latérale. Des mers de l'Isle-de-France.

La L. GLOBULAIRE ; *L. globularis*, Lamck. Blanche, mince, subglobuleuse, comme vésiculeuse ; sans dents latérales. Mers de la Nouvelle-Hollande.

La L. ÉDENTÉE : *L. edentula*, Brug., Enc. méth., pl. 284, fig. 3, *a*, *b*, *c* ; *Ven. edentula*, Linn. Assez grande coquille blanche ou blanchâtre en dehors, plus ou moins jaune-d'abricot en dedans, mince, orbiculaire, subglobuleuse et sans dents. La lunule ovale : des stries concentriques un peu rugueuses. Mers de l'Amérique. M. de Lamarck ajoute qu'il en existe une variété toute blanche sur nos côtes.

Cette dernière espèce et les deux précédentes n'ont évidemment plus les caractères du genre, puisqu'elles n'ont pas de dents latérales à la charnière. (DE B.)

LUCINE. (*Foss.*) Quoique les espèces de lucines fossiles soient nombreuses, on n'en rencontre pas dans les couches de la craie ni dans celles qui sont plus anciennes.

D'après M. de Lamarck nous avons rangé les espèces décrites ci-après dans le genre *Lucine*; on verra que les unes ont des dents latérales, et que les autres en sont privées. Les dents cardinales, ainsi que le pli sur le côté postérieur, manquent aussi dans quelques espèces. En supposant qu'on doive laisser toutes ces espèces dans le même genre, nous croyons que, pour en faciliter l'étude, il faudroit les grouper d'après l'analogie qu'elles peuvent avoir entre elles.

M. de Lamarck avoit placé dans ce genre, sous le nom de Lucine lamelleuse (Ann. du Mus. d'hist. nat., tom. 12, pl. 42, fig. 3, *a*, *b*), une espèce très-belle, qu'il a placée depuis dans le genre Corbeille, sous celui de *Corbis lamellosa*, Syst. des anim. sans vert., tom. 5, page 557. Comme à l'article CORBEILLE, dans ce Dictionnaire, il n'a point été fait mention de cette espèce, nous allons en présenter ici les caractères : Coquille ovale-oblongue, couverte de lames transverses, parallèles entre elles, qui interrompent ou croisent avec élégance des stries longitudinales très-fines. Le bord interne des valves est finement crénelé ; la charnière présente deux dents latérales, dont une seulement est fort écartée des cardinales. On rencontre fréquemment cette belle espèce dans les couches du calcaire coquillier grossier des environs de Paris. Les plus grandes de celles qu'on trouve à Grignon, ont 15 lignes de longueur sur 20 lignes de largeur. On en trouve à Parnes près de Gisors, et à Hauteville, département de la Manche, qui sont plus grandes et dont les lames sont plus rapprochées les unes des autres. Cette espèce existe aussi dans une couche de sable quarzeux à Abbecourt, près de Beauvais ; mais le bord intérieur des valves est plus grossièrement crénelé.

On trouve à Hauteville, avec les coquilles ci-dessus, une autre espèce qui a beaucoup de rapport avec elles ; mais elle a des proportions beaucoup plus grandes : elle est beaucoup plus épaisse et plus bombée ; elle a quelquefois plus de quatre pouces de longueur, sur trois pouces et demi de largeur. M. de Lamarck lui a donné le nom de CORBEILLE PÉTONCLE. (Anim. sans vert., tom. V, p. 557.)

LUCINE CONCENTRIQUE : *Lucina concentrica*, Lam., Ann. du Mus., t. 12, pl. 42, fig. 4. Coquille orbiculaire, comprimée, couverte de lames concentriques et élevées, et de très-légères stries longitudinales : deux dents cardinales et deux dents latérales ; point de pli au côté postérieur. Largeur, 15 lignes. L'intérieur des valves est brun. On la trouve à Grignon, à Mouchy-le-Châtel (Oise), à Hauteville, à Anvers.

LUCINE CIRCINAIRE ; *Lucina circinaria*, Lam., loc. cit., fig. 5. Coquille orbiculaire, anguleuse sur son côté antérieur, un peu bombée, couverte de stries concentriques très-fines ; deux dents cardinales, mais point de dents latérales. Largeur, dix lignes. Lieu natal. Grignon et les autres couches de calcaire coquillier des environs de Paris. On trouve à Essamville, à Abbecourt, à Cuise-la-Mothe et à Morfontaine (département de l'Oise), dans des couches quarzeuses, des coquilles qui paroissent dépendre de la même espèce; mais elles n'ont que sept à huit lignes de diamètre, et présentent quelques différences qui paroissent attachées à chacune de ces localités.

LUCINE DIVERGENTE ; *Lucina divaricata*, Lam., *loc. cit.* Coquille orbiculaire, bombée, munie de dents cardinales et de dents latérales peu marquées; fort remarquable par les stries obliques et divergentes de sa superficie. Ces stries, légèrement ondulées, viennent obliquement de chaque côté se réunir sur le côté antérieur et quelquefois sur le milieu de la coquille, formant un angle très-émoussé. Ces coquilles sont très-remarquables, en ce qu'on les trouve, modifiées dans leurs formes et dans leur grandeur, dans des localités différentes. Celles de Grignon n'ont au plus que six lignes de diamètre et sont très-minces; celles qu'on trouve à Saucats, près de Bordeaux, ont huit lignes de diamètre et sont très-épaisses. On en rencontre à Mouchy-le-Châtel, département de l'Oise, qui ont dix lignes de diamètre. Enfin, celles des falunières de la Touraine ont quelquefois plus d'un pouce de largeur, et paroissent avoir la plus grande analogie avec la *tellina divaricata* de Linnæus, qui existe à l'état frais dans la Méditerranée et dans l'Océan américain. J'en possède, dont j'ignore la patrie, qui n'ont pas six lignes de diamètre : elles sont extrêmement bombées, et leurs stries forment un angle sur le milieu de la coquille. C'est la var. β Lam. de la même espèce, peinte dans les Vélins du Mus., n.° 31, fig. 9.

M. de Lamarck a donné le nom de lucine ondulée à une petite espèce qui n'a pas trois lignes de diamètre, et qui est couverte de petites stries transverses et ondulées; mais je la regarde comme une variété de l'espèce ci-dessus, qui a été modifiée par le sol quarzeux sur lequel elle a vécu. J'ignore où cette petite coquille a été trouvée; mais elle provient d'une couche de sable quarzeux.

LUCINE BOSSUE; *Lucina gibbosula*, Lam., *loc. cit.*, tom. 12, pl. 42, fig. 8. Coquille semi-orbiculaire, renflée, un peu bossue et obscurément anguleuse, mince, presque lisse, couverte de stries transverses et irrégulières, provenant de ses accroissemens; une ou deux dents cardinales, point de dents latérales. Largeur, huit lignes. Lieu natal, Grignon et Hauteville.

M. de Lamarck a donné le nom de Vénus calleuse (*loc. cit.*, tom. 9, pl. 52, fig. 6) à une espèce qui a beaucoup de rapports avec la précédente; cependant elle en diffère par son épaisseur, qui est considérable, et par sa forme anguleuse. On la trouve à Grignon et à Beynes, près de cet endroit, où elle est très-commune.

Lucine rénulée; *Lucina renulata*, Lam., *loc. cit.*, tom. 12, pl. 42, fig. 7. Coquille semi-orbiculaire, réniforme, bombée, lisse et sans dents. Largeur, six lignes. Lieu natal, Grignon et le Plaisantin (Brocchi). On rencontre à Loignan, près de Bordeaux, une variété de cette espèce; mais elle est un peu plus petite et plus bombée. On trouve à l'état frais une coquille ressemblant parfaitement à cette espèce, qui a les plus grands rapports, pour la forme, avec la *Venus edentula* de Linnæus.

Lucine albelle; *Lucina albella*, Lam., planche citée, fig. 6. Coquille orbiculaire, un peu réniforme et presque aplatie; une ou deux dents à la charnière, et deux dents latérales écartées. Largeur, cinq lignes. Lieu natal, Grignon. On trouve à Abbecourt, près de Beauvais, dans une couche quarzeuse, une espèce qui a de très-grands rapports avec celle-ci; mais elle est plus épaisse.

Lucine sillonnée; *Lucina sulcata*, Lam., pl. citée, fig. 9. Coquille bombée, ovale en cœur, couverte de stries fines et transverses, à dents cardinales peu marquées, et sans dents latérales. Largeur, six lignes. Les crochets sont dirigés en arrière, et il se trouve un enfoncement à la lunule qui forme une sorte de dent sous le crochet. Lieu natal, Chaumont, Liancourt et Saint-Félix, département de l'Oise.

Lucine écailleuse; *Lucina squamosa*, Lam., planche citée, fig. 10. Coquille ovale-orbiculaire, oblique, comprimée et couverte de stries longitudinales écailleuses. Deux dents à la charnière et deux autres latérales. Largeur, 4 à 5 lignes. Cette espèce a beaucoup de rapports, à la grandeur près, avec une espèce à l'état frais, à laquelle M. de Lamarck a donné aussi le nom de lucine écailleuse. (Lam., Anim. sans vert., n.°

11; Encyclop., pl. 285, fig. 3.) Celle-ci a près d'un pouce de diamètre, et a été rapportée de la Nouvelle-Hollande dans un état à peu près fossile. On trouve cette espèce fossile à Longjumeau et à Pontchartrain, département de Seine et Oise, dans une couche supérieure à la formation gypseuse.

Lucine aplatie; *Lucina complanata*, Lam., Ann. du Mus. Coquille orbiculaire, comprimée, couverte de stries transverses, fines, un peu saillantes et régulières; point de dents cardinales ni latérales. Largeur, sept lignes. Lieu natal, Grignon. On trouve dans la couche quarzeuse de Bracheux, près de Beauvais, une jolie espèce qui a beaucoup de rapport avec celleci; mais les stries dont elle est couverte sont plus fines.

Lucine changeante : *Lucina mutabilis*, Lam., An. sans vert.; *Venus mutabilis*, Lam., Ann. du Mus., tom. 9, pl. 32, fig. 9. En décrivant cette espèce dans les Ann. du Mus., M. de Lamarck a annoncé que c'étoit une des plus singulières qu'il connût, à cause de la variation de sa charnière, qui, dans quelques individus seulement, étoit munie de dents. Ce savant a regardé comme dépendant de la même espèce des coquilles qui diffèrent tellement entre elles, qu'il est bien difficile de ne pas croire qu'elles ne constituent pas deux espèces bien distinctes, puisque les unes ont des dents à la charnière, et que les autres n'en ont pas. Voici les caractères généraux que M. de Lamarck leur a assignés. Coquilles elliptiques, aplaties, plus larges que longues, couvertes de petites stries transverses, provenant de leur accroissement. La face intérieure des valves, surtout dans les plus grands individus, est garnie de stries longitudinales, serrées et disposées en rayons qui ne se prolongent pas jusqu'au bord, et qui y laissent un limbe lisse. Longueur, quelquefois 3 pouces, sur 4 pouces de largeur.

M. de Lamarck a annoncé que, dans la plupart des individus jeunes, on aperçoit distinctement les trois dents cardinales qui caractérisent leur genre, et que dans les grands individus elles sont presque totalement effacées.

Si les coquilles sans dents, et sur lesquelles je n'en ai jamais vu aucune trace, étoient de la même espèce que celles qui portent des dents, ce seroit le premier exemple d'une telle anomalie qui seroit parvenu à ma connoissance. Ce n'est point du tout l'âge qui est cause que les dents ne se trouvent point à la charnière: car, parmi le très-grand nombre de ces coquilles que je possède, il s'en trouve de très-jeunes qui n'ont pas huit lignes de diamètre et sur lesquelles il n'y a aucune trace de dents, tandis que beaucoup d'autres, qui ont près de deux pouces et demi de diamètre, et dont l'épaisseur annonce qu'elles sont âgées, sont munies de dents à la charnière. Celles-ci n'acquièrent pas un plus grand volume, tandis que les autres ont quelquefois le double de cette grandeur et une forme différente. Ces dernières n'ont pas de lunule ; leurs crochets ne sont presque pas saillans ni courbés ; ceux des individus dont l'intérieur des valves est garni de stries, sont très-inéquilatéraux et transverses, tandis que ceux qui ne portent point ces stries, sont presque équilatéraux.

La forme de celles qui ont des dents à la charnière, est un peu rhomboïdale ; elles ont une petite lunule ; leurs crochets sont courbés et saillans ; elles n'ont point de dents latérales, et l'intérieur des valves n'est jamais garni de stries longitudinales. On trouve ces deux espèces ensemble dans les couches du calcaire coquillier grossier des environs de Paris, à Grignon, à Saint-Félix, département de l'Oise ; aux Boves, département de Seine et Oise, etc. Dans la couche de sable quarzeux d'Abbecourt on ne rencontre que celle qui porte des dents à la charnière, et elle est plus épaisse que dans les autres localités.

J'ai regardé cette dernière comme constituant une espèce particulière, à laquelle j'ai donné le nom de lucine contournée, *lucina contorta* : on la trouve aussi dans la falunière de Hauteville ; mais les individus que j'en ai reçus n'ont que 15 lignes de diamètre, et il n'est point à ma connoissance qu'on y ait trouvé la lucine changeante.

Lucine élégante : *Lucina elegans*, Def. ; *Lucina circinaria*, var. *B*, Lam., Ann. du Mus. M. de Lamarck avoit regardé cette espèce comme une variété de la lucine circinaire : mais elle en diffère beaucoup, parce qu'elle est beaucoup plus bombée ; ses stries circulaires sont plus grosses et plus régulières ; elle n'a ni dents cardinales ni dents latérales. Cette espèce auroit beaucoup plus de rapports avec la variété *B* de la lucine lactée (Lam., Anim. sans vert., n.° 12). Une variété bien remarquable de la lucine élégante porte un très-grand enfoucement à la lunule. On trouve cette espèce à Grignon et à Parnes, département de Seine et Oise.

Lucine colombelle ; *Lucina columbella*, Lam., Anim. sans vert., n.° 15. Coquille suborbiculaire, très-renflée, striée transversalement, portant un pli très-fort sur chaque valve, et ayant les crochets courbés fortement vers la lunule, qui est grande. Deux dents cardinales, les dents latérales étant très-marquées. Largeur, six à neuf lignes. Lieu natal, les faluns de la Touraine, et Saucats, près de Bordeaux. Elle a beaucoup de rapports avec la lucine à l'état frais nommée lucine de la Jamaïque.

Lucine ambiguë : *Lucina ambigua*, Def. Cette espèce auroit quelque ressemblance avec la lucine concentrique : mais elle n'a point de dents latérales ; les stries circulaires dont elle est couverte, sont plus fines, et elle porte un pli sur le côté postérieur de chaque valve. Largeur, vingt lignes. Lieu natal, Hauteville, Montebourg, département de la Manche, et Chaillot près de Paris.

Lucine de Fortis ; *Lucina Fortisiana*, Def. Je n'ai trouvé qu'une seule valve de cette grande espèce, qui est remarquable par deux plis qui se trouvent sur le côté postérieur, la lunule est renflée, elle ne porte point de dents, et elle est couverte de stries fines et irrégulières. Diamètre, près de deux pouces. Lieu natal, Beynes, près de Grignon.

Lucine dentée ; *Lucina dentata*, Def. Cette petite coquille, qui n'a que deux lignes de diamètre, porte tous les caractères des lucines : mais ses bords sont un peu dentés ; elle porte des dents cardinales et des dents latérales. Elle est très-commune à Loignan. On trouve au même lieu une petite espèce, à peu près de la même grandeur, mais dont le dedans des valves est plissé.

Lucine arrondie : *Lucina circinata* ; *Venus circinata*, Brocchi, *Foss. subapp.*, tab. 14, fig. 6. Coquille lentiforme, striée transversalement, portant un pli très-peu marqué sur le côté antérieur, et un enfoncement à la lunule : elle a des dents cardinales, mais les dents latérales sont presque nulles. Largeur, huit lignes. On la trouve fossile dans la vallée d'Andone, et elle vit dans l'Océan américain.

Lucine oblique ; *Lucina obliqua*, Def. Cette espèce a les

plus grands rapports avec la lucine circinaire; mais elle en est distincte par son obliquité, par l'enfoncement de la lunule, et parce qu'elle n'a aucune dent. Lieu natal, Hauteville.

Lucine américaine ; *Lucina americana*, Def. Coquille ovale-orbiculaire, aplatie, sans dents, couverte de quelques stries transverses peu marquées; à sommet pointu et peu courbé. Largeur, un pouce. Lieu natal, la Caroline du Nord, d'où elle a été rapportée par M. Michaux.

Lucine divisée : *Lucina bipartita*, Def. Coquille orbiculaire, bombée, sans dents, couverte de stries transverses. Largeur, sept à huit lignes. Cette espèce est très-remarquable par son test, qui se divise en deux parties dans son épaisseur. Lieu natal, Grignon.

Lucine lamelleuse; *Lucina lamellosa*. Def. Coquille suborbiculaire, aplatie, couverte de stries lamelleuses; à dents cardinales et latérales; portant un pli sur son côté postérieur. Largeur, huit lignes. On trouve cette espèce dans le Piémont. On trouve à Nice une variété qui est plus petite et qui ne porte pas de pli sur le côté postérieur. *An Venus Dysera*, Brocc., *loc. cit.*, tab. XVI, fig. 8?

Lucine a crochet; *Lucina uncinata*, Def. Coquille orbiculaire, aplatie, à sommets très-recourbés ; à lunule enfoncée; couverte de fines stries transverses, d'autant moins régulières qu'elles s'éloignent du sommet : une dent bifide sous le sommet de chaque valve, et une petite dent latérale très-écartée du côté de la lunule. Largeur, quinze lignes. Lieu natal, la couche quarzeuse de Bracheux, près de Beauvais. Cette espèce n'a point de pli au côté postérieur.

Dans l'ouvrage de M. Brocchi ci-dessus cité, on trouve la description de quelques espèces que cet auteur a rangées dans le genre Vénus, mais qu'il a indiquées comme dépendantes du genre Lucine (Lam.) ; savoir :

Venus Pensylvanica, Linn. (*Lucina crassa*, Lam., Anim. sans vert., n.° 2), qui habite l'Océan américain, et qu'on trouve fossile à la Rochetta, près d'Asti en Italie.

Venus globosa, Linn., Martin., tab. 40, fig. 430, qu'on trouve fossile dans la vallée d'Andone.

Venus lupinus, Brocc., *loc. cit.*, tab. XIV, fig. 8. Coquille suborbiculaire, lisse, convexe, ayant deux dents cardinales, dont l'une est bifide. Cette espèce n'a aucun vestige de lunule. Largeur, sept à huit lignes. On la trouve dans la vallée d'Andone et dans le Plaisantin. (D. F.)

LUCINIUM. (*Bot.*) Plukenet nommoit ainsi l'*amyris balsamifera.* (J.)

LUCIODONTES. (*Foss.*) On a donné autrefois ce nom à des dents fossiles coniques et pointues, parce qu'on croyoit qu'elles avoient appartenu à des brochets; mais on trouve si rarement des poissons d'eau douce à l'état fossile, qu'il y a lieu de croire que ces dents provenoient de poissons du genre des squales : on en voit des figures dans le Traité des pétrifications, tab. LVI, n.ᵒˢ 388 et 392. (D. F.)

LUCIOLA. (*Bot.*) Gesner, cité par C. Bauhin, indique sous ce nom, et sous celui de *lancea Christi*, l'ophioglosse, *ophioglossum vulgatum*, plante que Césalpin nomme aussi *lucciola*, parce que, dit-il, elle brille la nuit, *noctu lucet*. Il appelle encore *luciola* une autre plante nommée *gramen* par C. Bauhin, *juncus campestris* par Linnæus, et qui fait maintenant partie du nouveau genre *Luzula*. On ne confondra point ces plantes avec une graminée recueillie au Pérou par Dombay, dont nous avons fait le genre Luziola. Voyez ce mot. (J.)

LUCIO-LUCIOLA. (*Entom.*) C'est le nom donné en Italie au lampyre ou ver luisant. (C. D.)

LUCION DE MAR. (*Ichthyol.*) A Nice, selon M. Risso, on donne ce nom à la marénule, poisson que l'on pêche quelquefois à l'embouchure du Var. Voyez Corégone, tom. X, p. 561 de ce Dictionnaire. (H. C.)

LUCIONELLE, *Lucionella.* (*Chétop.*) Nom donné par Viviani à une petite espèce de néréide de la mer de Gênes, qui est très-phosphorescente. Voyez Néréide. (De B.)

LUCIUS (*Ichthyol.*), un des noms latins du brochet. Voyez ce mot et Ésoce. (H. C.)

LUCRE. (*Ornith.*) L'oiseau ainsi appelé en Provence paroît être le tarin, *fringilla spinus*, quoique l'auteur du Dictionnaire languedocien indique certaines différences dans leur plumage. (Ch. D.)

LUCS (*Ichthyol.*), un des noms vulgaires du brochet. Voyez Ésoce. (H. C.)

LUCULLAN et LUCULLITE. (*Min.*) M. John a donné, le

premier, ce nom à une variété de marbre noir remarquable par son odeur fétide, qu'il doit à une matière bitumineuse, engagée dans les lamelles de la chaux carbonatée : il a cru y reconnoître le *marmor luculleum* de Pline, marbre noir rapporté d'Égypte par le consul Lucullus, et dont on trouve encore des exemples parmi les monumens antiques de Rome. M. Jameson a adopté ce nom, en le modifiant légérement en celui de lucullite, et l'a appliqué à la 10.ᵉ sous-espéce du calcaire rhomboïdal. Voyez, à l'article CHAUX CARBONATÉE, le *Calcaire fétide* et le *Calcaire bitumineux*. (B.)

LUCUM. (*Bot.*) Dans le Recueil des voyages d'Orient de Théodore de Bry il est question d'une graine de ce nom, un peu plus grosse que celle du chanvre, que l'on cultive dans le royaume de Congo. Écrasée avec un pilon, pétrie et cuite, elle produit un pain blanc qui n'est pas inférieur à celui que l'on fait avec la farine de froment. C. Bauhin soupçonne que la plante qui donne cette graine, est le *frumantaca* ou *milium indicum*, que Linnæus nomme *holcus saccharatus*. (J.)

LUCUMA. (*Bot.*) Plusieurs végétaux d'Amérique reçoivent ce nom dans le Chili. Le premier, nommé simplement *lucuma* et *manglille*, est le *caballeria pellucida* de la Flore du Pérou, une des espéces d'un genre qui est le même que notre *manglilla*, rapporté par nous à la famille des sapotées. (Voyez MANGLILLO.)

Le second, nommé *lucuma de monte*, est le *clavija mucrocarpa* de la même Flore, arbrisseau de deux toises de hauteur, dont le genre paroit devoir être réuni au *theophrasta*, placé à la suite des apocinées.

On nomme encore *lucumas de monte* le *semarillaria subrotunda* de cette Flore, genre que MM. Ruiz et Pavon indiquent eux-mêmes comme très-voisin du *paullinia*, avec lequel nous croyons qu'il doit être confondu. (J.)

LUCUMA. (*Bot.*) Genre de plantes dicotylédones, à fleurs complètes, monopétalées, de la famille des *sapotées*, de la *pentandrie monogynie* de Linnæus ; offrant pour caractére essentiel : Un calice à cinq divisions ; une corolle à cinq découpures ; cinq étamines fertiles. alternes avec autant de stériles en forme d'écailles ; un ovaire supérieur ; un style , une grosse pomme charnue, à cinq ou dix loges monospermes : plusieurs des loges et des semences avortent fréquemment.

Ce genre, très-voisin des Sapotillers (*Achras*, Linn.), en a été retranché à cause des divisions dans les parties de ses fleurs, inférieures en nombre : on lui a conservé le nom qu'il porte au Pérou.

Lucuma marmelade : *Lucuma mammosum*, Gærtn., fils, *Carp.*, 3, pag. 129 ; *Achras mammosa*, Linn. ; *Achras sapota major*, Jacq., *Amer.*, tab 182, fig. 19 ; *Sapota mammosa*, Gærtn., *de fruct.*, 2, pag. 104 ; *Malus persica maxima*, etc., Sloan., *Jam.*, 2, pag. 124, tab. 218 ; *Arbor americana pomifera*, etc., Pluken., *Almag.*, tab. 268, fig. 2 ; vulgairement Marmelade naturelle, Jaune-d'œuf. Très-bel arbre, de cent pieds de haut, couronné par une belle cime ample, étalée, chargée de très-grandes feuilles oblongues, lancéolées, glabres, coriaces, très-entières, longues d'environ deux pieds, soutenues par des pétioles longs de deux pouces. Les fleurs sont éparses, solitaires, pédonculées, situées vers l'extrémité des rameaux ; le calice est partagé en cinq divisions profondes, concaves : les deux extérieures sont plus grandes ; la corolle est à cinq découpures obtuses, lancéolées, garnies en dedans de cinq écailles subulées, qui paroissent des filamens stériles, alternes avec les cinq étamines ; l'ovaire est ovale, oblong. Le fruit est une pomme très-grosse, dont la chair est ferme et jaunâtre, divisée intérieurement en dix loges ; il y a une semence dans chaque loge, de la grosseur et de la forme d'une châtaigne : la plupart de ces semences avortent ; il n'en reste guères, dans chaque fruit, que trois ou quatre.

Cet arbre croît à la Jamaïque, à l'île de Cuba et au Pérou. Ses fruits sont moins estimés que ceux du sapotiller commun (*Achras sapota*, Linn.) ; cependant on les mange : leur chair est douce, mais un peu fade ; les amandes agréables au goût, mais un peu amères.

Lucuma de Campèche : *Lucuma campechianum*, Kunth *in* Hmb. et Bonpl., *Nov. gen.*, v. 3, p. 240. Arbre découvert sur les rives du Mexique, dans les environs de Campèche. Ses rameaux sont glabres, cylindriques, garnis de feuilles éparses, pétiolées, oblongues, un peu acuminées, très-glabres, entières, longues de huit à neuf pouces ; les pédoncules uniflores, rapprochés trois par trois vers l'extrémité des rameaux ; le calice est à cinq divisions très-profondes, couvert, ainsi que les pétioles et les pédoncules, d'un duvet blanchâtre : il y a cinq étamines fertiles et autant d'alternes stériles, attachées à l'orifice d'une corolle campanulée, plus courte que le calice ; les anthères sont à deux loges, s'ouvrant dans leur longueur.

Lucuma ovale : *Lucuma obovatum*, Kunth., *l. c.*; *Achras lucuma*, Ruiz et Pav., *Flor. Per.*, vol. 3, pag. 17, tab. 239. Cet arbre s'élève à la hauteur de trente à quarante pieds et plus : il en découle une liqueur laiteuse. Il offre une cime globuleuse, composée de rameaux épars, les plus jeunes pubescens et tomenteux : les feuilles sont éparses, pétiolées, ovales, elliptiques, arrondies au sommet, aiguës à leur base, glabres, un peu membraneuses, longues d'environ quatre pouces, sur deux pouces de large ; les fleurs pédonculées, axillaires, solitaires, géminées ou ternées ; les pédoncules tomenteux, un peu roussâtres ; le calice est à cinq divisions obtuses, profondes, inégales ; la corolle plus courte que le calice ; ses divisions sont ovales, presque orbiculaires ; l'ovaire est presque globuleux, hérissé et velu. Le fruit est une pomme verte, globuleuse, déprimée, jaune et glutineuse en dedans. Cette plante croît au Pérou, dans les environs de la ville de Loxa : elle est en fleurs et en fruits pendant toute l'année.

Lucuma de Bonpland : *Lucuma Bonplandii*, Kunth, *l. c.*; *Achras mammosa*, Bonpl., mss. Arbre de soixante pieds : les rameaux sont pileux et tomenteux ; les feuilles éparses, pétiolées, ovales-oblongues, obtuses, en coin à leur base, très-entières, pubescentes et tomenteuses en-dessous sur leurs nervures, glabres en-dessus, longues de huit à neuf pouces ; le calice a neuf ou douze divisions ovales, imbriquées, inégales, pileuses en dehors, dont trois plus grandes ; la corolle a cinq divisions droites, ovales, un peu pileuses en dehors. Le fruit est une pomme ovale, de cinq à six pouces de diamètre. Cette plante croît à la Havane, aux lieux cultivés.

Lucuma a feuilles de saule ; *Lucuma salicifolium*, Kunth, *l. c.* Arbre du Mexique, dont les rameaux sont glabres, cylindriques, garnis de feuilles lancéolées, médiocrement acuminées, glabres, membraneuses, rétrécies à leur base, luisantes en-dessus, longues de cinq à six pouces, larges d'un pouce; les fleurs sont axillaires, géminées, pédonculées, situées vers l'extrémité des rameaux; il y a cinq étamines stériles, alternes avec les fertiles, linéaires, lancéolées, une fois plus longues que ces dernières; les calices et les pédoncules sont un peu tomenteux; l'ovaire ovale, hérissé.

Lucuma témare; *Lucuma temare*, Kunth, *l. c.* Arbre découvert dans les forêts qui bordent l'Orénoque, glabre sur toutes ses parties, dont les feuilles sont éparses, pétiolées, lancéolées avec une pointe obtuse, rétrécies à leur base, entières et un peu ondulées à leurs bords, vertes, glabres, membraneuses, longues de six à sept pouces. Le fruit est une pomme ovale, charnue, glutineuse, ne renfermant très-ordinairement que trois semences ovales-oblongues. (Poir.)

LUCUNIA. (*Ornith.*) Ce nom, qui se trouve dans le vocabulaire de 1420, cité au mot *Lucifuga*, désigne le hochequeue ou bergeronnette. (Ch. D.)

LUCZI. (*Ichthyol.*) Voyez Lucs. (H. C.)

LUDIER, *Ludia.* (*Bot.*) Genre de plantes dicotylédones, à fleurs incomplètes, très-rapproché de la famille des *rosacées*, de la *polyandrie monogynie* de Linnæus; offrant pour caractère essentiel : Un calice à six ou sept lobes; point de corolle; des étamines nombreuses insérées sur le réceptacle; un ovaire supérieur, surmonté d'un style tri- ou quadrifide au sommet; les stigmates simples ou didymes. Le fruit est une baie presque globuleuse, acuminée par le style, placée sur le calice réfléchi et déformé, à une seule loge polysperme; les semences anguleuses.

Ludier hétérophylle : *Ludia heterophylla*, Lamk., Encycl., et *Ill. gen.*, tab. 466, fig. 1, 2. Arbrisseau très-rameux, remarquable par la diversité de son feuillage selon l'âge de la plante. Dans sa jeunesse les rameaux sont grêles, un peu pubescens; les feuilles très-petites, presque rondes, anguleuses : dans un âge plus avancé, les feuilles sont grandes, moins nombreuses, ovales, obtuses, très-entières, d'environ un pouce de large; les fleurs sont axillaires, latérales, portées sur des pédoncules très-courts; le calice a sept lobes courts. Cet arbrisseau croît à l'Isle-de-France.

Ludier à feuilles de myrte; *Ludia myrtifolia*, Lamk., Enc., et *Ill. gen.*, tab. 466, fig. 3. Cet arbrisseau, qu'on pourroit soupçonner être une variété du précédent, en est cependant distinct, dans son état parfait, par ses feuilles petites, alternes, à peine pétiolées, glabres, ovales, aiguës à leurs deux extrémités, très-entières, longues de cinq à six lignes sur quatre de largeur; les rameaux sont cylindriques, raboteux; les fleurs assez semblables aux précédentes; la base des étamines et des ovaires est garnie d'un duvet blanc; le style légèrement arqué, terminé par un stigmate obtus, trilobé. Cette espèce a été recueillie par Commerson à l'île Bourbon.

LUDIER A FLEURS SESSILES : *Ludia sessiliflora*, Lamk., Encycl.; *Ludia tuberculata*, Jacq., *Hort. Schœnbr.*, 1, p. 59, tab. 112. Il seroit possible que cette espèce, ainsi que les deux précédentes, ne fussent que des variétés de la même plante, surtout quand on considère la diversité de formes que ses feuilles affectent. Dans celle-ci, les feuilles sont ovales-oblongues, un peu aiguës, glabres, veinées, longues d'environ deux pouces et demi sur un pouce et plus de largeur; les rameaux grisâtres et raboteux; les fleurs sessiles ou presque sessiles, distinguées par leur style trifide au sommet; les stigmates légèrement bilobés. Cette plante croît à l'Isle-de-France. (POIR.)

LUDIN-MARIA. (*Bot.*) Nom du cassis, *ribes nigrum*, dans la Finlande, suivant Linnæus. (J.)

LUDOLATRA. (*Ichthyol.*) Albert le Grand a parlé, sous ce nom, d'un poisson ailé dont l'existence paroit plus que douteuse. (H. C.)

LUDOLFIA. (*Bot.*) Nom donné par Adanson au *tetragonia* de Linnæus, genre de la famille des ficoïdes. (J.)

LUDOLFIE, *Ludolfia*. (*Bot.*) Genre de plantes monocotylédones, à fleurs glumacées, de la famille des *graminées*, de la *polygamie monoécie* de Linnæus; offrant pour caractère essentiel : Des fleurs polygames; des épillets à fleurs nombreuses; la balle calicinale à deux valves courtes, inégales; celles de la corolle presque égales, mutiques; l'extérieure oblongue, très-aiguë; trois étamines; un ovaire stérile; deux écailles planes, lancéolées, de la longueur de l'ovaire; dans les fleurs femelles, point d'étamines; un ovaire oblong, surmonté de trois stigmates presque sessiles, en pinceau; les semences nues, grosses, oblongues.

LUDOLFIE A GROS FRUITS : *Ludolfia macrosperma*, Willd., *Enum. pl.*, vol. 2, pag. 1055 ; *Arundinaria macrosperma*, Mich., *Flor. bor. Amer.*, 1, pag. 74 ; *Miegia macrosperma*, Pers., *Synops.*, pag. 101. On voit avec peine, pour l'intérêt de la science, trois noms génériques se succéder en peu d'années pour la même plante, sans qu'on puisse en soupçonner un motif plausible. On demande pourquoi Persoon substitue le nom de *miegia* à l'*arundinaria* de Michaux, et pourquoi Willdenow supprime l'un et l'autre pour les remplacer par celui de *ludolfia* : le nom donné par Michaux devroit, sans doute, être conservé ; mais celui de Willdenow, placé dans un ouvrage classique plus répandu, sera probablement le plus généralement adopté, jusqu'à ce qu'il survienne un quatrième réformateur. Je regrette de revenir si souvent sur de pareils abus ; mais on ne peut trop en faire connoître les inconvéniens.

La plante dont il est ici question a le port d'un bambou, et des tiges très-hautes, droites, glabres, garnies de feuilles étroites, linéaires, disposées sur deux rangs opposés ; ses fleurs sont réunies en une ample panicule terminale, très-rameuse, semblable à celle des roseaux, composée d'épillets de cinq à douze fleurs ; les deux valves calicinales sont courtes, inégales : celles de la corolle beaucoup plus grandes. Il existe, de plus, deux grandes écailles intérieures qui accompagnent l'ovaire tant dans les fleurs femelles que dans les hermaphrodites. Les stigmates, au nombre de trois, sont presque sessiles, divisés en filets nombreux, très-longs, sétacés. Cette plante croît sur les bords du Mississipi, dans la Caroline et la Floride.

LUDOLFIE GLAUQUE : *Ludolfia glaucescens*, Willd., *Enum.*, l. c.; *Panicum arborescens*, Linn. Cette plante s'élève fort haut, sur une tige droite, grêle, très-rameuse : ses rameaux ressemblent, par leur disposition, à une feuille ailée ; ils sont garnis, à leur moitié supérieure, de feuilles nombreuses, lancéolées, vertes en-dessus, glauques en-dessous, ouvertes en forme de pinnules, munies de quelques poils à l'entrée de leur gaine ; celle-ci est sèche et blanchâtre : les fleurs sont disposées en une ample panicule. Cette plante croit dans les Indes orientales. (POIR.)

LUDOVIA. (*Bot.*) Voyez CARLUDOVICA. (POIR.)

LUDUS HELMONTII et LUDUS PARACELSI. (*Min.*) On donnoit généralement le nom de *jeux de la nature* aux corps pierreux qui imitoient par leur forme des objets connus, solides géométriques, ustensiles, ou même corps organisés, et Van-Helmont donna le nom de *Ludus Paracelsi* à des concrétions pierreuses, renfermant dans leur intérieur des prismes courts à quatre pans, qui, brisés, ressembloient à des cubes ou *dés à jouer*. Paracelse et Van-Helmont attribuoient à ces concrétions de grandes vertus médicinales.

Les *Ludus Helmontii* et *Paracelsi*, qui sont les mêmes, sont pour nous des concrétions pierreuses, soit ellipsoïdes, soit sphéroïdes aplaties, ou lisses extérieurement, ou couvertes de bourrelets saillans, disposés en échiquier irrégulier, et offrant dans leur intérieur des prismes courts à quatre ou cinq pans, irréguliers dans leur grosseur et dans la valeur de leurs angles, dont les pans ne sont point plans, ni les arêtes droites, et dont les interstices de séparation sont ou remplis ou simplement tapissés de quarz et plus ordinairement de calcaire spathique.

Ces concrétions sont ou de calcaire marneux gris de fumée, très-compactes et même susceptibles de poli, ou de fer carbonaté lithoïde et argileux, et les cristaux calcaires sont souvent ferrifères ou magnésiens.

On remarque en outre quelquefois, dans les interstices, des cristaux de quarz, de baryte, de fer spathique, etc. Enfin, ces concrétions sont remarquables par la constance de ces particularités, et par leur disposition en lits dans les couches d'argile schisteuse des mines de houille et des terrains de calcaire alpin. Voyez CONCRÉTIONS. (B.)

LUDVIE. (*Ornith.*) La petite alouette huppée, ou lulu, *alauda arborea* et *nemorosa*, Linn., est ainsi nommée à Turin. (CH. D.)

LUDWIGE, *Ludwigia*. (*Bot.*) Genre de plantes dicotylédones, à fleurs complètes, polypétalées, régulières, de la famille des *onagraires*, de la *tétrandrie monogynie* de Linnæus; offrant pour caractère essentiel : Un calice persistant, à quatre divisions très-profondes; une corolle à quatre pétales; quatre étamines; un ovaire inférieur, tétragone; un style soutenant un stigmate en tête; une capsule tétragone, à quatre loges polyspermes. s'ouvrant au sommet par un pore.

Ce genre comprend un assez grand nombre d'espèces, presque toutes marécageuses. et la plupart originaires de l'Amérique septentrionale , à tige herbacée ou ligneuse, garnie de feuilles simples, alternes ou opposées; les fleurs ordinairement solitaires, disposées dans les aisselles des feuilles. Plusieurs espèces dépourvues de corolle avoient été placées dans ce genre : M. de Jussieu a prouvé qu'elles devoient appartenir aux *isnardia.* Les *ludwigia* sont des plantes de peu d'apparence, difficiles à cultiver, parce qu'elles demandent, d'après l'observation de M. Bosc, beaucoup de chaleur et beaucoup d'eau.

LUDWIGE A GROS FRUITS : *Ludwigia macrocarpa,* Mich.. *Flor. bor. Amer.,* 1, pag. 89; *Ludwigia alternifolia,* Linn., Lamk., *Ill. gen.,* tab. 77: Pluken., *Phytogr.,* tab. 205, fig. 2. et *Amalth.,* tab. 412. fig. 1; Threw, *Ehr.,* 2, tab. 2; *Ludwigia salicifolia,* Poir., Encycl., Suppl. Plante herbacée, remarquable par la forme et la grosseur de ses fruits, ainsi que par la grandeur de ses calices : ses racines sont composées de tubercules fasciculés, en forme de navets; elles produisent une tige droite, rameuse, haute d'environ un pied, garnie de feuilles alternes, oblongues, lancéolées, aiguës à leurs deux extrémités, glabres, un peu pâles en-dessous; les fleurs sont axillaires, très-peu pédonculées, solitaires; les pédoncules munis de deux bractées opposées et caduques; les divisions du calice grandes, ovales en cœur, élargies, un peu aiguës; la corolle est jaune; les pétales sont ovales, de la longueur du calice; les capsules globuleuses, un peu tétragones, couronnées par les divisions du calice. Cette plante croît dans la Virginie.

LUDWIGE A LONG PÉDONCULE; *Ludwigia pedunculosa,* Mich.. *Amer. l. c.* Petite plante herbacée, dont les tiges sont rampantes, un peu pubescentes. à peine longues de six pouces, tétragones, peu rameuses, garnies de feuilles glabres, sessiles, opposées, linéaires-lancéolées, rétrécies à leurs deux extrémités, entières, longues de trois lignes; les pédoncules solitaires, filiformes, axillaires, beaucoup plus longs que les feuilles, uniflores, quelquefois un peu pubescens, ainsi que le calice, munis de deux bractées sétacées; les divisions du calice sont lancéolées: la corolle est assez grande: les capsules sont alongées, presque en massue, couronnées par les divisions prolongées et rabattues du calice. Cette espèce croît dans les marais sous-marins de la Caroline inférieure.

LUDWIGE RAMEUSE: *Ludwigia ramosa*, Willd., *Enum. pl.*, i. pag. 165. Cette plante, dont le lieu natal n'est pas connu, a des tiges tétragones, herbacées, couchées, très-rameuses, radicantes: des rameaux alternes; des feuilles opposées, linéaires-lancéolées, glabres, ainsi que toute la plante: des fleurs sessiles ou à peine pédonculées, axillaires, solitaires, quelquefois géminées; une corolle blanche; des capsules ellip-tiques. Cette plante est cultivée dans le jardin de botanique à Berlin.

LUDWIGE EFFILÉE; *Ludwigia virgata*, Mich., *Flor. Amer.*, l. c. Cette plante a des tiges droites, glabres, divisées en rameaux très-étalés, alongés, effilés, garnis de feuilles alternes, sessiles, linéaires, glabres, alongées, obtuses, très-entières; des fleurs alternes, pédonculées, disposées à la partie supérieure des rameaux presque en épi, munies de corolle: des capsules globuleuses, un peu tétragones, non couronnées par le limbe du calice. Le disque est entouré de *glandes pubescentes*. Cette espèce croît dans les forêts de la basse Caroline.

LUDWIGE A FLEURS EN TÊTE: *Ludwigia capitata*, Mich., *Flor. Amer.*, l. c.; *Ludwigia suffruticosa*, Walt., *Carol.*, pag. 90. Ses tiges sont d'abord rampantes, pubescentes, chargées de feuilles arrondies ou en ovale renversé; celles des rejetons stériles sont élargies, lancéolées; il s'élève ensuite d'autres tiges glabres, rameuses, redressées, grêles, un peu ligneuses, surtout vers le bas; les feuilles sont sessiles, alternes, glabres, linéaires ou lancéolées, entières, très-aiguës, longues d'un pouce et demi: les fleurs sessiles, réunies en une petite tête à l'extrémité des rameaux; la corolle est plus courte que le calice; les capsules sont presque tétragones, à demi globuleuses, couronnées par les divisions du calice, courtes, élargies, de la longueur des capsules. Cette plante croît dans la Basse-Caroline, aux lieux aquatiques et découverts.

LUDWIGE A FEUILLES ÉTROITES: *Ludwigia angustifolia*, Mich.,

Amer., *l. c.*; *Ludwigia linifolia*, Poir., Encycl., Suppl., an *varietas?* Cette plante a des tiges droites, glabres, étalées, très-rameuses, garnies de feuilles sessiles, alternes, linéaires, très-étroites, glabres, entières, aiguës, rétrécies à leur base, longues d'un pouce; des fleurs solitaires, placées dans l'aisselle des feuilles supérieures, alternes, munies d'une corolle; des capsules glabres, turbinées, prismatiques, un peu alongées, couronnées par les divisions du calice, courtes, à demi lancéolées. Cette espèce croit sur les bords des fossés aquatiques, dans la Basse-Caroline. (Poir.)

LUDWIGIA. (*Bot.*) On avoit réuni à ce genre, caractérisé par quatre pétales, des espèces qui en sont entièrement dépourvues. Elles doivent être réunies à l'*isnardia*, qui, auparavant placé près des lythraires, parce qu'on lui croycit l'ovaire supérieur, rentre dans les onagraires à raison de son ovaire adhérent ou inférieur, et n'en diffère que par l'absence d'une corolle formant exception dans la famille. D'autres plantes, rapportées d'abord au *ludwigia* par Linnæus lui-même, mais différentes par le nombre des étamines double de celui des pétales, ont ensuite été séparées par lui sous le nom de *jussiæa*. (J.)

LUEN. (*Ornith.*) Ce nom est donné, dans la Tartarie chinoise, à l'argus, *phasianus argus*, Linn. (Ch. D.)

LUERLE. (*Ornith.*) Suivant Buffon, on appelle ainsi, en allemand, le cochevis, *alauda cristata*, Linn. (Ch. D.)

LUF. (*Bot.*) Nom arabe de l'*arum dracunculus*, suivant Daléchamps. C'est le *luph* de Rauwolf. (J.)

LUFFA. (*Bot.*) Ce nom arabe de la papangaye, plante cucurbitacée, avoit été adopté comme genre par Tournefort et Adanson. Linnæus l'a réuni au *momordica*, et l'a nommé *momordica luffa*. Cependant il auroit pu rester séparé à cause de son fruit lisse à sa surface, couvert d'une écorce très-mince, sous laquelle est une substance réticulaire subsistante après la dessiccation du fruit, et divisée intérieurement en trois loges remplies de graines. Il y a un autre luffa de Cavanilles, voisin de celui-ci et adopté comme genre, et ayant peut-être avec lui beaucoup d'affinité. (J.)

LUFFA. (*Bot.*) Genre de plantes dicotylédones, à fleurs incomplètes, monoïques, de la famille des *cucurbitacées*.

de la *monoécie pentandrie* de Linnæus; offrant pour caractère essentiel : Des fleurs monoïques: un calice à cinq divisions; une corolle à cinq lobes, adhérente au calice ; cinq étamines : dans les fleurs femelles, cinq filamens stériles, un ovaire inférieur. trois ou quatre stigmates en massue : le fruit paroît operculé, cannelé. à trois loges.

Luffa fétide : *Luffa fœtida*. Cavan.. *Ic. rar.*, 1, pag. 7 : tab. 9, 10; *Picinna*. Rheed., *Hort. Malab.*, 8, p. 13, tab. 7. Plante des Indes orientales, ainsi que des iles de France et de Bourbon. Ses tiges sont grimpantes, très-longues, glabres, cannelées; les feuilles alternes. pétiolées, glabres, amples, échancrées en cœur, à sept lobes aigus. dentés en scie ; les vrilles latérales, solitaires, à plusieurs divisions ; les pétioles très-épais. Les fleurs mâles sont disposées en grappes droites, solitaires, axillaires, presque longues d'un pied ; une bractée à la base du pédoncule ; une seule fleur femelle est à la base de chaque grappe; le calice est hémisphérique à sa partie inférieure, à cinq cannelures, chacune renflée en bosse au sommet, d'où partent autant de découpures en lanières, d'un blanc jaunâtre, lancéolées, aiguës ; la corolle ample, d'un jaune de soufre ; les anthères sont jaunes, marquées d'un sillon blanc. presque en spirale ; l'ovaire est court, tomenteux ; le style court, surmonté de trois ou quatre stigmates en massue. Le fruit est turbiné, à dix cannelures, presque long d'un pied, couvert d'une écorce jaune.

Cette plante se rapproche beaucoup du *Momordica luffa* de Linnæus, que Cavanilles soupçonne devoir appartenir à ce genre. Voyez Momordique. (*Poir.*)

LUG-ALEAF. (*Ichthyol.*) Nom que l'on donne au carrelet dans le comté de Cornouailles. Voyez Carrelet. (H. C.)

LUGANELLO. (*Ornith.*) Nom italien du tarin, *fringilla spinus*, qu'on appelle aussi dans la même langue, *lugarino*, *lugaro*. (Ch. D.)

LUGARINERA. (*Ornith.*) C'est, dans quelques endroits de l'Italie, le venturon, *fringilla citrinella*, Linn. (Ch. D.)

LUG-LUC. (*Ornith.*) Le héron violet. *ardea leucocephala*, Lath., est ainsi appelé dans l'Indostan. (Ch. D.)

LUHÉE, *Luhea*. (*Bot.*) Genre de plantes dicotylédones, à fleurs complètes, polypétalées, de la *polyadelphie polyandrie* de Linnæus; offrant pour caractère essentiel : Un calice double ; l'extérieur à neuf folioles ; l'intérieur à cinq divisions; une corolle composée de cinq pétales ; des étamines réunies en plusieurs paquets ; cinq nectaires en forme de pinceau ; un ovaire supérieur ; un style. Le fruit inconnu.

LUHÉE ÉLÉGANTE; *Luhea speciosa*, Willd., *Spec.*, 3, p. 1434, et *Nov. act. soc. nat. Berol.*, 3, p. 410, tab. 5. Arbre très-rameux, qui s'élève à la hauteur de vingt à trente pieds, dont les rameaux sont alternes, de couleur brune, garnis de feuilles pétiolées, alternes, oblongues, obtuses, médiocrement échancrées en cœur à leur base, inégalement dentées à leurs bords, blanchâtres et tomenteuses en-dessous, veinées, à trois nervures ; les veines et les nervures saillantes; les pétioles courts, épais, à demi cylindriques, pubescens ; les fleurs disposées en grappes terminales, peu garnies; les pédicelles courts, épais, tomenteux, uniflores ; les calices tomenteux à l'extérieur ; la corolle blanche. Le fruit n'a point été observé. Cette plante croît sur les hautes montagnes, aux environs de Caracas. (POIR.)

LUI. (*Ornith.*) Tel est en Toscane le nom du pouillot, *motacilla trochylus*, Linn. (CH. D.)

LUIDA. (*Bot.*) Adanson avoit rassemblé sous ce nom générique quantité de mousses qui se conviennent par leurs feuilles alternes et orbiculaires, par les fleurs mâles (femelles, Adanson), solitaires, axillaires, sur le même pied ; et par la capsule (anthère, Adanson) pédicellée, axillaire, ovoïde, operculée, à coiffe lisse. Ce genre est tellement artificiel, que les espèces de mousses qui en font partie d'après Adans., et dont il cite les figures dans Dillenius, se rapportent aux genres actuels *Gymnostomum*, *Anictangium*, *Weissia*, *Pterigynandrium*, *Trichostomum*, *Barbula*, *Tortula*, *Dicranum*, *Fissidens*, *Bryum*, *Mnium*, *Neckera*, *Leskea* et surtout *Hypnum*. (LEM.)

LUISANTE [la]. (*Conchyl.*) Petite espèce d'hélice, assez commune en France, ainsi désignée par Geoffroy à cause du poli de sa coquille : c'est l'*helix nitida* de Muller. (DE B.)

LUJULA. (*Bot.*) Ce nom est donné par Fracastor à l'oxalide ordinaire, *oxalis acetosella*, suivant C. Bauhin. (J.)

LUKIV-TSAI. (*Bot.*) C'est en Cochinchine le nom du

clavaria muscoides de Loureiro, et non de Linnæus, d'après la description qu'en donne l'auteur portugais. Ce champignon, haut d'un pouce et demi, jaune ou rougeâtre, solide, est divisé en rameaux pointus, droits, inégaux. Il croît sur les rochers et *aggeribus* près de la mer.

Loureiro l'a reconnu dans celui que les Chinois de Canton nomment *lonc-giac-the*.

Thunberg indique aussi le *clavaria muscoides* au Japon. (LEM.)

LULAT. (*Conchyl.*) Nom vulgaire donné par Adanson, Sénég., pag. 207, pl. 15, à une espèce de moule; c'est pour Linnæus le *mytilus modiolus*, type du genre MODIOLE des conchyliologistes modernes. Voyez ce mot. (DE B.)

LULU. (*Ornith.*) Un des noms donnés à la petite alouette huppée, *alauda arborea* et *nemorosa*, Linn. (CH. D.)

LUMACHELLE. (*Foss.*) Parmi les marbres qui portent ce nom, et qui sont en grande partie composés de petites coquilles ou de débris de grandes, on remarque celui qu'on nomme lumachelle de Carinthie, qui se trouve dans la mine de Bleyberg, où il forme le toit des filons de plomb. Le fond de ce marbre, qui prend un assez beau poli, est d'un gris clair, et la pâte a une telle transparence que, dans certains échantillons, on voit des débris de coquilles qui peuvent se rapporter à des ammonites ou à des nautilites, et dont les couleurs nacrées sont d'un éclat surprenant. Quelques auteurs ont cru que cet éclat est l'effet de quelques émanations d'hydrogène sulfuré, parce qu'aucune coquille, dans son état naturel, n'offre, comme celle-ci, des reflets rouges, bleus, jaunes et verts. Nous faisons observer que ces couleurs ne diffèrent guères de celles qu'on remarque sur le test de certaines ammonites, quand on les plonge dans l'eau, ou seulement quand on les mouille; en sorte qu'il suffiroit, pour donner un tel éclat à ces débris, que la gangue transparente qui les entoure fît sur eux le même effet que l'eau fait sur certaines ammonites, et cela paroît très-possible. (D. F.)

LUMACHELLE (*Min.*), qu'on écrit quelquefois et qu'on prononce toujours LUMAQUELLE. C'est un calcaire compacte polissable, renfermant une si grande quantité de coquilles fossiles ou de débris de coquilles, qu'il paroît en être entièrement composé.

On ne donne ordinairement ce nom qu'à des marbres dans lesquels ces coquilles sont à l'état de débris, qui ressortent assez nettement sur le fond par une couleur différente du fond. Nous en avons distingué trois variétés principales à l'article Chaux carbonatée, et à la dixième variété, *Calcaire marbre*, pag., 284. Mais on a considérablement étendu cette dénomination, et on l'a appliquée à un grand nombre de marbres coquilliers. Nous décrirons au mot Marbre les principaux de ceux qui n'ont point été indiqués à l'article de la Chaux carbonatée. (B.)

LUMACHELLE. (*Ornith.*) Le nom de colombe lumachelle a été donné à une espèce de pigeon de la Nouvelle-Hollande, où elle est connue sous le nom de *goadgang*. C'est la *colomba chalcoptera* de Latham. (Ch. D.)

LUMACHINO VERDE et VERDONE. (*Bot.*) Noms italiens d'une espèce d'agaric, *agaricus virescens*, Scop., cité par Michéli. (Lem.)

LUMACONE. (*Bot.*) Michéli désigne ainsi les agarics, lorsque ces champignons ont la surface gluante comme celle des limaces. (Lem.)

LUMBE. (*Ornith.*) Ce nom et ceux de *lumb*, *lumme*, *loom*, *lomvie*, sont cités comme synonymes norwégiens des *colymbus troile* et *septentrionalis* de Linnæus, qui se rapportent au petit plongeon des mers du Nord, ou plutôt au guillemot à capuchon, *uria troile* de Latham et de M. Temminck. (Ch. D.)

LUMBRICARA. (*Bot.*) On trouve sous ce nom, dans Imperato, une espèce de *fucus*. (Lem.)

LUMBRICARIA, *Lombricaire*. (*Bot.*) Genre de la famille des algues, dans lequel Palisot de Beauvois rapportoit les espèces de *fucus* chez lesquels les organes fructifères sont renfermés dans la substance même de la plante, et occasionnent à l'extrémité de ses rameaux un renflement fusiforme. Palisot de Beauvois a supprimé lui-même ce genre, comme ne différant pas des véritables *fucus*. (Lem.)

LUMBRICI. (*Foss.*) C'est ainsi que l'on a quelquefois nommé les vers de terre, ou ce que l'on a pris pour des vers de terre fossiles. Voyez au mot Insectes fossiles. (D. F.)

LUMIÈRE. (*Phys.*) La signification primitive de ce mot est suffisamment connue de tout le monde ; et quoiqu'il soit

employé dans un grand nombre d'acceptions diverses, on
sait bien qu'il désigne principalement la cause qui rend les
objets visibles, qui les manifeste à nos yeux.

Ici, comme dans l'article Électricité, j'exposerai d'abord
les principaux phénomènes, suivant l'ordre de leur découverte ou de leur importance; et je terminerai par une indication succincte des explications générales qu'on en a données, et sur lesquelles on est encore bien loin de s'accorder.
Cette marche me paroît convenir particulièrement à un ouvrage où la description des faits, qui demeurent toujours
vrais lorsqu'ils ont été bien observés, doit tenir la plus grande
place; ajoutez à cela, que la science qui traite de la lumière,
qui embrasse tous les phénomènes de la vision, et qu'on
appelle *optique*, est très-étendue, et comprend un grand
nombre de recherches mathématiques pour lesquelles il faut
nécessairement recourir aux ouvrages spéciaux.

La première source de la lumière est le soleil; viennent
ensuite la lune et les planètes, qui nous réfléchissent les
rayons de cet astre; enfin les étoiles, auxquelles on attribue
une lumière propre (voyez Astre, tom. III, p. 272). La
combustion et d'autres phénomènes chimiques produisent
aussi de la lumière, dont les propriétés générales sont les
mêmes que celles de la lumière qui émane des astres.

La première distinction qui se présente dans les corps
relativement à la lumière, est celle des *corps opaques*, qui
l'arrêtent, et des corps transparens ou *diaphanes*, qui la laissent passer. Comme toutes les divisions naturelles, celle-ci
n'est pas tout-à-fait absolue; il y a des circonstances qui font
passer certains corps d'une de ces classes dans l'autre. Les
métaux les plus denses, l'or, par exemple, lorsqu'on le réduit en lames très-minces, deviennent transparens; il n'y a
que l'argent et les métaux blancs qu'on ne puisse amener
à cet état. La pierre nommée à cause de cela *hydrophane*,
devient transparente lorsqu'elle est plongée dans l'eau. On
sait que l'huile augmente beaucoup la transparence du papier qui en est imbibé. D'un autre côté, les corps les plus
**transparens perdent sensiblement de cette qualité, lorsqu'on
augmente beaucoup leur épaisseur.**

Transmission directe de la lumière.

L'interposition d'un corps opaque entre l'œil et le corps lumineux, dans la ligne droite qui les joint, empêchant de voir celui-ci, prouve que la lumière se propage en ligne droite ; et c'est sur ce phénomène qu'est fondé le procédé des alignemens. Lorsqu'on regarde une suite de piquets placés en ligne droite, on n'aperçoit que celui qui est le plus voisin de l'œil, et s'ils sont dans la direction d'un corps lumineux, ils cachent aussi ce corps : mais il suffit, pour le revoir, de se placer hors de la ligne marquée par ces piquets. Dans le vide que nous savons faire, la lumière se propage aussi en ligne droite ; mais on verra plus loin qu'il n'en est pas ainsi dans l'air, quand elle en traverse une étendue assez considérable pour que la densité de ce fluide souffre quelque variation.

A partir du corps lumineux, la lumière diverge ; et si l'on conçoit que ce corps soit assez petit pour être regardé comme un point, il en émanera dans tous les sens des traits de lumière, appelés *rayons*, qui occuperont un espace de plus en plus grand, à mesure qu'ils s'éloigneront du point lumineux. Pour apprécier cet espace, il faut imaginer une suite de sphères ayant leur centre au point lumineux : tous les rayons qui partent de ce point, s'épanouissent successivement sur la surface de chaque sphère ; ils s'y dispersent en raison de son étendue, et par cette dilatation, la force de la lumière, ou son intensité, va en décroissant dans la raison inverse de cette étendue, laquelle est proportionnelle au carré du rayon de chaque sphère : ainsi, à une distance triple du point d'où elle part, la lumière deviendroit neuf fois moins intense, quand d'ailleurs elle n'auroit souffert aucune diminution par d'autres causes.

La même loi subsiste encore quand la lumière part d'un corps qui a des dimensions sensibles : chacun des points de sa surface, envoyant des rayons dans toutes les directions extérieures, peut être regardé comme le sommet d'une surface conique, rasant celle du corps lumineux, et embrassant, sur chacune des sphères qui auroient ce point pour centre, un espace proportionnel au carré du rayon de cette sphère.

Lorsqu'on présente à la lumière un corps opaque, il jette du côté opposé une ombre déterminée par l'ensemble des rayons qui rasent ce corps, et qui forment ainsi une surface conique ayant son sommet au point lumineux et enveloppant de toute part le corps opaque. Un autre corps non lumineux, placé en tout ou en partie dans cet espace, sera totalement ou partiellement privé de lumière ; et dans ce dernier cas le contour tracé sur sa surface par les limites de l'ombre, c'est-a-dire, par la rencontre de la surface conique dont on vient de parler avec celle du second corps, forme l'*ombre portée* du premier corps sur ce second.

Quand le corps lumineux a des dimensions sensibles, l'ombre que jettent les corps opaques n'est plus terminée comme dans le cas précédent : car, en se plaçant derrière un corps opaque, on distingue d'abord l'espace dans lequel il n'arrive aucun rayon de lumière, ou dans lequel il est impossible d'apercevoir le corps lumineux ; puis l'espace qui reçoit une portion plus ou moins grande de ses rayons, et dans lequel on aperçoit une portion plus ou moins grande de sa surface. Le premier espace, renfermé par des rayons qui, partant de la circonférence de cette surface, rasent le corps opaque, s'appelle l'*ombre pure*. Il est terminé, quand le corps lumineux est plus grand que le corps opaque. Dans le cas contraire, il s'étend à l'infini derrière le corps opaque. L'autre espace, où pénètre une partie des rayons du corps lumineux, qui devient d'autant plus clair que cette partie est considérable, et qui s'étend jusqu'aux points ou l'on aperçoit la surface entière du corps lumineux, se nomme *pénombre*. Il est renfermé par des rayons tangens aux deux corps, mais qui se croisent entre ces corps. Tout ceci peut être rendu sensible par des figures aisées à construire, et qui se trouvent non-seulement dans les traités d'optique, mais dans ceux d'astronomie les plus élémentaires, car elles servent à expliquer les diverses circonstances que présentent les éclipses.

Il est évident que l'espace qui contient l'ombre pure, étant absolument privé de lumière, devroit paroître tout-à-fait noir : c'est pourtant ce qu'on ne voit presque jamais, parce qu'il arrive toujours dans cet espace une quantité plus ou moins grande de lumière, renvoyée par les corps environnans ; mais, en diminuant celle-ci, on parvient à augmenter de plus en plus l'intensité de l'ombre.

La vitesse avec laquelle se propage la lumière, est une des circonstances les plus remarquables de son mouvement : elle parcourt en 8 minutes 13 secondes sexagésimales la distance moyenne du soleil à la terre, c'est-à-dire, plus de 15 millions de myriamètres (environ 38 millions de lieues de 2000 toises chacune).

Ce fait a été reconnu par l'observation des éclipses des satellites de Jupiter. Lorsque la terre est entre le soleil et cette planète, les éclipses de ses satellites arrivent, toutes choses d'ailleurs égales, 16 minutes 26 secondes plus tôt que quand la terre est au-delà du soleil par rapport à Jupiter, c'est-à-dire, 30 millions de myriamètres (76 millions de lieues) plus loin de Jupiter que dans le premier cas : le retard est donc dû au temps que la lumière emploie à parcourir l'augmentation de la distance.

Cette belle découverte a été faite par Rœmer en 1675, et bien vérifiée depuis ; Bradley l'a confirmée encore, en 1728, par celle d'un mouvement apparent dans les étoiles, dû à la combinaison du mouvement de la lumière avec celui de la terre, et nommé *aberration de la lumière* : en sorte qu'il n'y a rien de mieux constaté que l'excessive rapidité du mouvement de la lumière, dont la vitesse surpasse de beaucoup toutes celles qu'on a pu mesurer jusqu'ici dans le système du monde, ainsi qu'on en jugera par les comparaisons suivantes.

Les nouvelles expériences faites par les membres du bureau des longitudes, donnent 341 mètres (175 toises) pour la vitesse du son en une seconde sexagésimale. (*Connoissance des temps pour* 1825, pag. 368.)

Le mouvement diurne de la terre sur l'équateur, où il est le plus rapide, n'a qu'une vitesse de 464 mètres (238 toises) par seconde ; ce qui n'excède pas la vitesse avec laquelle part un boulet de 24. Le centre de la terre, dans son orbite annuelle, parcourt en une seconde 15 kilomètres (7900 toises) ; tandis que la lumière fait 50 mille myriamètres (77 mille lieues) dans le même temps, vitesse 900 mille fois plus grande que celle du son ; et cependant on peut voir, au mot Étoile (tom. XV . p. 405), combien elle est peu considérable par rapport à l'immensité de l'espace où se trouvent les astres que nous pouvons apercevoir.

Tous les rayons qui émanent des corps lumineux, n'arrivent pas à notre œil : une partie est arrêtée par les corps opaques qui nous environnent, se perd ou est renvoyée dans des directions qui ne nous atteignent pas ; une autre partie de celle qui nous vient en ligne droite du corps lumineux, est absorbée ou dispersée en chemin par l'air ou les corps diaphanes qu'elle traverse. C'est pour cela que l'éclat de la lumière et la force des ombres diminuent dans les objets offerts à notre vue, à mesure qu'ils sont plus éloignés ; mais, ces circonstances étant liées à l'influence que le voisinage des corps non lumineux opère sur la lumière, il convient de nous occuper d'abord de cette influence.

Réflexion de la lumière.

Quand un rayon lumineux tombe sur une surface polie, il est renvoyé ou *réfléchi*, en faisant avec cette surface un angle égal à celui qu'il faisoit de l'autre côté en y arrivant ; c'est ce qu'on énonce en disant que *l'angle de réflexion est égal à celui d'incidence : à quoi il faut ajouter que la réflexion a lieu dans le plan déterminé par le rayon incident et par la perpendiculaire menée au point où il rencontre la surface qui le réfléchit.*

Cette loi, bien constatée et susceptible d'une expression mathématique, est la base de la théorie des miroirs, ou de la *catoptrique*. C'est en vertu de cette loi que, dans les miroirs plans, l'image d'un objet paroit derrière le miroir, à une distance égale à celle de l'objet au miroir, et de même grandeur : tous les rayons émanés de l'un des points de l'objet, renfermés dans un petit espace, et servant à l'estimation de la distance de ce point, comme nous le dirons en parlant de la vision, sont transmis par la réflexion avec la même divergence qu'ils auroient s'ils partoient du lieu apparent de ce point derrière le miroir. C'est encore la même loi que suit la réflexion sur les miroirs courbes, en rapportant le rayon incident et le rayon réfléchi, au plan qui touche la surface du miroir dans le point où le rayon incident la rencontre : il en résulte des phénomènes variés à raison de la forme de la surface réfléchissante. La courbure de cette surface fait que les rayons réfléchis ne conservent pas entre eux les mêmes situations que les rayons incidens. Si l'on prend, par exemple, un miroir dont la surface soit celle que la courbe appelée *parabole* forme en tournant autour de son axe, tous les rayons de lumière qui tombent sur la concavité de cette surface, parallèlement à l'axe de la courbe génératrice, sont réfléchis à un point de cet axe où, par leur réunion, ils jettent un éclat remarquable, et produisent, s'il s'agit des rayons du soleil, une chaleur qui a fait donner au point dont il s'agit le nom de *foyer*. Quand on place un peu au-delà un papier blanc, on y voit l'image renversée et réduite du corps dont la lumière émane.

Tous les miroirs concaves produisent un effet analogue, mais moins complet, parce qu'ils ne rassemblent pas dans un seul point les rayons réfléchis : lorsqu'on donne au miroir la forme d'une portion de sphère qui est la surface courbe la plus aisée à exécuter, qu'il ne contient qu'une petite portion de cette surface, et que l'objet qu'on lui présente ne s'écarte pas trop de la perpendiculaire élevée sur son milieu, il réunit encore assez bien les rayons incidens parallèles : leur foyer est à peu près à la moitié du rayon de la sphère ; mais ce n'est que lorsqu'ils émanent d'un objet bien éloigné que les rayons de lumière peuvent être regardés comme sensiblement parallèles dans une petite partie de leur trajet. Dans la réalité, ils sont divergens, et, suivant la distance de leur point de départ à la surface du miroir, il pourra arriver que les rayons réfléchis soient convergens, ou parallèles, ou divergens. Dans le premier cas, qui a lieu lorsque l'objet est plus éloigné de la surface du miroir que le centre de la sphère dont elle fait partie, les rayons réfléchis seront rassemblés dans un espace fort circonscrit, qui sera leur foyer, et où ils formeront une image renversée et réduite : quand l'objet se rapproche du miroir, l'image grandit et s'en éloigne, jusqu'à ce que l'objet arrive à la distance où est le foyer des rayons parallèles ; alors les rayons réfléchis deviennent parallèles entre eux, ils ne se réunissent plus et l'image disparoît : mais que l'objet se rapproche encore, et l'image reparoîtra derrière le miroir où se feroit la réunion des rayons réfléchis, qui, étant devenus divergens en avant de sa surface, ne peuvent plus se rencontrer que sur leur prolongement idéal derrière cette surface.

Lorsque la surface du miroir est convexe, les rayons réfléchis, divergeant toujours devant la surface réfléchissante, ne peuvent se rencontrer que sur leur prolongement idéal situé derrière cette surface ; aussi est-ce toujours de ce côté que paroît l'image des objets.

Les courbures des surfaces réfléchissantes peuvent varier d'une infinité de manières; il en est de même de la forme des images qu'elles produisent, et c'est là-dessus que repose la construction de ces *anamorphoses*, figures bizarres, dont les miroirs cylindriques ou coniques corrigent les difformités.

Polir un corps pour le mettre en état de réfléchir avec le plus d'éclat possible les objets extérieurs, c'est user les aspérités de sa surface, autant que le permettent les procédés qu'on sait employer à cette opération ; mais, quelque soin qu'on y mette, on n'arrive jamais à faire disparoître ces aspérités, et le corps le plus poli, vu au microscope (instrument qui grossit beaucoup les petits objets), présente encore une multitude d'inégalités : malgré cela, il y a une différence très-forte entre une surface qui a reçu un beau poli et celle qui est absolument brute. Dans les états intermédiaires, on voit la réflexion devenir de plus en plus imparfaite, mais subsister encore lorsque l'angle d'incidence est fort petit. Ainsi, quand l'œil est très-peu élevé au-dessus de la tablette d'une cheminée de marbre, il aperçoit l'image réfléchie des objets placés sur cette cheminée beaucoup mieux qu'il ne pourroit le faire dans toute autre situation ; mais cependant cette image est beaucoup moins nette et beaucoup moins claire que celle qu'on voit dans le miroir, quoique cette dernière n'ait pas encore l'éclat de l'objet dont elle émane.

Cela fait voir que, dans la réflexion, une partie de la lumière n'est pas transmise à l'œil suivant la direction de l'image, mais s'éparpille dans toutes les autres directions, et quand cette dispersion est portée assez loin, il ne se produit plus d'image ; mais il faut remarquer que c'est en ren-

voyant ainsi la lumière dans tous les sens que les corps non
polis deviennent visibles, tandis que, plus un miroir est **net**
ou poli, moins on aperçoit sa propre surface. Pour que la
réflexion ait toute la force dont elle est susceptible, il convient que la surface qui l'opère soit opaque. Il se produit bien
une réflexion sur les surfaces extérieures des corps transparens,
mais elles sont plus foibles : ainsi ordinairement, dans les miroirs formés par des glaces, on n'aperçoit que les images ren-
voyées par la surface postérieure, à laquelle le tain est appliqué; mais, sur les miroirs métalliques, il n'y a qu'une réflexion.

Réfraction de la lumière.

Les rayons lumineux qui traversent les corps diaphanes,
sont souvent détournés de leur route par l'action de ces
corps; le changement de direction qu'ils éprouvent alors,
et qui les fait paroître comme brisés, se nomme *réfraction*.
Il a lieu lorsqu'ils passent d'un corps, ou *milieu*, dans un
autre de densité différente, et qu'ils en rencontrent la surface extérieure dans une direction oblique. Ainsi, lorsqu'on
plonge en partie et obliquement, un bâton dans l'eau, il paroit brisé à l'endroit où il y entre; la portion qui est dans
ce fluide, semble plus inclinée que l'autre, parce que les
rayons qu'elle envoie, lorsqu'ils passent de l'eau dans l'air,
s'écartent plus de la verticale que la ligne droite qui iroit
de l'œil au point dont ils émanent et qu'ils auroient suivie
s'ils n'avoient pas changé de milieu. Le même phénomène
se produit sous beaucoup d'autres formes, qui toutes sont
comprises dans cette loi : *En passant obliquement d'un milieu
dans un autre de densité différente, le rayon de lumière est brisé
de manière que, si par le point où il rencontre la surface du
second milieu, on élève une perpendiculaire à cette surface, le
rayon incident et le rayon refracté feront avec cette perpendiculaire deux angles, dont les sinus seront dans un rapport constant,
quel que soit le premier de ces angles.* Ce rapport est tel que
l'angle formé dans le moins dense des deux corps est le plus
grand. La réfraction, comme la réflexion, a toujours lieu
dans le plan perpendiculaire à la surface où elle s'opère,
déterminé par le rayon incident. [1]

---

[1] Il faut bien remarquer que dans la réfraction l'angle d'incidence

En parlant de cette loi mathématique, publiée pour la première fois par Descartes, en 1637 (dans sa *Dioptrique*, p. 21), et dont Huygens révendiqua la découverte pour son compatriote Snellius, on détermine les circonstances du mouvement de la lumière, lorsqu'elle traverse différens milieux, circonstances qui forment le sujet de la *dioptrique*.

Quand on regarde les objets extérieurs à travers un verre bien net, exempt de bulles, et dont les deux surfaces sont parallèles, ils paroissent tels qu'ils seroient vus si l'on n'avoit pas interposé le verre, parce que la réfraction qui s'opère à l'entrée de la lumière dans le verre, du côté de l'objet, est détruite par la réfraction qui a lieu dans le sens opposé, lorsque le rayon sort du verre pour repasser dans l'air du côté de l'œil. Mais il n'en est plus ainsi quand les deux surfaces du verre ne sont point parallèles : suivant leurs formes, elles altèrent plus ou moins la disposition primitive des rayons émanés des objets, les réunissent dans des espaces assez petits pour former des *foyers*, ou les séparent, et par là modifient la forme et la grandeur apparente des objets.

Dans sa *Dioptrique* et dans sa *Géométrie*, Descartes a cherché quelles figures il faudroit donner aux verres pour qu'ils réunissent en un seul point les rayons parallèles qui tombent sur leurs surfaces antérieures. En considérant d'abord ce qui se passe à l'entrée des rayons, il trouve qu'il faudroit donner à cette surface la courbure d'une ellipse dont le grand axe seroit, à la distance des foyers, dans le rapport du sinus de l'angle d'incidence au sinus de l'angle de réfraction ; les rayons réfractés se réuniront dans ce cas au foyer de la courbe le plus éloigné ; et ensuite, pour leur conserver cette direction, il faut donner à l'autre surface du verre la forme d'une portion de sphère, ayant son centre à ce foyer, parce que les

____

est le complément de celui qui porte le même nom dans la réflexion ; et pour représenter par une figure le rapport indiqué ci-dessus, il suffit de prendre sur le rayon incident et sur le rayon réfracté, à partir de la surface du second milieu, deux longueurs égales, de l'extrémité desquelles on abaissera des perpendiculaires sur celle qui a déjà été menée à la même surface, au point où le rayon incident la rencontre ; les deux premières perpendiculaires seront entre elles dans le rapport cité.

rayons, la traversant perpendiculairement, n'y éprouveront aucune réfraction. Mais la difficulté de l'execution des formes elliptiques a forcé de se borner aux courbures sphériques, pour les verres comme pour les miroirs. Avec ces courbures on a construit des verres convexes d'un côté, plans de l'autre, ou convexes des deux côtés, appelés à cause de cela lentilles; et des verres concaves d'un côté, plans de l'autre, ou convexes d'un côté et concaves de l'autre, ou enfin concaves des deux côtés. Nous ne saurions entrer ici dans le détail des propriétés de ces diverses sortes de verres : nous nous bornerons à dire que la forme convexe rend convergens les rayons qui sont parallèles, tandis que la forme concave les rend divergens; que, quand les surfaces des verres ne renferment qu'une petite portion de la sphère, ou ne reçoivent que des rayons peu éloignés de celui qui traverse perpendiculairement par son milieu la surface d'une lentille, et qu'on nomme l'*axe*, les rayons qui tombent sur cette lentille sont réunis dans un espace assez petit, où se forme une image bien terminée de l'objet dont ils émanent. Cet espace s'appelle aussi *foyer* : plus il est petit, plus l'image est nette. La distance du *foyer* de la lentille dépend non-seulement de la courbure de ses surfaces, mais aussi du rapport que les sinus de l'angle d'incidence et celui de l'angle de réfraction ont entre eux dans la substance dont cette lentille est composée. C'est quand les rayons incidens sont parallèles, que le *foyer* est le plus près de la lentille : il s'en éloigne à mesure que l'objet se rapproche, ou que les rayons qui en émanent sont plus divergens.

Les verres dont les surfaces sont concaves, produisent un effet opposé : les rayons incidens parallèles en sortent divergens, de manière que, pour trouver leur point de concours des rayons réfractés, il faut les supposer prolongés du côté de l'objet même d'où partent les rayons incidens : ces verres, ne présentant point d'images, n'ont point, à proprement parler, de foyer; mais on emploie à sa place le point de concours que nous venons d'indiquer.

Dans les traités élémentaires d'optique on s'est borné à la détermination des foyers, en les considérant comme des points; mais les géomètres ont envisagé le sujet d'une manière plus générale, en cherchant les intersections successives des rayons réfléchis ou réfractés par tous les points d'une courbe, ce qui donne naissance à de nouvelles courbes dépendantes de la première et nommées ses *caustiques.* Ce problème, restreint d'abord à un assemblage de rayons compris dans un même plan, a été résolu, pour tous ceux qui peuvent tomber sur les différens points d'une surface, par Malus, qui a déterminé, avec la plus grande élégance, la surface résultante des intersections des rayons réfléchis ou réfractés par la première. (*Mémoires présentés à l'Institut par des savans étrangers*, tom. II, pag. 214; voyez aussi les *Applications de géométrie et de mécanique*, par M. Dupin, p. 187.)

Il n'est pas nécessaire que le rayon de lumière traverse des milieux différens pour subir une réfraction ; il suffit que la densité du milieu change dans le trajet de ce rayon : il ne suit pas alors la ligne droite, mais décrit une courbe continue, si, comme dans l'atmosphère, la densité ne varie pas brusquement, mais par degrés insensibles. C'est par la direction de cette courbe ou, pour parler plus exactement, de sa tangente, lorsqu'elle arrive à notre œil, que nous jugeons du lieu de l'objet. Il suit de là, que les astres, dont la lumière traverse toute l'atmosphère, ne sont pas réellement situés sur le prolongement des rayons que nous en recevons. De là vient une des corrections les plus importantes qu'il faut faire aux observations astronomiques, et qui dépend de la densité de l'air, de sa température et de son état hygrométrique, circonstances qui peuvent non-seulement changer sa densité, mais en même temps sa force réfringente.

Les observations faites sur les objets terrestres ont aussi besoin d'une semblable correction, dès que la distance entre l'objet et l'observateur est assez grande pour que la force réfringente de l'air change dans l'intervalle; et il arrive souvent que des objets éloignés paroissent à des places très-différentes de celles qu'ils occupent, qu'au bord de la mer, par exemple, on aperçoit de temps à autre à l'horizon des points que leur distance rend ordinairement invisibles: c'est qu'alors, par l'effet de circonstances atmosphériques, la réfraction est assez augmentée pour amener au-dessus de l'horizon les rayons partis de ces points.

La réfraction paroît quelquefois se changer en réflexion ;
car il y a des inclinaisons sous lesquelles les rayons de lumière ne pénètrent pas sensiblement dans les milieux les
plus diaphanes. Le plus apparent de ces phénomènes est
celui de la réflexion du paysage dans la rivière qui le traverse : il ne se montre point avant que les rayons incidens
n'aient atteint une certaine inclinaison ; autrement ils pénètrent dans l'eau, et ne reviennent point à l'œil, du moins
en assez grande quantité pour former une image un peu
vive.

Les rayons du soleil, lorsqu'il n'est pas encore descendu
beaucoup au-dessous de l'horizon, rencontrant la couche
supérieure de l'atmosphère sous de petits angles, en sont
réfléchis vers la surface terrestre, et produisent le crépuscule. (Voyez Crépuscule.)

Lorsque les rayons de lumière passent d'un milieu plus
dense dans un autre qui est plus rare, comme ils s'éloignent alors de la perpendiculaire à la surface par laquelle
ces milieux se joignent, ils se rapprochent de cette surface :
circonstance qui facilite le changement de la réfraction en
réflexion ; et telle est la cause du phénomène désigné par
les marins sous le nom de *mirage*, si bien décrit et si bien
expliqué par Monge, pendant son séjour en Égypte.

L'excessive chaleur que les plaines unies et sablonneuses
de ce pays reçoivent du soleil, dilate l'air qui repose sur le
sol, jusqu'à une hauteur assez peu considérable , parce
que ce fluide ne conduit pas bien la chaleur ; et il s'établit,
entre cette couche inférieure et celle qui la suit, une différence sensible de densité : alors les rayons émanés des parties basses du ciel et qui ont traversé la seconde couche,
se réfléchissant à son contact avec la première, se relèvent,
présentent à l'œil, qu'ils rencontrent, une image du ciel, et
dérobent la vue du terrain. D'un autre côté, les villages
placés sur des monticules, les arbres, les objets qui s'élèvent
au-dessus de la première couche, envoient en même temps
des rayons directs situés dans la seconde couche, et des rayons
réfléchis à la jonction des deux couches, où ils peignent des
images renversées. A ces apparences d'un grand espace
bleuâtre, formé par la réflexion d'une portion du ciel, de

villages, d'arbres, s'élevant au milieu de cet espace, et aux pieds desquels paroit leur image renversée, l'observateur croit apercevoir un lac parsemé d'îles boisées ou couvertes d'habitations ; mais comme, à mesure qu'il s'en approche, l'inclinaison des rayons émanés du sol augmente assez pour arriver à son œil, le bord de l'inondation apparente se recule, et le mirage va commencer plus loin.

Décomposition de la lumière.

Lorsque, dans une chambre bien fermée, on interdit tout accès à la lumière, excepté par un petit trou fait au volet d'une fenêtre exposée au soleil, le trait de lumière qui entre par cette ouverture, va dessiner sur un carton blanc qu'on lui présente perpendiculairement, un cercle blanc, qui est l'image du soleil. Mais, si l'on reçoit ce même trait sur l'une des faces d'un morceau de verre taillé en prisme triangulaire, ou à trois pans, on peut donner au prisme une situation telle que le trait de lumière, sortant par une autre face, aille tracer sur le carton blanc une image beaucoup plus longue que large et teinte des couleurs qu'offre l'arc-en-ciel.

Cette belle expérience, qu'il faut avoir vue pour en concevoir une idée bien nette, ouvrit à Newton, qui la fit le premier, un vaste champ de découvertes. D'abord l'augmentation que l'image reçoit dans l'une de ses dimensions, annonce que le trait de lumière introduit dans le prisme s'y dilate par un écart des rayons qui le composent ; et les couleurs, se montrant les unes au-dessus des autres, semblent appartenir à des rayons distincts qui ont subi des réfractions inégales. On peut même mesurer ces réfractions chacune en particulier, en comparant le lieu qu'occupe, dans l'image réfractée, ou le *spectre solaire*, la couleur dont il s'agit, avec le point par où le trait primitif pénètre dans le prisme.

Le nombre des nuances que présente le spectre solaire, est très-considérable, parce qu'il est formé par la suite d'images que donne chaque rayon simple, et qui empiètent les unes sur les autres : mais, en prenant des moyens pour séparer ces images, on parvient à distinguer bien nettement les sept couleurs nommées dans ce vers :

Violet, indigo, bleu, vert, jaune, orangé, rouge.

Elles y sont énoncées dans l'ordre de réfrangibilité des rayons qui les produisent, le violet étant celui qui souffre la plus grande réfraction, et le rouge la plus petite. En se servant ici et dans ce qui va suivre des expressions, *rayons violets*, *rayons bleus*, etc., on n'entend pas dire qu'ils portent en eux-mêmes les couleurs par lesquelles on les désigne, mais seulement qu'en vertu d'une cause inconnue ils excitent en nous la sensation de cette couleur.

Pour s'assurer que ces rayons étoient simples, Newton les soumit, chacun isolément, à traverser un second prisme, et ils en sortirent sans avoir subi aucune altération. Il recomposa ensuite le trait primitif, en recevant sur une lentille l'ensemble des rayons dispersés par le premier prisme ; la lentille, les ayant réunis en un seul faisceau à son foyer, reproduisit l'image blanche, qui se peignoit immédiatement sur le carton quand le prisme n'étoit pas interposé.

Enfin, quand Newton ne faisoit tomber sur la lentille qu'une partie des rayons du spectre. il n'obtenoit que la nuance résultante du mélange des couleurs dont il avoit réuni les rayons. Le bleu et le jaune, par exemple, donnoient naissance au vert, comme on le forme en mêlant ensemble des poussières bleues et jaunes ; mais il y avoit pourtant une différence entre ce vert et celui que produisoit la décomposition du trait primitif, c'est que celui-ci, soumis à une seconde réfraction, restoit simple. tandis que la même opération décomposoit dans ses élémens le vert formé par la réunion du bleu et du jaune, comme toutes les autres couleurs produites par le mélange des rayons et des poussières. C'est là une des principales raisons apportées contre la réduction des sept couleurs données par le prisme, aux trois suivantes,

bleu, jaune, rouge,

par le mélange desquelles on peut former les autres, puisque

    le   *bleu* et le *jaune* donnent le *vert;*
    le   *bleu* et le *rouge*   —   le *violet;*
    le   *rouge* et le *jaune*   —   l'*orangé.*

Par ces expériences et beaucoup d'autres qu'il seroit trop long de rapporter ici, Newton démontra rigoureusement que l'inégale réfrangibilité des rayons colorés dont se compose le trait primitif ou le rayon blanc, disperse les premiers, les rend appréciables; et il donna l'explication complète et précise d'un grand nombre de phénomènes, où se produisent des couleurs, principalement de l'arc-en-ciel. (Voyez Arc-en-ciel, tom. II, p. 455.) On sut pourquoi, dans certains cas, les objets vus au travers des verres lenticulaires ou des corps transparens convexes, paroissoient bordés de couleurs qui leur étoient étrangères : on vit que cela tenoit à la dispersion des rayons simples, par suite de la diverse réfrangibilité de ces rayons dans les corps que la lumière traversoit pour parvenir à l'œil, et enfin l'on put rendre raison d'une particularité bien importante de la structure de cet organe, dont j'exposerai tout-à-l'heure les fonctions.

Ce n'est pas seulement par rapport à la réfraction que les rayons simples diffèrent entre eux; ils ont aussi des dispositions inégales à se réfléchir, qui se manifestent quand on les reçoit sur l'une des faces d'un prisme, de manière qu'en y pénétrant ils aillent rencontrer une autre face sous un angle assez petit pour n'en point sortir. On dépouille ainsi successivement le spectre solaire de ses diverses couleurs, en commençant par le violet et finissant par le rouge : ce qui prouve que l'ordre de réflexibilité des rayons est le même que celui de leur réfrangibilité.

Ces beaux résultats, dus à Newton, ont été généralement reconnus pour vrais; il n'y a qu'un petit nombre d'auteurs qui les ait infirmés. M. Bourgeois, peintre, qui a fait sur ce sujet beaucoup d'expériences, réduit les couleurs élémentaires aux trois indiquées plus haut, qu'il ne regarde point d'ailleurs comme lumineuses par elles-mêmes, ou comme les élémens de la lumière blanche, mais seulement comme des modifications de ce fluide. Il nie aussi l'inégale réfrangibilité des divers rayons, et attribue à une autre cause leur dispersion ou séparation. Ses expériences et sa théorie sont exposées dans plusieurs Mémoires qu'il a présentés à l'Institut, et qu'il a publiés ensuite; mais ils n'ont point jusqu'ici obtenu l'assentiment des physiciens.

Dans le cours des recherches qu'il a faites sur la lumière, M. Prieur (de la Côte d'or) a été porté aussi par ses expériences à réduire le nombre des couleurs simples, non pas aux trois énoncées ci-dessus, mais au *rouge, vert, violet* : le vert et le rouge produisant le jaune, le vert et le violet le bleu, le violet et le rouge le pourpre, les trois ensemble la couleur blanche et les nuances intermédiaires, selon les proportions des élémens (*Annales de chimie*, tom. LIX, p. 227). Ce qui paroîtra singulier, c'est de voir le vert, reconnu d'abord pour une couleur composée, prendre place au nombre des couleurs simples.

Si les modifications que MM. Bourgeois et Prieur ont cru voir dans les faits observés par Newton sont restées du moins douteuses, il n'en est pas de même de celles que M. Wollaston a indiquées en 1802 dans les *Transactions philosophiques* (part. 2, p. 578): après avoir paru oubliées pendant assez long-temps, elles ont été confirmées et étendues en Allemagne par M. Fraunhoffer, dans un écrit que M. Arago a bien voulu me communiquer, et dont il se propose d'insérer un extrait dans les *Annales de chimie et de physique* (ce Mémoire est en allemand, et imprimé à Munich, 1814—1815). En ne donnant qu'un vingtième de pouce de largeur à l'ouverture de la chambre obscure, le rayon solaire introduit par cette fente étroite et reçu par l'œil, à la distance de dix à douze pieds, sur un prisme de flintglass (sorte de verre très-dense), n'a présenté à M. Wollaston que quatre couleurs seulement, savoir : *rouge, vert-jaunàtre, bleu, violet*. Dans certaines positions du prisme, la séparation du rouge et du vert étoit une ligne bien distincte, ainsi que les deux limites du violet ; mais il n'en étoit pas de même de la séparation du vert et du bleu. De chaque côté de cette limite il paroissoit des lignes obscures, qu'on auroit pu prendre d'abord pour les limites mêmes de ces couleurs. Les étendues respectives de chaque couleur étoient proportionnelles aux nombres 16, 23, 36, 25, quand le rayon incident faisoit le même angle avec deux des faces du prisme ; position qui produisoit le mieux la séparation des couleurs. On trouvoit d'autres apparences, lorsqu'on examinoit un trait de lumière bleue, pris dans la partie inférieure de la flamme d'une chandelle. Le spectre, au lieu de présenter une succession de couleurs contiguës, étoit partagé en cinq espaces lumineux, éloignés les uns des autres : le premier étoit rouge-vif et terminé par une ligne d'un jaune brillant ; le second et le troisième étoient tous deux verts ; le quatrième et le cinquième bleus ; le dernier paroissoit répondre à la séparation du bleu et du violet dans le spectre solaire de l'expérience précédente. La lumière électrique, observée de même, produisoit aussi un spectre composé de parties séparées ; mais l'ensemble du phénomène étoit un peu différent, et varioit avec l'éclat de cette lumière.

C'est en cherchant à mesurer, avec plus de précision qu'on ne l'avoit encore fait, la réfrangibilité de chaque espèce de rayons colorés, que M. Fraunhoffer a revu, mais avec plus de détail et de variété, les phénomènes déjà observés par M. Wollaston. Au moyen d'une lunette appliquée au prisme avec lequel il examinoit le rayon de lumière introduit dans la chambre obscure par une ouverture très-étroite, il obtint un spectre solaire présentant les sept couleurs vues par Newton, et de plus partagé perpendiculairement à sa longueur par des lignes ou raies les unes brillantes, les autres obscures, dont le nombre étoit très-considérable, puisqu'il a pu en compter près de six cents. Il a aussi mesuré le degré de clarté du spectre dans ses diverses parties, et en a trouvé le maximum dans le jaune, plus près de l'orangé que du vert. Lorsqu'il agrandissoit l'ouverture par laquelle le rayon entroit dans la chambre, les raies devenoient presque insensibles ; mais il les fit reparoître en remplaçant l'objectif de sa lunette par un verre plan d'un côté et cylindrique de l'autre, qui, n'amplifiant l'image que dans un sens, augmentoit la largeur du spectre sans en changer la longueur. Avec ce dernier appareil, M. Fraunhoffer put soumettre à ses expériences des lumières beaucoup plus foibles que le rayon solaire. Celle de Vénus lui parut identique à celle du soleil, dont elle n'est en effet que la réflexion ; tandis que la lumière de l'étoile nommée *Sirius* lui offrit des raies qui n'avoient aucun rapport avec celles du spectre solaire. D'autres étoiles, la lumière de l'électricité, celle des lampes, celles que produit la combustion du gaz hydrogène, de l'alcool, du soufre, ont présenté dans le nombre et la disposition des raies des différences constantes et des particularités remarquables, qui exciteront sans doute les physiciens à s'occuper d'une recherche dont il est permis d'attendre des résultats aussi curieux qu'importans : c'est le vœu par lequel M. Fraunhoffer termine son intéressant Mémoire.

De la vision.

Je suppose ici qu'on a présente à l'esprit la description de l'œil donnée par les anatomistes.

On reconnoîtra d'abord comment, en passant par la pupille, les rayons de lumière se croisent, et vont tracer sur la rétine une image renversée des objets extérieurs. Ce premier phénomène est dû seulement à la petitesse de l'ouverture de la pupille et à l'obscurité de la chambre de l'œil, résultant de la teinte noire des enveloppes qui la tapissent, et qui éteignent tous les rayons autres que ceux qui arrivent directement des objets. La même chose a lieu dans une chambre obscure dont les parois sont noircies, et au volet de laquelle on a fait seulement un petit trou : s'il se trouve en dehors des objets suffisamment éclairés et qui puissent envoyer des rayons dans cette ouverture, ces rayons s'y croisent et dessinent sur un carton blanc, l'image renversée des objets dont ils sont émanés; mais cette image deviendra et plus vive et plus nette, si l'on met à l'ouverture une lentille, et qu'on place le carton blanc à son foyer, parce que les rayons seront concentrés dans un plus petit espace : or, l'œil est pourvu d'une lentille; c'est le cristallin placé devant la rétine. Sa courbure et sa force réfringente sont telles que les images tracées au fond de l'œil sont nettes et n'éprouvent pas la déformation que les verres convexes opèrent sur les bords de l'image, lorsque leur surface n'est pas très-petite, parce que leur forme sphérique ne réunit pas complétement les rayons, défaut qu'on appelle l'*aberration de sphéricité.* Mais ce n'est pas tout : dans la chambre obscure armée d'une lentille, on ne voit bien distinctement que les images d'une partie des objets. Quand, par exemple, on a donné à la lentille ou au carton la distance convenable pour rendre nettes les images des objets éloignés, celles des objets plus voisins sont mal terminées, parce que les rayons qu'ils envoient sont réfractés à un foyer différent; et il faut alors changer la distance de la lentille au carton, ce qui apporte de la confusion dans les autres parties du tableau.

Il n'en est pas ainsi des yeux bien conformés; on voit également les objets proches ou éloignés, tant qu'ils ne sortent pas des limites très-distantes auxquelles s'étend la portée d'une bonne vue.

Il n'y a qu'une très-grande distance ou une très-grande proximité qui la mette en défaut. On infère de là, que dans l'intervalle les parties de l'œil se modifient facilement pour opérer dans le lieu convenable la réunion complète des rayons réfractés. Les efforts pour effectuer cette modification sont sensibles dans les personnes qui, ayant la vue basse, *clignent* l'œil pour mieux apercevoir les objets éloignés ; et M. Home a prouvé que ce n'étoit point par un changement intérieur du cristallin que l'œil se modifioit d'une manière convenable aux distances des objets. (Voyez les *Transactions phil.*, 1802, 1.re part., p. 1.)

Ces mêmes personnes corrigent le défaut de leur vue, en regardant les objets à travers des verres concaves, dont la propriété est d'augmenter la divergence des rayons qu'ils réfractent, ce qui dispose ces rayons comme s'ils partoient d'un point plus rapproché : entrant ainsi dans l'œil, ils vont s'y réunir plus loin qu'ils n'auroient fait s'ils y avoient été reçus directement. C'est donc en ce qu'ils rapprochent trop les rayons de lumière, dont le concours ne se fait plus sur la rétine, que consiste le défaut de conformation des yeux des personnes dont la vue est basse, et que pour cette raison on appelle *myopes.*

Ce défaut, qui semble devoir tenir à une trop grande convexité du cristallin, peut-être aussi à une trop grande force réfringente des humeurs de l'œil, se rencontre dans tous les âges. Mais il en est un autre, presque inséparable de la vieillesse, et qu'on corrige par l'interposition des verres convexes : c'est la conformation par laquelle l'œil aperçoit beaucoup plus nettement les objets éloignés que ceux qui sont proches. Ces verres, augmentant la convergence des rayons qui les traversent, en rapprochent le point de concours dans l'œil; et comme ce changement de disposition fait voir distinctement les objets, il s'en suit que le défaut de l'œil, dans les personnes âgées qu'on nomme *presbytes* (mot grec qui signifie vieillard), tient à ce que, soit par un aplatissement du cristallin, ou par une diminution de la force réfringente des humeurs de l'œil, le concours de rayons de lumière, au lieu de se faire sur la rétine, comme l'exige la vue distincte, ne pourroit avoir lieu que sur un prolongement idéal des rayons au-delà de cette membrane.

On voit déjà quel immense service l'optique nous a rendu par la découverte des lunettes ou *besicles*, due sans doute au hasard, et qui remonte au treizième siècle : on l'attribue à un Florentin nommé Salvino degli Armati.

Considérée par rapport à son importance, la correction de la vue presbyte l'emporte beaucoup sur celle de la vue myope ; car, en rapprochant les objets de son œil, le myope finit par les voir assez bien, tandis que le presbyte ne peut absolument voir ceux qui sont un peu petits, parce qu'à la distance où il faudroit qu'il les mît, leur diamètre apparent devient trop petit pour qu'ils soient aperçus. Les lunettes convexes paroissent avoir été long-temps en usage, avant qu'on se soit servi, au moins communément, des lunettes concaves. La multitude de personnes qui font maintenant usage de ces dernières, comparée au nombre assez petit de celles qui s'en servoient il y a quarante ans, pourroit donner à croire que les vues basses sont devenues plus communes qu'elles ne l'étoient autrefois ; mais cela peut tenir aussi à ce que le remède, étant moins connu, étoit bien moins employé, et que d'ailleurs ce défaut est beaucoup moins incommode que son contraire.

Le défaut d'un œil presbyte devient commun à toutes les vues, lorsqu'elles considèrent un objet très-rapproché. La grande divergence des rayons émanés de cet objet, qui pénètrent dans l'œil, faisant tomber bien en arrière de la rétine le concours des rayons réfractés, ne produit qu'une image de plus en plus confuse ; mais, si l'objet est délié, une pointe, par exemple, et qu'on applique contre l'œil une carte noircie, percée d'un trou d'épingle, comme par ce moyen on écartera les rayons les plus divergens pour ne laisser passer que celui qui tombe perpendiculairement sur le fond de l'œil et ceux qui l'avoisinent le plus, on pourra encore distinguer l'objet, seulement il aura beaucoup perdu de sa clarté.

En substituant à la carte une lentille très-convexe, et cherchant à placer l'objet de manière qu'on en ait la vue bien distincte, il paroîtra avec beaucoup de clarté et d'autant plus grossi que la lentille sera plus convexe. Dans ce cas, l'objet se trouve plus près du verre que le foyer des rayons parallèles, et les rayons sont réfractés de manière à le montrer comme s'il étoit à la distance de la vue distincte, en conservant le diamètre apparent qu'il auroit à la distance où il est placé de la lentille. Par *diamètre apparent* il faut entendre l'angle formé au fond de l'œil par les rayons partis des extrémités de l'objet; et lorsqu'il ne se mêle pas à la sensation de la vue des jugemens qui lui sont étrangers, c'est par cet angle que l'œil s'aperçoit de la grandeur des objets, comme on peut s'en assurer en observant que, lorsqu'un objet placé près de l'œil en recouvre entièrement un autre plus éloigné, leurs diamètres réels, combinés avec les distances où ils sont de l'œil, déterminent le même angle au point qu'occupe cet organe.

Le grossissement par les lentilles est à peu près égal au nombre de fois que la distance entre leur surface et l'objet est contenue dans la distance à laquelle on a la vue distincte de cet objet. Ainsi, quand la première de ces distances est d'un centimètre, la lentille amplifie 22 fois le diamètre de l'objet pour les personnes dont la vue distincte est à 22 centimètres (environ 8 pouces).

La surface augmentant comme le carré du diamètre, son grossissement, dans l'exemple que je viens de citer, seroit exprimé par 22 fois 22 ou 484 fois. Cela suffit pour faire voir jusqu'où on a pu porter le pouvoir amplifiant de ces lentilles ou *loupes* (qu'on appelle aussi *microscopes simples*), en leur donnant des courbures tirées d'une sphère d'un très-petit rayon, et par là un foyer très-près de leur surface, c'est-à-dire, *très-court*. C'est avec de semblables microscopes que Leuwenhœck a fait ces observations qui nous ont comme révélé l'existence d'un nouvel univers, peuplé d'êtres dont la multitude surpasse infiniment le nombre de ceux que l'œil humain avoit pu apercevoir jusqu'alors.

C'est probablement le hasard qui procura la connoissance de l'effet des verres convexes et concaves; car la loi de la réfraction, dont ces effets dépendent, n'a été connue que bien long-temps après. Il paroît aussi, que c'est au hasard qu'est due la découverte heureuse des combinaisons de verres par lesquels notre vue pénètre dans la profondeur des cieux, et qui ont tant contribué à perfectionner l'astronomie. Quoique cette découverte n'ait été faite, au plus tôt, qu'à la fin du 16.ᵉ siècle, son origine n'est pas très-bien connue. Quelques auteurs disent que les enfans d'un lunettier de Middelbourg, ayant, dans leurs jeux, placé un verre concave devant un verre convexe, et s'étant aperçus que les objets vus à travers cet assemblage paroissoient plus gros qu'à l'œil nu, le père imagina de fixer les verres dans un tuyau noirci et formé de plusieurs pièces rentrantes l'une dans l'autre, afin qu'on pût varier la distance d'un verre à l'autre de manière à trouver le point où ils présentent des images bien terminées : voilà, dit-on, la première lunette, ou, pour parler plus exactement, le premier *télescope dioptrique.*[1]

Quoique cette narration soit assez simple, cependant elle a été rejetée par plusieurs auteurs ; mais, ce qui est certain, c'est que, soit sur des récits vagues, soit par ses propres recherches, Galilée construisit le premier avec soin cet instrument, et découvrit par son moyen les satellites de Jupiter : aussi l'appelle-t-on *lunette de Galilée.*

Keppler, qui reconnut bientôt l'extrême importance de cette découverte pour l'astronomie, substitua au verre concave situé du côté de l'œil, et nommé pour cette raison l'*oculaire*, un verre convexe : alors les objets parurent renversés, ce qui n'étoit pas un inconvénient pour l'observation des astres ; mais cette nouvelle lunette procura, sous les mêmes dimensions, une clarté et un grossissement plus considérables. Voici en peu de mots quelle est la marche de la lumière dans ces deux lunettes.

Le verre le plus près de l'objet, ou l'*objectif*, étant convexe, rend convergens vers son foyer les rayons qui émanent

---

1 Le mot *lunettes* a remplacé le mot *besicles*, dont on ne se sert plus dans le style sérieux ; cependant il faut remarquer que, dans ce sens, *lunettes* est toujours au pluriel, au lieu qu'il est au singulier lorsqu'on veut désigner le télescope dioptrique.

de l'objet, et qui sont peu divergens à cause de la distance.

Quand l'oculaire est concave, il procure des images nettes lorsqu'il est placé en avant du foyer des rayons parallèles, et qu'il donne aux rayons convergens transmis par l'objectif une divergence telle qu'ils semblent partir des points situés devant l'oculaire à la distance où la vue est distincte ; l'œil juge l'image comme si elle étoit à cette distance et grossie en raison du nombre de fois que la distance de l'objectif à son foyer contient celle de l'oculaire au point de concours des rayons qui le traversent, et qu'on nomme foyer *virtuel*.

Quand l'oculaire est convexe, il est placé en arrière du foyer de l'objectif à une distance égale à celle de son propre foyer, et, rendant fort convergens les rayons qui ont formé l'image produite au foyer de l'objectif, il fait sur cette image l'effet du microscope simple, indiqué plus haut. Le diamètre de l'objet paroît amplifié à peu près autant de fois que la distance focale de l'objectif contient celle de l'oculaire, c'est-à-dire que, si le foyer de l'objectif en est éloigné d'un mètre, et celui de l'oculaire de cinq centimètres, le diamètre de l'objet sera grossi 20 fois et sa surface 400 fois.

Le renversement des images, dans cette lunette, en rendant l'usage incommode pour les objets terrestres, on emploie la combinaison précédente pour les lunettes de spectacle, et l'on a multiplié le nombre des oculaires convexes pour redresser les images dans les lunettes d'approche destinées à faire voir les objets éloignés. Mais tous ces détails, entièrement propres aux traités qui concernent la construction des instrumens d'optique, sortent des bornes que j'ai dû me prescrire ; je ferai seulement observer que le microscope composé, qu'on a substitué au microscope simple, parce qu'on y soumet les objets dans une situation plus commode et qu'on en porte plus loin le grossissement, n'est à proprement parler qu'un renversement du télescope dioptrique, la lentille du plus court foyer étant tournée du côté de l'objet, et celles qui servent d'oculaires ayant un foyer plus long. Malgré les avantages qu'on a cherché à procurer au microscope composé, d'excellens observateurs, Spallanzani, par exemple, lui ont préféré le microscope simple, comme laissant plus de clarté aux objets, à cause de la quantité de lumière qui se perd quand elle doit traverser un plus grand nombre de verres, et aussi parce qu'il peut se faire entre ces verres des jeux de lumière, d'où il résulte des illusions qui trompent sur l'aspect de l'objet qu'on examine. C'est à de semblables illusions que Spallanzani attribue, au moins en partie, les erreurs que Buffon, qui se servoit d'un microscope composé, paroît avoir commises dans ses observations sur le sperme des animaux.

Lorsque l'usage des lunettes astronomiques s'étendit, on reconnut bientôt à ces instrumens des défauts qui limitaient beaucoup les avantages qu'on s'en étoit promis. D'abord, la réunion des rayons, qui tombent trop obliquement sur les verres, ne se faisant pas bien, forçoit de réduire beaucoup l'ouverture de l'objectif, ce qui diminuoit d'autant la clarté des objets, et de conserver entre les longueurs des foyers de l'oculaire et de l'objectif des proportions qui ne procuroient de forts grossissemens qu'en donnant à la lunette une longueur excessive. Huygens, qui réunit la pratique à la théorie, fit des objectifs qui avoient plus de 120 pieds de foyer, et Dominique Cassini, avec une lunette de 156 pieds de longueur, ne put encore apercevoir que cinq des satellites de Saturne, auquel on en connoit maintenant sept. Au défaut précédent, nommé *aberration de sphéricité*, s'en joignoit un autre encore plus incommode, ce sont les couleurs plus ou moins fortes dont les objets paroissent bordés, et qui résultent de la décomposition de la lumière sur les bords de l'objectif, dont les deux surfaces, d'autant plus inclinées l'une vers l'autre qu'elles s'approchent de sa circonférence, produisent l'effet du prisme. Ce second défaut, provenant de l'inégale réfrangibilité des rayons de lumière, augmentoit encore beaucoup la confusion produite par le premier, et paroissoit devoir croître avec la longueur du foyer de l'objectif: c'est pourquoi Grégory et Newton pensèrent à substituer à l'objectif un miroir concave d'un assez long foyer et renvoyant les rayons émanés des objets extérieurs sur un autre miroir, qui les réfléchissoit au foyer d'un verre convexe servant d'oculaire. Ils formèrent ainsi l'instrument auquel s'applique plus souvent aujourd'hui le nom de *télescope*, qu'on appelle aussi quelquefois *télescope cata-*

dioptrique, et dont la construction a varié de plusieurs manières. Par son moyen on se procura une amplification beaucoup plus grande, sous de moindres dimensions, qu'avec les lunettes; mais il ne satisfit pas encore les astronomes, parce que la réflexion faisoit perdre plus de lumière que la réfraction, que la construction des miroirs paroissoit encore plus difficile que celle des verres, et que de plus ils s'altéroient promptement à l'air. Ainsi, quoique inventés dans le 17.ᵉ siècle, ils n'ont été portés à un degré de perfection capable de produire de grandes découvertes, qu'à la fin du 18.ᵉ, par Herschel, qui, apportant des soins infinis à la construction des miroirs, put se procurer un télescope de 40 pieds de long, et d'un pouvoir amplifiant bien supérieur à tout ce qu'on avoit obtenu jusque-là.

Dans l'intervalle on fit aux objectifs des lunettes un changement dont la construction de l'œil suggéra l'idée à Euler. Ce grand géomètre conjectura que la combinaison des réfractions successives produites par les milieux différens que la lumière traverse dans l'œil, savoir, l'humeur aqueuse, le cristallin et l'humeur vitrée, corrigeoit les effets de l'inégale réfrangibilité des rayons, en les réunissant tous en un seul foyer sur la rétine.[1] Pour imiter ce procédé, il proposa de composer l'objectif de deux verres entre lesquels on interposeroit de l'eau : mais ce moyen ne réussit pas bien. Le célèbre opticien Jean Dollond, fondé sur une expérience de Newton, nia d'abord la possibilité de corriger la différence de réfrangibilité des rayons au moyen d'un objectif composé de substances diverses; ensuite, ayant répété cette expérience, et l'ayant trouvée inexacte, il reconnut qu'il y avoit des milieux dont la réfraction moyenne, celle qui

---

[1] Quelque ingénieuse que soit cette conjecture, c'est plutôt les suites qu'elle a eues, que sa vérité, qui la rendent recommandable ; car il se pourroit qu'Euler n'eût pas plus deviné ici le secret de la nature, qu'on ne l'a fait dans un grand nombre d'indications des causes finales. La dispersion des rayons simples n'est bien sensible que dans les verres d'un long foyer, parce que les rayons s'écartent de plus en plus, à mesure que le foyer s'éloigne, et occupent par cette raison un plus grand espace ; mais le trajet de la lumière dans l'œil est si court, que probablement la dispersion y est insensible.

s'opère sur la lumière non décomposée, est peu différente, et dans lesquels cependant les différences de réfrangibilité des rayons simples ne sont pas les mêmes, en sorte que ces rayons sont dispersés inégalement, c'est-à-dire, plus écartés par l'un de ces milieux que par l'autre : tels sont les deux sortes de verres nommés *flint-glass* et *crown-glass*. Le premier, qui contient de l'oxide de plomb, est plus dense que le second ; taillé en prisme, il alonge davantage le spectre solaire et a par conséquent un pouvoir dispersif plus grand : aussi, en accolant à une lentille de crown-glass un verre concave de flint-glass, on peut faire en sorte, au moyen de courbures convenables, que le rayon rouge, qui est le moins réfrangible, et le rayon violet, qui l'est le plus, se croisent dans le second verre, et y prennent en sortant des directions telles qu'ils aillent se réunir en un même point au foyer. Les rayons intermédiaires occuperont près de ce point un si petit espace, que la lumière y sera sensiblement recomposée. Les objectifs ainsi formés, appelés *achromatiques*, à cause qu'ils ne donnent pas de couleurs étrangères aux objets, ont permis de raccourcir beaucoup les lunettes en conservant le même grossissement. Dollond obtint d'une lunette d'environ 4 pieds un grossissement de 120 fois le diamètre, ou le même effet qu'auroit pu produire une lunette ordinaire de 3o à 4o pieds de longueur ; mais les espérances que devoit donner ce premier succès n'ont pas été réalisées. La difficulté de se procurer des morceaux de flint-glass un peu grands, qui soient exempts de bulles et de filandres, qui soient assez épais pour conserver les courbures qu'on leur a données, et enfin la difficulté de les travailler exactement, ont empêché jusqu'à présent que l'effet des lunettes achromatiques augmentât en raison de leur longueur.

Les moyens de corriger les défauts de la vue, rendre plus nettes les images formées sur la rétine, et augmenter le pouvoir de l'organe, pour saisir les objets trop éloignés ou trop rapprochés et trop petits, peuvent être regardés comme formant la pratique de la vision, et c'est à cela que se sont principalement attachés les physiciens et les géomètres ; mais les philosophes ont voulu faire plus : ils ont voulu savoir comment le mécanisme apparent de l'organe mène à la perception que les objets extérieurs nous donnent par le sens de la vue. Ce que l'observation de ces organes fait seulement connoître, c'est qu'il se forme sur la rétine une image renversée des objets. qui, parfaitement semblable à un tableau, n'a que deux dimensions ; et cependant nous jugeons les objets dans leur position naturelle, et nous démêlons la profondeur de l'espace qui les sépare.

Pendant long-temps les métaphysiciens, s'appuyant sur des raisonnemens très-subtils, ont attribué au jugement la faculté de corriger ce qu'ils appeloient l'erreur de la sensation, et de faire concevoir l'image comme si elle étoit droite ; mais il paroit qu'ils ont fait pour cela des frais bien inutiles : car ils auroient dû se dire que l'image tracée sur la rétine, et vue par ceux qui examinent l'œil, n'étoit peut-être pas le moyen immédiat de perception ; mais que celle-ci résultoit uniquement des impressions que les rayons faisoient sur la rétine. senties chacune suivant la direction où elle étoit reçue. De là il étoit aisé de conclure que le rayon venant de la partie supérieure d'un objet. et se rendant à la partie inférieure de la rétine, en conséquence du croisement des rayons dans l'œil, doit, par sa direction descendante, faire sentir qu'il émane de la partie supérieure de l'objet ; et par cette distinction toute simple entre l'image et le sentiment de la direction du mouvement des rayons, le merveilleux redressement, qui donnoit tant de peine aux métaphysiciens, n'est plus nécessaire. D'après une conjecture de d'Alembert, Rochon a montré, par des expériences très-fines, que nous voyons un objet sur la direction de la perpendiculaire menée de cet objet à la surface concave du fond de l'œil. (Voyez les *Opuscules mathématiques* de d'Alembert, tom. 1, pag. 265, et le *Recueil des Mémoires sur la mécanique et la physique*, par Rochon, pag. 63.)

Chaque œil procurant en particulier la vue complète d'un objet, il ne paroit néanmoins pas double lorsqu'on le regarde avec les deux yeux, excepté lorsque son image ne tombe pas dans chaque œil sur un point semblablement situé par rapport à l'axe optique de cet œil, c'est-à-dire, au rayon qui passe par le milieu de la prunelle et du cristallin, et aboutit au fond de la rétine ; car cette circonstance, qu'on

peut produire artificiellement en pressant avec le doigt le
coin de l'œil , fait toujours voir double.

Il est naturel de penser que, dans le cas contraire, les
deux impressions faites par le même objet, se superposant
en quelque sorte dans le *sensorium* , ne sont pas perçues séparément; mais que la sensation est renforcée : aussi tout
le monde convient qu'on voit mieux avec les deux yeux
qu'avec un seul, c'est-à-dire que l'objet paroît plus éclairé.
Cependant, quand on cherche à connoître exactement la différence, on la trouve peu considérable. Les expériences de
Jurin ne l'ont donnée que de ⁷⁄₁₃. (*Traité d'optique*, par Smith,
traduit par Duval-le-Roi, pag. 52, note 60.)

L'estimation des distances est la partie de la vision qui
paroît la plus difficile à expliquer ; mais il semble que tous
les bons esprits conviennent aujourd'hui que cette estimation se forme par la combinaison que le jugement opère des
apparences que présente la vue avec les résultats donnés
par le *toucher* et le déplacement du corps. Cette sorte d'édu-
cation de l'œil se fait de si bonne heure qu'on ne s'en aperçoit guères. Il a fallu entendre des sujets nés aveugles,
auxquels l'opération de la cataracte [1] a rendu presque instan-
tanément la vue dans un âge adulte, pour être bien assuré
que le premier aspect des objets extérieurs n'apprend rien
sur leur distance relativement à l'œil.

Le sujet sur lequel Cheselden pratiqua pour la première
fois cette opération, en 1728, assura que « les objets lui
« paroissoient toucher ses yeux : il ne considéra long-temps
« les tableaux que comme des plans colorés ; ce ne fut
« qu'après l'espace de deux mois qu'il découvrit qu'ils re-
« présentoient des corps solides. » (*Optique* de Smith, p. 96.)
J'ai connu un jeune homme fort intelligent, fort instruit,
qui ne saisissoit pas dans les dessins ou les gravures le
relief des objets, quoique d'ailleurs il parût voir comme tout
le monde : à la vérité, il avoit la vue basse et louchoit.

Il faut remarquer aussi que l'aveugle opéré par Cheselden n'a jamais dit qu'il eût vu les objets doubles, lorsque,

---

[1] C'est-à-dire, l'extraction ou l'abaissement du cristallin devenu
opaque, et auquel on supplée par un verre convexe qui réunit les rayons

un an après avoir abaissé la cataracte de l'un de ses yeux
seulement, on abaissa celle de l'autre. Cette opération a depuis été fréquemment répétée sur un grand nombre de sujets, et a toujours donné lieu aux mêmes observations.
Cheselden a dit que tous ceux à qui il a rendu ainsi la
vue. « avoient cela de commun, que, n'ayant jamais eu be-
« soin de mouvoir les yeux pendant leur cécité, ils étoient
« fort embarrassés pour le faire et pour les diriger sur
« l'objet qu'ils vouloient regarder ; ce ne fut que par degrés
« et avec le temps qu'ils acquirent cette faculté. »

Quelques personnes pensent aussi que le mouvement fait
pour diriger les deux yeux sur un même objet doit aider à
juger des distances, parce qu'alors il se forme un triangle
dont la distance des yeux est la base, qui a son sommet à
l'objet où concourent les deux axes optiques, et que ce
triangle s'alonge d'autant plus que l'objet est plus éloigné.

De cette manière la position de l'objet est déterminée
dans un point de l'espace ; ce qui n'a plus lieu quand on
ne regarde le même objet que d'un œil, parce qu'alors on
ne le place que sur une seule ligne droite, celle qui va de
l'objet à l'œil et qui peut se prolonger indéfiniment. Mais, si
la vue avec deux yeux fait mieux juger de la distance d'un
objet, c'est en ne se servant que d'un œil qu'on peut bien
déterminer les directions ou les alignemens.

L'estimation de la distance entre dans le jugement qu'on
porte de la grandeur des objets. L'organe de la vue ne peut,
d'après sa construction, donner aucune mesure absolue de
cette grandeur ; il peut comparer avec assez de justesse des
lignes, des surfaces rapprochées l'une de l'autre, et placées
à peu près à la hauteur de l'œil et à la même distance de
cet organe, qui sent alors la grandeur des angles que font
les rayons émanés des extrémités de ces objets. L'objet qui
donne le plus grand angle visuel (c'est ainsi qu'on appelle
ceux dont je viens de parler) est évidemment le plus grand :
mais pour que la conclusion soit juste, il faut que la distance à l'œil soit la même ; car tout le monde sait qu'un
petit objet placé près de l'œil peut en couvrir un beaucoup
plus grand qui en seroit suffisamment éloigné ; et dès-lors
tout jugement de grandeur absolue devient impossible ou faux.

Il suit évidemment de ce qui précède, que l'angle visuel formé par un objet, décroissant de plus en plus à
mesure que l'objet s'éloigne, celui-ci devroit paroître aussi de
plus en plus petit; c'est cependant ce qui n'a pas lieu, du
moins pour les objets dont les formes nous sont bien connues,
et que nous avons vus assez fréquemment de près pour
garder un souvenir de leur grandeur. Par exemple, on ne
jugera pas un homme placé à la distance de 100 mètres
dix fois plus petit qu'un autre éloigné seulement de 10
mètres, ce qui devroit être néanmoins d'après le rapport
des angles visuels correspondans à ces deux positions. On
ne peut expliquer cette discordance entre la sensation
et le jugement, que par l'influence que la connoissance
acquise antérieurement de la forme et de la grandeur de
l'objet exerce sur le dernier jugement. La sensation n'est
plus appréciée en elle-même; elle n'est guères saisie que
comme un signe qui réveille l'idée déjà acquise sur la grandeur de l'objet.

Cependant il paroît qu'on a des exemples de personnes
qui ont conservé le souvenir du temps où leur jugement
sur la grandeur des objets étoit conforme aux apparences.
Condorcet a souvent dit qu'il se souvenoit parfaitement d'un
temps où il n'avoit pas encore l'habitude de voir comme
grands les objets éloignés, lorsque, par leur forme, on juge
qu'ils doivent être grands, et où un bœuf, vu d'un peu loin,
lui paroissoit un objet très-petit; et il en a consigné l'assu-
rance dans ses *Élémens du calcul des probabilités*, pag. 86.

On a des preuves directes de l'influence de l'habitude
sur les jugemens déduits de la vue, quand on se place
dans des circonstances où ces habitudes sont déroutées. Tel
est le grossissement bien sensible d'une pointe, par suite de
son rapprochement de l'œil, lorsqu'on la regarde à travers
la carte percée d'un trou d'aiguille (voyez ci-dessus, p. 311).
Telle est aussi la petitesse apparente des hommes et des animaux, lorsqu'on regarde de haut en bas, comme par exemple, du sommet d'un clocher. Dans l'un et l'autre cas, l'image
présentée par l'œil étant insolite, le jugement ne s'y applique pas tout de suite, et l'on ne sent que le changement
qu'a souffert l'angle qui indique la grandeur apparente des

objets. Enfin, les habitans des plaines, accoutumés à juger de la distance des lieux par l'aperception totale de l'espace qui les sépare, sont trompés le plus souvent, lorsqu'ils voyagent dans les grandes chaînes de montagnes qui, par leurs diverses formes, dérobent la vue d'espaces intermédiaires très-considérables. Il peut même arriver qu'il s'y joigne des jeux de lumière, comme une augmentation ou un affoiblissement dans la clarté des objets, produit par les changemens rapides de la densité de l'air qu'agitent des tempêtes fréquentes dans les lieux élevés; et, toutes choses d'ailleurs égales, les objets les plus éclairés et dont l'apparence est la plus nette, semblent aussi les plus rapprochés de l'œil.

Ces illusions et d'autres, dont il seroit trop long de parler, ont fourni depuis long-temps de belles déclamations aux écrivains qui, par goût pour de vaines subtilités, ou dans l'intention de faire prendre le change à l'esprit du lecteur sur des chimères, en infirmant nos moyens les plus sûrs d'acquérir des connoissances, n'ont cessé de se plaindre de l'imperfection de nos sens. Mais c'est à tort qu'ils s'en prennent aux sens, qui accusent toujours conformément à des lois générales, lorsqu'ils sont bien conformés, en sorte que l'erreur ne vient point d'eux, mais des conclusions précipitées qu'en tire le jugement. Si nous n'allions pas au-delà de ce qu'ils nous montrent, nous ne nous tromperions point. Quand, par exemple, le grand éloignement d'une tour carrée nous la fait paroître ronde, avertis par la distance et la confusion de ses contours, nous avons tort d'affirmer la forme de cette tour, avant d'avoir obtenu la vue distincte de ses parties. En un mot, lorsqu'on interrogera les sens avec une attention soutenue, et que l'on comparera leurs réponses avec une sage réserve, on en tirera toujours les inductions nécessaires et suffisantes pour assurer nos relations avec les objets extérieurs.

De la double réfraction.

Les phénomènes que je viens d'esquisser rapidement, sont, par leur généralité et par la facilité avec laquelle on les met en évidence, au premier rang de ceux que présente la lumière ; mais il en est d'autres, non moins curieux, qui

n'ont lieu que dans certaines substances, ou dont la production tient à des circonstances délicates, qu'il est quelquefois assez difficile de faire naitre ou d'apercevoir.

C'est dans la variété de carbonate calcaire appelée Spath
d'Islande (voyez ce mot), que le phénomène de la double
réfraction a été indiqué pour la première fois, en 1670, par
Érasme Bartholin, et discuté ensuite avec une grande saga-
cité par Huygens, dans son Traité sur la lumière, publié
en 1690. Voici le phénomène sous sa forme la plus simple.
Lorsqu'on regarde, à travers un cristal de spath d'Islande,
un papier blanc sur lequel on a marqué un point, on voit
deux images de ce point, en sorte que le rayon qui en
émane paroit s'être divisé en deux parties, dont l'une a
suivi la loi ordinaire de la réfraction, tandis que l'autre a
été déviée d'une manière particulière : cela s'aperçoit tout
de suite, quand on se place en sorte que la ligne qui va
du point à l'œil soit perpendiculaire aux faces qu'elle traverse dans le cristal. Alors l'une des images du point paroit
à la place qu'il occupe réellement; ainsi le rayon qui l'a
produite n'a pas plus subi de réfraction dans le cristal, que
s'il eût traversé perpendiculairement à sa surface tout autre
corps réfringent : mais il se montre en outre une seconde
image, déplacée par l'effet d'une réfraction extraordinaire.

Pour bien concevoir la marche de la lumière dans le spath
d'Islande, il faut en avoir sous les yeux un cristal, ou du
moins sa représentation, soit en carton, soit en bois, et en
reconnoitre la *section principale* et l'*axe*. A cet effet, on doit
d'abord observer comment les six rhombes qui forment ses
faces, et qui sont opposés et parallèles deux à deux, se
réunissent trois à trois pour composer ses angles trièdres (ou
angles solides à trois faces). On verra que, sur ces huit angles, deux seulement sont formés par trois angles plans obtus,
tandis que les six autres n'ont qu'un seul angle obtus. Les
premiers sont situés de manière que, quand le cristal est posé
sur une de ses faces, l'un de ces angles est dans cette face,
et l'autre dans la face opposée : alors, si l'on mène un plan
qui passe par les arêtes qui joignent ces mêmes angles avec
les faces dont on vient de parler, on a la *section principale* du
cristal; elle est perpendiculaire aux deux faces qu'elle tra-

verse, et celle de ses diagonales qui va de l'un des angles désignés ci-dessus à l'autre, étant symétriquement placée par rapport aux angles et aux faces du cristal, en est l'axe.

Cela posé, l'une des premières lois observées dans la double réfraction du spath d'Islande, c'est que, l'objet et l'œil étant situés dans cette section, ou dans un plan qui lui soit parallèle, les deux parties du rayon incident restent dans ce plan. Si, par exemple, on pose sur le point qu'on regarde, la diagonale qui est commune à la face inférieure du cristal et à la section principale, les deux images du point paroîtront sur cette ligne; mais l'image extraordinaire s'approchera plus que l'autre du petit angle trièdre adjacent à cette même ligne. J'appelle ici, *petit angle trièdre*, celui qui n'a qu'un seul angle plan obtus. Il suit de ce qui précède, que, si l'on tire sur le papier une ligne et qu'on la place dans le plan de la section principale, toutes les images des points de cette droite restant dans ce plan, elle doit paroître simple : c'est ce qui arrive en effet : mais si on la fait tourner sur un de ses points, elle offrira deux images, qui s'écarteront l'une de l'autre jusqu'à une certaine limite, puis se rapprocheront pour se confondre de nouveau, quand la droite sera revenue, par le côté opposé, dans le plan de la section principale.

Il ne faut pas omettre de dire que les deux images ne paroissent pas à la même distance de l'œil; celle qui résulte de la réfraction ordinaire, étant plus vive, semble la plus rapprochée.

L'axe du cristal jouit de propriétés non moins remarquables que celles de la section principale. Quand on tronque le cristal perpendiculairement à cet axe, et qu'on regarde le point à travers les nouvelles faces qu'on a données au cristal, si l'œil et le point sont placés sur la perpendiculaire à ces faces, qui est parallèle à l'axe, la double réfraction n'a plus lieu; l'image du point est simple et paroit dans le lieu de l'objet. Si l'on n'avoit fait qu'une seule troncature, et qu'on regardât perpendiculairement à cette face, on ne verroit encore qu'une seule image, située conformément à la loi de la réfraction ordinaire. On n'obtient encore qu'une seule image, quand on donne au cristal des faces parallèles à son axe, et qu'on regarde perpendiculairement à ces nouvelles faces.

Lorsque la direction suivant laquelle on regarde, n'est pas perpendiculaire aux nouvelles faces, la double réfraction a lieu, et les images sont également écartées, toutes les fois que le rayon visuel fait le même angle avec l'axe du cristal ; en sorte que la division du rayon incident s'opère autour de cet axe, comme si elle provenoit d'une répulsion émanée de cet axe.

On s'est bientôt assuré que les phénomènes de la double réfraction ne se produisent pas seulement dans le Spath d'Islande : le Quartz, la Baryte sulfatée, le Soufre, etc. (voy. ces mots), et beaucoup d'autres substances cristallisées, jouissent aussi de la propriété de doubler les images, mais avec des circonstances différentes. Par exemple, dans le spath d'Islande c'est le rayon réfracté à l'ordinaire qui s'écarte le moins de la perpendiculaire élevée sur la surface du cristal par le point d'incidence ; tandis que, suivant M. Biot, le contraire a lieu dans le quartz, la baryte sulfatée et d'autres substances. Le spath d'Islande ne donne des images simples que parallèlement et perpendiculairement à une seule ligne, savoir, son axe de cristallisation ; mais il y a des cristaux où il existe deux lignes douées de cette propriété, et que pour cette raison on appelle encore *axes*, quoiqu'elles ne paroissent pas avoir avec la cristallisation le même rapport que l'axe du spath d'Islande : tels sont les cristaux de mica. Dans plusieurs de ces cristaux à deux axes, M. Fresnel a remarqué qu'aucune des divisions du rayon incident ne suit les lois de la réfraction ordinaire. (*Annales de chimie et de physique*, tom. XX, pag. 337.)

Condorcet, dans ses notes sur les *Élémens de la philosophie de Newton*, par Voltaire, dit que les cristaux qui donnent la double réfraction, sont composés de lames hétérogènes, placées les unes sur les autres, ou « que du moins on produit le même phénomène avec des verres artificiels ainsi « disposés. » (Note qui termine le chap. IX.) Par des expériences qui lui étoient propres, M. Brewster ayant conjecturé que la compression ou la dilatation du verre donnoit à ce corps la structure des cristaux jouissant de la double réfraction, M. Fresnel s'est assuré du fait, en obtenant d'un assemblage de prismes de verre comprimés dans le sens de leur longueur, deux images réfractées du même objet. (*Annales de chimie et de physique*, tom. XX, pag. 376.)

La constitution des corps qui donnent la double réfraction, influe aussi sur la réflexion, mais seulement sur celle de la lumière qui a pénétré dans leur intérieur. Tout rayon qui tombe sur la surface extérieure de l'un de ces corps, en sortant du vide ou d'un milieu non cristallisé, est réfléchi suivant la loi ordinaire en un seul rayon ; mais, lorsqu'il arrive à la seconde surface et qu'il y est réfléchi, il se divise, en sorte qu'il y a dans ce cas une double réflexion, comme une double réfraction.

De la polarisation de la lumière.

Le cristal d'Islande, qui a fourni le premier exemple du curieux phénomène de la double réfraction, a encore présenté un fait dépendant d'une modification bien singulière et bien fréquente, que paroît subir très-souvent la lumière, de la part des corps qu'elle traverse ou par lesquels elle est réfléchie. Cette modification, qui semble restreindre le nombre des routes que le rayon peut parcourir, et montrer qu'il obéit ou qu'il échappe à certaines actions des corps, suivant les côtés qu'il leur présente, s'est manifestée principalement dans les circonstances suivantes.

Premièrement, si l'on pose un cristal de spath d'Islande sur un papier blanc marqué d'un point, et qu'on place un second cristal sur le premier, on doit s'attendre en général à voir quatre images du point, puisque le rayon émané de ce point, en passant à travers le premier cristal, se divise en deux autres qui doivent subir une pareille division en traversant le second cristal ; mais cela n'a plus lieu lorsque les deux cristaux sont placés de manière que leurs sections principales soient parallèles ou perpendiculaires : il ne se forme plus alors que deux images, parce que les rayons sortis du premier cristal ne se divisent plus dans le second. Si les sections principales sont parallèles, chacun des rayons sortis du premier cristal souffre dans le second le même genre de réfraction que dans l'autre. Mais les choses se pas-

sent dans l'ordre inverse, lorsque les sections principales
sont perpendiculaires : le rayon, réfracté suivant la loi ordinaire dans le premier cristal, subit la réfraction extraordinaire dans le second cristal, et réciproquement pour l'autre
rayon.

On en étoit demeuré là, lorsqu'en 1808, Malus trouva qu'un
rayon réfléchi par la première surface d'un plan de verre
non étamé, quand il fait avec ce plan un angle de 35° 25′
(ancienne division), et qu'il traverse ensuite un cristal de
spath d'Islande, s'y comporte comme le rayon qui a déjà
traversé un semblable cristal.

L'effet produit sur la lumière par la réflexion indiquée
précédemment, a aussi une conséquence qui s'aperçoit par
une autre réflexion du même genre. Quand on fait tomber
obliquement la lumière sur un plan de verre ou une glace,
une partie se réfléchit, une autre pénètre dans la glace et
la traverse ; mais les choses se passent autrement quand le
rayon de lumière a déjà subi, sur une première glace, une
réflexion sous l'angle de 35° 25′. Alors, si l'on reçoit ce
rayon sur une nouvelle glace faisant avec lui un angle de
35° 25′, et qu'elle puisse tourner sur le point d'incidence
de manière qu'elle demeure toujours également inclinée par
rapport à ce rayon, on trouvera deux positions, dans lesquelles il ne subira aucune réflexion, mais traversera la glace.
Pour déterminer ces positions, il faut concevoir les perpendiculaires élevées sur la première et la seconde glace aux
points où les rencontre le rayon de lumière : chacune de ces
perpendiculaires, combinée avec le rayon qu'elle rencontre,
indiquera le plan dans lequel se fait la réflexion (p. 296).
Il y aura ainsi deux plans de réflexion, l'un relatif à la première glace et l'autre à la seconde, et quand ils seront perpendiculaires entre eux, la réflexion cessera sur la dernière
glace : toute la lumière qu'elle reçoit sera réfractée. Dans
les autres positions, l'intensité de la lumière réfléchie deviendra plus ou moins forte, selon qu'elles seront plus ou
moins éloignées de celles que je viens d'indiquer et qui
sont au nombre de deux ; car si, pour fixer les idées, on
conçoit que le plan de réflexion sur la première glace soit
celui du Méridien (voyez ce mot), le phénomène dont il

s'agit aura lieu lorsque le plan de réflexion sur la seconde glace sera dirigé du côté de l'est ou du côté de l'ouest.

« Dans ces cirsconstances, dit Malus (*Mém. de la classe « des sciences math. et phys. de l'Institut*, année 1810, seconde « partie, pag. 106), où le rayon réfléchi se comporte d'une « manière si différente (selon que la surface réfléchissante « est tournée vers le nord ou le sud, l'est ou l'ouest), il « conserve néanmoins constamment la même inclinaison, « par rapport au rayon incident.... Ces observations nous « portent à conclure que la lumière acquiert dans ces cir- « constances des propriétés indépendantes de sa direction « par rapport à la surface qui la réfléchit, mais uniquement « relatives aux côtés du rayon réfléchi par la première « glace, qui sont les mêmes pour les côtés sud et nord, et « différentes pour les côtés est et ouest. En donnant à ces « côtés le nom de *pôles*, j'appellerai *polarisation* la modifi- « cation qui donne à la lumière des propriétés relatives à ces « pôles. »

L'auteur paroît avoir voulu assimiler le phénomène qu'il a découvert, à ce qui arrive aux aiguilles aimantées, qui, tournant toujours leurs extrémités, ou pôles, vers les pôles magnétiques (voyez MAGNÉTISME), conservent leur direction, lorsqu'on leur présente un morceau de fer dans ce sens, et en dévient quand le corps est placé autrement.

Il est remarquable que l'effet produit par le spath d'Islande, sur les rayons qui le traversent (p. 525), avoit suggéré à peu près les mêmes idées à Newton ; car, dans les questions 25 et 26 du troisième livre de son Traité d'optique, il regarde cet effet comme dû à des propriétés inhérentes au rayon de lumière, mais qui ne dépendent pas de la direction de sa route, en sorte qu'il « peut être considéré « comme ayant quatre côtés, deux desquels, opposés l'un « à l'autre, disposent le rayon à la réfraction extraordinaire, « lorsqu'ils sont tournés dans le sens où cette réfraction a « lieu, et les deux autres ne le disposent qu'à la réfraction « ordinaire, quand même ils seroient tournés dans le sens « de l'autre réfraction. »

Tous les corps qui réfractent ou qui réfléchissent la lumière, la polarisent ; mais les angles sous lesquels le phéno-

mène est complet, différent d'un corps à l'autre. Cet angle
est de 37° 15′ (*Mém. présentés à l'Institut,* tom. 2, p. 430)
sur la surface d'une eau stagnante; et M. Brewster a remarqué qu'en général la polarisation a lieu sous une incidence
telle que le rayon réfléchi soit perpendiculaire au rayon
réfracté. au moins à fort peu près. (*Supplément à la traduction françoise de la Chimie de Thomson,* page 93.) Reve-
nons maintenant à l'effet que la glace non étamée produit
sur la lumière. Malus, après avoir examiné la lumière qu'elle
réfléchit, s'est occupé de la lumière qui la traverse, et il a
reconnu qu'elle étoit composée, 1.° « d'une quantité de lu-
« mière polarisée dans le sens contraire à celle qui a été
« réfléchie, et proportionnelle à cette quantité; 2.° d'une
« autre portion non modifiée, et qui conserve tous les ca-
« ractères de la lumière directe. » Mais, en faisant traverser
à ce rayon une suite de glaces parallèles, il s'en séparera
à chaque passage des parties qui perdront la propriété d'être
réfléchies dans les passages suivans : et il ne restera plus, si le
nombre des glaces est suffisant, qu'un rayon polarisé précisément en sens contraire du premier. M. Biot, qui avoit remarqué aussi de son côté ce dernier phénomène, avoit fait tomber
immédiatement sur la première surface d'une pile de glaces
parallèles, séparées par des intervalles d'air, un rayon de
lumière directe, et pour reconnoître la nature du rayon à
sa sortie de la pile, il le faisoit passer à travers un cristal
de spath d'Islande. Lorsque le nombre des glaces étoit assez
considérable, ce rayon se comportoit dans le spath d'Islande
comme s'il sortoit d'un autre cristal de cette substance. Le
même savant a découvert de semblables propriétés, non-
seulement à des substances dont la structure est visiblement
lamelleuse, mais aussi à la Tourmaline (voyez ce mot), dans
laquelle on n'aperçoit point de couches hétérogènes.

Enfin, MM. Biot et Savart ont montré, par une expérience
bien curieuse (*Bulletin des sciences par la Société philomatique,*
ann. 1819, p. 174), l'influence que le déplacement, produit
par les vibrations d'un corps diaphane, peut exercer sur
les phénomènes de la polarisation. En faisant passer, à travers une lame de glace longue de deux mètres, une lumière polarisée, de manière à être entièrement absorbée

par un miroir noir, lorsqu'il y parvenoit immédiatement, on n'observoit que peu ou point de changement dans le résultat après ce passage; mais si l'on frottoit la lame par l'une de ses extrémités, pour y exciter des vibrations et la faire résonner, la lumière, au lieu d'être absorbée dans le miroir noir, jetoit un éclat d'autant plus vif que le son de la lame étoit plus intense, et par conséquent ses vibrations plus fortes.

Des couleurs produites par réflexion et réfraction dans les corps minces.

Le premier observé et le principal de ces phénomènes est celui des *anneaux colorés*, que Newton produisit en appliquant, l'un contre l'autre, un verre plan et une lentille dont les surfaces faisoient partie d'une sphère d'un grand rayon. En supposant exactes les figures de ces corps et leur matière parfaitement incompressible, ils ne peuvent se toucher que par un point, à partir duquel les deux surfaces en contact s'éloignent par degrés insensibles. Afin d'augmenter encore leur proximité, Newton soumit ces deux verres à une pression graduée; puis il les plaça sur un fond noir, et, regardant obliquement la surface extérieure du verre convexe, éclairée par un beau jour, il vit au point de contact une tache noire entourée de cercles, offrant cette succession de teintes :

Bleu, blanc, jaune, rouge, violet,
Bleu, vert, jaune, rouge,
Vert, rouge, etc.,

dans laquelle les mêmes couleurs reparoissent à diverses reprises sous des nuances différentes; mais bientôt, les couleurs venant à s'affoiblir, elles se terminèrent, dit-il, en une blancheur parfaite.

Attribuant alors l'espèce de couleur à l'épaisseur de la lame d'air à travers laquelle passoit le rayon réfléchi, Newton s'occupa de la détermination de cette épaisseur; et lorsqu'il eut mesuré le diamètre des divers anneaux dans leur partie la plus brillante, il trouva, par le calcul, que les distances correspondantes des surfaces opposées du verre plan et de la lentille suivoient, à partir du point de contact, la progression des nombres impairs 1, 3, 5, 7, 9, etc., tandis que les épaisseurs correspondantes aux espaces obscurs suivoient la progression des nombres pairs 2, 4, 6, 8, 10, etc. Ensuite, par des expériences réitérées avec le plus grand soin, il s'assura que l'unité de ces nombres, c'est-à-dire, l'épaisseur de l'air dans le premier anneau, étoit d'environ $\frac{1}{175000}$ de pouce anglois, ce qui revient à $\frac{14}{100000}$ de millimètre, ou à peu près la 7000.e partie.

Newton varia ces expériences en substituant d'autres substances à l'air interposé entre les verres ; et les épaisseurs auxquelles répondirent les anneaux, devinrent d'autant moindres que le pouvoir réfringent de la substance interposée étoit plus considérable. Il ne s'en tint pas là ; mais il s'assura, par des expériences très-délicates, que les couleurs irisées qu'on voit sur les bulles de savon étoient un fait semblable aux anneaux colorés, puisque ces bulles ont pour enveloppe une lame d'eau extrêmement mince ; seulement l'ordre des substances étoit inverse : la pellicule d'eau de savon, formant le corps interposé, avoit un pouvoir réfringent plus fort que les couches d'air qu'elle séparoit.

Au lieu de regarder la surface extérieure de la lentille sur laquelle tombe la lumière, pour observer les couleurs que produit la réflexion de la surface postérieure du verre plan, Newton interposa l'appareil entre la lumière et l'œil : alors le point de contact des verres, au lieu de paroître une tache noire, laissa passer la lumière blanche, et des anneaux colorés se formèrent encore autour, mais placés dans les intervalles des espaces qu'occupoient les anneaux produits par la réflexion. Les couleurs, toutes très-foibles, n'acquéroient de la vivacité que quand la lumière traversoit l'appareil sous une grande obliquité, et elles étoient rangées dans l'ordre suivant, à partir de la tache blanche :

Rouge jaunâtre, noir, violet, bleu,
Blanc, jaune, rouge,
Violet, bleu, vert, jaune,
Rouge, etc.

Après avoir bien constaté ces faits, Newton imagina de substituer à la lumière du jour, qu'il avoit employée dans ses précédentes expériences, un rayon coloré introduit dans une chambre obscure. Par ce moyen, il vit en même temps jusqu'à vingt anneaux, tandis qu'au grand jour il n'avoit pu en apercevoir plus de neuf; il trouva que le rayon rouge donnoit des anneaux plus grands que le rayon bleu ou le rayon violet. Ces anneaux d'ailleurs étoient tous de la même couleur que le rayon admis pour éclairer l'appareil. Enfin, en regardant à travers un prisme, soit l'assemblage des verres plans et convexes, soit les bulles de savon, soit des plaques minces de talc de Moscovie (Mica, voyez ce mot), qui produisoient aussi des couleurs dans toutes les circonstances, le nombre des anneaux colorés ou des nuances paroissoit beaucoup plus grand qu'à la vue simple.

Newton, considérant que les alternatives de réflexion et de transmission de la lumière, dans les expériences indiquées ci-dessus, sembloient attachées à certaines épaisseurs des lames minces, en conclut que le rayon qui traversoit ces lames, avoit tantôt une disposition à être réfléchi, tantôt une disposition à être réfracté, soumises à des intermittences, ou à des retours dont les intervalles sont égaux. Sans prétendre en expliquer la cause, il a nommé ces alternatives *accès de facile réflexion*, *accès de facile transmission*, et *intervalle des accès* l'espace qui se trouve entre deux retours à la même disposition.

Occupés de perfectionner les lunettes achromatiques, les savans qui ont cultivé l'optique dans le 18.ᵉ siècle paroissent avoir négligé ce genre de phénomènes; je ne connois sur ce sujet que les Mémoires de Mazéas, insérés dans le *Recueil de l'Académie de Berlin*, pag. 1752, et dans le tome II des *Savans étrangers*. En faisant concourir la chaleur avec la pression, il a produit des couleurs plus variées, plus permanentes, mais sans pouvoir leur assigner aucune loi, ce qui tenoit peut-être à l'inégalité des changemens de figure que subissoient les espaces compris entre les verres qu'il soumettoit à ses expériences.

Voilà ce qui se passe à l'égard de la lumière directe. La lumière polarisée produit aussi des couleurs dans les lames minces, ainsi que M. Arago l'a observé le premier, en regardant une lame de mica à travers un prisme de spath d'Islande. (*Mémoires de la classe des sciences mathématiques et physiques de l'Institut*, 1811, 1.re part., p. 93.) Placée d'une certaine manière, une lame de mica dépolarise le rayon qui avoit été polarisé par une réflexion sous l'angle convenable ; et, en faisant ensuite passer ce rayon à travers un cristal de spath d'Islande, les deux images qu'il produit alors sont teintes de deux couleurs, qui, réunies, forment du blanc, et nommées, à cause de cette dernière circonstance, *couleurs complémentaires*. Elles varient avec la position respective du cristal et de la lame, qu'on fait tourner ensemble ou séparément ; elles sont au maximum d'intensité dans quatre positions, et disparoissent dans quatre autres, où l'on ne voit que de la lumière blanche. Le phénomène ne se produit qu'autant que l'épaisseur de la lame de mica, de chaux sulfatée, ou d'autre substance cristallisée, ne dépasse pas une certaine limite. En diminuant cette épaisseur, on fait varier la couleur des images ; et M. Biot a remarqué le premier que, dans ces changemens, il y avoit entre les épaisseurs de la lame, donnant deux teintes déterminées, le même rapport qu'entre les épaisseurs des lames d'air qui réfléchissent ces teintes dans les anneaux colorés, ce qui établit une grande analogie entre les deux phénomènes. M. Young en aperçut encore une autre, c'est qu'il y avoit entre les directions suivies par le rayon ordinaire et le rayon extraordinaire, qui sortoient de la lame cristallisée, la même différence qu'entre les directions des rayons réfléchis à la première et à la seconde surface de la lame d'air, qui donne la même teinte dans les anneaux colorés.

La grande variété des nuances de couleurs qui se montrent dans ces phénomènes, et la possibilité de les reproduire toujours exactement pareilles, offroit le moyen de résoudre beaucoup plus complétement qu'on ne l'avoit fait jusque-là, un problème très-utile aux progrès de l'histoire naturelle, celui d'indiquer avec précision, dans toutes leurs nuances, la couleur des corps. Au *cyanomètre*, imaginé par Saussure pour apprécier les diverses intensités de la couleur bleue du ciel (voyez à l'article Air, tome Ier, pag. 596), M. Arago substitua un instrument plus exact, où il employa la polarisation de la lumière, et M. Biot construisit un *colorigrade*, dont il fit usage pour vérifier les teintes par lesquelles passe successivement le Caméléon minéral (voyez ce mot), que M. Chevreul est parvenu, le premier, à préparer d'une manière constante.

De l'inflexion ou diffraction de la lumière.

Découvert, en 1665, par Grimaldi, ce phénomène consiste d'abord dans la dilatation que présente l'ombre d'un corps très-délié, un fil de fer, par exemple, lorsqu'il est éclairé par un trait de lumière reçu dans une chambre obscure. Cette ombre, portée sur un carton blanc, se trouve beaucoup plus large qu'elle ne devroit l'être à raison de la grosseur du fil et de son éloignement du carton, comme si les rayons de lumière qui rasent les bords du fil se détournoient de leur direction primitive pour s'écarter davantage : de là le mot *inflexion*, adopté par Newton pour désigner ce phénomène.

Mais la dilatation de l'ombre ne le constitue pas en entier ; il offre en outre des couleurs variées et disposées d'une manière très-remarquable. Non-seulement l'ombre est bordée, de chaque côté, par des franges, de nuances et de largeurs diverses ; mais son intérieur est partagé en intervalles égaux par d'autres franges, les unes colorées et brillantes comme celles des bords, et les autres obscures. Newton n'avoit point remarqué ces franges intérieures, et il ne voyoit dans l'élargissement de l'ombre qu'une simple répulsion exercée sur les rayons de lumière par les bords du corps mince qui l'arrête. De nouvelles expériences ont prouvé que la production des franges intérieures dépendoit du concours des rayons qui rasent les deux bords du corps opaque, et qui paroissent, en se croisant derrière ce corps, exercer l'un sur l'autre une influence réciproque. M. Thomas Young a vu qu'en interceptant, par un écran opaque, les rayons qui rasoient l'un des bords d'un corps mince, les franges intérieures de l'ombre disparoissoient sur-le-champ, quoique les rayons qui touchoient l'autre bord de ce corps ne fussent point arrêtés. Cette belle expérience le conduisit à poser, comme un principe, que, « si deux portions de la même lumière arrivent « à l'œil par diverses routes, exactement ou à peu près « dans la même direction, la lumière devient plus intense

« quand la différence des routes est un certain multiple
« d'une longueur déterminée, qui varie suivant la couleur
« des rayons, et moins intense dans les cas intermédiaires. »
(*Trans. phil.*, année 1802, 2.ᵉ part., pag. 587.) C'est là ce
que l'auteur a nommé *Principe des interférences*, le mot *interférence*, pris de l'anglois, signifiant ici *rencontre* ou *mélange*.

En variant la forme de l'appareil qui sert à l'expérience,
on varie aussi celle du phénomène. Au lieu d'opposer au
trait de lumière un fil opaque, on le fait passer entre les
bords, taillés en biseau, de deux lames qu'on éloigne ou qu'on
rapproche à volonté. Quand la distance est suffisamment petite, les bords de l'espace lumineux compris entre les ombres des lames présentent plusieurs lignes blanches marquées
par un plus grand éclat, et finissant, lorsqu'on rapproche
encore plus les lames, par devenir des franges colorées qui
se jettent dans l'ombre ; les couleurs s'y montrent dans l'ordre
où les offrent les anneaux colorés. MM. Biot et Pouillet,
en s'occupant de ces recherches dans la vue de déterminer
comment la lumière se plie entre les biseaux pour aller former les diverses franges, ont trouvé que « toute la lumière
« qui passe entre les biseaux, se partage en deux moitiés,
« qui sont déviées en sens contraire, chacune vers le bi-
« seau le plus éloigné ; » ce qui produit le mélange ou l'interférence de ces parties, où se montrent des intervalles pro-
portionnels aux longueurs des *accès*, déterminées par les anneaux colorés. La singularité et l'importance de ces phénomènes avoient engagé l'Académie des sciences à en proposer
la discussion et la théorie pour sujet d'un prix, que M. A.
Fresnel a remporté, en 1819, dans un Mémoire rempli de
vues ingénieuses et d'expériences remarquables autant par
leur délicatesse que par leur précision. Un extrait de ce
Mémoire a été imprimé dans le tome XI des *Annales de
chimie et de physique* (pages 5 et 246). Bien avant cette époque, l'auteur avoit communiqué à l'Académie des expériences
très-curieuses sur le même sujet.

Des couleurs accidentelles, et des ombres colorées.

Le premier de ces phénomènes se produit lorsqu'on regarde en même temps des corps de diverses couleurs, et que

certaines dispositions donnent la sensation d'une couleur que ne présentent point ces mêmes corps, quand ils sont vus isolément. Buffon faisoit paroitre ces couleurs, en fixant pendant long-temps l'œil sur un petit carré de papier rouge placé sur un papier blanc ; ce carré lui paroissoit comme bordé d'un vert bleuâtre et foible : portant alors sa vue sur quelque autre point du papier blanc, il y voyoit une tache verte (*Histoire naturelle*, éd. in-12 de 1774, *Supplément*, t. II, pag. 309). Monge, dans ses Leçons sur la perspective (*Géométrie descriptive*, 4.ᵉ édit., pag. 184), cite un fait analogue, qui s'observe dans un appartement dont les fenêtres sont fermées par des rideaux rouges, lorsque les rayons du soleil s'y introduisent par une ouverture de quelques millimètres seulement. Si on les reçoit à peu de distance sur un papier blanc, on y voit une tache verte ; et cette tache seroit rouge si les rideaux étoient verts.

Ces expériences, variées de plusieurs manières par Rumford et M. Prieur (de la Côte-d'or), offrent des couleurs qui semblent produites dans l'œil même, par le mélange de plusieurs impressions, qui se conserve quand une partie de ces impressions a cessé. Il est remarquable qu'on avive ces couleurs, en faisant mouvoir la bande de papier sur laquelle on les aperçoit ; et en général, les teintes nouvelles sont complémentaires de la couleur qui domine primitivement.

C'est à une modification analogue de la sensation que paroit se rapporter le changement de l'apparence des objets placés dans une chambre fermée par des rideaux d'une couleur intense, rouge, par exemple : ce n'est qu'après y être resté quelques instans, que l'on y reconnoit les corps blancs pour ce qu'ils sont, et ceux qui sont de la couleur des rideaux paroissent blancs aussi.

Quand on reçoit sur un papier blanc la lumière émanée d'un ciel bleu, soit avant le lever du soleil, soit après, dans une chambre qui n'est éclairée que par le côté du nord, le papier ne paroit encore que blanc ; mais, si on allume une chandelle, qu'on pose sur le papier un corps qui projette deux ombres, l'une venant de la lumière du ciel par la croisée, et l'autre de la chandelle, la première de ces ombres paroîtra plus ou moins jaune et l'autre bleue. Cela se conçoit

aisément, puisque l'espace privé des rayons émanés du ciel,
est éclairé par la chandelle, dont la lumière n'est pas parfaitement blanche, et que l'espace où cette dernière n'arrive
point, ne reçoit que de la lumière du ciel, qui est bleuâtre.
Mais, ce qu'il faut bien observer, c'est que chacune de ces
lumières semble perdre sa teinte quand elle est seule. Enfin,
une circonstance encore digne de remarque, c'est que les
teintes des ombres, et surtout la jaune, paroissent d'abord
assez foibles, mais que leur intensité augmente très-sensible-
ment pendant les premiers instans où l'œil s'arrête dessus.

C'est sans doute à ce mélange des lumières qu'est dû le
changement de couleur des objets, lorsqu'on les regarde
au jour, puis à la lumière artificielle.

De la mesure de l'intensité de la lumière.

Les pertes que la lumière subit dans sa route, comme
nous l'avons déjà indiqué p. 296, ont donné lieu à de belles
recherches sur son intensité, et forment un corps d'expériences et de doctrine très-étendu, que Bouguer a nommé
gradation de la lumière, et Lambert, *photométrie*, ce qui veut
dire *mesure de la lumière*. Le premier essai du travail de Bou-
gnet avoit paru dès 1729; mais une seconde édition, beaucoup
plus étendue, fut publiée, en 1760, par Lacaille, sous le titre
de *Traité d'optique*, la même année que parut l'ouvrage de
Lambert. Dans l'un et l'autre de ces traités, il n'est pas seulement question de l'affoiblissement de la lumière en raison
de la distance du point d'où elle émane et des milieux qu'elle
traverse, mais encore de la direction suivant laquelle elle
s'échappe des corps lumineux et rencontre les corps éclairés :
on y compare aussi entre elles les diverses sources de lumière, pour assigner les rapports de leurs forces éclairantes.

Dans cette dernière recherche il s'agit d'amener au même
degré de clarté des surfaces éclairées par chacune des sources
de lumière que l'on veut éprouver, ce qui peut s'opérer de
plusieurs manières : d'abord, en faisant tomber sur l'une de
ces surfaces, la lumière d'autant de bougies bien égales, qu'il
en faut pour que cette surface présente le même éclat que
celle qui reçoit la lumière dont on cherche l'intensité; ou
bien en comparant les distances auxquelles les lumières sont

placées lorsqu'elles donnent la même clarté aux surfaces qu'elles illuminent, car alors leurs intensités respectives sont en raison des carrés de ces distances (p. 295). Si, par exemple, l'une de ces lumières est trois fois plus éloignée que l'autre, son intensité égale neuf fois celle de l'autre.

On peut aussi établir cette comparaison au moyen des deux ombres projetées par un corps opaque, éclairé simultanément par les deux sources de lumière, qui agissent également quand les ombres présentent la même intensité.

Lorsque les corps lumineux ont un diamètre assez grand, on fait passer les rayons qui en émanent par des tuyaux dont l'ouverture, changeant à volonté, permet de réduire à tel degré qu'on veut la lumière qu'ils répandent sur la surface d'épreuve, et quand deux surfaces blanches, deux morceaux de papier par exemple, isolés de toute lumière étrangère, autre que celles que l'on compare, présentent le même éclat, les intensités des sources de lumière sont en raison inverse de l'étendue des ouvertures qui les ont amenées à l'égalité, et par conséquent en raison inverse des carrés des diamètres de ces ouvertures. Il est avantageux souvent de garnir d'objectifs d'un long foyer les tuyaux dont on se sert. On sent bien que ce ne sont encore là que des moyens généraux, dont l'emploi demande beaucoup de précautions minutieuses et ne conduit pas toujours à des mesures précises : mais, maniés avec adresse, ils ont donné à Bouguer des résultats très-curieux.

Il a d'abord trouvé que, lorsqu'une lumière étoit environ soixante-quatre fois plus foible qu'une autre, elle n'augmentoit pas sensiblement la clarté produite par cette autre.

Par plusieurs expériences il s'assura que le soleil nous éclaire trois cent mille fois plus que la lune : dans l'une de ces expériences il avoit trouvé que la lumière du soleil, rendue onze mille six cent soixante-quatre fois plus petite que dans son état naturel, étoit exactement égale à celle d'une bougie située à 16 pouces (ou 43 centimètres) de distance, nombres qui ne se rapportent encore qu'à l'intensité de la lumière de ces astres, lorsqu'elle est parvenue à la surface de la terre. La disproportion seroit bien plus forte, si l'on avoit égard à leurs distances ; car, le soleil étant environ quatre cents fois plus éloigné de la terre que la lune, sa lumière en est affoiblie cent soixante mille fois.

Ce n'étoit pas une chose moins curieuse de savoir si toutes les parties du disque du soleil jetoient le même éclat : mais, comme ces expériences sont difficiles à faire, on n'en trouve qu'une dans l'ouvrage de Bouguer, d'après laquelle l'éclat d'un point éloigné du centre des trois quarts du rayon étoit à l'éclat de ce centre comme trente-cinq à quarante-huit seulement, résultat qui ne pouvoit être prévu par l'hypothèse le plus généralement admise sur ce sujet. En effet, si d'une part on concevoit que les portions de même étendue sur la surface globuleuse du soleil diminuent de grandeur apparente à mesure qu'elles se présentent plus obliquement à notre œil, et que, nous envoyant toujours la même quantité de rayons, leur éclat devoit augmenter d'intensité ; de l'autre part, on pensoit que la force des rayons devoit décroître, lorsqu'ils partoient de plus en plus obliquement de la surface du corps lumineux : on admettoit même que l'un de ces effets compensoit l'autre, de manière que le disque du soleil devoit avoir le même éclat dans tous ses points.

Le vague de ces principes pouvoit bien laisser quelque doute sur la conclusion ; mais de nouvelles expériences paroissent les confirmer, du moins comme un fait. En observant le disque du soleil avec une lunette qui en présente à la fois deux images dont les couleurs sont complémentaires, et en faisant tomber ces images l'une sur l'autre, M. Arago en a obtenu une d'un blanc uniforme, ce qui n'auroit pu arriver, si les deux images n'eussent pas été d'égale intensité dans tous leurs points. (*Mémoire de la classe des sciences mathématiques et physiques de l'Institut*, année 1811, 1.re part., p. 118.)

La détermination du rapport de la quantité de rayons réfléchis par la surface de différens corps, avec celle des rayons incidens, en ayant égard à leur inclinaison, a aussi beaucoup occupé Bouguer : il a trouvé que, si le nombre des rayons incidens étoit exprimé par 1000, le marbre noir poli en réfléchissoit 600 sous l'angle de 3° 35′, ce qui étoit presque autant qu'en renverroit la surface du mercure ; mais que la quantité des rayons réfléchis diminuoit plus rapidement qu'à la surface de l'eau et à la première surface du verre, sur lesquelles, à la même incidence de 3° 55′, la réflexion étoit plus foible que sur le marbre. L'éclat qu'offrent les surfaces mates ou brutes, lorsqu'on les regarde dans la direction où elles reçoivent la lumière, a été mesuré par Bouguer, pour en conclure le rapport du nombre des aspérités que ces surfaces présentent dans une même étendue sous diverses inclinaisons ; mais ses conclusions, reposant en partie sur une hypothèse, auroient besoin d'être examinées de nouveau.

L'ouvrage de Bouguer contient également des observations nombreuses et variées sur l'affoiblissement de la lumière par le défaut de transparence des milieux qu'elle traverse : on y voit que 115 pouces (ou 311 centimètres) d'épaisseur d'eau de mer rendent la lumière environ trois fois plus foible ; et, plus loin, l'auteur déduit de la combinaison de l'expérience avec la théorie, qu'à 679 pieds de profondeur (environ 220 mètres), sa densité restant la même, l'eau de mer doit avoir perdu sa transparence, tandis qu'il faudroit à l'air, supposé conservant toujours la même densité qu'à la surface terrestre, une profondeur de 518 385 toises, environ 227 lieues communes, ou 101 myriamètres. Mais les choses ne se passent pas ainsi dans l'atmosphère, dont la densité diminue en s'éloignant de la terre ; et de plus, pour parvenir à nos yeux, la lumière des astres parcourt dans ce fluide, suivant leurs hauteurs au-dessus de l'horizon, des distances diverses. Les calculs de Bouguer donnent à la lumière du soleil, lorsqu'il est à l'horizon, une intensité 1354 fois moindre que lorsqu'il est au zénith. L'air qui, dans une épaisseur assez considérable, ne montre aucune couleur, en acquiert une de plus en plus sensible lorsque sa masse devient très-grande (voyez à l'article Air, tome Ier, p. 596). C'est cet effet que Bouguer examine lorsqu'il cherche a déterminer l'intensité des *couleurs aériennes*, dans lesquelles s'éteignent de plus en plus celles des objets lointains, et d'où résultent les teintes bleuâtres qui terminent un horizon très-éloigné. Après avoir donné une table de l'intensité des couleurs aériennes des objets terrestres, selon leur distance de l'observateur, il ajoute que probablement les objets, quelque gros qu'ils fussent, cesseroient d'être visibles par l'extinction de leurs couleurs propres, s'ils étoient à une distance plus grande que 45 lieues marines de 20 au degré, ou 25 myriamètres.

Ce sujet mériteroit bien d'être traité de nouveau, en faisant usage des procédés plus délicats et des instrumens plus exacts que les progrès de la science ont suggérés ; on sait d'ailleurs que les phénomènes de la polarisation, inconnus à Bouguer, doivent jouer ici un rôle important.

Déjà M. Leslie a construit un nouveau photomètre, dans lequel l'intensité de la lumière est mesurée par les effets que produit la chaleur de ses rayons; ce qui ne peut, à la vérité, convenir à toutes les sources de lumière, puisqu'il y en a qui ne donnent aucune chaleur sensible ; mais l'auteur en a fait voir les avantages, pour déterminer le progrès et le décroissement de l'intensité de la lumière dans toute la durée du jour, dans les diverses saisons et dans les différens pays.

Herschel a cherché aussi à mesurer la force éclairante des rayons colorés, et a trouvé le maximum de cette force dans le jaune du spectre solaire ; de plus, que le vert éclairoit à peu près aussi bien ; mais que, de part et d'autre de ces rayons, la clarté diminuoit, et que le minimum étoit dans le violet : ce qui s'accorde assez avec les indications données par Newton. (*Optique*, tom. 1.ᵉʳ, prop. 7, exp. 16.) C'est ce qui a été vérifié par M. Fraunhoffer dans les expériences dont nous avons parlé à la page 307.

Liaison de la lumière avec la chaleur.

La plupart des sources de la lumière le sont aussi de la chaleur, et l'on ne cite comme exception qu'un petit nombre de phénomènes lumineux, tels que la Phosphorescence de certains corps (voyez ce mot). Les miroirs concaves et les verres convexes ayant la propriété de réunir à leur foyer, dans un espace beaucoup plus petit, les rayons qui tombent sur leur surface, augmentent beaucoup la chaleur à ce point. On est parvenu à y faire fondre et volatiliser l'or même en peu d'instans; néanmoins la lumière de la lune, rassemblée au foyer d'un miroir concave, ne fait pas sensiblement monter le thermomètre. Mais Bouguer explique bien ce fait, au moyen de l'immense disproportion qu'il a trouvée dans les intensités de la lumière émanée directement du soleil, et de celle que la lune réfléchit (p. 558). Le miroir concave employé par La Hire, dans l'expérience indiquée ci dessus, ne concentrant les rayons lunaires qu'environ 366 fois, ne pouvoit en rendre la chaleur comparable à celle des rayons du soleil, dont l'intensité demeuroit encore mille fois plus grande ; en sorte que le thermomètre, placé au foyer du miroir, n'auroit pu s'élever à peine qu'à la millième partie de la quantité dont la présence du soleil fait monter le thermomètre ; mais du jour à la nuit, lorsque la direction et la force du vent ne changent pas, le thermomètre ne varie que d'une quantité dont la millième partie est tout à-fait inappréciable. Nous renvoyons aux articles CALORIQUE (tom. VI, pag. 262), CHALEUR (tom. VIII, pag. 75), CORPS COMBURANS (t. X, p. 544), FLAMME (t. XVII, p. 99), pour le détail des circonstances qui produisent simultanément de la chaleur et de la lumière. Ici nous nous bornerons à rapporter quelques expériences qui montrent que les rayons de la lumière décomposée par le prisme diffèrent aussi sous le rapport de la production de la chaleur.

D'abord Scheele fit voir que les corps soumis à la lumière en recevoient un accroissement de température qui dépendoit de leur couleur ; que, plus ils approchoient d'être noirs, plus ils s'échauffoient rapidement. Ensuite Rochon essaya de déterminer la force calorifique des divers rayons du spectre solaire ; mais, les thermomètres dont il se servit n'étant pas assez sensibles, les résultats de ces expériences ne le satisfirent point, et ils n'ont pas été confirmés. Herschel, ayant repris ces recherches, trouva que, pour les rayons *rouges* et les *violets*, qui forment les limites du spectre solaire, les facultés calorifiques étoient dans le rapport de 7 à 2. De nouvelles expériences firent conclure à M. Leslie que les degrés de force des rayons *rouges*, *jaunes*, *verts*, *bleus*, étoient représentés par les nombres 16, 7, 4, 1, ce qui ne s'accorde pas avec la détermination donnée par Herschel ; mais, outre la difficulté propre des expériences, les moyens employés par M. Leslie différoient de ceux dont Herschel avoit fait usage : le premier de ces physiciens se servoit de son photomètre,

Herschel, de plus, avoit observé que, si la propriété calorifique se terminoit avec le spectre solaire du côté des rayons violets, il n'en étoit pas ainsi du côté des rayons rouges, qu'elle dépassoit, puisque le thermomètre montoit encore lorsqu'il étoit placé au-delà de ce terme, dans un espace où il ne paroissoit aucune lumière. Ce résultat inattendu fut examiné par plusieurs physiciens, et en dernier lieu M. Berard a trouvé que ce n'étoit pas hors du spectre, mais précisément à son extrémité rouge qu'étoit le maximum de chaleur.

Des propriétés chimiques de la lumière.

Ces propriétés se manifestent par l'action que la lumière exerce sur divers composés, dont elle désunit les principes, et par l'altération qu'elle fait éprouver à certaines surfaces colorées. Les plus singuliers phénomènes de ce genre sont la détonation et l'acide hydrochlorique produits par l'introduction d'un trait de lumière solaire dans un mélange de gaz hydrogène et de chlore, observés par MM. Gay-Lussac et Thenard, et le changement du blanc au noir, opéré sur le *chlorure d'argent*, avec une promptitude et une énergie variables suivant l'espèce de rayons auxquels ce corps est exposé.

Au moyen de ces phénomènes, M. Berard s'est assuré, comme l'avoient déjà indiqué MM. Wollaston, Ritter et Beckmann, que les facultés chimiques augmentoient de force dans le spectre solaire du côté des rayons violets, ce qui est contraire à la marche que suit la faculté calorifique. De plus, prenant le vert pour point de départ, et réunissant d'un côté les rayons compris depuis ce point jusqu'à l'extrémité violette, de l'autre, ceux qui s'étendent jusqu'à l'extrémité rouge, il a formé deux faisceaux, dont le dernier, se réduisant à un point blanc d'un éclat difficile à soutenir, n'avoit point encore, au bout de deux heures, agi sensiblement sur le chlorure d'argent, tandis que l'autre faisceau, dont la chaleur et l'éclat étoient beaucoup moindres, avoit noirci ce chlorure en moins de dix minutes. Les physiciens que nous venons de citer, ont tous reconnu que les facultés chimiques s'étendent même un peu au-delà des rayons violets dans un espace obscur. Voici enfin un dernier phénomène, observé par M. Arago, et qui, comme on le verra plus bas, paroit offrir des indices bien importans sur la nature même de la lumière.

Lorsqu'on fait tomber, sur du chlorure d'argent fraichement préparé, les franges produites par le mélange ou l'interférence de deux faisceaux réfléchis sur deux miroirs légèrement inclinés l'un a l'autre, ces franges tracent sur le chlorure des lignes noires également espacées et séparées par des intervalles blancs (*Supplément à la traduction françoise de la 5.ᵉ édition du Système de chimie de Thomson*, pag. 556); et lorsqu'on soustrait un des faisceaux, le chlorure prend une teinte uniforme. Ainsi il résulte de cette belle expérience, que l'effet augmente, au lieu de décroitre, quand on diminue la quantité des rayons, ce qui exclut l'idée que le phénomène tient à une absorption ou combinaison de la matière de la lumière, puisqu'elle devroit au contraire agir avec plus d'énergie, lorsqu'elle se trouve en plus grande quantité.

L'influence de la lumière sur les végétaux et les animaux tient probablement à ses propriétés chimiques.

Résumé.

Tout ce qu'on vient de lire, et qui n'est encore qu'une indication très-succincte des principaux phénomènes de la lumière, renferme, ce me semble, un assez grand nombre de détails pour qu'il soit utile d'en présenter la récapitulation.

La lumière se propage en ligne droite du corps lumineux à l'œil, lorsqu'il n'y a point de milieu interposé, ou bien que celui qui remplit tout l'espace parcouru est homogène.

La vitesse de la lumière est immense.

Lorsqu'elle rencontre des corps, elle est renvoyée, ou brisée, c'est-a-dire : réfléchie, ou réfractée.

Elle n'est pas homogène, mais se décompose en rayons de réflexibilité ou de réfrangibilité diverses, qui manifestent les couleurs.

L'action des forces qui la réfléchissent ou la réfractent, paroit ne s'exercer qu'à de petites distances.

Elle en éprouve aussi qui semblent agir alternativement.

ou de manière à lui donner des dispositions intermittentes :
telles sont la polarisation, les anneaux colorés, les couleurs
des lames minces, etc.

Son intensité décroît à mesure qu'elle s'éloigne de sa source,
et s'affoiblit par les réflexions et les réfractions qu'elle subit
dans son passage à travers les corps ; elle peut même s'éteindre
tout-à-fait en traversant une grande épaisseur de corps transparens.

Enfin elle produit souvent de la chaleur, et agit d'une
manière chimique sur certains corps.

Pour expliquer ces phénomènes, les physiciens se sont
principalement attachés à deux systèmes. Celui qui, depuis
Newton jusqu'à nos jours, a été le plus généralement admis,
est le système de l'*émission*, où l'on suppose que les corps lumineux lancent des filets de molécules très-déliées, lesquelles,
soit directement, soit par la réflexion des corps opaques,
viennent exercer sur le fond de l'œil une impulsion constituant la sensation de la lumière.

Il suit de ce système, que les corps lumineux doivent
perdre de leur substance, décroître de volume, à chaque
instant, et finir par disparoître. Aussi n'a-t-on pas manqué
d'objecter que, d'après une telle hypothèse, on devroit remarquer, dans le diamètre apparent du soleil, une diminution que les meilleures observations n'indiquent pas encore :
mais cette difficulté a peu de poids ; car, rien ne limitant la
petitesse qu'on peut attribuer aux molécules de la lumière,
il est facile d'établir sur cette petitesse un calcul, duquel
il résulte qu'après des milliers de siècles la diminution du
diamètre solaire seroit encore au-dessous des quantités appréciables à nos instrumens. Plusieurs autres considérations viennent aussi fortifier ce calcul : d'une part l'extrême vîtesse
de la lumière semble exiger que les molécules soient bien
petites, autrement leur impulsion sur la substance délicate
de la rétine la détruiroit entièrement ; d'une autre part, la
multitude de rayons lumineux qui, partant à chaque instant
du soleil, des planètes, des étoiles, se croisent dans tous
les sens et dans tous les points de l'espace, forment un milieu sans cesse agité, dont la résistance troubleroit le mouvement des corps célestes, s'il n'avoit pas une densité infiniment

petite, comme il faut nécessairement le reconnoître, puisque les observations n'ont encore indiqué aucune altération de cette espèce dans le mouvement des planètes.

Laissant donc de côté la difficulté précédente, Newton et ses successeurs ont regardé les rayons de lumière comme partant immédiatement de l'astre ou du corps éclairant, et subissant une attraction, ou, suivant les circonstances, une répulsion de la part des corps dans le voisinage desquels ils passent ; mais il reconnut bien que cette force devoit décroître beaucoup plus rapidement que le rapport inverse du carré de la distance, qui règle le mouvement des corps célestes, puisque la réfraction et la réflexion ne commencent à s'opérer qu'à une distance insensible de la surface du corps qui la produit. En ayant égard à cette circonstance, Newton d'abord, et d'autres géomètres par des méthodes de calcul beaucoup plus fécondes que les considérations dont il s'étoit servi, ont déterminé la marche que suit le rayon de lumière en approchant des corps; ils ont trouvé les lois de la réflexion et de la réfraction que l'expérience avoit fait connoître (p. 296, 299), et qu'en traversant un milieu plus dense que celui dont elle sort, le carré de la vitesse de la lumière doit être augmenté d'une quantité constante. Mais c'est à peu près à cela que s'est borné le succès de la théorie; car il me semble qu'on ne doit pas y faire entrer les calculs plus ou moins ingénieux, fondés sur de nouvelles hypothèses, créées par le besoin de lier empiriquement une suite d'expériences, mais qui ne paroissent pas sortir nécessairement de la première supposition. C'est ainsi que, pour exprimer les phénomènes intermittens, on a regardé les molécules de la lumière comme ayant des faces, des pôles doués de propriétés attractives ou répulsives, soumis à des forces particulières émanées de certaines lignes ou axes, et d'où résultent des mouvemens de rotation, soit continus, soit alternatifs; tel est ce que M. Biot a nommé *polarisation mobile*, à laquelle il a appliqué le calcul. Mais, quelque ingénieuses que soient ces idées, laissant encore sans explication des phénomènes importans, tels que ceux de la diffraction, elles n'ont pas été généralement adoptées. On en est revenu au système des ondulations, dont la première idée appartient à Descartes, et qui a été successivement embrassé par Hook, Huygens et Euler. Newton lui-même paroit avoir donné beaucoup d'attention à ce système, mais en le combinant avec celui de l'émission, comme on le voit dans l'article intéressant que M. Biot a rédigé sur ce grand homme, pour la *Biographie universelle* (t. XXXI, pag. 144). Voici en quoi consiste le système des ondulations.

On suppose qu'un fluide très-rare, très-élastique, auquel on donne le nom d'*éther*, est répandu dans l'espace, qu'il pénètre dans tous les corps, et qu'il éprouve de la part de ceux qu'on regarde comme des sources de lumière, une action qui lui imprime un mouvement d'ondulation semblable à celui de l'air, d'où résulte le son, et auquel sont analogues les ondes qu'on excite dans l'eau lorsqu'on y laisse tomber des corps pesans. Ce mouvement est oscillatoire, comme celui des pendules, qu'on nomme *vibration*. A partir du point auquel commence l'agitation, les molécules du fluide éprouvent d'abord une répulsion qui les éloigne de ce point; ensuite la réaction produite par leur élasticité et celle des molécules sur lesquelles elles s'appuient, les fait rétrograder au-delà de leur première position, et ces alternatives se répètent comme l'élévation et l'abaissement d'un pendule qu'on a écarté de la verticale.

Dans cette hypothèse, la ligne qui va du centre de l'ébranlement jusqu'à l'œil devient le rayon, parce que c'est dans sa direction que l'œil reçoit l'impression de l'onde lumineuse; et comme l'ébranlement s'affoiblit à mesure qu'il s'étend sur une plus grande surface, l'intensité de la lumière doit encore diminuer en raison inverse du carré de la distance à sa source. La vitesse de la lumière ne résulte plus du temps qu'emploie la molécule partie du corps éclairant pour arriver jusqu'à nous; mais du temps que l'ébranlement, causé par ce corps dans l'éther qui le touche, met à se propager jusqu'à celui qui touche à notre œil. C'est la grande rapidité de cette propagation qui, jointe au peu de résistance qu'il oppose au mouvement des planètes, prouve la grande élasticité de ce fluide. La diversité des couleurs devient ici tout-à-fait analogue à celle des sons; elle dépend du nombre plus ou moins grand de vibrations excitées dans l'éther pendant un temps égal. Ce n'est plus par la simple réflexion

que les corps qui ne sont point lumineux par eux-mêmes nous
deviennent visibles : par là on lève une difficulté assez
grande. celle de l'énorme différence que présentent à cet
égard les corps polis par rapport à ceux qui sont bruts.
Dans les premiers. ce n'est point leur surface qu'on aperçoit. mais l'image des corps environnans: encore n'aperçoit-
on les images que dans des positions particulières. tandis
qu'un corps brut se montre le même, relativement à sa couleur et aux accidens de sa surface, sous un grand nombre
de points de vue. Cependant il s'en faut bien qu'on puisse
regarder comme approchant de la rigueur mathématique, la
destruction des éminences de la surface des corps par le
poli. On reconnoit, à l'aide du microscope, que ce travail
en laisse encore subsister la plus grande partie ; il doit donc
encore s'opérer une grande quantité de ces réflexions irrégulières qui empêchent la production des images distinctes.
Dans le système des ondulations, l'éther extérieur. mis en
vibration par les corps lumineux, agit sur la portion du
même fluide insérée entre les particules solides des corps
opaques, et produit à la surface de ces corps de nouvelles
vibrations, qui. dans leur vitesse, peuvent différer de celles
du fluide extérieur, à raison de la différence de densité du
fluide intérieur et de l'élasticité qui en est la conséquence,
et même de celle des particules insensibles des corps. ce qui
engendre des couleurs. La transparence des corps sera due
alors à une structure intérieure qui permettra aux vibrations
du fluide extérieur, reçues à l'une des surfaces des corps, de
se transmettre à l'autre surface d'une manière plus ou moins
complète. à l'aide des vibrations du fluide intérieur ; et à
ce sujet il faut se rappeler que presque tous les corps opaques deviennent transparens lorsqu'ils sont réduits en lames
minces (p. 292). Il faut aussi dire que, dès le temps de
Newton. on avoit rejeté l'explication de la transparence
des corps par la rectitude de leurs pores : il pensoit qu'il
y avoit toujours beaucoup plus de pores qu'il n'en falloit pour
le passage de la lumière à travers les corps opaques; mais
qu'elle étoit absorbée par le grand nombre des réflexions
partielles opérées dans l'intérieur de ces corps. Sous ce point
de vue il y a lieu à mesurer le pouvoir réfringent des corps

opaques, comme celui des corps diaphanes ; c'est ce qu'a d'abord fait M. Wollaston, dont M. Malus a étendu et rectifié les déterminations, dans le tome II des *Mémoires présentés à la classe des sciences mathématiques et physiques de l'Institut*, p. 509.

C'est dans l'explication de la double réfraction du spath d'Islande, par Huygens, qu'on voit le premier emploi bien circonstancié de la théorie des ondes. Ce géomètre imagina que les ondes, qui sont en général sphériques, lorsque le milieu où elles sont excitées est parfaitement libre et de densité uniforme, prenoient dans le spath d'Islande la forme d'un ellipsoïde, corps dont les rayons ne sont pas égaux, comme ceux de la sphère. Les belles expériences de Malus ayant vérifié la construction que Huygens avoit tirée de son hypothèse, et qui étoit presque oubliée, elle fut reconnue comme une loi physique obtenue à *posteriori*. ce qui engagea M. Laplace à s'assurer si elle étoit compatible avec le principe mathématique de la *moindre action* qui s'observe dans tous les mouvemens produits par des forces attractives, et c'est ce que le calcul confirma.

Huygens avoit aussi donné de la réfraction ordinaire et de la réflexion une explication qu'Euler reproduisit lorsqu'il renouvela le système des ondulations (*Opuscula varii argumenti*, tom. 1, pag. 169). Dans les *Mémoires de l'Académie de Berlin* (années 1752, p. 262 ; 1754, p. 200), il s'occupa des couleurs observées sur les lames minces, qu'il expliqua d'une manière analogue à la production des sons harmoniques qui, résultant de vibrations dont les durées sont dans des rapports simples, s'excitent réciproquement. Ainsi, que l'on fasse sonner l'une des cordes d'un instrument de musique, non-seulement on entendra résonner, ou au moins on verra frémir celles qui sont à l'unisson, mais encore celles dont le son est le même que celui des mutiples ou des parties aliquotes de la première ; et aussi, qu'on donne aux lames des épaisseurs comprises dans une certaine série de nombres, leurs vibrations s'accordent suivant cette loi, et donnent des couleurs analogues, comme les cordes donnent des sons harmoniques. Les mêmes effets peuvent se comparer peut-être encore mieux à ce qui se passe dans les flûtes, où la vibration des particules solides n'entre pour rien, et où le son

résulte seulement des vibrations de la colonne d'air renfermée dans l'intérieur de l'instrument, à quoi répondroit
bien l'éther renfermé dans l'intérieur des lames.

Ce sont les phénomènes de ce genre, et principalement
ceux de la diffraction, qui ont ramené de nouveau les physiciens au système des ondulations. M. Young l'a exposé avec
beaucoup de détail dans les *Transactions philosophiques* (année 1802, 1.re partie, pag. 12); et M. Fresnel, après l'avoir
appliqué soigneusement à ses belles et nombreuses expériences, en a donné un résumé très-satisfaisant dans le *Supplément à la traduction françoise* de la 5.e édition de la Chimie
de Thomson (p. 52). Le premier de ces physiciens en a tiré
le principe des interférences, que j'ai cité plus haut (p. 334)
parmi les faits observés, et dont on peut se rendre compte
ainsi qu'il suit.

On voit tous les jours, à la surface de l'eau, des ondes
excitées en divers points se rencontrer sans se confondre,
et ainsi les ondes lumineuses, parties de divers corps dans
toutes les directions, se rencontrent sans se confondre, et
produisent simultanément les impressions qui leur sont propres : mais il n'en seroit plus de même si ces ondes suivoient la même direction, c'est-à-dire, si elles coïncidoient,
au moins à peu près, dans une partie assez étendue de leurs
circonférences. Le mouvement des molécules fluides dans
cette partie pourroit être renforcé ou diminué selon que
les ondes se rencontreroient dans une des parties semblables
ou différentes des périodes de leur mouvement, c'est-à-dire
que, si l'une des ondes vient à se mêler avec l'autre lorsque
les molécules fluides se meuvent dans le même sens, l'onde
résultante sera plus forte, occupera plus d'espace, la lumière
aura par conséquent plus d'intensité dans cette partie ; mais
si les deux ondes sont dans un état contraire, que le mouvement des molécules fluides dans l'une suive une direction
opposée à celle qu'il a dans l'autre, elles se détruiront, et
cette partie deviendra obscure. Entre ces deux états extrêmes se trouve un nombre infini d'intermédiaires qui
peuvent donner lieu à autant de compositions diverses de
mouvemens, et produire des couleurs et des nuances variées
aussi à l'infini : on voit d'ailleurs aisément, qu'en partant

du point et de l'instant où l'ébranlement a eu lieu, les ondes qui se suivent et se mêlent ou *s'interfèrent*, seront dans la même partie de leurs oscillations, lorsqu'elles en auront exécuté un nombre complet, et qu'elles seront dans une partie contraire, quand ce nombre, au lieu d'être complet pour chacune, différera d'une demi-oscillation : trouvé, lorsque l'on voit deux pendules à secondes osciller à côté l'un de l'autre, s'ils ont accompli, depuis l'origine de leur mouvement, chacun un nombre entier d'oscillations, ils s'élèvent et s'abaissent simultanément ; ils font exactement le contraire, lorsque ces nombres diffèrent d'une demi-seconde, ou, ce qui est la même chose, que l'un de ces nombres est composé d'un nombre impair de demi-oscillations.

Cet état des choses répond parfaitement à l'action chimique de la lumière sur le chlorure d'argent (p. 544) et aux principales circonstances de la diffraction ; on a même pu connoître l'étendue des oscillations de l'éther dans divers phénomènes intermittens. Ainsi la probabilité de ces ingénieuses explications semble augmenter chaque jour ; mais cependant il est permis de dire qu'elles ne pourront être mises au rang des théories complétement avérées, comme celle du mouvement des corps célestes, que lorsqu'on sera parvenu, non-seulement à entrevoir d'une manière plausible comment les ondulations du fluide lumineux doivent se former et se combiner pour produire les effets observés, mais à tirer des calculs fondés sur les lois générales du mouvement des fluides élastiques, toutes les circonstances de celui des ondes : c'est maintenant l'objet des recherches de M. Poisson, dont les travaux ont beaucoup étendu l'application des hautes mathématiques à la physique, et ont déjà donné la confirmation de plusieurs points importans. Ses résultats seront annoncés dans les *Annales de chimie et de physique*, et les calculs qui les appuient, paroitront sans doute dans les *Mémoires de l'académie des sciences* ou dans le *Journal de l'école polytechnique*. Quant aux détails des expériences, aux constructions géométriques et aux calculs qui les lient ou les représentent, et que nous avons été forcés d'omettre dans cet article, dont la longueur peut paroitre déjà beaucoup trop grande, nous renvoyons le lecteur aux *Traités de physique* de MM. Haüy,

Biot, Beudant, et aux Mémoires de MM. Malus, Arago et Fresnel. (L. C.)

LUMIERE. (*Chim.*) Voyez au mot ATTRACTION MOLÉCULAIRE, Suppl. au tome III, p. 112. (CH.)

LUMINET. (*Bot.*) Olivier de Serres nomme ainsi l'euphraise, parce qu'elle passe pour un ophtalmique bon pour éclaircir la vue. (J.)

LUMMICK.(*Mamm.*) Un des noms lapons du lemming.(F.C.)

LUMNITZERA. (*Bot.*) Ce genre, que Willdenow a publié dans le Recueil des Curieux de la nature à Berlin, paroît devoir être réuni au *cacoucia* ou *cacucia* d'Aublet. (J.)

LUMP. (*Ichthyol.*) Voyez CYCLOPTÈRE et LOMPE. (H. C.)

LUMPENE. (*Ichthyol.*) Linnæus a donné le nom de *blennius lumpenus*, qui a été généralement adopté, à un poisson de l'Océan d'Europe et du genre Blennie, lequel se cache dans les fonds d'argile ou de sable parmi les varecs, et offre une teinte de jaune et de blanc mélangés. Voyez BLENNIE et GONNELLE. (H. C.)

LUN. (*Bot.*) Voyez LIUN. (J.)

LUNA, LUNALA, WALLUNA. (*Bot.*) Noms du *pancratium zeylanicum*, à Ceilan, cités par Hermann. (J.)

LUNAIRE; *Lunaria*, Linn. (*Bot.*) Genre de plantes dicotylédones de la famille des *crucifères*, Juss., et de la *tétradynamie siliculeuse* de Linnæus, dont les principaux caractères sont ceux qui suivent : Calice de quatre folioles ovales-oblongues, serrées, caduques, dont deux un peu prolongées, au-delà de leur base, en une petite bosse ; corolle de quatre pétales entiers ; six étamines tétradynames, à anthères droites et sagittées ; ovaire supérieur, pédicellé, portant un style court, terminé par un stigmate obtus ; silicule grande, pédiculée, ovale ou lancéolée, à deux valves planes parallèles à la cloison, et à deux loges, contenant chacune deux à quatre graines comprimées, entourées d'un rebord.

Les lunaires sont des herbes à tiges droites, rameuses; à feuilles pétiolées, cordiformes, grossièrement dentées, et à fleurs assez grandes, élégantes, disposées en grappes terminales. Lorsque, dans la parfaite maturité du fruit, ses valves sont tombées, la cloison, qui est persistante, offre une sorte de disque d'un blanc brillant ou comme argenté, et c'est de la forme et de la couleur de ce disque , comparé à celui de la lune , que ces plantes ont reçu le nom qu'elles portent. On en connoît une dixaine d'espèces , parmi lesquelles les deux suivantes sont les plus remarquables.

Lunaire vivace : *Lunaria rediviva* , Linn. , *Spec.* , 911 ; Lam. , *Illustr.* , t. 561 , fig. 1. Sa racine, qui est vivace, produit une tige cylindrique , un peu velue , haute de deux à trois pieds, garnie de feuilles inégalement dentées : les inférieures en cœur , opposées ; les supérieures presque lancéolées. Les fleurs sont violettes ou purpurines , odorantes , disposées en petites grappes à l'extrémité de la tige ou des rameaux . et elles forment dans leur ensemble une panicule très-étalée. Les silicules sont ovales-oblongues , rétrécies à leur base et à leur sommet. Cette plante croit dans les bois montagneux , en France , en Italie , en Suisse , en Allemagne , etc.

Lunaire annuelle ; vulgairement Bulbonach , Grande Lunaire , Médaille de Judas . Monnoie du Pape , Satinée , Passe-Satin : *Lunaria annua*, Linn. , *Spec.* , 911 ; Lam. , *Illustr.* , tab. 561 , fig. 2. Cette espèce diffère de la précédente par sa durée , sa racine n'étant que bisannuelle , et non annuelle , comme le nom donné par Linnæus pourroit le faire croire : elle s'en distingue encore par la forme des dents de ses feuilles, qui sont grandes et à peu près égales ; par ses feuilles supérieures , toujours en cœur et sessiles , et enfin par ses silicules ovales , plus arrondies , non rétrécies à leur base et à leur sommet. Les fleurs sont purpurines , ou mêlées de blanc et de pourpre , rarement tout-a-fait blanches ; elles paroissent en Mai et Juin. Cette plante croit dans les bois des montagnes , en France , en Suisse , en Allemagne , en Suède , etc.

Ces deux plantes, et surtout la dernière espèce, sont cultivées dans les jardins, moins à cause de leurs fleurs, qui sont cependant assez agréables, que pour l'effet singulier que produisent leurs fruits après la parfaite maturité. La médecine faisoit autrefois usage des lunaires, surtout de leurs graines, comme diurétiques, vulnéraires, anti-épileptiques, anti-hydrophobiques ; mais leur efficacité, sous tous ces rapports, n'étant rien moins que prouvée, elles sont aujourd'hui entièrement tombées en désuétude. Au reste leurs graines et leurs feuilles, surtout celles de la lunaire annuelle, sont très-amères. (L. D.)

LUNARIA. (*Bot.*) Les plantes crucifères qui portent maintenant ce nom, avoient anciennement celui de *viola lunaria*, à cause de la forme de leurs fleurs, d'une part, et de leurs siliques, de l'autre. Gesner nommoit *lunaria*, l'*alysson clypeatum* de Linnæus. Ce nom étoit donné par Daléchamps au *lunaria rediviva*, par Anguillara à l'*ornithopus scorpioides*, par quelques personnes à l'*epimedium*, par Lobel à une luzerne, par Matthiole et beaucoup d'autres à l'*osmunda lunaria*, établi maintenant comme genre distinct sous le nom de *Botrychium*. (J.)

LUNARIA. (*Bot.*) Quelques espèces de fougères ont été décrites sous ce nom dans les ouvrages des anciens botanistes, et Linnæus les avoit placées dans son genre *Osmunda*; mais elles en ont été retirées et ont servi de types aux genres *Botrychium* et *Anemia*. L'espèce la plus anciennement décrite est l'*osmunda lunaria*, Linn., ou *botrychium lunaria*, Willd., dont les découpures de la fronde ont la forme de croissans. Cette espèce, ainsi que les *botrychium matricarioides* et *racemosum*, Willd., sont les *lunaria*, *lunaria racemosa* et *minor* de C. Bauhin, Mathiole, Clusius, etc., et de tous les botanistes leurs contemporains. Les autres espèces de *lunaria* que ces botanistes désignent, sont des plantes étrangères à la famille des fougèress, qui ont reçu ce nom à cause de la forme de leurs feuilles ou de leurs graines. Les *lunaria elatior* de Morison, de Sloane, etc., sont des fougères exotiques, par exemple, les *anemia hirta*, *hirsuta* et *adiantifolia*. (Lem.)

LUNDE. (*Ornith.*) Ce nom norwégien, qui s'écrit aussi *lund*, *lunda* et *lunifaly*, désigne le macareux moine, *alca arctica*, Gmel. (Ch. D.)

LUNE. (*Astron. et Phys.*) Voyez, pour ses mouvemens et sa figure, l'article Système du monde, et pour son influence sur l'atmosphère, l'article Météores. (L. C.)

LUNE. (*Chim.*) Nom donné à l'argent par les alchimistes. (Ch.)

LUNE. (*Entom.*) Nom donné à une espèce de bombyce de l'Amérique du Nord. (C. D.)

LUNE CORNÉE. (*Chim.*) Chlorure d'argent fondu. (Ch.)

LUNE D'EAU. (*Bot.*) Nom vulgaire du nénuphar blanc, qu'il doit à ses feuilles orbiculaires nageantes sur l'eau. (*Lem.*)

LUNE DE MER. (*Ichthyol.*) On donne vulgairement ce nom à différens poissons, à la mole, au gal verdâtre et à la sélène argentée. Voyez GAL. MOLE et SÉLÈNE. (H. C.)

LUNETIERE: *Biscutella*, Linn. (*Bot.*) Genre de plantes dicotylédones, de la famille des *Crucifères*, Juss., et de la *tétradynamie siliculeuse*, Linn., dont les principaux caractères sont les suivans : Calice de quatre folioles, dont deux, opposées, sont un peu enflées et bossues à leur base ; corolle de quatre pétales entiers ; six étamines tétradynames ; un ovaire supère, orbiculaire, comprimé, échancré, surmonté d'un style à stigmate obtus ; une silicule plane, comprimée, à deux lobes orbiculaires ou ovales, formant chacun une loge monosperme, indéhiscente, adnée latéralement à la base du style, qui tient lieu de cloison.

Les lunetières sont des herbes annuelles ou vivaces, à feuilles alternes, oblongues, dentées ou pinnatifides, à fleurs disposées en grappes terminales, et dont les fruits sont remarquables par leur forme singulière, qui ressemble en quelque sorte à une paire de lunettes, ce qui leur a valu leur nom françois. On en compte aujourd'hui environ trente espèces, qui habitent plus particulièrement l'Europe méridionale, le Nord de l'Afrique ou le Levant ; mais nous ne citerons ici que les quatre suivantes :

LUNETIÈRE AURICULÉE : *Biscutella auriculata*, Linn., *Spec.*, 911, Lam., *Illustr.*, t. 560, f. 2. Sa tige est cylindrique, légèrement velue, haute d'un pied à dix-huit pouces, divisée en plusieurs rameaux étalés et écartés. Ses feuilles radicales sont alongées, sinuées ou roncinées, rétrécies à leur base ; les caulinaires sont oblongues, entières ou presque entières, sessiles et semi-amplexicaules ; les unes et les autres sont presque glabres, chargées seulement de quelques poils en leurs bords. Les fleurs sont d'un jaune pâle, disposées en grappe à l'extrémité des rameaux. Les silicules, tout-à-fait glabres ou parsemées de points écailleux, sont partagées en deux lobes presque orbiculaires, entourées d'un petit rebord, non échancrées dans leur partie supérieure, mais décurrentes sur le style, qui est au moins aussi long que la silicule elle-même. Cette espèce croit dans les lieux cultivés en Espagne, en Portugal, en Italie, dans le Nord de l'Afrique, et dans le Midi de la France. Elle est annuelle et fleurit en Mai et Juin.

Lunetière de la Pouille: *Biscutella apula*, Linn., *Mant.*, 254. Sa tige est haute d'un pied ou un peu plus, assez simple inférieurement, divisée en deux à trois rameaux dans sa partie supérieure, et toute hérissée, ainsi que les feuilles, de poils nombreux, roides et rudes au toucher. Ses feuilles sont oblongues, munies en leur bord de dents écartées et profondes, qui les rendent quelquefois comme sinuées. Les fleurs sont d'un jaune clair; elles ont les deux éperons, formés par le prolongement de deux des folioles du calice, droits, presque aigus et moitié plus longs que dans l'espèce précédente. Les silicules ont une échancrure entre leurs deux lobes. Cette espèce est annuelle, et fleurit en Mai et Juin. Elle croit naturellement en Italie et dans les lieux montagneux en Provence.

Lunetière des rochers, *Biscutella saxatilis*. Nous croyons devoir réunir sous ce nom le *Biscutella saxatilis* et le *Biscutella lævigata* des auteurs, qui ne nous ont paru être que des variétés d'une seule et même espèce. La racine de cette plante est vivace, ordinairement pivotante, quelquefois tortueuse ou partagée en plusieurs fibres : elle produit une tige droite, haute de huit pouces à un pied et demi, plus ou moins velue dans sa partie inférieure, quelquefois même hérissée, ainsi que les feuilles; en général rameuse en sa partie supérieure, quelquefois divisée, dès sa base, en rameaux un peu étalés. Ses feuilles sont oblongues, rarement entières, souvent dentées ou sinuées, et même roncinées, rétrécies en pétiole, et pour la plupart rassemblées à la base ou au moins dans la partie inférieure des tiges, qui dans leur partie supérieure sont ordinairement peu garnies de feuilles, et celles-ci étant plus étroites, sessiles et presque toujours entières. Les fleurs sont d'un jaune pâle et de grandeur médiocre, disposées, à l'extrémité de la tige et des rameaux, en grappes qui, lorsqu'elles sont assez rapprochées les unes des autres, forment une sorte de panicule. Les folioles de leur calice n'ont point d'éperon, mais seulement une très-petite bosse. Les silicules sont formées de deux lobes orbiculaires, glabres, ou plus ou moins écailleux, bordés d'une courte membrane. Cette plante est commune dans les lieux pierreux et entre les fentes des rochers, dans le Midi de la France, en Espagne, en Italie, etc. Elle fleurit en Mai, Juin et Juillet.

Ce n'est qu'après avoir examiné avec la plus grande attention de nombreux échantillons de cette plante, que nous nous sommes décidés à réunir, en une seule espèce, des plantes qui sont séparées par tous les auteurs, et parce que nous nous sommes bien convaincus qu'elles ne présentent aucun caractère assez positif et assez constant pour mériter de constituer deux espèces. En effet, le caractère tiré des silicules glabres, ou chargées de petits grains écailleux, est tantôt plus, tantôt moins prononcé, et il disparoît insensiblement quand on peut consulter une suite d'échantillons, ce qui prouve son insuffisance. Quant à celui qu'on pourroit prendre des feuilles, il n'est pas plus certain, puisque celles-ci varient encore davantage, et qu'elles passent par toutes les nuances, depuis la forme presque lancéolée et entière, jusqu'à la roncinée. D'après ces considérations, loin de trouver des limites fixes entre deux espèces, il en reste à peine pour signaler les nombreuses modifications que cette plante présente. Cependant, voici comme il nous paroît que les principales variétés doivent être distinguées : 1.° Feuilles oblongues, presque entières ou simplement dentées, silicules chargées de petits grains écailleux ; 2.° feuilles sinuées ou roncinées, silicules chargées de petits grains écailleux ; 3.° feuilles oblongues, presque entières ou simplement dentées, silicules glabres ; 4.° feuilles sinuées ou roncinées, silicules glabres.

Lunetière corne-de-cerf ; *Biscutella coronopifolia*, Linn., *Mant.*, 255. Sa racine est pivotante, annuelle ; elle produit une tige droite, simple ou à peine rameuse, haute de six à douze pouces. Ses feuilles sont oblongues, munies en leurs bords de quelques dents grandes et écartées, hérissées sur leurs deux faces, ainsi que le bas des tiges, de poils nombreux et un peu roides. Les fleurs sont petites, d'un jaune pâle, disposées en grappe terminale ; elles ont les folioles de leur calice à peine prolongées en une petite bosse. Les silicules sont formées de deux lobes orbiculaires, ordinairement glabres dans leur milieu , chargées en leurs bords de petites aspérites écailleuses, mais non de poils mous ou de cils, comme l'ont dit quelques auteurs. Cette plante croît en Espagne. en Italie : on l'indique aussi en Dauphiné, au Mont-Ventoux et dans les Pyrénées : mais nous doutons qu'elle s'y trouve réellement. (L. **D.**)

LUNETTE. (*Mamm.*) Nom spécifique d'une espèce de chauve-souris d'Amérique qui appartient au genre Phyllostome. Voyez ce mot. (F. C.)

LUNIAK. (*Ornith.*) Nom illyrien du milan commun, *falco milvus*, Linn. (Cн. **D.**)

LUNOT. (*Conchyl.*) Adanson, Sénég., pag. 227. pl. 17 , désigne sous ce nom une espèce de Vénus que Gmelin appelle *Venus senegalensis*. (De B.)

LUNOTTE. *Ornith.* Ancienne orthographe du mot linotte, *fringilla linota*, Linn. (Cн. **D.**)

LUNULARIA. (*Bot.*) Le *marchantia cruciata*, Linn., est le type et la seule espèce du genre *Lunularia*, établi par Michéli et adopté par Raddi. Ce dernier naturaliste le caractérise ainsi : Gaine ou involucre universel membraneux , réticulé, diversement découpé ou lacéré. situé sur la fronde, entourant la base d'un pédoncule fructifère, et contenant des filamens articulés et comprimés (anthères, Raddi). Périsporanges tubuleux , au nombre de quatre, à l'extrémité du pédoncule fructifere fixé à un réceptacle commun . charnu, qui s'ouvre en croix. Chaque périsporange contient une capsule pédicellée à huit valves, dans laquelle sont des séminules arrondies ou peu comprimées, fixées à l'extrémité d'élatères ou filamens très-élastiques. On voit en outre, sur la fronde, des godets ou orygomes en forme de croissant. qui renferment des corpuscules lenticulaires. Voyez Marchantia. (Lem.)

LUNULE, *Lunula* ou *Anus*. (*Conchyl.*) Terme de conchyliologie, par lequel on désigne une impression plus ou moins profonde, qui existe au devant des sommets d'une coquille bivalve, chaque valve en portant la moitié. Pour les conchyliologistes qui étudient les coquilles a la manière de Linné, c'est-à-dire sans envisager leurs rapports avec l'animal, cette impression est inférieure et postérieure aux sommets ou crochets. d'où est venu le nom d'*anus*, que Linné lui a donné en opposition avec l'impression du ligament, qu'il a nommée *vulve*. Voyez Conchyliologie, où les termes de l'art de distinguer les coquilles ont été définis. (De B.)

LUNULE. (*Entom.*) Geoffroy a désigné sous ce nom une espèce de *bombyx*, qui est la *bucephala*. (C. D.)

LUNULE. (*Ichthyol.*) On a donné ce nom à la mole et à un pleuronecte. Voyez Mole, Orthagoriscus, Pleuronecte et Turbot. (H. C.)

LUNULÉ (*Ichthyol.*). nom spécifique d'un Labre. (H.C.)

LUNULITE, *Lunulites.* (*Polyp.*) Genre de polypier fort rapproché des orbulites, établi par M. de Lamarck pour quelques espèces d'un petit volume, qu'on ne connoît encore qu'à l'état fossile, et qu'il caractérise ainsi : Polypier pierreux; libre, orbiculaire, aplati, convexe et orné de stries rayonnantes, entre lesquelles sont des cellules polypifères en-dessus. concaves et à sillons ou rides divergens en-dessous. (De B.)

LUNULITE. (*Foss.*) Quoique ce polypier, qu'on ne commence à rencontrer que dans des couches analogues à la craie, ne soit pas très-rare dans les couches postérieures à la formation de cette substance, il paroît qu'on ne l'a pas encore rencontré à l'état vivant.

Dans le Système des animaux sans vertèbres (1816) M. de Lamarck annonce qu'il est pierreux, libre, orbiculaire, aplati, convexe d'un côté, concave de l'autre ; la surface convexe ornée de stries rayonnantes et de pores entre les stries: des rides ou des sillons divergens à la surface concave. Ce savant ajoute que ce polypier paroît avoir des rapports assez considérables avec les orbulites.

Les seuls rapports que ces polypiers de genres différens paroissent avoir entre eux, c'est d'être pierreux. orbiculaires et à peu près de même grandeur ; car du reste les deux surfaces des orbulites se ressemblent: elles sont presque toujours recouvertes d'un enduit calcaire, qui paroît naturel. Lorsque cet enduit se trouve enlevé, on voit qu'elles sont composées d'un réseau à très-petites mailles ou pores également apparens sur les deux surfaces.

Les lunulites ne peuvent être regardées comme des polypiers libres, puisque quelques-unes adhèrent, par leur surface inférieure, à des coquilles bivalves, qu'elles recouvrent en dehors, laissant le dedans de la coquille à découvert, et que d'autres se trouvent attachées sur des polypiers étrangers à leur genre. On voit presque toujours, à leur sommet, une portion de coquille, ou même une portion de polypier de la même espèce, ou un grain de sable quarzeux, autour duquel elles ont ajouté des cellules ou pores pour prendre de l'étendue. Les différentes localités où l'on rencontre ces polypiers, ont apporté, à leur forme, des modifications telles qu'on a cru être fondé à les regarder comme des espèces particulières; mais il est à remarquer que dans la même localité on rencontre bien rarement ce que nous avons appelé des espèces différentes.

Lunulite rayonnée ; *Lunulites radiata*, Lam., *loc. cit.*; Encyclop. méth., pl. 479, fig. 6. Polypier orbiculaire, couvert, sur l'une de ses surfaces, de pores disposés par rangées et qui vont du centre à la circonférence. Ces pores sont de deux grandeurs différentes, et à une rangée de pores plus grands il en succède une autre de pores plus petits : diamètre six lignes. On trouve cette espèce à Grignon, département de Seine et Oise ; à Parnes, département de l'Oise, et en général dans les couches du calcaire coquillier grossier des environs de Paris. Ceux de ces polypiers que l'on trouve dans la montagne de Turin, paroissent dépendre de la même espèce ; mais ils sont plus régulièrement orbiculaires et moins concaves. D'autres, que l'on trouve à Loignan, près de Bordeaux, ont leurs pores disposés par rangées qui rentrent, en rayonnant, les unes dans les autres, et quelquefois en réseau irrégulier.

Lunulite de la craie ; *Lunulites cretacea*, Def. Les polypiers de cette espèce n'ont guères que deux à trois lignes de diamètre : leurs pores, disposés par rangées qui vont du centre à la circonférence, sont ronds et de grandeur égale entre eux. On en trouve à Néhou, département de la Manche, et dans la montagne de Saint-Pierre de Maestricht, dans des couches analogues à la craie.

Lunulite urcéolée : *Lunulites urceolata*, Lam., *loc. cit.*;

Brongn. , Descript. géol. des environs de Paris , pl. VIII, fig. 9. Cette espèce, qui n'est peut-être qu'une variété de la lunulite rayonnée , est quelquefois tellement convexe qu'elle a la forme d'un dé à coudre ou d'une cupule de gland. Du reste ses pores ressemblent à ceux de cette dernière espèce. On la trouve à Presles, près de Beaumont-sur-Oise, dans une couche qui recouvre un banc considérable de sable quarzeux, à Parnes, à Liancourt, et sans doute dans beaucoup d'autres endroits, aux environs de Paris. M. Brongniart (*loc. cit.*) annonce que ce polypier se trouve dans les couches inférieures du calcaire coquillier grossier.

Lunulite pomme-de-pin; *Lunulites pinea*, Def. Ce joli petit polypier hémisphérique n'a que deux lignes de diamètre ; sa surface convexe est couverte de pores, de forme et de grandeur différentes, disposés par rangées rayonnantes, comme les écailles d'une pomme-de-pin. Les uns, plus grands, ont une forme rhomboïdale , et d'autres, plus petits et de forme ronde, sont placés à la partie la plus élevée de chacun des grands. On trouve cette espèce dans le Piémont.

Lunulite en parasol ; *Lunulites umbellata*, Def. Cette espèce, qui se trouve figurée dans l'atlas de ce Dictionnaire, est couverte d'un réseau composé de mailles de forme rhomboïdale, qui descendent du centre à la circonférence, sans affecter de rangées très-régulières. Il se trouve au bas de chacune des mailles une ouverture un peu alongée ; le reste de la maille est criblé de très-petits trous, dont les uns, moins petits , sont placés contre les nervures de la maille, et les autres sont dispersés sur le milieu. On trouve cette espèce en Italie, mais j'ignore en quel endroit.

Lunulite de Cuvier ; *Lunulites Cuvieri* , Def. On trouve à Thorigner, département de Maine et Loire, des polypiers de cette espèce, dont quelques-uns adhèrent sur des millepores, et ont cinq à six lignes de diamètre. La surface convexe est couverte de pores de deux grandeurs, dont les rangées ne sont pas régulières ; la surface concave est finement striée.

Lunulite conique ; *Lunulites conica* , Def. Cette petite espèce, qui est aussi haute que large , est pointue au sommet et couverte de rangées rayonnantes, du sommet à la base, de pores arrondis, et d'une grandeur égale entre eux : diamètre, deux lignes. J'ignore où elle a été trouvée.

Je possède des morceaux de lunulites qui proviennent, les uns des faluns de la Touraine, les autres de Hesse-Cassel, et enfin d'autres du dépôt coquillier du Plaisantin ; ce qui prouve que, dans chacun de ces endroits, il existe des espèces particulières ou des variétés de ce polypier. (D. F.)

LUPARIA. (*Bot.*) Tragus désigne ainsi l'aconite tue-loup. (LEM.)

LUPASSOU. (*Ichthyol.*) Voyez LOUPASSOU. (H. C.)

LUPÉGE. (*Ornith.*) Ce nom et celui de *lupoge*, qui désignent la huppe, *upupa epops*, Linn., viennent probablement de l'italien, *upega*. En Languedoc on dit *lupego*. (CH. D.)

LUPÈRE, *Luperus*. (*Entom.*) Nom donné par Geoffroy à un petit genre d'insectes coléoptères, à quatre articles à tous les tarses, à corps arrondi, à antennes en fil, grenues, non portées sur un bec, et par conséquent de la famille des herbivores ou *phytophages*.

Ce nom, que Geoffroy avoit emprunté du grec λυπηρός, signifie triste, infirme, et notre auteur dit qu'il l'a choisi pour indiquer la démarche lourde et pesante de ces insectes. Il en a donné la figure dans le premier volume de son ouvrage, planche IV, fig. 2, et nous avons fait peindre la même espèce sous le n.º 5 de la planche 19 de l'atlas de ce Dictionnaire.

Les insectes du genre Lupère sont des espèces de petites chrysomèles ou galéruques alongées, à antennes en fil presque aussi longues que le corps ; à corselet rebordé, un peu aplati, court et inégal.

Geoffroy a fait deux espèces, mais avec doute, du mâle et de la femelle ; c'est celle-ci que nous avons fait représenter. Elle a le corselet d'un jaune rougeâtre, ainsi que les pattes ; tandis que le mâle, qui a les antennes plus longues, est d'un bleu noirâtre partout, excepté sur les pattes, qui sont rougeâtres.

C'est le LUPÈRE PATTES-JAUNES, *Luperus flavipes* ; nous venons d'indiquer ses caractères : on le trouve sur l'orme. (C. D.)

LUPERIA. (*Bot.*) Plusieurs espèces de giroflée, *cheranthus*, ont été détachées du genre primitif par MM. R. Brown et De Candolle pour former leur genre *Matthiola*. Ce dernier botaniste partage ce genre en quatre sections, dont une porte le nom de *luperia*, qui signifie *triste* en grec, lequel lui a été donné probablement parce que le *cheiranthus tristis* en fait partie. (**J.**)

LUPHA. (*Bot.*) Nom syrien du gouet, *arum*, cité par Daléchamps. Voyez Lur. (**J.**)

LUPHA. (*Ornith.*) C'est, en grec moderne, le nom de la foulque ou morelle, *fulica atra*, *aterrima* et *œthiops*, Linn. (**Ch. D.**)

LUPIN : *Lupinus*, Linn. (*Bot.*) Genre de plantes dicotylédones, de la famille des *légumineuses*, Juss., et de la *diadelphie décandrie*, Linn., qui présente pour caractères : Un calice monophylle, à deux lèvres ; une corolle papilionacée, à étendard cordiforme ou presque arrondi, à ailes à peu près ovales, plus larges que la carène, qui est falciforme et divisée à sa base ; dix étamines diadelphes, cinq d'entre elles ayant leurs anthères arrondis, tandis que les cinq autres les ont oblongues ; un ovaire supère, velu, à style subulé, terminé par un stigmate obtus : un légume oblong, comprimé, coriace, contenant plusieurs graines presque orbiculaires, un peu aplaties.

Les lupins sont des plantes herbacées ou frutescentes, à feuilles alternes, pétiolées, digitées, rarement simples ; et à fleurs assez grandes, disposées au sommet des tiges en grappe ou en épi, d'un joli aspect. Les feuilles de ces plantes, comme celles de beaucoup de légumineuses, prennent chaque soir, au coucher du soleil, une disposition particulière ; c'est ce que Linnæus a nommé leur sommeil : leurs folioles se replient en dedans en rapprochant leurs bords, et elles se penchent en même temps vers la terre, en s'inclinant sur leur pétiole.

On connoît maintenant vingt-huit espèces de lupins, dont la plus grande partie est exotique et propre aux pays chauds, ou au moins aux climats tempérés des deux continens. Nous ne parlerons ici que des sept qui suivent.

* *Tiges herbacées.*

Lupin vivace : *Lupinus perennis*, Linn., *Spec.*, 1014 ; *Bot.*

Mag. n. et t. 202 ; Lois., Herb. amat., n. et t. 159. Sa racine, qui est vivace, produit plusieurs tiges herbacées, droites, à peine rameuses, légèrement velues, hautes d'un pied ou un peu plus, garnies de feuilles digitées, composées de sept à neuf folioles ovales-oblongues, glabres en-dessus, chargées de quelques poils en-dessous. Ses fleurs sont bleuâtres ou un peu purpurines, pédonculées, alternes, munies de bractées, et disposées, au nombre de quinze ou davantage, en une grappe simple et terminale. Cette espèce est originaire de la Virginie, de la Caroline et du Canada ; on la cultive en Europe dans les jardins, depuis environ cent soixante ans. Ses racines, qui sont grosses, longues et rampantes, ne doivent pas être changées souvent de place ; il est même préférable d'élever la plante là où l'on veut qu'elle soit placée, en l'y semant à demeure. Ses fleurs paroissent en Mai, Juin et Juillet.

Lupin blanc : *Lupinus albus*, Linn., *Spec.*, 1015 ; *Lupinus sativus, albo flore*, Clus., *Hist.*, CCXXVIII. Sa tige est droite, cylindrique, ordinairement assez simple, haute d'un pied à dix-huit pouces, garnie de feuilles digitées, pétiolées, composées de cinq à sept folioles ovales-oblongues, velues comme toute la plante. Ses fleurs sont blanches, alternes, pédicellées, munies de bractées très-caduques et disposées en grappe terminale ; la lèvre supérieure de leur calice est entière, et l'inférieure à trois dents. Cette espèce est annuelle et originaire du Levant ; on la cultive dans quelques cantons, soit pour en récolter les graines, soit pour la donner comme fourrage vert aux bestiaux, soit le plus souvent pour l'employer comme engrais.

Ce n'est que dans le Midi de la France ou dans l'Europe méridionale qu'on peut cultiver le lupin avec avantage : craignant également le froid et l'humidité, il ne peut réussir dans les pays du Nord ; à Paris, son semis manque très-souvent. Cette plante ayant une végétation très-rapide, on peut, dans les pays chauds, la semer immédiatement après la récolte du blé, et l'on a encore le temps d'obtenir ses graines ; mais, dans ces pays, c'est principalement pour l'enfouir comme engrais qu'on la sème aussitôt après la récolte du blé. Depuis Columelle, qui a vanté le lupin sous ce rap-

port, tous les agronomes qui en ont parlé se sont accordés
à dire qu'en l'enterrant à la charrue au moment où il est en
fleur, il engraisse la terre autant que le meilleur fumier.

Les lupins étoient chez les Grecs et les Romains un mets
assez estimé, après qu'on avoit pris soin de les priver de
leur saveur amère et désagréable, en les faisant macérer
pendant quelque temps dans de l'eau chaude. Aujourd'hui
nous sommes plus difficiles et plus délicats ; nous ne mangeons
plus de lupins, nous les regardons comme un aliment trop
grossier et trop indigeste. Il n'y a plus qu'un petit nombre
de pays en Europe où les paysans et le peuple en fassent
encore usage comme aliment. Dans quelques cantons on les
emploie aussi pour la nourriture des bestiaux. Les bœufs,
et surtout les brebis, aiment beaucoup la plante entière
quand elle est verte ; sèche, elle n'est propre qu'à fournir
de la litière ou à chauffer le four.

Les graines de lupin étoient autrefois assez employées en
médecine ; on les regardoit comme apéritives, diurétiques,
vermifuges et emménagogues : aujourd'hui on n'en fait plus
guère usage que réduites en farine ; ainsi préparées, elles font
partie des quatre farines dites résolutives.

Lupin bigarré ; *Lupinus varius*, Linn., *Spec.* 1015. Sa racine, qui est annuelle, produit une tige droite, velue, quelquefois rameuse, haute de huit à douze pouces. Ses feuilles
sont composées de cinq à sept folioles lancéolées, presque
glabres en-dessus, blanchâtres et velues en-dessous. Les
fleurs, qui varient du rouge au bleu, sont portées sur de
courts pédicelles, à demi verticillées, accompagnées de
bractées linéaires, et disposées en épi terminal ; la lèvre supérieure de leur calice est bifide. Cette espèce croît naturellement dans les moissons en Italie, en Corse et dans le
Midi de la France. On la cultive dans quelques jardins.

Lupin a feuilles étroites ; *Lupinus angustifolius*, Linn.,
Spec., 1015. Sa racine est annuelle, pivotante ; elle produit
une tige simple ou divisée en quelques rameaux, haute de
huit à douze pouces. Ses feuilles sont composées de sept à
neuf folioles linéaires, obtuses, légèrement velues, ainsi que
toute la plante. Les fleurs sont bleues, plus petites que dans
les espèces précédentes, presque sessiles, alternes, munies

de courtes bractées, et disposées en épi terminal; la lèvre supérieure de leur calice est bifide, et l'inférieure entière. Cette plante croît naturellement en Espagne, en Italie, en Corse; elle se trouve en France, dans les lieux sablonneux, aux environs de Bayonne, de Bordeaux, d'Orléans, etc.

LUPIN JAUNE: *Lupinus luteus*, Linn., *Spec.*, 1015; *Bot. Magaz.*, n. et t. 140. Sa racine est annuelle, comme celle des deux précédens, et sa tige droite, le plus souvent simple, haute de six à huit pouces. Ses feuilles sont composées de sept à neuf folioles pubescentes, oblongues dans le bas de la plante, linéaires dans le haut. Les fleurs sont jaunes, agréablement odorantes, de grandeur médiocre, presque sessiles, verticillées cinq à six ensemble, et disposées en épi terminal; la lèvre supérieure de leur calice est partagée en deux, et l'inférieure est à trois dents. Cette espèce croît dans les champs sablonneux en Sicile, et en France aux environs de Montpellier. On la cultive pour l'ornement des jardins, à cause de l'odeur suave de ses fleurs, qui est assez analogue à celle de la giroflée de muraille.

** *Tiges frutescentes.*

LUPIN MULTIFLORE: *Lupinus multiflorus*, Lam., *Dict. enc.*, 5, p. 624. La tige de cette espèce est ligneuse, et acquiert plusieurs pieds d'élévation: elle est chargée, comme le reste de la plante, de poils couchés, soyeux, qui la rendent cotonneuse. Ses feuilles sont portées sur de longs pétioles élargis à leur base, composées ordinairement de sept folioles lancéolées, soyeuses, molles au toucher. Les fleurs sont grandes, nuancées de différentes couleurs parmi lesquelles domine le bleu azuré, éparses, presque sessiles, beaucoup plus nombreuses que dans la plupart des autres espèces, disposées, aux extrémités des tiges et des rameaux, en épis alongés et bien garnis; la lèvre supérieure de leur calice est bifide, et l'inférieure est partagée en trois dents étroites. Cette plante croît au Brésil.

LUPIN EN ARBRE: *Lupinus arboreus*, Willd., *Enum.*, 2, p. 752; *Lupinus fruticosus*, Curt., *Bot. Magaz.*, n.° et t. 682. Sa tige est ligneuse, cylindrique, glabre, rameuse; ses feuilles sont pétiolées, composées de cinq à sept folioles étroites.

lancéolées, acuminées, légèrement pubescentes ; ses fleurs sont jaunes, de la grandeur de celles du *lupinus luteus*, pédicellées, disposées par demi-verticilles distans, formant une grappe droite et terminale ; les deux lèvres du calice sont entières. On ne sait pas de quel pays cette plante est originaire ; on la cultive au jardin royal de Berlin et dans quelques jardins en Angleterre.

Le *lupinus villosus*, Willd., et deux à trois autres espèces ont les feuilles simples. (L. D.)

LUPINASTER. (*Bot.*) Buxbaum et Ammann nommoient ainsi la plante qui a été ensuite réunie au trèfle sous le nom de *trifolium lupinaster*. Le premier nom a été rétabli par Adanson et par Mœnch, qui distingue cette plante par son calice campanulé, son stigmate en crochet et sa gousse polysperme. (J.)

LUPINELLE. (*Bot.*) Nom vulgaire du trèfle incarnat. (L. D.)

LUPINUS. (*Bot.*) Voyez Lupin. (L. D.)

LUPO DELL'API. (*Ornith.*) Dénomination italienne du guêpier commun, *merops apiaster*, Linn. (Ch. D.)

LUPON. (*Conchyl.*) Adanson appelle ainsi une petite espèce de porcelaine qu'il décrit et figure, pag. 73, pl. 5, et que Bruguières rapporte au *cypræa lota* de Linnæus. (De B.)

LUPSEA. (*Bot.*) Nom donné par Necker à la subdivision du genre *Centaurea* de Linnæus que nous avions nommée *crocodilium*. (J.)

LUPULE. (*Ichthyol.*) Voyez Lucs. (H. C.)

LUPULINE. (*Bot.*) C'est une espèce de luzerne. (L. D.)

LUPULINUM. (*Bot.*) Ce nom adjectif, donné par C. Bauhin à une espèce de trèfle, *trifolium spadiceum*, avoit été changé en nom de genre par Ruppius, auteur du *Flora Ienensis*. (J.)

LUPULUS. (*Bot.*) Ce nom latin du houblon est celui sous lequel tous les anciens l'ont désigné, et pour cette raison Tournefort l'avoit adopté ; mais Linnæus lui a substitué celui de *humulus*. Le nom de *lupulus* a été donné à d'autres plantes grimpantes comme le houblon, au *dalechampia* par Plumier, au *gouania* par Plukenet. (J.)

LUPUS. (*Mamm.*) Nom du loup chez les Latins. (F. C.)

LUPUS. (*Ornith.*) Un des noms latins du choucas, *corvus monedula*. Linn. (Сн. D.)

LUPUS SALICTARIUS et LUPULUS. (*Bot.*) Noms du houblon chez les anciens Romains. (Lem.)

LURA. (*Ichth.*) Nom du flez en Islande. Voyez Flez. (H. C.)

LURAR. (*Ornith.*) Un des noms italiens du grêbe huppé, *colymbus cristatus*, Gmel. (Сн. D.)

LURIDÆ. (*Bot.*) Ce nom, qui signifie livide, avoit été donné par Linnæus à un de ses ordres naturels, dans lequel il a réuni la plupart des plantes solanées avec quelques-unes de familles voisines. (J.)

LURLEN. (*Ornith.*) On appelle ainsi, à Bâle, l'alouette commune, *alauda arvensis*, Linn. (Сн. D.)

LUSCINIA. (*Ornith.*) Nom latin du rossignol, que Varron appelle *lusciola*. (Сн. D.)

LUSCINIOLA. (*Ornith.*) La fauvette des bois est ainsi nommée dans quelques ouvrages d'histoire naturelle. (Сн. D.)

LUSSA-RADJA. (*Bot.*) Cette plante des Moluques, publiée par Rumph, est citée par Loureiro comme la même que son genre *Gonus*, qui doit être rangé dans les térébintacées, près du *Brucea*. (J.)

LUSSAQ. (*Bot.*) Voyez Caidreja. (J.)

LUSSEQ. (*Bot.*) Nom arabe, cité par Forskal, de son *borrago verrucosa*, reporté par M. Delile au *borrago africana*, et nommé par lui *losseyq* et *horreyg*. M. Delile cite aussi le nom *lusseq* pour le genre *Forskalea*. (J.)

LUSSI. (*Ichthyol.*) Selon M. Risso, sur les côtes de Nice, on donne ce nom au spet. Voyez Spet. (H. C.)

LUSTRE D'EAU. (*Bot.*) On donne vulgairement ce nom à l'hottone des marais, et quelquefois à la charagne. (L. D.)

LUTAIRE. (*Bot.*) Voyez Lutaria. (Lem.)

LUTARIA, *Lutaire*. (*Bot.*) Palisot de Beauvois rapporte à ce genre de plantes cryptogames des espèces confondues avec les conferves, et dont les caractères sont de porter sur une enveloppe gélatineuse des filamens articulés, entremêlés de corpuscules ovales. Ces espèces croissent au bas des vieux murs ombragés, au fond des mares ou dépôts d'eau, lorsque le liquide est presque entièrement absorbé; Beauvois n'en cite aucune nominativement : elles nous semblent devoir rentrer dans les genres *Oscillatoria* et *Nostoc*. (LEM.)

LUTEOLA. (*Bot.*) La gaude est ainsi nommée par les anciens, parce qu'elle a toujours été employée pour teindre en jaune. Linnæus l'a réunie avec raison au *reseda*, sous le nom de *reseda luteola*. C'étoit le *guadarella* de Cæsalpin, la *catanance* de Lonicer, l'*antirrhinum* de Tragus, le *struthium* de Gesner, le *lutum herba* ou *lutea herba* de Dodoens. Ce dernier nom est encore donné au genêt des teinturiers, *genista tinctoria*. (J.)

LUTEUS. (*Ornith.*) Le loriot, *oriolus galbula*, Linn., a reçu en latin ce nom et ceux de *lutea* et *luteola*. Gaza a aussi désigné par les mêmes noms le verdier, *loxia chloris*, Linn. (CH. D.)

LUTH (*Erpétol.*), nom vulgaire d'une tortue de mer. Voyez CHÉLONÉE. (H. C.)

LUTHEUX. (*Ornith.*) L'oiseau auquel ce nom vulgaire a été donné, est le cujelier ou alouette lulu, *alauda arborea* et *nemorosa*, Linn. (CH. D.)

LUTJAN, *Lutjanus*. (*Ichthyol.*) Les naturalistes, depuis Bloch, ont employé le nom chinois, ou plutôt malais, *lut-jang*, pour désigner un genre de poissons de la famille des acanthopomes de M. Duméril, et reconnoissable aux caractères suivans :

Catopes situés au-dessous des nageoires thoraciques; corps épais, comprimé; opercules dentelées, mais sans piquans; nageoire dorsale unique, souvent garnie de piquans; lèvres non charnues; dents maxillaires fort aiguës; dents pharyngiennes nulles.

Les lutjans ont beaucoup de rapports avec les spares; la plupart sont ornés de couleurs brillantes, et réunissent toutes les nuances de l'arc-en-ciel sur leurs écailles éblouissantes. Leurs dimensions sont en général petites, et ils ont pour habitude de fréquenter les fentes et les cavernes des rochers, n'en sortant que lorsque la mer est calme et tranquille, pour nager avec légèreté et vivacité, et aller à la recherche des idotées, des cymothoës, des sphéromes, des ulves et des fucus, qui font leur nourriture. On les distingue d'ailleurs facilement des HOLOCENTRES, des PERSÈQUES, des CINGLES, des OMBRINES, des PERCIS, des LONCHURES, des ANCYLODONS, des TÉNIANOTES, des BODIANS, des MICROPTÈRES et des SCIÈNES,

qui ont les opercules armées de piquans ; et des Centropome,
et des Sandres, qui ont deux nageoires du dos. (Voyez ces
différens mots et Acanthopomes, dans le Supplément du 1.er
vol. de ce Dictionnaire.)

Bloch et M. de Lacépède avoient placé dans le genre des
Lutjans un fort grand nombre d'espèces, originaires pour
la plupart des mers des pays chauds. M. Cuvier a beaucoup
restreint ce nombre, en renvoyant la plupart d'entre elles
dans les nouveaux genres des Crénilabres et des Pristipomes.
(Voyez ces mots.)

Parmi les espèces de poissons que l'on continue encore à
regarder comme des lutjans, nous citerons les suivantes.

Le Lutjan de Bloch : *Lutjanus Blochii*, Lacépède ; *Lutjan
lutian*, Bloch, pl. 245. Nageoire caudale en croissant ; devant de la tête dénué de petites écailles ; dents des deux
mâchoires courtes et recourbées ; dos arrondi ; ventre carené ; teinte générale blanche ; dos jaunâtre ; des bandes
étroites, transversales et bleues, placées au-dessus de la ligne
latérale, au-dessous de laquelle on aperçoit des lignes jaunes
longitudinales ; mâchoire inférieure plus avancée que la supérieure ; deux orifices à chaque narine ; nageoires rougeâtres ; partie antérieure de la dorsale d'un bleu clair ou
grisâtre.

Ce poisson habite les mers du Japon.

Le Lutjan de l'Ascension : *Lutjanus Ascensionis*, Lacépède ;
Perca Ascensionis, Linnæus. Écailles dentelées ; second aiguillon de la nageoire dorsale dentelé aussi ; deux dents plus
grandes que les autres ; dos rougeâtre ; ventre blanchâtre.

Ce poisson vit dans l'Océan atlantique, auprès de l'île dont
il porte le nom.

Le Lutjan stigmate : *Lutjanus stigma*, Lacépède ; *Perca
stigma*, Linn. Des filamens aux rayons de la nageoire dorsale ;
une empreinte semblable à celle qu'auroit laissée un fer
chaud sur chaque opercule.

De la mer des Indes.

Le Lutjan argenté : *Lutjanus argenteus*, Lacépède ; *Perca
argentea*, Linn. Orifices des narines tubuleux ; dents très-
effilées ; teinte générale d'un blanc éclatant ; une tache noire
sur la partie antérieure de la nageoire du dos.

Des mers de l'Amérique.

Le Lutjan écureuil : *Lutjanus sciurus*, Lacépède ; *Perca formosa*, Linn. Nageoire dorsale échancrée ; écailles dorées, bordées de brun ; des raies bleues sur la tête, et de chaque côté du corps et de la queue ; nageoires d'un jaune doré ; deux orifices à chaque narine.

On prend ce poisson aux Moluques, aux Antilles et dans l'île de Bahama.

Le Lutjan jaune ; *Lutjanus luteus*, Bloch, Lacép. Mâchoires également avancées ; dents granuleuses ; corps élevé ; yeux très-grands ; dernière pièce de chaque opercule terminée par une pointe molle ; nageoires d'un jaune doré ; corps argenté avec des raies longitudinales dorées.

Des Antilles. Il pourroit bien appartenir au genre Pristipome. (Voyez ce mot.)

Le Lutjan hamrur : *Lutjanus hamrur*, Lacépède ; *Sciæna hamrur*, Forsk., Linn. Nageoire caudale en croissant ; lèvre supérieure extensible ; une rangée de dents auprès du gosier ; bord des écailles membraneux : teinte générale d'un rouge de cuivre.

Ce poisson a été vu, par Forskal, non loin du rivage de l'Arabie. Il paroit s'éloigner des lutjans proprement dits.

Le Lutjan Vosmaer : *Lutjanus Vosmaeri*, Lacépède ; *Anthias Vosmaer*, Bloch, 321. Nageoire caudale en croissant ; mâchoires également avancées ; deux orifices à chaque narine ; teinte générale rouge ; ventre d'un jaune nuancé de violet ; une raie jaune parallèle à la ligne latérale ; nageoires dorsale et anale bleues.

Ce poisson est originaire du Japon, comme le suivant.

Le Lutjan elliptique : *Lutjanus ellipticus*, Lacépède ; *Anthias bilineatus*, Bloch. Nageoire caudale en croissant ; une ellipse grande et violette, placée sur la partie supérieure de l'animal ; dos d'un vert jaunâtre plus ou moins mêlé de brun ; nageoires dorsale, pectorales et caudale violettes ; catopes variés de jaune et de violet ; anale noire en avant, jaune en arrière.

Le Lutjan japonois ; *Lutjanus japonicus*, Lacép. Nageoire caudale en croissant ; dos jaune ; flancs jaunâtres ; ventre rougeâtre ; nageoires rouges ; des raies étroites, obliques et verdâtres sur le dos; devant de la nageoire dorsale d'un violet mêlé de gris ou de blanc.

Le nom spécifique de ce poisson indique sa patrie.

Le Lutjan hexagone; *Lutjanus hexagonus*, Lacép. Nageoire dorsale échancrée; chacune des faces latérales de l'animal représentant un hexagone alongé; toutes les pièces de chaque opercule dentelées; des lames dentelées autour des yeux, qui sont fort grands.

M. de Lacépède a le premier fait connoître ce poisson, d'après un individu qui s'est trouvé dans la collection cédée naguère à la France par la Hollande.

Le Lutjan galon-d'or : *Lutjanus aureo-villatus*. Un aiguillon tourné vers le museau au-dessus de chaque œil; teinte générale blanchâtre avec une raie longitudinale dorée; nageoires pectorales et caudale dorées aussi; catopes et nageoire dorsale d'un brun mêlé de blanc.

Ce poisson vit dans les eaux de Sumatra. Il est décrit sous le nom de *perca aurata* dans les Actes de la Société linnéenne de Londres, vol. III, p. 53.

Le Lutjan triangle; *Lutjanus triangulum*, Lacép. Opercules couvertes d'écailles; mâchoire supérieure plus avancée que l'inférieure; lèvre supérieure double; une tache foncée, bordée d'une couleur claire et triangulaire, à la base de la nageoire de la queue.

Ce poisson, décrit d'abord par M. de Lacépède, vit dans le grand Océan équinoxial.

Le Lutjan jourdin : *Lutjanus jourdin*, Lacépède; *Anthias jourdin*, Bloch, 516, fig. 2. Nageoire caudale arrondie; tête comprimée et toute couverte de petites écailles; nuque élevée : mâchoires également avancées; écailles dures et dentelées; dos caréné; ventre arrondi : teinte générale d'un brun mêlé de reflets dorés; deux bandes transversales blanches; une tache lancéolée sur le milieu de la nageoire caudale.

Ce poisson, qui parvient à la taille de sept à onze pouces, se trouve dans les eaux de l'île d'Amboine. Il paroit être le même que l'*amphiprion bifasciatus* de Bloch. Voyez Amphiprion, dans le Supplément du 2.ᵉ vol. de ce Dictionnaire.

Lutjan tacheté : *Lutjanus maculatus*, Lacép.; *Anthias ma-*

culatus, Bloch, 326, fig. 2. Nageoire caudale arrondie ; nuque et dos très-élevés ; dents pointues et courtes ; yeux rapprochés : des taches très-grandes, irrégulières et noires, sur un fond argenté ; les nageoires rougeâtres ; les écailles dures.

Ce poisson vient des Indes orientales.

Le Lutjan blanc-or ; *Lutjanus albo-aureus*, Lacépède. Dents extérieures plus grandes et recourbées ; écailles très-serrées et dentelées : teinte générale blanche avec des raies d'or sur la tête et sur les flancs ; dos brun ; nageoires jaunes, à l'exception de la caudale, qui est noire et lisérée de blanc, et du haut de la dorsale, qui est rouge. Taille de sept à dix pouces.

Ce poisson, dont la chair a une saveur assez agréable, a été vu par Commerson auprès des rivages de la Nouvelle-France.

Le Lutjan perchot ; *Lutjanus percula*, Lacépède. Nageoire caudale arrondie et très-grande ; opercules ciselées ; écailles dentelées et serrées ; dents à peine sensibles : couleur générale orange ; trois bandes transversales bordées de noir. Taille de trois pouces.

Ce lutjan, qui vit au milieu des rochers, parmi les coraux, a aussi été observé par Commerson. Il habite auprès des rivages de la Nouvelle-Bretagne, et particulièrement dans le port Praslin.

Le Lutjan trident : *Lutjanus tridens*, Lacép. ; *Perca trifurca*, Linn. Nageoire caudale trilobée ; troisième et quatrième rayons de la nageoire dorsale prolongés en un long filament ; sept bandes transversales bleues.

Le docteur Garden a observé ce poisson dans la mer de la Caroline.

Le Lutjan trilobé ; *Lutjanus trilobatus*, Lacépède. Mâchoire inférieure plus avancée que la supérieure ; deux orifices à chaque narine ; nuque élevée et arrondie ; ventre gros ; nageoire caudale trilobée. Patrie inconnue.

Le lutjan magnifique, que M. de Lacépède a décrit, est encore une espèce douteuse, de l'aveu même de ce savant ichthyologiste. (H. C.)

LUTJAN ADRIATIQUE. (*Ichthyol.*) Voyez Labre adriatique et Serran. (H. C.)

LUTJAN ARAUNA. (*Ichthyol.*) Voyez Pomacentre. (H. C.)

LUTJAN BOHAR. (*Ichthyol.*) Nous avons décrit ce lutjan de M. Schneider à l'article Diacope. (H. C.)

LUTJAN BOSSU. (*Ichthyol.*) Voyez Diacope. (H. C.)

LUTJAN BRUNNICH. (*Ichthyol.* Voyez Crénilabre. (H. C.)

LUTJAN CHRYSOPS. (*Ichthyol.*) Voyez Crénilabre. (H. C.)

LUTJAN CHRYSOPTÈRE. (*Ichthyol.*) Ce poisson doit être rapporté au genre des Cichles. Voyez ce mot. (H. C.)

LUTJAN CORNUBIEN. (*Ichth.*) Voyez Crénilabre. (H. C.)

LUTJAN CROISSANT. (*Ichthyol.*) Voyez Serran. (H. C.)

LUTJAN DEUX-DENTS. (*Ichthyol.*) Voyez Crénilabre. (H. C.)

LUTJAN DIAGRAMME. (*Ichth.*) Voyez Diagramme. (H. C.)

LUTJAN ÉCRITURE. (*Ichthyol.*) Voyez Crénilabre. (H. C.)

LUTJAN ÉRYTHROPTÈRE. (*Ichthyol.*) Voyez Crénilabre. (H. C.)

LUTJAN GRIMPANT. (*Ichthyol.*) Voyez Anabas, dans le Supplément du second volume de ce Dictionnaire. (H. C.)

LUTJAN GYMNOCÉPHALE. (*Ichthyol.*) Voyez Centropome. (H. C.)

LUTJAN LAMARCK. (*Ichthyol.*) Voyez Sublet. (H. C.)

LUTJAN LAPINE. (*Ichthyol.*) Voyez Crénilabre. (H. C.)

LUTJAN LINKE. (*Ichthyol.*) Voyez Crénilabre. (H. C.)

LUTJAN MACROPHTHALME. (*Ichth.*) Voyez Priacanthe. (H. C.)

LUTJAN MARQUÉ. (*Ichthyol.*) Voyez Crénilabre. (H. C.)

LUTJAN MARSEILLOIS. (*Ichth.*) Voyez Crénilabre. (H. C.)

LUTJAN MÉDITERRANÉEN. (*Ichth.*) Voyez Crénilabre. (H. C.)

LUTJAN MÉLOPS. (*Ichthyol.*) Voyez Crénilabre. (H. C.)

LUTJAN MICROSTOME. (*Ichth.*) Voyez Pristipome. (H. C.)

LUTJAN NORWÉGIEN. (*Ichth.*) Voyez Crénilabre. (H. C.)

LUTJAN ŒILLÉ. (*Ichthyol.*) Voyez Crénilabre. (H. C.)

LUTJAN OLIVATRE. (*Ichth.*) Voyez Crénilabre. (H. C.)

LUTJAN ORANGE. (*Ichthyol.*) Voyez Diagramme. (H. C.)

LUTJAN ORIENTAL. (*Ichth.*) Voyez Diagramme. (H. C.)

LUTJAN PALLONI. (*Ichthyol.*) Voyez Crénilabre. (H. C.)

LUTJAN PENTAGRAMME. (*Ichth.*) Voyez Perche. (H. C.)

LUTJAN PIQUÉ. (*Ichthyol.*) Voyez Pristipome. (H. C.)

LUTJAN PLUMIER. (*Ichthyol.*) Le poisson que plusieurs auteurs ont ainsi nommé, et qui est l'*anthias striatus* de Bloch, nous paroit appartenir véritablement au genre BODIAN. Voyez ce mot. (H. C.)

LUTJAN POLYMNE. (*Ichth.*) Voyez AMPHIPRION. (H. C.)

LUTJAN ROISSAL. (*Ichthyol.*) Voyez CRÉNILABRE. (H. C.)

LUTJAN ROUGEATRE. (*Ichth.*) Voyez CRÉNILABRE. (H. C.)

LUTJAN SELLE. (*Ichthyol.*) Voyez AMPHIPRION, dans le Supplément du second volume de ce Dictionnaire. (H. C.)

LUTJAN SERRAN. (*Ichthyol.*) Voyez SERRAN. (H. C.)

LUTJAN STRIÉ. (*Ichthyol.*) Voyez LUTJAN PLUMIER. (H. C.)

LUTJAN SURINAM. (*Ichthyol.*) Voyez PRISTIPOME. (H. C.)

LUTJAN TORTUE. (*Ichthyol.*) Voyez ANABAS, dans le Supplément du second volume de ce Dictionnaire. (H. C.)

LUTJAN VARIÉ. (*Ichthyol.*) Voyez CRÉNILABRE. (H. C.)

LUTJAN VEINÉ. (*Ichthyol.*) Voyez CRÉNILABRE. (H. C.)

LUTJAN VERDATRE. (*Ichth.*) Voyez CRÉNILABRE. (H. C.)

LUTJAN VIRGINIEN. (*Ichth.*) Voyez PRISTIPOME. (H. C.)

LUTKI (*Ornith.*), espèce de canard du Kamtschatka. (CH. D.)

LUTRA. (*Mamm.*) Un des noms latins de la loutre commune. (F. C.)

LUTRAIRE, *Lutraria.* (*Malacoz.*) Genre de mollusques acéphalés lamellibranches, ou de coquillages bivalves, établi par M. de Lamarck pour un certain nombre d'espèces de myes et de mactres de Linnæus, qui n'ont pas dans la coquille tous les caractères de ce genre, mais dont l'animal n'offre presque aucune différence ; ses caractères sont : Animal très-comprimé ; le manteau fendu dans tout son bord inférieur, terminé en arrière par un long tube ; un pied subantérieur, petit et sécuriforme : coquille ovale ou alongée, équivalve, inéquilatérale, quelquefois à peine bâillante et à sommets peu distincts ; charnière similaire, portée sur un appendice avancé, et composée de deux dents cardinales obliques, divergentes, quelquefois presque effacées, au devant d'une large fosse triangulaire pour l'insertion du ligament, qui est interne.

Les lutraires sont des animaux qui vivent constamment enfoncés dans le sable, dans la vase, à l'embouchure des rivières, la bouche en bas et les tubes en haut ; ils peuvent cependant encore très-bien changer de place. On n'en connoît jusqu'ici qu'un assez petit nombre d'espèces, peut-être parce que leur coquille n'offre rien de remarquable, ce qui a fait négliger de les recueillir dans les mers étrangères.

M. de Lamarck divise les espèces de lutraires qu'il a caractérisées, en deux sections, d'après la forme de la coquille.

A. *Espèces dont la coquille est orbiculaire ou subtrigone.*

La L. COMPRIMÉE ; *L. compressa*, Enc. méth., pl. 257, fig. 4. Coquille mince, comprimée, striée irrégulièrement, suivant sa longueur, de couleur blanc sale, quelquefois roussâtre. Très-commune dans la Manche.

La L. CALCINELLE : *L. calcinella*, Adans., Sénég., t. 17, fig. 18 ; *Mactra piperata*, Gmel. Encore plus aplatie que la précédente, mais moins arrondie, assez mince, un peu striée longitudinalement, jaunâtre ou très-blanche ; les dents extrêmement petites. Méditerranée.

La L. TELLINOÏDE ; *L. tellinoides*, Lamck. Ovale, mince, translucide, blanche ; un pli au côté antérieur, qui est le plus court. Côtes de Guinée.

La L. BLANCHE : *L. candida*, Lamck.; *Mactra pellucida*, Gm. Toute blanche, fort mince, transparente comme la précédente, mais sans pli sur aucun côté : des stries inégales longitudinales : deux pouces de long sur un quart de haut. Mer de Guinée.

La L. PAPYRACÉE ; *L. papyracea*, Lamck., Encycl. méth., pl. 257, fig. 2 . *a*, *b*. Coquille ovale, arrondie, mince, pellucide, striée transversalement, très-bâillante sur un côté, qui est marqué d'une ligne longitudinale élevée. Océan indien.

La L. PETITS-PLIS : *L. plicatella*, Lamck., Chemn., *Conchyl.*, 6, t. 25, fig. 231. De mêmes forme et couleur que la précédente, mais en différant, parce que les stries longitudinales deviennent de petits plis nombreux, et que le côté postérieur, plus court, est subanguleux. Océan indien.

La L. GROS-PLIS ; *L. crassiplica*, Lamck., Encycl. méth., pl. 255, fig. 2, *a*, *b*. Coquille de trente millimètres, blanche, ovale, arrondie, mince, pellucide comme les précédentes ;

mais plus convexe, plus courte au côté antérieur, et couverte de plis longitudinaux plus grands. Océan indien.

La L. APLATIE : *L. complanata; Mactra complanata,* Gmel., Enc. méth., pl. 258, fig. 4. Coquille fort rapprochée de la précédente, mais plus alongée ; les plis plus arqués et striés transversalement ; sa couleur, ordinairement blanche, est quelquefois bleuâtre : elle a deux pouces un quart de long sur un pouce de large. Océan indien.

B. *Espèces longitudinalement oblongues.*

La L. SOLÉNOÏDE : *L. solenoides,* Lmck.; *Mya oblonga,* Gm., Gualt., *Test.,* t. 90, fig. A, 2. Grande coquille d'un blanc sale ou roussâtre, robuste, fortement bâillante, très-inéquilatérale, le côté antérieur beaucoup plus court que le postérieur, striée irrégulièrement dans sa longueur; deux dents à côté de la fossette. L'Océan d'Europe.

La L. ELLIPTIQUE : *L. elliptica,* Lamck.; *Mactra lutraria,* Gmel.; Chemn., *Conch.,* 6, t. 24, fig. 240, 241. Presque aussi grande que la précédente, mais un peu moins bâillante, plus lisse, en ce que les stries longitudinales sont plus fines, les crochets petits. Elle se trouve dans le sable de nos côtes. (De B.)

LUTRAIRE. (*Foss.*) On trouve, dans des couches plus anciennes que la craie, des coquilles bivalves inéquilatérales, transversalement obliques, et plus souvent on ne trouve que la gangue qui s'est moulée dans leur test. On a cru que ces coquilles étoient bâillantes aux deux bouts; mais, à ma connoissance, on n'a pu en distinguer la charnière, car celles qu'on a trouvées avec leur test, sont toutes jointes ensemble et remplies de gangue. M. Sowerby, ayant regardé ces moules comme devant avoir appartenu à des coquilles du genre Lutraire, en a signalé et figuré plusieurs espèces dans son ouvrage sur les fossiles. (*Min. conch.*)

Lutraria gibbosa; Sow., *loc. cit.,* pl. 42. Moule intérieur de quatre pouces et demi de largeur sur plus de deux pouces et demi de longueur. Lieu natal, près de Bath.

Je possède une coquille qui paroît appartenir à la même espèce, et qui a été trouvée dans la couche à oolithes, à Maltot, près de Caen. Elle est lisse extérieurement : il paroit qu'elle est bâillante ; mais la gangue qui tient les deux valves jointes , ne permet pas d'apercevoir la charnière. Largeur, deux pouces.

Lutraria lirata : Sow. , *loc. cit.*, pl. 225 ; Bourguet, Traité des Pétrif., tab. XXIV , fig. 145. Ce moule a plus de trois pouces de largeur ; les stries fines longitudinales et un peu obliques dont il est couvert. prouvent que la coquille étoit très-mince, comme celle des espèces suivantes. Lieu natal, Norton-Ander-Edge en Angleterre , et dans le Jura.

Lutraria ovalis ; Sow., *loc. cit.*, pl. 226. Ce moule est moins grand que le précédent, et est couvert de douze côtes longitudinales et obliques , qui répondoient à un nombre pareil de canelures qui se trouvoient dans l'intérieur de la coquille.

On trouve ces moules à Felmarsham et à Portland.

Lutraria ambigua ; Sow., *loc. cit.*, tab. 227. Coquille de la grosseur du poing, très-bombée, inéquilatérale, à test très-mince , et chargée, sur la moitié antérieure, de deux à six gros plis longitudinaux. On peut soupçonner, avec raison , que ces coquilles étoient bâillantes ; mais l'état dans lequel on les trouve, ne permet pas de l'assurer : leur test est si mince qu'on doit croire que les animaux auxquels elles ont appartenu, vivoient dans une vase ou dans un sable fin qui les protégeoit. M. Sowerby ne dit point où les moules de ces coquilles, qu'il a figurées et décrites , ont été trouvées ; mais j'en possède deux avec leur test , qui sont remplies d'une gangue bleuâtre, avec oolithes, et qui paroîtroient dépendre d'u banc bleu (*blue lias*) qu'on trouve en Angleterre et en Normandie. Je possède un moule qui paroît appartenir à cette espèce , et auquel adhèrent des portions de gangue de la nature de la craie, en sorte que l'on pourroit croire qu'il a été trouvé dans une couche de craie inférieure.

Lutraria angustata ; Sow., *loc. cit.*, tab. 327. Ce moule. qui a été trouvé près de Frome en Angleterre, ne paroit différer du *lutraria ovalis* que par un plus grand nombre de côtes, et n'est peut-être qu'une variété de cette espèce.

L'un des caractères des coquilles du genre Lutraire étant d'être bâillantes aux deux bouts, il est très-douteux que celles ci-dessus appartiennent à ce genre , car, si quelques espèces ont été bâillantes au côté postérieur, il paroit certain que toutes ne l'ont pas été au côté antérieur.

On trouve dans les couches à ammonites, près de Wey-mouth, à Nevers, à Alençon et à Gâprée, près de Séez, des moules intérieurs, de la grosseur du poing, de coquilles qui ont beaucoup de rapport avec l'espèce à laquelle M. Sowerby a donné le nom de *lutraria ambigua*. Ces moules sont très-bombés, tronqués au côté antérieur, et chargés de côtes longitudinales, coupées par de petites côtes trans-verses. Les sommets sont arqués et se touchent : comme on ne voit pas de charnières, on a pu se tromper sur le genre de coquilles auquel ils ont pu appartenir. M. de Lamarck (Hist. des anim. sans vertèbres, 1816), a cru qu'ils avoient appartenu à une espèce de trigonie, à laquelle il a donné le nom de trigonie enflée. Bourguet (Traité des pétrif., pl. XXV, fig. 153) a cru que ces moules appartenoient au genre Pé-toncle. Enfin M. Sowerby (*loc. cit.*, pl. 197) les a regardés comme des moules de cardites.

Je pense qu'on ne pourra assigner le véritable genre auquel ils appartiennent, que lorsque le hasard aura procuré quel-ques-unes de ces coquilles dont on pourra distinguer la charnière, ou lorsqu'on aura beaucoup étudié les rapports des moules intérieurs avec les coquilles à l'état frais ou dé-gagés de leur gangue. (D. F.)

LUTRIX. (*Erpétol.*) Nom spécifique d'une couleuvre encore peu connue et dont nous avons parlé dans ce Dictionnaire, tom. XI, pag. 216. (H. C.)

LUTRONE. (*Ornith.*) Un des noms vulgaires de la grive draine, *turdus viscivorus*, Linn. Salerne se trompe quand il suppose que l'oiseau qu'on appelle ainsi dans les environs d'Abbeville, est le loriot. (Ch. D.)

LUTS. (*Chim.*) Substances que l'on emploie, dans les labo-ratoires de chimie et dans plusieurs ateliers, 1.º à enduire les vaisseaux de verre ou de grés qui doivent être chauffés au rouge, et qui, sans cela, ou se fondroient, ou seroient exposés à se fêler par les variations trop rapides de tempéra-ture ; 2.º à recouvrir les bouchons au moyen desquels on joint plusieurs vaisseaux ensemble, afin d'en faire un *appareil* ; ou, si on ne met pas de bouchon, à fermer les communications des vaisseaux : dans le second cas les luts sont destinés à prévenir la dispersion, dans l'atmosphère, des gaz ou des vapeurs qu'on se propose de recueillir.

Le lut qu'on emploie pour enduire les vaisseaux de verre ou de grès qui doivent être fortement chauffés, est de l'argile mêlée de sable. On y ajoute de la bourre ou du crotin de cheval, si les vaisseaux sont grands. Les luts qu'on emploie dans le second cas, sont très-variés. Tantôt c'est une bande de linge imprégnée de blanc d'œuf, puis saupoudrée de chaux éteinte à l'air, ou bien un ruban de fil imprégné de colle de farine ou d'amidon ; tantôt c'est le marc des amandes ou celui des graines de lin, épuisé d'huile, qu'on a réduit en pâte au moyen de la colle de farine ou d'une solution de colle forte dans l'eau bouillante. On emploie encore, 1.° le *lut gras*, qui est de l'argile sèche tamisée, qu'on a réduite en pâte ductile au moyen de l'huile de lin rendue siccative par la litharge ; 2.° la *cire d'Espagne*, quand les parties qu'on veut luter, ne doivent pas être exposées à une température élevée. (Cʜ.)

LUVARUS. *Luvarus.* (*Ichthyol.*) M. Rafinesque-Schmaltz a formé dernièrement sous ce nom un genre de poissons très-voisin des stromatées, et reconnoissable aux caractères suivans:

Corps comprimé, inégalement large ; nageoires du dos et de l'anus égales et opposées ; anus situé sous les nageoires pectorales et précédé d'un appendice en forme d'opercule.

Ce genre ne diffère de celui des stromatées que par la position de l'anus et des nageoires dorsale et anale, qui sont courtes et situées en arrière du corps.

Il ne renferme encore qu'une seule espèce ; c'est le

Lᴜᴠᴀʀᴜs ɪᴍᴘᴇ́ʀɪᴀʟ : *Luvarus imperialis*, R. Bouche petite, sans dents ; anus garni d'une opercule plate, obtuse et mobile ; queue grande, presque cartilagineuse, peu échancrée, à lobes alongés et obtus : teinte générale argentée, mêlée d'un fauve roux, plus obscure sur le dos.

Ce poisson est très-rare, et sa chair passe pour exquise. M. Rafinesque-Schmaltz n'a eu occasion d'en voir qu'un seul individu, qui fut pris, le 15 Juin 1808, près de Solante, sur la plage où il étoit échoué : il avoit cinq pieds de longueur et pesoit 275 livres.

Le luvarus habite la mer Méditerranée. En Sicile, on l'appelle *luvaru impiriali*. (H. C.)

LUYER (*Ichthyol.*). Un des noms danois de l'ablette. Voyez Able, dans le supplément du 1.ᵉʳ volume de ce Dictionnaire. (H. C.)

LUZ. (*Bot.*) Voyez Laus, Lauzi. (J.)

LUZACH. (*Bot.*) Voyez Didar. (J.)

LUZERNE; *Medicago*, Linn. (*Bot.*) Genre de plantes dicotylédones, de la famille des *légumineuses*, Juss., et de la *diadelphie décandrie*, Linn., qui a pour caractères : Un calice monophylle, persistant, presque cylindrique, à cinq dents égales; une corolle papilionacée, ayant l'étendard ovale, entier, plus ou moins réfléchi, et les ailes ovales-oblongues, fixées, par une appendice, à la carène qui est oblongue, bifide, un peu écartée de l'étendard : dix étamines à filamens réunis presque jusqu'à leur sommet; un ovaire supère, oblong, comprimé, recourbé, à style court et à stigmate simple : un légume comprimé en forme de croissant, ou faisant sur lui-même plusieurs tours en spirale.

Les luzernes sont des plantes presque toutes herbacées, à feuilles alternes, ternées, et à fleurs portées ordinairement plusieurs ensemble sur des pédoncules axillaires. On en connoit au-delà de quatre-vingts espèces, pour la plupart indigènes de l'Europe, et en France seulement on en trouve près de quarante. Toutes ces plantes sont propres à la nourriture des bestiaux, et l'une d'elles surtout est, sous ce rapport, l'objet d'une culture très-étendue dans les parties tempérées de l'Europe. Obligés par la nature de cet ouvrage de nous borner dans l'énumération des espèces, nous n'en citerons que huit dans cet article.

* *Légumes roulés en escargot et décrivant plusieurs tours de spirale.*

Luzerne orbiculaire, *Medicago orbicularis*, All., *Fl. Ped.*, n.° 1150; Gærtn., *Fruct.*, 2, t. 155. Ses tiges sont très-rameuses, étalées, longues d'un pied ou un peu plus, glabres comme toute la plante, garnies de feuilles composées de trois folioles ovales-cunéiformes, très-obtuses, dentées à leur sommet, munies, à la base de leur pétiole, de stipules découpées en divisions profondes et très-étroites. Les fleurs sont jaunes, portées une ou deux ensemble sur des pédoncules axillaires, à peu près égaux aux pétioles. Les légumes sont glabres, tortillés sur eux-mêmes en cinq à six tours de spirale assez serrés pour former un disque orbiculaire, presque plane. Cette espèce est annuelle : elle croit dans les champs et les lieux cultivés.

LUZERNE TOUPIE : *Medicago turbinata*, All., *Fl. Ped.*, n.° 1153. Ses tiges sont rameuses, foibles, diffuses, longues d'environ un pied, un peu velues, ainsi que les feuilles, qui sont composées de trois folioles ovales, et munies à leur base de stipules assez larges, dentées. Les fleurs sont jaunes, portées une ou deux ensemble sur des pédoncules axillaires, ordinairement plus longs que les pétioles ; il leur succède des légumes roulés sur eux-mêmes en cinq à six circonvolutions serrées les unes sur les autres, de manière à former un cylindre un peu ventru dans le milieu, convexe aux deux extrémités. Cette plante est annuelle et croit dans les champs et les moissons du Midi de la France, en Italie, etc.

LUZERNE MARITIME ; *Medicago marina*, Linn., *Spec.*, 1097 ; Gærtn., *Fruct.*, 2, t. 155. Sa racine est vivace ; elle produit une tige rameuse dès sa base, longue de six à huit pouces, etalée, couverte, ainsi que toute la plante, d'un duvet cotonneux, blanchâtre. Ses feuilles sont assez petites, composées de trois folioles ovales-cunéiformes et accompagnées de stipules entières. Les fleurs sont jaunes, réunies six à dix ensemble en petites têtes portées sur des pédoncules au moins aussi longs que les feuilles ; il leur succède des légumes cotonneux, contournés, formant trois circonvolutions à bords hérissés de quelques pointes. Cette espèce croit dans les sables des bords de l'Océan et de la Méditerranée, en France et dans le Midi de l'Europe.

LUZERNE HÉRISSON : *Medicago echinus*, Decand., *Flor. fr.*, 4, pag. 546, n.° 5916. Ses tiges sont glabres, rameuses, demi-couchées, longues d'un pied ou environ, garnies de feuilles composées de trois folioles ovales et accompagnées de stipules profondément dentées. Les fleurs sont petites, jaunes, portées, quatre à six ensemble, au sommet d'un pédoncule plus long que les pétioles ; il leur succède des légumes roulés cinq

à six fois sur eux-mêmes, formant une masse ovoïde, assez
grosse, dont les circonvolutions sont glabres et munies sur
leur dos de longues épines divergentes et entrecroisées. Cette
plante est annuelle; on la trouve dans le Midi de la France,
en Italie, etc.

⁕⁕ *Légumes arqués ou courbés en cercle.*

Luzerne houblon : *Medicago lupulina*, Linn., *Spec.*, 1097 ;
Trifolium pratense luteum, Fuchs, *Hist.*, 819. Ses tiges sont
nombreuses, menues, très-étalées, longues d'un pied ou environ, légèrement pubescentes, garnies de feuilles à trois
folioles ovales, accompagnées de stipules entières ou un peu
dentées. Les fleurs sont très-petites, jaunes, ramassées, au
nombre de douze ou plus, en têtes portées sur des pédoncules axillaires, plus longs que les feuilles. Les légumes sont
réniformes, pubescens, noirâtres dans leur maturité, et ne
contiennent qu'une seule graine. Cette espèce est bisannuelle.
Elle est commune dans les champs, les prés et sur les bords
des chemins : les bestiaux l'aiment beaucoup. On commence
à la cultiver dans quelques cantons, principalement aux environs de Paris. Quoique sa racine ne vive naturellement
que deux ans, on peut la faire durer plusieurs années en la
faisant faucher avant qu'elle soit en fleur.

Luzerne arborescente : *Medicago arborea*, Linn., *Spec.*,
1096; Duham., nouv. édit., 4, pag. 163, t. 44. La tige de
cette espèce est ligneuse, elle s'élève, dans son pays natal
et dans le Midi de l'Europe, à la hauteur de huit à dix pieds,
en se divisant en un grand nombre de rameaux, dont les plus
jeunes, recouverts d'un duvet court et blanchâtre, sont garnis
de feuilles à trois folioles cunéiformes, mucronées, tronquées
ou même échancrées en cœur à leur sommet, d'un vert gai
en-dessus, légèrement soyeuses en-dessous. Les stipules de la
base des feuilles sont lancéolées, entières ou à peine dentées.
Les fleurs sont d'un jaune vif, pédicellées, rapprochées quatre
à huit ensemble au sommet de pédoncules cotonneux, un peu
plus longs que les feuilles. Il leur succède des légumes comprimés, contournés circulairement en forme de croissant.
et contenant trois à quatre graines. Cet arbrisseau croît naturellement dans les îles de l'Archipel, en Sicile et dans les

parties les plus chaudes de l'Italie : il commence à fleurir en Avril, et continue à donner des fleurs jusqu'à la fin de l'été. L'abondance et la longue durée de ses fleurs, l'élégance de son port, la verdure perpétuelle de son feuillage, l'ont fait cultiver depuis long-temps pour l'ornement des jardins. On le met en pleine terre dans le Midi de la France ; mais dans le climat de Paris on le plante le plus souvent en pot ou en caisse, afin de le rentrer dans l'orangerie pendant l'hiver. Si l'on veut le risquer en pleine terre, il faut le placer à une exposition chaude, et avoir soin de le garantir des fortes gelées en le couvrant avec de la paille ou de la litière. On le multiplie de marcottes et de graines.

La luzerne en arbre paroit être le cytise des anciens (voyez CYTISE, vol. XII, pag. 424). Ceux-ci en faisoient beaucoup de cas comme fourrage, et ce qu'il y a de certain, c'est que tous les bestiaux mangent ses feuilles et ses jeunes rameaux avec avidité. Dans le royaume de Naples on en nourrit les chèvres, et cet aliment leur procure un lait abondant, dont les habitans du pays font une grande quantité de fromages. Les Turcs se servent de son bois, qui est dur, pour faire des poignées de sabres, des manches de couteaux et d'autres petits meubles.

LUZERNE FAUCILLE ; *Medicago falcata*, Linn., *Spec.*, 1096 ; *Flor. Dan.*, t. 233. Sa racine, qui est vivace, produit plusieurs tiges rameuses, couchées inférieurement, ensuite redressées, longues en tout de quinze à vingt pouces, glabres comme toute la plante, garnies de feuilles à trois folioles oblongues, dentées et mucronées à leur sommet, et munies à leur base de stipules entières, lancéolées-linéaires, très-aiguës. Les fleurs sont d'un jaune rougeâtre, quelquefois d'un jaune pâle, mêlé de bleu ou de violet, disposées en grappes axillaires et pédonculées ; il leur succède des légumes oblongs, comprimés, glabres et courbés en faucille. Cette espèce croît dans les prés secs et montueux, sur les bords des chemins. Tous les bestiaux la recherchent. Quelques agronomes ont essayé d'en faire des prairies artificielles, qu'il pourroit être avantageux de multiplier, parce que cette plante peut vivre dans des terrains où la suivante ne peut réussir.

LUZERNE CULTIVÉE : *Medicago sativa*, Linn., *Spec.*, 1096 ;

Medicago legitima, Clus., *Hist.*, CCXLII. Sa racine est vivace, comme celle de la précédente ; elle produit plusieurs tiges droites, glabres, rameuses, hautes de quinze à vingt pouces, garnies de feuilles à trois folioles ovales-oblongues, dentées en leur partie supérieure, munies à leur base de stipules entières, linéaires-lancéolées, très-aiguës. Les fleurs, communément violettes ou bleuâtres, quelquefois jaunâtres, sont disposées en grappes axillaires ; il leur succède des légumes glabres ou presque glabres, formant un ou deux tours sur eux-mêmes. Cette plante croît naturellement dans les prés en France et en Espagne ; elle est cultivée dans une grande partie de l'Europe pour servir à la nourriture des bestiaux : son importance, sous ce rapport, exige que nous entrions à ce sujet dans quelques détails.

La luzerne, étant indigène des parties méridionales de l'Europe, ne peut venir dans les pays où les hivers sont rigoureux et de longue durée : et même dans les climats tempérés, une forte gelée qui survient après de grandes pluies, après la fonte des neiges, lui fait beaucoup de tort. Cette plante réussit encore bien aux environs de Paris : mais sa culture cesse d'être aussi avantageuse un peu plus au nord, et on ne peut plus guère l'y cultiver que dans les lieux secs et chauds.

Cette plante demande une terre qui ait beaucoup de fond, et qui ne soit pas sujette à trop de sécheresse ni à trop d'humidité. Elle réussit bien dans une terre franche ; elle s'accommode d'une terre sablonneuse, pourvu qu'elle soit grasse ; elle languit dans les terres fortes et dans celles qui sont légères : sa racine perce difficilement dans celles de la première espèce, et elle manque de nourriture dans les autres. Un sol purement argileux lui est tout-à-fait contraire. Elle aime le plein air et vient mal à l'ombre des arbres, à moins que ce ne soit dans les pays du Midi. Les arrosemens lui sont salutaires, pourvu que les eaux ne séjournent pas.

Après la nature du sol, sa bonne préparation est le moyen principal pour faire réussir la luzerne. La terre qu'on lui destine doit être préparée par trois labours au moins, dont le premier se pratique dans le courant de Septembre, le second en Novembre et le troisième au moment de faire le semis. Après le second labour on passe la herse, afin d'écraser

27.   25

les mottes de terre, et s'il y a des pierres dans le champ, on a soin de les enlever; ensuite, vers la fin de Février, ou au plus tard en Mars, on répand sur le sol les fumiers destinés à l'améliorer, et on les enterre par un troisième labour. Ces fumiers doivent être choisis parmi les plus vieux et être à demi consommés, et chaque labour doit être fait le plus profond qu'il se pourra, parce que, la racine de la luzerne étant pivotante et s'enfonçant très-avant en terre (elle peut parvenir à la profondeur de trois pieds et plus), il faut favoriser cette tendance, au moyen de laquelle elle va chercher sa nourriture très-profondément, et se trouve par-là bien plus en état de ne pas souffrir de la sécheresse pendant les chaleurs de l'été.

Dans le Midi de la France et de l'Europe on sème quelquefois la luzerne en Septembre, et alors les premiers labours sont faits deux à trois mois auparavant. Dans ces mêmes pays méridionaux les semis de printemps se font aussi un mois ou deux plus tôt que dans le climat de Paris et dans le milieu de la France, où en général l'époque la plus ordinaire pour semer la luzerne est, selon que l'hiver a été plus court ou s'est prolongé davantage, depuis le commencement de Mars jusque dans la première quinzaine d'Avril, ou enfin lorsqu'on ne craint plus les gelées; car une gelée, un peu forte, qui surprend une luzerne au moment où elle commence à lever, la fait complétement périr.

Le plus souvent on ne sème point la luzerne seule, mais presque toujours en la mêlant avec de l'avoine ou de l'orge; car, cette plante ne produisant rien la première année, les cultivateurs perdroient leurs frais de culture en la confiant seule à la terre, au lieu qu'autrement ils en sont dédommagés par la récolte de l'avoine ou de l'orge, et d'ailleurs les tiges de ces céréales forment, pour la jeune luzerne, une ombre protectrice qui l'empêche d'être desséchée par les chaleurs de l'été. Lorsque la luzerne est semée, on la recouvre en n'employant qu'une herse légère, afin de ne pas trop enterrer la graine; puis on fait passer le rouleau dessus jusqu'à ce que le terrain soit aussi uni que possible.

On choisit, autant que cela se peut, pour semer la luzerne, un temps un peu humide, soit après les pluies, soit lorsqu'il paroît, par l'état du ciel, qu'il ne tardera pas à en tomber. Il est aussi avantageux de semer cette plante les jours de brouillard, ou le matin après la rosée, et non pendant la chaleur du jour et lorsqu'il fait un grand vent.

Lorsque la terre a été suffisamment humectée par des pluies, et que les premiers jours du printemps sont chauds, la luzerne ne tarde pas à lever. Elle fait peu de progrès la première année, et n'a besoin d'aucun soin particulier. Il ne faut pas craindre pour elle la plupart des mauvaises herbes, qu'elle étouffera bien par la suite lorsqu'elle aura plus de force; il n'y a que quelques plantes robustes, comme la bardane ou de grands chardons, dont il faut la débarrasser en les faisant arracher à la houe.

Les céréales, semées avec la luzerne, se récoltent à l'époque ordinaire pour leur maturité; il est bon seulement de les couper un peu haut, afin que les jeunes tiges de la luzerne ne soient qu'ététées.

Pendant l'hiver de la première année du semis, il est nécessaire de faire enlever exactement toutes les pierres qui se trouvent à la surface du champ.

On ne commence à faucher la luzerne que la seconde année, et encore la première et la seconde coupes, les seules qu'on obtienne alors, sont-elles peu considérables; mais c'est la troisième année qu'une luzernière est en plein rapport : elle étouffe dès ce moment toutes les mauvaises herbes que sa production, foible pendant les deux premières années, avoit laissées croître ; et dans une terre qui a du fond elle donne dès-lors trois à quatre coupes par année, aux environs de Paris et dans le centre de la France, et dans le Midi jusqu'à cinq ou six. On assure même que, dans certains cantons d'Italie et d'Espagne, on peut obtenir, au moyen des arrosemens, huit à quatorze récoltes dans une seule année. En se rapprochant du nord, au contraire, on ne fait plus que deux coupes et même une seule par année.

Le moment favorable pour faucher la luzerne, afin d'en faire un bon fourrage, est lorsque les fleurs commencent à s'ouvrir : plus tôt, la plante est trop aqueuse, noircit et diminue beaucoup au fanage; plus tard, ses tiges sont trop dures sous la dent des bestiaux et ne leur fournissent pas une nourriture aussi bonne et aussi savoureuse.

La luzerne, donnée en vert aux jumens, aux vaches et aux brebis qui nourrissent, leur fait venir une plus grande quantité de lait, et cette plante est en général une des meilleures nourritures pour les bestiaux. Cependant il faut avoir soin de ne la leur distribuer qu'avec modération et mêlée avec de la paille ou du foin ; car, donnée seule ou en trop grande abondance, elle pourroit leur devenir très-nuisible. Ainsi la luzerne sèche échauffe les animaux ; verte et en certaine quantité, elle les relâche, et par la suite les affoiblit ; verte et en grande quantité, elle leur cause des coliques venteuses qui peuvent les faire périr en peu de temps.

Il ne faut laisser pâturer les luzernières par aucune espèce de bestiaux pendant les deux premières années, et jamais, en aucun temps, par les brebis. Une luzernière bien ménagée rapporte pendant dix à quinze ans, et quelquefois même pendant vingt. On la détruit lorsqu'elle ne donne plus que de foibles produits, et la terre dans laquelle elle étoit, est sensiblement améliorée et beaucoup plus propre, les années suivantes, pour la culture des céréales.

La cuscute, plante parasite, en s'établissant dans une luzernière, y cause quelquefois beaucoup de dommage : le meilleur moyen pour la détruire, est de couper toutes les tiges de luzerne qui en sont chargées, et de les brûler hors du champ, après les avoir fait suffisamment sécher.

M. De Candolle a observé sur les racines de la luzerne, dans le Midi de la France, un champignon analogue à celui que les cultivateurs nomment *mort du safran*, et qui cause également de grands dommages, en se reproduisant de proche en proche et en faisant périr tous les pieds qu'il attaque. On ne peut arrêter les ravages de ce champignon, que M. De Candolle appelle *rhizoctonia*, qu'en creusant autour des places qui en sont infectées, et à deux pieds de distance, des fossés de pareille profondeur, et en en rejetant la terre sur les places où la luzerne a péri.

On fabrique, avec les racines de la luzerne séchées, des espèces de brosses à dents, qu'on colore avec l'orcanette et qu'on parfume avec la vanille ou l'ambre, et qui sont recherchées par les personnes curieuses de la conservation de leurs dents. (L. D.)

LUZERNE COURONNÉE. (*Bot.*) Voyez Rhizoctonia de la Luzerne, à l'article *Rhizoctonia*, et ci-dessus, p. 388. (Lem.)

LUZIA. (*Ichthyol.*) Nom italien d'un poisson du genre Liche. C'est le *lampuga* des Marseillois ; le *lichia vulgaris* de ce Dictionnaire. Voyez Liche. (H. C.)

LUZIOLA. (*Bot.*) Césalpin donne ce nom au *juncus campestris*, L., espèce du nouveau genre *Luzula*. Voy. Luzule. (Lem.)

LUZIOLE, *Luziola*. (*Bot.*) Genre de plantes monocotylédones, à fleurs glumacées, de la famille des *graminées*, de la *monoécie polyandrie* de Linnæus, offrant pour caractère essentiel : Des fleurs monoïques, composées d'épillets uniflores, les uns mâles, d'autres femelles sur la même plante, mais sur des panicules séparées ; un calice à deux valves mutiques ; point de valves corollaires ; dans les épillets mâles des étamines nombreuses (huit à dix et plus) ; les filamens très-courts : dans les femelles, un ovaire supérieur ; deux styles ; une semence ovale, luisante.

Luziole du Pérou ; *Luziola peruviana*, Poir., Encycl., Suppl. ; Juss., *Gen.* ; Pal. Beauv., *Agrost.*, pag. 156, tab. 24, fig. 1. Ses tiges sont droites, glabres, cylindriques, rameuses et touffues ; elles soutiennent des panicules alternes, qui sortent de l'aisselle des feuilles supérieures, lancéolées, très-aiguës. La panicule terminale est presque simple ; les pédicelles sont sétacés, opposés ou verticillés, terminés chacun par une seule fleur mâle ; les valves calicinales, ovales, concaves, presque obtuses ; les étamines à peine plus longues que les valves ; les anthères alongées. Les panicules femelles, placées au-dessous de la panicule mâle, sont plus composées : elles offrent des pédoncules un peu flexueux ; des fleurs plus petites, à deux valves inégales, l'une aiguë, l'autre obtuse et plus courte ; des stigmates plumeux. Cette plante croît au Pérou. (Poir.)

LUZULE ; *Luzula*, Decand. (*Bot.*) Genre de plantes monocotylédones, de la famille des *joncées*, Juss., et de l'*hexandrie monogynie*, Linn., qui présente pour caractères : Un calice à six folioles scarieuses, persistantes, disposées sur deux rangs ; six étamines opposées aux folioles du calice ; un ovaire supère, ovale ou oblong, à trois angles, surmonté d'un style filiforme, terminé par trois stigmates ; une capsule anguleuse, à une seule loge contenant trois graines.

Les luzules sont des plantes vivaces, à racines fibreuses ; à tige herbacée, droite, simple. noueuse, garnie de feuilles planes, engainantes. ordinairement bordées de longs poils ; leurs fleurs sont petites, peu apparentes, disposées. au sommet des tiges. en corymbe ou panicule, tantôt lâche, tantôt en forme d'épi. Ce genre contient la plupart des joncs a feuilles planes de Linnæus, et renferme une trentaine d'espèces, qui n'offrent que peu d'intérêt ; nous nous contenterons de parler des cinq suivantes :

Luzule blanc de neige : *Luzula nivea*, Decand., Fl. fr., 3, p. 158 ; *Juncus niveus*, Linn., *Spec.*, 468. Sa tige est haute de dix à quinze pouces, garnie de feuilles aiguës, munies de quelques poils ; ses fleurs, ainsi que les écailles qui les entourent, sont d'une belle couleur blanche, groupées souvent cinq ensemble sur des pédoncules disposés en corymbe resserré. Cette plante croit dans les Alpes, en France, en Allemagne, en Suisse, etc.

Luzule a larges feuilles : *Luzula maxima*, Decand., Fl. fr., 3, p. 160 ; *Juncus maximus*, Willd., *Spec.*, 2, p. 217. Cette espèce est une des plus grandes de ce genre ; sa tige s'élève jusqu'à deux pieds et plus : ses feuilles sont grandes, larges, hérissées de quelques poils soyeux. Les fleurs sont d'un brun-rougeâtre mélangé de blanc, trois ou quatre ensemble sur des pédoncules alongés, divergens, et forment un large corymbe décomposé. Cette plante croit en Europe dans les bois des montagnes.

Luzule en épi : *Luzula spicata*, Decand., Fl. fr., 3, p. 161 ; *Juncus spicatus*, Linn., *Fl. Lapp.*, 125, t. 10, fig. 4. Sa racine, qui est épaisse et fibreuse, produit deux à trois tiges grêles, hautes de quatre à huit pouces ; ses feuilles sont très-étroites, glabres, munies à leur base d'une houpe de poils blancs ; ses fleurs sont d'un brun noirâtre, disposées en une panicule resserrée en épi cylindrique. Cette espèce croit en France dans les Alpes et sur les hautes montagnes de l'Europe.

Luzule des champs ; *Luzula campestris*, Decand., Fl. fr., 3, p. 161 ; *Juncus campestris*, Linn., *Sp.*, 468. Cette espèce présente beaucoup de variétés ; tantôt sa tige, à peine haute d'un pouce dans les lieux secs et arides, ne porte que deux à trois têtes de fleurs ; tantôt cette tige s'élève à dix ou douze pouces dans les bois ombragés, et est chargée de trois à cinq têtes de fleurs; ses feuilles sont aussi plus longues ou plus courtes, et plus ou moins poilues. Malgré toutes ces variations, on distingue cette plante des autres espèces en ce qu'elle porte plusieurs épis ovoïdes, sessiles ou pédonculés, lâches ou serrés, droits ou un peu pendans, qui sont disposés en corymbe ou en ombelle incomplète : l'épi du milieu est toujours sessile, et les fleurs sont d'un brun diversement nuancé. Cette luzule est commune dans les pâturages et les bois montagneux.

Luzule printannière; *Luzula vernalis*, Decand., Fl. fr., 3, p. 160; *Juncus pilosus*, a, Linn., Spec., 468. Sa racine produit deux à trois tiges, hautes de huit à douze pouces, grêles, presque nues dans leur partie supérieure, munies à leur base de feuilles garnies, sur leurs bords et à l'entrée de leur gaine, de longs poils blancs; ses fleurs sont brunes, nuancées de blanc, souvent solitaires sur des pédicelles grêles, alongés, divergens, disposés en un corymbe simple et lâche. Cette plante est commune dans les bois.

Les bestiaux, et surtout les chevaux, recherchent les deux dernières espèces, qui poussent de bonne heure; mais ces animaux ne paroissent le faire que lorsque les autres herbes sont encore rares : plus tard, lorsque celles-ci sont plus communes, ils ne veulent plus des luzules. (L. **D.**)

LUZURIAGA. (*Bot.*) Ce genre, d'après les observations de M. de Jussieu, diffère trop peu des *Callixene* pour en être séparé. Comme il n'en a point été question dans l'exposition de ce dernier genre, j'ai cru devoir le rappeler ici. Il appartient à la famille des *asparaginées*, à l'*hexandrie monogynie* de Linnæus; il offre pour caractère essentiel : Une corolle (*calice*, Juss.) à six découpures profondes; point de calice; six étamines insérées sur le réceptacle; les anthères droites; un ovaire supérieur, surmonté d'un style et d'un stigmate triangulaire. Le fruit est une baie à trois loges; les cloisons membraneuses; une ou deux semences dans chaque loge; plusieurs autres avortent.

Luzuriaga radicant : *Luzuriaga radicans*, Ruiz et Pav., *Flor. Per.*, 3, pag. 66, tab. 298. Cette plante a des tiges grêles, médiocrement ligneuses, flexueuses, cylindriques, hautes

de dix à douze pieds et plus, très-rameuses, géniculées, grimpantes le long des arbres, poussant des racines à chacun de
leurs nœuds, où se trouvent des gaines courtes et roussâtres;
les rameaux divergens, à quatre angles tranchans: les feuilles
sessiles, alternes, nerveuses, lancéolées, acuminées, un peu
rudes à leurs bords, longues d'un à deux pouces, blanchâtres en-dessous; les pédoncules, solitaires, axillaires, partagés en deux, trois ou quatre pédicelles uniflores, inclinés
pendant la floraison: la corolle d'un blanc jaunâtre, parsemée, ainsi que les organes sexuels, de points et de lignes
rougeâtres; les divisions lancéolées, aiguës; les trois extérieures plus étroites. Le fruit est une baie rouge, globuleuse,
de la grosseur d'un pois, un peu charnue, à trois loges; les
semences d'un blanc jaunâtre. Cette plante croît dans les
grandes forêts, au Chili.

M. Rob. Brown a mentionné, dans son *Prodromus Nov.
Holl.*, pag. 282, deux autres espèces : la première sous le
nom de *luzuriaga cymosa*, dont les rameaux sont cylindriques, lisses, striés dans leur jeunesse; les fleurs réunies en
une cime terminale, partagée en deux; les pédicelles articulés
à leur sommet avec la corolle; le style filiforme, à trois
sillons. Le fruit est une baie noirâtre, quelquefois monosperme; les semences presque globuleuses. La seconde espèce,
le *luzuriaga montana*, diffère de la précédente par ses rameaux striés, rudes au toucher dans leur jeunesse; les fleurs
sont axillaires, pédonculées, disposées en ombelle. Ces plantes
croissent à la Nouvelle-Hollande. (Poir.)

LUZZO. (*Ichthyol.*) Voyez Luccio. (H. C.)

LYANG. (*Ornith.*) Nom de l'hirondelle à Sumatra. (Ch. D.)

LYCAON. (*Mamm.*) Nom tiré de la fable et appliqué
comme nom latin au loup noir. (F. C.)

LYCHAUS. (*Ichthyol.*) Strabon a parlé sous ce nom d'un
poisson du Nil, que nous ne savons à quel genre rapporter.
(H. C.)

LYCHNANTHE; *Lychnanthus*, Gmel. (*Bot.*) Genre de
plantes dicotylédones, de la famille des *caryophyllées*, Juss.,
et de la *décandrie trigynie*, Linn., dont les principaux caractères sont les suivans : Calice monophylle, campanulé,
semi-quinquéfide; corolle de cinq pétales onguiculés, à

limbe lacinié en son bord, auriculé à sa base ; dix étamines ;
un ovaire supère, surmonté de trois styles ; une baie sèche,
pédicellée, à une seule loge polysperme, qui ne s'ouvre point
naturellement. Ce genre ne comprend qu'une seule espèce.

LYCHNANTHE GRIMPANT : *Lychnanthos volubilis*, Gmel., *Act.
Petrop.*, 1759, vol. 14, p. 225, t. 17, fig. 1 ; Gmel., *Flor.
Bad.*, 2, p. 250 ; *Cucubalus bacciferus*, Linn., *Spec.*, 591. Sa
racine est vivace ; elle produit des tiges longues de trois à
quatre pieds, rameuses, pubescentes, étalées, sarmenteuses
et comme grimpantes. Ses feuilles sont ovales, poilues, opposées, pétiolées et chargées de poils très-courts. Les fleurs
sont blanchâtres, pédonculées, solitaires et terminales. Cette
plante croît dans les haies et les buissons, en France, en
Suisse, en Italie, en Allemagne, etc. (L. D.)

LYCHNANTHUS. (*Bot.*) Voyez LYCHNANTHE. (LEM.)

LYCHNI-SCABIOSA. (*Bot.*) Voyez LIMNESIUM, KNAUTIA.
(J.)

LYCHNIDEA. (*Bot.*) Ce nom avoit été donné par Dillen
et Plukenet à des plantes qui constituent le *phlox* de Linnæus.
Plus anciennement Rai les nommoit *lychnoïdes*. Burmann nommoit aussi *lychnidea* quelques espèces de *selago* et d'*erinus*. (J.)

Mœnch sépare le *manulea tomentosa*, Linn., de son genre,
pour en former son *Lychnidea*, qui n'en diffère essentiellement que par sa corolle hypocratériforme, à limbe à cinq
lobes ovales, presque égaux, à bord réfléchi. Cette espèce
de *manulea* est le *lychnidea villosa*, Burm., *Afr.*, tab. 49,
fig. 4. (LEM.)

LYCHNIDE ; *Lychnis*, Linn. (*Bot.*) Genre de plantes dicotylédones, de la famille des *caryophyllées*, Juss., et de la *décandrie pentagynie*, Linn. ; dont le caractère distinctif est
d'avoir : Un calice monophylle, tubuleux, à cinq dents ; une
corolle de cinq pétales onguiculés, à limbe souvent échancré ;
dix étamines, attachées alternativement à la base des onglets
et au réceptacle ; un ovaire supère, ovale, surmonté de
cinq styles à stigmates simples ; une capsule ovale-oblongue
ou conique, entourée par le calice persistant, s'ouvrant au
sommet en cinq valves, quelquefois à cinq loges, mais le
plus souvent à une seule loge, qui renferme des graines nombreuses, arrondies, attachées sur un placenta central.

Les lychnides sont des plantes herbacées, à feuilles simples, opposées, et à fleurs souvent disposées en corymbe au sommet des tiges. On en compte une vingtaine d'espèces, dont une grande partie est indigène de l'Europe. Nous ne parlerons ici que des plus remarquables.

LYCHNIDE VISQUEUSE : *Lychnis viscaria*, Linn., *Spec.*, 625 ; *Lychnis sylvestris quarta*, Clus., *Hist.*, 289. Sa racine est fibreuse, vivace ; elle produit une tige droite, simple, visqueuse dans sa partie supérieure, garnie de feuilles lancéolées-linéaires, très-écartées. Ses fleurs sont purpurines, disposées au sommet des tiges par bouquets opposés et formant une sorte de panicule terminale ; leurs pétales sont à peine échancrés. La capsule est à cinq loges. Cette plante croît en Europe dans les lieux secs et pierreux ; on la trouve aux environs de Fontainebleau. Les moutons l'aiment beaucoup ; mais les vaches n'en veulent point. Elle fleurit en Juin et Juillet. On en cultive dans les jardins une variété à fleurs doubles, connue sous le nom de *bourbonnoise*.

LYCHNIDE FLEUR-DE-COUCOU, OU LYCHNIDE LACINIÉE : *Lychnis flos cuculi*, Linn., *Spec.*, 625 ; *Flor. Dan.*, t. 590. Sa racine, fibreuse et vivace, produit une ou plusieurs tiges droites, cannelées, un peu rameuses et légèrement visqueuses dans leur partie supérieure, hautes de quinze à vingt pouces, garnies de feuilles lancéolées, glabres. Ses fleurs sont grandes, ordinairement d'un pourpre clair, profondément laciniées, disposées au sommet des tiges et des rameaux en un corymbe lâche et un peu paniculé. Cette plante est commune en Europe, dans les prés ; les bestiaux paroissent avoir du dégoût pour elle et ils n'y touchent jamais. Elle fleurit en Juin et Juillet. Elle offre une variété à fleurs blanches, et une autre à fleurs doubles : cette dernière est cultivée dans les parterres sous le nom de *véronique des jardiniers*.

LYCHNIDE DES ALPES : *Lychnis alpina*, Linn., *Spec.*, 626 ; *Flor. Dan.*, t. 65. Ses racines, qui sont fibreuses et vivaces, produisent des feuilles nombreuses, lancéolées-linéaires, glabres, disposées en gazon, et du milieu d'elles s'élèvent plusieurs tiges droites, simples, hautes de deux à trois pouces, terminées par plusieurs fleurs purpurines, ramassées en un petit corymbe presque resserré en tête ; leurs pétales sont bifides. Cette plante croît dans les pâturages des Alpes, des Pyrénées et des hautes montagnes de l'Europe.

Lychnide a grandes fleurs; *Lychnis grandiflora*, Jacq., *Ic. rar.*, 1, t. 84. Sa tige est droite, noueuse, glabre, rameuse, haute de deux à trois pieds, garnie de feuilles ovales ou ovales-oblongues, sessiles, glabres. Ses fleurs sont grandes, d'un rouge écarlate tirant un peu sur le jaune, portées sur de courts pédoncules, accompagnés de bractées, et disposées en petit nombre au sommet des tiges et des rameaux; leurs pétales sont bordés de dents aiguës. Cette espèce est originaire de la Chine et du Japon. Le docteur Fothergill l'a apportée en Angleterre en 1774; et c'est de là que Cels père l'a introduite chez lui, d'où elle s'est ensuite répandue en France dans beaucoup de jardins. Dans les commencemens on la rentroit dans la serre pendant l'hiver; mais, comme on a reconnu qu'elle étoit assez robuste pour résister aux gelées que nous éprouvons dans le climat de Paris, on la laisse maintenant en pleine terre, où elle fait de plus belles touffes. Cependant il est prudent de la couvrir, lorsque les froids deviennent trop considérables. On peut la multiplier de graines, de boutures, et en éclatant les racines des vieux pieds. Il lui faut une bonne terre franche. Elle fleurit en Juillet. C'est, parmi les espèces connues de ce genre, celle qui produit les plus grandes et les plus belles fleurs.

Lychnide de Chalcédoine; vulgairement Croix de Malte, Croix de Jérusalem : *Lychnis chalcedonica*, Linn., *Spec.*, 625; *Lychnis bizantina miniato flore*, Clus., *Hist.*, 292. Sa tige est droite, hérissée de poils, le plus souvent simple, garnie de feuilles ovales-lancéolées, sessiles, glabres : cette tige est haute de deux à trois pieds, et terminée par un corymbe serré, composé d'un grand nombre de fleurs d'un rouge ponceau éclatant; les pétales sont bifides. Cette plante est originaire de la Turquie d'Asie et de la Russie : aujourd'hui elle fait l'ornement de tous les jardins. La culture lui a fait produire des variétés à fleurs simples, couleur de rose ou blanches, et à fleurs doubles, d'un rouge ponceau ou blanches; la plus belle de ces variétés est celle à fleurs doubles rouges, qui durent beaucoup plus long-temps que les simples. Toutes ces plantes fleurissent en Juin ou Juillet. Les simples se multiplient de graines ; les doubles ne peuvent être obtenues que par la séparation des racines et par les boutures.

Lychnide dioïque ; vulgairement Compagnons blancs ; *Lychnis dioica*, Linn.. *Spec.*, 626 ; *Flor. Dan.*, t. 792. Ses tiges sont droites, velues. un peu rameuses, hautes de quinze à vingt pouces. Ses feuilles sont oblongues-lancéolées, velues, molles au toucher. Ses fleurs sont blanches, dioïques. portées au sommet de la tige et des rameaux sur de courts pédoncules. et disposées en panicule lâche ; leurs pétales sont échancrés en cœur. Cette plante n'est pas rare dans les champs et dans les prés secs. Elle est vivace et fleurit en Mai et Juin ; ses fleurs sont odorantes à l'entrée de la nuit.

Lychnide sauvage : *Lychnis sylvestris*, Decand., Fl. fr., n.° 4367. Cette espèce diffère de la précédente par ses feuilles plus ovales ; par sa tige moins forte. plus velue, et par ses fleurs constamment rouges, inodores et hermaphrodites. Elle croît dans les lieux humides et ombragés du Midi de la France. On en cultive dans les parterres une variété à fleurs doubles, connue sous le nom de *jacée des jardiniers*. Celle-ci se multiplie par les éclats de ses racines, de même que les espèces précédentes. (L. D.)

LYCHNIS. (*Bot.*) Ce nom, qui signifie petite lanterne, étoit connu dès le temps de Dioscoride et de Pline. Il paroît aussi que Théophraste l'a employé. Les anciens l'ont donné à beaucoup de plantes polypétales dont les pétales, portés sur un onglet alongé, sont insérés sous l'ovaire au fond d'un calice tubulé et nu à sa base extérieure. La série d'espèces rassemblées par C. Bauhin est assez nombreuse ; celle de Tournefort est plus considérable. Linnæus a trouvé dans le nombre des styles les moyens de subdiviser le genre. Il a rangé dans le *gypsophila* et le *saponaria* les espèces à deux styles ; dans le *silene* et le *cucubalus* celles qui en ont trois, et dans le *lychnis* et l'*agrostemma* celles qui en ont cinq. (J.)

LYCHNIS. (*Bot.*) Voyez Lychnide. (L. D.)

LYCHNIS. (*Min.*) C'est une des pierres que Pline range parmi celles qu'il nomme gemmes ardentes, c'est-à-dire, qui ont un éclat vif et rougeâtre, semblable à celui d'un corps incandescent. Le lychnis offroit avec cette vive couleur une nuance d'ailleurs agréable.

Il y a tant de minéraux susceptibles de présenter ces couleurs, qu'il est difficile de dire si c'est un grenat, un corindon, une dichroïde, ou même une tourmaline de la variété nommée *rubellite*. Les circonstances d'être d'une nuance agréable, de se trouver dans l'Inde, de se présenter sous un grand volume, d'avoir quelquefois une teinte violette, carminée ou purpurine, et surtout celle qui est si particulière d'attirer les pailles et autres corps légers, lorsqu'elle a été échauffée par les rayons du soleil ou par le toucher, établissent entre le lychnis et la tourmaline rubellite des analogies assez remarquables.

Il ne faut pas prendre à la lettre les moyens d'échauffement ; il suffit d'observer qu'elle acquéroit par la chaleur une propriété attractive ; et il ne faut pas non plus regarder comme une objection à ce rapprochement, l'omission que fait le naturaliste romain de la propriété répulsive : car, pour faire manifester cette propriété aux tourmalines, il faut les placer dans des circonstances difficiles à réunir et dont les anciens n'avoient aucune idée ; hors de ces circonstances, elles sont toujours attractives. (B.)

LYCHNITES (*Min.*), qu'il ne faut pas regarder comme une dérivation du nom de *lychnis*, appliqué à une sorte particulière de pierres par Pline. Le lychnites est, suivant tous les savans qui se sont occupés de la minéralogie des anciens, le nom que les Grecs donnoient au marbre de Paros, parce qu'on l'exploitoit à la lueur des lampes. C'est Pline lui-même qui donne l'origine de cette dénomination. (B.)

LYCHNITIS. (*Bot.*) Ce nom donné par Apulée au bouillon blanc ordinaire, *verbascum thapsus*, a été donné ensuite comme surnom, par Clusius, à un *phlomis*, par Linnæus à un autre *verbascum*. Ces diverses plantes sont couvertes d'un duvet épais et blanc, qui paroît avoir été employé anciennement pour les lampes : d'où paroît venir le nom de *lychnitis*. (J.)

LYCHNOIDES. (*Bot.*) Rai nommoit ainsi le *phlox* de Linnæus (voyez LYCHNIDEA). Vaillant donnoit le même nom à un *arenaria*. (J.)

LYCIET ; *Lycium*, Linn. (*Bot.*) Genre de plantes dicotylédones, de la famille des *solanées*, Juss., et de la *pentandrie monogynie*, Linn., qui présente pour caractères : Un calice monophylle, campanulé, à trois ou cinq dents ; une corolle monopétale, infundibuliforme, à limbe plan, divisé en cinq lobes ; cinq étamines à filamens velus à leur base ; un ovaire supère, à style filiforme, terminé par un stigmate en tête ; une baie ovale ou arrondie, à deux loges, contenant plusieurs graines réniformes.

Les lyciets sont des arbrisseaux à rameaux grêles, épineux ; à feuilles alternes, entières, et à fleurs axillaires, solitaires ou géminées. On en connoît près de quarante espèces, qui habitent les climats tempérés de l'Asie, de l'Europe, de l'Afrique et de l'Amérique ; il y en a trois qui sont indigènes de l'Europe : plusieurs autres sont susceptibles de se naturaliser dans ses parties méridionales. Les espèces suivantes sont cultivées dans les jardins.

Lyciet d'Afrique : *Lycium afrum*, Linn., *Spec.*, 277 : Duh., nouv. éd., 1, pag. 107, t. 29. Sa tige est droite, roide, divisée en rameaux courts, divergens et très-épineux. Ses feuilles sont fasciculées, sessiles, linéaires, glabres, épaisses et d'une couleur blanchâtre. Ses fleurs sont d'un violet foncé, axillaires, portées sur de courts pédoncules ; elles ont une odeur agréable, et paroissent depuis le milieu du printemps jusqu'à la fin de l'automne. Cet arbrisseau croit en Espagne, en Barbarie et dans le Levant. A Paris, on le conserve dans l'orangerie pendant l'hiver. Les individus qu'on élève de graines, sont plus robustes et résistent mieux aux gelées. Dans le Midi de la France on pourroit le planter en pleine terre et en faire des haies vives, qui seroient d'une bonne défense, à cause des longues épines dont ses rameaux sont hérissés.

Lyciet de la Chine ; *Lycium chinense*, Duham., nouv. éd., 1, pag. 116, t. 50. Cette espèce forme un buisson touffu, très-étalé, à rameaux nombreux, épineux, entrelacés et divergens. Ses feuilles sont lancéolées, pétiolées, vertes en-dessus, pâles en-dessous. Les fleurs sont violettes, marquées de stries plus foncées, portées sur des pédoncules axillaires, solitaires ou trigéminées, un peu plus longs que les pétioles ; elles paroissent en Juillet, Août et Septembre. Cet arbrisseau est originaire des climats tempérés de la Chine : il s'est naturalisé en Europe, et il se multiplie de rejetons et de graines.

qu'il produit en abondance. Il n'est point délicat sur la nature du sol.

Lyciet de Barbarie ; *Lycium barbarum*, Linn., *Spec.*, 277. Cette espèce est un arbuste de deux à trois pieds de hauteur, dont les tiges sont nombreuses, grêles, anguleuses, inclinées vers la terre, et garnies de quelques épines. Les feuilles sont elliptiques, pétiolées, un peu épaisses, légèrement velues sur les bords, fasciculées ou éparses. Les fleurs sont d'un rouge très-pâle, presque blanches, axillaires, pédonculées, au nombre de trois à sept sur les bourgeons, ensuite géminées et solitaires vers l'extrémité des tiges. Ce lyciet fleurit pendant tout l'été. Il croît naturellement en Afrique, sur les côtes de Barbarie. Il est cultivé au Jardin du Roi à Paris.

Lyciet d'Europe : *Lycium europæum*, Linn., *Mant.*, 47 ; Mich., *Gen.*, t. 105, fig. 1. Arbrisseau qui s'élève à la hauteur de sept à huit pieds, en se divisant en un grand nombre de tiges et de rameaux cylindriques, épineux. Ses feuilles sont oblongues, rétrécies en pétiole à leur base, glabres, grisâtres. Ses fleurs sont d'une couleur purpurine claire, axillaires, solitaires, rarement géminées, portées sur des pédoncules filiformes. Ce lyciet croît dans les parties méridionales de l'Europe, en Espagne, en Italie, en Grèce, dans le Levant, en Barbarie, et en France dans la Provence et le Languedoc : il fleurit en été. Quoiqu'il soit indigène des climats méridionaux, il peut vivre en pleine terre et résister aux hivers rigoureux, non-seulement à Paris, mais encore plus au nord. Il réussit très-bien sur les côteaux calcaires, dans les platras et les ruines des lieux habités. On en fait des haies vives, qui sont impénétrables, à cause des épines dont les rameaux sont hérissés. Dans les campagnes aux environs d'Aix et de Montpellier on mange ses jeunes pousses avec de l'huile et du vinaigre, comme des asperges ; et les feuilles sont mises dans les salades. On en fait les mêmes usages en Espagne.

Lyciet a feuilles de Boerhavia ; *Lycium boerhaviæfolium*, Linn., *Suppl.*, p. 150. Cette espèce est un arbrisseau de six à huit pieds de hauteur, dont la tige se divise en rameaux nombreux, divergens, épineux, blanchâtres. Ses feuilles sont ovales, glauques, pétiolées. Ses fleurs sont d'un pourpre tres-clair, ou presque blanches, douées d'une odeur agréable, mais légère, pédonculées, disposées au sommet des rameaux en une sorte de grappe rameuse et paniculée. Ce lyciet fleurit pendant tout l'été : il est originaire du Pérou, d'où Joseph de Jussieu en envoya des graines au Jardin du Roi à Paris, et c'est de cet établissement qu'il s'est répandu dans les jardins en France et dans le reste de l'Europe. A Paris on le rentre dans l'orangerie pendant l'hiver ; dans le Midi de la France il peut croître en pleine terre. On le multiplie de boutures, de marcottes et de drageons, parce que jusqu'à présent il n'a point fructifié dans nos climats. (L. D.)

LYCIOIDES. (*Bot.*) Ce nom, donné primitivement par Linnæus comme générique à un *sideroxylon*, a été ensuite changé par lui en un nom spécifique du même. (J.)

LYCIUM. (*Bot.*) Ce nom, maintenant employé pour désigner un genre de solanées, avoit été donné antérieurement à diverses plantes, principalement à des *rhamnus* et à des *celastrus*, au *berberis cretica*. Il existoit aussi chez les anciens, sous le nom de *lycium*, un suc concret dont on ignoroit la véritable origine : s'il faut en croire Garcias et Clusius, c'est le même que le *cathecu* ou cachou. On peut consulter aussi sur ce point Daléchamps, qui en parle longuement. (J.)

LYCIUM. (*Bot.*) Voyez LYCIET. (L. D.)

LYCOCTONUM. (*Bot.*) Voyez CYNOCTONUM. (J.)

LYCODONTE. (*Foss.*) On a donné quelquefois ce nom aux dents orbiculaires ou ovales de poissons fossiles. Voyez GLOSSOPÈTRE. (D. F.)

LYCOGALA. (*Bot.*) Genre de la famille des champignons, de la classe des champignons angiocarpes, ordre des dermatocarpes de la méthode de Persoon, et de la famille des gastromyciens de Willdenow, Link, etc. Il fait partie de la série des mycétodéens de Link, et de celle des *lycogalactes* d'Ehrenberg.

Ce genre, établi par Michéli, réuni au *lycorperdon* par Linnæus, confondu par Bulliard avec ses *reticularia* et *lycoperdon*, a été rétabli par Haller, et adopté par Persoon, et ensuite par tous les botanistes. Il ne faut pas le confondre avec le *lycogala* d'Adanson. (Voyez ci-après.)

Ses caractéres consistent dans son péridium arrondi, sub-globuleux ou réniforme, membraneux, réticulé sur sa face interne, s'ouvrant irrégulièrement au sommet, contenant une masse pulpeuse, d'abord liquide, qui s'échappe goutte à goutte lorsqu'on déchire le péridium, puis qui se dessèche, se convertit en une poussière séminifère, entremêlée de filamens, et s'échappe par l'ouverture du sommet. Ce genre, très-voisin des lycoperdon ou vesse-loup, en diffère essentiellement par la nature, d'abord liquide et laiteuse, de la substance contenue dans le péridium, liquide qui a fait donner à ce genre le nom de *lycogala* (lait de loup, en grec).

On n'en connoît qu'un petit nombre d'espèces, sept ou huit environ.

1.° LYCOGALA COULEUR DE VERMILLON : *L. miniata*, Pers., *Synops.*, p. 157 ; *Lycoperdon epidendrum*, Linn., *Fl. Dan.*, tab. 760 ; Bull., Champ., tab. 505 ; *Lycog. globosum*, Mich., tab. 91, fig. 2 ; *Mucor fragiformis*, Schæff., *Fung. Bav.*, tab. 193 ; *Vesse-de-loup sanguine*, Paulet, Champ., vol. 2, p. 452, pl. 204, fig. 2. Ce champignon, décrit par beaucoup d'auteurs, croît sur le bois mort ; il est arrondi, un peu aplati, du volume d'un gros pois, d'abord d'un rouge vif ou orangé, puis, dans sa maturité parfaite, d'un gris un peu violet. Dans sa jeunesse il contient un liquide rouge ou couleur de safran, qui, petit à petit, se dessèche et devient rose-lilas ou noir, et s'échappe sous forme de poussière de même couleur. On trouve ordinairement plusieurs individus réunis. Cette espèce se rencontre partout en Europe, particulièrement dans les forêts, sur les troncs d'arbres morts, où sa couleur rouge la fait découvrir aisément. C'est en été, après les pluies, qu'elle commence à paroître ; mais elle disparoît avec l'automne. Wigers (*Hols.*) avoit fait son genre *Galependrum* sur cette espèce de *Lycogala*, le même que notre *Lycogala*. M. Persoon croit que le *lycoperdon pisiforme* n'en est qu'une variété.

2.° L. PONCTUÉ : *L. punctata*, Pers., *Syn.*, 158 ; *Reticularia lycoperdon*, var. 4 ; Bull., Ch., tab. 476, fig. 3. Sphérique, presque sessile, de 10 à 20 lignes de diamètre, gris, tacheté de points saillans ; pulpe intérieure d'abord blanchâtre, puis noire ou brune, s'échappant sous forme de poussière par l'ouverture assez régulière du péridium. Cette espèce croît en groupes sur les troncs pourris et se rencontre en automne.

3.° L. ARGENTÉ : *L. argentea*, Decand., Fl. fr., n.° 707 ; *L. argentea et turbinata*, Pers., *Synops.*, p. 157, 158 ; *Reticularia lycoperdon*, var. 1, 2, 3 ; Bull., Champ., pl. 476, fig. 1, *a — d* et fig. 2, et pl. 446, fig. 4 ; *Lycogala griseum*, Mich., *Nov. gen.*, p. 216, tab. 95, fig. 1. Sessile, ou presque sessile, sphérique ou en forme de toupie, d'abord d'un blanc argentin, puis, en vieillissant, roux ou brun, à surface lisse ou peluchée (dans la variété 1 de Bulliard), contenant une pulpe liquide blanche, opaque ou transparente (dans la variété 3 de Bull., ou *lycog. turbinata*, Pers.), qui devient une poussière grisâtre ou brunâtre, s'échappant par des déchirures latérales du péridium. Cette espèce, presque aussi grande que la précédente, croît solitaire sur les bois pourris.

4.° L. TERRESTRE : *L. terrestris*, Neb. ; *L. terrestre*, Mich., *Nov. gen.*, p. 216, pl. 95, fig. 5 ; Fries, *Obs. mycol.*, 1818, p. 369, n.° 361. Globuleux ou oblong, d'un rouge de vermillon, mais se décolorant par la dessiccation. Michéli a signalé, le premier, cette espèce, omise par Persoon. Il l'a observée aux environs de Florence, en Septembre et Octobre, amoncelée dans les champs sur les mottes des terres récemment ensemencées, sur le grain semé, sur les broussailles en partie brûlées, etc. Les habitans de la campagne lui donnent le nom de *fornelli*, petits fourneaux, allusion à la couleur rouge de cette espèce, qui fait paroître comme enflammés les corps sur lesquels elle végète.

Fries indique aussi cette espèce dans la province de Smolande, en Suède, dans les lieux montueux, sur la terre nue, dans les endroits brûlés.

Les *lycogala flavum*, Spreng., et *contortum*, Dittm., croissent également à terre : on les rencontre en Allemagne. Le *lycogala luteum*, Mich., tab. 95, fig. 4, n'est autre chose que le *trichia varia*, Pers. ; son *lycogala*, fig. 3, est une espèce encore inconnue. (LEM.)

LYCOGALA. (*Bot.*) Autre genre de la famille des champignons, établi par Adanson, qui se compose du *Lycogala*, Mich. (voyez ci-dessus) ; des *Mucilago*, Mich., tab. 96, fig.

1, 6 — 9 ; *Mucor*, Mich. , tab. 95, fig. 3 ; *Mucedo*, Malp.,
tab. 25, fig. 108, et de l'*Embolus*, Hall., Helv., tab. 1, fig. 1.
Cette réunion est ainsi caractérisée : Tête sphérique ou
ovoïde, qui ne s'ouvre point ou qui s'ouvre irrégulièrement
en-dessus ; sans tige ; substance aqueuse d'abord ou charnue,
ensuite spongieuse ou cotonneuse, formée de filets très-fins ;
graines sphériques attachées le long des filets de la substance
cotonneuse. Ces caractères, trop généraux, réunissent des
plantes très-différentes, et c'est avec raison que ce genre
Lycogala d'Adanson a été rejeté. (Lem.)

LYCOMELA. (*Bot.*) Voyez Lycopersicon. (J.)

LYCOPE ; *Lycopus*, Linn. (*Bot.*) Genre de plantes dicotylédones, de la famille des *labiées*, Juss., et de la *diandrie monogynie* du Système sexuel. Ses principaux caractères sont les
suivans : Calice monophylle, tubuleux, à cinq dents ; corolle
monopétale, tubuleuse, à quatre lobes presque égaux, dont
le supérieur échancré ; deux étamines écartées ; un ovaire
supère à quatre lobes, surmonté d'un style filiforme, à stigmate fourchu : quatre graines contenues dans le calice persistant.

Les lycopes sont des plantes herbacées, vivaces, à tiges
tétragones, à feuilles opposées, sinuées ou pinnatifides, et à
fleurs axillaires, sessiles et verticillées. On en connoît neuf
espèces. Nous ne parlerons que des deux suivantes :

Lycope d'Europe ; vulgairement Marrube aquatique, Pied-
de-loup : *Lycopus europæus*, Linn., *Spec.*, 30 ; *Marrubium
aquatile*, Dod., *Pempt.*, 595. Sa tige est droite, rameuse,
haute d'un à trois pieds, garnie de feuilles ovales-oblongues,
profondément dentées ou sinuées, glabres dans une variété,
velues dans une autre, et pinnatifides dans une troisième.
Les fleurs sont blanches, ponctuées de rose, réunies en petites grappes dans les aisselles des feuilles, et paroissant
comme si elles étoient verticillées ; les dents de leur calice
sont presque épineuses. Cette plante croît en France et dans
une grande partie de l'Europe, dans les lieux marécageux,
aux bords des étangs et des rivières : elle fleurit en Juillet
et Août. On la trouve aussi en Afrique et dans l'Amérique
septentrionale. Elle passe pour astringente, et comme telle
on l'a conseillée dans la dyssenterie : on a essayé de l'em-

ployer, à la place du quinquina, dans les fièvres intermittentes. Linnæus, dans ses Aménités académiques, dit que
sa décoction traitée avec le vitriol donne une couleur noire.
Les bestiaux, excepté les chèvres et les moutons, n'y touchent
point.

Lycope de Virginie ; *Lycopus virginicus*, Linn., *Spec.*, 30.
Sa tige est droite, glabre, plus grêle et plus petite que
celle de l'espèce précédente, velue à ses articulations. Ses
feuilles sont lancéolées, les inférieures pétiolées, pinnatifides
à leur base ; les supérieures sessiles, seulement bordées de
dentelures écartées. Les fleurs sont disposées en verticilles
axillaires et peu garnis ; les dents de leur calice ne sont
point piquantes. Cette espèce croît dans la Virginie. (L. D.)

LYCOPERDASTRUM. (*Bot.*) Ce genre de la famille des
champignons, fondé par Michéli, a été adopté par les botanistes sous le nom de *scleroderma*, que lui avoit fixé M. Persoon, et pour lequel il propose cependant d'adopter le nom
de *hypogeum*. (Lem.)

LYCOPERDINE, *Lycoperdina*. (*Entom.*) Genre d'insectes
coléoptères trimérés, formé par M. Latreille, aux dépens
du genre Endomyque de Fabricius et d'Olivier. Il est caractérisé par des antennes moniliformes, grossissant insensiblement depuis leur base, et dont les deux derniers articles,
plus gros que les autres, composent seuls une masse, tandis
que chez les endomyques celle-ci est formée des trois articles
terminaux. Ils vivent dans les lycoperdons et non sous les
écorces des arbres comme le font les insectes avec lesquels
on les avoit réunis.

La Lycoperdine immaculée, *L. immaculata*, est toute brune
et luisante, avec les antennes et les pattes fauves. C'est l'*En-
domychus Bovistæ* de Fabricius, qui se trouve aux environs
de Paris. La Lycoperdine large-bande, *L. succincta*, est rouge,
avec une large bande noire transversale sur les élytres. Elle
est de France. (Desm.)

LYCOPERDITE. (*Foss.*) Ce nom a été donné aux alcyons
fossiles, dont la forme a des rapports avec la plante de la
famille des champignons à laquelle on a donné le nom de
vesse-de-loup. Voyez Alcyons. (D. F.)

LYCOPERDOIDES. (*Bot.*) C'est encore un genre de la

famille des champignons, voisin des lycoperdons, fondé par
Michéli, et qui n'a été adopté que très-tard par les botanistes
sous les noms suivans : *Pisocarpium*, *Pisolithus*, *Polysaccum*,
Polypera. Voyez Polysaccum. (Lem.)

LYCOPERDON (*Bot.*) : *Vesse-de-loup*, *Vesse-loup*. Ce
genre est un des plus curieux de la famille des champignons ; il appartient à l'ordre des champignons angiocarpes
ou gastéromyciens, dont il est le type par excellence. Ses
caractères consistent dans un péridium simple, globuleux,
ou en forme de toupie ou de poire renversée, composé
d'une membrane plus ou moins flexible ou coriace, recouverte à l'extérieur d'une poussière farineuse ou perlée, ou
écailleuse, ou granuleuse, ou garnie de petites pointes pyra-
midales, tuberculeuses ou verruqueuses. Ce péridium se déchire plus ou moins irrégulièrement, lors de la maturité, pour
laisser échapper une poussière séminifère, excessivement
ténue, semblable à de la fumée, contenue dans les mailles
d'un tissu cotonneux, d'une contexture plus ou moins serrée,
qui finit également par s'échapper. Les grains qui composent
la poussière, sont fixés le long des fibrilles du tissu. On
peut hâter l'émission de cette poussière, en comprimant
plus ou moins le péridium : alors elle s'élance avec vîtesse,
en formant un nuage brun ou fauve. C'est sur cette propriété, et sur l'habitude qu'ont ces végétaux de croître dans
les bois, qu'est dû leur nom trivial, exactement exprimé
en grec dans *lycoperdon*, et dans le latin *crepitus lupi*, dénomination sous laquelle ils sont mentionnés dans les auteurs
antérieurs à Tournefort. Le péridium finit par se déchirer
en lambeaux, et se détruit ainsi.

Dans leur jeunesse, les lycoperdons sont blanchâtres ou
grisâtres, rarement jaunes ou roux ; leur consistance, quelquefois aqueuse, est presque toujours charnue et solide ;
leur chair est homogène, et n'offre aucune structure cellu-
laire, ou de divisions intérieures : elle est d'abord blanche,
puis elle jaunit et devient brune ou fauve ; alors elle ne
tarde pas à se réduire en poussière, en commençant par la
partie supérieure. Son gonflement produit sans doute autant
le déchirement du péridium que le fait la dessiccation de ce
dernier organe. Les lycoperdons prennent une couleur plus

foncée, généralement brune, avec l'âge ; les tubercules, les papilles, la poussière qui les recouvrent ou qui leur donnent l'aspect perlé ou givreux, tombent aisément lorsqu'on les froisse. Pendant l'émission de la poussière, et après, ils deviennent si légers, que les vents les dispersent et les emportent avec une grande facilité. Ils croissent communément sur la terre, dans les lieux stériles et découverts, les bois, le long des routes et des allées ; on en voit aussi quelquefois sur les vieux murs, principalement sur ceux construits en terre. C'est particuliérement en automne qu'ils se montrent ; leur existence n'a pas une longue durée. Ils varient dans leur grandeur ; ils ont ordinairement celle d'une noix ou d'une pomme : il y en a de plus petits et d'infiniment plus grands ; l'un d'eux, par exemple, acquiert jusqu'à deux pieds de diamètre. Ils tiennent au sol par des racines, ou des áppendices radiciformes, quelquefois charnues et assez grosses. Ils n'ont point de *volva*, comme plusieurs des genres voisins, *Geastrum*, etc.

Le nombre des espèces est peu considérable, d'une quarantaine environ ; mais celui des variétés est assez nombreux pour rendre l'étude de ce genre extrêmement difficile. Cette difficulté augmentera sans doute, lorsque les espèces de ce genre ne seront plus limitées à celles qui croissent en Europe, les seules à peu près que l'on connoisse.

Nous décrirons tout à l'heure quelques-unes des espèces de ce genre, et nous ferons connoître l'utilité qu'on peut tirer de plusieurs d'entre elles : nous devons auparavant consacrer quelques lignes à l'histoire de ce genre, depuis Tournefort son fondateur, jusqu'à ce jour.

Le *lycoperdon* de Tournefort comprenoit le *lycoperdon* tel que nous venons de l'exposer, c'est-à-dire, le *lycoperdon*, Pers., les genres *Geastrum*, *Bovista*, *Tulostoma*, qui ont en effet beaucoup d'affinité entre eux, et quelques espèces de *clavaria*. Michéli, quoique grand admirateur de Tournefort, ne crut point devoir adopter une pareille réunion : il en sépara le *geaster* (*geastrum*), si remarquable par son volva étoilé ; mais il en rapprocha ses *lycoperdastrum*, *lycoperdoides*, *carpobolus*, *lycogala* et *tuber*, qu'après lui les botanistes se hâtèrent de fondre dans le lycoperdon de Tournefort, et qui n'ont été

rétablis que dans ces derniers temps ; l'*onygena* se trouva confondu dans le *lycoperdon* de Michéli. Dans cette réunion,
qui formoit d'abord le genre *Conoplea* de Linnæus, que bientôt
après il nomma *lycoperdon*, ce célèbre naturaliste et ses imi-
tateurs y rapportèrent nombre de champignons souvent assez
différens, et qui constituent ou rentrent actuellement dans
les genres suivans, établis ou régularisés par M. Persoon : *Lycoperdon*, *Tulostoma*, *Scleroderma* ou *Hypogeum* (*Lycoperdastrum*, Mich.), *Polysaccum* (*Lycoperdoides*, Mich. ; *Pisolitus*,
Alb. ; *Pisocarpium*, Nées ; *Polypera*, Pers.), *Bovista* (*Sufa*,
Adans.), *Battarea*, *Geastrum*, *Onygena*, *Tuber*, *Sphærobolus*,
Æcidium, *Lycogala*, *Trichia*, *Peziza*, *Physarum*, *Stictis*, *Sclerotium*, *Sphæria*. Cette longue énumération suffit pour prouver combien le genre Lycoperdon étoit devenu hétérogène,
et quelle confusion Linnæus avoit introduite dans cette
partie de la famille des champignons. Adanson, à qui elle
n'avoit point échappé, fit de vains efforts pour s'y opposer,
et, en revenant à Michéli, il ne se conforma point exactement aux travaux de ce botaniste florentin. Ainsi il réunit à
son *Lycoperdon* les genres *Lycoperdastrum*, *Lycoperdoides* et
partie des *Lycoperdon* de Michéli, particulièrement distingués par l'absence du volva, de son *Carpobolus*, qui renferme
le *carpobolus*, le *geaster*, et partie du *lycoperdon* de Michéli :
réunion essentiellement caractérisée par la présence d'un
volva contenant un péridium sessile. Il établit enfin son genre
Sufa, ne différant du précédent que par son péridium porté
sur une tige ; il y place un des *lycoperdon* de Michéli (tab.
97, fig. 2), espèce que M. Persoon rapporte à son genre
Bovista, et Paulet à son *Glycydiderma*, qui comprend en outre
le *Geastrum*.

C'est donc à M. Persoon qu'on doit attribuer le mérite
d'avoir opéré une heureuse réforme dans le genre *Lycoperdon*. Quelques botanistes cependant ne sont point partisans
de plusieurs des changemens qu'il a produits en cette partie : quelques-uns ne voient pas la nécessité de séparer le
bovista et le *sclerodema* du *lycoperdon* ; et d'autres, en adop-
tant son travail, jugent qu'il n'a pas assez multiplié les genres,
ce qui, comme l'on sait, est une passion chez beaucoup de botanistes de nos jours. Ainsi M. Desvaux a cru devoir former,

aux dépens du *Geastrum*, les *plecostoma* et *myriostoma*; le *podaxis* (*Schweinitzia*, Grevil.), sur le *lycoperdon axatum*, Bosc, et le *callostoma* aux dépens du *scleroderma*. M. Rafinesque encore a établi ou créé les genres *Stemmastrum* et *Actigea*, qui rentrent dans le *Geastrum*; *Piemycus* ou *Piesmycus*, *Omalycus* ou *Mycastrum* (*Lycop. complanatum*, Desf.) et *Astrycum* ou *Astrocitum*, pour y placer des espèces de *lycoperdon*; enfin, l'*acinophora*, qui paroît très-près du *tulostoma*, et le *perisperma*, voisin du tuber. En outre, le genre *Endacinus* peut être le même que le *Polysaccum*. Nous ne parlerons pas ici de ses genres *Ædycia* et *Volvicium*, qu'il avoit d'abord nommés *Tetena* et *Volvaria*, quoiqu'ils paroissent avoir des rapports avec les précédens; mais ils nous sont si peu connus, comme tous les genres de Rafinesque cités plus haut, qu'il ne nous est pas permis de rien avancer comme certain.

L'on doit encore à plusieurs botanistes, à Link, T. Nées, Fries, etc., des observations sur ces plantes et sur l'établissement de nouveaux genres. Ainsi, suivant T. Nées (*Radix*), on doit placer dans le même groupe les genres *Uperhiza*, Bosc (près du *Lycoperdon*); *Diploderma*, Link, *Sterbeckia*, Link; *Actinodermium*, T. Nées; *Mitremyces*, T. Nées (tous quatre près du *Geastrum*); *Asterophora*, Dittm., et, selon Fries, son *Rhizopognon* près du *Sclerotium*.

Malgré tous ces changemens et plusieurs autres moins essentiels, que nous n'avons pas cru devoir exposer, pour éviter la prolixité, on doit convenir que la généralité des botanistes ont adopté le travail de Persoon, et c'est d'après ses indications que nous ferons connoître les espèces principales de ce genre, dont il a donné la monographie dans le Journal de botanique, 1809, tom. 2, pag. 5.

L. GIGANTESQUE : *Lycoperdon giganteum*, Batsch, *Elench.*, 257, fig. 165; Pers., *Lycop. maximum*, Schæff., *Fung.*, 4, pl. 191; *Lycop. bovista*, Bull., Champ., tab. 447; *Bovista gigantea*, T. Nées, *Syst.*, tab. 11, fig. 124; *Vesse-de-loup citrouille*, Paul., Trait., 2, pag. 446, pl. 201, fig. 4, et *Syn.*, n.º 51, *a*, 5. En globe presque sessile, très-grand, d'un blanc jaunâtre ou cendré, à surface un peu pelucheuse. Cette espèce, la plus grande connue, atteint, selon Paulet qui la compare à une marmite et à une citrouille, deux pieds de diamètre sur six pieds de tour, et pèse jusqu'à quinze ou seize livres ; ces dimensions au reste sont rares. Sa chair, d'abord blanche, passe au jaune verdâtre, puis au gris-brun, et enfin se change en une poussière d'un bistre clair, qui sort en abondance sous forme de nuage. Le péridium est blanchâtre dans son jeune âge ; il roussit ensuite, et lors de la maturité il devient cendré : il est lisse ou presque lisse, et se déchire irrégulièrement en plusieurs fentes à sa partie supérieure. Lorsqu'il a émis la poussière qu'il contient, il devient si léger que le vent l'enlève aisément; on croiroit voir alors, selon Bulliard, un lièvre qui fuit. Paulet nous instruit que, lorsque la chair de ce *lycoperdon* est encore blanche et ferme, elle a un goût de champignon; que l'expérience a appris que dans cet état on peut la manger sans danger et qu'elle fournit abondamment; seulement elle altère beaucoup. Lorsque la chair devient grise, il y auroit de l'imprudence à la manger. Lorsqu'elle a acquis un certain degré de mollesse, on peut en fabriquer un très-bon amadou, qu'on peut employer au même usage que l'amadou ordinaire. Les autres grandes espèces de ce genre sont encore susceptibles de donner de l'amadou, d'après Ventenat. Cette curieuse espèce tient à peine au sol par quelques racines fines ; elle croît à terre parmi les gazons, dans les prairies, sur les pelouses, sur les collines, etc. : elle se montre en automne.

Il nous semble que la *vesse-de-loup*, *tête-d'homme* ou *le crâne*, décrit par Paulet, et qu'il croit être le *cranion* de Théophraste, n'est qu'une variété de l'espèce que nous venons de décrire. Son aspect, dit-il, est effrayant, en ce qu'on croit voir sortir de terre une tête d'homme blanche et chauve, sur la surface de laquelle rampent comme des veines ramifiées.

L. CISELÉ : *L. cœlatum*, Bull., Champ., tab. 450 ; *L. bovista*, Pers., *Syn.*, 141 ; *L. gemmatum* et *areolatum*, Schæff., *Fung.*, 4, pl. 189 et 190. En forme de toupie arrondie, grand, mou, d'un blanc jaunâtre, passant au cendré, au roussâtre et enfin au brun ; à surface hérissée de pointes élargies à leur base, ou crevassée par carreaux polygones, comme si elle avoit été ciselée. Cette espèce remarquable a de deux à cinq pouces de diamètre ; on la trouve sur les coteaux parmi le gazon : elle est fixée à la terre par un grand nombre de fibres radicales. Lorsqu'elle a émis sa poussière, elle prend la forme d'une coupe. On en peut faire de l'amadou, qu'on prépare en employant à cet effet la moitié inférieure du champignon, qu'on rend souple en la battant avec un marteau, et en la coupant en tranches très-minces, qu'on enfile dans un cordon, pour les tremper une ou plusieurs fois dans une eau préparée avec un peu de farine et de poudre à canon. On fait sécher ensuite ces tranches.

L. DES PRÉS : *L. pratense*, Pers., *Syn.*, p. 143 ; Journ. bot., 1809, vol. 2., pag. 17, pl. 1, fig. 7 ; *L. papillatum*, Schæff., *Fung.*, 4, pl. 184. Globuleux ou hémisphérique, sessile ou presque sessile ; flasque, blanchâtre, puis brunâtre, avec de petites verrues ou papilles éparses, et quelquefois plissées en réseau. Cette espèce, commune dans les prés, les bois et dans les gazons, se montre dès l'été après les pluies : elle s'ouvre par le sommet en un trou rond, par où s'échappe la poussière grisâtre ou brune qui y est contenue. Elle est ordinairement enfoncée à moitié dans la terre. Son plus grand diamètre est de deux pouces.

L. DES BRUYÈRES : *L. ericetorum*, Pers., Journ. bot., *l. c.*, tab. 2, fig. 1, *a, b*; *L. Proteus cepæforme*, Bull., Champ., tab. 435, fig. 2. Globuleux, d'abord blanc, puis fuligineux, flasque et couleur de terre d'ombre dans la maturité ; couvert d'écailles ou papilles à peine sensibles ; racine longue, épaisse. Cette espèce est très-commune dans les lieux sablonneux, les bruyères, les endroits découverts, dans les bois ; c'est après les pluies de la fin de l'été et en automne qu'elle commence à paroître. Elle est plus petite que la précédente.

L. PERLÉ : *L. perlatum*, Pers., *Syn. Fung.*, p. 145 ; *L. Proteus lacunosum*, Bull., Champ., tab. 52 ; Vaill., *Paris.*, tab. 12, fig. 16 ; *L. gemmatum*, Fl. Dan., tab. 1120 ; *L. Proteus*, Bull., tab. 340 et 475. Arrondi et convexe, porté sur une tige assez longue et presque cylindrique ; surface blanchâtre, couverte d'écailles ou de verrues perlées, solides, pointues, qui, par leur chute, laissent des lacunes assez nombreuses. Cette jolie espèce, assez commune au bois de Boulogne, croît à terre, dans les bruyères, en touffes de deux à quatre individus. Elle a jusqu'à deux pouces de diamètre sur trois environ de hauteur. Elle est d'abord blanc-grisâtre, puis elle devient fauve.

L. EN FORME DE MATRAS : *L. excipuliforme*, var. *a*, Pers., *Syn.*, p. 143; Schæff., *Fung.*, tab. 187, 292 et 295; *Lyc. Proteus excipuliforme*, Bull., Champ., tab. 475, fig. *f, i*, et tab. 450, fig. 2. Péridium globuleux, lisse ou pellucheux, ou garni de verrues en forme d'épines éparses, porté sur un pédicule ou tige longue, mince, renflée à la base et comme étranglée à son sommet. Cette grande espèce est d'abord blanche, puis un peu brune. On la trouve sur la terre, dans les gazons, en automne.

L. COTONNEUX; *L. gossypinum*, Bull., tab. 435. Petit, en forme de toupie globuleuse, d'abord blanc, puis brunâtre; surface cotonneuse, ou bien un peu laineuse. Cette espèce, qui n'a guère que trois lignes de hauteur, forme de petits groupes sur les troncs d'arbres pourris. C'est la plus petite de ce genre.

L. PYRIFORME : Pers., *Syn.*, 148; Schæff., tab. 185; *Lyc. Proteus ovoideum*, Bull., tab. 435, fig. 3, et tab. 32. En forme de poire, de près de deux pouces de hauteur environ, ayant une proéminence à son sommet, surface recouverte d'écailles très-fines; radicules longues, fibreuses. Cette espèce, de couleur de fumée claire, croît en touffes sur les vieilles souches pourries; quelquefois, mais très-rarement, sur la terre. C'est particulièrement dans les bois de hêtre qu'on la rencontre en automne et en hiver.

Presque toutes les espèces que nous venons de citer, et plusieurs autres que nous n'indiquons point, ont tellement d'affinité entre elles, que Bulliard, et après lui M. De Candolle, ont cru devoir les réunir en une seule espèce, sous le nom de *Lycop. Proteus;* ce dernier auteur même ajoute que peut-être les *Lyc. ciselé* et *gigantesque* n'en sont que de simples variétés, ce qui nous paroîtroit cependant extraordinaire.

Nous terminerons ici l'indication des espèces les plus intéressantes de ce genre. Cependant nous devons faire observer, 1.° que le *Lycoperdon axatum*, Bosc, sera décrit à l'article PODAXIS; 2.° que le *Lyc. heterogenum*, du même, forme le genre *Myiremyces* de Nées: 3.º que Michéli décrit une trentaine d'espèces, dont beaucoup ne sont point citées dans nos ouvrages modernes, sans doute à cause du défaut de figures, ce qui nous empêche de bien reconnoître les onze espèces qu'on mange à Florence, et qu'il indique par de simples phrases caractéristiques : néanmoins il paroit que son *Lycop. esculentum*, p. 218, n.º 1, nommé à Florence *grande vesse brune, bonne à frire*, est notre lycoperdon gigantesque.

Un travail spécial, bien fait, est encore à désirer sur ce genre singulier. (Lem.)

LYCOPERSICON. (*Bot.*) Galien donnoit ce nom à la tomate ou pomme d'amour, dont Tournefort faisoit un genre distinct du *Solanum*, genre adopté aussi par Adanson. Linnæus les a réunis, quoique la tomate puisse être distinguée par ses corolles quelquefois à six ou sept divisions et autant d'étamines, par ses anthères connées, ses baies plus grandes, cannelées dans leur contour, à loges à demi biloculaires, et ses graines velues. Heister en faisoit son genre *Lycomela*. (J.)

LYCOPHRIS. (*Amoph.*) Nom latin du genre Licophre. Voyez ce mot. (De B.)

LYCOPHTHALMOS. (*Min.*) Cette pierre, dit Pline, est semblable en tout à l'œil d'un loup ; elle est d'un rouge de sang, noire dans le milieu, avec un cercle blanc qui environne ce centre noir.

Il y a parmi les agates qu'on nomme cornaline, calcédoine et sardoine œillées, des variétés d'un brun noir qui présentent cette réunion et cette disposition de couleurs. Il est donc très-présumable que Pline a voulu indiquer une de ces pierres : aussi tous les naturalistes se sont-ils accordés sur cette analogie. (B.)

LYCOPODE. (*Bot.*) Voy. Lycopodiacées et Lycopodium. (Lem.)

LYCOPODIACÉES (*Bot.*), LYCOPODIÉES, LYCOPODINÉES, LYCOPODIENNES et LYCOPODES. Famille de plantes cryptogames, autrefois confondue avec celle des mousses, qui maintenant en est distinguée avec raison, et forme le passage de cette famille à celle des fougères. Ce sont des plantes herbacées ou ligneuses, dont les racines fibreuses produisent des tiges simples ou rameuses, droites, ou le plus souvent rampantes, garnies de feuilles nombreuses, petites, éparses ou imbriquées et distiques, comme dans les mousses; à fructification axillaire ou terminale, solitaire ou spiciforme, munie de bractées, et composée de deux sortes d'organes ou capsules (conceptacles, Mirb.; sporange, Bernh.), tantôt mélangés, tantôt distincts sur le même épi : l'un constitué par des coques ou capsules réniformes, à une à trois loges et autant de valves, d'où s'échappe une poussière très-fine, très-inflammable, extrêmement abondante, composée de petits corps (séminules, Mirb.), groupés trois à trois ou quatre à quatre en petites sphères (fleurs mâles, Linn., Hall., Adans., Beauv., etc.); l'autre, très-rare en comparaison du premier, formé par des coques ou capsules à deux, trois, quatre valves, contenant deux, trois, quatre et même six globules (séminules, Mirb.) chagrinés, sillonnés ou marqués de deux, trois, quatre côtes (fl. femelle, Adans., Beauv.). Quelquefois les coques sont indéhiscentes.

Les lycopodiacées se distinguent aisément des mousses par leur fructification composée de capsules à plusieurs valves, privée d'opercules et de coiffe. Ils sont réunis aux fougères par Swartz et Bernhardi, etc.; mais ils en diffèrent par leur *habitus* et leur fructification.

Cette famille ne contient guère que cent cinquante espèces, lesquelles constituent le genre *Lycopodium*, fondé par Vaillant, adopté par Linnæus, et actuellement divisé en trois, selon que les capsules ont une, deux et trois loges : *Lycopodium*, *Tmesipteris* et *Psilotum*; celui-ci est aussi le *Hoffmannia* ou *Bernhardia* de Willdenow, et doit être confondu avec le second, d'après R. Brown. Le *Porella*, Dill., qui se trouve fondé sur une espèce de *Jungermannia*, n'appartient plus à cette famille.

Le Dufourea de M. Bory, ou *Tristeca* d'Aubert du Petit-Thouars, doit encore sortir de cette famille, parce qu'il est basé sur une plante phénogame, comme l'a très-bien reconnu M. du Petit-Thouars.

M. De Candolle rapporte aux lycopodiacées le genre *Isoetes*, genre curieux, et à l'article duquel nous avons exposé comment il a été envisagé par les botanistes. M. De Candolle n'est pas seul de son opinion.

Mais l'auteur qui s'est le plus occupé de cette famille,

c'est Palissot de Beauvois. Ce botaniste avoit d'abord établi les genres suivans, *Plananthus*, *Lepidotis*, *Stachygynandrum*, *Didiclis*, *Tristeca*, qu'il abandonna pour les reproduire en partie ensuite dans son Œthéogamie, avec les synonymes suivans et sous les dénominations que voici :

1. Plananthus : *Lycopodium*, *Lycopodioides* et *Selago*, Dill.
2. Selaginella : *Lycopodium* et *Selaginoides*, Dill.
3. Lepidotis : *Lycopodium* et *Lycopodioides*, Dill.
4. Gymnogynum.
5. Diplostachium : *Lycopodium*, Linn., Lam. ; *Lycopodioides*, Dill.
6. Stachygynandrum : *Lycopodium*, Dill., Linn.
7. Psilotum, Sw.

Ces genres ne sont que des divisions du *lycopodium* de Linnæus, dont les espèces sont fondées sur des caractères qui ne sont pas très-bien reconnus et généralement difficiles à saisir. L'auteur caractérise ses genres d'après des considérations déduites des deux sortes de coques ou capsules, qui sont pour lui des fleurs mâles ou des fleurs femelles, et sur l'*habitus* ou *facies* des espèces qu'il y ramène. Il seroit cependant à désirer que cette création de genres nouveaux pût servir à quelque naturaliste pour l'engager à étudier avec attention le genre *Lycopodium*, encore peu connu pour les espèces, et l'aider à y introduire de bonnes divisions, ce qui n'existe pas.

L'idée de partager le *Lycopodium* en plusieurs genres est due à Dillenius, qui avoit fondé ainsi ses genres non définis de *Selago*, *Selaginoides*, *Lycopodioides* et *Lycopodium*, réunis par Linnæus en un seul, *Lycopodium*, lui-même subdivisé en trois par Adanson, *Lycopodion*, *Mirmau* et *Lycopodioides*, dont les caractères sont pris sur les deux sortes de coques qu'Adanson connoissoit parfaitement, et qu'avant M. Palissot de Beauvois il avoit regardées comme des organes mâles et des organes femelles. Cette idée, suivie par M. Palissot de Beauvois, est devenue féconde en discussions, et nous oblige à les exposer ici en peu de lignes.

Les capsules des lycopodiacées sont de deux sortes, comme nous l'avons dit.

Les premières, les plus nombreuses, et celles qui existent toujours, sont à une, deux ou trois loges, contenant une

poussière extrêmement fine, rouge, jaune, brune, dont les
grains, sphériques ou oblongs, ou réniformes, sont lisses ou
hérissés de petites pointes opaques ou transparentes, et groupés, avant la maturité, trois à trois, quatre à quatre, en
une multitude de petites sphères. Cette poussière est composée de corps reproducteurs, selon Kœlreuter, parce qu'elle
ne crève point sur l'eau, à la manière du pollen des plantes
phanérogames, et que ses graines se développent sur la terre,
de même que des propagules. Lindsay, Fox, Willdenow assu-
rent avoir vu germer ces petits corps. Robert Brown, au contraire, avance qu'il a vu éclater ces corps sur l'eau, et qu'en
conséquence ils doivent être considérés comme un pollen. Palissot de Beauvois assure que cette poussière est mélangée,
parce que, outre les grains ci-dessus, on trouve dans les
mêmes capsules quelques petits corpuscules incolores, transparens, lisses, de forme variée, qui, suivant lui, sont des corpuscules reproducteurs ou des propagules, mêlés avec la poussière fécondante, laquelle a tous les caractères extérieurs du
pollen des plantes phanérogames, et s'enflamme comme lui
quand on la projette sur un corps embrasé. M. Mirbel, appuyé
par les observations de Kœlreuter, considère la poussière des
lycopodiacées comme un amas de séminules ou propagules,
et non comme un pollen, contre l'opinion de R. Brown,
trompé, dit-il, par une illusion d'optique, et contre l'opinion de Beauvois, qui auroit pris des séminules avortées
pour des propagules.

Brotero, ayant mis de la poussière de lycopodium sur l'eau,
a observé qu'elle n'a point éclaté, et que, mise en terre,
elle s'y est décomposée : il en conclut que c'est un véritable
pollen, malgré la manière dont elle se comporte sur l'eau.

Les secondes espèces de capsules, plus rares, mêlées avec
les précédentes ou placées au-dessous, sont uniloculaires, et
contiennent un à six globules, lisses ou ridés, dont la substance intérieure, étant humectée, prend l'aspect et la consistance de gelée. Leur écorce est une enveloppe (*testa*, Mirb.)
crustacée, sous laquelle, selon Beauvois, il en existe une
autre membraneuse (*tegmen*, Mirb.). Ce sont ces capsules
que P. de Beauvois vouloit faire reconnoître pour les seuls
fruits de ces plantes, leurs organes femelles. Brotero déclare

que ces capsules ou boites à globules sont des pistils; il *voit* dans la suture supérieure de leur double valve un stigmate placé immédiatement sur l'ovaire, et dans les globules, des graines fécondées par la poussière des autres capsules. A l'appui de ce qu'avance Brotero nous devons rapporter ici une observation de Vaillant, qui dit avoir vu sur le *lycopodium clavatum* et sous chaque écaille de l'épi un ovaire aplati lenticulaire surmonté d'un filet ou style simple. L'existence de ce filet a échappé aux naturalistes modernes. Brotero y auroit reconnu sans doute son style.

M. Mirbel, admettant ces deux sortes d'organes, ne peut se refuser à les donner tous deux pour des organes reproducteurs. On ne peut nier en effet qu'ils présentent des différences évidentes, et que plusieurs points de leur ressemblance sont encore en contestation. Cette opinion de M. Mirbel nous semble devoir réunir le plus grand nombre de partisans.

Tel est encore l'état de la question sur les fonctions des deux sortes de capsules des lycopodiacées : de nouvelles observations faites sur des lycopodium vivans, et non pas sur des individus desséchés, comme on les a faites jusqu'ici, sont nécessaires, elles jetteront sans doute un nouveau jour sur ces plantes, que rien ne démontre encore être agames plutôt que cryptogames.

Les lycopodiacées ont encore fait le sujet des observations des botanistes Bernhardi, Swartz, Mirbel, Robert Brown, Smith, etc. Nous engageons les lecteurs studieux à consulter les ouvrages de ces auteurs célèbres. Nous ferons remarquer seulement ici qu'il n'y a pas de preuve matériellement exacte, selon nous, qu'on ait vu germer les petits corps qu'on regarde comme les séminules ou propagules de ces végétaux. Ceux-ci se propagent aussi par des bourgeons ou gemmes axillaires, tétraphylles, que plusieurs d'entre eux offrent assez souvent, et que Linnæus pensoit pouvoir remplir les fonctions de fleurs femelles.

Ce qui nous reste à dire sur cette famille se rapportant entièrement au genre Lycopodium, nous renvoyons à cet article pour éviter une répétition inutile. (Lem.)

LYCOPODION. (*Bot.*) Cette plante, mentionnée par Dios-

coride, Galien, et dans les écrits des anciens, est notre lycopodium commun, *lycopodium clavatum*, Linn. Voyez Lycopodium. (Lem.)

LYCOPODITES. (*Foss.*) Dans un Mémoire sur la classification et la distribution des végétaux fossiles, M. Adolphe
Brongniart a donné ce nom à un genre de plantes fossiles à
feuilles linéaires ou sétacées sans nervures, ou traversées par
une seule nervure insérée tout autour de la tige, ou sur
deux rangs. Voyez Végétaux fossiles. (D. F.)

LYCOPODIUM, *Lycopode*. (Bot.) Genre de plantes de la
famille des Lycopodiacées, qui en renferme presque toutes
les espèces connues ; il doit être ainsi défini : *Capsules uniloculaires, sessiles, axillaires, les unes bivalves, remplies d'une poussière farineuse ; les autres à deux ou trois valves, contenant un à six
petits corps globuleux.* Ce qui a été dit à l'article Lycopodiacées
se rapportant au *lycopodium*, nous ajouterons seulement ce qui
peut compléter l'histoire de ce genre, dont Vaillant est le fondateur, et confondu par Tournefort dans son genre *Muscus*.
Dillenius avoit cru devoir le partager en quatre, savoir :

Selago, à feuilles imbriquées et capsules axillaires.

Lycopodium, à feuilles imbriquées et capsules en épis.

Lycopodioides, à feuilles planes.

Selaginoide, à feuilles épineuses et fruits axillaires.

Mais ces genres n'étoient que des coupes, bonnes à introduire dans la classification des espèces, n'étant pas fondées
sur des caractères tirés de la fructification : aussi ont-ils été
abandonnés presque aussitôt. Linnæus les réunit tous en son
Lycopodium, caractérisé par les capsules bivalves contenant
une *poussière* farineuse. Adanson le partagea de nouveau en
trois, *Lycopodion*, *Mirmau* et *Lycopodioides*.

Le *Lycopodion* avoit ses caractères ainsi établis : Feuilles
alternes et opposées ou verticillées, droites et triangulaires.
Fleurs mâles : anthere solitaire, sessile en chacune des aisselles des feuilles supérieures, sphérique, ou en rein avec
un sillon en-dessus. Fleurs femelles : capsules solitaires, sessiles aux aisselles des feuilles sur le même pied au-dessous
des anthères, ou sur différens pieds, sphérique, à une loge
et deux ou trois valves contenant trois graines sphériques.
Exemple, *Lycop. clavatum, cernuum, helveticum*, etc.

27.   27

Le *Mirmau* (*Selago* et *Selaginoides*, Dill.) offroit un feuillage cylindrique, composé de feuilles alternes et triangulaires; les fleurs mâles, comme celles du lycopodion, sur le même pied que les femelles, disposées aussi de même, excepté que les capsules s'ouvroient en trois à quatre valves, et trois à quatre loges, renfermant chacune une graine sphérique ou hémisphérique avec une cavité en-dessus. Exemple, *Lycopodium Selago* et *L. Selaginoides*, Linn.

Le *Lycopodioides*, chez lequel les feuilles, aussi alternes, se terminoient en épines, et sur lequel les capsules (fl. fem.), disposées en épis très-lâches et terminaux, avoient trois à six loges, autant de valves, et dans chaque loge plusieurs graines sphériques, très-menues; ce *lycopodioides* n'est qu'une division de celui de Dillenius, dont l'autre partie, ainsi que le *lycopodium*, Dill., fut rejetée par Adanson dans son *lycopodium*. Exemple, *Lycopodium nudum*, Linn.

De ces trois genres, tous trois bien fondés, le dernier seul a été établi de nouveau dans ces derniers temps, avec les noms de *psilotum* et de *bernhardia*. Mais le travail d'Adanson est demeuré inconnu, et M. Beauvois lui-même ne le cite pas, quoiqu'il ait suivi la marche tracée par Adanson dans l'établissement de ces genres. Linnæus ayant réussi à faire adopter sa classification, les naturalistes l'ont suivie dans la description des espèces. Vainement M. Beauvois a-t-il voulu faire adopter ses genres nouveaux (voyez LYCOPODIACÉES); ils n'ont pu servir même à établir des sous-divisions, car les caractères n'ont pas été vérifiés sur toutes les espèces connues : néanmoins M. Desvaux, dans un travail particulier, qui, je crois, n'est pas publié encore, a cherché à introduire cet arrangement. En attendant nous ne ferons connoître les principales espèces de ce genre que dans l'ordre présenté par Willdenow.

Les lycopodium sont des plantes herbacées ou rarement ligneuses; à tiges (racine, Linn., Willd.) couchées, rampantes, s'enraçinant çà et là, poussant des branches ou rameaux qui se relèvent ou se redressent le plus souvent, et portent les capsules dans les aisselles des feuilles. Ces feuilles ou frondules sont quelquefois très-pressées, forment des épis ou espèce de chatons terminaux, simples ou rameux, sessiles ou pédonculés, ou plutôt portés sur des rameaux nus ou simplement écailleux. Les feuilles, disposées en spirales, ou opposées ou alternes, ou sur deux ou quatre rangs opposés, sont ordinairement très-rapprochées, comme imbriquées de toutes parts, ou formant un feuillage prismatique ou un feuillage plan. Les espèces qui offrent cette dernière sorte de feuillage, ressemblent souvent à des *jungermannia*, et même plusieurs *jungermannia* ont été placées dans les *lycopodium* : exemple, *jungermannia porella* et *bursata*. Les autres espèces rappellent le feuillage des mousses, en sorte que ce genre se trouve tenir le milieu entre les hépatiques et les mousses, par son feuillage, et entre les mousses et les fougères par sa fructification. Les lycopodium sont ordinairement très-rameux, et leur tige rampante s'étend souvent très-loin. Les capsules sont extrêmement abondantes sur certaines espèces, en sorte qu'à l'époque de leur maturité elles fournissent une quantité considérable de poussière. Cette poussière, ordinairement d'un jaune pâle, est aussi quelquefois brune ou rougeâtre, et si abondante dans le *lycopodium clavatum*, qu'on peut la recueillir pour l'employer. Les tiges comme les rameaux de ces plantes sont essentiellement dichotomes. Les *lycopodium* se plaisent dans les lieux ombragés et couverts des bois, dans les lieux frais et humides ; cependant il y en a qui aiment les lieux secs, arides et déserts. Un petit nombre d'espèces croît en Europe ; toutes les autres sont exotiques : beaucoup se trouvent dans les Indes et en Amérique ; quelques-unes habitent les îles de l'océan Pacifique et la Nouvelle-Hollande : il y en a trèspeu au cap de Bonne-Espérance. Plusieurs sont très-élégantes dans leur forme.

I. Lycopodium a épis rameux (*Phlegmaria*).

1. L. PHLEGMAIRE : *Lyc. phlegmaria*, Linn., Dill., *Musc.*, tab. 62, fig. A, B, C ; *Tana-pouel-paalsja-maravara*, Rheed., *Mal.*, 12, tab. 14 ; *Lepidotis phlegmaria*, Pal. Beauv. Tige dichotome ; feuilles ovales, pointues, étalées, verticillées ; celles de la tige quaternées, celles des rameaux ternées ; épis sessiles, dichotomes, filiformes. Cette jolie plante s'élève à deux pieds et plus de hauteur ; sa tige est un peu inclinée ;

ses feuilles ressemblent à celles d'un petit myrte. Elle croît dans toutes les Indes orientales, depuis l'île Bourbon jusqu'aux Philippines. Au Malabar elle est employée comme un excellent aphrodisiaque : et à raison de cette vertu elle est célébrée dans les fêtes où l'amour préside.

On a confondu avec cette espèce les lycopodium *mirabile* et *australe*, Willd., qui en sont différens, quoique très-rapprochés.

II. LYCOPODIUM À ÉPIS PÉDONCULÉS (*Lycopodium*).

2. L. COMMUN OU EN MASSUE : *L. clavatum*, Linn.; Œd., *Fl. Dan.*, 126; Blackw., tab. 555; Dillen., *Musc.*, t. 58, fig. 1; *Muscus*, Pluk., *Alm.*, tab. 47, fig. 8, etc. ; *Lepidotis clavata*, P. Beauv., *Lycopodion*, Diosc., Gal. *ex* Adans.; vulgairement LYCOPODE, PIED-DE-LOUP, PATTE ou GRIFFE-DE-LOUP. Tige rampante, très-rameuse : rameaux redressés et droits : feuilles éparses, sans nervures, arquées et terminées par une soie : épis géminés, cylindriques, pédonculés, à écailles plus larges, ovales-aiguës, dentelées et comme rongées sur les bords. Cette espèce est particulière à l'Europe ; on en rencontre cependant une variété à épi simple, plus grêle, au Canada. M. Bory croyoit en avoir trouvé une autre à l'île de Bourbon ; mais, suivant Beauvois et Willdenow, c'est une espèce distincte (L. *inflexum*, Willd.).

Ce lycopodium se plaît dans les bois, à l'ombre ; il croît à terre dans les mousses et les herbes, où ses tiges rampent au loin : j'en ai mesuré qui avoient plus de six pieds de longueur. Ces tiges sont dures, couvertes dans toute leur longueur de feuilles éparses, très-rapprochées, comme imbriquées de toutes parts : les rameaux qui en partent se redressent ; mais leurs branches sont courbées, et ont suggéré les noms de *pied, patte* ou *griffe-de-loup, d'ours* et *de lion,* qu'on donne ou qu'on a donnés à cette plante. La disposition de ses feuilles l'a fait aussi appeler *chamæpeuce,* c'est-à-dire : *epicia,* ou sapin nain.

Ce lycopodium est très-célèbre par ses propriétés, et surtout par la poussière jaunâtre, inflammable, détonnant presque comme la poudre à canon, que ses capsules fournissent en immense quantité, et qu'on recueille pour l'employer a différens usages. Cette poussière est proprement ce qu'on nomme vulgairement le *lycopode* ou *soufre végétal*. Une pincée, jetée sur un corps embrasé, brûle de suite en étendant au loin une flamme qui disparoît presque aussitôt, sans laisser à peine d'odeur. C'est sur cette propriété singulière qu'est fondé l'emploi du lycopode sur le théâtre, pour représenter les éclairs, les flammes de l'enfer, etc., et dans les feux d'artifices. La consommation en est assez considérable pour fournir l'objet d'un commerce assez lucratif, en Suisse et en Allemagne, où l'on recueille principalement cette poudre végétale, et pour la falsifier avec la poussière des étamines du pin, qui n'en a cependant pas les qualités. C'est à la fin de l'été, en automne et au commencement de l'hiver, que les épis de ce *lycopodium* paroissent et laissent échapper le *lycopode* contenu dans leurs capsules. On les coupe et on les emporte, pour les faire sécher sur des boîtes ou sur des tamis préparés à cet effet. On les remue de temps en temps : la poussière tombe au fond des boîtes ou des tamis ; on la fait de nouveau sécher, puis on la livre au commerce.

Le lycopode s'emploie encore en pharmacie pour rouler les bols et les pilules ; le résultat est d'envelopper ces bols d'un corps étranger qui ne permette pas de les altérer. En effet, le lycopode revêt complétement leur surface ; on peut même plonger ces corps dans l'eau et les en retirer sans qu'ils soient mouillés : expérience qu'on peut encore mieux faire en plongeant la main dans de l'eau sur laquelle on aura jeté du lycopode ; elle en sortira sèche. L'adhérence des grains de la poussière entre eux est, sans doute, la cause de ce phénomène.

Cette plante est employée en décoction, comme diurétique, contre la goutte chaude et pour détruire la vermine. Sa poudre ou poussière passe pour antispasmodique ; bue avec du vin blanc, elle est donnée pour antidyssentérique et antiscorbutique. On en faisoit usage autrefois contre les maladies du poumon, en place du nard celtique ; ce qui lui avoit valu les noms de *pulmonaria* et de *permonaria* : on l'appelle encore *plicaria* ou *herbe à la plique*, parce que, dans le Nord, surtout en Suède et en Pologne, sa poussière sert à guérir la plique, maladie dans laquelle les cheveux deviennent sensibles. s'emmêlent et se soudent ensemble. L'effet du lycopode, dans cette maladie, est d'empêcher le contact réciproque des cheveux, contact qui cause leur adhérence.

Enfin on peut avec le lycopodium colorer en bleu certaines étoffes, après les avoir soumises à diverses préparations.

3. L. APLATI : *L. complanatum*, Linn., Dill., *Musc.*, t. 59, fig. 3; *Lepidotis complanata*, Pal. Beauv.; *Chamæcyparissus*, Tab., *Ic.*, 915; *Sabina sylvestris*, Zag., 554. Souche rampante, à rameaux droits; à branches alternes, dichotomes; feuilles imbriquées sur quatre rangs, soudées par leur base, écartées à leur extrémité; celles de deux rangées opposées plus larges; celles des deux autres rangées, courtes, imbriquées et appliquées fortement sur la tige; pédoncule portant deux ou quatre épis simples ou bifurqués, cylindriques. Cette jolie espèce rappelle par son feuillage celui des genévriers et des cyprès. Elle croit dans les bois, en Europe, en Sibérie et dans l'Amérique septentrionale : on l'indique aux environs de Paris.

III. ÉPIS SESSILES; FEUILLES COUVRANT ENTIÈREMENT LES BRANCHES ET LEURS RAMEAUX (*Lycopodiaster*).

4. L. ALPIN : *L. alpinum*, Linn., *Fl. Lapp.*, pl. 11, fig. 6; Œd., *Fl. Dan.*, t. 79; Dill., *Musc.*, tab. 53, fig. 2; *Lepidotis alpina*. Pal. Beauv. Tiges rampantes, ligneuses, longues, presque rues: branches droites, dichotomes, à rameaux fasciculés, entièrement revêtues de petites feuilles convexes et oblongues, fortement appliquées sur quatre rangs, de manière qu'ils sont tétragones; épis terminaux solitaires, sessiles et grêles. Ce lycopodium ne se plait que dans les bois déserts des hautes montagnes alpines; il se rencontre presque partout en Europe et en Sibérie.

5. L. DENDROÏDE : *L. dendroideum*, Mich., *Amer.*, 282; Willd., *Spec.*, 5, p. 21; *L. obscurum*, Linn.; *Lycopodioides*, Dill., *Musc.*, t. 64, fig. 12; *Lepidotis dendroidea*, P. Beauv. Tige rampante, à branches droites, rameuses; rameaux alternes, fasciculés, dichotomes, ouverts; feuilles éparses, linéaires, lancéolées, étalées, disposées sur six rangées longitudinales; épis terminaux, solitaires, sessiles, épais et com-

pactes. Les rameaux de cette espèce imitent de petits arbres. Elle croît dans l'Amérique septentrionale, au Canada, en Caroline et à la Nouvelle-Angleterre.

6. L. A FEUILLES DE GENÉVRIER OU JUNIPÉROÏDE : *L. annotinum*, Linn.; Œd., *Fl. Dan.*, tab. 127; Dill., *Musc.*, t. 63, fig. 9; Giss., tab. 2; *Musc.*, Pluk., *Alm.*, tab. 205, fig. 2 ; *Lepidotis annotina*, P. Beauv. Tige rampante, longue d'un pied et demi environ, à branches redressées, deux fois bifurquées dès la base, à rameaux simples; feuilles éparses, étroites, aiguës, un peu dentées au sommet, fermes, lâches, ouvertes, et souvent repliées, disposées sur cinq rangs longitudinaux; épis solitaires, sessiles, terminaux. Cette plante croît dans les bois des montagnes en Europe et en Canada. Son feuillage offre des contractions dans les points d'où sont parties les nouvelles pousses annuelles : c'est ce qu'on a voulu rappeler par le nom spécifique latin de cette espèce, qui doit son nom françois à la ressemblance qui existe, jusqu'à un certain point, entre ses feuilles et celles du genévrier.

7. L. DES MARAIS : *L. inundatum*, Linn.; Œd., *Fl. Dan.*, tab. 336; Vaill., Paris, tab. 16, fig. 11; Dill., *Musc.*, t. 61, fig. 7; *Plananthus inundatus*, P. Beauv. Tige rampante, longue de cinq à six pouces, à peine rameuse ; rameaux simples, solitaires, droits, terminés par un épi feuillé, long de huit lignes; feuilles très-rapprochées, linéaires, éparses, pointues, très-entières, arquées en-dessus. Cette petite espèce croit dans les marécages, et les lieux inondés, par toute l'Europe et dans l'Amérique septentrionale.

8. L. QUEUE-DE-RENARD : *L. alopecuroides*, Linn., Dillen., *Musc.*, tab. 62, fig. 6 ; *Plananthus alopecuroides*, P. Beauv. Tige rampante, à peine rameuse ; rameaux presque simples, effilés, redressés, terminés par un épi tout couvert de feuilles étalées, linéaires, subulées, dentées et ciliées à la base ; épi sessile, également feuillé. Ce lycopodium croît dans les lieux humides et herbeux de la Virginie, de la Caroline et de la Pensylvanie. Souvent ses rameaux se recourbent et s'enracinent par leur extrémité, singularité qui s'observe aussi sur beaucoup d'autres espèces.

9. L. FAUX SÉLAGO : *L. Selaginoides*, Linn.; Œd., *Fl. Dan.*, t. 70; Dill., *Musc.*, t. 68, fig. 1 ; *Selaginella spinosa*, P. Beauv.

Tige rampante : rameaux ascendans. simples ; feuilles éparses, lancéolées, étalées. ciliées et dentelées : épis terminaux, solitaires, feuillés et sessiles, offrant les deux sortes de capsules : vers le haut les capsules bivalves, et dans le bas les capsules à quatre valves. contenant une globule sphérique. Cette espèce curieuse est très-petite ; on la trouve parmi les mousses, dans les pâturages des hautes montagnes en Europe : il y en a une variété plus fluette en Canada. (Voyez SELAGINELLA).

10. L. ENSANGLANTÉ : *L. sanguinolentum ;* Linn., *Amœn. acad.*, 2, tab. 4, fig. 6. Tige appliquée contre terre, rameuse ; rameaux alternes. dichotomes ; feuilles imbriquées sur quatre rangs, ovales, presque rondes, pointues, tantôt d'un beau vert, tantôt d'un rouge de sang : épis terminaux, solitaires, sessiles et tétragones. Ce lycopodium croit au Kamtschatka et dans la partie orientale de la Sibérie.

11. L. PENCHÉ : *L. cernuum*, Linn. ; Dill., *Musc.*, tab. 63, fig. 10 : Burm., *Zeyl.*, tab. 66 ; *Musc.*, Pluk., *Alm.*, tab. 47, fig. 9, et tab. 431, fig. 3 : Plum. fil., t. 165, fig. A : *Bellanpaatsja*, Rheed.. *Mal.*, 12, t. 59 ; *Lepidotis cernua*, P. Beauv. Tige extrêmement rameuse, droite ; rameaux multipliés, les derniers courts, terminés par un petit renflement ou épi oblong, penché, écailleux, à écailles imbriquées, serrées, membraneuses, dentées et ciliées ; feuilles nombreuses, éparses. recourbées, capillacées et crépues. Cette belle espèce s'élève à deux pieds de hauteur environ ; sa tige est droite, dure, cylindrique. comme frutescente à sa base, et remplie de moelle ; ses rameaux sont revêtus de feuilles de toutes parts. Elle croit parmi les rochers et au pied des arbres, entre les tropiques, dans les Indes orientales, à l'île de Bourbon et en Amérique. C'est une des espèces exotiques les plus communes dans les herbiers. (Voy. BELLAN-PATSJA.)

IV. ÉPIS SESSILES ; FEUILLES DISTIQUES (*Lycopodioides*).

12. L. HELVÉTIQUE : *L. helveticum*, Linn. ; *Lycopodioides*, Dill., *Musc.*, tab. 65, fig. 2 ; *Diplostachium helveticum*, Pal. Beauv. Tige rampante et radicante, dichotome ; feuillage plan ; feuilles semi-cordiformes. obtuses, disposées sur quatre rangs du côté supérieur de la tige et des rameaux ;

les deux rangs latéraux opposés, à feuilles plus grandes et plus divergentes ; les deux autres à feuilles petites, plus obtuses et appliquées sur la tige ; épis terminaux pédonculés. simples, ou une ou deux fois bifurqués. Cette petite espèce. assez élégante , se rencontre au pied des arbres, dans les bois des Alpes suisses, bavaroises, tyroliennes, etc. Son feuillage est d'un beau vert, et ressemble à celui de certaines *jungermannia*. Elle offre les deux sortes de capsules dont nous avons parlé, tantôt entremêlées dans le même épi, tantôt sur des épis distincts, mais toujours sur le même pied : une de ses variétés est remarquable par les nombreuses radicules que ses tiges et ses rameaux émettent. (Voyez Diplostachyum.)

13. L. DENTICULÉ : *L. denticulatum*, Linn.; *Lycopodioides*, Dill., *Musc.*, tab. 67, fig. 1, A ; *Plananthus denticulatus?* Pal. Beauv. Tige et feuillage comme dans l'espèce précédente ; feuilles ovales, presque en cœur. et ovales-pointues ; épis terminaux très-courts, sessiles, simples ou géminés. Ce lycopodium croît au pied des arbres, en France, en Espagne, en Italie, en Pologne, etc. Il ressemble beaucoup au précédent : ses feuilles sont moins régulièrement rangées, plus larges et plus dentelées sur les bords. Hoffmann pense qu'il peut en être une variété de sexe. M. De Candolle nie que cela soit, lui ayant reconnu les deux sortes de capsules propres au *L. helveticum* : il pencheroit donc à le regarder plutôt comme une variété de localité. M. Pal. Beauvois, n'ayant pas eu occasion de bien observer la fructification de ce. lycopodium, le range avec doute dans son genre *Plananthus*.

14. L. EN ÉVENTAIL : *L. flabellatum*, Linn.; *Lycopodioides*, Dill., *Musc.*, tab. 66, fig. 5 ; *Musc.*, Plum., *Amer.*, tab. 24 , et fil., tab. 43 ; *Stachygynandrum flabellatum*, Pal. Beauv. Tige droite, nue ou écailleuse et presque cylindrique à la base, puis se divisant en un grand nombre de branches et rameaux alternes, couverts de feuilles. et disposés sur un même plan, de manière à imiter les frondes deux ou trois fois divisées des fougères; feuilles distiques; les latérales oblongues. pointues, denticulées à la base ; les autres supérieures, planes, imbriquées, ovales, arquées, pointues; épis sessiles, tétragones, terminaux, composés d'écailles ovales, pointues,

carenées, chacune recouvrant une capsule. Cette élégante espèce s'élève à un pied environ, et croit dans les parties chaudes de l'Amérique, au bord des ruisseaux.

15. L. DE SAINT-DOMINGUE: *L. domingense*, Nob.; *Gymnogynum domingense*, Pal. Beauv., *Ætheog.*; *L. stoloniferum?* Willd., *Musc.*, Plum. fil., tab. 43, fig. B; *Lycopodioides*, Dillen., *Musc.*, tab. 67, fig. 10. Tige rampante, à branche droite; feuilles opposées, de deux sortes: les unes distiques, ovales-oblongues, les autres très-petites, fortement imbriquées au-dessus de la tige; épis très-courts, terminaux, sessiles, anguleux. Il a été observé à Saint-Domingue sur les bords de la rivière Attalaye par P. de Beauvois, et s'il est le même que le *L. stoloniferum*, Gmel. et Willd., comme cela paroit être, on le trouveroit aussi à la Jamaïque et au Brésil. A l'embranchement de ses rameaux on voit des capsules solitaires, nues, bivalves, que M. Beauvois donne pour des organes femelles. (Voyez GYMNOGYNUM.)

16. L. GRIMPANT: *L. scandens*, Swartz, *Synops. fil.*, 135; Willd., *Sp. pl.*, 5, p. 46; *Stachygynandrum scandens*, P. Beauv., *Fl. Ov. et Ben.*, p. 10, tab. 7. Tige cylindrique, grimpante, dichotome; branches droites, divisées en petits rameaux disposés sur le même plan, alternes, simples; feuilles distiques, alternes, oblongues, un peu denticulées à l'extrémité; épis terminaux, sessiles. Cette jolie espèce a été découverte par M. Pal. de Beauvois dans le royaume d'Oware en Afrique, sur les bords d'une branche du fleuve Formose, à quatorze ou quinze lieues de la mer: elle s'élève, en tournant autour des plus gros arbres, à la hauteur de trois à quatre pieds. Ses feuilles sont garnies au centre d'une côte entière représentant une espèce de S.

V. CAPSULES AXILLAIRES (*Selago*).

17. L. SÉLAGINE: *L. Selago*, Linn.; *Œd., Dan.*, tab. 104; *Selago*, Dill., tab. 56, fig. 1; *Musc.*, Moris., 3, tab. 5, fig. 9; *Plananthus Selago*, Pal. Beauv. Tige droite ou presque droite, haute de sept à huit pouces, et rameuse; rameaux cylindriques, épais, compactes, disposés en faisceaux corymbiformes, couverts de feuilles éparses disposées sur huit rangées, linéaires, lancéolées, pointues, entières, roides,

imbriquées à la base, écartées à l'extrémité ; capsules axillaires. On rencontre cette espèce, une des plus remarquables
d'Europe, dans les bois et les bruyères humides des hautes
montagnes, dans les Pyrénées, les Alpes, les Vosges, le Tyrol,
etc. On observe à l'extrémité de ses rameaux, dans les aisselles des feuilles, de petites rosettes composées de quatre
feuilles inégales, que Hedwig présume être des fleurs mâles,
par analogie avec les rosettes ou gemmes qu'on observe dans
les mousses. Cette plante rappelle par son feuillage celui
de l'épicia ou pesse. Elle est purgative et un peu émétique ;
on fait usage à cet effet de sa décoction. (LEM.)

LYCOPSIDE ; *Lycopsis*, Linn. (*Bot.*) Genre de plantes dicotylédones, de la famille des *borraginées*, Juss., et de la
pentandrie monogynie, Linn., qui présente pour caractères :
Un calice monophylle, persistant, à cinq divisions plus ou
moins profondes ; une corolle monopétale, infundibuliforme,
à limbe partagé en cinq lobes, et à tube courbé, ayant son
orifice fermé par cinq écailles conniventes ; cinq étamines ;
un ovaire supère à quatre lobes, du milieu desquels s'élève
un style filiforme, à stigmate bifide ; quatre graines irrégulièrement ovoïdes, ridées, situées au fond du calice.

Les lycopsides sont des plantes herbacées, souvent annuelles, à feuilles simples, alternes, plus ou moins rudes au
toucher ; leurs fleurs, tournées d'un seul côté, sont disposées,
au sommet des tiges ou des rameaux, en épis lâches et feuillés. On en connoît une douzaine d'espèces, qui pour la plupart se trouvent en Europe ou dans le Levant. Nous parlerons seulement ici des deux suivantes, qui croissent en
France.

LYCOPSIDE DES CHAMPS ; vulgairement PETITE-BUGLOSE, GRIPPE
DES CHAMPS : *Lycopsis arvensis*, Linn., *Spec.*, 199 ; *Flor. Dan.*,
t. 435. Sa racine, qui est annuelle, donne naissance à une
tige droite, haute d'un pied à un pied et demi, rameuse,
hérissée de poils roides, ainsi que les feuilles et les calices.
Ses feuilles sont oblongues, étroites, ondulées ou légèrement
sinuées. Ses fleurs sont bleues ou rougeâtres, quelquefois
blanches, portées sur des pédoncules courts, et disposées en
épis bifurqués et terminaux. Cette plante est commune dans
les moissons et dans les champs cultivés. Ses fleurs ont à peu

près les mêmes propriétés que la bourrache, et sont quelquefois employées en médecine comme pectorales et légèrement sudorifiques.

LYCOPSIDE VARIÉE : *Lycopsis variegata*, Linn., *Spec.*, 198 ; *Buglossum annuum humile, bullatis foliis, flore cæruleo et eleganter variegato*, Moris.. *Hist.*, 3. p. 439. sect. 11, t. 26, fig. 10. Cette espèce diffère de la précédente par ses fleurs plus rapprochées les unes des autres, disposées en épis simples ; par son calice divisé presque jusqu'a la base ; par sa corolle a tube très-peu recourbé, et par son style plus long que les graines. terminé par un stigmate bifurqué. Ses fleurs sont bleues ou rouges, avec des raies blanches. Cette plante croît en Provence, en Italie et dans le Levant. (L. **D.**)

LYCOPSIS. (*Bot.*) La plante à laquelle Dioscoride et Pline donnoient ce nom, paroit, selon C. Bauhin, le tirer des poils dont elle est hérissée, comme le sont les pattes d'un loup. Elle appartient a la famille des borraginées, et Linnæus la cite comme une variété de l'*echium italicum*. Le même nom est donné par Boccone a deux autres *echium*. Linnæus l'emploie pour désigner un autre genre de la même famille, très-voisin de l'*echium* et de l'*anchusa*, et remarquable par le tube de sa corolle. qui est coudé. Il y avoit réuni des espèces à calice court, et d'autres a calice renflé en forme de vessie. Ces dernières en ont été séparées par M. Desfontaines sous le nom de *echioides*, et par Medicus et Mœnch sous celui de *nonea*, qui a prévalu. (**J.**)

LYCOPUS. (*Bot.*) Voyez LYCOPE. (L. **D.**)

LYCORIS, *Lycoris*. (*Chétop.*) Subdivision générique, établie par M. Savigny dans le groupe des néréides, pour un assez grand nombre d'espèces qui ont une trompe, des mâchoires, point de tentacules à l'orifice de la trompe ; des espèces d'antennes courtes, de deux articles : deux paires de points noirs, oculiformes, et les deux premières paires d'appendices formées par des cirres tentaculaires : trois languettes branchiales à chaque anneau du corps. Presque toutes les espèces que M. Savigny place dans ce genre. sont nouvelles : l'une est des côtes d'Angleterre ; c'est la NÉRÉIDE NACRÉE, *N. margaritacea*, Leach, *Encycl. Edim.*, planche 26. Voyez NÉRÉIDE. (DE **B.**)

LYCOS. (*Ornith.*) Gesner pense que le lycos d'Aristote est le choucas, *corvus monedula*, Linn. (Ch. D.)

LYCOSE, *Lycosa*. (*Entom.*) M. Walckenaer a désigné sous ce nom une division des araignées qui chassent pour attraper leur proie, qui portent leurs œufs dans un cocon attaché à l'anus, qui soignent leurs petits et qui les portent sur le dos. Telles sont en particulier les araignées que nous avons décrites, savoir, la Tarentule, n.° 61, pag. 347, tom. II; l'Allodrome, n.° 45; la Corsaire, n.° 46; l'Araignée a sac, n.° 47. (C. D.)

LYCOSEMPHYLLON. (*Bot.*) Voyez Limonium. (J.)

LYCOSTAPHYLON. (*Bot.*) Ce nom, qui signifie raisin de loup, est cité par Cordus pour désigner l'obier, *viburnum opelus*. La variété dite boule de neige, dont toutes les fleurs sont neutres, est son *lycostaphylon mascula*. L'espèce primitive, qu'il nomme *lycostaphylon fœmina*, réunit des fleurs hermaphrodites au centre de ses corymbes, et des fleurs neutres à la circonférence. (J.)

LYCOSTOME, *Lycostomus*. (*Ichthyol.*) On trouve, chez les anciens, l'anchois souvent désigné par ce nom, tiré du grec λυκόσ]ομος, et qui signifie *gueule de loup*. Voyez Engraule. (H. C.)

LYCTE, *Lyctus*. (*Entom.*) Genre d'insectes coléoptères, à quatre articles à tous les tarses, à corps déprimé, dont les antennes en masse ne sont pas portées sur un bec : par conséquent de la famille des planiformes ou omaloïdes.

Ce sont de très-petites espèces, qui se trouvent dans les lieux humides; elles paroissent se nourrir de matières végétales : leurs antennes sont en masse solide, et leur corps est alongé, linéaire.

Nous avons fait figurer une espèce de ce genre dans l'atlas de ce Dictionnaire, planche 7, famille des omaloïdes, n.° 1. C'est le *lycte canaliculé* ou l'ips oblong d'Olivier, que cet auteur a aussi figuré dans le tome 11 de ses Coléoptères, pl. 1 du n.° 18, fig. 5. Il est d'une couleur brune rougeâtre; son corselet, à peu près carré, présente quelques crénelures sur les côtés, et une ligne enfoncée dans sa partie moyenne, ce qui lui a fait donner le nom qu'il porte; ses élytres portent neuf à dix stries longitudinales. On le trouve sous les écorces humides des arbres et dans le bois carié que l'humidité fait pourrir.

La plupart des autres espèces rapportées à ce genre ont le corps poli et luisant : de là le nom de genre ; car λύξτος signifie lisse, et plusieurs ont été nommés, d'après cette particularité, *politus*. *nitidus*, *nitidulus*, *histeroides*, etc. (C. D.)

LYCURE, *Lycurus*. (*Bot.*) Genre de plantes monocotylédones, à fleurs glumacées, de la famille des *graminées*, de la *triandrie digynie* de Linnæus : offrant pour caractère essentiel : Des épillets géminés, uniflores ; l'un hermaphrodite, pédicellé ; l'autre mâle ou neutre, presque sessile, semblable à l'hermaphrodite, mais plus petit ; la valve inférieure du calice à deux ou trois arêtes ; la supérieure à une seule arête ; la valve inférieure de la corolle munie d'une arête ; trois étamines ; deux styles ; les stigmates en pinceau.

LYCURE FAUSSE-FLÉOLE : *Lycurus phleoides*, Kunth *in* Humb. et Bonpl., *Nov. gen.*, 1, p. 142, tab. 45. Plante du Mexique, dont les tiges sont droites, rameuses, rudes, purpurines, hautes d'un pied, réunies en gazon ; les feuilles roides, linéaires, glabres en dehors, pubescentes en dedans ; les gaines presque à deux angles, presque glabres, beaucoup plus courtes que les entre-nœuds ; les fleurs sont disposées en un épi linéaire, cylindrique, long de deux pouces ; les épillets serrés, géminés ; les valves calicinales purpurines, rudes, presque égales : l'inférieure plus large ; la valve inférieure de la corolle rude, purpurine, pileuse, munie d'une arête plus longue que les valves : la supérieure blanchâtre, mutique, pileuse sur le dos ; la fleur mâle deux et trois fois plus petite.

LYCURE FAUX-ALPISTE : *Lycurus phalaroides*, Kunth *in* Humb., *l. c.* Cette espèce a des tiges rameuses, ascendantes, presque glabres, triangulaires, souvent pubescentes vers leur sommet ; les feuilles linéaires, canaliculées, roides, rudes à leurs bords, un peu pubescentes en dedans ; les gaines courtes, comprimées ; les épis linéaires, cylindriques, longs de deux pouces ; les épillets géminés ; le rachis anguleux et pubescent ; les valves du calice verdâtres, rudes, concaves, membraneuses ; les valves de la corolle une fois plus longues que le calice, d'un pourpre verdâtre ; l'inférieure pourvue d'une arête droite, rude, plus courte que la valve ; la fleur mâle sessile, trois et quatre fois plus petite. Cette plante croît sur les montagnes du Mexique. (Poir.)

LYCUS. (*Entom.*) Nom latin du genre LYQUE. (C. D.)

LYDE, *Lyda.* (*Entom.*) Nom donné par Fabricius à un genre qu'il a formé de quelques espèces de *tenthrèdes.* (C. D.)

LYDIENNE. (*Min.*) C'est le nom univoque de la pierre de touche ou de Lydie : nous en avons parlé à l'article de la CORNÉENNE ; mais nous reviendrons sur cette pierre, si utile dans les arts, au mot PIERRE DE TOUCHE. (B.)

LYELLIA. (*Bot.*) Nouveau genre de mousses, établi par Robert Brown, qui le caractérise ainsi : Orifice de l'urne ou bouche, sans dents, fermé par un épiphragme dont le centre circulaire se sépare du bord élargi et reste attaché à la columelle qui, en se raccourcissant, le tire en dedans.

L'urne ou la capsule est convexe d'un côté, plane de l'autre, recouverte d'une coiffe cuculiforme, velue au sommet, fendue sur un côté. Le péristome est horizontal et comme fermé par l'épiphragme ou opercule interne que nous venons de décrire.

Ce genre se rapproche du *Dawsonia* par la forme et la structure de la capsule, mais il en diffère beaucoup par son péristome. Il est plus près du *Leptostomum,* et ne renferme qu'une seule espèce, que Robert Brown nomme *Lyellia crispa* (Brown, *Trans. linn. Lond.,* vol. 12, p. 560, *cum fig.*), qui croît en Asie, dans le Nepaul, contrée du Thibet. Cette mousse ressemble à un *polytrichum :* elle forme des touffes ou gazons composés de tiges droites, simples, hautes de trois à quatre pouces, garnis, particulièrement vers le haut, de feuilles ou frondules éparses, dilatées à la base, subulées, canaliculées et d'un vert sombre. On ne connoît que ses capsules : elles sont brunes, portées sur des pédicelles bruns, longs d'un pouce et demi à deux pouces, terminaux, solitaires et partant du milieu d'une gaine cylindrique, très-velue ; l'opercule est encore aplati sur les bords, et surmonté d'un bec intérieurement, accru par un processus cylindrique et central, qui paroît s'appliquer sans nul doute au disque circulaire qui couronne la columelle. (Lem.)

LYEN-WHA. (*Bot.*) Dans le Recueil des voyages il est fait mention d'une plante aquatique de ce nom à la Chine, qui couvre les étangs et ressemble beaucoup au nénuphar. On la multiplie dans les pièces d'eau à cause de sa beauté. Il est probable que c'est le nelumbo *nelumbium*, que l'on voit peint sur tous les papiers chinois. (J.)

LYGÉE, *Lygæus*. (*Entom.*) Genre d'insectes hémiptères, à élytres croisés, demi-coriaces ; à bec paroissant naître du front ; à antennes longues en fil, à tarses composés de trois articles propres à la marche ; et par conséquent de la famille des frontirostres ou rhinostomes, qui comprend la plupart des punaises vivant sur les plantes.

Le nom de ce genre est assez insignifiant, ainsi que la plupart de ceux que Fabricius a malheureusement introduits dans la science : il donne même lieu à une idée fausse ; car en grec le mot λυγαος, d'où le nom de *Lygée* semble dérivé, signifie triste, obscur, ténébreux, privé de lumière. Or, la plupart de ces insectes ont des couleurs très-brillantes, noires et rouges, blanches, et toutes les espèces sont très-actives pendant le jour, et semblent rechercher la plus grande exposition à la lumière du soleil.

Les lygées diffèrent des *podicères* et des *corées*, qui ont les derniers articles de leurs antennes en masse ; ils se distinguent ensuite des *scutellaires* et des pentatomes par le nombre des articles de leurs antennes, qui n'est que de quatre et non de cinq ; des *acanthies*, par la longueur de ces mêmes antennes, qui sont très-courtes dans ces insectes ; enfin, des *gerres*, dont les pattes sont excessivement alongées, et qui diffèrent par cela même des lygées.

Le caractère essentiel du genre Lygée pourroit être ainsi exprimé :

Corps alongé, étroit, plat en dessus, carené en dessous ; tête portée sur une sorte de col ; antennes filiformes, à articles arrondis, au nombre de quatre et alongés ; pattes de la longueur du corps.

On trouve les lygées sur les plantes, dont ils sucent les sucs : sous les trois états de larve, de nymphe et d'insecte parfait, la plupart des espèces vivent en sociétés ou plutôt en familles parfois très-nombreuses.

Nous avons fait figurer une espèce de ce genre dans l'atlas de ce Dictionnaire, à la planche 60, et une autre, planche 36, famille des Rhinostomes, sous le n.° 5, c'est le Lygée chevalier.

1.° Lygée chevalier, *Lygæus equestris*, que Geoffroy a appelé punaise rouge à bandes noires et taches blanches. Son caractère a été ainsi exprimé :

Rouge; devant et partie postérieure du corselet noirs; élytres rouges, avec une bande noire transverse remontant un peu vers l'écusson; ailes et partie membraneuse des étuis noires à taches blanches, dont une plus grande arrondie; ventre rouge avec quatre points noirs sur chaque anneau.

. On trouve cet insecte sur le dompte-venin.

2.° Lygée de la jusquiame, *Lygæus hyoscyami* : punaise rouge à croix de chevalier, de Geoffroy.

Car. *Tacheté de noir et de rouge; partie membraneuse des élytres noire sans taches; écusson noir à pointe rouge.*

3.° Lygée point, *Lygæus punctum* : cimex, n.° 15, Geoffroy, planche IX, fig. 4.

Car. *Tacheté de noir et de rouge; tête, antennes, pattes et écusson noirs; corselet rouge, avec deux taches noires en demi-cercle; élytres rouges avec un point noir central; ailes noires à taches blanches, noires en-dessous; le milieu du ventre rouge.*

4.° Lygée aptère, *Lygæus apterus* : punaise rouge des jardins, Geoffroy.

Car. *Corps noir, à bord et taches rouges; tête, antennes, pattes et écusson noirs; corselet rouge, noir au centre; étuis incomplets rouges, avec une tache centrale et un point noirs: pas d'ailes.*

C'est une espèce extrêmement commune, qui vit en société au bas des murs, aux pieds des arbres. Il en est quelquefois d'ailés, à ce que l'on dit.

5.° Lygée du pin, *Lygæus pini* : punaise grise porte-croix, Geoffroy, n.° 28.

Car. *Noir; à pointe du corselet et élytres grises, avec une tache noire rhomboïdale; ailes noires; pattes antérieures brunes.*

On le trouve sur les sables arides et très-chauds.

6.° Lygée de Rolander, *Lygæus Rolandri* : punaise couleur de suie à ailes jaunes, Geoffroy, n.° 51.

. Car. *Noir; élytres avec une tache carrée jaunâtre.*

7.° Lygée du noisetier, *Lygæus coryli*.

Car. *Noir; à antennes et pattes jaunes.*

8.° Lygée champêtre, *Lygæus campestris* : punaise verte porte-cœur, Geoffroy, n.° 34.

27.   28

Car. *D'un brun rougeâtre; une tache jaune cordiforme sur l'écusson; extrémités des élytres jaunes.*

9.° **Lygée des prés**, *Lygæus pratensis* : punaise gris-fauve, porte-cœur, Geoffroy, n.° 33.

Car. *Jaunâtre; élytres verts, avec un point brun à l'extrémité; écusson avec une tache cordiforme jaune entourée de noir.* (C. D.)

LYGEUM. (*Bot.*) Voyez Sparte. (Lem.)

LYGINIA. (*Bot.*) Nom générique que M. Rob. Brown a substitué à celui de *Schœnodum*, Labill., genre dans lequel il a remarqué qu'il existoit une capsule à trois loges au lieu d'une seule. Voyez Schœnodum. (Poir.)

LYGISTE, *Lygistum.* (*Bot.*) Genre de plantes dicotylédones, à fleurs complètes, monopétalées, de la famille des *rubiacées*, de la *tétrandrie monogynie* de Linnæus ; offrant pour caractère essentiel : Un calice persistant, à quatre dents ; une corolle infundibuliforme ; le tube beaucoup plus long que le calice ; le limbe à quatre lobes ; quatre étamines attachées au tube de la corolle ; des anthères alongées ; un ovaire inférieur, surmonté d'un style filiforme, bifide vers son sommet ; les stigmates aigus. Le fruit consiste en une baie presque globuleuse, couronnée par le calice, à quatre loges ; une semence dans chaque loge.

Les auteurs ne sont point d'accord sur les caractères de ce genre. P. Browne, qui l'a établi le premier dans ses Plantes de la Jamaïque, attribue quatre loges à ses baies, tandis que Swartz dit n'en avoir observé que deux, chacune à deux semences ; il est possible que deux des loges avortent fréquemment : s'il en étoit autrement, ce genre devroit être rapporté au *Manettia* ou au *Nacibea*.

Lygiste axillaire : *Lygistum axillare*, Lamk., *Ill. gen.*, 1, pag. 286, tab. 67, fig. 2 ; *sub Fernelia. Petesia lygistum*, Linn. ; *Manettia lygistum*, Swartz, *Prodr.*, 57, *observ.*, 47, et *Flor. Ind. occid.*, 1, p. 323 : *Lygistum flexile*, etc., Browne, *Jam.*, 142, tab. 3, fig. 2. Arbrisseau dont les tiges sont lisses, un peu flexueuses, presque grimpantes, rameuses ; les feuilles pétiolées, opposées, glabres, ovales, entières, un peu aiguës ; les pédoncules axillaires, quelquefois terminaux, solitaires ou géminés, beaucoup plus courts que les feuilles, portant quelques fleurs presque en grappes, ou plus ordinaire-

ment deux pédicellées, petites, tubulées. Cette plante croît
à la Jamaïque. (Poir.)

LYGODISODEA. (*Bot.*) Voyez Disodea. (Poir.)

LYGODIUM. (*Bot.*) Voyez Hydroglossum. (Lem.)

LYGON. (*Bot.*) Voyez Lecristicum. (J.)

LYGOPHILES ou TÉNÉBRICOLES. (*Entom.*) Nous avons
employé ce nom, tiré de deux mots grecs, λυγη, *obscurité*,
et φιλεω, *j'aime*, pour désigner une famille d'insectes coléoptères à quatre articles aux tarses postérieurs et cinq aux
antérieurs, ou hétéromérés, dont les élytres sont durs, non
soudés, et les antennes grenues en masse alongée, et qui
correspondent au genre Ténébrion de Linnæus. Les insectes
de cette famille se distinguent de tous les autres du même
sous-ordre par les caractères que nous venons d'indiquer
sommairement, mais que nous allons opposer à ceux qui
servent à dénoter les autres familles. Ainsi leurs élytres
durs les éloignent des *épispastiques*, qui ont les étuis des
ailes mous et flexibles; ensuite les antennes formées d'articles
arrondis et grenus un peu en masse alongée, les séparent
d'avec les *ornéphiles* et les *sténcptères*, qui ont leurs antennes
en fil, et des *mycétobies*, dont la masse des antennes est arrondie; enfin les élytres non soudés, couvrant des ailes,
servent à les distinguer d'avec les *photophyges*, insectes avec
lesquels ils ont d'ailleurs les plus grands rapports de forme
et d'habitudes, si ce n'est que ces derniers ont les élytres
soudés, et qu'ils sont tout-à-fait privés des ailes membraneuses.

Nous avons fait figurer les insectes qui appartiennent aux
genres de la famille des lygophiles à la planche 13 de la
partie entomologique de l'atlas de ce Dictionnaire, qui a été
publiée dans la 15.e livraison, n.º 10.

Voici l'indication des caractères essentiels des cinq genres,
qu'on peut ainsi rapprocher, d'abord d'après la forme du corselet et ses proportions avec les autres parties du corps,
puis d'après la conformation des jambes antérieures. Nous
emprunterons pour cela le tableau analytique de notre zoologie.

Corselet					
cylindrique , plus étroit que les élytres.........					1. CRIDE.
plat	plus long que la tête ; à jambes de devant	simples.................			2. TÉNÉBRION.
		triangul.^{res} ; à bords du corselet.....	relevés..		3. OPATRE.
			inclinés.		4. PÉDINE.
de même longueur que la tête............					5. SARROTRIE.

Voyez chacun des noms de genre. (C. D.)

LYGOS. (*Bot.*) Dioscoride cite, sous ce nom grec et sous celui d'*agnos*, le gattilier, *vitex agnus castus.* Mentzel rapporte le même nom pour les *spartium* de C. Bauhin, et Adanson, voulant faire du *spartium junceum* un genre distinct, le nomme *lygos*. (J.)

LYMEXYLON ou RUINEBOIS. (*Entom.*) Nom donné par Fabricius à un genre d'insectes coléoptères à cinq articles à tous les tarses, de la famille des perce-bois ou térédyles, c'est-à-dire, à antennes en fil, à corps arrondi, alongé, convexe, dont les élytres couvrent tout le ventre.

Ce nom, emprunté du grec λύμη, qui signifie ruine, perte, *exilium*, *noxa*, et de ξύλον, du bois, indique l'une des particularités de la vie de ces insectes, dont les larves se développent dans l'intérieur des bois les plus durs et les plus sains en apparence, en les traversant dans tous les sens, de manière à détruire les charpentes des édifices, les carcasses des navires, les soutiens de nos meubles.

Les caractères des lymexylons peuvent être ainsi exprimés

Antennes filiformes, courtes, insérées au devant des yeux; corselet cylindrique; tête penchée; corps alongé, arrondi, se prolongeant en pointe dans les femelles.

Tous ces caractères sont propres à distinguer ce genre des autres de la même famille : ainsi les antennes en fil les séparent des *tilles*, chez lesquels elles vont en grossissant vers la pointe, et des panaches et des mélasis, qui les ont pectinées ou fortement dentelées; ensuite les *ptines* et les *vrillettes* ont le corps court et ramassé, et la tête enfoncée dans le corselet, tandis que le corselet des lymexylons ne porte la tête que comme sur une sorte de col, qui offre un étranglement très-prononcé. (Voyez, pour la comparaison, les figures des six genres dont nous venons d'indiquer les noms à la planche huitième des coléoptères de l'atlas de ce Dictionnaire, qui a paru sous le n.° 10 de la XIe livraison.)

On ne connoît pas beaucoup d'espèces de ce genre ; on n'en trouve même en France , ou au moins dans nos forêts des environs de Paris, que deux espèces, dont les mâles sont différens des femelles par la taille et par la couleur.

1.° L'une est le LYMEXYLON DERMESTOÏDE, *L. dermestoides* , qui est celui que nous avons fait figurer sous le n.° 6 de la planche indiquée plus haut, qui est jaune en-dessus, avec les yeux, les ailes et la poitrine noirs ; c'est la femelle : le mâle est noir, avec les antennes, les pattes et le bout du ventre jaunes.

2.° L'autre est le LYMEXYLON DES VAISSEAUX, *L. navale.* Olivier l'a figuré sous le n.° 25 des planches de son ouvrage sur les coléoptères, sous les lettres *a* , *b* , fig. 4 ; il est jaune aussi, mais avec le bord et la pointe des élytres noirs : c'est la femelle. Fabricius a décrit le mâle sous le nom de *L. flavipède* : il est noir, avec la base des élytres, la pointe de l'abdomen et les pattes jaunes. (C. D.)

LYMNANTHEMUM. (*Bot.*) Voyez LIMNANTHUS. (LEM.)

LYMNE. (*Ichthyol.*) Nom spécifique d'un poisson du genre des PASTENAGUES. Voyez ce mot. (H. C.)

LYMNÉE. (*Conchyl.*) Voyez LIMNÉE. (DESM.)

LYMNORÉE, *Lymnorea.* (*Arachnod.*) Petit genre de méduses, établi par MM. Peron et Le Sueur pour une espèce nouvelle qu'ils ont observée dans les mers de la Nouvelle-Hollande, et qu'ils caractérisent ainsi : Corps entièrement gélatineux, sans cavité digestive ou gastrique, pourvu d'un pédoncule et de bras bifides, groupés à sa base, et garnis de suçoirs nombreux en forme de petites vrilles. Ce genre ne contient qu'une espèce, la L. TRIÈDRE, *L. triedra* , dont l'ombrelle subhémisphérique, parsemée de points verruqueux, est garnie dans toute sa circonférence de tentacules très-fins et très-courts ; le pédoncule est obtus et trièdre ; les bras sont au nombre de huit et bifides ; la couleur est variée : son diamètre est de quatre centimètres. Elle a été trouvée dans le détroit de Bass. Voyez MÉDUSAIRES. (DE B.)

LYMNUS. (*Conchyl.*) Nom donné par Denys de Montfort aux mollusques du genre *Limnæa* de M. de Lamarck. Voyez LIMNÉE. (DESM.)

LYMPHE. (*Chim.*) M. Brande est le seul chimiste qui ait

soumis la lymphe à un examen chimique. Il l'a tirée du canal thoracique d'animaux qui n'avoient pas pris d'alimens depuis plus de vingt-quatre heures.

Suivant lui, la lymphe est de l'eau qui tient en dissolution un peu d'albumine, de chlorure de sodium, et une trace de soude. Voici au reste les propriétés qu'il a reconnues à ce liquide animal.

Il se dissout dans l'eau en toutes proportions.

Il ne verdit le sirop de violette que quand il a été concentré.

La chaleur et les acides ne le coagulent pas.

L'alcool le trouble légèrement.

Lorsqu'on soumet la lymphe à l'action de la pile, de la soude se rend au pôle négatif, et il s'y dépose quelques flocons d'albumine ; un acide, que M. Brande croit être l'hydrochlorique, se manifeste au pôle positif. (Ch.)

LYNCÉ, *Lynceus*. (*Crust.*) Voyez MALACOSTRACÉS et ENTOMOSTRACÉS. (DESM.)

LYNCURIUS. (*Min.*) Il y a peu de pierres qui aient plus exercé les recherches des érudits que le lyncurius : par conséquent il doit y avoir, sur l'espèce à laquelle on peut la rapporter, un grand nombre d'opinions différentes.

On a d'abord discuté la signification du nom, ce qui ne paroît pas avoir pour nous beaucoup d'importance ; mais, si l'opinion de Beckmann est fondée, elle nous expliquera la cause d'une partie des fables qu'on a faites au sujet de l'origine de cette pierre.

On a cru, et Pline a émis ou au moins partagé cette opinion, que le mot *lyncurius* vouloit dire *urine de lynx*, et qu'on avoit donné ce nom à la pierre en question, parce qu'on la regardoit comme l'urine coagulée et pétrifiée de cet animal fabuleux.

Mais Beckmann croit que c'est un nom corrompu, et que son véritable nom étoit *ligurius*, dérivé de celui de Ligurie, lieu d'où on l'apportoit.

Voici maintenant ce que Théophraste et Pline rapportent des caractères et des propriétés du lyncurius.

Il étoit transparent, d'un jaune roussâtre, couleur de feu, semblable à celui de certains succins ; mais ces pierres varioient de couleur, et celle qu'on appeloit lyncurius femelle, étoit la plus pâle des variétés. Sa contexture étoit solide, on la tailloit et on la polissoit difficilement : cependant elle se laissoit graver, et on en faisoit des cachets ; mais ce qu'elle présentoit de plus remarquable, c'étoit une propriété attractive, semblable à celle de l'ambre ou succin.[1]

Voilà tout ce qu'en disent les deux seuls naturalistes de l'antiquité qui en aient fait mention.

Dans les temps où les minéraux étoient mal connus, où le nombre des espèces connues étoit peu considérable, il étoit très-difficile de déterminer la pierre dont ces naturalistes avoient voulu parler : aussi les opinions à ce sujet sont-elles d'autant plus invraisemblables qu'elles sont plus anciennes.

Woodward et d'autres ont rapporté le lyncurius à la bélemnite. Cette opinion ne mérite pas de discussion.

Justi, dans Vallerius, croit que c'étoit une cornaline brune.

Geoffroy, Gesner, etc., ont cru que c'étoit une variété d'ambre : sa dureté s'opposeroit à ce rapprochement, si d'ailleurs on pouvoit présumer que Théophraste eût comparé de l'ambre à de l'ambre.

Hill et Romé de l'Isle ont pensé qu'on pouvoit rapporter lé lyncurius à l'hyacinthe. Mais l'hyacinthe de ces naturalistes est notre zircon hyacinthe, dont la couleur convient assez bien à celle qui est attribuée au lyncurius ; mais il est difficile d'admettre de ces hyacinthes assez grosses pour être employées comme cachet.

Aucun de ces auteurs ne fait attention à la propriété attractive si remarquable dans cette pierre. Cette propriété (jointe à sa couleur d'un jaune roussâtre, désignée par le mot de *pyrrhos*, qui est le *fulvus* des Latins, couleur semblable à celle de l'urine et du succin), la grosseur et la dureté, se trouvent réunies dans certaines variétés de topazes ; et je pense que la pierre lyncurius est assez bien caractérisée pour qu'on puisse présumer avec la plus grande confiance que Théophraste a désigné sous ce nom une topaze

---

1 Théophraste, éd. de Hill, p. 104. — Pline, liv. 37, ch. 3, et liv. 8, ch. 38.

roussâtre, pierre si éminemment électrique par le plus léger frottement. (B.)

LYNCURIUS ou PIERRE-DE-LYNX. (*Foss.*) On a autrefois donné ces noms aux bélemnites. Voyez Bélemnites. (D. F.)

LYNFINK (*Ornith.*), nom de la linotte commune, *fringilla linota*, en allemand. (Ch. D.)

LYNG-LARKE. (*Ornith.*) L'oiseau ainsi appelé en danois et en norwégien, est l'alouette cujelier, *alauda arborea*, Linn. (Ch. D.)

LYNNETTE. (*Ornith.*) C'est ainsi qu'on nomme en Savoie la linotte commune, *fringilla linota*. (Ch. D.)

LYNX. (*Mamm.*) Nom que les Grecs et les Latins donnoient au caracal, et que nous avons appliqué à une autre espèce de Chat. Voyez ce mot. (F.C.)

LYNX BOTTÉ. (*Mamm.*) Ce nom a été donné à une espèce de chat, à cause de ses jambes noires. Voyez Chat. (F. C.)

LYONIA. (*Bot.*) C'est le nom que Rafinesque donne au genre *Polygonella* de Michaux. (Lem.)

LYONIA. (*Bot.*) Nuttal, dans ses Plantes de l'Amérique septentrionale, a établi ce genre pour plusieurs espèces d'*andromeda* de Linnæus, telles que l'*andromeda ferruginea, paniculata, rigida, frondosa*, etc. Le calice est d'une seule pièce, à cinq dents; la corolle presque globuleuse, pubescente; dix étamines; un ovaire supérieur; un style. Le fruit est une capsule à cinq loges, à cinq valves, divisées chacune par une cloison fermée à ses bords par cinq autres valves étroites, extérieures; les semences nombreuses, subulées, imbriquées. (Poir.)

LYONNET. C'est le nom d'une espèce de teigne décrite par Linnæus sous le n.° 1404 de la Faune suédoise. (C. D.)

LYONSIA, *Lyonsia*. (*Bot.*) Ce genre, établi par R. Brown, appartient à la famille des *apocinées*, à la *pentandrie monogynie* de Linnæus; il ne se distingue des *parsonsia* que par le caractère de ses capsules cylindriques, à deux loges, à deux valves; les valves en forme de follicules, contenant plusieurs semences attachées aux deux côtés d'une cloison libre, parallèle aux valves.

Il n'existe de ce genre qu'un seul arbrisseau, le *Lyonsia straminea*, dont les tiges sont grimpantes; les feuilles opposées;

les fleurs disposées en une cime terminale, trichotome : chaque fleur est composée d'un calice persistant, à cinq divisions ; d'une corolle infundibuliforme, dépourvue d'écailles à son orifice, à limbe barbu, à cinq découpures recourbées, équilatérales ; d'étamines saillantes, au nombre de cinq, insérées vers le milieu du tube de la corolle, à anthères sagittées, rapprochées vers le milieu du stigmate ; d'un ovaire supérieur, surmonté d'un style filiforme, dilaté vers son sommet, à stigmate presque conique ; d'écailles conniventes, insérées sur le réceptacle, entourant le pistil. Cette plante croît à la Nouvelle-Hollande. (POIR.)

LYPERANTHUS. (*Bot.*) Genre de plantes monocotylédones, à fleurs incomplètes, irrégulières ; de la famille des *orchidées*, de la *gynandrie digynie* de Linnæus ; offrant pour caractère essentiel : Une corolle (calice, Juss.) presque en masque, point glanduleux en dehors ; les divisions de la lèvre supérieure planes, presque égales ; la division inférieure en voûte ; la lèvre inférieure plus courte, presque en capuchon ; les bords ascendans, le sommet rétréci, le disque glanduleux ; la colonne des organes sexuels linéaire, formant le style, et se terminant par une anthère persistante, à deux loges rapprochées ; deux paquets pulvérulens de pollen dans chaque loge.

M. Rob. Brown a établi ce genre pour quelques plantes de la Nouvelle-Hollande, dont la souche descendante pousse des racines à sa partie supérieure, et produit à son extrémité inférieure des bulbes nues et entières. Les tiges sont pourvues, à leur base, d'une seule feuille ; à leur partie supérieure, de deux bractées, outre celles qui accompagnent les fleurs : celles-ci sont disposées en une grappe souvent inclinée ; la corolle est d'un brun roussàtre.

Ce genre est composé de trois espèces. 1.° *Lyperanthus suaveolens*, Brown, *Nov. Holl.*, 1, pag. 325. Ses feuilles sont linéaires, alongées ; la lèvre inférieure a deux divisions profondes ; les divisions latérales, inférieures, sont ascendantes ; le disque de la lèvre inférieure est couvert de glandes sessiles, disposées par lignes ; les bords sont nus. 2.° *Lyperanthus ellipticus*, à feuilles lancéolées, elliptiques ; le disque de la lèvre inférieure mamelonné ; les bords nus. 3.° *Lyperanthus nigri-*

cans : les feuilles ovales, en cœur ; la lèvre inférieure à quatre divisions ; la plus basse frangée, avec le disque mamelonné. (Poir.)

LYQUE, *Lycus.* (*Entom.*) Fabricius a désigné sous ce nom de genre des coléoptères pentamérés de la famille des mollipennes ou apalytres, c'est-à-dire, dont les élytres sont mous et le corselet plat.

Ce nom vient peut-être du mot grec λυκοω, *je détruis,* d'où dérive probablement celui de λυκος, qui signifie *loup.* Ces larves paroissent se développer dans l'intérieur du bois, quoiqu'on trouve les insectes parfaits sur les fleurs.

Les lyques ont beaucoup d'analogie avec les *lampyres* et les *omalyses :* ils diffèrent des premiers par la forme de leur corselet, qui n'est pas demi-circulaire, mais prolongé en avant de manière à cacher la tête, et des seconds, parce que ce corselet n'offre pas deux pointes en arrière.

Nous avons fait figurer une espèce de ce genre dans la planche neuvième de la première livraison, qui est la neuvième des coléoptères, sous le n.° 4, c'est

1.° Le LYQUE SANGUIN, *Lycus sanguineus,* qui est le ver-luisant rouge de Geoffroy, tome I, n.° 3, page 168, figuré par Olivier, n.° 29, planche 1, fig. 1, *a, b, c.*

Car. *Il est rouge en-dessus, tout le reste est noir, ainsi que la tête et la partie moyenne du corselet.*

2.° Le LYQUE NOIR, *Lycus minutus.*

Car. *Élytres rouges à quatre lignes élevées ; tout le reste est noir ; l'extrémité libre des antennes est plus pâle ou fauve.*

Nous avons observé souvent ces deux espèces aux environs de Paris, sortant des écorces des chênes et des hêtres, sous lesquelles elles déposent leurs œufs.

Les autres espèces décrites dans ce genre, au nombre de près de 40, par Fabricius, sont pour la plupart d'Amérique et d'Afrique. (C. D.)

LYRE. (*Ichthyol.*) Nom spécifique de deux poissons, dont l'un appartient au genre Callionyme, et l'autre à celui des Trigles. Voyez CALLIONYME, GRONAU et TRIGLE. (H. C.)

LYRE. (*Ornith.*) L'oiseau de la Nouvelle-Hollande dont la queue présente la forme d'une lyre, et auquel on a d'abord donné le nom du voyageur Parkinson, a été décrit par Shaw sous celui de *mœnura*. M. Cuvier a établi sur cette espèce, entre les martins et les manakins, sa famille des *lyres*, nom auquel M. Vieillot a substitué celui de *porte-lyres*, en latin *lyriferi*. Enfin M. Temminck a adopté le mot *Lyre* pour nom générique. Voyez la description de l'espèce, encore unique de ce genre, sous le mot Ménure. (Ch. D.)

LYRE DE DAVID. (*Conchyl.*) Espèce du genre Harpe. (Lem.)

LYRÉE [Feuille]. (*Bot.*) Ayant les lobes du haut grands et réunis, et ceux du bas petits et divisés jusqu'à la nervure. Telles sont les feuilles de l'*Erysimum barbarea*, du *Geum urbanum*, du *Raphanus raphanistrum*, etc. (Mass.)

LYRIO. (*Bot.*) Nom de l'*amaryllis nervosa* de la Flore équinoxiale dans la province de Caracasana en Amérique. Le *pancratium undulatum* est nommé *lyrio hermoso*. (J.)

LYRON. (*Bot.*) Un des noms anciens, chez les Grecs, du plaintain d'eau, *alisma plantago*. (Lem.)

LYROPE, *Lyrops*. (*Entom.*) Panzer a désigné sous cette dénomination une espèce de *larre d'Étrurie*, dont la bouche est un peu différente de celles des autres espèces rapportées à ce dernier genre d'hyménoptères. (C. D.)

LYS. (*Bot.*) Voyez Lis. (L. D.)

LYSANDRE. Nom donné par Fabricius à un papillon des Indes. (C. D.)

LYSANTHE. (*Bot.*) Genre de Knight et Salisbury, qui fait partie du genre *Grevillea* de Rob. Brown. V. Grévillée. (Poir.)

LYSARDE ou LIZARDE. (*Erpétol.*) Par ce mot, qui est une altération de celui de lézard, on désigne, dans quelques-unes de nos provinces, le lézard gris des murailles. Voyez Lézard. (H. C.)

LYSIANTHE, *Lysianthus*. (*Bot.*) Genre de plantes dicotylédones, à fleurs complètes, monopétalées; de la famille des *gentianées*, de la *pentandrie monogynie* de Linnæus; offrant pour caractère essentiel : Un calice à cinq divisions; une corolle infundibuliforme; le tube long, renflé à sa partie supérieure, le limbe à cinq lobes; cinq étamines; un ovaire supérieur; le style filiforme; le stigmate à deux lobes. Le fruit consiste en une capsule bivalve, à deux loges polyspermes.

Ce genre renferme une suite de belles plantes, remar-

quables par la grandeur et l'élégance de leurs fleurs, et par
leur tige haute, quelquefois ligneuse, garnie de feuilles simples, opposées, assez grandes. Les capsules renferment des
semences nombreuses, presque imbriquées, entourées d'un
petit rebord membraneux. Il est à regretter qu'aucune de
ces espèces, la plupart originaires de l'Amérique méridionale, ne soit cultivée en Europe.

Lysianthe cariné; *Lysianthus carinatus*, Lamk., *Ill. gen.*,
tab. 107, fig. 3, et Encycl. n.° 1. Cette plante, découverte
à Madagascar par Commerson et Jos. Martin, est composée
d'une tige rameuse, tétragone, un peu ailée sur ses angles,
garnie de feuilles sessiles, ovales, aiguës, à trois nervures
saillantes; de fleurs axillaires et terminales, médiocrement
pédonculées, ayant leur calice prismatique, à cinq angles,
à cinq divisions relevées en carène par une membrane plus
large vers le haut; le tube de la corolle long, un peu grêle;
le limbe à cinq lobes ovales. Le fruit est une capsule ovale-
oblongue, à peine plus longue que le calice.

Lysianthe a longues feuilles : *Lysianthus longifolius*, Linn.,
Lamk., *Ill. gen.*, tab. 107, fig. 1; Brown, *Jam.*, pag. 157,
tab. 9, fig. 1; Sloan., *Jam. hist.*, 1, pag. 157, tab. 101, fig. 1.
Ses tiges sont hautes d'un pied et plus, droites, rameuses;
les feuilles assez grandes, oblongues ou lancéolées, aiguës,
rétrécies en un court pétiole; les fleurs grandes, très-belles,
de couleur jaune, situées vers le sommet des rameaux; les
pédoncules simples, axillaires, solitaires; les cinq divisions
du calice profondes, étroites, en carène sur le dos, membraneuses sur leurs bords; le limbe de la corolle est à cinq
divisions lancéolées, aiguës. Le fruit est une capsule ovale-
oblongue, à deux loges polyspermes. Cette plante croît aux
lieux chauds, secs et sablonneux de la Jamaïque.

Lysianthe purpurine; *Lysianthus purpurascens*, Aubl., *Guyan.*,
v. 1, p. 201, et v. 3, tab. 79; Lamk., *Ill. gen.*, tab. 107, fig. 2.
Plante herbacée de la Guyane, qui croît dans les fentes humides des rochers; ses tiges sont presque simples, tétragones,
bifurquées au sommet, hautes d'un pied et plus; ses feuilles
sessiles, ovales, longues d'environ deux pouces. Chaque bifurcation porte cinq à six fleurs purpurines, pédicellées,
inclinées à mesure qu'elles s'épanouissent. Le calice est court;

la corolle longue de neuf lignes, divisée à son limbe en cinq lobes courts, un peu aigus ; les capsules sont ovales, mucronées, plus longues que le calice, s'ouvrant, de la base au sommet, en deux valves roulées sur elles-mêmes en cornet. Toutes les parties de cette plante, au rapport d'Aublet, sont amères, et employées dans le pays comme apéritives et fébrifuges.

LYSIANTHE A GRANDES FLEURS ; *Lysianthus grandiflorus*, Aubl., *Guyan.*, 1, pag. 205, et vol. 3, tab 81. Ses tiges sont droites, simples, ou ramifiées par dichotomies, hautes de deux ou trois pieds ; les feuilles sessiles, conniventes, ovales-oblongues, acuminées, entières, molles, très-lisses, munies sur leurs bords et la principale nervure de poils fort courts. De grandes fleurs solitaires, verdâtres, sont placées tant à l'extrémité des bifurcations que dans leur milieu ; les divisions du calice sont courtes, membraneuses et jaunâtres ; le tube de la corolle est très-long ; les lobes du limbe sont sinués, arrondis et réfléchis.

Dans le *Lysianthus cæruleus*, Aubl., *Guyan.*, *l. c.*, tab. 82, les tiges sont légèrement ailées sur leurs quatre angles ; les feuilles étroites, lancéolées ; les fleurs peu nombreuses, bleuâtres.

Ces plantes croissent à la Guyane, dans les savannes marécageuses : leur saveur, d'après Aublet, est très-amère ; elle approche de celle de la petite centaurée : elles peuvent être employées aux mêmes usages.

LYSIANTHE VISQUEUX ; *Lysianthus viscosus*, Ruiz et Pav. *Fl. Per.*, 2, pag. 14, tab. 125. Arbrisseau de la hauteur de dix à douze pieds, dont la tige est droite, glabre, un peu tétragone, ramifiée à sa partie supérieure ; les feuilles sont fort grandes, un peu pétiolées, glabres, alongées, entières ou un peu sinuées à leurs bords ; les inférieures longues d'un pied ; les fleurs disposées en un ample corymbe terminal, entremêlées de folioles sessiles ; les pédicelles courts, munis de bractées ovales ; le calice est très-visqueux ; la corolle grande, d'un vert jaunâtre ; les lobes en cœur, un peu arrondis ; les capsules droites, longues d'environ trois pouces. Cette plante croît au Pérou, sur les hauteurs.

LYSIANTHE ROULÉ ; *Lysianthus revolutus*, Flor. Peruv., *l. c.*, tab. 127. Cette espèce s'élève à la hauteur de six pieds, sur une tige droite, tétragone, rameuse, garnie de feuilles médiocrement pétiolées, lancéolées, très-entières, roulées à leurs bords; les supérieures sont ovales-oblongues; les nervures pileuses; les fleurs disposées en un corymbe presque ombellé, terminal; la corolle est d'un jaune rougeâtre, quatre fois plus longue que le calice. Cette plante croît au Pérou.

Lysianthe a feuilles ovales; *Lysianthus ovalis*, *Fl. Per.*, *l. c.*, pag. 15. Plante originaire des grandes forêts du Pérou, dont les racines produisent plusieurs tiges droites, fistuleuses, cylindriques, hautes de dix à douze pieds, garnies de feuilles glabres, à peine pétiolées, ovales, luisantes, très-entières. Les pédoncules sont axillaires, terminaux, formant un corymbe dichotome; les fleurs pédicellées, unilatérales; la corolle est d'un vert jaunâtre; les capsules pendantes, acuminées par le style persistant.

Lysianthe a angles aigus; *Lysianthus acutangulus*, *Flor. Per.*, *l. c.*, tab. 122, fig. 2. Ses tiges sont hautes de six pieds et plus, herbacées, dichotomes à leur partie supérieure, fistuleuses, à quatre angles aigus; les feuilles distantes, presque sessiles, connivuentes à leur base; les inférieures en cœur, les supérieures ovales; les fleurs terminales, paniculées, accompagnées de bractées ovales, concaves; la panicule est dichotome; les pédicelles sont courts, uniflores, renflés; le calice est court, à divisions ovales; la corolle jaune, son tube courbé; ses lobes sont arrondis, roulés en dehors; les filamens tors; les capsules oblongues, pendantes. Cette espèce croît sur les hautes montagnes au Pérou.

Lysianthe a feuilles étroites; *Lysianthus angustifolius*, Kunth *in* Humb. et Bonpl., *Nov. gen.*, 3, pag. 181. Plante herbacée, à tige droite, cylindrique et rameuse; à feuilles presque sessiles, linéaires-lancéolées, aiguës, rétrécies à leur base, glabres, membraneuses, longues d'un pouce et demi, larges de deux lignes; à fleurs pédicellées, unilatérales, solitaires ou géminées, formant un épi terminal; les divisions du calice sont arrondies; la corolle est verte; les lobes de son limbe sont ovales, aigus; les capsules ovales, une fois plus longues que le calice; les semences brunes, anguleuses. Cette plante croît au pied du mont Duida, dans les Missions de l'Orénoque. (Poir.)

LYSIDICE, *Lysidice*. (*Chétop.*) Division générique, établie par M. Savigny dans le grand genre Néréide de Linnæus, pour les espèces qui ont des mâchoires, trois du côté droit et quatre du côté gauche ; trois tentacules courts, inégaux, inarticulés, dont un médian ; deux points noirs, oculiformes, distincts ; point de cirres tentaculaires, ni de branchies visibles. C'est une section fort voisine des léodices du même auteur : elle comprend trois espèces, dont deux des côtes de la Manche. Voyez, pour plus de détails, le mot Néréide. (De B.)

LYSIGONIUM. (*Bot.*) Genre établi par Link pour placer les *conferva moniliformis* et *lineata*, dont les filamens sont cloisonnés et dont les articulations finissent par se désunir. Il le place près de son genre *Conferva*, qu'il propose d'appeler *hydranthema*. (Lem.)

LYSIMACHIA. (*Bot.*) Outre les espèces qui appartiennent véritablement à ce genre, on trouve encore ce nom donné par Leonicenus à la genestrole, *genista tinctoria ;* par Besler au *stachys palustris ;* par C. Bauhin et plusieurs de ceux qu'il cite, à des épilobes, des salicaires, à une véronique et une toque, *scutellaria.* Il sembleroit encore, d'après le même, que le *lysimachia* de Pline étoit la salicaire ordinaire, *lythrum salicaria*, pendant que celle de Dioscoride étoit la lysimachie ordinaire, *lysimachia vulgaris.* Plusieurs auteurs plus modernes ont aussi appliqué ce nom à des plantes d'ordres très-différens, les unes monopétales, telles que *phlox, capraria, chironia, dracocephalum, mimulus ;* d'autres polypétales, *jussiæa, ludwigia, rhexia :* ce qui prouve qu'il a été un temps où les principes sur la formation des genres étoient très-incertains. Voyez Lysimaque. (J.)

LYSIMACHIE BLEUE. (*Bot.*) Nom vulgaire de la scutellaire galériculée. (L. D.)

LYSIMACHIE JAUNE CORNUE. (*Bot.*) Dans les jardins l'onagre est quelquefois désignée sous ce nom. (L. D.)

LYSIMACHIE ROUGE. C'est la salicaire commune. (L. D.)

LYSIMACHIES. (*Bot.*) Voyez Lisimachies. (J.)

LYSIMAQUE ou LYSIMACHIE ; *Lysimachia*, Linn. (*Bot.*) Genre de plantes dicotylédones, de la famille des *primulacées*, Juss., et de la *pentandrie monogynie*, Linn., dont les principaux caractères sont les suivans : Calice monophylle, persistant, à cinq découpures aiguës; corolle monopétale, à tube extrêmement court, et à limbe plan, étalé en roue et divisé en cinq lobes. Cinq étamines; ovaire supère, arrondi, à style filiforme, terminé par un stigmate obtus; capsule globuleuse, uniloculaire, s'ouvrant par son sommet en cinq ou dix valves, et contenant plusieurs graines attachées à un placenta central.

Les lysimaques sont des plantes herbacées, annuelles ou vivaces, à feuilles simples, opposées ou verticillées, et à fleurs axillaires ou terminales, souvent d'un aspect agréable. On en connoit une trentaine d'espèces, qui croissent en général dans les pays tempérés de l'un et l'autre hémisphère. Nous ne parlerons que de celles qui croissent naturellement en France.

* *Pédoncules multiflores.*

LYSIMAQUE COMMUNE; vulgairement CORNEILLE CHASSEBOSSE, PERCEBOSSE, SOUCI D'EAU : *Lysimachia vulgaris*, Linn., *Spec.*, 209; Bull., *Herb.*, t. 347. Sa racine est rougeâtre, rampante, vivace; elle produit une tige droite, pubescente, simple dans sa partie inférieure, un peu rameuse dans la supérieure, haute de deux à trois pieds. Ses feuilles sont lancéolées, presque sessiles, tantôt opposées, tantôt ternées et quelquefois même quaternées. Les fleurs sont d'un jaune doré, disposées en une belle panicule terminale; elles ont les filamens de leurs étamines un peu cornés à la base. Cette plante est assez commune dans les prés humides et au bord des ruisseaux, des étangs, en France et dans une grande partie de l'Europe. Elle fleurit en Juin et Juillet. Elle passe pour vulnéraire et astringente; on la conseilloit autrefois dans les hémorrhagies, la dyssenterie : elle n'est plus guères usitée aujourd'hui. Sa fleur peut, dit-on, servir à teindre les cheveux en blond. Elle est nuisible dans les prairies, parce qu'elle n'est guères du goût des bestiaux; mais elle peut être employée plus utilement comme plante d'ornement. Elle est très-propre à être placée dans les parties humides et basses des jardins paysagers. Elle trace beaucoup et se multiplie très-facilement. Lorsqu'elle croît dans des terrains inondés, elle pousse du collet de sa racine des jets cylindriques, semblables à des ficelles, qui s'alongent quelquefois jusqu'à avoir cinq à six pieds, et dont l'extrémité se termine par un bourgeon qui, l'année suivante, produit une nouvelle plante.

Lysimaque a feuilles de saule ; *Lysimachia ephemerum*, Linn., *Spec.*, 209. Sa racine est fibreuse, vivace ; elle produit une ou plusieurs tiges droites, glabres, hautes de deux à trois pieds, garnies de feuilles la plupart opposées, sessiles, linéaires-lancéolées, lisses et d'un vert glauque. Les fleurs sont blanches, pédicellées et disposées en un long épi terminal d'un très-joli aspect. Cette espèce croît naturellement dans les Pyrénées : on la cultive dans les jardins ; c'est une des plus belles du genre.

Lysimaque thyrsiflore : *Lysimachia thyrsiflora*, Linn., *Spec.*, 209 ; *Flor. Dan.*, t. 517. Sa tige est simple, droite, haute de huit à douze pouces, garnie de feuilles opposées, sessiles, oblongues, pointues, un peu velues en-dessous, et tachetées de petits points noirs. Les fleurs sont jaunes, disposées en épis ovales-oblongs, portés sur des pédoncules axillaires, opposés, plus courts que les feuilles. Cette plante croît en France et dans plusieurs parties de l'Europe, dans les lieux humides et marécageux. Elle est vivace.

** *Pédoncules uniflores.*

Lysimaque ponctuée : *Lysimachia punctata*, Linn., *Spec.*, 210 ; Jacq., *Flor. Aust.*, t. 366. Sa tige est droite, pubescente, souvent rameuse, haute d'un à deux pieds, garnie de feuilles lancéolées, presque sessiles, ordinairement ternées et tachetées en-dessous de petits points noirâtres. Les fleurs sont jaunes, assez grandes, souvent tachetées, portées sur des pédoncules axillaires, moitié plus courts que les feuilles. Cette plante croît dans les lieux humides parmi les roseaux, en Hollande, en Belgique, en Savoie, etc. : elle est vivace.

Lysimaque nummulaire ; vulgairement Herbe aux écus, Herbe a cent maux, Nummulaire : *Lysimachia nummularia*, Linn., *Spec.*, 111 ; *Fl. Dan.*, t. 493. Sa racine est fibreuse, vivace ; elle produit plusieurs tiges légèrement quadrangulaires, ordinairement simples, longues d'un pied ou environ, couchées et rampantes sur la terre, garnies de feuilles opposées, ovales-arrondies, portées sur de très-courts pétioles. Ses fleurs sont jaunes, assez grandes, solitaires, axillaires, portées sur des pédoncules plus longs que les feuilles. Cette plante est commune dans les prés et les bois humides. Elle a passé autrefois pour vulnéraire et astringente. Tous les bestiaux la mangent.

LYSIMAQUE DES BOIS : *Lysimachia nemorum*, Linn., *Spec.*, 211; *Fl. Dan.*, tab. 174; *Lerouxia nemorum*, Mérat, *Fl. Par.*, 77. Ses tiges sont couchées, glabres, rougeâtres, longues de six à huit pouces, garnies de feuilles opposées, ovales, pointues, un peu pétiolées, très-glabres, formant des entre-nœuds plus écartés que dans la précédente. Ses fleurs sont jaunes, petites, portées sur des pédoncules axillaires, filiformes, aussi longs ou plus longs que les feuilles. Cette plante croit dans les bois humides et ombragés en France, en Angleterre, en Allemagne, etc. Elle est vivace.

LYSIMAQUE LIN ÉTOILÉ : *Lysimachia linum stellatum*, Linn., *Spec.*, 211; *Linum minimum stellatum*, Magn., *Bot. Monsp.*, 163, *cum fig.* Sa tige est droite, souvent rameuse dès sa base, haute de deux à trois pouces, garnie de feuilles opposées, sessiles, étroites-lancéolées, glabres comme toute la plante. Les fleurs sont très-petites, d'un blanc verdâtre, portées sur des pédoncules axillaires, ordinairement plus courts que les feuilles; la corolle est plus courte que le calice. Cette petite plante croit dans les lieux secs et sur les collines dans le Midi de la France et de l'Europe. Elle est annuelle. (L. D.)

LYSINÉMA. (*Bot.*) Ce genre faisoit partie du genre ÉPACRIS (voyez ce mot). Il en a été séparé par Rob. Brown, qui lui donne les caractéres suivans : Une corolle en soucoupe, le limbe a cinq découpures profondes ou à cinq pétales sans barbes; cinq étamines insérées sous l'ovaire; les *placenta* fixés sur un axe central. Les principales espèces à rapporter à ce genre sont :

LYSINÉMA PIQUANT : *Lysinema pungens*, Rob. Brown, *Nov. Holl.*, 552; *Epacris pungens*, Cavan., *Icon. rar.*, 4, tab. 546. Arbrisseau de la Nouvelle-Hollande, très-rameux, garni de feuilles roides, éparses, imbriquées, souvent étalées, ovales, entières, glabres à leurs deux faces, surmontées d'une pointe roide, en forme d'épine. Les fleurs sont axillaires, solitaires, presque sessiles. Les bractées forment une sorte de calice extérieur conique. La corolle est monopétale, tubulée; le tube presque de la longueur du calice.

M. Rob. Brown a mentionné plusieurs autres espèces de la Nouvelle-Hollande : le *Lysinema pentapetalum*, dont la corolle est divisée en cinq pétales onguiculés, plus longs que le calice; le *Lysinema ciliatum*, à pétales réunis par la base de leurs onglets de la longueur du calice; le *Lysinema lasianthum*, à onglets des pétales lanugineux en dehors; enfin, le *lysinema conspicuum*, dont la corolle est monopétale, plus longue que le calice, et les feuilles appliquées, lancéolées, subulées. (Poir.)

LYSIPOMIA. (*Bot.*) Genre de plantes dicotylédones, à fleurs complètes, monopétalées, un peu irrégulières, de la famille des *campanulacées*, de la *pentandrie monogynie* de Linnæus; offrant pour caractère essentiel : Un calice adhérent à l'ovaire; le limbe libre, à cinq divisions; une corolle tubulée, caduque; le limbe à cinq divisions, presque à deux lèvres; cinq étamines; les anthères conniventes; un ovaire surmonté d'un style et d'un stigmate à deux lobes. Le fruit est une capsule uniloculaire, s'ouvrant transversalement à son sommet par un opercule caduc, contenant des semences nombreuses, fort petites, attachées par un petit filet le long des parois de la capsule.

Ce genre est très-voisin des *Lobelia*; il en diffère par son port, par ses capsules operculées, à une seule loge. Il comprend des plantes herbacées, très-basses, presque sans tige, réunies en gazon, ressemblantes, par leur port, aux *aretia* ou aux *montia* : leurs feuilles sont roides, alternes, linéaires ou spatulées; les fleurs blanches, petites, solitaires, axillaires, pédonculées. Elles habitent les hautes montagnes. Le nom de ce genre est composé de deux mots grecs, qui expriment son principal caractère de *luo* (*solvo*), je quitte, et de *poma* (*operculum*), opercule.

Lysipomia fausse-montie; *Lysipomia montioides*, Kunth, *in* Humb. et Bonpl. *Nov. Gen.*, 3, pag. 320, tab. 256, fig. 1. Cette plante a le port du *montia fontana*; ses tiges sont couchées, rampantes, alongées, glabres et rameuses; les feuilles distantes, pétiolées. lancéolées. en spatule, glabres, un peu charnues, dilatées sur leur pétiole : les fleurs solitaires, axillaires, pédonculées : le calice glabre, turbiné, à cinq divisions courtes, ovales: la corolle insérée sur le calice ; le tube campanulé ; le limbe à cinq divisions, presque à deux lèvres ; les deux divisions supérieures un peu plus grandes ; les filamens rapprochés en tube ; les anthères conniventes, inégales ; les capsules turbinées. Cette plante croît au royaume de Quito, dans les plaines élevées du mont Antisana.

Lysipomia en rein : *Lysipomia reniformis*, Kunth. *l. c.*, tab. 266, fig. 1. Plante très-petite, qui a le port du *viola palustris* ; ses tiges sont glabres, rampantes : les feuilles orbiculaires, en forme de rein. glabres, entières, un peu charnues, de trois lignes de diamètre ; les fleurs pédonculées, solitaires, axillaires: les divisions du calice trois fois plus courtes que le tube de la corolle; le tube de celle-ci élargi au sommet ; le limbe oblique, à deux lèvres : les divisions ovales-oblongues. acuminées, roulées à leur sommet ; les deux supérieures presque droites ; les trois inférieures étalées ; deux des anthères plus courtes, barbues au sommet. Cette plante croît avec la précédente. proche la grotte d'Antisana.

Lysipomia fausse arétie ; *Lysipomia aretioides*, Kunth, *l. c.*, tab. 267, fig. 1. Cette petite plante, ramassée en gazon, ressemble à un *aretia*. Ses tiges sont simples, à peine longues de six lignes, chargées de feuilles nombreuses, ouvertes en étoile, oblongues, spatulées, aiguës, très-rétrécies à leur base, roides, entières ; les fleurs axillaires, solitaires, pédonculées ; les pédoncules très-courts, munis d'une bractée vers leur milieu : les cinq divisions du calice ovales-oblongues, aiguës, ciliées à leurs bords: la corolle courte, un peu campanulée : son limbe à cinq divisions ovales, oblongues, aiguës, ciliées au sommet ; les deux supérieures un peu plus grandes ; les anthères noirâtres ; les deux inférieures barbues au sommet ; les capsules ovales-oblongues. Cette plante croît dans les Andes du Pérou, proche la ville de Loxa.

Lysipomia acaule ; *Lysipomia acaulis*, Kunth, *l. c.*, tab. 267, fig. 2. Cette plante n'a point de tige apparente ; du collet de la racine sortent un grand nombre de feuilles étalées en étoile, roides, linéaires, obtuses, glabres, ciliées à leurs bords, longues de plus d'un demi-pouce, larges d'une ligne : les fleurs nombreuses et centrales ; les pédoncules très-courts, uniflores : le calice oblong, tubulé ; ses divisions inégales, glabres, obtuses : la corolle campanulée ; ses divisions ovales-oblongues, acuminées, roulées à leur sommet ; les capsules pédonculées, oblongues, cylindriques, longues de deux lignes, rétrécies en coin à leur base ; les semences nombreuses, très-fines. Cette plante croit sur les plaines élevées de la montagne volcanique d'Antisana et au pied du Chassalongi. (Poir.)

LYSISPORIUM. (*Bot.*) Division du genre *Sporotrichum* de Link, que quelques auteurs regardent comme un genre particulier. Voyez Sporotrichum. (Lem.)

LYSKA. (*Ornith.*) On appelle ainsi en Pologne la foulque, *fulica atra*, Linn. (Ch. D.)

LYSKLICKER. (*Ornith.*) L'oiseau que Schwenckfeld désigne sous ce nom et sous celui de *Kirsch-Fink*, en citant Eber et Peucer, est le gros-bec, *loxia coccothraustes*, Linn. (Ch. D.)

LYSTER. (*Ornith.*) C'est le nom du merle commun, *turdus merula*, Linn., en Hollande (Ch. D.)

LYSTRE, *Lystra*. (*Entom.*) Genre d'insectes hémiptères, de la famille des cigales ou des collirostres, établi par Fabricius pour y ranger quelques cicadelles étrangères à l'Europe, dont les femelles ont l'abdomen terminé par des touffes d'une substance blanche et comme laineuse, qu'on croit destinée à protéger les œufs.

Nous avons fait figurer une espèce de ce genre à la planche 58 de l'atlas de ce Dictionnaire, et qui a paru sous le n.° 9 de la première livraison, c'est la lystre laineuse, *cicada lanata* de Linnæus : le corps est noirâtre, les côtés de la tête et l'extrémité de l'abdomen sont rouges ; les élytres brunes, bordées en dedans, piquetées et traversées de bleuâtre. On la trouve à Cayenne.

Toutes les autres espèces sont également étrangères à l'Europe. (C. D.)

LYTHRAIRES. (*Bot.*) Cette famille de plantes, désignée

auparavant sous le nom de salicaires ou *salicariæ*, tire son nom de la salicaire, *lythrum*, son genre le plus connu et le plus nombreux en espèces : elle fait partie de la classe des péripétalées ou dicotylédones polypétales, à étamines insérées sur le calice. Elle réunit les caractères suivans :

Un calice d'une seule pièce, en tube ou en godet, divisé seulement à son limbe. Plusieurs pétales, portés sur le calice au-dessous de son limbe, en nombre égal à celui de ses divisions (ils manquent quelquefois). Étamines distinctes, insérées au même point, en nombre égal ou double de celui des pétales, ou quelquefois en nombre indéfini. Anthères petites et arrondies. Ovaire simple et libre ; style simple ; stigmate en tête. Le fruit est une capsule entourée du calice sans lui adhérer. Une ou plusieurs loges, contenant plusieurs graines portées sur un réceptacle central. L'embryon est droit, dénué de périsperme, et la radicule est dirigée vers le point d'attache de la graine.

La tige est ligneuse ou herbacée ; les feuilles sont opposées ou alternes ; les fleurs sont axillaires ou terminales.

On pourroit diviser les lythraires en trois sections.

Dans la première, caractérisée par les fleurs polypétales et les étamines indéfinies, on rangera les genres *Legnotis* de Swartz, *Lagerstromia*, *Munchhausia*, auquel se rapportent l'*Adambea* de M. de Lamarck, le *Lafoensia* de M. Vandelli, le *Calypthranthes* de la Flore du Pérou, et le *Banava* de Camelli.

A la seconde section, dont les fleurs sont polypétales et les étamines en nombre défini, se rapportent les genres *Pemphis*, *Ginoria*, *Grislea* dont le *Woodfordia* de M. Salisbury fait partie ; *Antherylium* de Rohr ; *Lawsonia*, *Crenea*, *Lythrum*, *Acisanthera*, *Cuphea* et le *Balsamona* de M. Vandelli, qui lui est joint.

Des fleurs ordinairement apétales, soit habituellement, soit par avortement accidentel, caractérisent la troisième section, dans laquelle on trouve les genres *Glaux*, *Peplis*, *Ammania* et *Rotala*. (J.)

LYTHRODES. (*Min.*) C'est le nom que Karsten a donné à une pierre rougeâtre qui n'est qu'une variété de l'ELÉOLITHE ou *Fellstein* des minéralogistes allemands. Voyez le premier de ces deux mots. (B.)

LYTHRUM. (*Bot.*) Voyez SALICAIRE. (L. D.)

LYTTE, *Lytta.* (*Entom.*) Fabricius a employé ce nom pour désigner le genre CANTHARIDE. Le mot grec λυττα signifie *fureur.* (C. D.)

LYZAN. (*Ichthyol.*) C'est le nom d'un poisson rapporté par M. de Lacépède au genre Centronote, et par M. Cuvier à celui des Liches, division des SCOMBÉROÏDES. Voyez ce dernier mot. (H. C.)

LYZARDE. (*Erpétol.*) Voyez LYSARDE. (H. C.)

M

MA, BA, ASA (*Bot.*), noms japonois du chanvre, cités par Kæmpfer. (J.)

MAAGE. (*Ornith.*) Ce nom, qui s'écrit aussi *maager*, est employé en Norwège et au Groënland, comme celui de *gull*, pour désigner les goélands et les mouettes. (CH. D.)

MAAGONI. (*Bot.*) Voyez MAHOGON. (LEM.)

MAAN. (*Bot.*) Rochon dit que la plante ainsi nommée à Madagascar est un veloutier à feuilles de mauve. Ce ne peut être le veloutier de l'Ile-de-France, espèce de *tournefortia;* c'est probablement un *waltheria* à feuilles tomenteuses. (J.)

MAA-PANNAA (*Bot.*), nom brame d'une fougère qui est le *polypodium parasiticum* de Linnæus, *aspidium* de Swartz et de Willdenow. (J.)

MAAR (*Mamm.*), nom danois de la MARTE. (DESM.)

MAAR. (*Ornith.*) On donne, en Islande, ce nom et celui de *maarfur* au bourgmestre, ou goéland à manteau gris, *larus glaucus,* Gmel. (CH. D.)

MAAS, ARAR (*Bot.*), noms arabes, suivant Forskal, de son genre *Mæsa,* qui est le *bæobotrys lanceolata* de Vahl. (J.)

MAASE. (*Ornith.*) Ce terme paroît, ainsi que celui de *maage,* être employé dans le Nord pour désigner génériquement les mouettes et les goélands, *larus.* (CH. D.)

MAATS, MAATS-HUSA, SIO (*Bot.*), noms japonois du pin ordinaire, *pinus sylvestris,* cités par Kæmpfer et M. Thunberg. (J.)

MABA. (*Bot.*) Genre de plantes dicotylédones, à fleurs dioïques, de la famille des *ébénacées*, de la *dioécie triandrie* de Linnæus, offrant pour caractère essentiel : Un calice à trois divisions profondes ; une corolle urcéolée, à trois découpures ; trois ou six étamines : dans les fleurs femelles, un ovaire supérieur ; un style ; une baie à deux ou trois loges, renfermant dans chacune deux noyaux monospermes.

Maba elliptique : *Maba elliptica*, Linn., *Suppl.*, 426 ; Lamck., *Ill. gen.*, tab. 803. Arbuste des îles de la mer du Sud, glabre dans toutes ses parties, mais dont les jeunes rameaux et les feuilles sont velus à leur naissance ; ses feuilles sont alternes, veinées, elliptiques ; les pédoncules courts, axillaires, souvent chargés de trois petites fleurs dioïques, dont le calice et la corolle sont très-velus. Les divisions du calice sont ovales, oblongues, canaliculées, aiguës. La corolle est pourvue d'un tube cylindrique, plus long que le calice, terminé par un limbe à trois divisions droites, ovales, un peu épaisses. Il y a trois étamines, dont les filamens sont très-courts, et les anthères ovales et droites. Le fruit est une baie alongée, à deux loges.

Maba a feuilles de buis : *Maba buxifolia*, Juss., Ann. Mus., 5, pag. 418 ; *Pisonia buxifolia*, Rottb., *Nov. Act. Hafn.*, 2, p. 536, tab. 4, fig. 2 ; *Ferreola buxifolia*, Roxb., *Coromand.*, 1, pag. 35, tab. 45 ; *Ehrhetia ferrea*, Willd., *Phytogr.*, 1, pag. 4, tab. 2, fig. 2. Arbrisseau dont les tiges se divisent en rameaux alternes, diffus, cylindriques, revêtus d'une écorce d'un brun-cendré. Les feuilles sont médiocrement pétiolées, roides, alternes, de forme elliptique ou en ovale-renversé, obtuses, un peu échancrées, longues d'environ un pouce, luisantes en dessus ; les fleurs sont sessiles, solitaires, axillaires ; les calices pileux ; il y a trois dents ; la corolle est jaune, tubulée, à trois divisions ; il y a six étamines ; dans les fleurs femelles, est un ovaire surmonté d'un style, auquel succède une baie à deux semences. Cette plante croît dans les Indes orientales, aux lieux montueux.

Maba a feuilles de laurier ; *Maba laurina*, Rob. Brown, *Nov. Holl.*, 1, pag. 527. Dans cet arbrisseau, les feuilles sont ovales-oblongues, veinées, un peu obtuses à leur base, luisantes dans leur état adulte, glabres, ainsi que les rameaux ; les fleurs, tant mâles que femelles, solitaires ; les filamens des étamines alternes et doubles. Dans le *maba obovata*, Brown, *l. c.*, les rameaux et les jeunes feuilles sont pubescens, puis glabres ; les dernières en ovale-renversé, un peu émoussées ; les baies ovales, solitaires, sessiles. Ces plantes croissent à la Nouvelle-Hollande.

Maba des rivages ; *Maba littorea*, Brown, *l. c.* Ses rameaux sont glabres, garnis de feuilles ovales-oblongues, un peù émoussées, luisantes, rétrécies à leur base ; les calices à lobes peu marqués ; les baies solitaires, ovales-oblongues, quatre fois plus longues que les calices, quatre ou cinq fois plus courtes que les feuilles. Dans le *maba humilis*, Brown, *l. c.*, les tiges sont peu élevées ; les rameaux glabres ; les feuilles presque en ovale-renversé, très-glabres, un peu obtuses, rétrécies à leur base ; les calices glabres ; les baies solitaires, ovales, une fois plus courtes que les feuilles. Ces plantes naissent à la Nouvelle-Hollande.

Maba géminé ; *Maba geminata*, Brown, *l. c.* Arbrisseau dont les tiges et les rameaux sont très-glabres, garnis de feuilles alternes, ovales, ou en ovale-renversé, un peu veinées, légèrement rétrécies à leur base ; les baies ovales, géminées, quatre à cinq fois plus courtes que les feuilles ; les calices légèrement pubescens. Le *maba reticulata*, Brown, *l. c.*, a ses feuilles presque ovales, émoussées, un peu recourbées à leurs bords, munies de veines réticulées ; les filamens alternes et doubles ; les baies globuleuses, un peu émoussées. Dans le *maba compacta*, Brown, *l. c.*, les feuilles sont ovales, à peine émoussées, planes, réticuiées, glabres, ainsi que les rameaux ; les calices soyeux intérieurement, à lobes réfléchis sur le fruit, peu marqués ; les baies globuleuses. Ces plantes croissent à la Nouvelle-Hollande. (Poir.)

MABI. (*Bot.*) Les Caraïbes donnoient ce nom à la batate, *convolvulus batatas*, Linn. (Lem.)

MABIER, *Mabea*. (*Bot.*) Genre de plantes dicotylédones, à fleurs monoïques, de la famille des *euphorbiacées*, de la *monoécie polyandrie* de Linnæus, offrant pour caractère essentiel : Des fleurs monoïques ; un calice urcéolé, à cinq dents ; point de corolle ; environ douze étamines attachées au fond du calice ; dans les fleurs femelles, un ovaire supérieur, ovale, surmonté d'un style que terminent trois stigmates roulés en spirale. Le fruit est une capsule à trois loges monospermes, couverte d'une écorce épaisse.

MABIER CALUMET : *Mabea piriri*, Aubl., *Guian.*, 2, pag. 867, tab. 334, fig. 1 ; Lamk., *Ill. gen.*, tab. 775, fig. 1 ; vulgairement BOIS A CALUMET. Arbrisseau de la Guiane, haut de cinq à six pieds sur un diamètre d'environ six pouces : il coule de son écorce cendrée, lorsqu'on l'entame, un suc laiteux. Ses rameaux sont sarmenteux, et se répandent sur les arbres voisins ; ses feuilles sont alternes, pétiolées, ovales-oblongues, émoussées, acuminées, blanchâtres en dessous : les fleurs monoïques, disposées en grappes droites, terminales ; les fleurs mâles nombreuses et supérieures ; les femelles inférieures ; toutes munies à leur base de deux corps glanduleux, et de bractées écailleuses ; les filamens des étamines très-courts ; l'ovaire est oblong, renfermé, en partie, dans le calice. Le fruit est une capsule légèrement trigone, à peu près de la grosseur d'un grain de raisin, qui se partage en trois coques bivalves ; chaque coque renfermant une semence brune, arrondie, tachée de gris. Toutes les parties de cette plante, ainsi que l'écorce, rendent un suc laiteux. Les Nègres et les Créoles, à Cayenne, emploient ses petites branches à faire des tuyaux de pipe, d'où vient qu'ils ont donné à cette plante le nom de BOIS A CALUMET.

MABIER TAQUARI : *Mabea taquari*, Aubl., *l. c.*, tab. 334, fig. 2 ; Lamk., *Ill. gen.*, tab. 775, fig. 2. Cette plante se rapproche beaucoup de la précédente : elle en diffère par la couleur roussâtre de son écorce et de ses rameaux ; par ses feuilles plus larges, moins alongées, vertes, lisses en dessus, veinées de rouge en dessous, les plus grandes longues d'environ trois pouces sur quinze lignes de large : les fruits et les semences beaucoup plus gros. Cette plante croît à la Guiane. (POIR.)

MABOLO. (*Bot.*) Voyez CAVANILLEA, PLAQUEMINIER et MAVOLO. (POIR.)

MABOUIA. (*Bot.*) Nom américain du *morisonia*, nommé par cette raison MABOUIER en françois. Le *capparis breynia* de la même famille est aussi appelé *maboya, moboya*. (J.)

MABOUIA. (*Erpétol.*) Voyez MABOUYA. (H. C.)

MABOUIA-AKECA. (*Bot.*) Le P. Plumier nous apprend que les Caraïbes donnent ce nom, qui signifie *oreille du diable* en leur langue, à un champignon en forme de godet ou de soucoupe, portée sur une tige pleine, d'un rouge de corail en dedans, et jaune en dehors. D'après la figure qu'en donne Plumier (Manusc., pl. 168, fig. C), on voit qu'il s'agit d'une espèce du genre Pezize, dont la forme et la couleur lui auront valu son nom trivial. Cet auteur l'indique dans les îles Saint-Vincent et Saint-Domingue, sur le bois. (Lem.)

MABOUIA DES BANANIERS. (*Erpétol.*) A la Martinique, suivant quelques auteurs, on appelle ainsi le gecko fasciculé de Daudin, que nous avons décrit, tom. xviii, p. 273 de ce Dictionnaire, sous le nom de *Gecko des murailles*. (H. C.)

MABOUIER, *Morisonia*. (*Bot.*) Genre de plantes dicotylédones, à fleurs complètes, polypétalées, régulières, de la famille des *capparidées*, de la *monadelphie polyandrie* de Linnæus, offrant pour caractère essentiel : Un calice d'une seule pièce, s'ouvrant en deux découpures inégales; quatre pétales renversés en dehors; des étamines nombreuses, réunies en tube à leur moitié inférieure; un ovaire supérieur, pédicellé; un stigmate sessile, élargi en plateau; une baie sphérique, uniloculaire, polysperme, pédicellée.

Mabouier d'Amérique : *Morisonia americana*, Linn.; Lamk., *Ill. gen.*, tab. 595 ; Cavan., *Diss. Bot.*, 6, n.° 443, tab. 163; Burm., *Amer.*, tab. 203; Jacq., *Amer.*, tab. 79. Arbre d'environ quinze pieds de haut, dont les rameaux sont garnis de feuilles alternes, pétiolées, ovales-oblongues, entières, glabres, coriaces, luisantes, quelquefois longues d'un pied; les fleurs d'un blanc sale, peu odorantes, d'environ un pouce de diamètre, placées sur les rameaux, à l'extrémité d'un pédoncule commun, presque en ombelle. Leur calice est ovale, obtus; il se déchire en deux découpures réfléchies, inégales; la corolle une fois plus longue que le calice, à pétales ovales-oblongs, à étamines plus courtes que la corolle. Le fruit est de la grosseur d'une pomme, revêtue d'une écorce dure, couverte de points calleux, couleur de rouille, qui la rendent raboteuse. Les semences sont blanchâtres, réniformes, éparses. Cette plante croît sur les montagnes boisées de l'Amérique méridionale. On prétend que ses racines longues, noires, noueuses, dures, pesantes et compactes, servent aux Sauvages à faire des massues. Le *morisonia flexuosa*, Linn., appartient aux *capparis*. Voyez Caprier, Encycl., n.° 18. (Poir.)

MABOUJA. (*Erpétol.*) Voyez Mabouya. (H. C.)

MABOUYA. (*Erpétol.*) Mot d'origine caraïbe, et qui signifie proprement le *diable*. On s'en sert vulgairement dans l'Archipel des Antilles pour désigner plusieurs reptiles de l'ordre des sauriens, un scinque et un gecko en particulier. Voyez Gecko, Sauriens, Scinque. (H. C.)

MABUHUC. (*Bot.*) Nom du *cassytha* dans l'île de Luzon, une des Philippines, suivant Camelli. C'est une plante parasite, sans feuilles, comme la cuscute dont elle a le port. (J.)

MABURNIA (*Bot.*), Petit-Th., *Gen. Madag.*, pag. 4, n." 13. Petite plante de l'île de Madagascar, qui croit dans les marais, et que M. du Petit-Thouars a présentée comme devant former un genre particulier, très-rapproché du *burmannia*, auquel il appartient peut-être comme espèce. Cette plante a des tiges courtes, dépourvues de feuilles, parsemées de quelques petites écailles : ces tiges se terminent par deux ou trois fleurs, dont le calice, adhérent par sa base avec l'ovaire, est muni de trois angles en forme d'ailes, et prolongé en tube : six appendices remplacent la corolle ; les trois extérieurs plus grands ; les étamines au nombre de six, réunies deux à deux, et placées devant les plus larges divisions de l'appendice. L'ovaire est inférieur, adhérent avec le calice, surmonté d'un style de la longueur du tube, terminé par un stigmate en tête, à trois lobes ; une capsule à trois loges polyspermes. (Poir.)

MABY (*Bot.*), nom caraïbe de la patate, suivant Nicolson. (J.)

MACA. (*Bot.*) Dans le recueil des Voyages, il est fait mention d'un arbre de ce nom, ayant une tige droite, nue, de dix pieds de hauteur, garnie d'épines, et couronnée par une touffe de feuilles longues de dix à douze pieds. Le tronc contient une moelle, et de son sommet sortent des branches qui imitent des guirlandes. Les fleurs sont disposées en grappe, et les fruits qui leur succèdent ont la forme de petites poires d'abord jaunes, et ensuite rougeâtres, contenant une seule noix enveloppée d'une chair un peu aigre, mais agréable et saine. Le bois du tronc est employé à divers usages. D'après cette description très-incomplète. on peut présumer que cet arbre est un palmier. (J.)

MACA. (*Ornith.*) Les oiseaux que les Guaranis, habitans du

Paraguay. nomment *macas*. sont les grèbes et les castagneux. (Ch. D.)

MACABEO. (*Bot.*) Les Espagnols donnent ce nom à une variété de raisin blanc muscat. (Lem.)

MACACA-APA-IPOU. (*Bot.*) Un savonier, *sapindus arborescens* d'Aublet, est ainsi nommé, selon lui, par les Sauvages de la Guiane. (J.)

MACACO, MACACCO. (*Mamm.*) Noms que les Portugais donnent aux quadrumanes, et qui ont été appliqués plus particulièrement aux Macaques (voyez ce mot), et à une espèce de makis. le mococo. (F. C.)

MACACO. (*Ornith.*) L'oiseau qu'on nomme ainsi dans la province de Para, au Brésil. est une espèce de tinamou, que M. Temminck appelle, dans son Histoire naturelle des Gallinacés, *tinamus aspersus.* Ce nom est écrit *macacoua* par Léry. (Ch. D.)

MACADAPOLA. (*Bot.*) Nom brame du *padavara* du Malabar. qui paroît être une espèce de royoc, *morinda.* C'est encore le *macanda* de Java. le *macoodoo* de Sumatra, suivant Marsden. Voyez Cada-Pilava. (J.)

MACAE (*Bot.*), nom donné dans les environs de Lima, au *valeriana paniculata* de la Flore du Pérou, qui croit dans les lieux marécageux. (J.)

MACAGUA. (*Ornith.*) M. d'Azara a décrit, sous ce nom. dans ses Oiseaux du Paraguay, n.° 15, un accipitre dont le P. Nicolas Techo avoit parlé avant lui dans son histoire de la même contrée, et que Linnæus a appelé *falco cachinnans*, d'après la comparaison faite par Rolander entre son cri et le rire de l'homme. M. Vieillot avoit, dans la première édition de son Analyse d'une nouvelle Ornithologie. formé un genre de cet oiseau, sous la dénomination de Physète, en latin *physeta*, et indiqué comme espèce le *falco sufflator* de Linnæus; dans la seconde édition, il a substitué à ce nom générique celui de macagua, *herpetotheres* (mangeur de reptiles), et à l'espèce le *falco cachinnans*, Linn. Les caractères par lui assignés à ce nouveau genre sont : Un bec arrondi en dessous, échancré en forme de cœur sur la pointe de la mandibule inférieure; des narines orbiculaires, tuberculées dans leur milieu; les tarses et les doigts courts, les ongles aigus. Le même auteur a donné, dans le Nouveau Dictionnaire d'Histoire naturelle, une figure de l'oiseau dont il s'agit, pl. E. 24, où cet oiseau est représenté comme portant habituellement une huppe, quoique les plumes blanches et longues de sa tête n'aient que la faculté de se relever à volonté.

M. Cuvier a, dans son Règne Animal, placé le macagua à la suite des autours, sous le nom d'autour rieur, ou à calotte blanche, en ajoutant à cette section, distinguée par les ailes et les tarses courts mais réticulés, le *falco melanopus* de Gmelin et de Latham. Ces deux oiseaux ont été décrits dans ce Dictionnaire, tom. XV, pag. 55, où, par erreur, on lit *culotte* au lieu de *calotte*.

L'auteur espagnol, ayant trouvé près de la rivière de la Plata, autour des eaux stagnantes, un autre oiseau de proie qui se perche sur les arbres et les plantes aquatiques, d'où il s'abat sur les crapauds, les grenouilles, etc., en a donné la description, n.° 16, immédiatement après celle du macagua, et l'a nommé *buse sociable*. Cet oiseau, long de seize pouces, a les parties supérieures variées de blanc, de brun, de noir, et le dessous du corps, les couvertures de la queue, et la queue elle-même, à son origine, blancs; mais cette couleur s'obscurcit, et devient brune vers l'extrémité des pennes. Quoique les tarses soient couverts d'écailles dans le macagua, et qu'ils soient emplumés chez la buse sociable, M. Vieillot a observé entre eux des rapports qui lui ont paru suffisans pour les placer à côté l'un de l'autre, et en former provisoirement le macagua sociable, *herpetotheres sociabilis*. (Ch. D.)

MACAHALAE. (*Bot.*) Voyez Calae. (J.)

MACAHANE ou MACANE DE LA GUIANE (*Bot.*); *Macanea guianensis*, Aubl., *Guian.*, vol. 2, *Suppl.*, pag. 6; et vol. 4, tab. 571. Arbrisseau de la famille des *guttifères*, dont on ne connoît encore que les fruits. Son tronc s'élève à la hauteur de cinq à six pieds sur environ quatre à cinq pouces de diamètre : son écorce est grisâtre et gercée : son bois blanchâtre, peu compact; ses branches sont sarmenteuses, et se répandent sur le tronc des arbres voisins. Les feuilles sont opposées, pétiolées, vertes, lisses, ovales, aiguës, dentées en scie, longues d'environ six pouces. Le fruit consiste en une grosse baie, en forme de poire, longue de cinq pouces sur quatre de diamètre, à surface inégale, relevée en bosses, couverte d'une écorce brune, lisse, épaisse, coriace, parsemée de petites taches rondes et roussâtres, à une seule loge, pulpeuse en dedans, renfermant quatre ou six semences ovales, coriaces, enfoncées dans la pulpe, attachées à des réceptacles latéraux. Cette plante croît à la Guiane. (Poir.)

MACAIRA. (*Ichthyol.*) Voyez Makaira. (H. C.)

MACALEP, MACALEB. (*Bot.*) Voyez Mahaleb. (J.)

MACALION. (*Bot.*) Dans la collection des fruits et graines de Madagascar, donnée par Poivre, nous trouvons sous ce nom les fruits d'une petite espèce de calaba, *calophyllum*. (J.)

MAÇAME. (*Mamm.*) Voyez Mazame. (F. C.)

MACAMITZLI. (*Mamm.*) Nieremberg cite sous ce nom américain un grand animal du genre des chats, qui peut être le jaguar ou le couguar. (Desm.)

MACANDA. (*Bot.*) Voyez Macadapola. (J.)

MACANDOU (*Bot.*), nom javan du *morinda citrifolia*. W. (Lem.)

MACANE. (*Bot.*) Voyez Macahane. (Lem.)

MACANILLA DE CARIPE. (*Bot.*) Palmier d'Amérique, vu par M. de Humboldt près du monastère de Caripe. Il soupçonne que c'est un *martinezia*. Son tronc, haut de trois toises environ, est chargé d'épines disposées en anneaux; ses feuilles sont pennées; sa spathe, d'une seule pièce, est longue de seize pouces; son spadice est rameux; ses fruits, oblongs, très-petits, noirâtres, sont enfoncés à moitié dans leur calice persistant. (J.)

MACAO. (*Ornith.*) L'oiseau ainsi nommé est l'ara rouge, *psittacus macao*, Linn., et *macrocercus macao*, Vieill. (Ch. D.)

MACAQ, MACAQUO. (*Mamm.*) Voyez Macaco. (F. C.)

MACAQUE (*Mamm.*), *Macacus*, Lacép. Genre de mammifères quadrumanes, de la tribu des singes de l'ancien continent, qui renferme quelques espèces intermédiaires par leurs formes et par leurs habitudes naturelles, aux guenons et aux cynocéphales.

Ces espèces présentent de plus entre elles, dans l'ensemble de leurs caractères, des modifications assez sensibles pour que l'on reconnoisse facilement que les unes sont fort voisines des singes rangés dans le premier des genres que nous venons de citer, tandis que d'autres au contraire sont très-rapprochées de ceux qui composent le second. Aussi les nomenclateurs ont-ils varié beaucoup dans la classification des macaques. L'espèce qui fait maintenant le type de ce genre, ainsi que le bonnet-chinois, ont été long-temps placés dans celui des guenons; et ensuite M. Geoffroy, les réunissant au callitriche, en a formé le groupe des *cercocebes*. Le magot, qui n'est qu'un macaque sans queue, après avoir été rapproché des orangs par Linnæus, Erxleben et Schreber, a été isolé par M. G. Cuvier, sous le nom générique de *pithecus*, et M. Geoffroy, en changeant plus tard cette dénomination en celle d'*innus*, a joint au même magot les singes à courte queue, long-temps mal connus et désignés sous les noms de macaque et de patas à queue courte, de rhesus et de singe ou de babouin à queue de cochon. Enfin l'ouanderou placé d'abord par Erxleben avec les guenons ou cercopithèques, ensuite avec les cynocéphales ou babouins, par M. Geoffroy, a été définitivement rapporté au genre Macaque, par M. G. Cuvier.

Les macaques sont des singes de moyenne taille, dont le museau est plus gros et plus prolongé que celui des guenons, et moins que celui des cynocéphales. Leur angle facial varie de 40 à 45 degrés. Leur système dentaire fort développé ne diffère guère de celui des guenons qu'en ce qu'un talon termine les dernières molaires, et que les canines supérieures sont arrondies et non aplaties à leur face interne, et tranchantes sur leur bord postérieur: cette forme de dents étant d'ailleurs à peu près semblable dans les cynocéphales.

La tête est plus ou moins forte, munie de crètes surcilières très-développées, qui forment aux orbites un rebord élevé et échancré; le front a peu d'étendue: les yeux sont très-rapprochés; les narines sont obliques à la base supérieure du museau, et non placées au milieu d'une tronquature terminale, comme dans les cynocéphales; les os maxillaires ne sont point renflés, et la face n'est point marquée de stries longitudinales; les oreilles sont nues, assez grandes, aplaties contre la tête avec leur bord supérieur et postérieur anguleux. La bouche est pourvue d'abajoues, la langue est douce, et les lèvres sont minces et très-extensibles.

Le corps est plus ou moins trapu et épais; les bras sont proportionnés aux jambes, et les quatre mains sont pentadactyles; les fesses sont pourvues de fortes callosités; la queue varie en longueur selon les espèces, et dans une d'entre elles, elle se trouve réduite à un simple tubercule.

Les macaques, qui habitent l'Afrique, l'Inde et les îles de l'Archipel indien, ont des habitudes très-semblables à celles des guenons. Comme ces singes ils se rassemblent en troupes nombreuses, et font souvent de grands dégâts dans les champs cultivés et les jardins qui avoisinent les forêts où ils font leur demeure ordinaire. Leur intelligence est très-développée; ils sont fort adroits, et plusieurs d'entre eux sont facilement dressés à exécuter différens exercices; mais ce n'est que dans la jeunesse qu'ils montrent de la docilité; avec l'âge leur caractère change, et souvent ils deviennent tout-à-fait intraitables. Ils sont en général très-lubriques.

Nous allons décrire les espèces de ce genre dans un ordre qui indiquera la transition qu'elles forment entre le genre des guenons et celui des cynocéphales.

Le Bonnet-Chinois : *Macacus sinicus* ; le Bonnet-Chinois, Buff., Hist. nat., tom. XIV, pl. 30; Audebert, Hist. des singes fam., 4, sect. 2, fig. 11; *Simia sinica*, Linn., Gmel. Il a la tête médiocrement grosse, le museau un peu moins avancé que celui du macaque ouanderou; la face presque nue; les poils du sommet de la tête assez longs, divergens du centre à la circonférence, et disposés en forme de calotte; les parties supérieures de la tête et du corps d'un brun roux; le dessus des cuisses d'un marron assez vif; le ventre et la face interne des quatre membres couverts d'un poil gris clair, dont la couleur est nettement séparée par une ligne tranchée de celle du dos et des flancs; les doigts des pieds et des mains bruns, etc.

Ce singe a la queue fort mince et de moitié plus longue que le corps, qui a un pied environ. Il ne diffère guère du suivant que par les teintes plus brunes de son pelage, et par la séparation très-nette des couleurs des parties supérieures et inférieures. M. Frédéric Cuvier soupçonne même qu'il n'est peut-être qu'une variété de la toque.

Le seul bonnet-chinois qu'on possède dans la collection du Muséum d'Histoire naturelle de Paris, est celui que Buffon et

27.   30

Audebert ont décrit et figuré, et c'est d'après lui aussi que nous venons de tracer les caractères de cette espèce.

On croit que ce singe est originaire du Bengale.

La TOQUE : *Macacus radiatus*; le CERCOCÈBE-TOQUE, *Cercocebus radiatus*, Geoffr., Ann. Mus. d'Hist. nat., tom. XIX, pag. 98, sp. 5; F. Cuv., Histoire naturelle des Mammifères. Ce singe, fort voisin du précédent, a environ dix-huit pouces depuis le bout du nez jusqu'à l'origine de la queue, et cette dernière partie, très-grêle, est à peu près aussi longue. Ce qui le fait principalement remarquer, ainsi que le dit M. Frédéric Cuvier, c'est la forme singulière de sa tête et de son museau, qui est mince et étroit, ce caractère semblant donner plus d'aplatissement à son front, d'ailleurs remarquable en ce qu'il est tout-à-fait nu et ridé transversalement.

Son pelage, composé de poils soyeux seulement, est d'un gris verdâtre, parce que ces poils, tout gris dans leur partie inférieure, ont leur seconde moitié divisée par anneaux noirs et jaune sale. Le dessous du corps, la face interne des membres et le dessous de la queue sont blanchâtres; le dessus de la queue a la couleur du dos. Les poils divergens qui garnissent le sommet de la tête, n'ont qu'une étendue médiocre. La peau des mains est violâtre; celle de la poitrine et du ventre est verdâtre, ou d'une couleur de chair livide. Le gland de la verge du mâle diffère de ceux du macaque, du magot et du rhesus, en ce que, au lieu d'être simplement pyriforme, il se compose de trois parties distinctes : l'antérieure qui est en forme de poire, et la postérieure qui présente deux bourrelets épais, de sorte que dans l'érection la coupe longitudinale de ce gland représenteroit la figure d'une feuille à trois lobes, les deux latéraux arrondis, et le moyen alongé.

Cette description composée par M. Frédéric Cuvier, sur un individu qui lui a été apporté de la côte du Malabar, est, ainsi que nous l'avons reconnu, très-exacte par la comparaison que nous avons été à même d'en faire avec quatre individus de la même espèce, savoir : une femelle que nous avons possédée quelque temps; un mâle et une femelle qui ont appartenu à M. Horace Vernet, et un autre mâle que l'on voyoit dans un café du Palais-Royal.

Celui que possédoit M. Horace Vernet paroissoit très-attaché à sa femelle, étoit très-ardent auprès d'elle, et s'en montroit jaloux. La femelle, que nous avons observée, étoit fort douce et peu vive, ce que nous attribuons à l'état de maladie dans lequel elle se trouvoit.

En général notre opinion est que l'espèce de la toque a des mœurs tout-à-fait analogues à celles des guenons.

Le MACAQUE, proprement dit: *Macacus cynomolgus*; MA-CAQUE, Buff., tome XIV, pl. 20 (le mâle); l'AIGRETTE, *ejusd.*. tom. XIV, pl. 21; *Simia cynomolgos* et *Simia cynocephalus*, Linn.; le MACAQUE, Fréd. Cuv., Hist. nat. des Mamm., 3.e Livr. Le mâle a un pied huit pouces de longueur totale, **mesurée** depuis le bout du museau jusqu'à l'origine de la queue, et celleci n'a pas moins d'un pied sept pouces. Ses formes sont lourdes; sa tête est large, aplatie en dessus, et grosse relativement au volume du corps; ses crêtes surcilières sont très-prononcées; ses doigts sont réunis par la peau jusqu'à la seconde phalange: son scrotum est très-volumineux, et son gland pyriforme. Toute la partie du pelage qui recouvre les régions supérieures et latérales du corps est d'un brun verdâtre ou olivâtre, qui résulte du mélange sur chacun des poils, d'un jaune doré, avec du noir sur un fond gris. Les parties inférieures du corps, la face interne des membres et les joues sont couvertes de poils d'un gris blanchâtre. Le sommet de la tête est de la couleur du dos, et les poils n'y sont point relevés en aigrette; la face est livide, à peu près nue; le tour de la prunelle est brun; les pieds ont la peau noirâtre, et les organes génitaux sont de couleur de chair. La queue assez mince et pointue est d'un gris légèrement verdâtre.

La femelle, considérée pendant long-temps comme appartenant à une espèce particulière, sous le nom d'aigrette, diffère du mâle par une taille plus petite, la tête moins grosse, les canines moins prononcées, les crêtes surcilières moins saillantes, mais surtout par la présence d'une aigrette de poils convergens, relevés par leur pointe sur le haut du front.

Les individus tout jeunes ont le pelage généralement brunâtre, et ce n'est que vers la seconde année qu'il prend une teinte verdâtre.

Le macaque est plus pétulant, moins docile et plus lubrique que les guenons proprement dites, mais il n'approche en rien, sous ces rapports, des cynocéphales. Sa démarche est très-vive, et il saute avec beaucoup de vigueur. Il tient ordinairement sa queue relevée en arc près de sa base, et tombante vers le bout, ce que l'on remarque aussi dans les cynocéphales papions. Il fait entendre le plus souvent un petit sifflement assez doux; mais lorsqu'il est irrité, sa voix devient très-forte et extrêmement rauque. Sa nourriture se compose, comme celle de tous les autres singes, de fruits et de racines.

Cette espèce a produit plusieurs fois dans la ménagerie du Muséum d'Histoire naturelle de Paris.

Elle est originaire de la côte de Guinée et de l'intérieur de l'Afrique, d'où on la transporte quelquefois en Egypte. C'est un des singes le plus communément amenés en Europe.

Le Rhesus, Audebert : *Macacus rhesus*; MACAQUE A QUEUE COURTE, Buff., Hist. nat., *Suppl.*, tome VII, pl. 13; le PATAS A QUEUE COURTE, *ejusd.*, *Suppl.*, tome VII, pl. 14; MAIMON ou RHESUS, Fréd. Cuv., Mamm., 11.ᵉ, 26.ᵉ et 36.ᵉ Livr.; *Simia erythræa*, Schreb. Cette espèce, dont la synonymie est des plus embrouillée ainsi que celle de la suivante, n'a été nettement distinguée de cette dernière, que depuis peu temps, par M. Fréd. Cuvier. Le rhesus a quinze pouces environ de longueur, mesurée depuis le bout du museau jusqu'à l'origine de la queue, et cette dernière partie n'a guère moins de six pouces. Le museau est épais et proéminent comme celui du macaque, proprement dit. Les poils dont le pelage se compose, sont extrêmement fins et doux; ils sont gris dans presque toute leur longueur, puis jaunes et noirs au bout, d'où il résulte de leur ensemble une teinte générale d'un beau gris verdâtre. Le jaune pâlit sur les bras et les jambes, et rend ces parties tout-à-fait grises, tandis qu'il prend une teinte plus vive sur les cuisses et sur les lombes, et s'y change en jaune doré. La queue est verdâtre en dessus, et grise en dessous; la gorge, le cou, la poitrine, le ventre et la face interne des quatre membres sont d'un blanc pur. La peau de la face, des oreilles et des mains a une teinte cuivrée très-claire, et est tout-à-fait dénuée de poils. Les fesses sont d'un rouge très-vif, et cette couleur descend chez la femelle un peu sur les jambes, remonte sur la croupe, et embrasse la queue à son origine.

Le mâle diffère de la femelle en ce que ses formes sont plus prononcées, que sa physionomie est plus dure, que ses canines sont plus fortes, et que ses favoris ou les poils de ses joues sont plus touffus; ses testicules sont de couleur tannée, son gland est simple; ses cuisses ne sont point injectées de sang.

Une variété décrite par M. Frédéric Cuvier (Mammif., 28.ᵉ Livr.), ne diffère sensiblement du rhesus, proprement dit, qu'en ce que sa face, au lieu d'être couleur de chair livide ou tannée, est brune, et que son pelage a une teinte un peu plus foncée.

Les rhesus ont des mœurs analogues à celles des macaques, proprement dits, c'est-à-dire qu'ils sont dociles et même familiers dans la jeunesse, mais qu'avec l'âge ils deviennent très-méchans. A l'époque du rut, toutes les parties nues et colorées qui avoisinent les organes sexuels de la femelle, deviennent d'un rouge très-vif, et se tuméfient, mais sans produire d'exubérances, comme on a remarqué dans d'autres femelles de singes.

Le rhesus se trouve dans l'Inde, et son espèce est particulièrement abondante dans les forêts des bords du Gange.

Le MAIMON de Buffon : *Macacus nemestrinus*; le MAIMON, Buff., Hist. nat., tom. XIV, pl. 19; le SINGE A MUSEAU DE COCHON, d'Edwards, *Gleanures*, pl. 214; MAIMON, Audebert; SINGE A QUEUE DE COCHON, Fréd. Cuv., Mammif., Livr. 19 et 36. Ce singe, plus grand que le précédent, a quelquefois plus de deux pieds de longueur totale, mesurée depuis le bout du nez jusqu'à l'origine de la queue, et il a cette dernière partie beaucoup plus courte et plus grêle que celle du rhesus.

Les formes de son corps et les traits de sa physionomie sont absolument les mêmes que dans les deux espèces précédentes. Son pelage est d'un brun roussâtre, passant au fauve sur la face externe des membres antérieurs, et au brun noir sur toute la ligne dorsale, mais particulièrement sur les lombes et sur le milieu du sommet de la tête. La queue placée très-haut, relevée et recourbée au bout, est noirâtre en dessus, et blanchâtre en dessous. Les joues, les côtés du front, le menton, le cou, la poitrine, le ventre, sont blonds ou d'un gris fauve très-pâle. La face, les oreilles, l'intérieur des quatre mains sont basanés et presque nus. Le gland du mâle, au lieu d'être simple comme celui du rhesus, est terminé par trois tubercules, dont deux sont oblongs et latéraux, et le troisième arrondi, plus petit que ceux-ci, est placé sur le devant.

La femelle, moins grande que le mâle, n'en diffère point par les couleurs de son pelage. Sa vulve dans l'état ordinaire est entourée d'une large surface nue, basanée et ridée; mais, dans le rut qui arrive chaque mois, le sang se porte en abondance dans cette partie, la distend et la colore en rouge très-vif: il y a aussi écoulement de sang.

Deux maimons mâle et femelle ont produit dans la ménagerie du Muséum de Paris. Le petit, venu mort après sept mois et vingt jours de gestation, avoit tout le dessus du corps d'un brun assez foncé, et le dessous d'un gris brun clair ; sa queue étoit un peu plus longue que celle de sa mère.

Les singes de cette espèce, et surtout les mâles, deviennent avec l'âge excessivement méchans.

Ils sont originaires de l'île de Sumatra, où on leur donne le nom de *Barou*, et aussi, dit-on, de Java.

Le MAGOT: *Macacus innus*, *Pithecos* d'Aristote et de Galien, *Cynocephalus* de Prosper Alpin et de Brisson ; *Simia innus*, *Simia silvanus* et *Simia pithecus*, Linn., Gmel.; MAGOT, Buff., Hist. nat., tom. XIV, pl. 8 et 9 ; PITHÈQUE, *ejusd.*, *Suppl.*, tome VII, pl. 2, 3, 4 et 5 ; MAGOT, Fréd. Cuv., Mamm., 2.ᵉ Livraison. Ce singe diffère de tous les autres macaques, parce qu'il manque de queue. Il a jusqu'à deux pieds et demi de longueur totale, mesurée depuis le bout du museau jusqu'à l'extrémité postérieure du corps. Sa tête est longue de sept pouces; sa hauteur, lorsqu'il marche à quatre pattes, est d'un pied et demi, et debout il atteint jusqu'à trois pieds.

Sa tête est grosse, son nez fort plat, son museau prolongé et très-épais; en un mot ses formes ne diffèrent pas de celles des deux espèces précédentes. Son anus est très-relevé, et sa queue est remplacée par un tubercule qui a tout au plus six lignes de saillie. Ses fesses sont calleuses, mais non pas nues, comme celles des cynocéphales. Toute la partie supérieure de son corps est d'un gris jaunâtre; le sommet de sa tête, ses tempes, ses épaules et la face supérieure de ses bras sont d'un jaune doré, mélangé de quelques poils noirs; ses joues, ainsi que toutes les parties inférieures du corps et la face intérieure des membres, sont d'un blanc sale mêlé de gris et de jaunâtre. La face, les oreilles et le scrotum sont nus et d'une couleur de chair livide.

Quelques individus ont le pelage en général plus brun que celui que nous venons de décrire.

Les mâles, plus grands que les femelles, ont de plus fortes canines, et les poils des joues ou favoris plus épais. Leur gland est pyriforme.

Le magot est le singe le plus anciennement connu, et c'est aussi le plus commun de tous ceux qu'on amène en Europe. C'est le *pithecos* des anciens; mais Buffon a voulu prouver que ce nom devoit être appliqué à une seconde espèce dont il voyoit le type dans un jeune singe apporté de Barbarie par M. Desfontaines : or, ce singe, ayant vécu quelques années en France, subit tous les changemens de formes qu'on remarque dans les animaux du genre des macaques, et devint, lorsqu'il fut adulte, entièrement semblable au magot.

Le magot apprend facilement, lorsqu'il est jeune, à exécuter différens tours de force ou d'adresse; mais il est très-capricieux; et ce n'est que le fouet à la main que les jongleurs et les charlatans qui s'en servent pour attirer la foule, peuvent s'en faire obéir. Il grimace beaucoup, et fait souvent grincer ses dents lorsqu'il est contrarié. Devenu vieux, comme les autres macaques, il est taciturne, méchant, et même indomptable.

Les singes de cette espèce paroissent habiter toute la côte septentrionale d'Afrique, depuis l'Egypte, l'Arabie, l'Ethiopie, jusqu'en Barbarie; et l'on assure que quelques individus échappés sur le rocher de Gibraltar s'y sont acclimatés, et y ont multiplié. Si ce fait est exact, le magot seroit le seul singe vivant en état de nature sur le territoire européen.

M. Imrie a publié dans les Transactions de la Société royale d'Edimbourg, pour l'année 1798, une notice sur les brèches calcaires, osseuses, rouges, des environs de Gibraltar, dans laquelle il affirme que ces brèches contiennent des débris qui n'ont pu appartenir qu'à l'espèce du magot.

L'Ouanderou : *Macacus silenus ;* l'Ouanderou et le Lowando, Buff., tom. XIV, pl. 18; *Simia Silenus* et *leonina*, Linn., Gmel.; Macaque a crinière, G. Cuv., Regn. Anim.; *Ouanderou*, Fréd. Cuv., Mamm., Livr. 36. Il a dix-huit pouces de longueur, mesurée depuis le bout du nez jusqu'à l'origine de la queue, et cette partie n'en a que dix. Son museau est gros, encore plus avancé que celui des autres macaques, nu et noir; le sommet de sa tête, son cou, ses épaules, ses bras, son dos, ses flancs, sa croupe, ses cuisses, ses jambes et sa queue sont couverts de poils d'un beau noir; sa face est entourée d'une grande barbe ou crinière de couleur grise, sa poitrine et son ventre sont blancs; sa queue est terminée par un flocon de poils assez longs; ses mains sont noires, et ses callosités rougeâtres.

Ce singe, qui porte chez les Indous le nom de *Nil-Bandar*, paroît recevoir à Ceilan celui de *Lowando* ou d'*Elwandu*, duquel Buffon et Daubenton ont composé le mot d'*Ouanderou*, qui n'est d'aucune langue. Le voyageur Knox assure que cette dénomination de Ceilan s'applique à plusieurs variétés de cette espèce, assez différentes dans les couleurs de leur pelage : mais ne se pourroit-il pas que ces prétendues variétés constituassent des espèces distinctes, et que l'une d'entre elles dût porter plutôt que les autres le nom de Lowando ou d'Elwandu?

Quoi qu'il en soit, outre le singe que nous venons de décrire, c'est-à-dire un singe noir à crinière blanche, il y en a aussi à Ceilan, au rapport du même Knox, de gris à barbe blanche, et de tout blancs, qui sont peut-être des semnopithèques de l'espèce de l'entelle. Tous se tiennent dans les bois où ils vivent de bourgeons et de feuilles d'arbres, et ils causent peu de dégàts aux terres cultivées. Les ouanderous mâles, qui ont été observés en Europe, où ces singes n'ont été apportés que rarement, se sont montrés d'un caractère violent et très-intraitable. La femelle que M. Frédéric Cuvier a décrite dans son ouvrage sur les mammifères, étoit douce, caressante, mais très-capricieuse, et n'a jamais éprouvé les besoins du rut.

Il se peut que cette espèce se trouve aussi sur le continent indien. M. Alfred Duvaucel en a dessiné un individu dans la ménagerie de Barrakpoor au Bengale.

Ici se termine la série des espèces bien connues du genre *Macaque.* Il en existe quelques autres, mais qui n'ont été que trop imparfaitement décrites, pour que nous ayons cru devoir les admettre. De ce nombre se trouvent le *simia platypygos*, de Schreber, *Quadr.*, tab. 5, B; *Brown baboon*, de Pennant; *simia fusca*, de Shaw, *Gen. Zool.*, tom. 1, part. 1, pl. 13, fig. infer., ou *babouin à longues jambes*, Buffon, *Suppl.*, tom. VII, pl. 8, et l'espèce particulière dont M. Frédéric Cuvier a fait figurer une femelle dans l'Atlas de ce Dictionnaire; espèce dont le pelage paroît brunâtre en dessus, blanc en dessous, et dont la face et les mains sont couleur de chair, mais qui est surtout remarquable par l'énorme développement de ses callosités à l'époque du rut, et par leur adhérence avec la face inférieure de sa queue dans toute son étendue. (Desm.)

MACARANGA *(Bot.)*, Petit-Th., *Nov. Gen. Madag.*, pag. 16, n.° 88. Genre de plantes dicotylédones, à fleurs dioïques, de la *dioécie octandrie* de Linnæus, dont la famille naturelle n'est pas encore déterminée. Il comprend des arbres ou arbrisseaux de l'Ile-de-France et de Madagascar, qui fournissent une sorte de résine, et dont les feuilles sont larges, alternes, en cœur ou peltées; les stipules caduques, munies de glandes peu apparentes.

Les fleurs mâles sont composées d'un calice à quatre folioles; point de corolle; huit étamines plus longues que le calice. Les fleurs femelles offrent un calice fort petit; point de corolle ni d'étamines; un ovaire surmonté d'un style en languette, terminé par un stigmate velu. Le fruit est un follicule, souvent tuberculé, contenant une seule semence en forme de noyau crustacé; le périsperme charnu; l'embryon fort petit, suspendu à la partie supérieure de la semence. M. du Petit-Thouars dit en avoir observé trois espèces, qu'il n'a pas encore fait connoître. (Poir.)

MACAREUX. (*Ornith.*) On a déjà exposé dans ce Dictionnaire, au mot Alque, les principales différences qui existent entre les macareux et les pingouins, compris par Linnæus dans son genre *Alca;* mais, comme les espèces d'alques ont des becs de formes très-variées, les naturalistes sont peu d'accord sur les divisions qu'ils ont introduites. Illiger, qui a créé le genre *Mormon,* correspondant au genre *Fratercula* de Brisson, ou Ma-

careux de Buffon, cite pour espèces faisant partie de ce genre.
les *alca arctica*, *psittacula*, *pygmea*, et les caractères par lui employés s'appliquent également aux *alca cirrata*, *cristatella* et
tetracula. M. Cuvier indique aussi ces espèces, à l'exception de
l'*alca pygmea*, comme de véritables macareux; mais M. Vieillot
n'admet comme tels, que les *alca arctica* et *cirrata*, et il range
dans son genre Alque ou Pingouin, sans les distinguer de l'*alca
torda* ou pingouin proprement dit, les *alca psittacula*, *cristatella*,
tetracula, *pygmea*. M. Temminck n'admet parmi les macareux
que les *alca arctica* et *cirrata*, en y ajoutant, avec M. Leach, une
nouvelle espèce, sous le nom de *mormon glacialis*, et il forme de
l'*alca psittacula* et de l'*alca cristatella*, dont les *alca tetracula*
et *pygmea* ne lui paroissent que des jeunes, le genre Starique,
phaleris.

On ne peut, en effet, se dissimuler qu'il n'y ait chez les macareux proprement dits, et chez les stariques, une différence
frappante dans la forme du bec, puisque les mandibules très-
étroites des premiers sont appliquées verticalement comme deux
lames, et plus hautes que longues; tandis que chez les stariques
elles sont aplaties horizontalement comme chez certains canards;
mais, outre ce renversement dans la position des mandibules,
il existe encore dans leur construction respective, des modifications particulières qui ne permettroient pas de rendre les cou-
pures bien tranchées, comme on peut s'en assurer par la simple
inspection de la cinquième planche du cinquième fascicule des
Spicilegia zoologica de Pallas, et de la planche quatre-vingt-quin-
zième du *Synopsis* de Latham. L'auteur russe, après avoir comparé ensemble les divers caractères qu'offrent les espèces rangées par Linnæus dans son genre *Alca*, déclare d'ailleurs,
pag. 5 et 6 de sa savante Monographie, que, s'il est aisé de
remarquer une grande affinité entre les *alca impennis* et *torda*,
dont plusieurs naturalistes ont déjà fait le genre *Pingouin*, et
les *alca arctica* et *cirrata*, ou macareux proprement dits, il a
trouvé de telles anomalies dans la forme du bec des autres espèces, que chacune d'elle pourroit fournir le type d'un genre
particulier, qu'il ne conseille pas toutefois de chercher à établir; et, d'après toutes ces considérations, l'on se bornera à
diviser le genre Macareux en deux sections, après l'avoir
formé de la manière suivante :

Bec plus court que la tête, tantôt comprimé latéralement et rayé de stries transversales, avec une arête qui s'élève au-dessus du crâne; tantôt déprimé, dilaté sur les côtés et presque quadrangulaire; la mandibule supérieure formant, dans le premier cas, un arc dont la base est entourée d'un bourrelet calleux, et dont l'extrémité embrasse la pointe tronquée de l'inférieure, laquelle s'abaisse vers le milieu en un angle saillant; et, dans le second, s'appliquant horizontalement sur l'inférieure, dont l'extrémité obtuse se loge sous le crochet de la mandibule supérieure : narines linéaires situées près du bord de la mandibule supérieure, et en partie fermées par une membrane nue, presque entière, étroite; tarses courts, carénés et retirés dans l'abdomen; pieds entièrement palmés et dénués de pouce; les deux externes des trois doigts de devant presque égaux et plus longs que l'interne; les ongles falculaires et aigus; celui du milieu plus long que ceux des côtés, et l'interne plus crochu; ailes courtes, mais non impropres au vol; queue composée de quatorze ou seize pennes.

Les macareux occupent habituellement les îles et les pointes les plus septentrionales de l'Europe, de l'Asie et de l'Amérique; mais ils ne peuvent tenir la mer que quand elle est tranquille : lorsque la tempête les surprend au large, il en périt beaucoup. Quoique les macareux ne fassent ordinairement que raser la surface de l'eau en volant, ils peuvent s'élever à une certaine hauteur. La nuit, ils se retirent dans les fentes des rochers et dans les cavernes. A terre, ils ne peuvent se tenir debout qu'en se posant sur leurs tarses comme sur leurs pieds; et, dans leur marche chancelante, ils semblent se bercer. Leur nourriture consiste en crustacés, tels que les langoustes, les crevettes, les étoiles de mer, et ils vivent aussi de coquillages et de petits poissons qu'ils prennent en plongeant. Ils font leur nid dans les trous que leur présentent les rivages de la mer, et qu'ils savent agrandir à l'aide de leur bec et de leurs pieds. La femelle fait sur la terre nue, ou sur un lit composé de plumes et d'algues fines, une ponte qui ne consiste, pour chaque année, qu'en un seul œuf, *ovum quotannis unicum.* Cet œuf est, à la vérité, d'une grosseur disproportionnée à celle de l'individu; mais cette circonstance, comme l'observe Pallas, n'a lieu dans aucun autre genre d'oiseaux aquatiques.

§. I. *Bec presque aussi haut que long.*

Macareux proprement dits.

Macareux moine : *Fratercula arctica*, tab. 358, fig. 1, des Glanures d'Edwards; Pl. enl. de Buffon, n.° 275; de Lewin, n.° 225, et de Graves, n.° 41. Cet oiseau, long d'environ un pied, est de la grosseur d'une sarcelle, et ses ailes, pliées, s'étendent au tiers de la longueur de la queue. La base du bec, d'un cendré bleuâtre, jaunâtre dans le milieu, d'un rouge vif à la pointe, est cannelée de deux ou trois sillons; les joues et les côtés de la tête sont d'un blanc sale et grisâtre; tout le dessus de la tête et du dos est noir; le cou est entouré d'un collier de la même couleur, et le dessous du corps est blanc, ce qui l'a fait comparer par Gesner à l'habit de certains moines : les pieds sont garnis d'une membrane orangée, et les ongles sont d'un noir luisant. L'oiseau, dans sa jeunesse, a le bec beaucoup plus petit, sans sillons; les pieds d'un rouge terne, et tout le corps, d'une couleur plus sombre et moins prononcée. C'est alors l'*alca deleta* de Brunnich, n.° 104.

Cette espèce, qui se nomme *præst* en Islande, *ypalka* chez les Kamtschadales, *lunde* en Norwège et aux îles Féroé, *puffin* dans le nord du pays de Galles, est de passage périodique sur les côtes d'Angleterre, de France et de Hollande, où elle arrive dans le mois de mars. Les tempêtes en font souvent périr dans la traversée un grand nombre, dont les corps morts sont poussés sur le rivage. La présence de l'homme n'effraie pas ces oiseaux, qui ne sont même point épouvantés par les coups de fusil. Ils ont un cri grave, et leur vol est quelquefois assez élevé, malgré la petitesse de leurs ailes. Ils s'accouplent sur l'eau comme les canards, et, vers la mi-mai, les femelles pondent dans des terriers tout faits ou dans des trous que la légèreté du terrain leur permet de creuser à plusieurs pieds de profondeur, un seul œuf blanc, de la grosseur de celui d'une jeune poule, pointu par le bout, avec des taches cendrées, peu distinctes, dont Lewin a donné la figure, tom. 7, pl. 50, n.° 2. M. Jules Delamotte. d'Abbeville, qui a fait des observations sur ces oiseaux, dont les nids sont très-près les uns des autres dans la plus éloignée des Sept-Iles bretonnes, non habitées, dit que, lorsque les couveuses s'aperçoivent qu'on veut ravir leur œuf, elles le poussent derrière elles avec les pieds jusqu'au fond du trou, et restent en avant pour le défendre avec leur bec. Ces oiseaux se retirent à l'automne avec leurs petits.

Suivant Othon Fabricius, dans sa *Fauna Groenlandica*, le jaune des œufs est un fort bon manger; la chair des jeunes est aussi un mets passable; mais celle des vieux a une saveur rance. Les naturels des îles Kuriles se font des ornemens avec leur bec, et les insulaires d'Ounalaska des vêtemens avec leur peau.

M. de Buch rapporte, dans son Voyage en Norwège et en Laponie, une manière singulière de les prendre dans les trous où ils se réunissent en assez grand nombre. Lorsqu'à l'aide d'un crochet le chasseur parvient, dit-il, à enlever le premier, comme chaque oiseau saisit la queue de celui qui le précède, il les tire tous fort aisément hors du trou.

Le macareux de Labrador, que Latham et Gmelin donnent comme une espèce distincte, sous le nom d'*alca labradorica*, n'est qu'une variété de l'espèce ci-dessus, dont le bec étoit rouge en dessus et blanchâtre en dessous; et il en est de même de l'individu tué à l'île des Oiseaux, entre l'Asie et l'Amérique, lequel avoit le sommet de la tête cendré, les joues, la poitrine et le ventre blancs, et du noir répandu sur le reste du corps.

Macareux a aigrettes; *Fratercula cirrata*. Cet oiseau, qui se trouve dans le nord de l'Asie et de l'Amérique, est appelé au Kamtschatka *mitschagatka* ou *mitchagatchi*; sur les côtes du grand golfe d'Ochotsk, *igilma*; chez les Koriaques, *kutschuguigalli*; chez les Kuriles, *etubirga*. Buffon le regarde comme le même que *kallingack* des Groënlandois; mais Othon Fabricius rapporte ce dernier nom au macareux moine. Au reste, l'espèce dont il s'agit est représentée dans la Monographie de Pallas, pl. 1, et dans les planches enluminées de Buffon, n.° 761; elle est d'une taille un peu plus forte que celle de l'espèce précédente, et a environ dix-neuf pouces de longueur totale. Ce macareux porte sur le bec une proéminence plus épaisse que le bec lui-même, et l'on voit aux angles de ses mandibules une cire cartilagineuse, en forme de rosettes, comme au *fratercula arctica*. Ce bec porte trois sillons chez le mâle et deux chez la femelle. Il lui part de dessus les yeux des tresses de plumes effilées, longues de quatre pouces, qui retombent des deux côtés du cou, et qui, blanches à leur origine, deviennent ensuite jaunes. Le front, les côtés de la tête et le haut de la gorge sont blancs ; le reste du plumage est noir avec une teinte de bleu foncé sur le dos, et de brun obscur sur le ventre ; les pennes des ailes ont les tiges blanches ; les pieds sont d'un orangé rembruni, les membranes rouges, les ongles noirs, et l'iris est d'un brun jaunâtre.

Ce macareux ne quitte pas la mer pendant le jour ; il vole assez vite, mais il ne s'écarte pas à plus de cinq à six lieues des rochers et des îles. Il se nourrit de crustacés et de testacés, qu'il rompt avec son bec comme avec un coin. Le mâle et la femelle se retirent la nuit dans les crevasses de rochers escarpés, ou dans des trous qu'ils creusent eux-mêmes à la profondeur d'une aune, et ils blessent dangereusement la main imprudente qui essaie de les prendre. La femelle, un peu plus petite que le mâle, et dont le plumage est le même, pond, dans un nid garni d'algue molle et de plumes, un œuf qui, pour la grosseur, tient le milieu entre ceux du canard et de l'oie. Malgré les grands rapports qui existent entre ces macareux et les macareux moines, ils ne vivent pas ensemble, ils habitent même des contrées différentes, et, tandis que ceux-ci se rencontrent dans tout l'Océan boréal, en Islande, en Norwège, sur les bords de la mer glaciale, en Amérique, en Ecosse, et même dans les mers orientales, le macareux à aigrettes paroit confiné entre le Kamtschatka et l'Amérique, et dans les îles Kuriles.

Les naturels se vêtissent des peaux de ces oiseaux cousues ensemble, et les femmes, dit Steller, se font un ornement de leurs touffes d'effilés et de diverses parties de leur bec, qui se portent même comme des amulettes, ce qui, suivant l'observation de Pallas, n'est pas plus étrange que l'usage dans lequel sont les dames européennes de se parer des aigrettes de la vierge de Numidie.

Outre ces deux espèces de macareux proprement dits, le docteur Leach en a indiqué, sous le nom de *mormon* (ou *fratercula*) *glacialis*, une troisième, qui est propre aux côtes septentrionales d'Amérique, et dont le plumage est semblable à celui du macareux moine, mais qui a le bec beaucoup plus haut, et surtout la mandibule inférieure très-arquée.

§. II. *Bec dilaté sur les cotés.*

Macareux stariques.

Macareux perroquet ; *Fratercula psittacula*, Dum., pl. 2 de
la Monographie de Pallas. Le nom de *starik*, donné par les
Russes à cet oiseau et au suivant, lequel signifie petit vieillard,
seniculus, suivant Pallas, et faucille, selon Sonnini, a fourni à
M. Temminck celui du genre qu'il a établi pour les espèces
dont on a cru ne devoir faire ici qu'une section. On l'appelle
aussi *inypilahalap* chez les Koriaques, *chuichamtschkun* chez
les Itælmènes, et *hekatschitschis* chez les Kuriles. Il est un peu
plus grand et plus gros que le petit guillemot, *alca*, ou plutôt *uria alle*, et son corps est plus chargé de graisse ; son bec est
ovale, déprimé ; la mandibule supérieure a la forme d'une
graine de courge, mais plus obtuse et à bords plus convexes ;
l'inférieure est relevée en faucille ; toutes deux offrent vers les
bords un sillon plus profond sur la mandibule supérieure que
sur l'autre ; la peau ridée du front tient lieu de membrane à la
base du bec : les narines oblongues sont un peu écartées du
bord de la mandibule supérieure et percées ; la langue est
courbée en alène et sillonnée en dessus ; les yeux sont petits
comme chez tous les macareux. Il y a une tache blanche au
milieu de la paupière supérieure, et sous l'œil une raie
blanche, oblique, formée de plumes soyeuses, laquelle descend
sur les côtés du cou ; la tête, le dos, les ailes, la queue sont
noirs ; le dessous du corps est blanc avec une nuance grise sur
le cou, et du noir aux flancs et aux jambes. Le duvet qui
couvre la peau est gris sur le dos et blanc sous le ventre ; les
ailes s'étendent jusqu'à l'extrémité de la queue, qui est très-
courte, et dont les pennes sont à peu près d'égale longueur
entre elles. Le bec est rouge, les pieds sont d'un jaune sale,
et leurs membranes sont brunes.

Ces oiseaux nagent en troupes pendant le jour dans les mers
du Kamtschatka ; mais ils s'éloignent peu des îles et des
écueils où ils se cachent pendant la nuit. Ils ont si peu de
méfiance, ou, si l'on veut, tant de stupidité, que pour les
prendre les Kamtschadales se bornent à aller le soir sur le
rivage, à ôter leurs bras des manches de leurs mandilles, qui

restent pendantes, et à se tenir assis et immobiles. Les macareux se fourrent dans l'ouverture des manches comme dans une retraite, et le chasseur les saisit aisément l'un après l'autre. Au reste, cette capture a bien peu de valeur, car leur chair est noirâtre et fort dure, et l'on ne peut en enlever le duvet qu'en arrachant la peau. Les mêmes oiseaux se laissent aussi quelquefois prendre à la main sur les vaisseaux, et c'est alors pour les marins un présage de mauvais temps.

Leur ponte, qui consiste en un œuf fort gros, blanc ou d'un jaune pâle, avec des points bruns, a lieu vers la mi-juin, et cet œuf, d'un très-bon goût, est déposé par la femelle sur une pierre ou sur le sable.

Macareux huppé, *Fratercula cristatella,* Dum., pl. 3 de Pallas. Cet oiseau, qui n'est pas plus gros qu'une grive draine, a le bec moins dilaté, plus conique et plus élevé que celui du macareux perroquet; mais les lames, plus arrondies vers la pointe, s'abaissent insensiblement en approchant du front, et la pièce inférieure est encore plus aplatie, ce qui rapproche cette espèce du caractère donné à la section. Un sillon, qui part de chaque côté de cette mandibule, forme des abajoues triangulaires près de l'angle de la bouche, et il y a au-dessus de cet angle une excroissance charnue de la forme d'un cœur et d'une belle couleur rouge; les ouvertures oblongues des narines s'élargissent un peu vers le front; la langue, assez épaisse, est entière; le palais est hérissé de petits crochets, surtout près du gosier, qui a beaucoup d'ampleur. Le front est orné d'une huppe formée de six grandes plumes soyeuses, qui se recourbent vers le bec, et sont entremêlées d'autres plus petites. Cette huppe a du rapport avec celle du merle huppé de la Chine. Sous les yeux, qui sont petits, règne un trait blanc, et l'on voit, de chaque côté, des plumes soyeuses et très-déliées de la même couleur. La tête, le dessus du cou et le dos sont noirs; mais cette dernière partie est variée de petites bandes d'un brun roussâtre. Les pennes des ailes et leurs couvertures sont de couleur de suie, et les pennes caudales sont noires; le dessous du corps est cendré, et les pieds sont d'un brun clair.

Cette espèce, à laquelle les Russes donnent aussi le nom de *stariki* ou *starik,* est commune près des îles des extrémités de la Laponie, et surtout dans les environs de l'île Matmey. Elle fréquente également la mer qui borde les côtes du Kamts= chatka. Aux approches de la nuit elle se retire, comme la pré- cédente, dans les fentes des rochers, où on peut la prendre à la main.

Pallas donne, pl. 4, pag. 25 et suivantes, la figure et la des- cription d'un autre oiseau sous le nom d'*alca tetracula* (maca- reux noirâtre). La connoissance de cet oiseau qu'on trouve communément sur la presqu'île du Kamtschatka, est encore due à Steller, qui le regardoit comme une espèce particulière ; mais Pallas lui a trouvé tant de rapports avec le précédent, qu'il lui a paru n'en être que la femelle ou un jeune. Son bec est en effet d'une conformation à peu près semblable, quoique plus aplati sur son arête, et le petit toupet frisé qu'on voit sur son front est une sorte de rudiment de la huppe du *fratercula cristatella*, qui n'a pas encore acquis les longues plumes de l'adulte. Il y a aussi derrière l'œil la raie blanchâtre. Le plu- mage ne diffère de celui du précédent que par des teintes moins foncées. Le bec est d'un brun jaunâtre, l'iris blanc, les pieds sont d'un brun livide, et les membranes qui séparent les doigts sont noires.

Les poux d'une forme particulière trouvés par Steller sur le corps de cet oiseau, ne pourroient-ils pas être considérés comme une circonstance propre à ajouter aux preuves de la jeunesse des individus rapportés par ce naturaliste; et si ce petit macareux lui a paru surpasser les autres en stupidité, au point de se poser non seulement sur les navires, mais sur les hommes qui les montoient, n'en peut-on pas tirer d'autres inductions du même genre?

M. Temminck, qui ne doute pas que le macareux noirâtre ne soit un jeune, le rapporte, probablement par erreur, à l'espèce du macareux perroquet, et il donne en même temps l'*alca pygmea* pour un jeune du macareux huppé, tandis qu'il se rapporte beaucoup plus au macareux perroquet par son bec déprimé et aplati comme celui du canard. Le plumage de ce dernier est d'un noir de suie, plus pâle sur la gorge, blanc au milieu du ventre, et cendré sur les autres parties inférieures.

Les auteurs font aussi mention, sous le singulier nom

d'*alca antiqua*, d'un oiseau un peu plus gros que le petit guillemot, qui habite les îles du nord de l'Amérique et le Kamtschatka, et qui a la tête, la gorge, le dessus du corps et les ailes
noirs; les parties inférieures blanches; le petit faisceau de
plumes de la même couleur sur les côtés du cou; le bec blanc
à la base et noir depuis les narines jusqu'à la pointe; mais,
peut-être, suivant la remarque de Sonnini, ne s'agit-il ici que
d'un individu anciennement et mal préparé. (Ch. D.)

MACARIBO. (*Mamm.*) C'est le même nom de Caribou.
Voyez ce mot. (F. C.)

MACARISIE, *Macarisia*. (*Bot.*) Genre de plantes dicotylédones, à fleurs complètes, polypétalées, dont la famille naturelle n'est pas encore déterminée, de la *décandrie monogynie*
de Linnæus, offrant pour caractère essentiel : Un calice turbiné, à cinq divisions; cinq pétales insérés à la base du calice;
dix étamines; les filamens réunis en un urcéole à leur base; un
ovaire libre; un style; une capsule à cinq loges monospermes;
les semences surmontées d'une aile latérale.

Macarisie pyramidale : *Macarisia pyramidata*, Petit.-Th., *Nov.
Gen. Madag.*, pag. 25; et îles d'Afr., pag. 49, tab. 14. Arbrisseau de l'île de Madagascar, remarquable par l'élégance de son
port. Ses rameaux sont opposés, alongés, disposés en pyramide,
garnis de feuilles pétiolées, opposées, ovales, longues d'environ
quatre pouces, larges de deux, glabres, denticulées. Les fleurs
sont petites, axillaires; les pédoncules simples, longs d'un
demi-pouce, soutenant une petite ombelle composée de cinq à
six fleurs pédicellées; les divisions du calice roulées en dehors;
les pétales verdâtres, à peine de la longueur du calice; les filamens réunis à leur base en un petit tube muni à son orifice
d'une dent aiguë entre chaque filament; les anthères s'ouvrent
longitudinalement. Le fruit est une capsule accompagnée du
calice, ovale, rétrécie à sa base, longue de huit à dix lignes,
s'ouvrant en cinq valves à sa base, divisées par autant de cloisons qui se réunissent à un réceptacle central, d'où résultent
cinq loges renfermant chacune une semence surmontée d'une
aile alongée, obtuse, en forme de couteau; l'embryon est
foliacé, renfermé dans un périsperme corné. (Poir.)

MACARON DES PRÉS. (*Bot.*) On trouve dans Paulet deux
champignons du genre *Agaricus*, ainsi désignés : l'un est son

Mousseron darmas ou BERLINGOZZINO DEI PRATI (voyez ce nom) de Micheli; l'autre est le DARMAS COLLETÉ (voyez ce nom), ou *Macaron des prés colleté*. (LEM.)

MACATLCHICHILTIC. (*Mamm.*) Voyez l'article TEMAMACAME. (F. C.)

MACAVACAHOU (*Mamm.*), nom que les Indiens maravitains, au rapport de M. de Humboldt, donnent à un singe d'Amérique que ce savant nomme viudita ou la veuve, et qui n'est point encore assez connu pour le rapporter à son genre. (F. C.)

MACAVALLO (*Bot.*), nom portugais ou brésilien de la cinoglose, selon Vandelli. (J.)

MACAW (*Ornith.*), nom anglois des aras, qui s'écrit aussi macow. (CH. D.)

MACBRIDEA (*Bot.*), Elliot et Nuttal, *Gen. of north. Amer.*, pl. 2, pag. 36. Genre de plantes dicotylédones, de la famille des *labiées*, de la *didynamie gymnospermie* de Linnæus, établi pour le *thymbra caroliniana*, Walth., dont le caractère essentiel consiste dans un calice presque turbiné, trifide ; deux divisions ovales et plus larges, la troisième linéaire-lancéolée ; une corolle labiée ; la lèvre supérieure entière ; l'inférieure plus courte, à trois lobes; quatre étamines didynames; un style; quatre semences au fond du calice.

Le *Macbridea pulchra*, Nuttal ; *Thymbra caroliniana*, Walth., *Carol.*, 162, est la seule espèce connue. Ses tiges sont droites ; ses feuilles opposées, entières; ses fleurs grandes, rougeâtres, rayées de blanc, réunies au nombre de quatre en verticilles, formant par leur ensemble un épi terminal. Cette plante croit dans la Caroline. (POIR.)

MACCALIUM (*Bot.*), nom du carambolier, *averrhoa*, dans l'île de Banda, suivant Rumph. (J.)

MACCAMA. (*Mamm.*) Nieremberg écrit ainsi le nom de MAZAMB. Voyez ce mot. (F. C.)

MACEDONICO (*Bot.*), nom du persil, à Constantinople, suivant Belon. (J.)

MACEIRA (*Bot.*), nom portugais ou brésilien du pommier, cité par Vandelli. (J.)

MACELLA. (*Bot.*) C'est le nom, suivant Vandelli, que les Portugais ou les Brésiliens donnent à la camomille. L'eupatoire de Mesuë, *achillea ageratum*, est le *macella francesa* des Portugais, cité par Grisley. (J.)

MACER. (*Bot.*) Pline parle d'une écorce de ce nom, apportée de l'Inde, de couleur rouge, extraite de la racine d'un arbre. Galien, dans son septième livre des simples, en fait aussi mention ; il dit qu'elle est de nature froide et employée pour arrêter les dyssenteries et les crachemens de sang. On retrouve la même indication dans Dioscoride, qui diffère seulement en ce qu'il fait venir cette écorce de Barbarie. Mais on peut croire, comme l'observe Clusius dans ses *Exotica*, p. 265, qu'elle a pu être transportée de l'Inde par le commerce en Egypte et sur les autres côtes méridionales de la Méditerranée. Cette note de Clusius appartient peut-être à Christophe Acosta, dont il a traduit en latin le livre sur les aromates et médicamens d'Orient, composé en espagnol. Dans ce même chapitre du livre il est question d'un grand arbre nommé *macre*, qui croît sur la côte Malabare, dans l'île Sainte-Croix du royaume de Cochin, et sur les bords du fleuve Margate, ainsi qu'à Cranganor. Il est comparé à un orme pour le port et pour le fruit en forme de cœur, membraneux et aplati, contenant cependant deux graines, et porté sur le milieu d'une feuille plus obtuse que les autres. Il est rempli comme le mûrier d'un suc laiteux; ses racines sont très-grosses et couvertes d'une écorce épaisse, raboteuse, dure, de couleur cendrée à l'extérieur et blanche intérieurement, devenant jaunâtre lorsqu'elle est sèche. Sa vertu astringente la fait employer contre la dyssenterie avec un grand succès, ainsi que pour arrêter les vomissemens, et lui donne une grande valeur dans l'Inde. Les Portugais de ces lieux nomment cet arbre *arbore de las camaras* (arbre de la dyssenterie), *arbore sancto*, *arbore de Sancto Thome*, et les médecins brachmanes l'appellent *macre*. Beaucoup d'autres détails sont ajoutés par Acosta et cités par Clusius que l'on pourra consulter sur ce point. Il nous est difficile de déterminer d'après les indications de ces auteurs, à quel genre on peut rapporter cet arbre. Le *cajusoulamoe* ou *rex amaroris* de Rumph, *soulamea* de M. Lamarck, a son fruit de même forme, mais il ne croît pas sur le milieu de la feuille comme celui du macre, et d'ailleurs ce n'est qu'un arbrisseau. Le *polycardia* de Commerson appartenant à la famille des rhamnées, a les fleurs portées sur un pédoncule ailé en forme de feuilles, mais son fruit, quoique conformé en cœur, n'est ni aplati ni membraneux. L'arbre que nous connoissons sous le nom d'arbre de SAINT-THOMAS (voyez ce mot), est un *bauhinia* qui n'a aucun rapport avec celui dont il est ici question, et sur lequel nous devons attendre de nouveaux renseignemens pour déterminer son nom et ses affinités, en observant néanmoins que le *macer* des anciens et le *macre* cité par Acosta et Clusius paroissent être le même végétal. (J.)

MACÉRATION. (*Chim.*) Opération chimique par laquelle on met une matière qui est presque toujours d'origine organique en contact avec un liquide dont la température n'est pas plus élevée que celle de l'atmosphère. (CH.)

MACERET. (*Bot.*) L'airelle anguleuse porte ce nom dans quelques endroits. (L. D.)

MACERON (*Bot.*), *Smyrnium*, Linn. Genre de plantes dicotylédones, de la famille des ombellifères, Juss., et de la *pentandrie digynie*, Linn., qui offre pour caractères : Des fleurs disposées en ombelles dépourvues de collerettes générales et partielles; un calice entier, très-peu apparent; cinq pétales presque égaux, relevés en carène, et un peu fléchis à leur sommet; cinq étamines; un ovaire infère, surmonté de deux styles fort courts, terminés par des stigmates obtus, avortant souvent dans les fleurs du centre; un fruit presque ovale, formé de deux graines appliquées l'une contre l'autre, et marquées de trois nervures sur leur face externe.

Les macerons sont des plantes herbacées, vivaces ou bisannuelles, à feuilles radicales composées et à feuilles caulinaires simples ou ternées. On en connoît aujourd'hui onze espèces, parmi lesquelles quatre appartiennent à l'Europe méridionale, et les autres à l'Asie, à l'Afrique ou à l'Amérique. Les deux suivantes croissent naturellement en France.

MACERON COMMUN; vulgairement GROS PERSIL DE MACÉDOINE: *Smyrnium olus atrum*, Linn., *Spec.*, 376; *Hipposelinum*, Dod., *Pempt.*, 698. La racine de cette plante est grosse, blanchâtre, bisannuelle; elle produit une tige cylindrique, rameuse, haute de deux à trois pieds, garnie, à sa base, de feuilles trois fois ternées, à folioles ovales-arrondies, dentées et lobées: les feuilles supérieures sont simplement ternées, et elles ont leurs folioles lancéolées. Les fleurs sont d'un blanc jaunâtre, disposées en ombelles médiocrement garnies; il leur succède des graines assez grosses, presque rondes, en forme de croissant, cannelées et noirâtres. Cette espèce se trouve dans les lieux humides et couverts du midi de la France, en Espagne, en Belgique, en Angleterre, etc.

Toutes ses parties ont une odeur forte et aromatique; ses feuilles ont une saveur analogue à celle du persil. Le maceron étoit autrefois une plante potagère dont on faisoit plus d'usage qu'aujourd'hui. Dans quelques endroits on mange encore ses racines après les avoir laissées à la cave pendant quelque temps, afin de leur faire perdre leur amertume et de les rendre plus tendres. On mangeoit aussi jadis ses jeunes pousses après les avoir fait blanchir par une culture semblable à celle qu'on donne encore aujourd'hui au céleri.

Les feuilles de maceron ont été aussi usitées en médecine comme légèrement antiscorbutiques, et les graines ont été recommandées comme cordiales et carminatives; les unes et les autres sont maintenant tombées en désuétude.

Maceron perfolié: *Smyrnium perfoliatum*, Linn., *Spec.*, 376; Waldst et Kit., 1, p. 22, t. XXIII; *Smyrnium Amani montis*, Dod., *Pempt.*, 698. Sa racine est tuberculeuse, napiforme, vivace; elle produit une tige droite, haute d'un pied et demi à deux pieds, ordinairement simple, glabre, striée. Ses feuilles radicales sont deux fois ternées, à folioles arrondies et crénelées; celles portées par les tiges sont ovales-cordiformes, un peu crénelées, sessiles, embrassantes et presque perfoliées. Les fleurs sont jaunes, disposées en ombelles formées de cinq à sept rayons. Cette espèce croit naturellement en Provence, en Italie, en Espagne, en Hongrie, et dans l'ile de Crète. (L. D.)

MACHA. (*Bot.*) Dans le Recueil des Voyages, il est fait mention d'une plante basse de ce nom, naturelle dans la province de Bambon, une des plus élevées du Pérou. Sa racine est une bulbe d'un goût agréable et d'une qualité chaude; sa tige s'élève à un pied, et ses feuilles et ses graines ressemblent à celles du cresson alenois. Elle a la réputation de rendre les femmes fécondes, lorsqu'elles s'en nourrissent pendant quel-

ques jours, et le narrateur ajoute que des expériences sûres
prouvent cette propriété. Il seroit difficile, d'après cette indication, de déterminer quelle peut être cette plante. (J.)

MACHÆRIE, *Machærium*. (*Bot.*) Genre de plantes dicotylédones, à fleurs complètes, papillonacées, de la famille des
légumineuses, de la *diadelphie décandrie* de Linnæus, offrant
pour caractère essentiel : Un calice campanulé, à cinq dents,
accompagné de deux bractées ; une corolle papillonacée ; la
carène bifide ; dix étamines diadelphes ; un ovaire supérieur,
oblong, comprimé ; le style ascendant, subulé ; une gousse
oblongue, point articulée, pédicellée, comprimée, monosperme, indéhiscente.

Ce genre est un démembremeut des *nissolia*, parmi lesquels
se trouvoient plusieurs espèces qui s'en éloignoient par le caractère de leurs fruits, les uns offrant une gousse articulée et polysperme, d'autres une gousse sans articulations et monosperme.
C'est pour ces dernières espèces que M. Persoon a cru devoir
établir le genre dont il est ici question.

MACHÆRIE FERRUGINEUSE : *Machærium ferruginosum* , Pers.,
Synops., 2, pag. 276 ; *Nissolia ferruginea*, Willd., *Sp.*, 3, p. 900 ;
Nissolia quinata, Aubl., *Guian.*, 2, pag. 743, tab. 297 ; Lamck.,
Ill. gen., tab. 600, fig. 4. Toutes les parties de cet arbrisseau
sont couvertes d'un duvet roussâtre, très-abondant. Ses tiges
s'élèvent à sept ou huit pieds ; le bois est spongieux, blanchâtre ;
les rameaux sarmenteux ; ils parviennent au sommet des arbres,
et retombent inclinés vers la terre. Les feuilles sont alternes,
ailées, à cinq ou sept folioles alternes, ovales, oblongues,
un peu acuminées, pubescentes et roussâtres en dessous ; munies de deux petites stipules caduques. Les fleurs sont violettes,
disposées en une panicule lâche, terminale ; garnies de petites
bractées en forme d'écailles ; les gousses sont pédicellées, monospermes, surmontées d'une aile membraneuse. Cette plante croit
dans les forêts de la Guiane, sur les bords de la rivière Sinamari.

MACHÆRIE PONCTUÉE : *Machærium punctatum* , Pers.. *l. c.*; *Nissolia punctata*, Poir., *Encycl.*; Lamk., *Ill. gen.*, tab. 600, fig. 1.
Arbrisseau dont les tiges sont sarmenteuses, garnies de feuilles
ailées, composées de trois ou cinq folioles ovales-lancéolées, un
peu velues en dessus, tomenteuses en dessous ; les pétioles couverts d'un duvet épais et roussâtre. les capsules sont mono-

spermes, munies d'un long pédicelle, renflées et arquées, sur-montées d'une aile oblongue, membraneuse, parsemées d'un grand nombre de petits points noirs; la semence est en forme de rein. Cette plante croît à Madagascar.

MACHÆRIE RÉTICULÉE: *Machœrium reticulatum*, Pers., *l. c.*; *Nissolia reticulata*, Poir., Encycl.; Lamk., *Ill. gen.*, tab. 600, fig. 2. Cette plante a des tiges sarmenteuses, des feuilles composées de folioles obtuses; les gousses sont munies d'un pédicelle à peine de la longueur du calice, échancrées en rein, surmontées d'une aile membraneuse, élégamment réticulée par des nervures brunes, un peu saillantes: elles ne s'ouvrent pas, et renferment une seule semence réniforme. Cette plante a été découverte par Commerson, à l'île de Madagascar.

MACHÆRIE POLYPHYLLE; *Machœrium polyphyllum*, Poir.; *Nissolia polyphylla*, Poir., Encycl. Suppl. Arbrisseau d'un port élégant, dont les rameaux sont chargés de feuilles étalées, composées d'environ douze paires de folioles pédicellées, articulées, glabres, ovales, obtuses, couvertes en dessous d'un duvet tomenteux, un peu enfumé; les supérieures longues d'un pouce, les inférieures beaucoup plus petites. Les fleurs sont disposées en grappes touffues, étalées, formant par leur réunion une ample panicule; leur calice est glabre, campanulé, presque tronqué; ayant les dents à peine sensibles, et deux petites bractées; la corolle est un peu pubescente; le fruit comprimé, muni d'une aile coriace, épaisse, offre une seule semence étroite, alongée.

MACHÆRIE A AILES COURTES: *Machœrium micropterum*, Poir.; *Nissolia microptera*, Poir., Encycl. Suppl. Arbrisseau garni de feuilles composées de cinq folioles ovales, obtuses, arrondies à leurs deux extrémités, longues de huit à dix lignes, pubescentes et cendrées en dessous, articulées; les fleurs sont disposées en grappes touffues: les pédicelles souvent géminés; les calices fort petits, glabres, campanulés, à cinq dents courtes, les gousses longues de six à huit lignes, un peu renflées, munies vers le milieu de leur bord de deux angles saillans en carène, avec une aile courte, membraneuse, ovale, obtuse; la semence est réniforme, d'un brun clair. Cette plante est cultivée dans les jardins, à l'île de Ténériffe, d'où elle a été apportée par M. Ledru. (POIR.)

MACHÆRINA. (*Bot.*) Genre de plantes monocotylédones, à fleurs glumacées, de la famille des *cypéracées*, de la *triandrie monogynie*, offrant pour caractère essentiel : Des fleurs polygames; les épillets composés d'écailles lâches, imbriquées, un calice à deux valves; point de corolle; trois étamines; quelquefois deux; un ovaire supérieur; le style trifide; une semence entourée de plusieurs soies.

Machærina restioïde : *Machærina restioides*, Vahl, *Enum. pl.*, 2, pag. 258; *Schœnus restioides*, Swartz, *Fl. Ind. occid.*, 1, pag. 104; *Scirpus lavarum*, Poir.!, Encycl. Suppl.; *Gramen cyperoides*, etc., Plukens, *Phylogr.*, tab. 192, fig. 5. Cette plante est remarquable par sa grandeur, par ses panicules longues et touffues, par la couleur marron très-foncé de ses épillets. Ses racines produisent de longs rejets écailleux et rampans. Ses tiges sont très-fortes, droites, comprimées, à deux tranchans, hautes de trois à quatre pieds, très-lisses, garnies de feuilles distiquées, ensiformes, fermes, très-lisses, au moins aussi longues que les tiges; celles de la partie supérieure des tiges plus courtes, en forme de spathe. Les fleurs sortent en panicules épaisses et touffues de l'aisselle des feuilles supérieures; elles sont très-ramifiées; les ramifications courtes, réunies presque en verticilles, le long d'un rachis commun, comprimé, ayant à la base de chaque verticille une gaine courte, mucronée. Les épillets sont agglomérés, sessiles ou pédicellés à l'extrémité des rameaux, courts, obtus, un peu élargis au sommet; les écailles petites, brunes, luisantes, oblongues, obtuses, concaves, contenant trois étamines; un style trifide; un ovaire ovale, aigu, un peu comprimé. Cette espèce croît sur les hauteurs, à l'île Bourbon, à Madagascar, sur les laves volcaniques. (Poir.)

MACHA-INDI. (*Bot.*) Le palmier-dattier est indiqué sous ce nom, à Ceilan, dans l'herbier de Vaillant. (J.)

MACHALEB. (*Bot.*) Rauwolf cite sous ce nom la noix de ben, *moringa*, qu'il dit être le *nahand* de Sérapion. (J.)

MACHAM, (*Ornith.*), nom que les Kamtschadales donnent aux cygnes. (Ch. D.)

MACHAN. (*Mamm.*) On trouve quelquefois ce nom comme étant celui d'un chat moucheté, de la taille de la panthère. (F. C.)

MACHANE. (*Bot.*) Voyez Macahane. (Lem.)

MACHAON. (*Entom.*) Nom donné par Linnæus au papillon chevalier grec, appelé par Geoffroy le papillon à queue, du fenouil, parce que sa larve vit en effet sur les ombellifères, mais aussi sur la rue. (C. D.)

MACHAONIA. (*Bot.*) Genre de plantes dicotylédones, à fleurs complètes, monopétalées, de la famille des *rubiacées*, de la *pentandrie monogynie* de Linnæus, offrant pour caractère essentiel : Un calice fort petit, à cinq divisions; une corolle infundibuliforme, velue à son orifice; le limbe à cinq découpures; cinq étamines saillantes, insérées à l'orifice de la corolle; un ovaire inférieur; un style; le stigmate bifide; une capsule oblongue, couronnée par le calice, à deux loges, se séparant en deux coques coriaces, ligneuses, monospermes, indéhiscentes.

MACHAONIA ACUMINÉ : *Machaonia acuminata*, Humb. et Bonpl., *Pl. Æquin.*, 1. pag. 101, tab. 29; Kunth, *Nov. Gen.*, 3, pag. 350. Poir., *Ill. Gen. Suppl.*, tab. 922. Arbre d'environ trente pieds, couronné par une cime touffue, dont les rameaux sont étalés, opposés, garnis de feuilles opposées, pétiolées, ovales-elliptiques, d'un vert obscur, longues de deux ou trois pouces, glabres en dessus, veinées et pubescentes en dessous, munies de deux stipules linéaires-subulées, dilatées à leur base, hérissées, trois fois plus courtes que les pétioles : les fleurs disposées en une panicule terminale, agglomérées et sessiles, accompagnées de bractées linéaires-subulées; les découpures du calice ovales, un peu aiguës, ciliées à leur bord; la corolle est blanche, deux fois plus grande que le calice; le tube droit, cylindrique, velu à son orifice; les découpures sont de la longueur du tube; les anthères ovales, à deux loges; la capsule est cunéiforme, longue de deux ou trois lignes, à deux loges monospermes. Cette plante croit dans l'Amérique méridionale, aux environs de Guayaquil. (POIR.)

MACHE (*Bot.*), *Valerianella*, Vaill., Decand. Genre de plantes dicotylédones, de la famille des *valérianées*, Juss., et de la *triandrie monogynie*, Linn.; dont les principaux caractères sont les suivans : Calice petit, persistant, à dents droites, dont le nombre varie depuis une jusqu'à douze; corolle monopétale, tubulée, à limbe partagé en cinq découpures inégales; étamines au nombre de trois, quelquefois de deux seulement; un ovaire infère, surmonté d'un seul style ; une capsule uniloculaire, monosperme, couronnée par le calice. Les mâches sont de petites plantes herbacées, annuelles; à tiges dichotomes, plus ou moins rameuses; à feuilles opposées, et à fleurs disposées au sommet des rameaux sur des pédoncules dichotomes, serrées et rapprochées entre elles de manière à former une sorte de tête ou de corymbe. On en connoît une trentaine d'espèces pour la plupart indigènes de l'Europe, et dont douze croissent en France. Nous citerons seulement les suivantes:

MACHE HÉRISSÉE : *Valerianella echinata* , Bauh., Pin., 165; *Valeriana echinata*, Linn., *Spec.*, 47. Sa tige est glabre, haute de deux à six pouces. Ses feuilles sont oblongues, entières ou sinuées, quelquefois même incisées en lobes obtus. Ses fleurs sont blanchâtres ou rougeâtres, réunies en petits paquets au sommet des rameaux; il leur succède des fruits surmontés de trois dents recourbées, dont l'extérieure plus grande que les autres. Cette espèce croit dans les champs du midi de la France et de l'Europe.

MACHE POTAGÈRE; vulgairement MACHE, BLANCHETTE, CLAIRETTE, DOUCETTE, SALADE VERTE : *Valerianella olitoria* , Mœnch, *Meth.*, 493; *Valeriana locusta olitoria* , Linn., *Spec.*, 47. Sa tige est haute de quatre à huit pouces, souvent rameuse dès sa base, à bifurcations étalées et divergentes. Ses feuilles sont oblongues, sessiles, entières ou à peine dentées, et les radicales sont étalées en rosette sur la terre. Ses fleurs sont blanchâtres ou d'une teinte bleuâtre très-claire, ramassées en petits bouquets au sommet des rameaux; il leur succède des graines arrondies et comprimées. Cette plante est commune dans les champs, les lieux cultivés et les jardins. On la cultive comme herbe potagère, et on la confond souvent avec plusieurs autres espèces, surtout avec la mâche dentée et celle à fruits velus. Elle est adoucissante et rafraîchissante. On mange pendant tout l'hiver ses jeunes feuilles en salade.

La culture de la mâche est fort simple: on la sème à la volée sur des plates-bandes très-unies et préparées par un labour, mais non fumées depuis huit ou dix mois, car cette plante prend très-facilement le mauvais goût du fumier. La graine doit être semée dru, et n'être que très-légèrement enterrée ; celle qui est recouverte de plus d'un demi-pouce ne léve pas. On sème les mâches depuis la mi-août jusqu'au commencement de novembre, et en différentes fois, tous les huit à dix jours, afin d'en jouir pendant plus long-temps. Lorsque la fin de l'été est sèche, il faut avoir soin d'arroser les premiers semis. Un ou deux sarclages sont nécessaires, parce que les mâches étant très-basses seroient facilement étouffées par les mauvaises herbes. Comme elles s'emploient entières et seulement dans leur jeunesse, lorsque leurs feuilles ne forment encore que des rosettes radicales, il s'ensuit qu'on cueille les plus avancées pour la consommation, et par ce moyen le plant se trouve toujours suffisamment éclairci. Pour se procurer des graines, on garde ordinairement un coin de plate-bande, où les pieds laissés fleurissent à la fin de mars et en avril. Les graines ne mûrissant point toutes ensemble, mais successivement, les premières sont déjà tombées que les dernières ne sont pas encore formées, il est utile d'aller de temps en temps secouer sur une serviette ou sur une feuille de papier les tiges les plus avancées; et enfin on prend le moment où elles paroissent être chargées de plus de graines pour les arracher, et, après l'avoir fait, au lieu de les exposer au soleil pour hâter la dessiccation des semences, on les porte à l'ombre dans un lieu un peu frais, où beaucoup de graines, qui ne sont pas encore parvenues à toute leur maturité, achèvent de se perfectionner au moyen de la séve qui reste encore dans les tiges.

Tous les bestiaux, et surtout les moutons, aiment beaucoup les mâches. C'est une nourriture qui est très-bonne pour les agneaux.

MÂCHE A FRUIT VELU: vulgairement MÂCHE D'ITALIE OU DE HOLLANDE: *Valerianella eriocarpa*, Desv., Journ. Bot., vol. II, pag. 314: Lois., Not. 149, t. 5, f. 2. Sa tige est presque glabre, haute de trois à six pouces, divisée en rameaux très-étalés. Ses feuilles sont oblongues, ordinairement entières. Ses fleurs sont d'un rose clair, réunies au sommet des rameaux en petits groupes corymbiformes, et entourées de bractées lancéolées, glabres; il leur succède des fruits hispides, à six dents inégales. Cette plante croit naturellement dans les moissons, aux environs de Poitiers, d'Orléans, de Paris, etc.

On la trouve confondue dans les jardins avec la mâche potagère.

MACHE DENTÉE : *Valerianella dentata*, Decand., Fl. Fr., IV,
p. 3331 ; *Valeriana locusta dentata*, Linn., *Spec.*, 48. Sa tige est
haute de six pouces à un pied, rameuse dans sa partie
moyenne. Ses feuilles sont oblongues, entières; les supérieures quelquefois munies d'une ou deux dents à leur base.
Ses fleurs sont d'un rose très-clair, presque blanches, rapprochées au sommet des rameaux, et munies de bractées lancéolées, un peu ciliées; il leur succède des capsules glabres,
presque globuleuses, à peine anguleuses et surmontées de
plusieurs dents dont une plus grande que les autres. Cette
espèce est commune dans les champs et les moissons. (L. D.)

MACHERA. (*Min.*) Pierre dont parle Plutarque dans son
Traité des Fleuves. Elle se trouvoit sur le mont Bérécynthe en
Phrygie, et ressembloit au fer. (B.)

MACHERINE. (*Bot.*) Voyez MACHÆRIE. (LEM.)

MACHETES. (*Ornith.*) Ce nom grec, en latin *pugnator*, a
été donné par M. Cuvier, dans son Règne Animal, aux com-
battans, dont on parlera sous le mot MAUBÈCHE. (CH. D.)

MACHETTE. (*Ornith.*) On donnoit, en vieux françois, ce
nom et celui de *machotte*, à la chouette ou moyen duc à
huppes courtes, *strix ulula*, et *strix brachyotos*, Gmel. (CH. D.)

MACHILE, *Machilis*. (*Entom.*) M. Latreille a désigné sous
ce nom de genre, dont nous ignorons l'origine, les insectes
que nous avions appelés *lépismes* dans la Zoologie analytique,
et qu'il avoit d'abord nommés *forbicines*. Comme nous avions
employé aussi le nom de forbicine pour désigner des insectes
voisins, et de la même famille des nématoures, mais dont le
corps est plat, et les soies de la queue toujours étendues dans
le sens de la longueur du corps; pour éviter toute confusion,
nous adopterons le nom de *machile*. (Voyez la fin de l'article
FORBICINE, dans le tome XVII de ce Dictionnaire, page 238.)

Le genre *Machile* tient le milieu, par ses caractères, entre
ceux des forbicines et des podures. Comme les espèces de ces
deux genres, les machiles n'ont pas d'ailes : on distingue aisément leurs mâchoires, leurs palpes et leurs antennes; leurs
pattes sont au nombre de six; leur abdomen, qui est fort distinct du corselet, se termine par des appendices articulés, en

forme de soie. Dans les machiles, le corps est arrondi-bossu. Il est plat dans les forbicines. Dans les podures, il n'y a que deux filets à la queue, et ils sont reçus dans un canal ou gouttière pratiquée sous le ventre comme une rainure; dans les machiles, les soies qui sont au nombre de trois, dont celle du milieu est plus longue, ne se replient pas sous le ventre.

Voici les caractères essentiels de ce genre: Corps cylindrique-bossu; antennes courtes; yeux très-gros; soies qui terminent le ventre au nombre de trois, inégales en longueur; des poils ou appendices latéraux articulés à chaque anneau de l'abdomen.

La seule espèce connue dans ce genre est le

MACHILE POLYPODE, *Machilis polypoda.*

Nous l'avons fait figurer, planche 54, n.° 2, de l'Atlas de ce Dictionnaire. C'est la forbicine cylindrique de Geoffroy. Ses palpes sont très-grands, dirigés en avant, semblables à des pattes. Son corps est couvert de petites écailles de couleur plombée.

Cet insecte se trouve sous les pierres, dans les endroits très-exposés au soleil. Il saute comme les podures et dans tous les sens.

Nous avons vu d'après une planche gravée en Angleterre sous la direction de M. le docteur Leach, qu'il désigne cet insecte par le nom de *petrobie maritime*, ce qui annonce que cette espèce se trouve sous les pierres aux environs de la mer. (C. D.)

MACHILUS. (*Bot.*) Il est difficile, comme le dit M. Lamarck, dans le Dictionnaire encyclopédique, vol. 3, pag. 668, de déterminer quels sont les arbres désignés sous ce nom par Rumph, *Herb. Amb.*, 3, tab. 40-42. On les emploie à Amboine, sous les noms de *makelan*, *murela*, *mureila*, pour la construction des maisons et des navires. Il n'est pas sûr qu'ils appartiennent à un même genre. (J.)

MACHIN PARRONI. (*Bot.*) Un des noms péruviens de l'*embothrium emarginatum* de la Flore du Pérou. (J.)

MACHLA, NACHAL, NAHHAL. (*Bot.*) Noms arabes du palmier-dattier, *phœnix*, suivant Rauwolf et Daléchamps. Shaw ajoute que ses fruits sont nommés *tammar*, et ses rameaux *jerrid*. Les Persans nomment ce palmier *moch*, *nachl*, *nachli*, suivant Kæmpfer. (J.)

MACHLIS (*Mamm.*), nom que l'on trouve dans Pline (*lib.* VIII, cap. 15) comme étant celui d'un animal de Scandinavie, qui, même par les détails fabuleux que l'historien latin rapporte, paroit être l'élan. (F. C.)

MACHNATA, (*Ichthyol.*) nom d'une argentine de Forskal. Voyez ARGENTINE et ELOPE. (H. C.)

MACHOIRAN. (*Ichthyol.*) M. Cuvier a donné ce nom à une division du genre des silures qui se compose principalement des *pimélodes* et des *doras* de M. de Lacépède, et qui répond aux *mystus* d'Artédi et de Linnæus, dans les premières éditions. Les poissons de cette division ont deux nageoires dorsales, dont l'une est adipeuse. Voyez DORAS, MYSTE, PIMÉLODE et SILURE. (H. C.)

MACHOIRE DE CHEVAL (*Conchyl.*), nom marchand d'une coquille appelée par Linnæus *buccinum tuberosum*, et rangée aujourd'hui dans le genre Casque sous la dénomination de *cassis tuberosa*. (DE B.)

MACHOIRES, *Mandibulæ*, *Maxillæ*. (*Entom.*) On nomme ainsi dans les insectes, les parties de la bouche qui servent à diviser les alimens, et qui sont disposées par paires qui se meuvent transversalement. On distingue, comme nous venons de le dire, les mâchoires en latin, les unes sous le nom de *mandibulæ*, ce sont les supérieures ou les antérieures, ordinairement beaucoup plus fortes, plus robustes que les autres, et qui servent comme de tenailles pour retenir les corps solides; tandis que les inférieures (*maxillæ*) les divisent en particules, les broient avec la salive pour en former une pâte qui passe sur la lèvre inférieure et sur la langue pour être avalée, afin de pénétrer ainsi dans l'œsophage. Nous indiquerons les modifications principales des mâchoires antérieures à l'article MANDIBULES. Nous ne traiterons ici que des *mâchoires*, dans les insectes dits mâcheurs; ce n'est pas que ces parties manquent dans les autres insectes; mais elles ont été tellement modifiées dans leur forme et dans leur usage, que ce n'est que par analogie qu'on a pu reconnoître leur identité.

On doit se rappeler que les insectes mâcheurs ou broyeurs sont ceux des quatre premiers ordres, ou les coléoptères, les orthoptères, les névroptères et les hyménoptères, et en outre la plupart des aptères. Comme ces parties ont été étudiées très-minutieusement par quelques auteurs d'entomologie, en particulier par Fabricius et plusieurs autres, il en est résulté qu'on a tenu note des plus petites variations qu'elles ont pu présenter, car on y a cherché les caractères des genres. Voici les principaux résultats de cette investigation. Dans presque tous les insectes, les mâchoires dont les formes, la consistance, l'étendue relative varient beaucoup, sont constamment munies en dehors d'un appendice mobile, articulé, extrêmement variable, qu'on nomme un palpe maxillaire; quelques insectes, comme les coléoptères carnassiers, ont même deux de ces palpes à la fois, insérés au dos de la mâchoire. Dans plusieurs névroptères et dans tous les orthoptères, ce même côté externe de la mâchoire se trouve fortifié par un appendice alongé, souvent canaliculé, qu'on nomme un *casque* ou une *galette* (*galea*). Dans les hyménoptères, souvent ces mâchoires se trouvent très-prolongées, aplaties, et forment une sorte de langue : c'est ce qu'on observe dans les mellites ou apiaires, et même dans quelques coléoptères voisins des zonites.

Voyez l'article Bouche dans les insectes; l'article Insectes, tom. XXIII, pag. 433. (C. D.)

MACHOLEBROUN. (*Bot.*) Voyez Mahaleb. (J.)

MACHOMOR (*Bot.*), nom kamtschadal d'un agaric qu'on dit être l'*agaricus acris*, Linn., dont l'infusion produit une ivresse agréable, et dont l'excès amène un sommeil léthargique qui peut conduire à la mort. (Lem.)

MACHOQUET. (*Entom.*) Nous trouvons ce nom dans le dictionnaire de Valmont de Bomare, comme servant à désigner aux îles (nous ignorons lesquelles) une espèce de criquet ou de grillon qui produit un bruit semblable aux coups de marteau que l'on frappe sur une enclume. Le nom de *machoquet*, aux îles, signifie forgeron. Voici d'ailleurs la description qu'en donne ce dictionnaire. Cet insecte, dont la superficie des ailes paroît en partie gravée ou comme gauffrée, habite dans des trous ou dans des creux d'arbre. Il entre rarement dans les maisons : son cri, qui se fait entendre la nuit, n'est pas discordant ni désagréable, comme celui de nos criquets; c'est un son métallique répété trois fois de suite, et avec des intervalles égaux. (C. D.)

MACHOTTE. (*Ornith.*) Voyez Machette. (Ch. D.)

MACHUAUTHA. (*Ornith.*) Suivant Aldrovande, les Chaldéens donnoient ce nom et celui de *macuarta* à la cigogne blanche, *ardea ciconia*, Linn. (Ch. D.)

MACHUÈLE(*Ichthyol.*), nom spécifique d'une raie. Voyez Raie. (H. C.)

MACHUELO. (*Ichthyol.*) Sur les côtes d'Espagne, suivant le naturaliste Osbek, on donne ce nom à une espéce de raie voisine de la schoukie. Voyez Raie. (H. C.)

MACIGNO. (*Min.*) J'ai cherché dans plusieurs occasions à faire remarquer l'inconséquence et l'inconvenance grave pour la clarté des descriptions géognostiques, de donner le nom de *grès* à une multitude de roches mélangées qui n'ont de commun que d'avoir une texture grenue, et de renfermer du quarz arénacé, mais qui diffèrent d'ailleurs par la nature des parties de leur mélange, par la manière dont ces parties ont été agrégées, et par leur position géologique, par conséquent par tous les caractères qui établissent entre les productions de la nature des différences réelles et importantes. Cependant le nom de *grès* est si court, si généralement adopté, tellement significatif pour désigner une roche à texture grenue, qu'on a plus promptement fait de l'employer que de penser à choisir celui qui peut être propre à désigner la roche qu'on a en vue. Par conséquent, après avoir donné le nom de grès à une roche parfaitement homogène, qui est une simple variété du quarz, l'une des espèces minéralogiques les mieux déterminées, on l'a appliqué à des roches mélangées, à mélanges constans, dans lesquelles le mica, l'argile, le felspath, le calcaire même, entrent comme parties intégrantes.

Cependant les ouvriers, les artisans, les personnes qui emploient les pierres dans les arts, avoient remarqué, avant les savans, plusieurs de ces différences, et avoient appliqué des noms particuliers à ces roches arénacées à base quarzeuse. Ainsi les roches que nous continuons encore à appeler grès, sont depuis long-temps distinguées par les mineurs et par les ouvriers constructeurs. Les mineurs allemands nommoient plusieurs d'entre elles *grauwacke* et *todte liegende*. Les Genevois et les habitans de la Suisse françoise nommoient *mollasses* un de ces mélanges. Les Italiens, et particulièrement les Toscans, dounoient depuis long-temps le nom de *marigno* à l'une de ces roches arénacées.

J'avois d'autant mieux remarqué cette confusion, qu'elle étoit en opposition avec l'un des principes que j'ai posés dans mon Essai de classification des roches mélangées. J'avois donc séparé les grès, c'est-à-dire, les roches homogènes uniquement, essentiellement et principalement composées de grains de quarz, et auxquelles seules le nom de grès doit être conservé, de celles dans lesquelles ces grains étoient constamment associés avec des grains d'autres matières à peu près également répandues dans la masse, et qui se présentoient en grandes masses dans des lieux de la terre nombreux et éloignés les uns des autres : j'avois désigné ces roches d'agrégation par le nom de *psammite*.

Cette distinction a été assez généralement admise, et le nom, quoique un peu dur à prononcer, a été adopté.

Mais lorsqu'on veut appliquer cette dénomination à toutes les roches arénacées hétérogènes, qui n'ont pas les caractères des psephites et des mimophyres, on est quelquefois embarrassé pour appliquer le même nom à des roches très-différentes dans leur texture et leur composition, et on ne tarde pas à remarquer que les roches autrefois si vaguement nommées grès, quoique séparées en psammites, psephites et mimophyres, n'ont pas encore été assez divisées.

D'après ces observations qui m'ont été faites il y a long-temps par M. Omalius d'Halloy, j'ai vu qu'il étoit nécessaire de séparer les psammites en trois sortes, et j'ai adopté et les noms et les caractères qu'il m'a proposés dans le temps. Les roches arénacées, réunies autrefois sous le nom de psammites, sont donc maintenant divisées en trois sortes ou espèces géognostiques.

Les *psammites* composés de petits grains de quarz sableux, mêlés également de mica, d'argile, de grains ocreux, et inégalement de grains de felspath. Ils renferment les roches nommées grès des houillères, grès rouge, grauwake schisteuse, etc.

Les *arkoses* composées de gros grains de quarz hyalin, et de felspath inégalement mêlés ensemble, et renfermant comme parties accidentelles du mica, de l'argile, souvent du kaolin, etc.

Les *macigno*, roches grenues, composées de petits grains de quarz sableux, de mica, d'argile, de fer ocreux, réunis par un ciment calcaire plus ou moins solide.

Nous reviendrons sur les deux premières roches au mot PSAMMITE: j'ai dû seulement en présenter les caractères, afin de mieux différencier un des macigno qui, dans mon Essai de classification des roches mélangées, publié en 1813, faisoit partie des psammites, sous le nom de *psammite calcaire*.

Le MACIGNO est une roche à texture grenue, formée en grande partie par voie d'agrégation mécanique.

Il est *essentiellement composé* de petits grains de quarz sableux, distincts, mêlés avec du calcaire, ou liés par un ciment calcaire en proportions à peu près égales. Il renferme comme *parties accessoires* du mica, de l'argile, des grains de fer ocreux.

Les parties accidentelles sont très-peu nombreuses et très-rares. On y voit quelquefois des grains ou taches charbonneuses, quelques grains de felspath, un enduit ou quelques grains qui paroissent chloritiques; enfin il est parfois aussi traversé par des veines de calcaire spathique.

La *structure* en grand est quelquefois schistoïde; en petit elle est massive, et dans certains cas un peu lamellaire.

La *texture* est généralement et même essentiellement grenue, mais quelquefois elle passe au compacte.

Relativement à la *cohésion* des parties, le macigno est souvent très-solide, mais jamais tenace; il est quelquefois incohérent, même friable.

La *cassure* est généralement droite et unie, ou largement et imparfaitement conchoïde; sa surface est toujours un peu grenue.

Lorsque le macigno est solide, il est d'une *dureté* moyenne, mais très-inégale, à cause de la grande inégalité de dureté de ses parties composantes: aussi se taille-t-il très-bien, à arêtes assez vives, mais il ne peut être susceptible de poli.

La *couleur* la plus générale du macigno est le gris bleuâtre, le gris verdâtre, le gris de perle, le gris jaunâtre, le gris rougeâtre: ses couleurs sont donc sales; elles sont assez uniformément répandues; on n'y remarque ni taches, ni zones, ni veines, et elles ne sont susceptibles que de très-peu de variétés dans la même masse de terrain.

Le macigno est attaquable par l'*acide nitrique* qui dissout avec effervescence le ciment calcaire, et met à nu le quarz arénacé, son autre partie composante.

Il *s'altère* très-peu à l'air, cependant il y perd quelquefois sa teinte verdâtre pour en prendre une jaunâtre.

Le macigno *passe* par des nuances insensibles au psammite sableux, au grès calcaire, et même au grès pur, au calcaire argileux et sableux ou micacé (1), au psammite schistoïde, au psephite même, ou à la brèche schisteuse, lorsque les fragmens schisteux qu'on y rencontre quelquefois, deviennent très-abondans, et que le ciment calcaire diminue ; mais ce sont les seuls, et c'est même en épuisant tous les passages possibles, que j'ai pu présenter le nombre de ceux que je viens d'indiquer. Le macigno est donc une roche assez bien limitée.

Le nom de macigno est emprunté de l'italien et des constructeurs toscans. C'est le nom qu'on donne à Florence et dans les environs à la roche qu'on y exploite pour le pavé et les monumens de cette ville, et qui sert de type à cette espèce. Nous allons y revenir en parlant des variétés.

Les macignos, espèce de roche établie sur des considérations minéralogiques, se trouvent dans des terrains très-différens par leur âge. C'est ce que nous indiquerons après avoir fait connoître les variétés, et en avoir donné les caractères et des exemples.

1. Macigno solide.

Il a une texture grenue ; le quarz arénacé, qui entre dans sa composition, est distinct, et le rend rude au toucher; des paillettes de mica y sont également disséminées.

Exemples. Le type de cette roche remarquée par les artisans long-temps avant que les naturalistes y aient fait attention, se trouve dans une grande partie des Apennins, surtout

---

(1) On verra au mot Roche les différences que j'établis entre le psammite sableux et le grès micacé, les calcaires sableux et micacé et le macigno, etc.

des Apennins de la Toscane, et plus particulièrement encore près de Florence dans les carrières ouvertes dans les montagnes qui portent la ville de Fiesole. C'est là qu'on voit des bancs immenses en étendue et en puissance, remarquables par leur régularité et leur homogénéité, d'un macigno solide, d'une couleur vert-sale, tirant sur le bleuâtre, et que les Italiens nomment pour cette raison *pietra serena*. Il passe au grisâtre et au jaunâtre. Celui qui est entièrement de cette dernière couleur porte le nom de *pietra bigia*; mais ordinairement cette couleur jaune de rouille ne se montre que vers les surfaces des bancs: on assure qu'elle est produite par l'action des météores atmosphériques, et qu'elle se manifeste même sur les pierres tirées hors de la carrière, et employées dans les constructions. Les bancs qui ont souvent plus d'un mètre d'épaisseur sont horizontaux ou très-peu inclinés, ils sont séparés par des lits plus ou moins épais de phyllade pailleté brun-jaunâtre.

On ne voit dans cette roche, ni dans aucune de celles qui lui sont interposées, et qui forment les montagnes et les collines qui sont de même nature, et qui s'étendent jusqu'à Doccia, et même au-delà, aucun débris évident de corps organisé. On y remarque bien des parties noirâtres, ovoïdes, micacées, qu'on a prises pour des débris de végétaux; mais ils n'appartiennent point à ces corps, et paroissent être plutôt (au moins dans les échantillons que j'ai vus) des débris ou des espèces d'amandes de phyllade noirâtre pailleté.

Ces bancs sont traversés par des veines de calcaire spathique, très-étendues, souvent très-parallèles, et presque perpendiculaires à la stratification.

Lorsque le macigno solide devient plus calcaire, moins micacé, et qu'il passe ainsi au macigno compacte, il prend le nom de *pietra forte*. Ce dernier s'exploite aussi aux environs de Florence, mais principalement au Monte-Rifaldi, et sert à paver les rues de cette ville.

Le macigno solide de Fiesole offre des variétés assez nombreuses dans sa texture, dans sa couleur, etc., depuis celui qui a un grain tellement fin, tellement serré, qu'il est susceptible de recevoir par la taille les arêtes les plus vives, de prendre une surface unie et presque polie qui laisse ressortir d'une manière assez agréable les petites paillettes de mica blanc, qui y sont disséminées, jusqu'à celui dont le grain est grossier, peu serré, etc., et qui passe au macigno mollasse.

Ce que nous venons de dire sur le macigno grenu de Fiesole, suffit pour faire voir de quelle importance est une semblable pierre auprès d'une ville grande et riche, qui vouloit être belle, et qui devoit se remplir de monumens à la perfection desquels le luxe, une célèbre école d'architecture, les arts du dessin et les moyens naturels pouvoient si efficacement concourir.

J'ai dit que le macigno solide étoit répandu dans la plus grande partie des Apennins: je me bornerai à donner pour exemple les lieux où j'ai eu occasion de le voir en place. Ce sont: Doccia, à deux lieues de Florence; Fiumalbo dans le Modénois, c'est la sous-variété à gros grains; les environs d'Arezzo, il y est à grains très-fins: les rives occidentales du lac de Zurich; celui-ci est assez semblable au macigno de Fiesole, mais il est moins dur et plus argileux: les pierres vertes et les pierres jaunes dont est construit le cirque antique de Fréjus.

On ne peut séparer l'histoire des gissemens et l'indication des localités de cette variété, de celles de la suivante, avec laquelle elle alterne assez constamment.

2. *Macigno schistoïde.*

Sa structure en petit est fissile, à feuillets épais. Ces feuillets ont une texture qui approche souvent de celle de la variété compacte; mais ils sont séparés par des lits minces beaucoup plus sableux, et surtout très-micacés. Je citerai comme exemple de cette variété, la plupart des lieux précédens, par conséquent Fiesole et Doccia près Florence, et Fiumalbo dans le Modénois; celui-ci fait voir de nombreuses empreintes végétales, charbonneuses, mais indéterminables: celui de Seravalle près Pistoie; il passe au macigno compacte, et hors de l'Italie, le Moserberg dans l'Oberland en Suisse.

3. *Macigno mollasse.*

Texture grenue, sableuse, lâche; souvent mêlé d'un peu d'argile, toujours de mica; ayant peu de solidité, et deve-

nant même friable ; couleurs sales , bleuâtres , verdâtres , jaunâtres , grisâtres.

Il y a peut-être plusieurs sortes de roches auxquelles on
a appliqué le nom de mollasse. Il est possible que toutes ne
soient pas des macignos, et que quelques unes même soient
des psammites auxquels on donnera alors ce nom de variété,
et ces derniers différeront, comme on le voit, des macignos
mollasses, en ce qu'ils ne feront aucune effervescence avec
l'acide nitrique.

On ne citoit autrefois la mollasse que dans la Basse-Suisse,
c'est-à-dire, dans cette grande vallée qui sépare les Alpes du
Jura, et surtout dans les environs de Genève ; mais maintenant on peut dire qu'on a reconnu cette roche dans la plus
grande partie de l'Europe : en France du côté d'Avignon, et
dans la Provence ; dans une grande partie des vallées basses de
la Savoie ; dans presque toutes les collines subapennines ; en
Allemagne, du côté de Vienne, et dans bien d'autres lieux,
et enfin en Hongrie. M. Beudant a fait ressortir les ressemblances remarquables qu'il y a entre cette roche d'agrégation
de cette partie orientale de l'Europe et celle de la Suisse.

On emploie aussi le macigno mollasse comme pierre de construction, mais beaucoup plus rarement et beaucoup moins
avantageusement que le macigno solide. Les carrières des
environs de Lausanne offrent des masses immenses et presque
sans apparence de stratification de cette roche.

4. *Macigno compacte.*

Texture compacte, quelquefois un peu lamellaire ; la partie calcaire dominant ; la partie sableuse à peine distincte ; mica
disséminé, rare, mais rassemblé en lits minces.

Ce macigno a souvent l'apparence d'un calcaire presque
grenu, un peu micacé, mais il est sableux et diffère, par ses
caractères dominans, de tous les calcaires grenus ; il n'en a ni
la structure en grand, ni la texture généralement cristalline
et homogène.

Nous avons de nombreux exemples à donner de ce macigno, qui alterne avec les variétés précédentes , et surtout
avec la variété schistoïde. Je l'ai vu près de Saint-Remo sur
la côte de Gênes.

La *pietra forte* de Monte-Rifaldi, que nous avons déjà citée, lui appartient souvent entièrement.

Le terrain d'où sortent les feux de gaz hydrogène à Pietra-Mala en Toscane, et à Barigazzo dans le Modénois, offre un exemple bien caractérisé de cette roche d'un gris verdâtre, avec des zones roussâtres et des petits lits de mica.

M. Beudant a rapporté de Horklef, rives du Dunajec près Csortin en Hongrie, un macigno compacte, tellement semblable à celui de Barigazzo, que, mis à côté l'un de l'autre, on ne peut savoir, sans l'étiquette, qu'ils viennent de deux endroits si éloignés.

Je rapporte à cette variété de macigno les roches dites *grauwake*, qui se présentent au Harz, 1° dans la mine de Lauterberg et dans celle de Hauszelle près de Zellerfeld; elles sont sublamellaires, marbrées de rouge, et peu micacées; 2° celles qu'on trouve à Rosenhoffenzug près de Clausthal, et à Schulenberg, et qui ressemblent entièrement au macigno *pietra forte* de Toscane. La dernière renferme des portions de térébratules.

Ce que je viens de dire suffit pour établir les caractères et l'histoire minéralogiques du macigno et de ses variétés. Les terrains ou formations auxquels cette roche peut appartenir, offrent une considération d'une tout autre nature, et que j'ai toujours eu soin de distinguer de la partie minéralogique. Je ne m'écarterai pas encore de cette marche; et je suis d'autant plus éloigné de le faire, que les macignos appartiennent à des terrains très-différens, les uns voisins des terrains de sédiment, très-anciens : tels sont probablement ceux du Moserberg, de Fiesole, de Barigazzo, de Pistoie, etc.: les autres à des terrains très-nouveaux, et qui font partie des terrains tertiaires ou de sédiment supérieurs: tels sont les macignos mollasses; enfin que l'époque de formation de plusieurs de ces terrains est encore incertaine, ou même tout-à-fait indéterminée. (B.)

MACIR. (*Bot.*) Voyez MACER. (LEM.)

MACIS. (*Bot.*) On donne ce nom à une membrane fendue dans plusieurs points, laquelle recouvre la coque osseuse qui enveloppe la muscade. (Voyez MUSCADIER.) Ce macis est également nommé *macer* par Cordus et d'autres; mais il ne faut pas le confondre avec le MACER des anciens. Voyez ce mot. (J.)

MACJON. (*Bot.*) Voyez Meguson. (J.)

MACKAU-THRÉE. (*Bot.*) Palmier épineux qui croît à la
Jamaïque, auquel les habitans donnent ce nom. Il paroît être
le *cocotier butyracé*, et sert aux mêmes usages. (Lem.)

MACKERA. (*Ornith.*) Les oiseaux, que, selon Dampier,
tom. IV.ᵉ, pag. 65 de ses Voyages, on appelle au Brésil macke-
ras, et pour lesquels il renvoie aux corneilles par lui trouvées
à la baie de Campèche, et décrites, tom. III, pag. 5ı2, comme
ayant la tête chauve et le cou recouvert d'une peau rouge
ainsi que les dindons, sont des vautours qui se nourrissent de
charognes, et que, pour cette raison, l'on ne permet pas de
tuer. (Cu. D.)

MACKMUDI, MUCKMISI (*Bot.*), noms de l'*osyris alba*, dans
les environs du mont Liban, suivant Rauwolf. (J.)

MACKREL. (*Ichthyol.*) Voyez Maquereau. (H. C.)

MACLE. (*Min.*) C'est le nom que MM. Haüy, Brochant, Brongniart, etc., donnent à une substance minérale qui se présente
le plus souvent sous la forme d'un prisme quadrangulaire, et
qui offre sur sa coupe transversale des dessins particuliers produits par une matière noire, disposée tantôt au centre du
cristal sous la forme d'un carré, tantôt suivant ces diagonales
et figurant ainsi une espèce de croix, etc. Cette dernière particularité lui a fait donner les noms de *pierre de croix* par
Romé de l'Isle, de *crucite* par Lametherie, de *chiatoslithe* par
Karsten et Jameson. Werner l'a nommée *hohlspath* (spath
creux.)

Nous avons emprunté la majeure partie de ce que nous allons
dire sur cette substance d'un Mémoire inédit de M. Beudant,
qui fut lu à la Société philomathique en 1815, au retour d'un
voyage en Bretagne, et nous y avons joint ce qui a été rapporté
par différens auteurs.

Forme extérieure. La macle se présente sous plusieurs formes
différentes.

1.° En prismes quadrangulaires, dont la longueur est ordinairement très-grande, relativement au diamètre transversal.
Ces prismes sont le plus souvent fracturés; mais en les déga-
geant avec précaution de leur gangue, on voit qu'ils se terminent quelquefois brusquement, en se confondant avec la
roche; souvent ils s'amincissent successivement sur deux

faces opposées, et se perdent alors dans le schiste, sans qu'on puisse assigner nettement où ils finissent. On n'a point encore trouvé de prismes terminés par un sommet bien distinct.

Ces cristaux sont presque toujours recouverts d'un enduit nacré, souvent jaune-roussâtre ou jaune-verdâtre, rarement blanc. Leurs surfaces sont rarement nettes, si ce n'est dans les très-petits cristaux du pays de Bayreuth, et dans ceux des Pyrénées ; elles sont presque toujours marquées d'une multitude de petits points, qui les rendent raboteuses. On observe aussi, sur la plupart des cristaux de Bretagne, de distance en distance, des étranglemens transversaux, où la matière est entièrement de nature quarzeuse et striée longitudinalement ; souvent le cristal est courbé à cet étranglement, comme s'il avoit été brisé avec effort. L'inclinaison mutuelle des pans du prisme est singulièrement variable. Romé de l'Isle avoit adopté l'inclinaison de 95° et 85°, M. Haüy a adopté 91° 50' et 88° 10' ; mais on trouve des cristaux qui présentent entre leurs pans des inclinaisons très-différentes, telles que 100° et 80°, 97° et 83°, 93° et 87° ; enfin, dans les prismes les plus nets, comme ceux du pays de Bayreuth, on trouve fréquemment l'angle de 90°. Il paroît assez naturel de penser, d'après M. Beudant, que ce dernier angle est la limite des déviations de la cristallisation, puisqu'il se présente dans les cristaux les mieux conformés ; c'est aussi celui auquel on est conduit par la division mécanique.

2.° On trouve aussi la macle en cristaux cylindroïdes, plus ou moins irréguliers ; c'est ainsi qu'elle se présente le plus souvent dans les schistes de la Lieue-de-Grève en Bretagne, et quelquefois aussi en Galice et en Portugal. Fréquemment ces cristaux se terminent brusquement, en se confondant avec la matière schisteuse : quelquefois ils finissent en pointe.

Sous la forme cylindroïde, les surfaces des cristaux ne sont plus recouvertes d'un enduit nacré ; mais la matière noire du schiste y est très-adhérente ; ce qui n'a pas lieu à l'égard des cristaux réguliers.

Une autre particularité que présentent les cristaux cylindroïdes est que la matière en paroît souvent plus ou moins désagrégée. Dans cet état la coupe longitudinale du cristal offre souvent l'aspect d'une encrinite (1).

Lorsque la désintégration du cristal est plus avancée, on ne voit plus dans la roche que des tubes creux, d'une matière blanchâtre, divisés intérieurement et transversalement par des diaphragmes quarzeux, dont l'intervalle est vide ou rempli d'une matière terreuse blanc sale ou jaune d'ocre; c'est dans les schistes de la Lieue-de-Grève que l'on remarque cette particularité.

5.° La macle se présente aussi quelquefois en espèce d'empreintes assez semblables à celles qu'ont laissées certaines plantes entre les feuillets des schistes qui les renferment. Ces empreintes, de couleur grisâtre, qui se dessinent sur le fond noir de la roche, seroient difficilement prises pour des macles, si on ne trouvoit souvent dans le même bloc des passages à des cristaux bien prononcés. C'est auprès de Nantes que cette variété a été trouvée; dans ce cas, la matière de la macle a entraîné dans sa cristallisation beaucoup de paillettes de mica, que l'on y reconnoît facilement à la vue simple.

On observe aussi dans les schistes de l'Etang des Salles-de-Rohan une circonstance assez analogue; ce sont de petits points grisâtres, en forme de losange, qui passent insensiblement à des cristaux bien distincts. Les parties de la roche où l'on reconnoît ces sortes de taches sont d'une pâte très-fine, et il paroît que la matière de la macle a entraîné dans sa cristallisation des particules hétérogènes qui s'y sont mêlées uniformément, et lui ont fait perdre ses caractères les plus ordinaires.

On trouve aussi dans les Pyrénées, à la montagne de la Sépète, des couches de schiste où la macle, quoique très-abondante, est en cristaux si petits et si peu apparens qu'il est quelquefois très-difficile de les reconnoître. Heureusement on trouve aussi des passages à des cristaux bien caractérisés.

Coupe transversale des cristaux de macle. — En cassant transversalement les cristaux de macle, on reconnoît qu'ils sont

---

(1) Il paroît très-probable à M. Beudant, que les encrinites qu'on a annoncées dans le schiste du château de Kererio, près de Morlaix, ne sont autre chose que des macles.

ordinairement composés de deux substances, l'une de couleur claire, l'autre de couleur foncée, formée souvent de particules hétérogènes que l'on distingue facilement à l'œil. La partie de couleur claire est extérieure, l'autre est placée au centre du cristal, et aussi suivant les diagonales de la coupe transversale (1). On y reconnoît aussi des lignes noires parallèles aux pans du prisme (2); quelquefois la tache centrale, au lieu d'être d'une couleur uniforme, est formée de plusieurs quadrilatères linéaires concentriques, de couleur noire, séparés les uns des autres par des intervalles plus clairs (3).

Ces caractères ne sont pas toujours constans : d'abord on remarque dans quelques échantillons que la matière noire est à l'extérieur, et que le centre est occupé par une substance de couleur rosâtre; en outre on trouve dans le micaschiste de Nantes des cristaux dont la coupe transversale présente une matière parfaitement homogène, vitreuse et de couleur rose. On observe aussi des cristaux homogènes vitreux de couleur noire, dans les échantillons des Pyrénées. D'un autre côté, beaucoup de cristaux cylindroïdes de la Lieue-de-Grève ne présentent, sur leur coupe transversale, qu'une matière noire, avec quelques points blanchâtres placés irrégulièrement.

Lorsque les prismes de macle sont cassés dans les espèces d'étranglemens dont il a été fait mention, on ne voit encore qu'une substance homogène; mais, avec un peu d'attention, on reconnoît que cette matière est le plus souvent du quarz hyalin grenu.

Il existe dans la collection de M. Gillet de Laumont quelques macles d'Espagne, et un échantillon des États-Unis, dont les cristaux présentent, dans leur cassure transversale, une espèce de réseau irrégulier, composé de filets blanchâtres et opaques, qui se dessinent sur un fond légèrement translucide. La forme de ce réseau n'est pas exactement la même dans les trois échantillons; mais il rappelle grossièrement l'idée de la structure de l'ivoire.

Coupe longitudinale. — On reconnoît dans cette coupe que

---

(1) Ce sont les macles tétagrammes et pentarhombiques de M. Haüy.
(2) Macle polygramme. Haüy.
(3) Macle circonscrite. Haüy.

la matière étrangère n'est pas placée parallèlement aux pans du prisme, sa masse va en se rétrécissant d'une extrémité à l'autre, et forme par conséquent une pyramide plus ou moins aiguë.

Caractère de la cassure, et clivages. — Dans la plupart des macles, la partie de couleur claire présente une cassure compacte, quelquefois écailleuse, souvent terreuse, surtout dans les cristaux cylindroïdes; rarement la cassure est unie. Dans d'autres cristaux, la cassure est lamelleuse, assez imparfaitement dans le sens transversal du prisme, mais souvent très-nette dans le sens longitudinal.

La partie noire intérieure présente fréquemment une cassure compacte terreuse, où l'on découvre parfois des particules hétérogènes de mica. Très-rarement la cassure présente une matière homogène lamelleuse; cependant on l'observe dans quelques macles d'un éclat vitreux.

Dans la cassure longitudinale, le sens des lames est dirigé parallèlement aux pans d'un prisme quadrangulaire rectangle, qui se sousdivise avec assez de facilité, suivant des plans parallèles à ceux des diagonales des bases : ces derniers plans font, suivant M. Beudant, un angle de 135^{d}, avec les pans restant du prisme.

Les lignes noires qu'on observe suivant les diagonales, dans la coupe transversale, se croisent au centre du cristal sous un angle de 90^{d}; ce qui indique que le prisme rectangulaire auquel conduit la division mécanique, est nécessairement à base carrée.

Dans la cassure transversale, on reconnoît quelquefois des divisions assez nettes perpendiculairement à l'axe du cristal.

Enfin, on voit aussi un troisième clivage qui se fait obliquement sur les angles solides de la base du prisme, de manière à ce que, si on pouvoit l'obtenir complétement sur les quatre angles, on produiroit à chaque extrémité du cristal une pyramide à quatre faces.

M. Beudant, qui a mesuré avec soin l'inclinaison de cette face de clivage sur l'arête latérale adjacente du prisme, l'a trouvée de 124^{d}; M. Haüy donne pour ce même angle 120^{d}.

Ce qui précède conduit M. Beudant à admettre théoriquement pour forme primitive de la macle, un octaèdre rectangulaire à axe vertical, susceptible de se diviser de trois manières :

1.° Par des plans perpendiculaires à son axe;

2.° Par des plans parallèles à l'axe et aux arêtes de la base;

5.° Par des plans dirigés suivant les diagonales, et qui, d'après les calculs, donnent un octaèdre surbaissé, dans lequel le demi-axe est à l'apothème comme 2 est à 3.

Si l'on admet cette forme primitive, il faudra considérer les prismes ordinaires de macle, comme résultant d'un décroisment par une rangée sur les angles solides de la base de l'octaèdre; mais puisque l'on peut en général substituer théoriquement une forme secondaire simple au véritable noyau, on pourra adopter le prisme droit, à base carrée, pour forme primitive de la macle; le clivage oblique sera alors considéré comme parallèle à un plan, résultant d'un décroissement par une rangée sur l'angle solide de la base du prisme : dans cette hypothèse, la hauteur du prisme sera au côté comme V^2 est à 3.

Le prisme ou l'octaèdre, comme l'admet M. Beudant, diffère essentiellement du prisme ou de l'octaèdre donné par M. Haüy, qui le considère comme un octaèdre à axe horizontal, composé des quatre faces latérales du prisme, et de quatre faces qui proviennent du clivage oblique, puisque le prisme admis par M. Haüy est légèrement rhomboïdal, et, d'après cela, ne peut admettre le clivage oblique que sur deux angles solides opposés.

Dureté. — Ce caractère varie beaucoup dans les divers échantillons : les macles à cassure compacte, écailleuse, et surtout terreuse, d'un éclat gras, sont assez tendres pour être rayées fortement par le verre, quoiqu'elles le dépolissent lorsqu'on les passe dessus en appuyant. Au contraire, les macles dont l'éclat est vitreux, raient le verre très-profondément, et ne sont point rayées par lui.

Les macles à cassure compacte et terreuse sont douces au toucher, et leur poussière est onctueuse : les macles vitreuses sont plus ou moins âpres au toucher, ainsi que leur poussière.

Couleurs. — Quoique l'on ait indiqué la teinte blanchâtre pour la couleur de la partie extérieure de la macle, on observe encore une série de couleurs assez variées; telles sont : le blanc mat, le blanc jaunâtre, le blanc grisâtre, le blanc rosâtre, le jaune de vin, le rouge de chair, le rose, le rouge d'ocre, le rouge brun, le violet améthyste plus ou moins foncé, le noir, etc.

La partie intérieure, presque toujours de couleur plus foncée que celle de l'extérieure, est tantôt gris bleuâtre, tantôt noire, quelquefois violet noir, rarement brun jaunâtre.

Éclat intérieur. — Les macles récemment brisées sont, en général, peu éclatantes : c'est souvent l'éclat gras, assez analogue à celui de la stéatite commune ; quelquefois c'est l'éclat vitreux, comme dans celles des environs de Nantes.

Transparence. — Les macles d'un éclat gras sont presque opaques, ou seulement légèrement translucides sur les bords ; celles d'un éclat vitreux sont souvent fortement translucides, quelquefois transparentes et diaphanes.

Les macles, par frottement, développent l'électricité vitreuse.

La pesanteur spécifique varie de 2,94 à 3,0.

Caractères chimiques.—*Au chalumeau*, les macles compactes, opaques, ternes, ou d'un éclat gras, se fondent assez facilement en une fritte plus ou moins blanche : mais les macles lamelleuses d'un éclat vitreux sont infusibles.

Dans le borax, d'après M. Berzélius, la macle se dissout avec une difficulté extrême, même après avoir été réduite en poudre ; le résultat de la dissolution est un verre transparent.

Le sel de phosphore a très-peu d'action sur la macle, qui devient incolore et transparente dans le globule : la poussière se dissout sans résidu, mais en très-petites doses.

Avec la soude, la matière d'essai se décompose, se gonfle, mais ne se scorifie pas.

Avec la solution de cobalt, le bleu obtenu est plus ou moins foncé, suivant la pureté des macles.

Il n'existe pas encore d'analyses connues de cette substance. M. Beudant a remarqué que les macles ternes ou d'un éclat gras donnoient très-peu de silice, beaucoup d'alumine, de la magnésie, et un peu de chaux. Au contraire, les macles vitreuses renferment plus de silice que les autres, moins d'alumine, et à peine de la magnésie.

Les parties vitreuses limpides qui se trouvent aux espèces d'articulations des cristaux ne renferment presque que de la silice.

L'ensemble de ces caractères rapproche la macle d'un sililicate d'alumine, et peut-être même d'un *sous-silicate*, comme l'admet M. Berzélius.

Gissemens et localités. — On a d'abord trouvé la macle près de Saint-Jacques de Compostelle en Galice, et à la Serra de Marao en Portugal : on l'a trouvée ensuite en Bretagne aux environs de l'étang des Salles, commune du Perret, près de Saint-Brieuc, sur les confins des départemens des Côtes-du-Nord et du Morbihan ; depuis, on l'a reconnue en plusieurs autres endroits de cette contrée : notamment à la Lieue-de-Grève, entre Lanmeur et Lannion, sur les limites des départemens des Côtes-du-Nord et du Finistère.

Plus récemment, M. Dubuisson l'a trouvée près de Nantes, sur la route de Rennes ; on la cite aussi dans le bois de Bintin près la ville de Montfort-la-Canne, à cinq lieues de Rennes ; en général, il paroit que cette substance se trouve dans les derniers dépôts primitifs (schiste argileux et micachiste), ou dans les premiers dépôts des terrains intermédiaires (schiste argileux) de la Bretagne.

La macle existe aussi en plusieurs endroits des Pyrénées, comme dans la vallée de Barèges et au plateau de Troumouse ; on la trouve encore à Gefress près de Hoff, dans le pays de Bayreuth ; dans plusieurs parties de la Saxe ; dans le Cumberland ; en Irlande, près de Dublin, et enfin aux Etats-Unis, à New-Hampshire et Lancastre, dans la province de Massachusets, etc.

Dans ces diverses localités, la macle est renfermée dans un schiste argileux, ou dans des roches schisteuses, qui sont comme le passage entre les schistes argileux et les schistes micacés ; ce dernier cas se présente surtout auprès de Nantes.

. Les cristaux de cette substance sont souvent placés entre les feuillets du schiste, et quelquefois ils sont empâtés irrégulièrement dans la roche. Le plus souvent ils se confondent par leurs extrémités avec la matière qui les enveloppe, et que l'on voit pénétrer dans leur intérieur, entre les molécules cristallines, ce qui porte à les considérer comme ayant été formés au milieu même du schiste, lorsqu'il étoit encore à l'état de mollesse.

On cite aussi la macle au Simplon, dans de la dolomie, avec de la trémolite (M. Champeau), et à Couledoux, vallée de

Ger, département de la Haute-Garonne, dans une chaux carbonatée noirâtre, avec des grains de fer sulfuré, que M. Charpentier regarde comme primitive.

M. Heuland en cite au Pérou, dans le lieu dit *Estro de las Cruces*, dans de l'émeril. On en a trouvé, dit-on, au Chili, près la ville de Sainte-Croix.

Usages. — La macle, depuis long-temps, par sa singulière structure, a piqué la curiosité. Elle figure dans les armoiries de la famille de Rohan; on en fait des grains de chapelets; du temps de Boëce de Boot, où elle étoit connue sous le nom de *lapis crucifera*, on s'en servoit comme d'amulettes.

Explication de la disposition de la matière noire dans l'intérieur des cristaux. — Beaucoup d'expériences faites par M. Beudant, sur la cristallisation des sels, lui ont prouvé que lorsqu'une dissolution de sel étoit bien limpide et arrivée à un certain point de concentration, il se formoit spontanément, de petits cristaux d'une certaine figure; comme si un certain nombre de molécules se trouvoient sollicitées à la fois par des forces concourantes au même point. Ces cristaux augmentent ensuite de volume par des lames successives concentriques, dont chacune enveloppe le cristal en totalité.

Lorsque la solution tient en suspension une assez grande quantité de matière très-divisée, il se forme aussi des cristaux spontanés; mais, dans ce cas, ils sont plus gros, et la matière étrangère se trouve disposée suivant les diagonales; ou, pour expliquer en d'autres termes, la matière étrangère se trouve enfermée entre deux groupes adjacens de molécules, suivant une direction moyenne entre les résultantes des deux groupes de forces qui les sollicitoient. Ces gros cristaux spontanés augmentent ensuite difficilement de volume; mais lorsque cela arrive, c'est par des lames concentriques qui enveloppent le cristal en totalité, et alors la matière se trouve prise entre les lames enveloppantes.

Sans doute, si on avoit raisonné d'avance sur ce qui devoit arriver dans ces deux cas, en supposant les molécules sollicitées par des forces, on seroit arrivé théoriquement aux résultats de l'expérience.

D'après ce qui précède, on peut supposer que les prismes de macle se sont formés spontanément au milieu d'une matière molle, souvent très-divisée, et dont quelques portions ont été enfermées entre deux groupes adjacens de molécules intégrantes, dans une direction moyenne entre les résultantes des groupes de forces qui les sollicitoient, c'est-à-dire suivant les diagonales.

Lorsque la macle a cristallisé dans une pâte de particules très-grossières, comme, par exemple, dans le schiste micacé de Nantes, les molécules étrangères n'ont pu être enfermées aussi facilement dans le cristal qui dès lors s'est trouvé homogène, comme on l'observe quelquefois. Il résulte de là que les matières noires sont étrangères à la macle, et qu'elles proviennent de la roche où les cristaux se sont formés. Au reste, ce n'est pas le seul exemple de cette disposition dans la nature, car il existe des cristaux de trémolite du Saint-Gotard, dont le centre renferme de la dolomie, qui se présente à peu près comme la matière noire dans la macle.

La même disposition se présente fréquemment dans les cristaux de nos laboratoires. Les cristaux prismatiques surtout sont souvent creux à l'intérieur, et la cavité est presque toujours pyramidale. S'ils se sont formés dans un liquide chargé de matière en suspension, la cavité s'est trouvée remplie.

Prétendue origine organique de la macle. — De tous temps la plupart des minéralogistes qui ont connu la macle l'ont regardée comme une cristallisation particulière; cependant M. Bigot de Morogues a émis une opinion très-différente, en la considérant comme un corps organisé. M. Beudant a examiné cette hypothèse dont on n'a pas donné de preuve, et il a reconnu qu'il étoit possible de rapporter, en sa faveur, assez de faits pour induire en erreur, lorsque l'on n'a pas sous les yeux assez de points de comparaison.

Ces faits peuvent se réduire à quatre principaux.

1.° Les étranglemens qu'on remarque sur la plupart des cristaux de macle de l'étang des Salles-de-Rohan, conduisent assez bien à l'idée d'un polypier du genre *Isis*, dont les parties cartilagineuses auroient été remplacées par la matière quarzeuse.

2.° Les macles d'Espagne et des Etats-Unis présentent, comme il a été dit, sur leur coupe transversale, une sorte de réseau irrégulier, qui rappelle la structure de l'ivoire.

3.° Les tubes creux, divisés par des cloisons transversales, que l'on rencontre à la Lieu-de-Grève, sont aussi dans le cas de conduire à l'opinion d'un corps organisé, qui n'auroit été qu'en partie rempli.

4.° Plusieurs échantillons, particulièrement ceux du château de Kérorio, et quelques uns de la Lieue-de-Grève, présentent en quelques points des macles bien caractérisées, et, dans d'autres, des prismes coupés longitudinalement, où l'on croit reconnoître des *encrinites*. En général, si l'on trouvoit de semblables corps dans un marbre, comme le marbre granitelle, par exemple, on prononceroit affirmativement qu'ils ont appartenu à des êtres organisés, et particulièrement aux polypiers du genre *Encrine*. On sait que dans le marbre granitelle, les encrinites présentent sur la coupe transversale une petite tache circulaire de matière noire, et que, sur la coupe longitudinale, on remarque des lignes noires transversales. C'est précisément ce qui a lieu à l'égard des macles cylindroïdes de Bretagne.

D'un autre côté, puisqu'on connoît des encrinites carrées, qui par conséquent pourroient porter à leur centre un carré, si on trouvoit des macles prismatiques rectangulaires dans un marbre, ou dans des terrains secondaires, on ne manqueroit pas de les considérer comme des encrinites.

Quelquefois les encrinites, enfermées dans diverses roches calcaires ou siliceuses, présentent sur leur coupe transversale des lignes noires provenant sans doute de quelques fissures remplies par des matières étrangères, qui leur donnent l'apparence de macle.

A ces quatre faits principaux on peut ajouter les déviations que la macle présente dans sa cristallisation, la diversité apparente de sa composition, la présence de la matière nacrée à la surface des cristaux, les embranchemens assez singuliers des petites macles sur les plus grosses ; enfin l'on pourroit encore apporter en preuve la disposition des macles entre les feuillets du schiste micacé de Nantes, où elles semblent avoir été écrasées, comme pourroient l'être des corps organisés, etc. etc.

Peut-être en se bornant à ces faits, on pourroit être porté

à admettre que l'opinion que les macles ne sont que des corps organisés; mais il est essentiel de remarquer que ce sont pour la plupart que des faits isolés, qu'on ne rencontre que rarement, et qui n'ont pas ce caractère de constance et de régularité, qui porte avec lui la conviction. En effet, les espèces d'articulations quarzeuses, qui ont été citées ci-dessus, se retrouvent dans d'autres substances minérales, comme dans la *picnite*, dans l'andalousite et dans plusieurs substances qui ont affecté la forme bacillaire: l'espèce de réseau que présentent certaines macles dans leur coupe transversale, n'a pas exactement la même forme dans les divers échantillons, ce qui paroîtroit devoir être, s'ils tenoient à une disposition organique.

Les espèces de tubes creux qui se trouvent dans les schistes de la Lieue-de-Grève, ne peuvent être non plus d'un grand poids pour l'opinion de M. Bigot de Morogues, puisqu'ils sont manifestement dus à une désintégration de la matière, et que ce n'est qu'à la surface du terrain dans les parties qui ont pu être exposées à l'action de l'air, qu'on les trouve.

Quant à la ressemblance avec les *encrinites*, il faut encore remarquer que les macles qui la présentent le mieux sont aussi désagrégées, et en partie détruites; il suffit alors que quelques portions aient plus résisté que d'autres, pour donner l'apparence organique; c'est encore dans les parties découvertes des schistes de Kerorio qu'on les trouve; dans le reste de la masse, les macles sont entières.

Il faut aussi remarquer que la manière dont les macles sont le plus souvent groupées ensemble, est absolument contraire à l'hypothèse des corps organisés, et très-favorable à l'opinion générale où on les considère comme des cristaux plus ou moins parfaits; en effet, on trouve des macles groupées irrégulièrement les unes sur les autres en toutes sortes de sens.

M. Beudant ajoute que si les macles doivent leur origine à des corps organisés, on devroit retrouver à quelle espèce appartient la substance qui les a minéralisées. Or, on sait qu'il n'y a de pseudomorphoses organiques que dans quelques substances acidifères, dans quelques variétés de quarz, encore n'en connoît-on pas dans le quarz hyalin; il n'y en a point en feldspath, en topaze, etc. etc. Par conséquent, en jugeant d'après nos connoissances actuelles, la comparaison de la matière qui a rempli ces prétendus corps organisés, ne pourroit être faite qu'avec un très-petit nombre de substances minérales, trop communes dans les collections, pour ne pas être reconnues à l'instant. Mais au contraire les caractères tranchés de la macle doivent la faire regarder comme une substance particulière.

On ne peut donc mettre en doute que les macles ne soient de véritables cristaux plus ou moins réguliers d'une substance minérale distincte ; c'est ainsi qu'elles ont été généralement regardées par tous les minéralogistes. On n'est cependant pas d'accord sur le rang que cette substance doit occuper parmi les espèces minérales ; elle fut d'abord placée avec les pierres talqueuses ; sa structure lamelleuse la fit ensuite mettre par *Werner* et *Hoffmann*, à la suite du *feldspath*, comme en étant une espèce très-voisine.

MM. *Bernhardi*, *Fitton* et *Stephens* ont avancé que la macle n'étoit autre chose que l'*andalousite* ou le *feldspath apyre ;* et c'est aussi ce que M. Beudant a dit en 1815. Cette réunion est fondée sur la similitude des caractères de ces deux substances, sur la forme, qui est de part et d'autre un prisme à base carrée, sur la similitude de position et d'inclinaison des facettes qui modifient les angles solides des prismes d'andalousite, avec les clivages que présente la macle. On peut ajouter qu'il existe dans le cabinet de minéralogie particulier du Roi, un groupe d'andalousite de Bavière, sur un des coins duquel on reconnoît un cristal de la même substance qui présente dans sa cassure les lignes noires en croix qui caractérisent la macle. Enfin la macle et l'andalousite se trouvent dans la même montagne, dans les mêmes roches, en Islande dans la contrée de Wilklow. Il est infiniment probable que la réunion de ces deux substances sera confirmée par l'analyse chimique qui n'a pas encore été faite. (G. L. fils.)

MACLOU (*Bot.*), nom vulgaire de l'*aconitum anthora*, suivant M. Bosc. (J.)

MACLURA (*Bot.*), Nuttall, *Gen. of north. Amer.*, pl. 2, p. 233. Genre de plantes dicotylédones, à fleurs dioïques, de la famille des *urticées*, de la *dioécie tétrandrie* de Linnæus, rapproché du *broussonnetia*, offrant pour caractère essentiel : Des fleurs dioïques; les fleurs mâles inconnues; les fleurs femelles sans calice ni corolle; un style filiforme, velu; des ovaires nombreux, réunis en une baie globuleuse, à plusieurs loges; une semence ovale et comprimée dans chaque loge. `

Ce genre ne renferme qu'une seule espèce, sous le nom de *maclura aurantiaca*, Nuttal, arbre lactescent, dont le tronc s'élève à la hauteur de vingt-cinq à trente pieds, chargé de rameaux souples et cylindriques. Les feuilles sont alternes, pétiolées, ovales, acuminées, très-entières, glabres, luisantes en dessus, légèrement pubescentes en dessous, sur les nervures et les pétioles, longues de deux ou trois pouces, larges de deux, dépourvues de stipules; une épine presque axillaire; les fleurs femelles sont réunies en un chaton axillaire, globuleux, presque sessile; le fruit est une baie de la grosseur d'une orange, verruqueuse à sa surface, d'un jaune orangé, pulpeuse, d'une saveur assez agréable, quand elle est mûre. Cette plante croît sur les bords du Missouri et dans le pays des Natchez. Le *morus tinctoria*, Sloan., *Jam. Hist.*, 2, pag. 3, paroît devoir appartenir à ce genre. (Poir.)

MACLUREITE. (*Min.*) Le nom de l'auteur de la première description géognostique des Etats-Unis a été donné par M. Henri Seybert de Philadelphie, à une espèce minérale qui est bien différente de celle à laquelle on a voulu aussi l'appliquer, et qui va être indiquée par la dénomination de *Maclurite*. Celle dont il est ici question sembloit être réellement une espèce, et pouvoir porter le nom de N. W. Maclure; mais ce n'est qu'une modification accidentelle d'un minéral qui a déjà deux noms, la condrodite de M. Berzélius; la Brucite des minéralogistes américains.

Ce mineral se présentoit comme un fluo-silicate de magnésie, combinaison qu'on n'avoit pas encore observée dans la nature. Il est d'un jaune de vin, quelquefois brun-rouge, avec une nuance verdâtre. Son éclat est vitreux, approchant cependant un peu de celui de la cire : on ne le connoit qu'en masse sphéroïdale ou lenticulaire , généralement opaque; mais les petits fragmens sont transparens. Sa structure est cristalline; on y observe deux clivages en direction opposée : l'un d'eux est imparfait, et ils sont l'un et l'autre trop peu nets pour qu'on ait pu arriver par leur moyen à déterminer la forme primitive de cette espèce. Enfin, ce minéral raie la chaux fluatée et le verre, et donne abondamment des étincelles sous le choc du briquet.

Il s'est trouvé engagé dans un calcaire accompagné de fer carbonaté, et quelquefois de petites paillettes de mica, en sphéroïdes dont les grandeurs varient depuis celle de la tête d'une épingle jusqu'à plusieurs pouces de diamètre, et qui ont quelquefois pour noyau de la chaux ou du fer carbonatés ; il est infusible au chalumeau. Sa pesanteur spécifique est de 3,15 à 3,22.

Il a été trouvé dans le New-Jersey. L'analyse faite par M. Henri Seybert a donné pour résultat :

Magnésie	54,0
Silice	32,6
Fer peroxidé	2,3
Acide fluorique	4,1
Potasse	2,1
Eau	4

On soupçonna d'abord, d'après ces caractères, son analogie avec la condrodite ; maintenant elle n'est plus douteuse d'après l'aveu même du chimiste qui l'a analysée. Il regarde l'acide fluorique, et la potasse comme accidentels ; mais il demande si on ne retrouveroit pas aussi ces matières dans la condrodite de Finlande. (B.)

MACLURITE, *Maclurita*. (*Conchyl.*) M. Lesueur a établi sous ce nom, dans le tome I, pag. 310 du Journal de l'Académie des Sciences naturelles de Philadelphie, un petit genre de coquilles univalves qu'il caractérise ainsi : Coquille discoïde trèsdéprimée, uniloculaire ; la spire non élevée, plate ; un ombilic extrêmement grand, avec une rainure formée par la saillie des tours précédens, et non crénelé. D'après cela, il est aisé de voir que c'est un genre fort voisin du genre Solarium de M. de Lamarck, dont il ne paroît guère différer que parce que l'ombilic n'est pas crénelé. Les deux espèces que M. Lesueur rapporte à ce genre, ne sont encore connues qu'à l'état fossile, et l'une se trouve, à ce qu'il paroit, en très-grande abondance dans le calcaire bleu secondaire que forme l'immense bassin qui s'étend des monts Alléghanis au lac supérieur, et de Saratoga au Mississipi dans l'Amérique septentrionale, mêlée avec

des térébratules, des encrinites, des alcyonites, des caryopl il-
lites, favorites, et même, si nous en croyons les observations de
M. Lesueur, des trilobites et des gyroganites. La première espèce de maclurites que M. Lesueur nomme la MACLURITE GRANDE,
Maclurita magna, Lesueur, *loc. cit.*, pl. 13, fig. 1, 2, 3, est obtusément carénée à son bord supérieur ; les tours de spire s'ac-
croissent rapidement ; l'ouverture est gauche, irrégulièrement
ovale et déprimée horizontalement en dessus. Elle atteint une
très-grande taille, et M. Lesueur en a vu des échantillons de
dix à douze pouces de diamètre ; elle est assez semblable à une
ammonite, pour que M. Maclure, dans ses observations géologiques, l'ait considérée comme appartenant à ce genre. On l'a
trouvée dans le calcaire qui forme une partie des bords du lac
Erié, sur ceux du lac Champlain, et dans le Kentuky près de la
rivière Tennessée. La seconde espèce que M. Lesueur nomme
la MACLURITE BICARÉNÉE, *Maclurita bicarinata*, est figurée dans
les *Organic remains* de Parkinson, vol. 3, pag. 76, pl. 6,
fig. 1-3. Son ouverture est dextre, et les tours de la spire
sont une double carène, au milieu et en dessous. Il paroit
qu'elle vient d'Irlande. (DE B.)

MACLURITE. (*Min.*) M. Nuttall, auteur de plusieurs écrits
géologiques sur les terrains de l'Amérique, a donné ce nom à
un minéral qu'il considère comme une nouvelle espèce, et qui
a été trouvé au sud du fourneau à fer de Franklin, vallée de
Sparta, dans le New-Jersey.

Ce minéral ressemble à de l'amphibole hornblende d'un
vert pâle, passant à l'amphibole actinote en masse ; il est en
croûte cristalline à la surface des lits de calcaire ; il a, en
outre, beaucoup de rapport avec l'hyperstène supposé de la
Delaware, analysé dernièrement par M. Seybert, qui l'a considéré comme de l'hornblende ; mais la structure du nouveau
minéral est différente de celle de l'hornblende.

Il fond avec difficulté, et est composé, suivant l'auteur,

De silice.......................... 52,1
De deutoxide de fer................ 10,7
De chaux........................... 20
De magnésie........................ 11,0
D'alumine.......................... 4
D'eau.............................. 1,3

Cette composition paroît lui donner quelque ressemblance avec le pyroxène augite ; et la déterminaison de ce minéral comme espèce réelle est trop incertaine, pour qu'on puisse lui assigner un nom qui doit être consacré à une espèce bien distincte. (B.)

MACO (*Bot.*), nom brame de l'*eclypta prostrata*, qui est le Cajenneam des Malabares. Voyez ce mot. (J.)

MACOCO. (*Mamm.*) Dapper rapporte que ce nom, qui signifie grande bête, appartient au Congo à un animal qui est de la grandeur d'un cheval, qui a les jambes longues et grêles, et le cou long, qui est de couleur grise et rayé de blanc, et qui a deux cornes sur la tête, longues et aiguës, etc. Il s'agit sans doute, dans cette description, de quelque espèce d'antilope. (F. C.)

MACOCQWER. (*Bot.*) Le fruit de Virginie que Clusius décrit et figure sous ce nom, paroît être celui du calebassier, *crescentia*, d'après l'inspection de sa forme et la figure de ses graines. (J.)

MACOLOR. (*Ichthyol.*) C'est le nom d'un poisson figuré par Renard, pl. 9, f. 60. Voyez Diagramme, tome XIII, p. 138 de ce Dictionnaire. (H. C.)

MACON. (*Bot.*) Espèce de palmier à feuilles pennées et à tronc épineux, non décrit, cité seulement par M. de Humboldt, qui croît à Maypoury, sur les rives du Topari. (J.)

MAÇON. (*Ornith.*) Comme la sittelle, *sitta europea*, Linn., enduit de terre l'ouverture du trou d'arbre dans lequel elle niche, on lui a donné, en plusieurs endroits, le nom de maçon. (Ch. D.)

MAÇONNE (*Entom.*), nom sous lequel on a désigné divers insectes, l'*abeille* maçonne, l'*araignée* maçonne, parce que ces espèces construisent des nids avec une sorte de mortier. (C. D.)

MAÇONNE. (*Conchyl.*) Les marchands de coquilles donnent encore quelquefois ce nom à la Fripière, *trochus conchyliophorus*, Gmelin, *trochus agglutinans*, Lamarck, à cause de la faculté singulière qu'a l'animal qui la porte d'y agglutiner les corps qui sont à la surface du sol où elle se trouve. Voyez Troque. (De B.)

MACOODOO. (*Bot.*) Voyez Macadapola. (J.)

MACOTTU. (*Ornith.*) L'oiseau dont Cetti parle sous ce nom, aux pages 192 et suivantes de son Histoire naturelle des oiseaux de Sardaigne, et que les Piémontois appellent *predicatore*, paroît être le proyer, *emberiza miliaria*, Linn. (Ch. D.)

MACOUACANNA. (*Ornith.*) L'oiseau dont le nom est ainsi écrit dans les Singularités de la France antarctique de Thévet, dans le Dictionnaire de Lachesnaie-des-Bois, dans la Zoologie universelle de Playcard Ray, et *macouarana* dans le Nouveau Dictionnaire d'Histoire naturelle, est, sans doute, le même que le *macoucagua* de Marcgrave, dont Buffon a fait, par contraction, *magoua*, c'est-à-dire le grand tinamou du Brésil, *tinamus brasiliensis*, Lath., et le tinamou magoua de M. Temminck, figuré dans les planches enluminées de Buffon, n.° 476, sous le nom de tinamou de Cayenne. (Ch. D.)

MACOUARANA. (*Ornith.*) Voyez Macouacanna. (Ch. D.)

MACOUCAGUA. (*Ornith.*) Voyez Macouacanna et Tinamou. (Ch. D.)

MACOUBÉ, *Macoubea*. (*Bot.*) Genre de plantes dicotylédones, de la famille des *guttifères*, dont les fruits sont seuls connus. Aublet, auteur de ce genre, n'en cite qu'une seule espèce.

Macoubé de la Guiane; *Macoubea guianensis*, Aubl., *Guian.*, vol. 2, Suppl., pag. 18, tab. 378. Arbre de la Guiane, dont toutes les parties fournissent un suc laiteux. Son tronc s'élève à quarante pieds et plus, sur un pied et demi de diamètre; le bois est d'un jaune verdâtre; l'écorce lisse, grisâtre; les branches sont opposées, creuses, ainsi que les rameaux; les feuilles pétiolées, opposées, ovales, un peu aiguës, glabres, vertes, entières. Les fleurs n'ont pas été observées. Les fruits sont supérieurs, disposés en grappes, portés sur des pédoncules communs situés dans les bifurcations des rameaux. Ces fruits sont de la grosseur d'une orange, un peu comprimés; leur écorce est rude, brune, parsemée de points grisâtres; ils renferment un grand nombre de semences oblongues, assez grosses. Ce sont des amandes fermes, blanches, à deux loges, renfermées dans une membrane épaisse et jaune. (Poir.)

MACOUCOU. (*Bot.*) Deux plantes différentes portent ce nom à Cayenne, suivant Aublet. L'une est une espèce de caimitier, qui est son *chrysophyllum macoucou*, dont les Garipous mangent le fruit avec plaisir ; l'autre est son *macoucoua guianensis*, décrit ci-après. (J.)

MACOUCOU, *Macoucoua*. (*Bot.*) Genre de plantes établi par Aublet, mais qui se rapproche tellement des houx (*ilex*), qu'on a cru devoir l'y réunir, mais avec le doute que doit inspirer l'ignorance où nous sommes de la nature de ses fruits. Aublet, qui n'en cite qu'une espèce, l'a nommée *macoucoua guianensis*, *Guian.*, vol. 1, pag. 88, tab. 34, et Lamk., *Ill. gen.*, tab. 75. Il porte, dans Willdenow, le nom d'*ilex acuminata*. C'est le *labatia* de Scopoli. C'est un arbre de trente à quarante pieds de haut, sur un pied et demi de diamètre. Son écorce est épaisse, dure, cassante, blanchâtre en dehors ; les feuilles alternes, presque sessiles, ovales, lisses, entières, longues de deux pouces. Les fleurs sont blanches, très-petites, réunies par petits bouquets dans l'aisselle des feuilles ; le calice a quatre divisions profondes, aiguës ; la corolle est monopétale, évasée ; le tube court ; le limbe a quatre lobes arrondis ; il y a quatre étamines alternes avec les divisions de la corolle ; les anthères ont deux lobes ; l'ovaire est supérieur, arrondi ; le stigmate obtus. Le fruit n'a point été observé. Cet arbre croît dans la Guiane. Les Galibis, au rapport d'Aublet, emploient son écorce à cuire leurs poteries. (Poir.)

MACOUNA. (*Bot.*) Le fruit figuré sous ce nom, dans les *Exotica* de Clusius, est le grand pois pouilleux, *dolichos urens* de Linnæus, Mucuna du Brésil. Voyez ce mot. (J.)

MACOW. (*Ornith.*) Voyez Macaw. (Ch. D.)

MACPALXOCHITL. (*Bot.*) La plante ainsi nommée dans le Mexique, suivant Hernandez, avoit été rapportée par Linnæus à l'*helictere apetala*. M. Lescalier, dans une dissertation spéciale, en a fait un genre distinct sous le nom de *cheiranthodendrum*. C'est maintenant le *cheirotemon* de MM. de Humboldt et Bonpland, dont les filets d'étamines, fermes et écartés par le haut, présentent la forme d'une main armée de griffes. (J.)

MACQUERIA. (*Bot.*) L'arbre que Commerson, daus ses manuscrits, désignoit sous ce nom, est le *fagara heterophylla* de M. de Lamarck. Voyez Fagarier. (J.)

MACQUEROLLE. (*Ornith.*) Un des anciens noms de la macreuse, *anas nigra*, Linn. (Ch. D.)

MACQUI. (*Bot.*) Voyez Maqui. (Poir.)

MACRANTHE, *Macranthus.* (*Bot.*) Genre de plantes dicotylédones, à fleurs complètes, papillonacées, de la famille des
légumineuses, de la *diadelphie décandrie* de Linnæus, dont le
caractère essentiel consiste dans un calice coloré, tomenteux,
à quatre découpures, dont deux latérales plus courtes; une
corolle papillonacée; alongée, presque fermée; l'étendard
échancré; la carène et les ailes très-longues; dix étamines
diadelphes, quatre des filamens plus épais avec des anthères
pendantes, les autres droites; un ovaire supérieur, cylindrique, pileux dans toute sa longueur; une gousse droite,
cylindrique, polysperme.

Macranthe de la Cochinchine; *macranthus cochinchinensis*,
Lour., *Flor. Cochin.*, 2, pag. 563. Plante herbacée, dont les
tiges sont longues, grimpantes, cylindriques et rameuses; les
feuilles alternes, ternées, composées de folioles ovales, presque
rhomboïdales, pileuses, accompagnées de stipules filiformes;
les pédoncules axillaires, chargés de plusieurs taches blanches,
ainsi que le calice : celui-ci est persistant, tomenteux, ayant
deux découpures latérales plus courtes; la corolle alongée,
presque fermée, ayant l'étendard ovale, échancré, plus long
que le calice; les ailes trois fois plus longues que l'étendard;
la carène plus longue que les ailes, aiguë, ascendante; les
étamines diadelphes dont quatre des filamens plus épais avec
des anthères ovales, pendantes; et d'autres filamens grêles à
anthères droites et oblongues. Les gousses sont épaisses, un
peu cylindriques, acuminées, renfermant plusieurs semences
ovales. Cette plante croît aux lieux cultivés, en Cochinchine.
Quoique les gousses ne soient ni savoureuses, ni bien salubres,
cependant on les mange dans leur pays natal. (Poir.)

MACRE. (*Bot.*) Voyez Macer. (J.)

MACRE (*Bot.*), *Trapa*, Linn. Genre de plantes dicotylédones, d'abord placé par M. de Jussieu dans la famille des
hydrocharidées, et qui a été reporté depuis dans les onagrées. Il
appartient à la *tétrandrie monogynie* du système sexuel, et
présente pour caractères : Un calice monophylle, persistant, à
quatre divisions; une corolle de quatre pétales; quatre étamines; un ovaire infère, surmonté d'un style à stigmate en
tête; une noix irrégulière, armée de pointes dures, opposées,

formées par les divisions épaissies et endurcies du calice, contenant une seule graine. Les màcres sont des plantes herbacées, aquatiques, hétérophylles, à fleurs axillaires, et à fruits remarquables par les pointes corniformes dont ils sont armés.

Macre flottante; vulgairement Chataigne d'eau, Corniole, Noix d'eau, Saligo, Tribule aquatique, etc. : *Trapa natans*, Linn., *Spec.*, 175 ; *Tribulus aquatilis*, Dod., *Pempt.*, 581. Sa racine est fibreuse, très-alongée, annuelle selon la plupart des auteurs, vivace selon quelques autres ; elle produit une tige grêle, rameuse, qui s'élève jusqu'à la surface de l'eau, et est chargée, dans toute la partie submergée, de feuilles opposées, presque sessiles, pectinées, à folioles très-étroites. Les feuilles supérieures, flottantes à la surface de l'eau, sont alternes, pétiolées, rhomboïdales, grossièrement dentées, étalées et disposées en rosette. Les fleurs sont blanches, petites, solitaires dans les aiselles des feuilles, sur des pédoncules qui s'alongent après la floraison. Il leur succède des fruits durs, turbinés, à peu près gros comme une châtaigne, armés de quatre grosses pointes dures, légèrement recourbées. Ces fruits contiennent une amande dure, blanche, d'une saveur agréable. Cette plante croît dans les mares, les étangs, et les eaux dormantes, en Europe et en Asie.

Les fruits de la màcre sont en usage comme alimentaires dans les pays où il y a beaucoup d'étangs, et où cette plante est commune. En Chine ils sont l'objet d'une culture régulière. Leur amande a une saveur qui approche un peu de celle de la châtaigne ordinaire, mais qui est plus fade et moins agréable. Quelques personnes la mangent crue ; mais le plus ordinairement ce n'est qu'après l'avoir fait rôtir sous la cendre, ou cuire dans l'eau.

On regardoit autrefois les fruits de la màcre comme astringens , et ses feuilles ont été employées comme résolutives ; aujourd'hui ni les uns ni les autres ne sont plus usités.

On connoît encore deux autres espèces de màcres qui se trouvent à la Chine et à la Cochinchine. (L. D.)

MACREUSE. (*Ornith.*) Cette espèce de canards a donné lieu aux fables les plus absurdes. Quoique très-communes en hiver sur les côtes d'Angleterre, c'est dans des contrées bien plus septentrionales que les macreuses passent l'été ; et comme on ne connoissoit ni le nid ni les œufs de ces oiseaux dont on voyoit paroître subitement des quantités considérables, ne pouvant se figurer qu'ils se retirassent, pour propager, dans des lieux où le froid est si rigoureux, on a mieux aimé supposer un mode de génération contre nature. Chacun s'est donc livré aux désordres de son imagination pour expliquer ce fait, jusqu'à ce que les Hollandois, dans leurs voyages au Nord, eussent trouvé des macreuses couvant leurs œufs. Les uns, voyant dans les tentacules ciliés du mollusque qui habite la coquille appelée depuis conque anatifère, anatife, et vulgairement sapinette, une apparence de plumes, se sont imaginé qu'il devenoit un oiseau; d'autres ont prétendu que les macreuses naissoient contre des planches de sapin pourries, et autres débris de vaisseaux, sur lesquels s'appliquoient des coquilles pareilles à celles des anatifes. Selon ceux-ci, elles y tenoient par le bec et s'en détachoient lorsqu'elles étoient couvertes de plumes et en état de chercher leur nourriture; d'après d'autres, c'étoient les coquilles qui étoient seules adhérentes, et l'oiseau en sortoit quand il étoit parvenu à son état parfait. Il y en a eu même qui ont soutenu qu'il croissoit en Angleterre, et particulièrement dans l'île Pomonia, l'une des Orcades, des arbres portant des fruits ressemblant à un oiseau, et qui, tombant dans l'eau à leur maturité, s'y changeoient en un oiseau réel, nommé *anser arboreus*. Michel Mayerus a même fait exprès un livre intitulé *De volucri arboreo*. On ne se permet de rappeler ici ces contes ridicules, que pour faire voir à quel dégré d'absurdité l'imagination peut se porter pour chercher à expliquer ce qu'on ne comprend pas. Le récit détaillé de ces rêveries et la citation des nombreux ouvrages où elles ont été répétées pendant plusieurs siècles, font l'objet d'un Traité curieux sur l'Origine des Macreuses composé par Graindorge, publié en 1680, à Caen, par le médecin Malouin, et réimprimé à Paris cent ans après.

Ces oiseaux, généralement connus sous le nom d'oies d'Ecosse, ont reçu beaucoup d'autres dénominations particulières, telles que celles de clakis, clakers, clakigus, clakguse, bélianes, bernicles, bernagues, berneftes, bernettes, binettes, barliastes, barbates, graveranes, graveignes, granbanes,

malcots, macroules, nouvettes, rotgausen, etc., dont plusieurs,
à la vérité, s'appliquent à d'autres oiseaux de la même nature. C'est à l'opinion que les macreuses ne naissoient pas
d'une conjonction animale, qu'est dû originairement l'usage
de considérer leur chair comme un aliment qui pouvoit être
mangé les jours maigres.

Pour la description des macreuses, voyez au mot CANARD,
les pages 347 et suivantes du tome VI de ce Dictionnaire.
(CH. D.)

MACRIMITI (*Ornith.*), nom du courlis, en grec moderne.
(CH. D.)

MACROCARPUS, *Macrocarpe.* (*Bot.*) M. T. Bonnemaison
désigne sous cette dénomination le genre *Ectocarpus* de Lyngbye, auquel il rapporte aussi encore quelques espèces confondues jusqu'ici avec les conferves et les *ceramium*. Il le caractérise ainsi : Filamens déliés, granulés, rameux, olivâtres
ou roussâtres. Fructification multiforme ; des élytres rondes,
ovales ou lancéolées ; des conceptacles sur des individus différens.

Ce genre est placé par son auteur entre les genres *Bulbo-
cheta* et *Zygnema* d'Agardh, dans la deuxième section de ses
hydrophytes loculées, qui comprend les espèces *épidermées*,
c'est-à-dire, munies d'une membrane externe colorée, faisant
fonction d'épiderme.

Toutes les espèces sont marines. (LEM.)

MACROCÉPHALE. (*Entom.*) Ce nom, qui signifie grosse tête,
avoit été donné par Olivier aux insectes que Geoffroy et Fabricius ont désignés sous le nom d'anthribes, coléoptères tétramérés, de la famille des rhinocères.

On a aussi donné ce nom à des espèces d'hémiptères, de la
famille des rhinostomes, du genre Cimex ou Acanthie. (C. D.)

MACROCÉPHALE. (*Ichthyol.*) Nom spécifique d'un labre
que nous avons décrit dans ce Dictionnaire, tome xxv, p. 38.
Voyez aussi SYNODE. (H. C.)

MACROCERATIUM. (*Bot.*) M. R. Brown, dans l'*Hort. Kew.*,
sépare de l'*erysimum* deux espèces, pour former son genre *No-
tocera*, adopté par M. Decandolle, qui le divise en trois sections, et nomme *macroceratium* celle à laquelle il rapporte le
lepidium cornutum du *Fl. Græc.* de Sibthorp. (J.)

MACROCERCUS. (*Ornith.*) M. Vieillot, qui a fait un genre particulier des aras, lui a donné ce nom, tiré de la longueur de leur queue. (Cн. **D.**)

MACROCÈRE, *Macrocera.* (*Entom.*) Ce nom, qui signifie grosses antennes, a été donné par M. Meigen, à un petit genre de diptères, de la famille des hydromyes, voisin des tipules, dont les antennes sont très-longues. (C. D.)

MACROCÈRE, *Macrocera.* (*Entom.*) Sous ce nom, M. Spinola de Gênes a formé un genre d'insectes hyménoptères, qui comprend les eucères de Fabricius, dont les palpes maxillaires n'ont que cinq articles, et dont les ailes supérieures sont pourvues de trois cellules cubitales.

Il rapporte à ce genre l'*Apis malvæ* de Rossi, ou *Eucera antennata* de Panzer. (Dᴇsм.)

MACROCNÈME, *Macrocnemum.* (*Bot.*) Genre de plantes dicotylédones, à fleurs complètes, monopétalées, régulières, de la famille des *rubiacées*, de la *pentandrie monogynie* de Linnæus, offrant pour caractère essentiel : Un calice presque campanulé, à cinq dents peu marquées, persistant; une corolle infundibuliforme; le tube plus long que le calice; le limbe à cinq divisions ; cinq étamines non saillantes, attachées au fond du tube; un ovaire inférieur; un style; un stigmate à deux lobes; une capsule bivalve, à deux loges polyspermes.

Ce genre, borné d'abord à une seule espèce, a été depuis enrichi de plusieurs autres, la plupart découvertes au Pérou. Il comprend des arbres ou arbrisseaux à feuilles opposées, accompagnées de stipules. Les fleurs sont disposées en corymbes ou en panicules terminales, munies de bractées très-grandes, colorées et pétiolées dans les unes, qui ont été considérées d'abord comme une des divisions du calice, fort petites et sessiles dans d'autres.

Mᴀᴄʀᴏᴄɴᴇᴍᴇ ᴅᴇ ʟᴀ Jᴀᴍᴀïǫᴜᴇ; *Macrocnemum jamaicense,* Linn. Arbrisseau qui s'élève à la hauteur de douze à quinze pieds, dont les rameaux sont garnis de feuilles ovales, ou ovales-lancéolées, lisses, très-entières, à peine pétiolées; les fleurs disposées en panicules di ou trichotomes, à peine plus longues que les feuilles; leur calice est très-petit, à cinq dents; la corolle presque campanulée, à cinq découpures droites, ovales, oblongues: les filamens des étamines sont velus, à peine saillans;

les anthères ovales-oblongues; l'ovaire est turbiné; le style de la longueur de la corolle; le stigmate épais, à deux lobes. Le fruit est une capsule oblongue, turbinée, à deux loges; les semences imbriquées.

MACROCNÈME BLANCHE : *Macrocnemum candidissimum*, Vahl, *Symb.*, 2, pag. 38, tab. 30; *Mussænda candida*, Poir., Encycl. Arbre de l'île Sainte-Marthe, et des bords de l'Orénoque, dont les rameaux sont opposés, garnis de feuilles pétiolées, ovales, aiguës, très-entières, glabres en dessus, plus pâles et velues en dessous, le long des nervures, longues de deux pouces; les fleurs sont disposées en un corymbe trichotome, qui a ses dernières divisions chargées de trois fleurs, savoir : deux latérales pédicellées; et celle du milieu sessile; les bractées sont pétiolées, en ovale renversé, très-blanches, membraneuses, longues d'un pouce; les semences imbriquées.

MACROCNÈME ÉCARLATE : *Macrocnemum coccineum*, Vahl, *Symb.*, 2, pag. 38, tab. 29; *Mussænda coccinea*, Poir., Encycl. Arbre de l'île de la Trinité, dont les rameaux sont velus; les feuilles pétiolées, longues d'un pied, lancéolées, très-entières, velues en dessous, le long des côtes; les fleurs disposées en une grappe terminale, longue d'un pied, composée de petits corymbes opposés, pédicellés; les bractées pétiolées, purpurines, glabres, elliptiques; la corolle tubulée, à cinq divisions lancéolées; les filamens des étamines velus; l'ovaire turbiné, anguleux, velu; les deux stigmates obtus et réfléchis; les capsules oblongues, à deux loges polyspermes.

MACROCNÈME DES TEINTURIERS ; *Macrocnemum tinctorium*, Kunth, *in* Humb. *Nov. Gen.*, 3, pag. 399. Arbre d'environ vingt pieds de haut, dont les rameaux sont cylindriques, glabres, cendrés; les feuilles pétiolées, oblongues, elliptiques, entières, aiguës, arrondies à leur base, glabres à leurs deux faces, longues de trois à quatre pouces; les stipules caduques : les fleurs disposées en corymbes terminaux, pubescens, à trois divisions ramassées en tête, à l'extrémité des pédicelles; le calice glabre, campanulé; la corolle blanche, infundibuliforme. Cette plante croît le long de l'Orénoque, dans les Missions. Son écorce fournit une liqueur rouge.

MACROCNÈME A CORYMBES ; *Macrocnemum corymbosum*, Ruiz et Pav., *Flor. Per.*, 2, pag. 48, tab. 189. Arbre du Pérou, dont les rameaux portent vers leur sommet des feuilles sessiles, amples, longues d'un pied et demi, ovales, alongées, coriaces, plissées, très-entières, luisantes en dessus, munies de stipules, à deux divisions lancéolées, très-aiguës. Les corymbes sont amples, terminaux, à rameaux opposés; les pédoncules et les pédicelles munis de petites bractées lancéolées; le calice est de couleur purpurine; la corolle blanche en dedans, d'un pourpre foncé en dehors; les capsules sont d'un brun-pourpre; les semences jaunâtres. Cette plante croit dans les Andes, sur les collines, au Pérou. On mêle souvent avec le quinquina son écorce, qui est un peu amère; mais il est facile de reconnoître la falsification par la couleur intérieure blanche de cette dernière, qui d'ailleurs est visqueuse, d'une amertume bien inférieure.

MACROCNÈME A PETITS FRUITS; *Macrocnemum microcarpon*, *Flor. Per.*, *l. c.*, tab. 188, fig. a. Arbre d'environ vingt-cinq pieds, revêtu d'une écorce d'un brun noirâtre. Les feuilles sont pétiolées, alongées, un peu ovales, glabres, entières, acuminées, pubescentes en dessous; les fleurs disposées en grappes terminales, longues de huit à neuf pouces; les bractées subulées; les calices petits, caducs; les corolles blanches, à divisions réfléchies; les capsules petites, turbinées; les semences jaunâtres, très-petites. Cette plante croit au Pérou.

MACROCNÈME VEINÉ; *Macrocnemum venosum*, *Flor. Per.*, *l. c.*, tab. 190, fig. 6. Plante des grandes forêts du Pérou, dont les tiges sont hautes de dix à douze pieds; les rameaux tétragones; les feuilles pétiolées, ovales-oblongues, acuminées, réticulées et pubescentes en dessous, sur leurs nervures, longues de neuf pouces; les stipules bifides, lancéolées, rougeâtres; les fleurs petites, sessiles, disposées en grappes terminales, pubescentes, formant, par leur ensemble, une panicule étalée; les corolles petites et blanches. (POIR.)

MACROCYSTIS. (*Bot.*) Ce genre a été établi par Agardh dans sa nouvelle classification des algues non articulées, pour placer les *fucus pyriferus*, Linn., *comosus*, Labillard., auxquels il croit qu'on peut joindre le *fucus Mentziesii*, Turn., et le *laminaria pomifera* de Lamouroux. Ce genre seroit caractérisé par ses tubercules fructifères plongés dans la substance de la fronde, et contenant des séminules agglomérées.

Ce genre peut être considéré comme un démembrement du

genre *Laminaria*, dans lequel le *fucus pyriferus* (voyez LAMINA-
RIA), a été placé par Lamouroux, et par Agardh lui-même,
avant qu'il ne le divisât en deux, le *macrocystis*, dont nous
venons de donner les caractères, et le *laminaria*, qui se distingue par sa fructification consistant en taches composées de
deux couches, l'extérieure contenant des graines en forme de
poires alongées (Agardh, *Spec. alg.*). Ces caractères nous
paroissent trop minutieux pour pouvoir être adoptés. Si l'on
pouvoit porter un œil scrutateur sur la structure et la fructification de toutes les espèces d'algues, on pouroit aisément
établir autant de genres qu'on le voudroit. (LEM.)

MACRODACTYLES. (*Entom.*) M. Latreille a donné ce nom
à une tribu d'insectes coléoptères pentamérés, qui ont des tarses
très-développés, terminés par des crochets forts, de la famille que nous avons désignée sous le nom d'hélocères. Mais
M. Latreille y rapporte aussi les espèces du genre Hétérocère,
que nous regardons comme tétraméré ou comme n'ayant que
quatre articles à tous les tarses. (C. D.)

MACRODACTYLES. (*Ornith.*) Ce terme, qui désigne la
longueur des pieds, s'applique aux oiseaux qui ont les doigts
fort longs et sans palmures, comme les râles, les porphyrions,
les gallinules ou hydrogallines, etc. (CH. D.)

MACRODITE, *Macrodites*. (*Conchyl.*) Genre de Coquilles microscopiques, établi par M. Denys-de-Monfort, tom. 1, pag. 239
de sa Conchyliologie systématique, pour une petite espèce qui
se trouve, à ce qu'il dit, sur les rivages de la mer Adriatique,
où elle est jetée par les flots. Les caractères de ce genre sont :
Coquille comprimée ovale, alongée, non carénée, enroulée
longitudinalement, de manière à ce que le dernier tour enveloppe et cache tous les autres, et mamelonnée de chaque côté;
ouverture oblongue, à peine modifiée par la spire, et fermée
par un diaphragme entier ; les cloisons simples et peu nombreuses. M. Denys-de-Monfort figure, pag. 238, *loc. cit.*, l'espèce qui
sert de type, à ce genre sous le nom de MACRODITE CUCULLÉ, *Macrodites cucullatus*, parce que les cloisons sont rendues visibles
à la surface extérieure de la coquille, par des lignes saillantes,
ou des espèces d'imbrications, se recouvrant d'avant en arrière. Cette coquille est transparente, irisée, et n'a pas plus
d'une ligne et demie de longueur. (DE B.)

34.

MACRODON. (*Ichthyol.*) Nom spécifique d'un centropome observé par Commerson dans les eaux douces de l'Isle-de-France. Il parvient à la taille d'un pied. Voyez CENTROPOME. (H. C.)

MACRODONTE (*Ichthyol.*), nom spécifique d'un LABRE décrit dans ce Dictionnaire, tome xxv, p. 52. (H. C.)

MACROGASTÈRE. (*Ichthyol.*) Nom spécifique d'un GLY-PHISODON. Voyez ce mot. (H. C.)

MACROGASTRES. (*Entom.*) Ce nom, qui signifie gros ventre, a été employé par M. Latreille, qui l'a ensuite abandonné pour désigner une section de notre famille des ornéphiles, insectes coléoptères tétramérés, correspondans aux genres n.ᵒˢ 4 et 5, *catope* et *pyrochre*. (C. D.)

MACROGLOSSE. (*Entom.*) Scopoli avoit désigné sous ce nom de genre, qui signifie grande langue, la division des Sésies, insectes lépidoptères qui volent en effet, avec la trompe très-alongée. et dont l'abdomen est comme tronqué, terminé par une touffe de poils roides en brosse. Tel est le *Moro-Sphinx*, *Sesia Stellatarum*. (C. D.)

MACROGLOSSES. (*Ornith.*) Ce nom a été donné par M. Vieillot à la famille d'oiseaux qui comprend les pics et les torcols, dont la langue est longue et lombriciforme. (Ch. D.)

MACROGNATHE, *Macrognathus*. (*Ichthyol.*) Ce mot, qui dérive du grec μακρος (*magnus*) et γναθος (*maxilla*), a été employé par M. de Lacépède, pour désigner un genre de poissons osseux holobranches, appartenant à la famille des pantoptères, et reconnoissable aux caractères suivans :

Corps alongé, comprimé, ensiforme, dépourvu de catopes; museau prolongé en une pointe cartilagineuse aplatie. qui dépasse de beaucoup la machoire inférieure; nageoires impaires distinctes et séparées; des épines isolées au lieu de première dorsale; deux épines en avant de l'anale.

On distinguera facilement les MACROGNATHES des MURÈNES et des OPHIDIES. qui ont les nageoires impaires réunies; des AMMODYTES, qui ont la mâchoire supérieure plus courte que l'inférieure; des XIPHIAS, qui ont le museau terminé par une pointe osseuse; des ANARRHIQUES, qui l'ont arrondi; des EPI-NOCHES, qui ont des catopes. (Voyez ces différens mots ainsi que PANTOPTÈRES et RHYNCHOBDELLE.)

Ce genre ne renferme encore que deux espèces; savoir:

1.º Le Macrognathe aiguillonné, ou la Trompe : *Macrognathus aculeatus*, Lacépède; *Ophidium aculeatum*, Gmel. Quatorze aiguillons au-devant de la nageoire du dos: pas de dents; dos rougeâtre; ventre argenté; nageoires pectorales brunes à la base, et violettes dans le reste de leur étendue; dorsale rougeâtre, variée de brun, et remarquable par deux taches rondes, noires, bordées de blanc; anale rouge avec un liséré noir; caudale arrondie et bleue nuancée de noir. Taille de six à huit pouces.

Ce poisson habite les eaux douces des Grandes-Indes. Sa chair est très-bonne à manger.

2.º Le Macrognathe armé; *Macrognathus armatus*, Lacépède. Trente-trois aiguillons au-devant de la nageoire du dos; museau moins prolongé que celui de l'espèce précédente; des dents aux mâchoires; trois piquans à chaque opercule, et une épine auprès de chaque œil. Taille de treize pouces.

La patrie de ce poisson est inconnue. Il a été trouvé dans une collection de poissons desséchés, cédée naguère à la France par la Hollande. (H. C.)

MACROLÉPIDOTE. (*Ichthyol.*) Bloch a donné ce nom à une espèce de poisson de son genre Bodian, et que M. Cuvier regarde comme un Glyphisodon. Voyez ces mots. (H. C.)

MACROLOBE (*Bot.*), *Macrolobium*, Willd.; *Vouapa*, Aubl. Genre de plantes dicotylédones, à fleurs complètes, papillonacées, de la famille des *légumineuses*, de la *triandrie monogynie* de Linnæus, offrant pour caractère essentiel : Un calice à quatre divisions accompagné de deux bractées à sa base; un seul pétale onguiculé, attaché au fond du calice; trois étamines opposées au pétale; les anthères petites, ovales, à deux loges; un ovaire supérieur, pédicellé; un style; un stigmate obtus; une gousse bivalve, élargie, comprimée, à une seule loge, renfermant une seule semence fort grande, arrondie.

Macrolobe hyménoïde : *Macrolobium hymænoides*, Willd., *Spec.*, 1, pag. 186; *Vouapa bifolia*, Aubl., *Guian.*, 1, pag. 25, tab. 7; Lamk., *Ill. gen.*, tab. 26. Arbre de soixante pieds et plus, revêtu d'une écorce grisâtre; le bois blanchâtre à l'extérieur, roussâtre et très-compacte à l'intérieur: ses rameaux tortueux et diffus; les feuilles alternes, à deux folioles épaisses, ovales-oblongues , un peu ondulées à leurs bords, glabres, longues de cinq pouces ; un de leurs côtés de moitié plus étroit que l'autre ; deux stipules aiguës et caduques; les fleurs disposées en petites grappes axillaires et terminales ; leur calice rougeâtre, fort petit; les divisions aiguës: le pétale violet, arrondi, élargi, ondulé au sommet; une gousse sèche, jaunâtre, pédicellée, large, bordée de deux feuillets saillans, s'ouvrant en deux valves avec élasticité, renfermant une semence dure, comprimée, couverte d'une membrane coriace et roussâtre. Cet arbre croît dans les grandes forêts de la Guiane, sur le bord des rivières. Les Galibis le nomment *vouapa*. Il fleurit en novembre, et fructifie en janvier.

MACROLOBE A FRUITS RONDS : *Macrolobium sphærocarpum*. Willd., *l. c.*; *Vouapa simira*. Aubl., *Guian.*, 2, pag. 27, tab. 8; *Vouapa violacea*, Lamk., *Ill. gen.*, 1, pag. 97. Grand arbre de plus de quatre-vingts pieds, revêtu d'une écorce rougeâtre, gercée, fort épaisse; le bois dur, compacte, de couleur bleuâtre; les rameaux étalés, garnis de feuilles conjuguées, alternes, pétiolées, à deux folioles pédicellées, ovales, acuminées, très-entières, égales à leurs bords, vertes, glabres, longues de deux ou trois pouces; les pédicelles articulés; les stipules très-caduques ; les grappes terminales et latérales; les gousses épaisses, plates, coriaces, très-grandes, de couleur roussâtre, contenant une semence luisante, arrondie, de couleur brune.

Cet arbre croît à l'île de Cayenne : il y est connu sous le nom de *simira*, que les Galibis donnent à tous les arbres desquels ils tirent une teinture verte ou violette. (Poir.)

MACROMITRIUM ; *Longue mitre*. (*Bot.*) Bridel donne ce nom à un genre de mousse fondé sur une espèce qui faisoit partie de son genre *Schloteimia*.

Le *macromitrium* est intermédiaire entre les genres *Pterigynandrum* et *Lasia*, dont il diffère par sa coiffe lisse et déchiquetée à la base.

Le *macromitrium aciculare*, seule espèce du genre, est une mousse à tige rameuse et rampante, à rameaux, rapprochés, droits, courts, portant les capsules sur des pédicelles axillaires; à feuilles oblongues, arquées, un peu étalées; à capsule ovale, munie d'un opercule aciculaire, et recouverte par une longue coiffe, légèrement anguleuse, conique, très-pointue, égale, découpée à la base presqu'en douze lanières profondes, et rouge au sommet.

Cette mousse que Palisot-Beauvois mettoit dans le genre *Orthotrichum*, croit à l'île de Bourbon sur les écorces des arbustes et des arbrisseaux. Schweigrichen, lui ayant reconnu un péristome semblable à celui des *pterigynandrum*, ne croit pas devoir l'en séparer. (Lem.)

MACRONAX. (*Bot.*) Rafinesque donne ce nom au genre *Arundinaria* de Michaux. (Lem.)

MACRONEME. (*Ichthyol.*) Nom spécifique d'un surmulet. Voyez Mulle. (H. C.)

MACRONYCHES. (*Ornith.*) Ce nom, tiré du grec, désigne, dans le Système de M. Vieillot, des oiseaux qui ont non seulement les doigts, mais les ongles, très-longs et presque droits, ce qui donne à ces oiseaux les moyens de marcher sur les herbes des marais, comme les jacanas. (Ch. D.)

MACRONYQUE (*Entom.*), ce nom que Muller et Illiger auroient dû écrire en latin *macronyx*, et non *macronychus*, a été employé par ces auteurs pour indiquer un genre d'insectes coléoptères pentamérés, voisin des parnes, de la famille des hélocères, pour y ranger une seule espèce d'un très-petit insecte, qui n'a été encore observé qu'en Allemagne, et que M. Latreille croit être le *parne obscur* de Fabricius. (C. D.)

MACROPE, *Macropus*. (*Entom.*) Ce nom, qui signifie longues pattes, a été indiqué par Thunberg comme propre à caractériser un petit genre de coléoptères xylophages, qui comprendroit quelques espèces de priones ou de lamies, dont les pattes de devant sont excessivement développées. (C. D.)

MACROPE, *Macropus*. (*Crust.*) Voyez Malacostracés. (Desm.)

MACROPHTHALME. (*Ichthyol.*) Nom spécifique d'un poisson du genre Priacanthe. (Voyez ce mot.)

C'est aussi le nom d'un denté. Voyez Denté et Spare. (H. C.)

MACROPODE, *Macropodium*. (*Bot.*) Genre de plantes dicotylédones, à fleurs complètes, polypétalées, régulières, de la famille des *crucifères*, de la *tétradynamie siliqueuse* de Linnæus, offrant pour caractère essentiel : Un calice à quatre folioles droites; quatre pétales en croix; six étamines, dont quatre plus longues que les autres; un ovaire supérieur très-grêle, couronné par un stigmate sessile ; une silique pédicellée, linéaire, polysperme.

MACROPODE DES NEIGES : *Macropodium nivale*, Ait., *Hort. Kew.*, ed. nov.; *Cardamine nivalis*, Willd., *Spec.*, 5, pag. 482; Pall., *Itin.* 2, *app.*, n.° 113 , tab. U. Plante herbacée , glabre sur toutes ses parties, dont les tiges sont garnies de feuilles alternes, simples, oblongues, dentées; les radicales rétrécies en pétiole à leur base; celles des tiges sessiles; les fleurs blanches, petites , disposées en une grappe terminale; les siliques linéaires, pédicellées dans le calice, réfléchies après la floraison. Cette plante croit sur le sommet le plus élevé des monts Altaïques. (POIR.)

MACROPODE, *Macropodus.* (*Ichthyol.*) M. de Lacépède a donné ce nom à un genre de poissons osseux thoraciques , ayant les caractères suivans:

Catopes au moins de la longueur du corps proprement dit; nageoire caudale très-fourchue et égalant à peu près le tiers de la longueur totale de l'animal; tête et opercules revêtues d'écailles semblables à celles du dos; ouverture de la bouche très-petite.

Ce genre ne renferme qu'une espèce; c'est le

MACROPODE VERT-DORÉ; *Macropodus viridi auratus.* Les écailles variées de vert et d'or; toutes les nageoires rouges; une petite tache noire sur chaque opercule; taille de trois à six pouces seulement environ; point de dents.

Ce poisson anime et pare l'eau limpide des lacs de la Chine. Les habitans de ce vaste empire le nourrissent dans les bassins de leurs jardins. (H. C.)

MACROPODE [EMBRYON]. (*Bot.*) M. Richard donne à l'embryon l'épithète de *macropode*, lorsque la radicule est très-grasse , et l'épithète de *macrocephale* lorsque les cotylédons forment une masse plus grosse que le reste. (MASS.)

MACROPODES. (*Mamm.*) Nom dérivé du grec, qui signifie longues jambes, et qu'Illiger a donné à une famille composée des mammifères rongeurs à longues jambes, renfermés dans les genres GERBOISES , HÉLAMYS et GERBILLES. Cette famille n'est point naturelle : les hélamys n'ont que des rapports fort éloignés avec les gerboises et les gerbilles. (F. C.)

MACROPODIE ou MACROPE. (*Crust.*) Voyez MALACOSTRACÉS. (DESM.)

MACROPTÈRE (*Ichthyol.*), nom spécifique d'un canthère décrit dans ce Dictionnaire, tome VI, *Supplément*, p. 96. (H. C.)

MACROPTÈRES. (*Ornith.*) Ce terme s'emploie pour désigner les oiseaux qui ont les ailes longues, par opposition aux brachyptères, dont les ailes sont courtes. (CH. D.)

MACROPTÉRONOTE, *Macropteronotus*. (*Ichthyol.*) Depuis la publication de l'ouvrage de M. de Lacépède, on désigne par ce nom un genre de poissons osseux holobranches, de l'ordre des abdominaux, et de la famille des oplophores. Ce genre, séparé de celui des silures de Linnæus, est reconnoissable aux caractères suivans :

Corps conique; tête large, déprimée; bouche au bout du museau, et garnie de barbillons; nageoire dorsale unique, très-longue, à rayons osseux: premier rayon des nageoires pectorales épineux et dentelé.

Il est facile de reconnoître les MACROPTÉRONOTES à la longueur de leur nageoire dorsale, longueur qu'indique leur nom même, tiré du grec μακρυς (*magnus*), πlερον (*pinna*), et νως (*dorsum*). On les distinguera donc d'abord des SILURES, qui ont cette nageoire courte; des MALAPTÉRURES, où cette même nageoire est dépourvue de rayons osseux; des PIMÉLODES, des CATAPHRACTES, des DORAS, des PLOTOSES, des MACRORAMPHOSES, qui ont deux nageoires dorsales. (Voyez ces différens mots et OPLOPHORES.)

Le MACROPTÉRONOTE SHARMUTH : *Macropteronotus charmuth*, Lacép.: *Silurus anguillaris*, Hasselquist, Linnæus; *Lampetra indica erythrophthalmos*, Ray. Huit barbillons; nageoire caudale arrondie ; 72 rayons à la nageoire dorsale, et 69 à l'anale; crâne couvert d'une multitude de mamelons; dos d'un brun obscur; ventre blanc mêlé de gris; un appareil respiratoire supplémentaire ramifié, logé en arrière des branchies dans une cavité spéciale, et fixé à la branche supérieure du 3.ᵉ et du 4.ᵉ arc branchial; épine pectorale forte et dentelée; peau lisse, gluante et sans écailles.

Ce poisson, qui ne parvient pas à la taille de plus de deux pieds, est très-commun dans le Nil et dans les eaux douces de Syrie. En ce dernier pays, il forme un grand article de nourriture: mais sa chair n'a ni fermeté, ni saveur. Aussi, en Egypte, n'est-elle mangée que par les malheureux.

Il est extrêmement vivace et difficile à tuer.

Le Macroptéronote grenouiller; *Macropteronotus batrachus.*
Huit barbillons; nageoire caudale arrondie; rayons des nageoires dorsale et anale moins nombreux que dans l'espèce
précédente; calotte osseuse du dessus de la tête terminée en
pointe par derrière, et munie de deux enfoncemens; couleur
générale d'un brun mêlé de jaune.

Ce poisson habite les eaux douces d'Asie et d'Afrique.

Le Macroptéronote brun; *Macropteronotus fuscus,* Lacépède.
Huit barbillons; nageoires dorsale, anale et caudale arrondies; premier rayon de chaque pectorale dur, gros, mais
non dentelé; catopes petits et arrondis; iris doré; teinte
générale brune et sans taches.

Cet animal vit à la Chine. Peut-être n'est-il pas assez distinct du précédent.

Le Macroptéronote hexacircine; *Macropteronotus hexacir-
cinus,* Lacép. Six barbillons seulement; nageoire dorsale
triangulaire et très-basse; anale courte; caudale arrondie;
teinte brune et sans taches.

Cette espèce a été établie d'après des dessins chinois.
(H. C.)

MACROPUS (*Mamm.*), nom générique qui signifie *grands
pieds,* et qui a été donné par Shaw aux kanguroos. (F. C.)

MACRORAMPHOSE, *Macroramphosus.* (*Ichthyol.*) M. de
Lacépède a fait sous ce nom, aux dépens du genre Silure de
Linnæus, un genre de poissons, dans la famille des oplo-
phores, et auquel il a donné pour type le *silurus cornutus* de
Forskal, animal qui paroît être le même que la *bécasse de mer.*
(Voyez Centriques.)

Les caractères assignés par M. de Lacépède au genre Macroramphose, sont les suivans :

*Corps conique, gros; museau très-alongé; deux nageoires
dorsales à rayons osseux; premier rayon de la première de ces
nageoires épineux et dentelé; point de barbillons aux mâchoires,
qui sont d'ailleurs armées de dents; point de rayon dentelé aux
nageoires pectorales.*

Forskal a examiné à Marseille un individu de ce genre,
qui n'a point été généralement adopté. (H. C.)

MACRORHYNQUE. *Macrorhynchus.* (*Ichthyol.*) M. de

Lacépède a fait, sous ce nom et dans la famille des aphyostomes, un genre de poissons cartilagineux téléobranches, reconnoissable aux caractères suivans :

Catopes derrière les nageoires pectorales; bouche dentée, à l'extrémité d'un museau alongé; un seul rayon aux catopes; une très-longue nageoire dorsale; le corps couvert de petites écailles.

Ce genre ne renferme encore qu'une espèce facile à distinguer des *centrisques*, des *amphisiles* et des *solénostomes*, dont la bouche est dépourvue de dents. C'est un poisson qui a été observé et décrit par Osbeck dans les mers de la Chine, et qui semble lier les pégases avec les syngnathes. Il est d'une teinte argentée.

Quelques ichthyologistes en ont fait un syngnathe. (H. C.)

MACROSCEPIS. (*Bot.*) Genre de plantes dicotylédones, à fleurs complètes, monopétalées, de la famille des *apocynées*, de la *pentandrie digynie* de Linnæus, offrant pour caractère essentiel : Un calice à cinq divisions profondes, accompagné de bractées à sa base ; une corolle monopétale, à peine de la longueur du calice ; le tube globuleux et ventru ; le limbe étalé, à cinq divisions ; cinq écailles charnues, disposées en couronne à l'orifice de la corolle ; un appendice court, en écusson ; cinq étamines attachées au tube de la corolle, alternes avec ses divisions ; les anthères à deux lobes, terminées par une membrane ; les paquets du pollen comprimés, pendans, attachés par le sommet ; deux ovaires supérieurs ; deux styles ; les stigmates peltés, à cinq angles. Le fruit n'a pas été observé.

Macroscepis ovale; *Macroscepis obovata*, Kunth, *in* Humb. *et* Bonpl. *Nov. Gen.*, vol. 3, pag. 201, tab. 253. Arbrisseau à tige grimpante, dont les rameaux sont cylindriques, hérissés, striés, garnis de feuilles opposées, pétiolées, en ovale renversé, profondément échancrées en cœur, très-entières, pileuses en dessus, hérissées en dessous, longues presque de quatre pouces, sur deux et plus de large ; les pédoncules solitaires, axillaires, hérissés, chargés de deux fleurs pédicellées avec des bractées planes, hispides, pileuses, linéaires-lancéolées ; les divisions du calice ovales, pileuses et ciliées, trois à cinq bractées membraneuses, hispides, un peu plus courtes que le calice ; les corolles glabres, un peu épaisses, à tube court et ventru, à limbe étalé, à divisions égales, ovales, obtuses ;

les écailles alternes avec les découpures de la corolle; les filamens des étamines très-courts, connivens ; les anthères courtes,
épaisses. Cette plante croit dans la Nouvelle-Espagne. (Poir.)

MACROSTEMA. (*Bot.*) M. Persoon substitue ce nom à celui
de *calboa*, donné par Cavanilles à un de ses genres très-voisin
du liseron ou de l'*ipomœa*, remarquable par ses étamines très-
longues débordant la corolle. Voyez Calboa. (J.)

MACROTARSIENS (*Mamm.*), nom d'une famille formée par
Illiger pour le Tarsier et les Galagos. (F. C.)

MACROTARSUS. (*Ornith.*) Ce nom générique a aussi été
appliqué par M. de Lacépède, à l'échasse, dont les tarses sont
également remarquables par leur longueur. (Ch. D.)

MACROTARSUS (*Mamm.*), nom par lequel M. de Lacépède désigne en latin le genre Tarsier. (F. C.)

MACROTYS. (*Bot.*) M. Rafinesque a fait sous ce nom un
genre de l'*actæa racemosa*, qu'il distingue de ses congénères par
son fruit sec et déhiscent. M. Decandolle le laisse dans le genre
Actæa, et se contente de l'établir en section sous le nom de
macrotys. (J.)

MACROULE. (*Ornith.*) On donne ce nom et celui de diable
de mer à la grande foulque, *fulica aterrima*, Linn. (Ch. D.)

MACROURE. (*Ornith.*) Illiger appelle *avis macroura* l'oiseau dont la queue excède non seulement la longueur du
tarse, mais même celle du corps. (Ch. D.)

MACROURE. (*Ichthyol.*) Nom spécifique d'un labre qu'on
appelle aussi *large-queue*, et que nous avons décrit dans ce
Dictionnaire, tom. xxv, p. 26. (H. C.)

MACROURE, *Macrourus*. (*Ichthyol.*) Bloch et Gunner ont
établi, sous ce nom, un genre de poissons osseux, voisin de
celui des lépidolèpres, et reconnoissable aux caractéres
suivans :

*Deux nageoires dorsales; queue deux fois plus longue que le
corps, et pointue; catopes thoraciques; écailles carénées et rudes;
dents petites et sur plusieurs rangs; un barbillon sous le bout de
la mâchoire inférieure.*

Ce genre ne renferme qu'une espéce; c'est le Berglax ou
Berghlax, *Macrourus berglax*, Lacépède : *Macrourus rupestris*,
Walbaum ; *Coryphœna rupestris*, Oth. Fabricius, Gmelin ; *Ma-
crourus rupestris*, Bloch, pl. 117. Premier rayon de la pre-

mière nageoire dorsale dentelé par devant; tête large; yeux ronds et saillans; ouverture des narines double de chaque côté; mâchoires égales; museau proéminent; cinq rangées de dents à la mâchoire d'en haut, et trois seulement à celle d'en bas; anus plus près de la tête que de la queue; nageoire caudale unie à la seconde dorsale et à l'anale. Taille de trois pieds environ. Teinte générale argentée; dos bleuâtre; nageoires jaunes bordées de bleu.

Ce poisson habite les profondeurs des mers hyperboréennes, auprès des rivages de l'Islande et du Groënland, aux habitans desquels il fournit un aliment utile et quelquefois même abondant. Suivant Othon Fabricius, il est assez commun en particulier dans le golfe de Tunnudliorbik, où on le pêche avec des lignes de fond. (H. C.)

MACROURES. (*Crust.*) Linnæus a donné ce nom aux crustacés décapodes de son genre *Cancer*, dont le corps est trèsalongé et terminé par une queue composée de plusieurs feuillets, tels que les écrevisses, les langoustes, les crevettes, etc. (Voyez l'article MALACOSTRACÉS.) Cette division admise par M. Latreille correspond au genre *Astacus* de Gronovius et de Dégeer. (DESM.)

MACROURES. (*Foss.*) Voyez ECREVISSES, *Foss.* (D. F.)

MACTRACÉES. (*Malacoz.*) M. de Lamarck (Anim. sans vert., t. V, p. 466) établit sous cette dénomination une petite famille dans sa division des conchifères ténuipèdes, à laquelle il donne pour caractères : animal pourvu d'un pied petit, mais comprimé, et propre à des mouvemens de déplacement; coquille équivalve, le plus souvent bâillante aux extrémités; ligament intérieur avec ou sans complication de ligament externe. M. de Lamarck range dans cette famille les genres suivans : Lutraire, Mactre, Crassatelle, Erycine, Ongulaire, Solémye et Amphidesme. Voyez les mots CONCHYLIOLOGIE et MALACOLOGIE. (DE B.)

MACTRE, *Mactra.* (*Conchyl.*) Linnæus avoit depuis longtemps établi sous ce nom un genre de coquilles bivalves, qui renfermoit un assez grand nombre d'espèces; mais il l'avoit caractérisé d'une manière assez lâche, en sorte que Bruguière, MM. de Lamarck et Cuvier ont trouvé convenable de former des genres mieux distincts avec des espèces qui n'offroient pas rigoureusement les mêmes caractères. Ce sont cependant de ces genres établis seulement sur la coquille. En effet l'animal des espèces les plus éloignées ne diffère nullement de celui des vénus, et même lui ressemble presque complétement; aussi M. Poli n'en fait-il qu'un même genre sous le nom de callistoderme. Le genre Mactre peut être caractérisé ainsi : Animal des vénus; coquille ordinairement assez mince, subtrigone, ou peu alongée, équivalve, subéquilatérale, à sommets presque verticaux, ou peu inclinés en avant, souvent un peu bâillante en arrière. Charnière subsimilaire : une dent cardinale pliée en V sur chaque valve, et en avant d'une fossette pour l'insertion du ligament interne; deux dents latérales, lamelleuses, simples sur la valve gauche, et doubles sur la droite. Un seul ligament intérieur rond, inséré dans la fossette. Deux impressions musculaires réunies par celle de l'attache des tubes et du manteau. Nous avons déjà fait observer que l'animal des mactres a beaucoup de ressemblance avec celui des vénus; son corps est cependant en général plus mince ou plus comprimé; il est pourvu d'un pied ou appendice abdominal également fort comprimé, et le manteau se termine en arrière par un double tube qui s'alonge beaucoup hors de la coquille. Celle-ci a une forme plus trigone que celle des vénus, elle est plus mince, moins solide en général, et le plus ordinairement blanche ou comme soyeuse : elle n'est jamais cannelée, et rarement elle est sillonnée; les traces d'une grande lunule existent, et le corselet est aussi souvent indiqué, ce qui rend la coquille subcarénée en arrière. Dans toutes les espèces le ligament, quoique intérieur, a au-dessus de lui un très-petit rudiment du ligament extérieur, c'est ce qui fait que dans quelques mactres il y a un bâillement assez considérable entre les sommets.

Les mactres se trouvent, à ce qu'il paroît, dans toutes les mers des pays froids, comme dans celles des pays chauds. Ce sont des animaux qui vivent enfoncés dans le sable à assez peu de distance de l'embouchure des rivières.

Nous avons dans nos mers :

La Mactre lisor : *Mactra stultorum*, Linn.; Encycl. Méth., pl. 256, fig. 2, a b. Coquille ovale, subtrigone, lisse, un peu diaphane, d'un fauve pâle en dessus, avec quelques rayons blancs, peu marqués, divergens du sommet. Les crochets sont violets dans les individus bien complets. Elle est commune dans toute la Manche, l'Océan et la Méditerranée.

La MACTRE FAUVE : *Mactra helvacea*, Chemn.; *Mactra glauca*, Gmelin, Enc. Méth., pl. 256, fig. 1, a b. Espèce plus grande que la précédente, dont elle a à peu près la forme ; elle est aussi d'un blanc pâle, radié de fauve, la lunule et l'écusson plus roux ; les dents latérales plus écartées. Côtes d'Espagne et d'Italie.

La MACTRE ROSTRACÉE; *Mactra grandis*, Gmel., Enc. Méth., pl. 253, fig. 1, a b. C'est une espèce encore plus voisine de la mactre lisor, dont elle ne diffère guère que parce que son côté postérieur est beaucoup plus prolongé et subrostré. On croit qu'elle est des mers d'Europe.

La MACTRE PAILLÉE : *Mactra straminea*, Lamck. Elle a tellement tous les caractères de la mactre lisor, dont elle ne diffère que parce qu'elle semble d'une seule couleur et luisante, qu'il est fort probable qu'elle n'en est qu'une variété.

La MACTRE LACTÉE, *Mactra lactea*, Gmel.? Poli, Test., 1, tab. 18, fig. 13-14. Coquille très-blanche, avec des bandes lactées, mince, pellucide, un peu renflée, ovale, trigone. Du golfe de Tarente et de la Méditerranée.

La MACTRE SOLIDE; *Mactra solida*, Gmel., Encycl. Méth., pl. 58, fig. 1. Coquille très-commune dans la Manche, assez petite, ovale-subtrigone, très-opaque, solide et toute blanche. Quelquefois ses stries d'accroissement forment des zones élevées.

La MACTRE CRASSATELLE : *Mactra crassatella*, Lamck.; *Mactra truncata*, Montag. Coquille trigone, solide, renflée vers les crochets, striée grossièrement dans sa longueur, de couleur fauve, avec quelques zones rousses ou livides. Les dents latérales assez épaisses. L'Océan britannique.

M. de Lamarck caractérise encore vingt-six espèces, mais dont la patrie est souvent inconnue.

La MACTRE GÉANTE; *Mactra gigantea*, Enc. Méth., pl. 259, fig. 1. Coquille grande, solide, d'un blanc fauve ; un bâillement longitudinal entre les crochets. Des mers de l'Amérique méridionale.

La MACTRE DE SPENGLER; *Mactra Spengleri*, Gmel., Enc.

Méth., pl. 252, fig. 3, a b. Coquille trigone, lisse: l'écusson plane: un bâillement entre les crochets, comme dans l'espèce précédente, mais transverse et semi-lunaire. Mers du cap de Bonne-Espérance.

La MACTRE CARÉNÉE; *Mactra carinata*, Enc. Méth., pl. 251, fig. 1, a b c. Coquille trigone, convexe, pellucide, blanche; les angles qui circonscrivent le corselet carénés; les sommets lisses. Patrie?

La MACTRE STRIATELLE; *Mactra striatella*, Enc. Méth., pl. 235, fig. 1, a b. Assez grande coquille, presque semblable à la précédente, dont elle ne paroît différer que parce que la circonscription du corselet est beaucoup moins tranchante, et que les sommets sont striés. Patrie?

La MACTRE MOUCHETÉE; *Mactra maculosa*, Lamk. C'est une espèce qui paroît voisine de la mactre lisor, mais qui est moins trigone, plus brillante, plus vivement colorée. Elle est fauve, variée de rayons et de taches de couleur blanche; le violet des sommets se prolonge jusqu'à la lunule et à l'écusson. On ignore sa patrie.

La MACTRE VIOLETTE; *Mactra violacea*, Gmel., Enc. Méth., pl. 254, fig. 1, a b. Ovale-trigone, mince, violette en dedans comme en dehors: les sommets plus foncés; la lunule et l'écusson blancs. Océan indien.

La MACTRE AUSTRALE; *Mactra australis*, Lamk., Chemn., *Conch.*, 6, t. 23, f. 216-217. Coquille trigone, blanche, solide, finement striée longitudinalement; des taches violettes, nébuleuses à la face interne. Mers de la Nouvelle-Hollande.

La MACTRE FASCIÉE: *Mactra fasciata*, Lamk.; Gualt., *Conch.*, t. 71, f. B? De forme trigone, lisse, mince, subdiaphane, blanche, ornée de zones violettes, distantes en dehors, et d'un blanc violet en dedans; l'écusson strié. Patrie?

La MACTRE ENFLÉE; *Mactra turgida*, Gmel., Enc. Méth., pl. 255, f. 3. a b. Ovale-trigone, renflée, mince, lisse, blanche, avec une tache pourprée sous chaque sommet; l'écusson strié. Mers de l'Inde.

La MACTRE PLICATAIRE; *Mactra plicataria*, Gmel., Enc. Méth., pl. 255, fig. 2, a b. Coquille d'un pouce à un pouce et demi de hauteur sur un pouce et demi à deux pouces et demi de longueur, blanche, mince comme du papier, plissée longitudinalement. L'écusson assez plane ; la lunule oblongue et enfoncée. Océan indien.

La MACTRE RUFESCENTE ; *Mactra rufescens*, Lamck. Coquille ovale-trigone, renflée, lisse supérieurement, à stries plissées inférieurement, et d'un fauve roussâtre ; les sommets violets. Mers de la Nouvelle-Hollande.

La MACTRE TACHETÉE : *Mactra maculata*, Lamck.; Chemn. , Conch. , 6, t. 21, f. 208-209. Coquille subtrigone, renflée, mince, blanche, avec des taches d'un brun fauve ; la lunule enfoncée. Mers de l'Inde.

La MACTRE SUBPLISSÉE ; *Mactra subplicata*, Lamck. Coquille trigone, mince, blanche, subplissée de chaque côté de la partie supérieure ; le disque lisse ; la dent latérale bilobée ; le corselet circonscrit angulairement. Patrie ?

La MACTRE TRIANGULAIRE ; *Mactra triangularis*, Enc. Méth., pl. 253, f. 3, a b c. Coquille très-rare, triangulaire, solide, plissée longitudinalement, de couleur blanche, avec des taches fauves, dont les inférieures sont les plus grandes.

La MACTRE RACCOURCIE ; *Mactra abbreviata*, Lamck. Coquille subtrigone, courte, comme tronquée dans sa longueur, blanche ; la lunule et l'écusson élégamment plissés. Mers de la Nouvelle-Hollande.

La MACTRE OVALINE ; *Mactra ovalina*, Lamck. Ovale, mince, pellucide, striée finement intérieurement ; l'écusson borné par un onglet ; les sommets très-lisses ; couleur blanchâtre. Patrie ?

La MACTRE BLANCHE ; *Mactra alba*, Lamck., Enc. Mét., pl. 254, f. 3 ? Coquille subtrigone, renflée, subpellucide, blanche ; de petites stries longitudinales ; des lignes verticales, rares et effacées. Mers de l'Inde.

La MACTRE MARRON ; *Mactra castanea*, Lamck. Petite coquille de 34 millim. de longueur, trigone, opaque, assez grossièrement sillonnée, d'un brun châtain. Lisbonne ou Brésil.

La MACTRE ROUSSE ; *Mactra rufa*, Lamck. Coquille trigone-ovale, bombée, mince, lisse, d'un fauve roux, avec des rayons blancs peu marqués ; les sommets teints de violet. C'est une espèce rapprochée de la mactre lisor, et dont la patrie est inconnue. Elle a 40 à 42 millim.

La MACTRE SALE ; *Mactra squalida*, Lamck. Coquille subtrigone, renflée, inéquilatérale, d'un blanc jaunâtre, obscurément tachetée de fauve. Longueur, 47 millim. Patrie?

La Mactre du Brésil; *Mactra brasiliana*, Lamck. Coquille ovale, elliptique, subtrigone, presque équilatérale, blanche, à peu près lisse; l'écusson marqué de stries longitudinales, divergentes, obliques, et couvert d'un épiderme brun; 71 millim. Rio-Janeiro.

La Mactre donacie; *Mactra donacia*, Lamck. Coquille solide, striée transversalement, très-inéquilatérale; le côté postérieur fort prolongé; l'antérieur très-court et subtronqué; presque aussi grande que la lutraire solénoïde. Patrie ?

La Mactre déprimée : *Mactra depressa*, Lamck.; Chemn., *Conch.*, 6, t. 24, f. 234. Coquille subovale, mince, pellucide, blanche, convexe; le disque lisse, déprimé; les côtés un peu plissés. Longueur, 28 millim. Mers de l'Inde?

La Mactre lilacée; *Mactra lilacea*, Lamck. Coquille ovaletrigone, solide, d'un blanc violacé, lisse à sa partie supérieure, et plissée élégamment au bord inférieur; les sommets et les plis violets; une grande tache fauve sous chaque sommet en dedans. Longueur, 45 millim. Lisbonne?

La Mactre trigonelle; *Mactra trigonella*, Lamck., Enc. M., pl. 259, f. 2, a b c? Coquille trigone, inéquilatérale, blanche; les dents cardinales presque nulles. Nouvelle-Hollande.

La Mactre deltoïde; *Mactra deltoidea*, Lamck. Coquille ovale, trigone, inéquilatérale, blanche; le côté antérieur le plus court; l'écusson et la lunule plissés élégamment. Patrie?

Gmelin, dans la treizième édition du *Systema Naturæ*, de Linnæus, cite encore plusieurs espèces que M. de Lamarck n'a pas reprises, ou qui appartiennent à d'autres genres.

La *Mactra papyracea* est rapportée par M. de Lamarck, il est vrai, avec quelque doute, à sa lutraire papyracée.

La *Mactra striatula* paroît être une véritable mactre que M. de Lamarck regarde comme ne différant que très-peu de sa mactre carénée. Il me semble cependant que la figure de l'Encyclopédie que M. de Lamarck cite pour cette espèce, diffère sensiblement de celle de Gualtiéri, que Gmelin rapporte à sa *mactra striatula*.

La Mactre striée : *Mactra striata*, Chemn., 6, t. 22, f. 222.

Coquille épaisse, triangulaire, couverte de stries fortes, lisses et arquées, et de couleur blanche. Patrie?

La MACTRE RONDE; *Mactra rotundata*, List., *Conch.*, t. 263, f. 99. Coquille subtrigone, blanche; le ventre avec des bandes couleur de lait; les crochets et les bords intérieurs et extérieurs violets. Longueur, 1 pouce $\frac{3}{4}$. Hauteur, 1 pouce $\frac{1}{4}$. Patrie?

La MACTRE LISSE; *Mactra glabrata*, qui est lisse, diaphane, striée, avec les sommets très-lisses, l'écusson et la lunule striés sans carène, est rapportée par M. de Lamarck à sa mactre australe, mais avec doute.

La MACTRE LUISANTE; *Mactra nitida*, Schroet.; *Einl. in Conch.*, 2, t. 8, f. 2, 3, paroît très-voisine de la précédente; elle est triangulaire, d'un blanc de neige brillant, lisse, diaphane, épaisse; l'écusson est entouré par une carène, ainsi que la lunule. L'un et l'autre sont un peu convexes et striés. Sa patrie, ainsi que celle de la précédente, est inconnue.

La MACTRE CORALLINE; *Mactra corallina*, Chemn., *Conch.*, t. 22, f. 218, 219, est rapportée, avec quelque doute, par M. de Lamarck à sa mactre fasciée; et en effet Gmelin dit que les bandes qui l'ornent sont lactées, tandis qu'elles sont violettes dans la *mactra fasciata*. Elle est triangulaire, lisse, subdiaphane blanche, et vient de la Méditerranée.

La *mactra lutraria* est le type du genre Lutraire de M. de Lamarck, la Lutraire elliptique.

La *mactra cygnus*, Chemn., *Conch.*, 6, t. 21, f. 207, est subtrigone, épaisse, blanche, finement striée dans sa longueur; la lunule est large, enfoncée, en cœur, et finement striée. C'est une coquille fort rare de plus d'un pouce de longueur, sur un pouce de hauteur, et qui vient des côtes de Tranquebar. M. de Lamarck rapporte avec quelque doute cette espèce à sa crassatelle renflée. Toujours est-il que c'est très-probablement une crassatelle.

La MACTRE EN COIN; *Mactra cuneata*, Chemn., *Conch.*, 6, t. 22, f. 215. Très-voisine de la mactre violacée, mais elle est plus petite; son bord est crénelé en dedans.

La *mactra glauca* est la mactre fauve de M. de Lamarck.

La *mactra candida* est sa lutraire blanche; la *mactra complanata*, sa lutraire aplatie; la *lutraria piperata*, sa lutraire calcinelle. Il me semble que la *mactra Listeri* doit être rapportée à la même espèce, et la *mactra fragilis* à la lutraire aplatie. La *mactra nicobarica* est peut-être aussi une espèce du même genre.

La *mactra rugosa*, Chemn., *Conch.*, 6, t. 24, f. 236, me paroît n'être qu'une variété de la mactre solide.

Adanson a encore, outre la mactre lisor, une belle espèce de véritable mactre, c'est son Fatan dont Gmelin a fait avec doute une espèce de vénus, sous le nom de *venus nivea.* Elle a presque six pouces de longueur, sur une hauteur d'un quart moindre, ce qui lui donne une forme ovale. Elle est toute blanche en dedans comme en dehors, très-mince, et elle est marquée vers le sommet d'une vingtaine de cannelures longitudinales, rondes, fort écartées, qui se changent en s'approchant des bords, en des rides fort irrégulières. On pourra la nommer *mactra nivea*, la Mactre fatan.

En général, les espèces de mactres, comme peut-être celles de beaucoup d'autres genres de coquilles, semblent être trop multipliées, parce qu'elles sont trop incomplétement caractérisées. Il semble même que la plupart de ces espèces ne sont que des variétés, ou ce que je nomme des espèces *locales* qui représentent des espèces *types* dans des localités différentes. Plus ces localités sont éloignées, plus les espèces locales paroissent différer. Ainsi, pour prendre un exemple dans le genre dont nous parlons en ce moment, on trouve dans nos mers trois véritables espèces, et peut-être même quatre, autour desquelles se groupent celles qui nous viennent des pays éloignés ; ce sont les *mactra solida*, *lactea* et *stultorum* : en sorte que ce genre pourroit être subdivisé naturellement en trois ou quatre sections qui auroient l'une de ces espèces pour type caractéristique. A la première que l'on pourra encore subdiviser d'après la forme ovale ou triquètre, appartiennent les *mactra gigantea*, *triangularis*, *castanea*, *donacia*, *crassatella*, *australis*, *rotundata*, *nitida*, *deltoidea*, *abbreviata*, *trigonella*, *lilacea ;* à la seconde, les *mactra depressa*, *Spengleri*, *striata*, *striatella*, *carinata*, *turgida*, *plicataria*, *subplicata*, *ovalina*, *alba*, *squalida*, *maculata*, *brasiliensis* et *fasciata ;* enfin la troisième section, qui a pour type la mactre lisor, renferme les espèces minces, subtrigones et radiées, c'est-à-dire, les *mactra helvacea, rostracea, maculosa, straminea, violacea, rufa, cuneata, rufescens.* J'en possède une belle espèce de ce groupe qui vient de Manille, et que je dois à la générosité de M. le docteur Marion de Procé; elle est intermédiaire à la *mactra helvacea,* à la *mactra stultorum,* et à la *mactra straminea;* elle est en effet luisante et soyeuse comme celle-ci; elle est fauve, radiée de fauve et de blanchâtre, comme la seconde, et elle a la forme de la première. Sa longueur est de 66 millim., sur 5o de hauteur; les crochets sont violets, et l'intérieur est de cette couleur et roussâtre. L'écusson et la lunule, ovales, alongés, presque égaux, sont élégamment plissés. (De B.)

MACTRE. (*Foss.*) Le genre des mactres, qui présente un assez grand nombre d'espèces à l'état vivant, en fournit peu à l'état fossile, et toutes se trouvent dans les couches postérieures à la craie.

Mactre demi-sillonnée; *Mactra semi-sulcata,* Lam., Ann. du Mus. d'Hist. Nat., tom. IX, pl. 20, fig. 3. Coquille mince, transverse, subtriangulaire, lisse en dedans, couverte de légères stries, indice de ses divers accroissemens, élégamment sillonnée sur son côté postérieur à la place de sa lunule. Le côté antérieur porte des stries moins régulières : longueur, treize à quatorze lignes; largeur, dix-neuf lignes.

On la rencontre à Grignon (département de Seine et Oise), et à Chaumont (Oise).

On trouve à Villiers, près de Grignon, des mactres moins grandes proportionnellement, plus épaisses que celles de l'espèce ci-dessus, très-luisantes et sillonnées sur la lunule et sur le côté antérieur. M. Lamarck a pensé que cette différence ne provenoit que de l'âge; mais, comme on n'en trouve pas de plus grande dans cet endroit, je pense que c'est la même espèce que celle ci-dessus, modifiée par la localité. Il en est sans doute ainsi des coquilles de ce genre qui ont beaucoup de rapports avec la mactre demi-sillonnée, et qu'on trouve à Saucats, près de Bordeaux.

Mactre lisse; *Mactra lævigata,* Def. Coquille un peu bombée, subtriangulaire, lisse en dessus; longueur, quatre lignes; largeur à peu près pareille; elle est assez commune à Loignan, près de Bordeaux.

Mactre triangulaire : *Mactra triangula*, Renieri; *Conch. Foss. Subap.*, Brocchi, tab. 13, fig. 7. Coquille enflée, trigone, couverte de stries transverses, portant une carène sur chacun de ses côtés, à dents latérales striées perpendiculairement. Largeur, un pouce; longueur, neuf lignes. On la trouve dans le Plaisantin et dans la vallée d'Andone. Renieri annonce qu'on la rencontre vivante dans la mer Adriatique. On trouve dans la Touraine une espèce qui a beaucoup de rapports avec celle-ci, mais elle est plus petite.

Mactre hyaline; *Mactra hyalina*, Brocch., *loc. cit.*, tab. 13, fig. 8. Coquille subtrigone, transparente, fragile, portant deux légères carènes au côté antérieur. Largeur, onze lignes; longueur, six lignes. On la trouve dans la vallée d'Andone.

M. Brocchi, *l. c.*, annonce que dans cette vallée il a trouvé à l'état fossile une valve de la mactre lisor, *mactra stultorum*, qui vit dans la Méditerranée et dans l'Océan d'Europe.

Mactre déformée; *Mactra deformata*, Def. Coquille subtrigone, lisse, épaisse, bombée; à bord antérieur caréné, ayant les dents latérales épaisses. Longueur, cinq lignes; largeur, six lignes. On la trouve dans la Caroline du nord. Elle a beaucoup de rapports avec une espèce que l'on voit à l'état frais dans les collections, mais dont je ne connois pas la patrie.

Mactre de Buckland; *Mactra Bucklandi*, Def. Coquille subtrigone, enflée, à bord antérieur caréné. Son extérieur est luisant: les sommets sont ridés, et le reste de la coquille est couvert de fines stries provenant de ses accroissemens. Longueur, plus de deux pouces et demi; largeur, trois pouces. On trouve cette espèce à Saucats, près Bordeaux.

Dans son ouvrage sur les fossiles (*Min. Conch.*), M. Sowerby a donné la figure et la description de quatre espèces de mactre, *mactra armata*, tab. 160, fig. 1 et 6, qui paroit avoir des rapports avec *mactra solida*, Linn.; *mactra dubia*, même planche, fig. 2, 3 et 4; *mactra ovalis*, même planche, fig. 5, et *mactra cuneata*, fig. 7. Toutes ces espèces ont été trouvées dans le comté de Suffolk, en Angleterre. (D. F.)

MACUARTA. (*Ornith.*) Voyez Machuautha. (Ch. D.)

MACUCAGUA (*Ornith.*), nom brésilien du grand tinamou, *tinamus brasiliensis*, Lath. (Cʜ. D.)

MACUDA-GANGOLI (*Bot.*), nom brame de l'*ula* du Malabar, qui paroît avoir beaucoup de rapports avec le *gnetum* des botanistes. (J.)

MACUMBA. (*Bot.*) La melongène est ainsi nommée dans le royaume de Congo, suivant Marcgrave. (J.)

MACUSSON. (*Bot.*) On donne vulgairement ce nom à la gesse tubéreuse. (L. D.)

FIN DU VINGT-SEPTIÈME VOLUME.

IMPRIMERIE DE LE NORMANT, RUE DE SEINE, N.° 8.